Springer-Lehrbuch

May-Britt Kallenrode

Rechenmethoden der Physik

Mathematischer Begleiter zur Experimentalphysik

Zweite Auflage

Mit 90 Abbildungen, 395 Aufgaben und Lösungen

Professor Dr. May-Britt Kallenrode
Universität Osnabrück
Fachbereich Physik
Barbarastraße 7
49076 Osnabrück, Deutschland
e-mail: mkallenr@uni-osnabrueck.de

Bibliografische Information Der Deutschen Bibliothek

Die Deutsche Bibliothek verzeichnet diese Publikation in der Deutschen Nationalbibliografie; detaillierte bibliografische Daten sind im Internet über http://dnb.ddb.de abrufbar.

ISBN 3-540-21454-2   2. Auflage Springer Berlin Heidelberg New York
ISBN 3-540-44387-8   1. Aufl. Springer-Verlag Berlin Heidelberg New York

Dieses Werk ist urheberrechtlich geschützt. Die dadurch begründeten Rechte, insbesondere die der Übersetzung, des Nachdrucks, des Vortrags, der Entnahme von Abbildungen und Tabellen, der Funksendung, der Mikroverfilmung oder der Vervielfältigung auf anderen Wegen und der Speicherung in Datenverarbeitungsanlagen, bleiben, auch bei nur auszugsweiser Verwertung, vorbehalten. Eine Vervielfältigung dieses Werkes oder von Teilen dieses Werkes ist auch im Einzelfall nur in den Grenzen der gesetzlichen Bestimmungen des Urheberrechtsgesetzes der Bundesrepublik Deutschland vom 9. September 1965 in der jeweils geltenden Fassung zulässig. Sie ist grundsätzlich vergütungspflichtig. Zuwiderhandlungen unterliegen den Strafbestimmungen des Urheberrechtsgesetzes.

Springer ist ein Unternehmen von Springer Science+Business Media
springer.de

© Springer-Verlag Berlin Heidelberg 2003, 2005
Printed in Germany

Die Wiedergabe von Gebrauchsnamen, Handelsnamen, Warenbezeichnungen usw. in diesem Werk berechtigt auch ohne besondere Kennzeichnung nicht zu der Annahme, daß solche Namen im Sinne der Warenzeichen- und Markenschutz-Gesetzgebung als frei zu betrachten wären und daher von jedermann benutzt werden dürften.

Satz: Reproduktionsfertige Vorlage vom Autor
Herstellung: LE-TEX Jelonek, Schmidt & Vöckler GbR, Leipzig
Einbandgestaltung: *design & production* GmbH, Heidelberg

Gedruckt auf säurefreiem Papier   56/3141/YL - 5 4 3 2 1 0

Vorwort zur 2. Auflage

Die wichtigsten Neuerungen dieser Auflage sind:
- zusätzliche Inhalte, u.a. Systeme von Differentialgleichungen als Anwendung für Matrizen, Anwendungen der Potenzreihenentwicklung sowie eine einfache, an Beispielen orientierte Hinführung zu verallgemeinerten Funktionen wie Bessel- und Error-Funktion – nicht in der Tiefe, die einen Theoretiker befriedigen würde, sondern so, dass ein Experimentalphysiker die zu Grunde liegende Idee versteht und insbesondere die Funktion auch beim Auftreten in einer Lösung einordnen kann. Für diesen Stoff ist ein zusätzliches Randsymbol eingeführt; die Abschnitte können beim ersten Durcharbeiten übersprungen werden.
- die Aufgaben am Ende jedes Kapitels sind nach Schwierigkeitsgrad markiert (• einfach, •• typisch, ••• anspruchsvoll), hinzugekommen sind Verständnisfragen. Die Lösungen sind zweiteilig: für einen Teil der Aufgaben wurde ein Abschnitt *Hinweise zu den Lösungen* eingefügt.
- da der Benutzung von Rechnern zur Lösung mathematischer Probleme eine immer größere Bedeutung zu kommt, gibt es unter www.physik.uni-osnabrueck.de/sotere/rechenmethoden/intro.html eine Rechner-orientierte Begleitung. Diese basiert auf der Anwendung von MATLAB, teilweise auch auf der Programmierung unter C++ und Fortran. Auf der Website finden Sie auch eine Korrekturliste und zusätzliche Aufgaben und Lösungen.

    Viele Leser haben Hinweise auf Fehler und Ungenauigkeiten gegeben. Bedanken möchte ich mich insbesondere bei Bruno Liebaug (U Bonn), Shin-Gyu Kang (U Kiel), Janis Lübbe (U Osnabrück), Helge Rewald (FSU Jena), Gerd Rudlof (U Rostock), und Oliver Rudolf (U Erlangen-Nürnberg). Bedanken möchte ich mich auch bei meinen Betreuern im Springer-Verlag, Thorsten Schneider und Jacqueline Lenz, sowie Nadja Kroke von Le-TeX für die angenehme und effiziente Zusammenarbeit. Und – last not least – einen ganz herzlichen Dank an Klaus Betzler.

Osnabrück, im Januar 2005   *May-Britt Kallenrode*

Vorwort

Mathematik ist die Sprache der Physik. Jedem Physikstudierenden wird dies bereits im ersten Semester beim Blick auf den Studienplan deutlich: Mathematik nimmt einen großen Raum ein. Sie ist notwendig, um Grundkonzepte der Physik elegant und eindeutig zu formulieren. In dieser Sprache Mathematik hat die Physik die Möglichkeit gefunden, sich von einer phänomenologisch orientierten Naturbeschreibung zu einer Wissenschaft zu entwickeln, die mit wenigen fundamentalen Gesetzen und Konzepten, wie z.B. den Erhaltungssätzen, selbst komplexe und der direkten Beobachtung nicht zugängliche Prozesse beschreiben kann, wie z.B. die Energieerzeugung im Innern der Sterne. Ein weiterer Aspekt der Physik ist die Vorhersagefähigkeit: Physik will nicht nur den Ist-Zustand eines Systems beschreiben sondern auch Vorhersagen über seine weitere Entwicklung oder sein Verhalten unter anderen Bedingungen geben – wieder unter Verwendung einer mathematischen Formulierung.

An der Notwendigkeit der Mathematik in der Physikausbildung besteht keine Zweifel. Schwierigkeiten gibt es in der praktischen Durchführung: das sorgfältige Studium und Verständnis der mathematischen Grundlagen kostet Zeit. Andererseits möchte die Physik bereits früh im Studium den Übergang zur Konzept orientierten formalen Wissenschaft vermitteln und benötigt dafür die Mathematik. Die Rechenmethoden möchten aus dieser Zwickmühle heraus helfen. Es will kein Lehrbuch der Sprache Mathematik sein sondern ein Sprachführer, der Ihnen in verschiedenen Situationen die notwendigen Rechenmethoden zur Verfügung stellt; z.B. bei der Bestimmung von Trägheitsmomenten die Mehrfachintegrale, bei der Beschreibung von Bewegungen die Differentialgleichungen oder bei der Beschreibung von Feldern die Vektoranalysis. Ebenso, wie Sie aus einem Sprachführer keine Sprache lernen können, können Sie aus diesem Buch nicht die Mathematik in ihren Feinheiten und ihrer formalen Strenge erlernen. Aber, wie bei einem Sprachführer, sollen die Rechenmethoden Ihnen helfen, die zum Verständnis der Experimentalphysik notwendigen mathematischen Werkzeuge in ihren Grundzügen zu erfassen und anwenden zu können.

Das vorliegende Buch basiert auf einer über 2 Semester jeweils einstündig gehaltenen Vorlesung, deren Aufbau in enger Anlehnung an den zeitlichen Ablauf der Experimentalphysik-Vorlesung gewählt wurde. Für die vorlie-

VIII   Vorwort

gende Buchform wurde der Aufbau so modifiziert, dass die einzelnen Themen im wesentlichen in der Reihenfolge eingeführt werden, wie sie in einem Lehrbuch zur Experimentalphysik benötigt werden. Hier stand, meinem persönlichen Geschmack folgend, der Demtröder [11–14] Pate.

Das Buch gliedert sich in drei Teile. In Teil 1 werden die Rechenmethoden eingeführt, die in der Mechanik benötigt werden: der Umgang mit Vektoren, Mehrfachintegrale, Matrizen und Differentialgleichungen. Teil 2 soll beim Verständnis der Elektrodynamik unterstützen: er führt ein in die Vektoranalysis und partielle Differentialgleichungen. Der dritte Teil befasst sich mit Verteilungsfunktionen und legt die Basis zum Verständnis der statistischen Mechanik einerseits und der Grundlagen der Messdatenauswertung andererseits.

→ x.y.z

→ x.y.z

Randmarkierungen helfen, den jeweiligen Stoff einzuschätzen. Ausgehend von der Sprachführeranalogie verfolgen die Rechenmethoden den Ansatz, dass sie ohne Vorkenntnisse verwendet werden können. Daher wird in verschiedenen Abschnitten Schulstoff wiederholt, der gegebenenfalls übersprungen werden kann. Diese Anschnitte sind durch eine Tafel 🖻 markiert, versehen mit einem Querverweis zu dem Abschnitt, ab dem Stoff vermittelt wird, der nicht mehr zum normalen Oberstufenrepertoire gehört. Andere Kapitel bzw. Abschnitte behandeln sehr speziellen Stoff und können beim ersten Durcharbeiten weggelassen werden. Diese sind durch einen etwas ratlosen und überforderten Leser 🯅 gekennzeichnet, ebenfalls mit dem Hinweis, an welcher Stelle im normalen Text weiter gearbeitet werden sollte. An anderen Stellen gibt es bei etwas komplexeren Problemen für Ratlose eine Zusammenfassung der Rechenschritte. Zum leichteren Auffinden sind diese Kochrezepte am Rande mit 👨‍🍳 gekennzeichnet.

Viele der hier vorgestellten Rechenmethoden werden Ihnen im Laufe Ihres Studiums immer wieder begegnen. Diese Methoden müssen Ihnen vertraut werden; so vertraut, dass Sie bei einem physikalischen Problem erkennen können, welches Werkzeug Sie zu seiner Behandlung aus Ihrem Werkzeugkasten 'Rechenmethoden' ziehen müssen. Diese Vertrautheit können Sie nur durch wiederholte Anwendung erreichen. Daher enthält dieses Buch Übungsaufgaben. Nehmen Sie das Angebot wahr, rechnen Sie. Und wenn Sie nicht sehr viel Zeit haben, erarbeiten Sie sich zumindest die Lösungsansätze. Viele weitere Aufgaben, zu einem großen Teil auch mit Lösungen, finden Sie als Rechenaufgaben im Papula [41–43] sowie als Aufgaben mit physikalischem Hintergrund im Greiner [19–23]. Der Papula kann auch als Ergänzung zum vorliegenden Buch dienen, insbesondere für die Studierenden, die einen etwas größeren Abstand zur Mathematik haben. Weitere empfehlenswerte Bücher sind der Korsch [33], der sich noch stärker am Demtröder orientiert und bei ähnlicher Stoffauswahl wie das vorliegende Buch ein höheres Niveau erreicht, sowie Großmann [24], Hassani [26] und Seaborn [54], die alle Teilaspekte des vorliegenden Buches in erweiterter Form abdecken.

Die Entstehung dieses Buches wurde von vielen Personen unterstützend begleitet. Insbesondere möchte ich mich bei Rainer Pacena bedanken, der nicht nur die allerersten Versionen der Vorlesungsskripte begleitet hat, sondern auch die vollständige Buchversion durchgearbeitet und kommentiert hat. Sven-Lars Schulz und Tobias Hahn gebührt ein großer Dank für ihre hilfreichen Kommentare sowie für die vielen Aufgaben, die sie in die Vorlesung und die begleitenden Übungen eingebracht haben. Ulrich Fischer danke ich ganz herzlich für seine Erlaubnis, Aufgaben aus dem Fundus der Kieler Experimentalphysik zu verwenden. Trotz dieser Unterstützung werden sich verschiedene (Tipp)Fehler, korrektur-resistent wie sie sein können, auch in das endgültige Buch eingeschmuggelt haben. Über Hinweise auf diese, ebenso wie über Anregungen und Kritik, an mkallenr@uos.de würde ich mich freuen.

Bedanken möchte ich mich auch bei meinen Betreuern im Springer-Verlag, Thorsten Schneider und Jacqueline Lenz, für die angenehme und effiziente Zusammenarbeit sowie bei meiner Arbeitsgruppe, insbesondere Elena Bondarenko und Bernd Heber, die mein Chaos während des Schreibens ertragen haben. Und – last not least – einen ganz herzlichen Dank an Klaus Betzler.

Osnabrück/Prerow, im Januar 2003 *May-Britt Kallenrode*

Inhaltsverzeichnis

Teil I Erste Schritte
Rechnen in der Mechanik

1	**Vektoren**	3
	1.1 Grundlagen	3
	1.2 Orts- und Verschiebungsvektor	4
	1.3 Koordinatensysteme	4
	1.3.1 Kartesische Koordinaten	5
	1.3.2 Polarkoordinaten	6
	1.3.3 Winkel in Grad- und Bogenmaß	8
	1.3.4 Zylinderkoordinaten	9
	1.3.5 Kugelkoordinaten	10
	1.4 Vektoralgebra in kartesische Koordinaten	12
	1.4.1 Gleiche, inverse und parallele Vektoren	12
	1.4.2 Vektoraddition und -subtraktion	12
	1.4.3 Multiplikation eines Vektors mit einem Skalar	13
	1.5 Skalarprodukt	14
	1.6 Kreuzprodukt	17
	1.7 Spatprodukt	21
	1.8 Mehrfachprodukte	22
	Fragen	23
	Aufgaben	25
2	**Differentiation**	31
	2.1 Funktionen	31
	2.1.1 Eigenschaften von Funktionen	32
	2.1.2 Wichtige Funktionen	33
	2.2 Differentialrechnung	38
	2.2.1 Differentialquotient	39
	2.2.2 Wichtige Ableitungen	41
	2.2.3 Ableitung einer in Parameterform dargestellten Funktion	41
	2.3 Vektorwertige Funktionen	43
	2.4 Funktionen mehrerer Variablen	45
	2.4.1 Funktion zweier Variablen	46

        2.4.2 Partielle Ableitung 46
        2.4.3 Stationäre Punkte 49
        2.4.4 Koordinatensysteme: Transformation
               der Basisvektoren 49
        2.4.5 Jacobi-Determinante 54
   2.5 Potenzreihenentwicklung 55
        2.5.1 Folgen und Reihen 55
        2.5.2 Taylor-Entwicklung 56
        2.5.3 MacLaurin'sche Reihe 58
   Fragen 60
   Aufgaben 61

3 **Integration** 65
   3.1 Grundlagen 65
        3.1.1 Bestimmtes und unbestimmtes Integral 66
        3.1.2 Wichtige Integrale 68
   3.2 Grundregeln des Integrierens 68
        3.2.1 Faktorregel 68
        3.2.2 Summenregel 69
        3.2.3 Substitutionsmethode 69
        3.2.4 Partielle Integration (Produktintegration) 71
        3.2.5 Rotationskörper 72
        3.2.6 Fläche zwischen zwei Kurven 73
        3.2.7 Numerische Integration 74
   3.3 Mehrfachintegrale 77
        3.3.1 Doppelintegrale 77
        3.3.2 Dreifachintegrale 80
   3.4 Integration vektorwertiger Funktionen 82
   Fragen 84
   Aufgaben 85

4 **Komplexe Zahlen** 89
   4.1 Definition und Darstellung 89
   4.2 Handwerkszeug 90
        4.2.1 Addition und Subtraktion 91
        4.2.2 Multiplikation zweier komplexer Zahlen 91
        4.2.3 Konjugiert komplexe Zahl 91
        4.2.4 Division zweier komplexer Zahlen 92
   4.3 Euler'sche Formel 92
   4.4 Potenzieren und komplexe Wurzel 94
   Fragen 96
   Aufgaben 97

5 Lineare Differentialgleichungen erster Ordnung 99
5.1 Einführung 99
5.1.1 Was ist eine Differentialgleichung (DGL)? 99
5.1.2 Lösung durch Raten 100
5.1.3 Gewöhnliche lineare DGL erster Ordnung 101
5.2 Homogene lineare DGL erster Ordnung 101
5.3 Homogene lineare DGL erster Ordnung mit konstantem Summanden 103
5.4 Inhomogene lineare DGL erster Ordnung 105
5.4.1 Variation der Konstanten 106
5.4.2 Aufsuchen einer partikulären Lösung 107
Fragen 108
Aufgaben 109

6 Differentialgleichungen zweiter Ordnung 113
6.1 Grundlagen 113
6.2 Homogene Differentialgleichung zweiter Ordnung 113
6.2.1 Exponentialansatz 114
6.2.2 Linearer harmonischer Oszillator 115
6.2.3 Beliebige ortsabhängige Kraft 118
6.2.4 Gedämpfte Schwingung 119
6.2.5 Zusammenfassung: Homogene DGL 2. Ordnung 124
6.3 Inhomogene DGL: Erzwungene Schwingung 125
6.4 Lösung einer DGL durch eine Potenzreihe 128
Fragen 130
Aufgaben 130

7 Numerische Lösung von Differentialgleichungen 133
7.1 Die Idee 133
7.1.1 Differentialgleichung erster Ordnung 133
7.1.2 Differentialgleichung zweiter Ordnung 136
7.2 Grundlagen 136
7.3 Euler-Verfahren 137
7.4 Leapfrog-Verfahren (Halbschritt-Verfahren) 141
7.5 Runge-Kutta-Verfahren 4. Ordnung 142
Fragen 143
Aufgaben 144

8 Matrizen 145
8.1 Lineare Gleichungssysteme 145
8.1.1 Lineare Gleichungssysteme mit zwei Unbekannten 145
8.1.2 Lineare Gleichungssysteme mit drei Unbekannten..... 146
8.1.3 Schreibweise durch Vektoren und Matrizen 147
8.2 Handwerkszeug 148
8.3 Matrixmultiplikation 150

8.4 Inverse Matrizen und Determinanten 153
  8.4.1 Determinanten 154
  8.4.2 Rechenregeln 156
8.5 Komplexe Matrizen 159
8.6 Matrizen und Transformationen 160
  8.6.1 Drehmatrix 162
  8.6.2 Transformation auf krummlinige Koordinaten 164
  8.6.3 Lorentz-Transformation 164
  8.6.4 Trägheitstensor 165
8.7 Eigenwerte und Eigenvektoren 167
  8.7.1 Bedeutung von Eigenwerten und -vektoren 169
  8.7.2 Eigenwertproblem: Gekoppelte Differentialgleichungen 173
  8.7.3 Eigenwertproblem des Trägheitstensors 176
Fragen 178
Aufgaben 179

Teil II Von Feldern und Wellen
Rechnen in der Elektrodynamik

9 Delta-Funktion und verallgemeinerte Funktionen 187
9.1 Die Delta-Funktion als verallgemeinerte Funktion 187
  9.1.1 Annäherungen 188
  9.1.2 Eindimensionale Delta-Funktion 189
  9.1.3 Eigenschaften der Delta-Funktion 190
  9.1.4 Delta-Funktion einer Funktion 191
  9.1.5 Heavyside-Funktion 192
9.2 Delta-Funktion in drei Dimension 194
9.3 Gamma-Funktion und Error-Funktion 195
  9.3.1 Gamma-Funktion 195
  9.3.2 Error-Funktion 197
Fragen 198
Aufgaben 199

10 Differentiation von Feldern: Gradient, Divergenz und Rotation 201
10.1 Skalar- und Vektorfelder 201
  10.1.1 Spezielle Felder 202
  10.1.2 Vektorfelder in krummlinigen Koordinaten 203
10.2 Gradient 203
  10.2.1 Definition und Eigenschaften 203
  10.2.2 Gradient in krummlinigen Koordinaten 205
  10.2.3 Spezielle Felder 206
  10.2.4 Richtungsableitung 207
  10.2.5 Partielle und totale zeitliche Ableitung ... 208

10.3 Divergenz 209
    10.3.1 Anschauung 209
    10.3.2 Krummlinige Koordinaten 211
    10.3.3 Eigenschaften und Beispiele 212
10.4 Laplace-Operator 213
10.5 Rotation 214
    10.5.1 Krummlinige Koordinaten 214
    10.5.2 Spezielle Felder und Eigenschaften 215
    10.5.3 Rotation anschaulich 215
10.6 Der Nabla-Operator zusammengefasst 217
Fragen 218
Aufgaben 218

11 Integration von Feldern: Kurven- und Flächenintegrale ... 223
11.1 Kurven und Flächen 223
    11.1.1 Darstellung ebener und räumlicher Kurven 223
    11.1.2 Flächen im Raum 225
11.2 Kurvenintegrale 226
11.3 Oberflächenintegrale 229
11.4 Gauß'scher Integralsatz 231
11.5 Stokes'scher Integralsatz 236
    11.5.1 Rotation als Wirbelstärke 236
    11.5.2 Stokes'scher Integralsatz 237
Fragen 239
Aufgaben 240

12 Partielle Differentialgleichungen 243
12.1 Beispiel: Elektromagnetische Welle im Vakuum 243
12.2 Übersicht 245
    12.2.1 Beispiele für partielle Differentialgleichungen .. 245
    12.2.2 Randbedingungen 246
    12.2.3 Separationsansatz 246
12.3 Wellengleichung 246
    12.3.1 1D-Wellengleichung: Lösung durch Separationsansatz . 247
    12.3.2 Fourier-Reihen 248
    12.3.3 Allgemeine Lösung der 1D-Wellengleichung 251
    12.3.4 2D-Welle: Schwingende Rechteckmembran 253
    12.3.5 2D-Welle: Schwingende Kreismembran 256
    12.3.6 Bessel-Funktionen 257
    12.3.7 2D-Welle: Schwingende Kreismembran fortgesetzt ... 259
    12.3.8 Schwingende Kugeloberflächen 260
    12.3.9 Legendre-Polynome und Kugelflächenfunktionen 261
12.4 Laplace- und Poisson-Gleichung 264
    12.4.1 Laplace-Gleichung 264
    12.4.2 Poisson-Gleichung 266

XVI   Inhaltsverzeichnis

    12.5 Wärmeleitungs- und Diffusionsgleichung 271
        12.5.1 Diffusionsgleichung 271
        12.5.2 Random Walk und mittleres Abstandsquadrat 272
        12.5.3 Eindimensionale Diffusionsgleichung: δ-Injektion 275
        12.5.4 Allgemeine Lösung der 1D Diffusionsgleichung 275
        12.5.5 Dreidimensionale Diffusionsgleichung 277
    Fragen 278
    Aufgaben 278

Teil III Ein entschiedenes Jein
Wahrscheinlichkeiten und Fehler

13 Wahrscheinlichkeit, Entropie und Maxwell-Verteilung 283
    13.1 Kombinatorik 283
        13.1.1 Permutationen 283
        13.1.2 Kombinationen 284
        13.1.3 Variationen 285
    13.2 Wahrscheinlichkeitsrechnung 286
        13.2.1 Grundbegriffe 286
        13.2.2 Wahrscheinlichkeit 286
        13.2.3 Bedingte Wahrscheinlichkeit 288
        13.2.4 Bayes'sche Formel 290
    13.3 Wahrscheinlichkeitsverteilungen 291
        13.3.1 Grundbegriffe 292
        13.3.2 Kenngrößen einer Verteilung 296
        13.3.3 Binominalverteilung 298
        13.3.4 Poisson-Verteilung 301
        13.3.5 Gauß'sche Normalverteilung 302
    13.4 Entropie und Maxwell–Boltzmann-Verteilung 304
        13.4.1 Information und Entropie 305
        13.4.2 Maximale Unbestimmtheit 311
        13.4.3 Maxwell–Boltzmann-Verteilung 312
    Fragen 314
    Aufgaben 315

14 Messung und Messfehler 319
    14.1 Charakterisierung von Messdaten 320
    14.2 Verteilung, Mittelwert und Varianz 321
        14.2.1 (Normalverteilte) Messwerte 321
        14.2.2 ‚Zählen' und Poisson-Verteilung 322
        14.2.3 Mittelwert und Standardabweichung
                aus den Messwerten 323
        14.2.4 Vertrauensbereich für den Mittelwert 324
    14.3 Fehlerfortpflanzung 324

           14.3.1 Summen oder Differenzen 325
           14.3.2 Multiplikation mit einer Konstanten 326
           14.3.3 Multiplikation oder Division 326
           14.3.4 Potenzgesetz................................... 327
    14.4 Ausgleichsrechnung 327
           14.4.1 Lineare Regression 327
           14.4.2 Lineare Regression unter Berücksichtigung
                  der Messfehler 331
           14.4.3 Rang-Korrelation............................... 333
    Fragen... 335
    Aufgaben 335

Hinweise zu Aufgaben 337

Lösungen 345

Literaturverzeichnis 373

Sachverzeichnis 377

Teil I

Erste Schritte
Rechnen in der Mechanik

1 Vektoren

Die Beschreibung von Bewegungen als erster Themenkomplex in der Experimentalphysikvorlesung ist inhaltlich aus der Schule bekannt. Formal kommt ein neuer Aspekt hinzu: Bewegungen werden im dreidimensionalen Raum betrachtet, d.h. für die Angabe des Ortes und der Geschwindigkeit wird ein Vektor verwendet. Auch Kräfte als die Ursachen von Bewegungsänderungen werden durch Vektoren beschrieben.

Vektoren sind aus der Schule bekannt: als abstraktes mathematisches Konstrukt eines n-Tupels oder anschaulich als eine Verschiebung. In diesem Kapitel werden Vektoren als Ortsvektoren in verschiedenen Koordinatensystemen eingeführt. Wir werden die Verknüpfung vektorieller Größen betrachten, insbesondere die Multiplikation von Kräften und Wegen. So lässt sich die Arbeit als das Produkt aus der Kraft entlang eines Weges mit diesem Weg durch das Skalarprodukt darstellen. Das Drehmoment, definiert über eine Kraft senkrecht zu einem Hebelarm, dagegen wird durch das Kreuzprodukt beschrieben, ebenso wie die Lorentz-Kraft, die die Bewegung eines geladenen Teilchens im Magnetfeld bestimmt.

1.1 Grundlagen

Definition 1. *Ein* Vektor *ist eine gerichtete Größe. Er wird durch eine Richtung und eine Länge (einen Betrag) charakterisiert. Ein Vektor kann eine Verschiebung beschreiben.* → 1.3

Zur Kennzeichnung eines Vektors werden Pfeile über den Symbolen verwendet, z.B. $\vec{F}$, $\vec{v}$, oder wie hier Fettdruck, z.B. $\boldsymbol{F}$, $\boldsymbol{v}$.

Zu einer physikalischen Vektorgröße gehört auch die *Maßeinheit*. Der Betrag eines physikalischen Vektors besteht aus Maßzahl und Einheit; für den Betrag des Vektors $\boldsymbol{F}_1$ gilt z.B. $|\boldsymbol{F}_1| = F_1 = 100$ N.

Symbolisch kann ein Vektor durch einen Pfeil dargestellt werden (s. Abb. 1.1). Die Länge des Pfeils gibt den Betrag des Vektors, die Pfeilspitze legt seine Richtung fest. Ein Vektor lässt sich auch durch die Angabe von Anfangspunkt P_1 und Endpunkt P_2 eindeutig festlegen; als Symbol wird dann $\overrightarrow{P_1 P_2}$ verwendet.

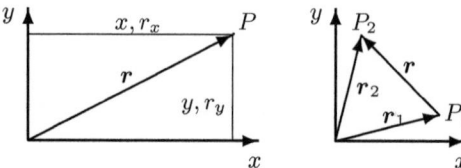

Abb. 1.1. Vektor als Ortsvektor (links) und zur Darstellung einer Verschiebung zwischen den Punkten P_1 und P_2 (rechts)

1.2 Orts- und Verschiebungsvektor

Nehmen wir in der letzten Darstellung als Anfangspunkt den Ursprung mit den Koordinaten (0,0,0), so kann der *Ortsvektor* r des Punktes $P = P(x, y, z)$ in kartesischen Koordinaten (s. Abb. 1.1 links) geschrieben werden als

$$r = \begin{pmatrix} x \\ y \\ z \end{pmatrix} = \begin{pmatrix} r_x \\ r_y \\ r_z \end{pmatrix} . \tag{1.1}$$

Der Ortsvektor r gibt die Lage eines Punktes P relativ zum Koordinatenursprung an,[1] die r_i sind die *Komponenten* des Vektors r.

Der *Verschiebungsvektor* r zwischen den Punkten P_1 und P_2 ist durch die Ortsvektoren r_1 und r_2 der beiden Punkte bestimmt:

$$r = -r_1 + r_2 = r_2 - r_1 . \tag{1.2}$$

Anschaulich bedeutet diese Gleichung, dass wir erst vom Punkt P_1 entgegen dessen Ortsvektor r_1 zurück zum Ursprung gehen und von dort entlang des Ortsvektors r_2 zum Punkt P_2.

Spezielle Vektoren sind der *Nullvektor*[2] $\mathbf{0}$ mit dem Betrag $|\mathbf{0}| = 0$ und der *Einheitsvektor* e mit dem Betrag 1: $|e| = 1$. Einheitsvektoren geben eine Richtung an; so geben e_x, e_y und e_z die Richtungen der Achsen eines kartesischen Koordinatensystems.

1.3 Koordinatensysteme

Vektoren können auf verschiedene Weise dargestellt werden. Bisher haben wir kartesische Koordinaten verwendet. In der Physik werden häufig Koordinatensysteme benutzt, die Symmetrien des Problems ausnutzen, z.B. dadurch, dass von den drei räumlichen Koordinaten eine konstant gehalten werden kann. Dieser Ansatz wird auch im geographischen Koordinatensystem verwendet: der Ort ist durch die Angabe von Länge und Breite eindeutig bestimmt, da die dritte Koordinate, der Erdradius, konstant ist.

---

[1] Um Platz zu sparen werden wir für einen Vektor im Text auch die Darstellung $r = (x, y, z) = (r_x, r_y, r_z)$ anstelle von (1.1) verwenden. Beide Darstellungsformen sollen hier einen Spaltenvektor beschreiben.

[2] Er hat keine Richtung; häufig wird der Vektorpfeil weggelassen.

1.3.1 Kartesische Koordinaten

Kartesische Koordinaten bilden ein rechtwinkliges Koordinatensystem. Das zweidimensionale System mit x- und y-Achse ist ein Spezialfall, die allgemeinere Darstellung erfolgt im dreidimensionalen System mit der zusätzlichen z-Achse. Ein kartesisches Koordinatensystem ist also über drei senkrecht aufeinander stehende Achsen definiert, die von einem gemeinsamen Ursprung ausgehen und ein Rechtssystem (s. Kreuzprodukt, Abschn. 1.6) bilden.

Die *Einheitsvektoren* sind *linear unabhängig*, d.h. $\sum_{i=1}^{n} \alpha_i e_i = 0$ kann nur durch $\alpha_i = 0 \,\forall\, i$ (sprich ‚für alle i') erfüllt werden. Die *Dimension eines Vektorraums* ist die maximale Zahl linear unabhängigen Einheitsvektoren, die benötigt werden, um diesen Raum aufzuspannen: ein Vektor e_1 definiert eine Gerade, zwei nicht-parallele Vektoren e_1 und e_2 spannen eine Ebene auf. Ein zusätzlicher dritter Vektor e_1, der nicht in der von e_1 und e_2 aufgespannten Ebene liegt, d.h. nicht als eine Linearkombination $\alpha_1 e_1 + \alpha_2 e_2$ darstellbar ist, wird benötigt, um den dreidimensionalen Raum aufzuspannen.

Zur Bestimmung der Lage eines Punktes in kartesischen Koordinaten werden die Abstände des Punktes vom Ursprung entlang der Koordinatenachsen angegeben als ein Zahlentripel (x, y, z). Ein Vektor kann daher als ein geordnetes Paar reeller Zahlen verstanden werden. Unter Verwendung der Einheitsvektoren e_x, e_y und e_z entlang der Koordinatenachsen lässt sich der Ortsvektor r des Punktes $P = P(x, y, z)$ schreiben als

$$r = x\,e_x + y\,e_y + z\,e_z \,. \tag{1.3}$$

Der Ortsvektor r in Abb. 1.1 bildet die Hypothenuse eines rechtwinkligen Dreiecks mit den Achsenabschnitten x und y als Katheten. Der *Betrag* dieses Vektors ist daher

$$r = |r| = \sqrt{x^2 + y^2} = \sqrt{r_x^2 + r_y^2} \tag{1.4}$$

bzw. im dreidimensionalen Fall

$$r = |r| = \sqrt{x^2 + y^2 + z^2} = \sqrt{r_x^2 + r_y^2 + r_z^2} \,. \tag{1.5}$$

Der Einheitsvektor e_r in Richtung eines beliebigen Vektors r ergibt sich durch die Division des Vektors durch seinen Betrag:

$$e_r = \frac{r}{|r|} \,. \tag{1.6}$$

Beispiel 1. Der Vektor $r = 3\,e_x + 4\,e_y - 5\,e_z$ lässt sich auch schreiben als $r = (3, 4, -5)$. Sein Betrag ist $r = |r| = \sqrt{3^2 + 4^2 + (-5)^2} = \sqrt{50}$, der Einheitsvektor in Richtung von r ist

$$e_r = \frac{r}{|r|} = \frac{1}{\sqrt{50}} \begin{pmatrix} 3 \\ 4 \\ -5 \end{pmatrix} \,. \tag{1.7}$$

□

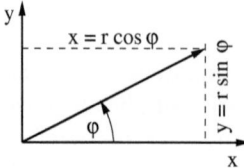

Abb. 1.2. Darstellung eines Vektors in Polarkoordinaten

1.3.2 Polarkoordinaten

Polarkoordinaten bieten eine andere Möglichkeit, ein zweidimensionales Koordinatensystem aufzuspannen. Anstelle der Abstände eines Punktes vom Ursprung entlang der x- und y-Achsen tritt hier der Betrag r seines Abstands vom Ursprung und seine Richtung φ relativ zur x-Achse, vgl. Abb. 1.2:

$$\begin{pmatrix} x \\ y \end{pmatrix} = \begin{pmatrix} r\cos\varphi \\ r\sin\varphi \end{pmatrix} = r \begin{pmatrix} \cos\varphi \\ \sin\varphi \end{pmatrix} \tag{1.8}$$

mit

$$r = \sqrt{x^2 + y^2} = \sqrt{r^2\cos^2\varphi + r^2\sin^2\varphi} \quad \text{und} \quad \tan\varphi = y/x\,. \tag{1.9}$$

Dabei ist die Abstandskoordinate r stets größer Null, da es sich um den Betrag eines Vektors handelt. Der Winkel φ wird im mathematischen Sinne gezählt, d.h. positive φ entsprechen einer Drehung gegen den Uhrzeigersinn.

Polarkoordinaten bilden ein krummliniges Koordinatensystem aus konzentrischen Kreisen um den Ursprung (φ-Linien, auf ihnen kann der Winkel φ für festes r abgetragen werden) und Strahlen, die radial vom Ursprung nach außen verlaufen (r-Linien), vgl. Abb. 1.3 links. Polarkoordinaten bilden ein *orthogonales Koordinatensystem*, da sich die r- und φ-Linien im rechten Winkel schneiden und damit die Einheitsvektoren $\boldsymbol{e}_r$ und $\boldsymbol{e}_\varphi$ senkrecht auf einander stehen.

Beispiel 2. Der Ortsvektor zum Punkt $P = (3, -4)$ ist in Polarkoordinaten gegeben durch den Betrag $r = |\boldsymbol{r}| = \sqrt{3^2 + (-4)^2} = \sqrt{25} = 5$ und den Winkel zwischen der x-Achse und dem Vektor $\varphi = \operatorname{atan}\left(\frac{-4}{3}\right) = -53°(+n\,180°)$. Da die Umkehrung der Winkelfunktion nicht eindeutig ist, ergibt sich der Term in der Klammer. Den korrekten Winkel kann man sich geometrisch veranschaulichen: $-53°$ (bzw. um einen positiven Wert zu erhalten $307°$) ist sinnvoll, da der Vektor auf Grund positiver x und negativer y-Komponente im rechten unteren Quadranten des Koordinatensystems liegt. Die Angabe eines Winkel von $127°$ ergibt einen Vektor, der in den linken oberen Quadranten eines kartesischen Koordinatensystems weist, d.h. dem gegebenen Vektor entgegen gesetzt ist. □

In Polarkoordinaten beschreiben die Einheitsvektoren $\boldsymbol{e}_r$ und $\boldsymbol{e}_\varphi$ die radiale und die azimutale Komponente des Vektors. In kartesischen Koordinaten zeigt der Einheitsvektor $\boldsymbol{e}_x$ entlang der x-Achse – er weist in Richtung zunehmender Werte von x bei gleichzeitig konstanten Werten von y und z.

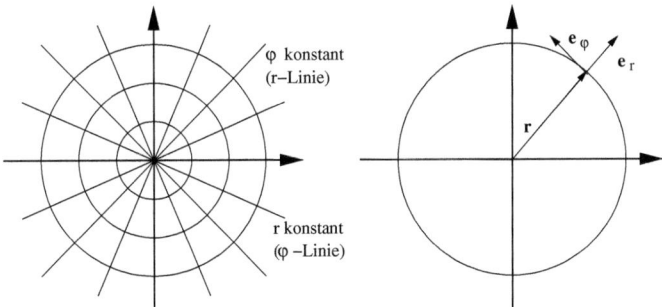

Abb. 1.3. Polarkoordinaten: r- und φ-Linien (links) und Einheitsvektoren $\boldsymbol{e}_r$ und $\boldsymbol{e}_\varphi$ (rechts)

Entsprechend weist der Einheitsvektor $\boldsymbol{e}_\varphi$ in Richtung zunehmender Werte von φ bei gleichzeitig konstantem r. Ein Vektor $\boldsymbol{a}(r,\varphi)$ lässt sich in Polarkoordinaten schreiben als

$$\boldsymbol{a}(r,\varphi) = a_r\,\boldsymbol{e}_r + a_\varphi\,\boldsymbol{e}_\varphi \,. \tag{1.10}$$

Die Einheitsvektoren $\boldsymbol{e}_r$ und $\boldsymbol{e}_\varphi$ verändern ihre Lage in Abhängigkeit vom Ortsvektor $\boldsymbol{r}$, vgl. Abb. 1.3 rechts, und es gilt:

$$\boldsymbol{e}_r = \begin{pmatrix} \cos\varphi \\ \sin\varphi \end{pmatrix} \quad \text{und} \quad \boldsymbol{e}_\varphi = \begin{pmatrix} -\sin\varphi \\ \cos\varphi \end{pmatrix} \,. \tag{1.11}$$

Für Polarkoordinaten sind die Einheitsvektoren anschaulich, eine Herleitung für beliebige Koordinatensysteme erfolgt in Abschn. 2.4.4.

Beispiel 3. Eine Anwendung von Polarkoordinaten in der Physik ist die Kreisbewegung. Eine Bewegung ist die Veränderung des Ortes mit der Zeit: $\boldsymbol{r} = \boldsymbol{r}(t)$.[3] Bei der Darstellung einer Kreisbewegung in kartesischen Koordinaten hängen beide Koordinaten von der Zeit ab: $x(t)$ und $y(t)$. In Polarkoordinaten dagegen entspricht eine Kreisbewegung der Bewegung entlang einer φ-Linie, d.h. die Bewegung ist durch die Angabe des konstanten Wertes von r und des zeitlich variablen Wertes der zweiten Koordinate, $\varphi(t)$, vollständig beschreiben. Noch deutlicher wird die durch Polarkoordinaten bedingte Vereinfachung, wenn wir die Geschwindigkeit betrachten: in kartesischen Koordinaten ist die Geschwindigkeit $\boldsymbol{v}(t)$

$$\boldsymbol{v}(t) = \frac{\mathrm{d}\boldsymbol{r}(t)}{\mathrm{d}t} = \begin{pmatrix} \mathrm{d}x(t)/\mathrm{d}t \\ \mathrm{d}y(t)/\mathrm{d}t \end{pmatrix} = \begin{pmatrix} v_x(t) \\ v_y(t) \end{pmatrix} \,. \tag{1.12}$$

Selbst bei einer gleichförmigen Kreisbewegung $|\boldsymbol{v}| = $ const ändert sich $\boldsymbol{v}$, da sich die Bewegungsrichtung ändert. In Polarkoordinaten dagegen ist nur die

---

[3] Anschaulich beschreibt $\boldsymbol{r}(t)$ die Bahnkurve des Körpers. Formal wird die Darstellung $\boldsymbol{r}(t)$ auch als *Parameterdarstellung* einer Funktion $\boldsymbol{r}(x,y,z)$ betrachtet, in der die einzelnen Variablen x, y und z durch ihre Abhängigkeit vom Parameter t beschrieben werden: $\boldsymbol{r} = \boldsymbol{r}(x(t), y(t), z(t))$, s. Kap. 11.

8   1 Vektoren

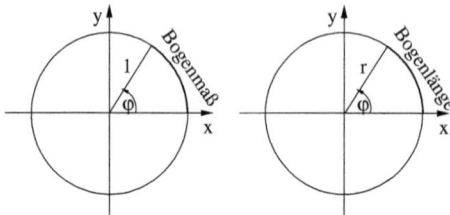

Abb. 1.4. Bogenmaß und Bogenlänge: das Bogenmaß ist die Länge des Bogens, der dem Winkel im Einheitskreis gegenüber liegt

Koordinate $\varphi(t)$ zeitabhängig und die Bewegung wird durch die Winkelgeschwindigkeit ω beschrieben:

$$\omega = \frac{\mathrm{d}\varphi(t)}{\mathrm{d}t} \ . \tag{1.13}$$

Für eine gleichförmige Bewegung ist ω konstant.   □

Bei der Kreisbewegung ändert sich der Vektors r in Richtung des Einheitsvektors e_φ. Damit ändert sich die Lage der Einheitsvektoren: sie bewegen sich entlang einer φ-Linie, wobei e_r stets radial nach außen gerichtet ist. Der Einheitsvektor e_φ ist stets tangential, der Vektor e_r normal zur Bewegung, d.h. die Einheitsvektoren in Polarkoordinaten erlauben eine einfache Angabe der *Normal-* und der *Tangentialbeschleunigung*.[4] Für eine allgemeine Bewegung ändert sich r sowohl in Richtung von e_r als auch von e_φ.

1.3.3 Winkel in Grad- und Bogenmaß

Winkel können im Grad- oder Bogenmaß gemessen werden: das Gradmaß basiert auf der Unterteilung des Kreises in 360°. Das Bogenmaß bezieht sich auf die Bogenlänge im Einheitskreis, vgl. Abb. 1.4:

Definition 2. *Das Bogenmaß x eines Winkels φ ist die Länge des Bogens, der dem Winkel φ im Einheitskreis gegenüber liegt.*

Das Bogenmaß ist bei beliebigem Radius also das Verhältnis aus Bogenlänge zu Radius:

$$x = \frac{\text{Bogenlänge}}{\text{Radius}} = \frac{b}{r} \ . \tag{1.14}$$

Das Bogenmaß ist eine dimensionslose Größe, die Einheit Radiant (rad) wird meist weggelassen.

---

[4] Bei der Bewegung entlang einer krummlinigen Bahn werden die auftretenden Kräfte bzw. Beschleunigungen in eine Normal- und eine Tangentialkomponente zerlegt. Die Normalkomponente führt zu einer Änderung der Bewegungsrichtung, die Tangentialkomponente zu einer Änderung des Betrages der Geschwindigkeit (Schnelligkeit). Verschwindet die Normalbeschleunigung, so ist die Bewegung gradlinig; verschwindet die Tangentialbeschleunigung, so handelt es sich um eine Bewegung mit konstantem Betrag der Geschwindigkeit (Schnelligkeit).

Tabelle 1.1. Grad- und Bogenmaß für einige Winkel

φ	30°	45°	90°	180°	360°
x	$\pi/6$	$\pi/4$	$\pi/2$	π	2π

Der Zusammenhang zwischen Bogenmaß x und Gradmaß φ wird anschaulich, wenn man den Winkel als Maß für ein Kreissegment betrachtet. Dieses lässt sich entweder durch den Winkel relativ zum Vollkreis, also $\varphi/360°$, angeben oder durch die Bogenlänge relativ zum Gesamtumfang, also $x/(2\pi)$. Damit ergibt sich als Umrechnung zwischen Grad- und Bogenmaß

$$\varphi = \frac{360°}{2\pi} x \quad \text{bzw.} \quad x = \frac{2\pi}{360°} \varphi \,. \tag{1.15}$$

Werte für wichtige Winkel sind in Tabelle 1.1 gegeben; für die Einheit 1 rad ergibt sich 1 rad $\cong \frac{360°}{2\pi} = 57°17'45''$, d.h. 1 rad gibt den Winkel, unter dem die Bogenlänge eines Einheitskreises genau 1 ist.

Mit der mit dem Bogenmaß verbundenen Vorstellung einer Bogenlänge lässt sich der ebene Winkel φ auf den *Raumwinkel* Ω erweitern:

Definition 3. *Der Raumwinkel Ω ist die Kugelfläche S, die von einem Kegel mit Spitze im Mittelpunkt aus einer Einheitskugel ausgeschnitten wird.*

Der Raumwinkel in einer Kugel mit Radius r ist das Verhältnis von Kugelfläche S zu Radius r:

$$\Omega = \frac{\text{Kugelfläche}}{\text{Radius}} = \frac{S}{r} \,. \tag{1.16}$$

Der Raumwinkel ist ebenfalls eine dimensionslose Größe, die Einheit ist der Steradiant (sr): 1 sr gibt den Raumwinkel, unter dem die Kugeloberfläche einer Einheitskugel 1 ergibt. Die Oberfläche einer Kugel entspricht einem Raumwinkel 4π.

1.3.4 Zylinderkoordinaten

Zylinderkoordinaten bilden ein dreidimensionales Koordinatensystem, in dem die xy-Ebene eines kartesischen Koordinatensystems durch Polarkoordinaten beschrieben wird, die z-Achse jedoch unverändert bleibt, vgl. Abb. 1.5. Zylinderkoordinaten bestehen also aus einem Polarkoordinatensystem mit einer senkrecht dazu durch den Ursprung gehenden z-Achse. Aus bekannten Zylinderkoordinaten ϱ, φ, z ergeben sich die kartesischen Koordinaten zu

$$\begin{pmatrix} x \\ y \\ z \end{pmatrix} = \begin{pmatrix} \varrho \cos \varphi \\ \varrho \sin \varphi \\ z \end{pmatrix} \tag{1.17}$$

und umgekehrt

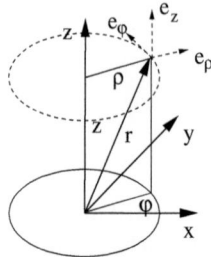

Abb. 1.5. Zylinderkoordinaten ϱ, φ und z zusammen mit den Einheitsvektoren e_ϱ, e_φ und e_z. Der Einheitsvektor e_ϱ weist in der Ebene $z = $ const radial nach außen, e_φ liegt senkrecht zu e_ϱ ebenfalls in dieser Ebene. Der Einheitsvektor e_z weist parallel zur z-Achse

$$\varrho = \sqrt{x^2 + y^2}, \qquad \varphi = \mathrm{atan}\frac{y}{x} \qquad \text{und} \qquad z = z\,. \tag{1.18}$$

Hier wird ϱ für den Abstand des Punktes von der z-Achse verwendet und nicht r, da letzteres die Länge des Ortsvektors r beschreibt, d.h. den Abstand des Punktes vom Ursprung. ϱ und $r = |r|$ stimmen nur für $z = 0$ überein.

Ähnlich Polarkoordinaten lassen sich Zylinder-Koordinaten durch r-, φ- und z-Flächen darstellen, auf denen die entsprechende Koordinate konstant ist. So ist eine r-Fläche der Mantel eines Zylinders mit konstantem r, der um die z-Achse zentriert ist. Eine r-Linie wie in Polarkoordinaten ergibt sich als der Schnitt dieses Zylinders mit einer z-Fläche, d.h. einer senkrecht zur z-Achse liegenden Ebene, auf der z konstant ist.

Ein Vektor in Zylinderkoordinaten wird durch die Einheitsvektoren e_ϱ, e_φ und e_z beschrieben, vgl. Abb. 1.5. Für einen Vektor $a(\varrho, \varphi, z)$ gilt

$$a(\varrho, \varphi, z) = a_\varrho\, e_\varrho + a_\varphi\, e_\varphi + a_z\, e_z \qquad \text{mit} \tag{1.19}$$

$$e_\varrho = \begin{pmatrix} \cos\varphi \\ \sin\varphi \\ 0 \end{pmatrix}, \quad e_\varphi = \begin{pmatrix} -\sin\varphi \\ \cos\varphi \\ 0 \end{pmatrix} \quad \text{und} \quad e_z = \begin{pmatrix} 0 \\ 0 \\ 1 \end{pmatrix}. \tag{1.20}$$

Zylinderkoordinaten werden bei zylindersymmetrischen Geometrien verwendet, d.h. wenn die Größen nur vom Abstand ϱ zu einer Achse abhängen. Beispiele sind das Magnetfeld um einen stromdurchflossenen Draht, das Trägheitsmoment eines Rotationskörpers oder die Ausbreitung einer Wasserwelle um die Einschlagstelle eines Steins.

1.3.5 Kugelkoordinaten

In Kugelkoordinaten ist die Lage eines Punktes durch seinen Abstand r vom Ursprung (Länge des Ortsvektors r) sowie einen Azimut φ (wie in Polarkoordinaten) und eine Elevation ϑ gegeben, vgl. Abb. 1.6. Die ‚Höhe' über der Polarebene wird also nicht wie in Zylinderkoordinaten durch die lineare Größe z, also die Höhe, gegeben, sondern durch eine Kombination eines Höhenwinkels ($\frac{\pi}{2} - \vartheta$) mit dem Abstand r vom Ursprung. Der Winkel ϑ

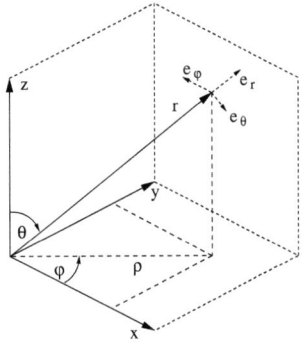

Abb. 1.6. Kugelkoordinaten r, φ und ϑ mit den Einheitsvektoren $\boldsymbol{e}_r$, $\boldsymbol{e}_\varphi$ und $\boldsymbol{e}_\vartheta$. Der Einheitsvektor $\boldsymbol{e}_r$ weist radial nach außen, $\boldsymbol{e}_\varphi$ steht in einer Ebene $z = \text{const}$ senkrecht auf $\boldsymbol{e}_r$. Der Einheitsvektor $\boldsymbol{e}_\vartheta$ steht senkrecht auf beiden und liegt in einer Ebene $\varphi = \text{const}$

ähnelt der Breite im geographischen Koordinatensystem;[5] φ entspricht der geographischen Länge. Der Winkel φ läuft von 0 bis 2π, ϑ von 0 bis π.

Die Herleitung der Transformation erfolgt schrittweise, vgl. Abb. 1.6. Dazu zerlegen wir den Vektor $\boldsymbol{r}$ in eine Komponente $z = r\cos\vartheta$ parallel zur z-Achse und eine Komponente $\varrho = r\sin\vartheta$ in der xy-Ebene. Jetzt wird die Projektion ϱ, d.h. ein in der xy-Ebene liegender Vektor, betrachtet. Seine Komponenten entlang der x- und y-Achse werden als Polarkoordinaten gemäß (1.9) bestimmt. Damit ergibt sich für die Umwandlung eines Vektors aus Kugelkoordinaten in kartesische Koordinaten

$$\begin{pmatrix} x \\ y \\ z \end{pmatrix} = \begin{pmatrix} \varrho\cos\varphi \\ \varrho\sin\varphi \\ r\cos\vartheta \end{pmatrix} = \begin{pmatrix} r\sin\vartheta\cos\varphi \\ r\sin\vartheta\sin\varphi \\ r\cos\vartheta \end{pmatrix}. \tag{1.21}$$

Für den Übergang von kartesischen auf Kugelkoordinaten gilt

$$r = \sqrt{x^2 + y^2 + z^2}\,,\quad \tan\vartheta = \frac{\sqrt{x^2+y^2}}{z} \quad\text{und}\quad \tan\varphi = \frac{y}{x}. \tag{1.22}$$

In Kugelkoordinaten sind die Einheitsvektoren $\boldsymbol{e}_r$, $\boldsymbol{e}_\vartheta$, und $\boldsymbol{e}_\varphi$, vgl. Abb. 1.6. Für einen allgemeinen Vektor $\boldsymbol{a}(r,\varphi,\vartheta)$ gilt daher

$$\boldsymbol{a}(r,\varphi,\vartheta) = a_r\,\boldsymbol{e}_r + a_\varphi\,\boldsymbol{e}_\varphi + a_\vartheta\,\boldsymbol{e}_\vartheta \tag{1.23}$$

mit (zur Herleitung vgl. Abschn. 2.4.4)

$$\boldsymbol{e}_r = \frac{\partial \boldsymbol{r}}{\partial r} = \begin{pmatrix} \sin\vartheta\cos\varphi \\ \sin\vartheta\sin\varphi \\ \cos\vartheta \end{pmatrix},\quad \boldsymbol{e}_\vartheta = \frac{1}{r}\frac{\partial \boldsymbol{r}}{\partial \vartheta} = \begin{pmatrix} \cos\vartheta\cos\varphi \\ \cos\vartheta\sin\varphi \\ -\sin\vartheta \end{pmatrix} \quad\text{und}$$

$$\boldsymbol{e}_\varphi = \frac{1}{r\sin\vartheta}\frac{\partial \boldsymbol{r}}{\partial \varphi} = \begin{pmatrix} -\sin\varphi \\ \cos\varphi \\ 0 \end{pmatrix}. \tag{1.24}$$

---

[5] ϑ gibt keine echte Elevation, da der Winkel nicht wie bei der geographischen Breite vom Äquator in Richtung auf die Pole gezählt wird, sondern vom Norpol zum Südpol. Die Breite ist daher gegeben als $90°-\vartheta$ bzw. im Bogenmaß $\pi/2-\vartheta$. ϑ wird im Englischen als colatitude bezeichnet.

12   1 Vektoren

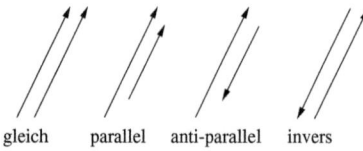

gleich   parallel   anti-parallel   invers

Abb. 1.7. Gleiche, parallele, anti-parallele und inverse Vektoren

Kugelkoordinaten werden bei punktsymmetrischen Problemen angewandt, z.B. beim Gravitationsfeld oder beim elektrischen Feld einer Punktladung.

Beispiel 4. Prerow liegt bei 12° 34' östlicher Länge und 54° 27' nördlicher Breite. Aus den geographischen Koordinaten erhalten wir als Kugelkoordinaten $\varphi = 12.6°$, $\vartheta = 35.6°$ (vom Norpol aus gezählt) und $r = 6370$ km (Erddurchmesser) bzw. für die kartesischen Koordinaten

$$r_{\text{Prerow}} = \begin{pmatrix} 6370 \sin 35.6° \cos 12.6° \\ 6370 \sin 35.6° \sin 12.6° \\ 6370 \cos 35.6° \end{pmatrix} \text{km} = \begin{pmatrix} 3615 \\ 806 \\ 5183 \end{pmatrix} \text{km} . \tag{1.25}$$

□

→ 1.5

1.4 Vektoralgebra in kartesische Koordinaten

Algebraische Operationen mit Vektoren erfolgen in kartesischen Koordinaten.

1.4.1 Gleiche, inverse und parallele Vektoren

Zwei Vektoren a und b sind *gleich*, $a = b$, wenn sie in Betrag und Richtung übereinstimmen, vgl. Abb. 1.7. Zwei Vektoren a und b sind *parallel*, $a \| b$, wenn sie gleiche Richtung haben; sie können unterschieden werden in *gleichsinnig parallel* und *gegensinnig parallel (anti-parallel)*. Zwei Vektoren a und b sind *invers* zueinander, wenn sie im Betrag übereinstimmen aber in der Richtung entgegen gesetzt sind. Dann ist a der *Gegenvektor* zu b und umgekehrt. Der Gegenvektor erlaubt die Umkehrung einer Verschiebung.

1.4.2 Vektoraddition und -subtraktion

Die Addition von zwei Vektoren a und b kann graphisch durch das aneinander Hängen der Vektoren erfolgen: der Vektor b wird parallel zu sich selbst verschoben bis sein Anfangspunkt in den Endpunkt des Vektors a fällt. Der vom Anfangspunkt des Vektors a zum Endpunkt von b gerichtete Vektor ist der Summenvektor $a + b$.[6]

---

[6] Alternativ können Sie die beiden Vektoren auch so verschieben, dass ihre Anfangspunkte zusammenfallen. Dann spannen diese Vektoren ein Parallelogramm auf, dessen Diagonale dem Summenvektor entspricht:

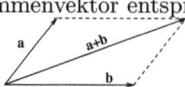

1.4 Vektoralgebra in kartesische Koordinaten

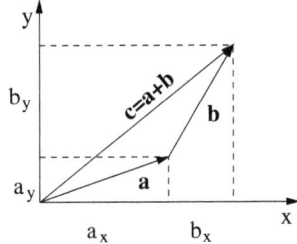

Abb. 1.8. Komponentenweise Vektoraddition

In kartesischen Koordinaten werden Vektoren komponentenweise addiert:

$$c = a + b = \begin{pmatrix} a_x \\ a_y \\ a_z \end{pmatrix} + \begin{pmatrix} b_x \\ b_y \\ b_z \end{pmatrix} = \begin{pmatrix} a_x + b_x \\ a_y + b_y \\ a_z + b_z \end{pmatrix} = \begin{pmatrix} c_x \\ c_y \\ c_z \end{pmatrix} \quad (1.26)$$

Eine anschauliche Begründung gibt Abb. 1.8, eine formale die Verwendung der Einheitsvektoren:

$$\begin{aligned} c = a + b &= a_x e_x + a_y e_y + a_z e_z + b_x e_x + b_y e_y + b_z e_z \\ &= (a_x + b_x)e_x + (a_y + b_y)e_y + (a_z + b_z)e_z = c_x e_x + c_y e_y + c_z e_z \ . \end{aligned} \quad (1.27)$$

Es gibt ein neutrales Element, den *Nullvektor*, und ein inverses Element, den *Gegenvektor*. Die Addition des inversen Elements liefert das neutrale:

$$a + (-a) = \begin{pmatrix} a_x \\ a_y \\ a_z \end{pmatrix} + \begin{pmatrix} -a_x \\ -a_y \\ -a_z \end{pmatrix} = \begin{pmatrix} a_x - a_x \\ a_y - a_y \\ a_z - a_z \end{pmatrix} = \begin{pmatrix} 0 \\ 0 \\ 0 \end{pmatrix} = \mathbf{0} \ . \quad (1.28)$$

Die Subtraktion von Vektoren kann als die Addition des inversen Elements betrachtet werden:

$$a - b = a + (-b) = \begin{pmatrix} a_x \\ a_y \\ a_z \end{pmatrix} + \begin{pmatrix} -b_x \\ -b_y \\ -b_z \end{pmatrix} = \begin{pmatrix} a_x + (-b_x) \\ a_y + (-b_y) \\ a_z + (-b_z) \end{pmatrix} = \begin{pmatrix} a_x - b_x \\ a_y - b_y \\ a_z - b_z \end{pmatrix} \ . \quad (1.29)$$

Diese Betrachtungsweise ist auch für die geometrische Darstellung möglich.

Für die Addition von Vektoren gelten das *Kommutativgesetz* $a + b = b + a$ und das *Assoziativgesetz* $(a + b) + c = a + (b + c) = b + (a + c) = a + b + c$. Das ist verständlich, da wir die Vektoren als geordnete Paare reeller Zahlen auffassen und daher jede komponentenweise Operation eine Entsprechung in den reellen Zahlen findet und damit deren Regeln gehorcht.

1.4.3 Multiplikation eines Vektors mit einem Skalar

Die Multiplikation eines Vektors a mit einem Skalar α kann als die α-fach nacheinander erfolgende Ausführung der Verschiebung a interpretiert werden. Damit lässt sie sich auf eine wiederholte Addition zurück führen. Graphisch erfolgt die Multiplikation durch Verlängerung des Vektors: die Richtung bleibt erhalten, der Betrag wird um den Faktor α erhöht. In kartesischen

Koordinaten erfolgt die Multiplikation mit einem Skalar komponentenweise, entsprechend der anschaulichen Vorstellung der α-fachen Verschiebung:

$$\alpha \boldsymbol{a} = \begin{pmatrix} \alpha\, a_x \\ \alpha\, a_y \\ \alpha\, a_z \end{pmatrix} . \tag{1.30}$$

Für den Betrag des Vektors $\alpha \boldsymbol{a}$ gilt

$$|\alpha \boldsymbol{a}| = \left| \sqrt{(\alpha a_x)^2 + (\alpha a_y)^2 + (\alpha a_z)^2} \right| = \left| \alpha \sqrt{a_x^2 + a_y^2 + a_z^2} \right| = |\alpha| |\boldsymbol{a}| . \tag{1.31}$$

Für $\alpha > 0$ sind $\boldsymbol{a}$ und $\alpha \boldsymbol{a}$ parallel, für $\alpha < 0$ anti-parallel.

Die Division eines Vektors durch einen Skalar λ entspricht der Multiplikation des Vektors mit dem Kehrwert $\mu = 1/\lambda$ der Zahl:

$$\frac{\boldsymbol{a}}{\lambda} = \mu \boldsymbol{a} . \tag{1.32}$$

Für die Multiplikation eines Vektors mit einem Skalar gelten das *Distributivgesetz* $(\alpha + \beta)\boldsymbol{a} = \alpha \boldsymbol{a} + \beta \boldsymbol{a}$ sowie $\alpha(\boldsymbol{a} + \boldsymbol{b}) = \alpha \boldsymbol{a} + \alpha \boldsymbol{b}$, das *Kommutativgesetz* $\alpha \boldsymbol{a} = \boldsymbol{a} \alpha$, und das *Assoziativgesetz* $\alpha(\beta \boldsymbol{a}) = (\alpha \beta)\boldsymbol{a} = \beta(\alpha \boldsymbol{a}) = \alpha \beta \boldsymbol{a}$.

1.5 Skalarprodukt

→ 1.7

Betrachten wir die Vektoren im rechten Teil von Abb. 1.1. Der Differenzvektor r hat die Länge

$$r^2 = |\boldsymbol{r}_2 - \boldsymbol{r}_1|^2 = (\boldsymbol{r}_2 - \boldsymbol{r}_1)(\boldsymbol{r}_2 - \boldsymbol{r}_1) = r_2^2 + r_1^2 - 2\boldsymbol{r}_2 \boldsymbol{r}_1 = r_1^2 + r_2^2 - 2\boldsymbol{r}_2 \boldsymbol{r}_1 . \tag{1.33}$$

Wir können r als Dreiecksseite r auch über den Kosinussatz bestimmen:

$$r^2 = r_1^2 + r_2^2 - 2 r_1 r_2 \cos \alpha \tag{1.34}$$

mit α als dem von $\boldsymbol{r}_1$ und $\boldsymbol{r}_2$ eingeschlossenen Winkel. Vergleich von (1.33) und (1.34) ergibt

$$\boldsymbol{r}_2 \boldsymbol{r}_1 = r_1 r_2 \cos \alpha . \tag{1.35}$$

Definition 4. *Das* innere Produkt (Skalarprodukt) *zweier Vektoren* $\boldsymbol{a}$ *und* $\boldsymbol{b}$ *ist die Zahl (Skalar)*

$$c = \boldsymbol{a} \cdot \boldsymbol{b} = |\boldsymbol{a}| |\boldsymbol{b}| \cos \alpha = ab \cos \alpha . \tag{1.36}$$

Darin sind a und b die Beträge der Vektoren $\boldsymbol{a}$ *und* $\boldsymbol{b}$*; α ist der von ihnen eingeschlossene Winkel.*

Das Ergebnis ist ein Skalar, in dem der Winkel zwischen den Vektoren und die Beträge der beiden Vektoren berücksichtigt werden.

In kartesischen Koordinaten ist das Skalarprodukt

$$\boldsymbol{a}\cdot\boldsymbol{b} = \begin{pmatrix} a_x \\ a_y \\ a_z \end{pmatrix} \cdot \begin{pmatrix} b_x \\ b_y \\ b_z \end{pmatrix} = a_x\,b_x + a_y\,b_y + a_z\,b_z\,. \tag{1.37}$$

Verwenden wir die Darstellung (1.3) mit Hilfe von Einheitsvektoren, lässt sich diese Rechenregel leicht einsehen:

$$\begin{aligned}\boldsymbol{a}\cdot\boldsymbol{b} &= (a_x\boldsymbol{e}_x + a_y\boldsymbol{e}_y + a_z\boldsymbol{e}_z)(b_x\boldsymbol{e}_x + b_y\boldsymbol{e}_y + b_z\boldsymbol{e}_z) \\ &= a_x b_x (\boldsymbol{e}_x)^2 + a_x b_y \boldsymbol{e}_x\cdot\boldsymbol{e}_y + a_x b_z \boldsymbol{e}_x\cdot\boldsymbol{e}_z + a_y b_x \boldsymbol{e}_y\cdot\boldsymbol{e}_x + a_y b_y (\boldsymbol{e}_y)^2 \\ &\quad + a_y b_z \boldsymbol{e}_y\cdot\boldsymbol{e}_z + a_z b_x \boldsymbol{e}_z\cdot\boldsymbol{e}_x + a_z b_y \boldsymbol{e}_z\cdot\boldsymbol{e}_y + a_z b_z (\boldsymbol{e}_z)^2\,.\end{aligned} \tag{1.38}$$

Hierbei verschwinden alle Produkte $\boldsymbol{e}_i\cdot\boldsymbol{e}_j$ mit $i \neq j$, da diese Einheitsvektoren senkrecht aufeinander stehen, d.h. $\cos\alpha = 0$. Es bleiben die Produkte für $i = j$, deren Betrag 1 ist. Damit ergibt sich, wie in (1.37) angegeben,

$$\boldsymbol{a}\cdot\boldsymbol{b} = a_x b_x + a_y b_y + a_z b_z\,. \tag{1.39}$$

Da Vektoren als geordnete Paare reeller Zahlen interpretiert werden können, gelten für das Skalarprodukt die folgenden Rechenregeln:

- das *Kommutativgesetz*: $\boldsymbol{a}\cdot\boldsymbol{b} = \boldsymbol{b}\cdot\boldsymbol{a}$,
- Bilinearität bzw. Homogenität (*Assoziativgesetz* bei Multiplikation mit einem Skalar): $(\alpha\boldsymbol{a})\cdot\boldsymbol{b} = \alpha(\boldsymbol{a}\cdot\boldsymbol{b}) = \boldsymbol{a}\cdot(\alpha\boldsymbol{b}) = \alpha\boldsymbol{a}\cdot\boldsymbol{b}$. Ein Assoziativgesetz im klassischen Sinne zwischen drei beliebigen Vektoren gilt nicht: $\boldsymbol{a}\cdot(\boldsymbol{b}\cdot\boldsymbol{c}) \neq (\boldsymbol{a}\cdot\boldsymbol{b})\cdot\boldsymbol{c}$, da diese Beziehung nur dann erfüllt sein kann, wenn $\boldsymbol{a}$ und $\boldsymbol{c}$ parallel sind.
- das *Distributivgesetz*: $\boldsymbol{a}\cdot(\boldsymbol{b}+\boldsymbol{c}) = \boldsymbol{a}\cdot\boldsymbol{b} + \boldsymbol{a}\cdot\boldsymbol{c}$.

Der *Betrag eines Vektors* lässt sich mit Hilfe des Skalarprodukts berechnen. Da gilt $\boldsymbol{a}\cdot\boldsymbol{a} = a^2$, gilt für den Betrag:

$$|\boldsymbol{a}| = \sqrt{\boldsymbol{a}\cdot\boldsymbol{a}} = \sqrt{a\,a\,\cos 0} = \sqrt{a^2} = a\,. \tag{1.40}$$

Das Skalarprodukt kann auch verwendet werden, um Vektoren auf *Orthogonalität* zu prüfen. Dann ist der von den Vektoren eingeschlossene Winkel $\varphi = \pi/2$, d.h. es ist $\cos\varphi = 0$. Damit verschwindet gemäß (1.36) das Skalarprodukt und es gilt

$$\boldsymbol{a} \perp \boldsymbol{b} \Leftrightarrow \boldsymbol{a}\cdot\boldsymbol{b} = 0\,. \tag{1.41}$$

Dies ist ein Spezialfall für die Bestimmung des Winkels φ zwischen zwei Vektoren mit Hilfe des Skalarprodukts:

$$\varphi = \operatorname{acos}\frac{\boldsymbol{a}\cdot\boldsymbol{b}}{|\boldsymbol{a}|\,|\boldsymbol{b}|}\,, \tag{1.42}$$

wie sich direkt aus der Definition (1.36) ergibt.

Mit (1.42) lässt sich auch der *Richtungswinkel* zwischen einem Vektor $\boldsymbol{a}$ und einer Koordinatenachse $\boldsymbol{e}_i$ bestimmen:

$$\alpha_i = \operatorname{acos}\left(\frac{\boldsymbol{a}\cdot\boldsymbol{e}_i}{|\boldsymbol{a}|\,|\boldsymbol{e}_i|}\right) = \operatorname{acos}\left(\frac{a_i}{|\boldsymbol{a}|}\right) = \operatorname{acos}\left(\frac{a_i}{a}\right)\,. \tag{1.43}$$

16   1 Vektoren

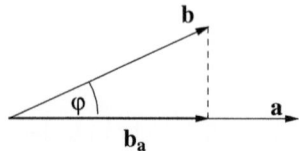

Abb. 1.9. Projektion eines Vektors auf einen zweiten

Für die Richtungswinkel gilt

$$\cos^2 \alpha_x + \cos^2 \alpha_y + \cos^2 \alpha_z = \left(\frac{a_x}{a}\right)^2 + \left(\frac{a_y}{a}\right)^2 + \left(\frac{a_z}{a}\right)^2 = 1 \ . \quad (1.44)$$

Lässt sich das Skalarprodukt nicht bestimmen, so erlaubt die *Schwarz'sche Ungleichung* wegen $|\cos \varphi| \leq 1$ die Angabe einer oberen Grenze:

$$|\boldsymbol{a} \cdot \boldsymbol{b}| \leq |\boldsymbol{a}|\,|\boldsymbol{b}| \ . \quad (1.45)$$

Beispiel 5. Die *Arbeit* im physikalischen Sinne ist für eine konstante Kraft $\boldsymbol{F}$ definiert durch das Skalarprodukt $W = \boldsymbol{F} \cdot \boldsymbol{s}$, also mit (1.36)

$$W = \boldsymbol{F} \cdot \boldsymbol{s} = F\,s\,\cos \varphi = F_s\,s \quad (1.46)$$

mit F_s als der Kraftkomponente entlang des Weges s. Diese Form entspricht dem aus der Schulphysik bekannten Zusammenhang: Arbeit = Kraftkomponente in Wegrichtung mal zurückgelegtem Weg. □

In (1.46) bezeichnet F_s die Projektion der Kraft auf den Weg. Allgemein können wir das Skalarprodukt verwenden, um die *Projektion eines Vektors auf einen anderen* zu bestimmen, analog zur Projektion (1.43) eines Vektors auf eine Koordinatenachse. In Abb. 1.9 ist $\boldsymbol{b}_a$ die Projektion von $\boldsymbol{b}$ auf $\boldsymbol{a}$ mit

$$|\boldsymbol{b}_a| = |\boldsymbol{b}|\,\cos \varphi \ . \quad (1.47)$$

Mit der Definition (1.36) des Skalarprodukts geschrieben als

$$\boldsymbol{a} \cdot \boldsymbol{b} = |\boldsymbol{a}|\,|\boldsymbol{b}|\,\cos \varphi = |\boldsymbol{a}|\,|\boldsymbol{b}_a| \quad (1.48)$$

ergibt sich daraus für die Länge der Projektion

$$|\boldsymbol{b}_a| = \frac{\boldsymbol{a} \cdot \boldsymbol{b}}{|\boldsymbol{a}|} \ . \quad (1.49)$$

Da $\boldsymbol{b}_a$ die Richtung von $\boldsymbol{a}$ hat, muss gelten $\boldsymbol{b}_a = |\boldsymbol{b}_a|\,\boldsymbol{e}_a = |\boldsymbol{b}_a|\,\frac{\boldsymbol{a}}{|\boldsymbol{a}|}$ und damit nach Einsetzen von (1.49)

$$\boldsymbol{b}_a = \left(\frac{\boldsymbol{a} \cdot \boldsymbol{b}}{|\boldsymbol{a}|^2}\right) \boldsymbol{a} \ . \quad (1.50)$$

Beispiel 6. Eine konstante Kraft $\boldsymbol{F} = (-10, 2, 5)$ N verschiebt einen Massenpunkt vom Punkt $P_1 = (1, -5, 3)$ m gradlinig zum Punkt $P_2 = (0, 1, 4)$ m. Der Verschiebungsvektor (zurückgelegter Weg) ist gegeben als $\boldsymbol{s} = \overrightarrow{P_1 P_2} = (-1, 6,)$ m. Die verrichtete Arbeit ist damit

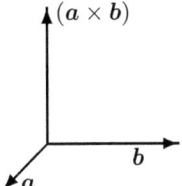

Abb. 1.10. Orientierung der Vektoren im Rechtssystem

$$W = \boldsymbol{F} \cdot \boldsymbol{s} = \begin{pmatrix} -10 \\ 2 \\ 5 \end{pmatrix} \text{N} \cdot \begin{pmatrix} -1 \\ 6 \\ 1 \end{pmatrix} \text{m} = (10 + 12 + 5) \text{ Nm} = 27 \text{ Nm} . \quad (1.51)$$

Mit den Beträgen $|\boldsymbol{s}| = \sqrt{38}$ m und $|\boldsymbol{F}| = \sqrt{129}$ N ergibt sich für den Winkel

$$\varphi = \text{acos}\,\frac{\boldsymbol{F} \cdot \boldsymbol{s}}{|\boldsymbol{F}|\,|\boldsymbol{s}|} = \text{acos}\,\frac{27 \text{ Nm}}{\sqrt{129} \text{ N} \sqrt{38} \text{ m}} = \text{acos}\,0.386 = 1.175 . \quad (1.52)$$

□

1.6 Kreuzprodukt

Definition 5. *Das äußere Produkt (Kreuzprodukt, Vektorprodukt) aus zwei Vektoren $\boldsymbol{a}$ und $\boldsymbol{b}$ ist ein Vektor $\boldsymbol{c} = \boldsymbol{a} \times \boldsymbol{b}$ mit*

$$|\boldsymbol{c}| = |\boldsymbol{a}|\,|\boldsymbol{b}|\sin\alpha = ab\sin\alpha \quad (1.53)$$

→ 1.7

mit α als dem von den Vektoren eingeschlossenen Winkel. Die drei Vektoren bilden ein Rechtssystem (Rechte–Hand Regel) mit $\boldsymbol{a} \perp \boldsymbol{c}$ und $\boldsymbol{b} \perp \boldsymbol{c}$.

Ein Rechtssystem ist in Abb. 1.10 dargestellt: die Vektoren $\boldsymbol{a}$, $\boldsymbol{b}$ und $\boldsymbol{a} \times \boldsymbol{b}$ stehen wie Daumen, Zeigefinger und Mittelfinger (in dieser Reihenfolge) der gespreizten rechten Hand (Rechte-Hand Regel). Oder als Rechtsschraubenregel: die Finger der gekrümmten rechten Hand weisen in die Richtung, in der $\boldsymbol{a}$ auf kürzestem Wege auf $\boldsymbol{b}$ gedreht werden kann. Dann weist der Daumen in Richtung des Kreuzproduktes $\boldsymbol{a} \times \boldsymbol{b}$. Alternativ können Sie auch von einem kartesischen Koordinatensystem ausgehen, um die Lage des Dreibeins zu definieren, da $\boldsymbol{e}_z = \boldsymbol{e}_x \times \boldsymbol{e}_y$.

Das Ergebnis des Kreuzprodukt ist ein Vektor, in dem der Winkel zwischen den beiden Vektoren und ihre Länge berücksichtigt wird.

Für das Vektorprodukt gelten die folgenden Rechenregeln:

- Das Vektorprodukt ist nicht kommutativ, da die beiden Multiplikanden zusammen mit dem Produkt ein Rechtssystem bilden – bei Vertauschung der Multiplikanden weist das Produkt in die entgegen gesetzte Richtung. Daher gilt ein *Anti-Kommutativgesetz*: $\boldsymbol{a} \times \boldsymbol{b} = -\boldsymbol{b} \times \boldsymbol{a}$.
- Bilinearität oder Homogenität (*Assoziativgesetz* bei Multiplikation mit einem Skalar): $(\alpha\boldsymbol{a}) \times \boldsymbol{b} = \boldsymbol{a} \times (\alpha\boldsymbol{b}) = \alpha\boldsymbol{a} \times \boldsymbol{b}$. Ein Assoziativgesetz beim Kreuzprodukt zwischen drei beliebigen Vektoren gilt nicht: $\boldsymbol{a} \times (\boldsymbol{b} \times \boldsymbol{c}) \neq (\boldsymbol{a} \times \boldsymbol{b}) \times \boldsymbol{c}$; ist $\boldsymbol{a}\|\boldsymbol{b}$, so wird im zweiten Fall das Ergebnis Null, in ersterem jedoch nicht.

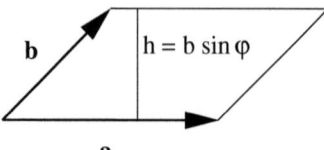

Abb. 1.11. Anschaulich gibt der Betrag des Kreuzproduktes die Fläche des von den beiden Vektoren aufgespannten Parallelogramms

– *Distributivgesetz*: $\boldsymbol{a} \times (\boldsymbol{b} + \boldsymbol{c}) = \boldsymbol{a} \times \boldsymbol{b} + \boldsymbol{a} \times \boldsymbol{c}$.

Das Vektorprodukt kann verwendet werden, um Vektoren auf *Parallelität* zu überprüfen. In diesem Fall ist der eingeschlossene Winkel $\varphi = 0$ oder π. Dann ist $\sin \varphi = 0$ und das Vektorprodukt verschwindet gemäß (1.53):

$$\boldsymbol{a} \| \boldsymbol{b} \quad \Leftrightarrow \quad \boldsymbol{a} \times \boldsymbol{b} = \boldsymbol{0} \ . \tag{1.54}$$

Anschaulich gibt der Betrag des Vektorprodukts die *Fläche des von den Vektoren aufgespannten Parallelogramms*, vgl. Abb. 1.11:

$$F = |\boldsymbol{a} \times \boldsymbol{b}| = ab \sin \varphi = ah \ . \tag{1.55}$$

In kartesischen Koordinaten lässt sich das Kreuzprodukt schreiben als

$$\boldsymbol{a} \times \boldsymbol{b} = \begin{pmatrix} a_x \\ a_y \\ a_z \end{pmatrix} \times \begin{pmatrix} b_x \\ b_y \\ b_z \end{pmatrix} = \begin{pmatrix} a_y b_z - a_z b_y \\ a_z b_x - a_x b_z \\ a_x b_y - a_y b_x \end{pmatrix} \ . \tag{1.56}$$

Zur Begründung gehen wir von der Darstellung mit Einheitsvektoren aus und verwenden das Distributiv- und das Anti-Kommutativgesetz:

$$\begin{aligned}\boldsymbol{a} \times \boldsymbol{b} &= (a_x \boldsymbol{e}_x + a_y \boldsymbol{e}_y + a_z \boldsymbol{e}_z) \times (b_x \boldsymbol{e}_x + b_y \boldsymbol{e}_y + b_z \boldsymbol{e}_z) \\ &= a_x b_x (\boldsymbol{e}_x \times \boldsymbol{e}_x) + a_x b_y (\boldsymbol{e}_x \times \boldsymbol{e}_y) + a_x b_z (\boldsymbol{e}_x \times \boldsymbol{e}_z) \\ &\quad + a_y b_x (\boldsymbol{e}_y \times \boldsymbol{e}_x) + a_y b_y (\boldsymbol{e}_y \times \boldsymbol{e}_y) + a_y b_z (\boldsymbol{e}_y \times \boldsymbol{e}_z) \\ &\quad + a_z b_x (\boldsymbol{e}_z \times \boldsymbol{e}_x) + a_z b_y (\boldsymbol{e}_z \times \boldsymbol{e}_y) + a_z b_z (\boldsymbol{e}_z \times \boldsymbol{e}_z) \ . \end{aligned} \tag{1.57}$$

Hier verschwinden alle Produkte $\boldsymbol{e}_i \times \boldsymbol{e}_i$, da die Einheitsvektoren parallel sind und damit das Kreuzprodukt verschwindet ($\sin 0 = 0$). Bei den anderen Produkten ergibt sich jeweils der dritte Einheitsvektor, wobei jedoch auf die Reihenfolge der Vektoren im Kreuzprodukt und damit die Richtung des Ergebnis (Rechtssystem) zu achten ist. Insgesamt erhalten wir

$$\begin{aligned}\boldsymbol{a} \times \boldsymbol{b} &= a_x b_y \boldsymbol{e}_z - a_x b_z \boldsymbol{e}_y - a_y b_x \boldsymbol{e}_z + a_y b_z \boldsymbol{e}_x + a_z b_x \boldsymbol{e}_y - a_z b_y \boldsymbol{e}_x \\ &= (a_y b_z - a_z b_y) \boldsymbol{e}_x + (a_z b_x - a_x b_z) \boldsymbol{e}_y + (a_x b_y - a_y b_x) \boldsymbol{e}_z \ , \end{aligned} \tag{1.58}$$

was der in (1.56) gegebenen Form entspricht.

Bei der Bestimmung des Kreuzprodukts kann folgende Eselsbrücke hilfreich sein: die ersten beiden Komponenten werden nochmals unter den jeweiligen Vektor geschrieben. Die gesuchte Komponente erhält man dadurch, dass man die beiden darunter stehenden Zeilen nach dem folgenden Schema auswertet: links oben mal rechts unten minus links unten mal rechts oben. Für die x-Komponente ergibt sich:

$$\left[\begin{pmatrix} a_x \\ a_y \\ a_z \\ a_x \\ a_y \end{pmatrix} \times \begin{pmatrix} b_x \\ b_y \\ b_z \\ b_x \\ b_y \end{pmatrix} \right] = \begin{pmatrix} a_y b_z - a_z b_y \\ \\ \end{pmatrix}$$

Für die anderen Komponenten rutscht das Schema jeweils eine Komponente weiter nach unten. Dieses Verfahren ist eine Variante der *Regel von Sarrus* und beruht damit auf dem *Determinantenverfahren*:

$$\boldsymbol{a} \times \boldsymbol{b} = \begin{pmatrix} a_x \\ a_y \\ a_z \end{pmatrix} \times \begin{pmatrix} b_x \\ b_y \\ b_z \end{pmatrix} = \begin{vmatrix} \boldsymbol{e}_x & \boldsymbol{e}_y & \boldsymbol{e}_z \\ a_x & a_y & a_z \\ b_x & b_y & b_z \end{vmatrix} . \tag{1.59}$$

Allgemein gilt für eine Determinante, vgl. Abschn. 8.4.1,

$$\mathsf{D} = \begin{vmatrix} a_{11} & a_{12} & a_{13} \\ a_{21} & a_{22} & a_{23} \\ a_{31} & a_{32} & a_{33} \end{vmatrix} = a_{11}\mathsf{D}_{11} - a_{12}\mathsf{D}_{12} + a_{13}\mathsf{D}_{13} , \tag{1.60}$$

wobei sich die *Unterdeterminanten* D_{ij} jeweils dadurch ergeben, dass man in der Determinante D die Zeile i und die Spalte j streicht, d.h. es ist

$$\mathsf{D}_{11} = \begin{vmatrix} a_{22} & a_{23} \\ b_{32} & b_{33} \end{vmatrix}, \quad \mathsf{D}_{12} = \begin{vmatrix} a_{21} & a_{23} \\ a_{31} & a_{33} \end{vmatrix} \quad \text{und} \quad \mathsf{D}_{13} = \begin{vmatrix} a_{21} & a_{22} \\ a_{31} & a_{32} \end{vmatrix} . \tag{1.61}$$

Diese Unterdeterminanten können wir dadurch berechnen, dass wir wieder Unterdeterminanten bilden, die noch einmal kleiner werden:

$$\mathsf{D}_{11} = \begin{vmatrix} a_{22} & a_{23} \\ a_{32} & a_{33} \end{vmatrix} = a_{22}\mathsf{D}_{22} - a_{23}\mathsf{D}_{23} = a_{22}a_{33} - a_{23}a_{32} . \tag{1.62}$$

Damit liefert das Determinantenverfahren für das Kreuzprodukt (1.59):

$$\begin{aligned} \boldsymbol{a} \times \boldsymbol{b} &= \begin{pmatrix} a_x \\ a_y \\ a_z \end{pmatrix} \times \begin{pmatrix} b_x \\ b_y \\ b_z \end{pmatrix} = \begin{vmatrix} \boldsymbol{e}_x & \boldsymbol{e}_y & \boldsymbol{e}_z \\ a_x & a_y & a_z \\ b_x & b_y & b_z \end{vmatrix} \\ &= \boldsymbol{e}_x \begin{vmatrix} a_y & a_z \\ b_y & b_z \end{vmatrix} - \boldsymbol{e}_y \begin{vmatrix} a_x & a_z \\ b_x & b_z \end{vmatrix} + \boldsymbol{e}_z \begin{vmatrix} a_x & a_y \\ b_x & b_y \end{vmatrix} \\ &= \boldsymbol{e}_x(a_y b_z - a_z b_y) - \boldsymbol{e}_y(a_x b_z - a_z b_x) + \boldsymbol{e}_z(a_x b_y - a_y b_x) \\ &= \begin{pmatrix} a_y b_z - a_z b_y \\ a_z b_x - a_x b_z \\ a_x b_y - a_y b_x \end{pmatrix} . \end{aligned} \tag{1.63}$$

Beispiel 7. Gegeben sind die Vektoren $\boldsymbol{a} = (1,2,3)$ und $\boldsymbol{b} = (3,4,5)$. Ihr Kreuzprodukt ist

$$\begin{pmatrix} 1 \\ 2 \\ 3 \end{pmatrix} \times \begin{pmatrix} 3 \\ 4 \\ 5 \end{pmatrix} = \begin{pmatrix} 2 \cdot 5 - 3 \cdot 4 \\ 3 \cdot 3 - 1 \cdot 5 \\ 1 \cdot 4 - 2 \cdot 3 \end{pmatrix} = \begin{pmatrix} -2 \\ 4 \\ -2 \end{pmatrix} . \tag{1.64}$$

Die Beträge der Vektoren sind $|\boldsymbol{a}| = \sqrt{14}$ und $|\boldsymbol{b}| = \sqrt{50}$. Der Betrag von $|\boldsymbol{a} \times \boldsymbol{b}| = \sqrt{4+16+4} = \sqrt{24}$. Aus der Definition des Kreuzproduktes (1.53) können wir den Winkel zwischen den Vektoren bestimmen:

$$|\boldsymbol{a} \times \boldsymbol{b}| = ab\sin\alpha \quad \rightarrow \quad \sin\alpha = \frac{|\boldsymbol{a} \times \boldsymbol{b}|}{ab} = \sqrt{\frac{24}{14\cdot 50}} = 0.185\,. \quad (1.65)$$

Das Ergebnis ist plausibel, da der Vektor $\boldsymbol{a} \times \boldsymbol{b}$ senkrecht auf den Ausgangsvektoren steht:

$$(\boldsymbol{a} \times \boldsymbol{b}) \cdot \boldsymbol{a} = \begin{pmatrix} -2 \\ 4 \\ -2 \end{pmatrix} \cdot \begin{pmatrix} 1 \\ 2 \\ 3 \end{pmatrix} = -2+8-6 = 0 \quad \Rightarrow \quad (\boldsymbol{a} \times \boldsymbol{b}) \perp \boldsymbol{a}$$

$$(\boldsymbol{a} \times \boldsymbol{b}) \cdot \boldsymbol{b} = \begin{pmatrix} -2 \\ 4 \\ -2 \end{pmatrix} \cdot \begin{pmatrix} 3 \\ 4 \\ 5 \end{pmatrix} = -6+16-10 = 0 \quad \Rightarrow \quad (\boldsymbol{a} \times \boldsymbol{b}) \perp \boldsymbol{b}\,. \quad (1.66)$$

□

Beispiel 8. Elektronen, die mit einer Geschwindigkeit $\boldsymbol{v}$ in ein Magnetfeld der Flussdichte $\boldsymbol{B}$ eintreten, werden durch die Lorentz-Kraft $\boldsymbol{F}_\mathrm{L} = -e(\boldsymbol{v} \times \boldsymbol{B})$ abgelenkt. Auf ein Elektron (Elementarladung $e = 1.6 \cdot 10^{-19}$ C), das mit einer Geschwindigkeit $\boldsymbol{v}_0 = (2000, 2000, 0)$ m/s in ein Magnetfeld $\boldsymbol{B} = (0, 0, 0.1)$ T $= (0, 0, 0.1)$ Vs/m^2 eintritt, wirkt die Kraft

$$\boldsymbol{F}_\mathrm{L} = -1.6 \cdot 10^{-19} \begin{pmatrix} 2000 \\ 2000 \\ 0 \end{pmatrix} \times \begin{pmatrix} 0 \\ 0 \\ 0.1 \end{pmatrix} \mathrm{N} = 3.2 \cdot 10^{-17} \begin{pmatrix} -1 \\ 1 \\ 0 \end{pmatrix} \mathrm{N}\,. \quad (1.67)$$

Die Bewegung bleibt auf die xy-Ebene beschränkt, da weder $\boldsymbol{v}_0$ noch $\boldsymbol{F}_\mathrm{L}$ eine Komponente in z-Richtung haben. Schießt man die Elektronen parallel zum Magnetfeld ein ($\boldsymbol{v}_0 = v_z \boldsymbol{e}_z$), so verschwindet die Kraft, d.h. die Elektronen bewegen sich so, als wäre das Feld nicht vorhanden.

Tritt das Elektron mit einer Geschwindigkeit $\boldsymbol{v} = (v_x, v_y, v_z)$ in ein Magnetfeld $\boldsymbol{B} = (0, 0, B)$, so wirkt die Lorentz-Kraft

$$\boldsymbol{F}_\mathrm{L} = -e \begin{pmatrix} v_x \\ v_y \\ v_z \end{pmatrix} \times \begin{pmatrix} 0 \\ 0 \\ B \end{pmatrix} = \begin{pmatrix} v_y B \\ -v_x B \\ 0 \end{pmatrix}\,. \quad (1.68)$$

Sie hat nur Komponenten senkrecht zum Magnetfeld, das Teilchen erfährt daher keine Beschleunigung parallel zum Feld, d.h. $v_z = $ const. Die Komponenten senkrecht zum Feld bewirken eine Beschleunigung senkrecht zur jeweiligen Geschwindigkeitskomponente. Die sich ergebende Bahn ist eine *Helix* oder *Schraubenlinie*, vgl. Abb. 1.12 mit

$$\boldsymbol{r} = \begin{pmatrix} r_\mathrm{L} \cos(\omega t) \\ r_\mathrm{L} \sin(\omega t) \\ v_z t \end{pmatrix} \quad \text{und} \quad \boldsymbol{v} = \frac{\mathrm{d}\boldsymbol{r}}{\mathrm{d}t} = \begin{pmatrix} -r_\mathrm{L}\omega \sin(\omega t) \\ r_\mathrm{L}\omega \cos(\omega t) \\ v_z \end{pmatrix} \quad (1.69)$$

mit $r_\mathrm{L} = v_\perp/\omega$ als Larmorradius, $v_\perp = r_\mathrm{L}\omega(-\sin(\omega t), \cos(\omega t))$ als Geschwindigkeit senkrecht zum Magnetfeld und $\omega = eB/m$ als Zyklotronfrequenz.

□

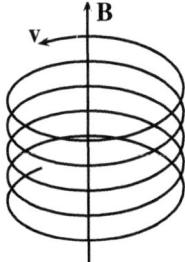

Abb. 1.12. Helixbahn: Bewegung eines Elektrons in einem homogenen Magnetfeld

1.7 Spatprodukt

Definition 6. *Das* Spatprodukt *oder gemischte Produkt der drei Vektoren* a, b, *und* c *ist definiert als* $[a\,b\,c] = (a \times b) \cdot c$.

Anschaulich gibt das *Spatprodukt* das Volumen des von den drei Vektoren aufgespannten *Parallelepipeds*, vgl. Abb. 1.13:

$$V(a,b,c) = |[a\,b\,c]| = |(a \times b) \cdot c| \,. \tag{1.70}$$

Die ersten beiden Vektoren bilden ein Kreuzprodukt, d.h. wir erhalten ein Maß für die Fläche des von ihnen aufgespannten Parallelogramms. Damit bestimmt der Betrag $|d| = a \times b$ die Grundfläche des Parallelepipeds. d steht senkrecht auf dieser Fläche und schließt mit c einen Winkel β ein. Dieser ergibt zusammen mit dem Winkel α von c gegenüber der aus a und b aufgespannten Grundfläche des Parallelepipeds 90°. Wenn wir jetzt den letzten Teil des Spatproduktes, das Skalarprodukt, ausführen, bilden wir das Produkt $|a \times b| \cdot |c| \cos\beta$ oder $V = |a \times b| \cdot |c| \sin\alpha$ (hier wurde verwendet, dass $\cos\beta = \sin(90° - \beta)$). Der zweite Term ist ein Produkt mit einer Höhe, d.h. das Volumen lässt sich bestimmen als das Produkt aus der Grundfläche $|a \times b|$ und der Höhe $|c| \sin\alpha$, entsprechend der Definition des Volumens eines Parallelepipeds.

Das Spatprodukt ist nicht kommutativ, da es ein Kreuzprodukt enthält. Das Vertauschen zweier Vektoren bewirkt einen Vorzeichenwechsel:

$$[a\,b\,c] = -[a\,c\,b] \,. \tag{1.71}$$

Jedoch können die Vektoren zyklisch vertauscht werden:

$$(a \times b) \cdot c = (b \times c) \cdot a = (c \times a) \cdot b \,. \tag{1.72}$$

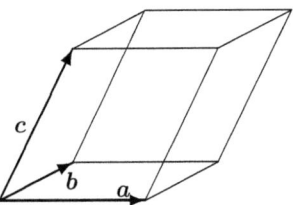

Abb. 1.13. Spatprodukt als Volumen des von den Vektoren aufgespannten Parallelepipeds

Das Spatprodukt lässt sich ebenfalls als Determinante darstellen:

$$[\boldsymbol{a}\,\boldsymbol{b}\,\boldsymbol{c}] = (\boldsymbol{a}\times\boldsymbol{b})\cdot\boldsymbol{c} = \begin{vmatrix} a_x & a_y & a_z \\ b_x & b_y & b_z \\ c_x & c_y & c_z \end{vmatrix}. \tag{1.73}$$

Das Spatprodukt verschwindet, wenn die Vektoren $\boldsymbol{a}$ und $\boldsymbol{b}\times\boldsymbol{c}$ senkrecht aufeinander stehen. Das ist der Fall, wenn der Vektor $\boldsymbol{a}$ in der von $\boldsymbol{b}$ und $\boldsymbol{c}$ aufgespannten Ebene liegt, d.h. wenn die Vektoren komplanar[7] sind:

$$[\boldsymbol{a}\,\boldsymbol{b}\,\boldsymbol{c}] = 0 \Leftrightarrow \boldsymbol{a},\ \boldsymbol{b}\ \text{und}\ \boldsymbol{c}\ \text{sind}\ \textit{komplanar}\,. \tag{1.74}$$

Beispiel 9. Die Einheitszelle eines Kristalls ist durch die Vektoren $\boldsymbol{a}$, $\boldsymbol{b}$ und $\boldsymbol{c}$ mit den Längen $a = 3$ Å, $b = 2$ Å und $c = 2$ Å beschrieben. Die Vektoren schließen jeweils einen Winkel von 60° ein. Das Volumen der Einheitszelle ist durch das Spatprodukt der drei Vektoren gegeben. Dazu wählen wir ein kartesisches Koordinatensystem mit der x-Achse parallel zu $\boldsymbol{a}$. Dann ist $\boldsymbol{a} = (3, 0, 0)$ und $\boldsymbol{b} = (2\cos 60°, 2\sin 60°, 0) = (1, \sqrt{3}, 0)$. Für die drei Komponenten von $\boldsymbol{c}$ erhalten wir drei Bedingungen:

$$\boldsymbol{a}\cdot\boldsymbol{c} = ac\cos 60° = 6\cdot\frac{1}{2} = \begin{pmatrix} 3 \\ 0 \\ 0 \end{pmatrix}\cdot\begin{pmatrix} c_x \\ c_y \\ c_z \end{pmatrix} = 3c_x \Rightarrow c_x = 1\,, \tag{1.75}$$

$$\boldsymbol{b}\cdot\boldsymbol{c} = bc\cos 60° = 2 = \begin{pmatrix} 1 \\ \sqrt{3} \\ 0 \end{pmatrix}\cdot\begin{pmatrix} c_x \\ c_y \\ c_z \end{pmatrix} \Rightarrow c_y = \frac{1}{\sqrt{3}}\,, \tag{1.76}$$

$$\sqrt{c_x^2 + c_y^2 + c_z^2} = 2 \Rightarrow c_z = \sqrt{\frac{8}{3}}\,. \tag{1.77}$$

Für das Volumen ergibt sich

$$V = \left|\left[\begin{pmatrix} 3 \\ 0 \\ 0 \end{pmatrix}\times\begin{pmatrix} 1 \\ \sqrt{3} \\ 0 \end{pmatrix}\right]\cdot\begin{pmatrix} 1 \\ 1/\sqrt{3} \\ \sqrt{8/3} \end{pmatrix}\right| = \left|\begin{pmatrix} 0 \\ 0 \\ 3\sqrt{3} \end{pmatrix}\cdot\begin{pmatrix} 1 \\ 1/\sqrt{3} \\ \sqrt{8/3} \end{pmatrix}\right| = 3\sqrt{8}\ \text{Å}^3\,. \tag{1.78}$$

$\square$

1.8 Mehrfachprodukte

Neben dem Spatprodukt mit seiner anschaulichen Bedeutung gibt es noch andere gemischte Produkte, zu deren Vereinfachung die folgenden Rechenregeln hilfreich sein können (s. z.B. [10, 58]):

---

[7] Komplanar bedeutet anschaulich, dass die Vektoren in einer Ebene liegen. Dann sind die drei Vektoren nicht linear unabhängig sondern es lässt sich einer der Vektoren als eine Linearkombination der beiden anderen darstellen, z.B. $\boldsymbol{a} = \lambda_1\boldsymbol{b} + \lambda_2\boldsymbol{c}$ für den Fall, dass $\boldsymbol{b}$ nicht parallel zu $\boldsymbol{c}$ ist.

- doppeltes Kreuzprodukt (bac-cab Regel):
$$\boldsymbol{a} \times (\boldsymbol{b} \times \boldsymbol{c}) = \boldsymbol{b}(\boldsymbol{a} \cdot \boldsymbol{c}) - \boldsymbol{c}(\boldsymbol{a} \cdot \boldsymbol{b}) \ . \tag{1.79}$$

- Kreuzprodukt aus zwei Kreuzprodukten:
$$\begin{aligned}(\boldsymbol{a} \times \boldsymbol{b}) \times (\boldsymbol{c} \times \boldsymbol{d}) &= \boldsymbol{c}((\boldsymbol{a} \times \boldsymbol{b}) \cdot \boldsymbol{d}) - \boldsymbol{d}((\boldsymbol{a} \times \boldsymbol{b}) \cdot \boldsymbol{c}) \\ &= \boldsymbol{b}((\boldsymbol{c} \times \boldsymbol{d}) \cdot \boldsymbol{a}) - \boldsymbol{a}((\boldsymbol{c} \times \boldsymbol{d}) \cdot \boldsymbol{b}) \end{aligned} \tag{1.80}$$

oder in Determinantenschreibweise
$$(\boldsymbol{a} \times \boldsymbol{b}) \times (\boldsymbol{c} \times \boldsymbol{d}) = \begin{vmatrix} \boldsymbol{a} & a_1 & a_2 & a_3 \\ \boldsymbol{b} & b_1 & b_2 & b_3 \\ \boldsymbol{c} & c_1 & c_2 & c_3 \\ \boldsymbol{d} & d_1 & d_2 & d_3 \end{vmatrix} \ . \tag{1.81}$$

- Skalarprodukt aus zwei Kreuzprodukten (*Lagrange'sche Identität*):
$$\begin{aligned}(\boldsymbol{a} \times \boldsymbol{b}) \cdot (\boldsymbol{c} \times \boldsymbol{d}) &= \boldsymbol{a} \cdot (\boldsymbol{b} \times (\boldsymbol{c} \times \boldsymbol{d})) \\ &= (\boldsymbol{a} \cdot \boldsymbol{c})(\boldsymbol{b} \cdot \boldsymbol{d}) - (\boldsymbol{a} \cdot \boldsymbol{d})(\boldsymbol{b} \cdot \boldsymbol{c}) \ . \end{aligned} \tag{1.82}$$

- Quadrat eines Kreuzproduktes (Spezialfall eines Skalarproduktes aus zwei Kreuzprodukten):
$$(\boldsymbol{a} \times \boldsymbol{b})^2 = a^2 b^2 - (\boldsymbol{a} \cdot \boldsymbol{b})^2 \ . \tag{1.83}$$

Literatur

Zur Wiederholung der Grundlagen der Vektorrechnung eignen sich Schäfer und Georgi [53], der Wissensspeicher Mathematik [16] sowie entsprechende Oberstufenbücher. Etwas formalere Einführungen als in diesem Kapitel, aber ebenfalls für Physiker, geben z.B. Grossmann [24] und Korsch [33], eine sehr ausführliche Darstellung mit vielen Beispielen gibt Papula, Band 1 [41].

Fragen

1.1. Erläutern Sie den Unterschied zwischen einem Orts- und einem Verschiebungsvektor.

1.2. Auf welche Wiese können Sie überprüfen, ob zwei Vektoren auf einander senkrecht stehen?

1.3. Auf welche Weise(n) können Sie den Winkel zwischen zwei Vektoren bestimmen?

1.4. Wie werden in Koordinatensystemem die Richtungen angegeben?

1.5. Was ist ein Einheitsvektor?

1.6. Sind die Richtungen von Einheitsvektoren in Koordinatensystemen zwingend konstant?

1.7. Wie lässt sich der Abstand zwischen den durch die Ortsvektoren r_1 und r_2 gegebenen Punkte bestimmen?

1.8. Geben Sie die durch die beiden Punkte r_1 und r_2 verlaufende Gerade (verwenden Sie Vektoren zur Beschreibung!).

1.9. Welche Koordinatensysteme erscheinen Ihnen für die Untersuchung der folgenden Fragestellungen sinnvoll: (a) Gradlinige Bewegung eines Körpers. (b) irreguläre Bewegung eines Körpers im 3D. (c) Bewegung der Planeten im Sonnensystem. (d) Bewegung eines Elektrons um einen Atomkern. (e) Bewegung eines Elektrons bei seiner Gyration um eine Magnetfeldlinie. (f) Bewegung eines Elektrons im Plattenkondensator. (g) Bewegung eines Elektrons im elektrischen Feld eines Kugelkondensators.

1.10. Wie lässt sich die Gerade bestimmen, die den von den Vektoren a und b eingeschlossenen Winkel halbiert?

1.11. Bestimmen Sie die Mittelsenkrechte auf einem Vektor a.

1.12. Bestimmen Sie den Mittelpunkt des durch die Vektoren a und b aufgespannten Parallelogramms.

1.13. Bestimmen Sie den Einheitsvektor entlang der Raumdiagonalen des von den Vektoren a, b und c aufgespannten Parallelepipeds.

1.14. Bestimmen Sie den Mittelpunkt der Geraden, die die Punkte P_1 und P_2 verbindet.

1.15. Leiten Sie (mit Hilfe einer Skizze) eine Beziehung zwischen kartesischen Koordinaten und Zylinderkoordinaten her.

1.16. Leiten Sie (mit Hilfe einer Skizze) eine Beziehung zwischen kartesischen Koordinaten und Kugelkoordinaten her.

1.17. Warum läuft bei Kugelkoordinaten die Elevation ϑ von 0 bis π und nicht wie der Azimut φ bis 2π? Könnte man die Bereiche der beiden Winkel vertauschen?

1.18. Auf welche Weisen können Sie überprüfen, ob die drei Vektoren a, b und c linear unabhängig sind? Was bedeutet es, wenn Vektoren linear unabhängig sind?

Aufgaben

1.1. • Normieren Sie die folgenden Vektoren $\boldsymbol{a} = (1, 2, 3)$, $\boldsymbol{b} = (-1, 1, -1)$ und $\boldsymbol{c} = -5\boldsymbol{e}_x + 6\boldsymbol{e}_y + 7\boldsymbol{e}_z$.

1.2. • Wie lautet der Einheitsvektor $\boldsymbol{e}$, der die zum Vektor $\boldsymbol{a} = (1, 5, -2)$ entgegengesetzte Richtung hat?

1.3. • Ein Punkt Q liegt vom Punkt $P = (3, 1, -5)$ in Richtung des Vektors $\boldsymbol{a} = (3, -5, 4)$ um 20 Längeneinheiten entfernt. Welche Koordinaten hat Q?

1.4. • Welche Gerade verläuft durch $P_1 = (6, 8, 10)$ und $P_2 = (4, 3, 2)$? Geben Sie die Koordinaten des Mittelpunkts von $\overrightarrow{P_1 P_2}$ an.

1.5. •• Liegen die drei Punkte $P_1 = (3, 0, 4)$, $P_2 = (1, 1, 1)$ und $P_3 = (-1, 2, -2)$ auf einer Geraden?

1.6. • Geben Sie $\boldsymbol{r} = (8, -3, 9)$ in Zylinder- und Kugelkoordinaten an.

1.7. • In Kugelkoordinaten ist ein Vektor geben zu $r = 256$, $\varphi = 40°$ und $\vartheta = 20°$. Geben Sie diesen Vektor in kartesischen Koordinaten an.

1.8. • In einem geographischen Koordinatensystem hat ein Punkt auf der Erdoberfläche ($r_\mathrm{E} = 6370$ km) die geographische Breite $\lambda = 35°$N und die geographische Länge $\Phi = 86°$O. Geben Sie die Lage dieses Punktes in (a) Kugelkoordinanten (mit r in Einheiten von r_E) und (b) kartesischen Koordinaten (sowohl in Einheiten von r_E als auch in km).

1.9. • Auf einen Körper wirken die Kräfte $\boldsymbol{F}_1 = (3, 6, 9)$, $\boldsymbol{F}_2 = (-5, 7, 12)$, $\boldsymbol{F}_3 = (2, -5, -7)$ und $\boldsymbol{F}_4 = (1, 3, 2)$. Welche weitere Kraft ist notwendig, um den Körper an einer eventuellen Bewegung zu hindern?

1.10. • Gegeben sind zwei Vektoren $\boldsymbol{r}_1$ und $\boldsymbol{r}_2$ mit $r_1 = 20$, $\varphi_1 = 30°$, $\vartheta_1 = 45°$ sowie $r_2 = 30$, $\varphi_2 = 120°$ und $\vartheta_2 = 150°$. Bestimmen Sie die Summe und Differenz der Vektoren.

1.11. •• Eine Ostseefähre auf der Position 55° 20'N und 16° 17' O fängt den Notruf eines Fischkutters mit Position 56° 10' N und 17° 2' O auf (1° entspricht 65 km). Welchen Kurs muss die Steuerfrau der Fähre halten und wie lange dauert es, bis sie bei einer Maximalgeschwindigkeit von 28 km/h den Fischkutter erreicht?

1.12. • Eine Fähre mit einer Fahrt von 10 km/h über Grund kreuzt einen Fluss nordwärts. Der Fluss strömt mit 5 km/h in östlicher Richtung. Wie groß ist die Geschwindigkeit der Fähre relativ zum Wasser?

1.13. • Wie wird eine Gerade durch den Ursprung in Polarkoordinaten dargestellt?

1.14. •• Wie wird eine Gerade durch den Ursprung in Kugelkoordinaten dargestellt?

1.15. •• Ein geladenes Teilchen gyriert auf einer Helixbahn (Wendeltreppe) um eine Magnetfeldlinie. Beschreiben Sie die Bewegung in kartesischen Koordinaten und in Zylinderkoordinate, jeweils unter der Annahme, dass die Magnetfeldrichtung mit der z-Achse des Koordinatensystems zusammenfällt.

1.16. • Bilden Sie mit den Vektoren $\boldsymbol{a} = (1,2,3)$, $\boldsymbol{b} = (1,-1,1)$, und $\boldsymbol{c} = (5,-5,8)$ die Skalarprodukte: (a) $\boldsymbol{a}\cdot\boldsymbol{b}$, (b) $(\boldsymbol{a}-2\boldsymbol{b})\cdot(4\boldsymbol{c})$, und (c) $(\boldsymbol{a}+\boldsymbol{b})\cdot(\boldsymbol{a}-\boldsymbol{c})$.

1.17. •• Welchen Winkel schließen die Vektoren $\boldsymbol{a}$ und $\boldsymbol{b}$ jeweils miteinander ein? (a) $\boldsymbol{a} = (1,-3,2)$ und $\boldsymbol{b} = (1,-1,1)$; (b) $\boldsymbol{a} = (2,-1,2)$ und $\boldsymbol{b} = (6,-2,-1)$; (c) $\boldsymbol{a} = (5,-7,6)$ und $\boldsymbol{b} = (10,9,-7)$.

1.18. •• Stehen die Vektoren $\boldsymbol{a}$ und $\boldsymbol{b}$ senkrecht aufeinander: (a) $\boldsymbol{a} = (-1,-5,2)$ und $\boldsymbol{b} = (-4,-4,8)$; (b) $\boldsymbol{a} = (3,-2,10)$ und $\boldsymbol{b} = (4,1,-1,)$.

1.19. •• Stehen irgendwelche der folgenden Vektoren senkrecht auf einander $\boldsymbol{a} = (1,-1,2)$, $\boldsymbol{b} = (-4,3,1)$, $\boldsymbol{c} = (2,3,-1)$ und $\boldsymbol{d} = (-13,-5,4)$.

1.20. •• Durch die drei Punkte $A = (1,4,-2)$, $B = (3,1,0)$ und $C = (-1,1,2)$ wird ein Dreieck festgelegt. Bestimmen Sie die Länge der drei Seiten, die Innenwinkel im Dreieck sowie den Flächeninhalt.

1.21. •• Bestimmen Sie Betrag und Richtungswinkel des Vektors $\boldsymbol{a} = (5,2,-4)$.

1.22. •• Zwei Punkte P_1 und P_2 sind in Kugelkoordinaten gegeben als $P_1 = (r_1,\vartheta_1,\varphi_1)$ und $P_2 = (r_2,\vartheta_2,\varphi_2)$. Bestimmen Sie den Winkel zwischen den Ortsvektoren $\boldsymbol{r}_1$ und $\boldsymbol{r}_2$.

1.23. •• Eine Kraft $\boldsymbol{F} = (8,-10,-5)$ N verschiebt einen Massenpunkt gradlinig von $P_1 = (45,20,-14)$ m nach $P_2 = (32,-16,7)$ m. Welche Arbeit leistet die Kraft und welchen Winkel bildet sie mit dem Verschiebungsvektor?

1.24. •• Eine Kraft $\boldsymbol{F} = (10,2,7)$ N wirkt entlang eines Weges $\boldsymbol{s} = (2,-1,6)$ m. Bestimmen Sie die Arbeit, die verrichtet wird, sowie die Projektion $\boldsymbol{F}_s$ der Kraft auf den Weg.

1.25. •• Eine Kraft $F = 100$ N verschiebt einen Massenpunkt um die Strecke $s = 40$ m und verrichtet dabei eine Arbeit $W = 2000$ J. Unter welchem Winkel greift die Kraft an?

1.26. •• Bestimmen Sie die Projektion des Vektors $\boldsymbol{a} = (0,2,-1)$ auf den Vektor $\boldsymbol{b} = (-1,-3,-2)$.

1.27. •• Berechnen Sie die Komponente des Vektors $\boldsymbol{b} = (2,4,-6)$ in Richtung des Vektors $\boldsymbol{a} = (3,-1,1)$.

1.28. • Gegeben sind die Vektoren $\boldsymbol{a} = (1, -3, -5)$, $\boldsymbol{b} = (1, -2, 3)$ und $\boldsymbol{c} = (-4, 5, 2)$. Berechnen Sie die folgenden Vektorprodukte: (a) $\boldsymbol{a} \times \boldsymbol{b}$, (b) $\boldsymbol{a} \times \boldsymbol{b} \times \boldsymbol{c}$, (c) $(\boldsymbol{a} \times \boldsymbol{b}) \cdot (3\boldsymbol{c})$, und (d) $(\boldsymbol{a} - \boldsymbol{b}) \times (\boldsymbol{b} - \boldsymbol{c})$.

1.29. •• Gegeben sind die drei Vektoren $\boldsymbol{a} = (1, -2, 3)$, $\boldsymbol{b} = (-3, 1, -5)$ und $\boldsymbol{c} = (1, 0, -2)$. Berechnen Sie (a) $\boldsymbol{a} \cdot (\boldsymbol{b} \times \boldsymbol{c})$, (b) $(\boldsymbol{a} \times \boldsymbol{a}) \times \boldsymbol{c}$, (c) $|(\boldsymbol{a} \times \boldsymbol{b}) \times \boldsymbol{c}|$, und (d) $|(\boldsymbol{a} \times \boldsymbol{b}) \times (\boldsymbol{b} \times \boldsymbol{c})|$.

1.30. • Bilden Sie aus den folgenden 3 Vektoren jeweils paarweise alle möglichen Skalar- und Kreuzprodukte: $\boldsymbol{a} = (1, -2, 3)$, $\boldsymbol{b} = (2, -1, 3)$ und $\boldsymbol{c} = (3, -2, 1)$. Stehen irgendwelche der Vektoren senkrecht aufeinander?

1.31. •• Können Sie aus den Vektoren $\boldsymbol{a} = (1, 2)$ und $\boldsymbol{b} = (2, 3)$ ein Skalar- und ein Kreuzprodukt bilden?

1.32. • Bestimmen Sie den Flächeninhalt des von den Vektoren $\boldsymbol{a} = (1, -4, 0)$ und $\boldsymbol{b} = (3, 1, 12)$ aufgespannten Parallelogramms.

1.33. •• Bestimmen Sie den Einheitsvektor, der zusammen mit den Vektoren $\boldsymbol{a} = (1, -2, -3)$ und $\boldsymbol{b} = (-2, 1, 3)$ ein Rechtssystem bildet.

1.34. •• Die beiden Vektoren $\boldsymbol{a} = (1, 2, 3)$ und $\boldsymbol{b} = (3, 4, 5)$ spannen ein Parallelogramm auf. Bestimmen Sie dessen Schwerpunkt.

1.35. •• Die beiden Vektoren $\boldsymbol{a} = (1, 2, -2)$ und $\boldsymbol{b} = (3, 0, 4)$ spannen ein Parallelogramm auf. Bestimmen Sie (a) den Winkel zwischen den beiden Vektoren, (b) die Fläche des Parallelogramms und (c) seinen Schwerpunkt. (d) Geben Sie den Einheitsvektor in Richtung der Winkelhalbierenden zwischen den beiden Vektoren.

1.36. •• Wie muss λ gewählt werden, damit die drei Vektoren $\boldsymbol{a} = (1, \lambda, 4)$, $\boldsymbol{b} = (-2, 4 - 11)$ und $\boldsymbol{c} = (-3, 5, 1)$ komplanar sind?

1.37. • Überprüfen Sie, ob die drei Vektoren $\boldsymbol{a} = (-3, 4, 0)$, $\boldsymbol{b} = (-2, 3, 5)$ und $\boldsymbol{c} = (-1, 3, 25)$ in einer Ebene liegen.

1.38. • Gegeben sind die Vektoren $\boldsymbol{a} = (-3, -2, 1)$ und $\boldsymbol{b} = (0, -5, 2)$. Bestimmen Sie einen Vektor, der senkrecht auf der durch $\boldsymbol{a}$ und $\boldsymbol{b}$ aufgespannten Ebene steht und die Länge 1 hat.

1.39. •• Bestimmen Sie y so, dass die Vektoren $\boldsymbol{a} = (5, y, 3)$ und $\boldsymbol{b} = (1, -2, -7)$ senkrecht aufeinander stehen.

1.40. • Gegeben sind die Vektoren $\boldsymbol{a} = (1, 2, 3)$, $\boldsymbol{b} = (-1, 3, 6)$ und $\boldsymbol{c} = (5, 1, -1)$. Bestimmen Sie den Flächeninhalt des von $\boldsymbol{a}$ und $\boldsymbol{c}$ aufgespannten Parallelogramms. Bestimmen Sie ferner das Volumen des von den drei Vektoren aufgespannten Parallelepipeds.

1.41. •• Gegeben sind die Eckpunkte eines Dreiecks mit $P_1 = (1, 2, 3)$, $P_2 = (-1, 0, 1)$ und $P_3 = (2, 3, -1)$. Berechnen Sie den Flächeninhalt des Dreiecks.

1.42. •• Zwei Vektoren vom Ursprung zu den Punkten $P_1 = (1, 2, 5)$ und $P_2 = (3, 2, -1)$ bilden zwei Seiten des Dreiecks Δ_{0, P_1, P_2}. Bestimmen Sie (a) die dritte Seite des Dreiecks, (b) einen Einheitsvektor in Richtung der Winkelhalbierenden zwischen den beiden gegebenen Dreiecksseiten, (c) die Fläche des Dreiecks, und (d) einen Vektor, der senkrecht auf dem Dreieck steht und durch den Schnittpunkt der Winkelhalbierenden geht.

1.43. • Bestimmen Sie mit Hilfe der Rechenregeln für Mehrfachprodukte das Ergebnis des Ausdrucks $\boldsymbol{a} \times (\boldsymbol{b} \times \boldsymbol{c}) + \boldsymbol{b} \times (\boldsymbol{c} \times \boldsymbol{a}) + \boldsymbol{c} \times (\boldsymbol{a} \times \boldsymbol{b})$.

1.44. •• Die Kantenlängen eines Spats sind gegeben durch die Strecken $\overline{P_1 P_2}$, $\overline{P_1 P_3}$ und $\overline{P_1 P_4}$ mit $P_1 = (1, -1, 1)$, $P_2 = (2, 0, 3)$, $P_3 = (1, 1, 1)$ und $P_4 = (4, 2, t)$. Bestimmen Sie t so, dass das Spatvolumen gleich 14 wird.

1.45. • Die Einheitszelle eines Kristalls ist durch die Vektoren $\boldsymbol{a} = (0, 1, 1,)$, $\boldsymbol{b} = (2, 0, 1,)$ und $\boldsymbol{c} = (1, 3, 0)$ gebildet. Bestimmen Sie das Volumen der Einheitszelle.

1.46. •• Gegeben sind die Ortsvektoren $\boldsymbol{r}_1 = (1, 0, 0)$, $\boldsymbol{r}_2 = (-3, 2, 1)$ und $\boldsymbol{r}_3 = (1, 1, t)$. Bestimmen Sie t so, dass der Flächeninhalt des Dreiecks $R_1 R_2 R_3$ gleich 5 wird.

1.47. •• Gegeben sind die beiden Punkte $P_1 = (3, 0, 0)$ und $P_2 = (0, 2, 1)$. Bestimmen Sie die durch die beiden Punkte gehende Gerade sowie eine Gerade, die senkrecht auf dieser steht und durch den Punkt P_2 geht.

1.48. ••• Kann man die Gleichung $\boldsymbol{a} \times \boldsymbol{x} = \boldsymbol{b}$ lösen? Welche Informationen erhält man über den Vektor $\boldsymbol{x}$?

1.49. •• Zeigen Sie, dass gilt $(\boldsymbol{a} \times \boldsymbol{b})^2 + (\boldsymbol{a} \cdot \boldsymbol{b})^2 = a^2 b^2$.

1.50. •• Beweisen Sie den Satz des Pythagoras.

1.51. •• Beweisen Sie den Kosinussatz mit Hilfe des Skalarprodukts.

1.52. •• Beweisen Sie den Satz des Thales.

1.53. • Was ist $(\boldsymbol{a} - \boldsymbol{b}) \times (\boldsymbol{a} + \boldsymbol{b})$ allgemein?

1.54. •• Bestimmen Sie $\boldsymbol{a} \cdot (\boldsymbol{a} \times \boldsymbol{b})$.

1.55. •• Vereinfachen Sie $(\boldsymbol{a} - \boldsymbol{c}) \cdot ((\boldsymbol{a} + \boldsymbol{c}) \times \boldsymbol{b})$ durch Anwendung der Rechenregeln.

1.56. •• Vereinfachen Sie $(\boldsymbol{a} + \boldsymbol{b}) \cdot ((\boldsymbol{b} + \boldsymbol{c}) \times (\boldsymbol{c} + \boldsymbol{a}))$.

1.8 Aufgaben zu Kapitel 1   29

1.57. • Zeigen Sie durch komponentenweises Ausmultiplizieren, dass die folgende Rechenregel für das doppelte Kreuzprodukt gilt: $a \times (b \times c) = (a \cdot c)b - (a \cdot b)c$.

1.58. •• In welche Richtung weist der Vektor $d = a \times (b \times c)$?

1.59. •• Wien-Filter: Ein Magnetfeld $B = 5 \times 10^{-4}$ T steht senkrecht auf einem elektrischen Feld $E = 1000$ V/m. Ein Elektron tritt senkrecht zu beiden in diese Feldkombination ein. Welche Spannung muss das Elektron durchlaufen haben, damit es im Feld geradeaus weiter fliegt? Für welche Winkel zwischen E, B und v kann sich eine gradlinige Flugbahn ergeben?

1.60. •• Die Vektoren $a = (-1, 1, -2)$, $b = (3, -2, 4)$ und $c = (9, -7, 5)$ spannen ein Parallelepiped auf. Bestimmen Sie (a) den von den Vektoren a und b eingeschlossenen Winkel, (b) den Flächeninhalt des von a und b aufgespannten Parallelogramms, (c) den Mittelpunkt der Diagonalen dieses Parallelograms, (d) einen auf dem Parallelogramm senkrecht stehenden Einheitsvektor, und (e) das Volumen des von allen drei Vektoren auf gespannten Parallelepipeds.

1.61. •• Die Einheitszelle eines Kristalls wird durch die Vektoren $a = (2, 0, 0)$, $b = (1, 1, 0)$ und $c = (1, 0, 2)$ aufgespannt. (a) Bestimmen Sie das Volumen der Einheitszelle. (b) Bestimmen Sie den Winkel zwischen den Vektoren a und b. (c) Bestimmen Sie den Winkel zwischen einem auf der durch die Vektoren a und b gebildeten Grundfläche senkrecht stehenden Vektor und dem Vektor c. (d) Bestimmen Sie den Einheitsvektor entlang der Raumdiagonalen der Zelle.

1.62. •• Zeigen Sie, dass die Einheitsvektoren in Kugelkoordinaten ein Orthonormalsystem bilden, d.h. das gilt $e_r \cdot e_r = e_\varphi \cdot e_\varphi = e_\vartheta \cdot e_\vartheta = 1$ und $e_r \cdot e_\varphi = e_r \cdot e_\vartheta = e_\varphi \cdot e_\vartheta = 0$.

1.63. •• Zeigen Sie, dass für die Einheitsvektoren in Kugelkoordinaten gilt $e_r \times e_\vartheta = e_\varphi$, $e_\vartheta \times e_\varphi = e_r$ und $e_\varphi \times e_r = e_\vartheta$.

2 Differentiation

In der Physik versuchen wir, Zusammenhänge zwischen verschiedenen Parametern eines Systems quantitativ zu beschreiben, z.B. den Ort in Abhängigkeit von der Zeit. Diese Zusammenhänge werden als Funktionen, hier $\boldsymbol{r}(t)$, dargestellt. Am Anfang dieses Kapitels wiederholen wir Schulstoff: was ist eine Funktion und wie differenziert man diese. Elementare, häufig in der Physik auftretende Funktionen werden diskutiert. Die wichtigsten neuen Aspekte umfassen die Differentiation von Vektoren, z.B. bei der Definition der Geschwindigkeit $\boldsymbol{v} = \mathrm{d}\boldsymbol{r}/\mathrm{d}t$, und die partielle Ableitung, d.h. die Differentiation von Funktionen mehrerer Variablen. Auch die Potenzreihenentwicklung als vielfach verwendetes mathematisches Hilfsmittel wird eingeführt.

2.1 Funktionen

→ 2.1.2

Funktionen dienen der Darstellung und Beschreibung von Zusammenhängen.

Definition 7. *Eine* Funktion $f(x)$ *ordnet jedem Element x ihres Definitionsbereichs $\mathbb{D}$ eindeutig ein Element y ihres Wertebereichs $\mathbb{W}$ zu.*

Eine Funktion ist also eine *Zuordnungsvorschrift* zwischen einer *unabhängigen Variablen x (Argument)* und einer *abhängigen Variablen $f(x)$ (Funktionswert)*.

Funktionen lassen sich auf verschiedene Weise darstellen:

- in der *analytischen Darstellung* wird die Zuordnungsvorschrift als Gleichung (*Funktionsgleichung*) gegeben in einer der drei Formen:
  - *explizite Darstellung* $y = f(x)$, d.h. die Funktion ist nach einer der Variablen aufgelöst, z.B. $y = x^2$.
  - *implizite Darstellung* $F(x, y) = 0$, d.h. die Funktion ist nicht nach einer der beiden Variablen aufgelöst, z.B. der Kreis als $x^2 + y^2 = r^2$.
  - *Parameterdarstellung* durch die Angabe von $x(t)$ und $y(t)$, jeweils in Abhängigkeit von einer Hilfsvariablen t; so ist die Wurfparabel eine Funktion $y = f(x)$, bei der die Bewegungen in x und y in Abhängigkeit vom Parameter Zeit angeben werden: $x(t) = v_0 t$ und $y(t) = gt^2/2$. Auflösen der ersten *Parametergleichung* nach t und Einsetzen in die zweite liefert die explizite Form der Wurfparabel

$$y = \frac{1}{2}gt^2 = \frac{1}{2}g\left(\frac{x}{v_0}\right)^2 = \frac{g}{2v_0^2}x^2 \ . \tag{2.1}$$

- in der *Wertetabelle* oder *Funktionstafel* werden in tabellarischer Form Paare von unabhängiger und abhängiger Variable angegeben.
- in der graphischen Darstellung werden die Wertepaare der Funktion in einem rechtwinkligen Koordinatensystem als *Funktionsgraph* dargestellt. Dabei wird die x-Achse als *Abszisse*, die y-Achse als *Ordinate* bezeichnet.

2.1.1 Eigenschaften von Funktionen

Definition 8. *Eine Funktion $f(x)$ besitzt an der Stelle x_0 eine Nullstelle, wenn gilt:* $f(x_0) = 0$.

Definition 9. *Eine Funktion $f(x)$ mit symmetrischem Definitionsbereich $\mathbb{D}$ heißt gerade, wenn für jedes $x \in \mathbb{D}$ gilt $f(x) = f(-x)$; sie heißt ungerade, wenn für jedes $x \in \mathbb{D}$ gilt $f(x) = -f(-x)$.*

Eine gerade Funktion ist *achsensymmetrisch*, d.h. spiegelsymmetrisch zur y-Achse, eine ungerade ist *punktsymmetrisch* zum Ursprung.

Definition 10. *x_1 und x_2 seien zwei beliebige Werte aus $\mathbb{D}$ mit $x_1 < x_2$. Dann heißt die Funktion $f(x)$:*
monoton wachsend, *falls* $\qquad f(x_1) \leq f(x_2)$
streng monoton wachsend, *falls* $f(x_1) < f(x_2)$
monoton fallend, *falls* $\qquad f(x_1) \geq f(x_2)$
streng monoton fallend, *falls* $\qquad f(x_1) > f(x_2)$

Definition 11. *Eine Funktion $f(x)$ heißt umkehrbar, wenn $\forall x_1 \neq x_2$ gilt $f(x_1) \neq f(x_2)$.*

Jede streng monoton wachsende oder fallende Funktion ist umkehrbar. Bei der Umkehrung werden Definitions- und Wertebereich vertauscht. Analytisch erhält man eine Umkehrfunktion durch Auflösen nach der unabhängigen Variablen, zeichnerisch durch Spiegelung an der Geraden $y = x$.

Definition 12. *Die Funktion $y = f(x)$ besitzt an der Stelle $x = a$ den Grenzwert $\lim_{x \to a} f(x) = g$ oder $f(x) \to g$ für $x \to a$, wenn sich die Funktion $f(x)$ bei unbegrenzter Annäherung von x an a unbegrenzt an g nähert. $f(x)$ muss an der Stelle a den Wert g nicht zwingend annehmen; $f(x)$ muss an der Stelle $x = a$ nicht zwingend definiert sein.*

Da die Funktion $f(x)$ an der Stelle a einen Grenzwert haben kann ohne dort definiert zu sein, kann sich bei Annäherung an diese Stelle von links ($x < a$) und rechts ($x > a$) jeweils ein anderer Grenzwert ergeben. Diese werden als *links-* und *rechtsseitiger Grenzwert* bezeichnet.

Beispiel 10. Die Funktion

$$f(x) = \frac{4+x}{x+1} \qquad (2.2)$$

ist an der Stelle $x = -1$ nicht definiert. Bilden wir den linksseitigen Grenzwert, so erhalten wir

$$\lim_{x \to -1^-} \frac{x+4}{x+1} = \lim_{\varepsilon \to 0} \frac{-1-\varepsilon+4}{-1-\varepsilon+1} = \lim_{\varepsilon \to 0} \frac{3-\varepsilon}{-\varepsilon} = -\infty \, . \qquad (2.3)$$

Für den rechtsseitigen Grenzwert dagegen ergibt sich

$$\lim_{x \to -1^+} \frac{x+4}{x+1} = \lim_{\varepsilon \to 0} \frac{-1+\varepsilon+4}{-1+\varepsilon+1} = \lim_{\varepsilon \to 0} \frac{3+\varepsilon}{\varepsilon} = +\infty \, . \qquad (2.4)$$

□

Für den Fall, dass der Grenzwert an der Stelle $x = a$ existiert obwohl die Funktion dort nicht definiert ist, lässt er sich nach der Regel von l' Hôpital bestimmen

$$\lim_{x \to a} \frac{f(x)}{g(x)} = \lim_{x \to a} \frac{f'(x)}{g'(x)} \, , \qquad (2.5)$$

natürlich nur unter der Voraussetzung, dass die Ableitung $g'(x)$ an dieser Stelle existiert. Sollte dies nicht der Fall sein, so wird die Regel von l' Hôpital so lange wiederholt bis die entsprechende Ableitung definiert ist.

Beispiel 11. Der Grenzwert der Funktion $f(x) = (\sin x)/x$ an der Stelle $x = 0$ bestimmt sich nach der Regel von l' Hôpital zu

$$\lim_{x \to 0} \frac{\sin x}{x} = \lim_{x \to 0} \frac{\cos x}{1} = \cos 0 = 1 \, . \qquad (2.6)$$

Dies lässt auch sich mit Hilfe einer Wertetabelle überprüfen:

x	1	0.1	0.01	0.001	0.0001
$f(x)$	0.8417	0.99833	0.999983	0.9999999983	0.9999999983

□

Definition 13. *Eine in x_0 und einer Umgebung von x_0 definierte Funktion $f(x)$ heißt stetig an der Stelle x_0, wenn der Grenzwert der Funktion in x_0 existiert und mit dem Funktionswert übereinstimmt:* $\lim_{x \to x_0} f(x) = f(x_0)$.

Definition 14. *Stellen, in deren unmittelbarer Umgebung die Funktionswerte über alle Grenzen hinaus fallen oder wachsen, heißen* Pole *oder* Unendlichkeitsstellen *der Funktion.*

2.1.2 Wichtige Funktionen

Lineare Funktionen. Die lineare Funktion $f(x) = mx + b$ ist für $m \neq 0$ im gesamten Definitionsbereich streng monoton und damit umkehrbar; die Umkehrfunktion ist eine lineare Funktion. Die lineare Funktion wird z.B. zur Anpassung verwendet (lineare Regression, vgl. Abschn. 14.4.1).

Potenzfunktionen. Potenzfunktionen oder *ganz rationale Funktionen* lassen sich in der allgemeinsten Form darstellen als

$$f(x) = \sum_{i=1}^{n} a_i x^i + a_0 \ . \tag{2.7}$$

Spezialfälle sind die *quadratische Gleichung* (Potenzfunktion 2ten Grades) $f(x) = a_2 x^2 + a_1 x + a_0$ und die *kubische Gleichung* (Potenzfunktion 3ten Grades) $f(x) = a_3 x^3 + a_2 x^2 + a_1 x + a_0$.

Gebrochen rationale Funktionen sind der Quotient zweier Potenzfunktionen

$$f(x) = \frac{\sum\limits_{i=1}^{n} a_i x^i + a_0}{\sum\limits_{i=1}^{m} b_i x^i + b_0} \ . \tag{2.8}$$

Die *Wurzelfunktion* ist die Umkehrung der Potenzfunktion. Die Quadratwurzel ist die Umkehrung zur Potenzfunktion 2ter Ordnung:

$$f(x) = x^2 \ \Rightarrow \ \text{Umkehrfunktion}: \ f_\text{U}(x) = \pm\sqrt{x} = \pm x^{1/2} \ . \tag{2.9}$$

Die Quadratwurzel ist nicht eindeutig: die quadratische Funktion ist zwar streng monoton fallend für $x \leq 0$ und streng monoton steigend für $x \geq 0$, über den gesamten Definitionsbereich jedoch nicht streng monoton.

Bei beliebigem Exponenten ist die Umkehrfunktion der Exponentialfunktion

$$f(x) = x^n \ \Rightarrow \ \text{Umkehrfunktion} \ f_\text{U} = \sqrt[n]{x} = x^{1/n} \ . \tag{2.10}$$

Exponentialfunktion und Logarithmus. Die Exponentialfunktion und ihre Umkehrung, der Logarithmus, sind *transzendente Funktionen*, d.h. sie lassen sich nicht als endliche Kombination algebraischer Terme darstellen. Sie können jedoch durch unendliche Reihen angenähert werden, vgl. Abschn. 2.5, die gegebenenfalls nach wenigen Gliedern abgebrochen werden können.

Die allgemeinste Form der *Exponentialfunktion* ist

$$f(x) = a^x \tag{2.11}$$

mit a als der *Basis* und x als dem *Exponenten*. Spezialfälle ergeben sich für die Basis 10 als $f(x) = 10^x$ und für die Basis e (Euler'sche Zahl) zu $f(x) = \mathrm{e}^x$. Jede Exponentialfunktion ist streng monoton. Ist die Basis größer 1, so ist die Funktion streng monoton wachsend, vgl. Abb. 2.1. Ist die Basis dagegen zwischen 0 und 1, so ist die Funktion streng monoton fallend. Die Exponentialfunktion wächst schneller als jedes beliebige Polynom in x; sie geht durch den Punkt (0,1) und nähert sich für $a > 1$ asymptotisch der negativen x-Achse an, für $0 < a < 1$ asymptotisch der positiven.

Alle Exponentialfunktionen zur beliebigen Basis a lassen sich in eine auf der Euler'schen Zahl basierende Darstellungsform umwandeln:

$$a^x = (\mathrm{e}^{\ln a})^x = \mathrm{e}^{x \ln a} = \mathrm{e}^{\ln a^x} \ . \tag{2.12}$$

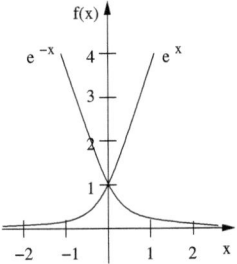 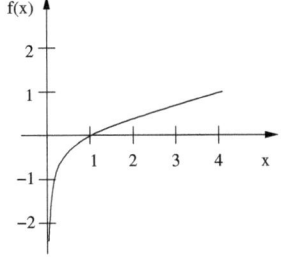

Abb. 2.1. Exponentialfunktion (links) und natürlicher Logarithmus (rechts)

Für die Umwandlung von einer Basis a zu einer Basis b gilt entsprechend

$$f(x) = a^x = (b^{\log_b a})^x = b^{x \log_b a} = b^{\log_b a^x} . \tag{2.13}$$

Für den Umgang mit Potenzen zur gleichen Basis gilt

$$a^x a^y = a^{x+y} , \qquad \frac{a^x}{a^y} = a^{x-y} \qquad \text{und} \qquad (a^x)^y = a^{xy} . \tag{2.14}$$

Die Umkehrfunktion zur Exponentialfunktion ist der *Logarithmus*. Zu verschiedenen Basen der Exponentialfunktion gibt es verschiedene Logarithmen. Diese werden abgekürzt als $\log_a$, gesprochen ‚Logarithmus zur Basis a'. Die verschiedenen Exponentialfunktionen mit ihren Logarithmen sind

$f(x) = a^x \quad \log_a f(x) = x$
$f(x) = 10^x \quad \log_{10} f(x) = \log f(x) = x \quad$ dekadischer Logarithmus
$f(x) = e^x \quad \log_e f(x) = \ln f(x) = x \quad$ natürlicher Logarithmus

Der dekadische Logarithmus wird häufig in der logarithmischen Darstellung von Daten, die einen weiten Größenbereich umspannen, verwendet. So sind einige Größen, wie dezibel (dB) und pH-Wert, auf einer logarithmischen Skala definiert.

Der Logarithmus stellt graphisch die an der Winkelhalbierenden des 1. Quadranten gespiegelte Exponentialfunktion dar. Er geht daher durch den Punkt (1,0). Der Logarithmus wächst langsamer als jede beliebige Potenz von x. Da die Exponentialfunktion nur Werte größer Null annimmt, ist der Logarithmus nur für Werte größer Null definiert, vgl. rechtes Teilbild in Abb. 2.1. Für $a > 1$ wächst der Logarithmus von $-\infty$ bis $+\infty$, für $0 < a < 1$ fällt er monoton von $+\infty$ auf $-\infty$.

Wie die Exponentialfunktion lässt sich auch der Logarithmus jeweils von einer Basis zur anderen umformen

$$f(x) = \log_a x = \frac{\log_b x}{\log_b a} . \tag{2.15}$$

Für den Umgang mit Logarithmen gleicher Basis gilt, entsprechend den Rechenregeln für Exponenten,

$$\log(xy) = \log x + \log y , \quad \log \frac{x}{y} = \log x - \log y \quad \text{und} \quad \log x^n = n \log x . \tag{2.16}$$

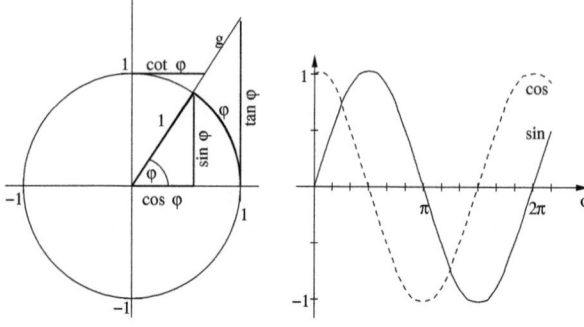

Abb. 2.2. Trigonometrische Funktionen als Kreisschnitte (links) sowie Verlauf der Sinus- und Kosinusfunktion (rechts)

Winkelfunktionen (Trigonometrische Funktionen). Die Winkelfunktionen oder trigonometrischen Funktionen sind ebenfalls transzendente Funktionen. Zur Herleitung betrachten wir den Schnitt eines Einheitskreises mit einer Geraden g wie im linken Teil von Abb. 2.2 gezeigt. Die trigonometrischen Funktionen setzen den aus dem Kreis ausgeschnittenen Bogen φ mit verschiedenen der fett ausgezogenen Linien in Beziehung. Verwenden wir anstelle des Kreisbogens den Winkel (bei Angabe in rad identisch), so lassen sich die Winkelfunktionen auch an dem im Kreis liegenden Dreieck veranschaulichen. Der Sinus $\sin\alpha$ ergibt sich als das Verhältnis aus Gegenkathete zu Hypothenuse, der Kosinus $\cos\alpha$ als Verhältnis von Ankathete zu Hypothenuse und der Tangens $\tan\alpha$ als das Verhältnis von Gegenkathete zu Ankathete bzw. Sinus zu Kosinus. Die Funktionen Kosekans, Sekans und Kotangens sind die Kehrwerte zu Sinus, Kosinus und Tangens.

Aus der Darstellung am Einheitskreis lässt sich der Verlauf der Winkelfunktionen (rechter Teil von Abb. 2.2) veranschaulichen. Für $\varphi = 0$ hat die Gegenkathete die Länge Null, d.h. der Sinus beginnt bei Null. Er steigt an, bis er bei $\pi/2$ den Wert 1 annimmt und fällt dann bis π wieder auf Null ab. Der Abfall ist symmetrisch um $\pi/2$, daher gilt $\sin\varphi = \sin(\pi - \varphi)$. Für $\pi < \varphi < 2\pi$ nimmt der Sinus negative Werte an, deren Beträge denen für $0 < \varphi < \pi$ entsprechen. Daher gilt $\sin\varphi = -\sin(\pi + \varphi)$.

Der Kosinus ist über die Ankathete definiert, d.h. für $\varphi = 0$ nimmt er den Wert 1 an und fällt mit zunehmendem φ ab bis er bei $\pi/2$ den Wert Null erreicht. Für $\pi/2 < \varphi < 3\pi/2$ ist der Kosinus negativ, für $\varphi > 3\pi/2$ wieder positiv. Der Kosinus entspricht in seinem Verlauf einem um $\pi/2$ verschobenen Sinus, d.h. es gilt $\cos\varphi = \sin(\pi/2 + \varphi)$. Da $\pi/2 - \varphi$ der Komplementwinkel zu φ ist, gilt gleichzeitig auch $\cos\varphi = \sin(\pi/2 - \varphi)$.

Der Verlauf des Tangens ergibt sich anschaulich aus der Länge der Tangente an den Kreis. Für $\varphi = 0$ beginnt er bei Null und steigt mit zunehmendem φ auf ∞ bei $\pi/2$. An dieser Stelle springt der Tangens auf $-\infty$ und steigt mit zunehmendem φ auf Null bei π und auf $+\infty$ bei $3\pi/2$. Das Tangens ist daher periodisch mit einer Periode π während Sinus und Kosinus periodisch mit der Periode 2π sind.

Wichtige Werte für die Winkelfunktionen sind in Tabelle 2.1 gegeben, die Beziehungen zwischen den Winkelfunktionen in Tabelle 2.2.

Tabelle 2.1. Wichtige Werte einiger Winkelfunktionen

	0° 0	30° $\pi/6$	45° $\pi/4$	60° $\pi/3$	90° $\pi/2$
sin	0	$\frac{1}{2}=0.5$	$\frac{\sqrt{2}}{2}=\frac{1}{\sqrt{2}}=0.71$	$\frac{\sqrt{3}}{2}=0.87$	1
cos	1	$\frac{\sqrt{3}}{2}=0.87$	$\frac{\sqrt{2}}{2}=0.71$	$\frac{1}{2}=0.5$	0
tan	0	$\frac{\sqrt{3}}{3}=\frac{1}{\sqrt{3}}=0.58$	1	$\sqrt{3}=1.73$	∞
sec	1	$\frac{2\sqrt{3}}{3}$	$\sqrt{2}$	2	∞
cosec	∞	2	$\sqrt{2}$	$\frac{2\sqrt{3}}{3}$	1
cot	∞	$\sqrt{3}=1.73$	1	$\frac{\sqrt{3}}{3}=0.58$	0

Als transzendente Funktionen hängen die Winkelfunktionen eng mit der Exponentialfunktion zusammen, der Zusammenhang wird durch die Euler'sche Formel gegeben, vgl. Abschn. 4.3.

Hyperbolische Funktionen. Während die trigonometrischen Funktionen durch den Schnitt einer Geraden mit dem Kreis $x^2 + y^2 = 1$ erzeugt werden, entstehen die hyperbolischen Funktionen durch Schnitte einer Geraden mit Hyperbelästen, vgl. Abb. 2.3. Der Parameter der hyperbolischen Funktionen ist die von den Geraden g und $-g$ und der Einheitshyperbel $x^2 - y^2 = 1$ eingeschlossene Fläche A. Die Funktionen *Sinus hyperbolicus* sinh, *Kosinus hyperbolicus* cosh und *Tangens hyperbolicus* tanh lassen sich geometrisch beschreiben als die y- bzw. x-Koordinate des Schnittpunkte zwischen Gerade und Hyperbel sowie als die Geradensteigung.

Die hyperbolischen Funktionen hängen zusammen gemäß

$$\sinh^2 x = \cosh^2 x - 1 \quad \text{und} \quad \tanh x = \frac{\sinh x}{\cosh x}. \tag{2.17}$$

Sie lassen sich mit Hilfe der Exponentialfunktion darstellen als

$$\sinh x = \frac{e^x - e^{-x}}{2}, \quad \cosh x = \frac{e^x + e^{-x}}{2} \quad \text{und} \quad \tanh x = \frac{e^x - e^{-x}}{e^x + e^{-x}}. \tag{2.18}$$

Die inversen hyperbolischen Funktionen sind die Areafunktionen. Sie lassen sich unter Verwendung von Logarithmen darstellen:

Tabelle 2.2. Umwandlung einer Winkelfunktion in eine andere

	$\sin \alpha$	$\cos \alpha$	$\tan \alpha$	$\cot \alpha$
$\sin \alpha =$	-	$\sqrt{1-\cos^2 \alpha}$	$\frac{\tan \alpha}{\sqrt{1+\tan^2 \alpha}}$	$\frac{1}{\sqrt{1+\cot^2 \alpha}}$
$\cos \alpha =$	$\sqrt{1-\sin^2 \alpha}$	-	$\frac{1}{\sqrt{1+\tan^2 \alpha}}$	$\frac{\cot \alpha}{\sqrt{1+\cot^2 \alpha}}$
$\tan \alpha =$	$\frac{\sin \alpha}{\sqrt{1-\sin^2 \alpha}}$	$\frac{\sqrt{1-\cos^2 \alpha}}{\cos \alpha}$	-	$\frac{1}{\cot \alpha}$
$\cot \alpha =$	$\frac{\sqrt{1-\sin^2 \alpha}}{\sin \alpha}$	$\frac{\cos \alpha}{\sqrt{1-\cos^2 \alpha}}$	$\frac{1}{\tan \alpha}$	-

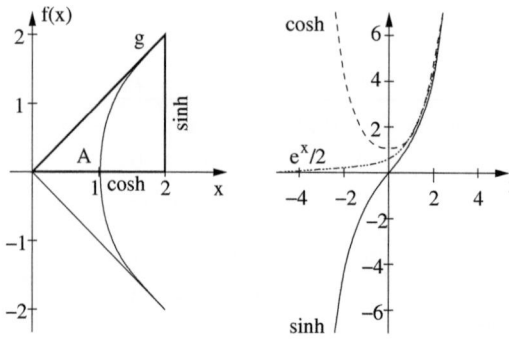

Abb. 2.3. Hyperbolische Funktionen: Definition über den Schnitt einer Geraden mit einem Hyperbelast (links) und Verlauf von sinh und cosh zusammen mit dem der e-Funktion (rechts)

$$\text{Arsinh} x = \ln(x + \sqrt{x^2 + 1}), \quad \text{Arcosh} x = \ln(x + \sqrt{x^2 - 1}) \quad \text{und}$$
$$\text{Arctanh} x = \frac{1}{2} \ln \frac{1 + x}{1 - x}. \tag{2.19}$$

In der komplexen Eben können hyperbolische und trigonometrische Funktionen als gleichartige Funktionen dargestellt werden, die sich bei Verwendung imaginärer Argumente ineinander überführen lassen.

Signum-Funktion. Die Signum-Funktion sgn ist hilfreich bei der Definition von Funktionen mit Diskontinuitäten im Betrag oder in der Steigung, vgl. Abb. 2.4. Sie wertet das Vorzeichen des Funktionswerts aus: für negative Funktionswerte wird sgn gleich -1, für positive gleich +1. Formal kann die Signum-Funktion mit Hilfe der Sprungfunktion (9.28) definiert werden als

$$\text{sgn}(x) = H(x) - H(-x) = \begin{cases} -1 & \text{falls } x < 0 \\ 0 & \text{falls } x = 0 \\ 1 & \text{falls } x > 0 \end{cases}. \tag{2.20}$$

2.2 Differentialrechnung

→ 2.2.3 Ein *Differential* ist eine Differenz, bei der der Abstand der beiden Argumente gegen Null geht:

$$dx = \lim_{\Delta x \to 0} (x_2 - x_1). \tag{2.21}$$

bzw. für die Funktionswerte

$$dy = df(x) = \lim_{\Delta x \to 0} [f(x + \Delta x) - f(x)] = f'(x) \, dx. \tag{2.22}$$

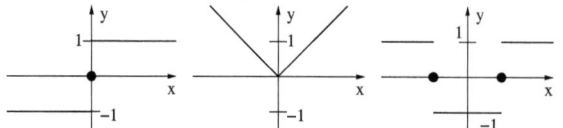

Abb. 2.4. Signum-Funktion am Beispiel von $\text{sgn}(x)$ (links), $x\,\text{sgn}(x)$ (Mitte) und $\text{sgn}(x^2 - 1)$

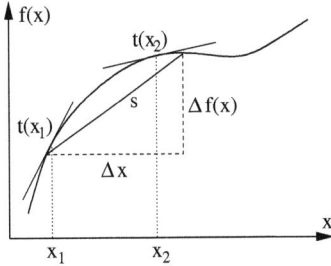

Abb. 2.5. Sekantensteigung s im Intervall von x bis $x + \Delta x$ und Tangentensteigungen $t(x_1)$ und $t(x_2)$ in den Punkten x_1 und x_2

Definition 15. *Der* Differenzenquotient *ist der Quotient aus der Differenz der Funktionswerte und der Differenz der Argumente:*

$$m = \frac{\Delta y}{\Delta x} = \frac{y_2 - y_1}{x_2 - x_1} = \frac{f(x + \Delta x) - f(x)}{\Delta x}. \tag{2.23}$$

Anschaulich gibt der Differenzenquotient die mittlere Steigung des Graphen der Funktion im Intervall x_1 bis x_2, d.h. die Steigung der Sekante (*Sekantensteigung*), vgl. Abb. 2.5.

Beispiel 12. Gegeben ist die Funktion $f(x) = 2x^3 + 4x^2 - 1$. Die mittlere Steigung im Intervall zwischen x und $x + \Delta x$ ist der Differenzenquotient

$$\begin{aligned}
m &= \frac{f(x+\Delta x) - f(x)}{\Delta x} = \frac{2(x+\Delta x)^3 + 4(x+\Delta x)^2 - 1 - (2x^3 + 4x^2 - 1)}{\Delta x} \\
&= \frac{2(x^3 + 3x^2\Delta x + 3x(\Delta x)^2 + (\Delta x)^3) + 4(x^2 + 2x\Delta x + (\Delta x)^2) - 2x^3 - 4x^2}{\Delta x} \\
&= \frac{6x^2\Delta x + 8x\Delta x + 6x(\Delta x)^2 + 4(\Delta x)^2 + 2(\Delta x)^3}{\Delta x} \\
&= 6x^2 + 8x + 6x\Delta x + 4\Delta x + 2(\Delta x)^2.
\end{aligned} \tag{2.24}$$

□

2.2.1 Differentialquotient

Definition 16. *Der* Differentialquotient *ist der Grenzwert des Differenzenquotienten für Δx gegen Null:*

$$f'(x) = \frac{\mathrm{d}f(x)}{\mathrm{d}x} = \lim_{\Delta x \to 0} \frac{\Delta f(x)}{\Delta (x)} = \lim_{\Delta x \to 0} \frac{f(x + \Delta x) - f(x)}{\Delta x}. \tag{2.25}$$

Differenzierbarkeit setzt die Existenz dieses Grenzwerts voraus. Da es links- und rechtsseitige Grenzwerte gibt, lassen sich links- und rechtsseitige Ableitungen definieren:

$$\begin{aligned}
f'(x) &= \lim_{\Delta x \to 0^+} \frac{f(x + \Delta x) - f(x)}{\Delta x} \quad \text{und} \\
f'(x) &= \lim_{\Delta \to 0^-} \frac{f(x + \Delta x) - f(x)}{\Delta x}.
\end{aligned} \tag{2.26}$$

Definition 17. *Eine Funktion $f(x)$ heißt* differenzierbar *in $[a,b]$, wenn für jedes $x \in (a,b)$ rechts- und linksseitiger Grenzwert des Differenzenquotienten existieren und identisch sind.*

Definition 18. *Eine Funktion $f(x)$ heißt* stetig differenzierbar *in $[a,b]$, wenn für jedes $x \in (a,b)$ die Ableitung existiert und $f'(x)$ stetig ist.*

Der Differentialquotient gibt die Ableitung der Funktion, die Steigung der Tangente an den Funktionsgraphen (*Tangentensteigung*, vgl. Abb. 2.5). Mit Bsp. 12 erhalten wir aus (2.24) für $\Delta x \to 0$ die Ableitung von $f(x) = 2x^3 + 4x^2 - 1$ als

$$\frac{\mathrm{d}f(x)}{\mathrm{d}x} = 6x^2 + 8x \ . \tag{2.27}$$

Da die Ableitung über den Differentialquotienten definiert ist, $f'(x) = \mathrm{d}f(x)/\mathrm{d}x = \mathrm{d}y/\mathrm{d}x$ ergibt sich für das Differential $\mathrm{d}f(x) = \mathrm{d}y = f'(x)\,\mathrm{d}x$, vgl. (2.22). Der Differentialquotient bestimmt, wie sich Funktionswerte entwickeln, wenn man vom Argument x um ein Stückchen $\mathrm{d}x$ weitergeht: $\mathrm{d}f(x) = f'(x)\,\mathrm{d}x$.

Auch eine in impliziter Form gegebene Funktion lässt sich mit Hilfe der Kettenregel direkt differenzieren. Anschließendes Auflösen nach $\mathrm{d}y/\mathrm{d}x$ liefert die Ableitung, die in der Regel sowohl x als auch y enthält. Das ist jedoch kein Problem, da für die Ableitung an der Stelle x_A der Wert von x_A bekannt ist und der zugehörige Funktionswert y_A mit Hilfe der Funktionsgleichung bestimmt werden kann.

Beispiel 13. Die in impliziter Form gegebene Funktion $f(x,y) = x^3 + y^2 + xy - 1 = 0$ lässt sich unter Berücksichtigung der Kettenregel nach x ableiten:

$$\frac{\mathrm{d}f(x,y)}{\mathrm{d}x} = 3x^2 + 2y^2\frac{\mathrm{d}y}{\mathrm{d}x} + y + x\frac{\mathrm{d}y}{\mathrm{d}x} = 0 \ . \tag{2.28}$$

Auflösen liefert für die Ableitung der Funktion allgemein

$$\frac{\mathrm{d}y}{\mathrm{d}x} = -\frac{3x^2 + y}{2y^2 + x} \ ; \tag{2.29}$$

an der Stelle $x_A = 1$ ist $y_A = -1$ und damit

$$\left[\frac{\mathrm{d}y}{\mathrm{d}x}\right]_{x=1} = -\frac{3-1}{-2+1} = -\frac{2}{-1} = 2 \ . \tag{2.30}$$

□

Theorem 1. *Ist eine Funktion $f(x)$ in einem Intervall $[a,b]$ stetig differenzierbar und ist $f(a) = f(b)$, dann gibt es ein $c \in (a,b)$ mit $f'(c) = 0$.*

Anschaulich besagt der *Satz von Rolle* (Theorem 1), dass zwischen zwei Stellen mit gleichem Funktionswert (z.B. zwei Nullstellen) stets ein Extremum liegen muss, vgl. Abb. 2.6. Eine Polstelle erfüllt diesen Satz nicht, da eine stetig differenzierbare Funktion vorausgesetzt wurde.

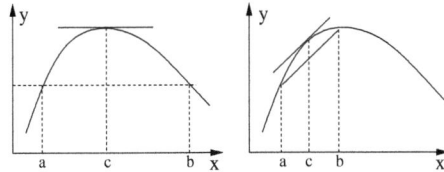

Abb. 2.6. Zur Illustration des Satz von Rolle (links) und des Mittelwertsatzes (rechts)

Theorem 2. *Ist eine Funktion $f(x)$ in einem Intervall $[a,b]$ stetig differenzierbar, so gibt es einen Wert $c \in (a,b)$ mit*

$$f'(c) = \frac{f(b) - f(a)}{b - a} \,. \tag{2.31}$$

Der *Mittelwertsatz* (Theorem 2) besagt, dass die Sekantensteigung an einem Punkt des Intervall mit der Tangentensteigung identisch ist, vgl. Abb. 2.6. Dies lässt sich am Beispiel der Geschwindigkeit illustrieren: bei einer beschleunigten Bewegung wird die mittlere Geschwindigkeit über ein Intervall irgendwo in diesem Intervall angenommen.

2.2.2 Wichtige Ableitungen

Einige wichtige Ableitungen sind in Tabelle 2.3 zusammengefasst. Weitere Ableitungen finden Sie in Formelsammlungen, z.B. [1,10,16,28,58]. Für viele andere Funktionen lassen sich die Ableitungen mit Hilfe von Tabelle 2.3 unter Anwendung von Rechenregeln herleiten; so ergibt sich z.B. die Ableitung des Tanges durch Anwendung der Produktregel auf den Quotienten $\sin x / \cos x$. Diese Regeln des Differenzierens werden in Abschn. 2.3 im Zusammenhang mit der Differentiation vektorwertiger Funktionen zusammengefasst.

2.2.3 Ableitung einer in Parameterform dargestellten Funktion

Die Ableitung einer Funktion bzw. Kurve mit der Parameterdarstellung $x = x(t)$ und $y = y(t)$ kann aus den Ableitungen der beiden Parametergleichungen nach dem Parameter t bestimmt werden zu

Tabelle 2.3. Tabelle wichtiger Ableitungen

$f(x)$	$f'(x)$	$f(x)$	$f'(x)$
x^n	$n\,x^{n-1}$	x	1
$\sin x$	$\cos x$	$\frac{1}{\sin x}$	$-\frac{\cos x}{\sin^2 x}$
$\cos x$	$-\sin x$	$\frac{1}{\cos x}$	$\frac{\sin x}{\cos^2 x}$
$\sinh x$	$\cosh x$	$\cosh x$	$\sinh x$
e^x	e^x	e^{-ax}	$-a\,e^{-ax}$
$\ln x$	$\frac{1}{x}$	$\ln x^n$	$\frac{n}{x}$
a^x	$(\ln a)\,a^x$	$x\,e^x$	$(1+x)\,e^x$

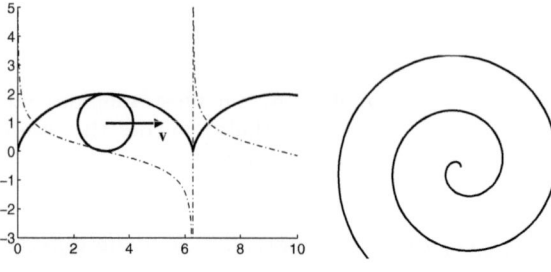

Abb. 2.7. Zykloide mit ihrer Ableitung (links) und Archimedische Spirale (rechts)

$$y' = \frac{\dot y}{\dot x} \quad \text{mit} \quad \dot x = \frac{\mathrm{d}x}{\mathrm{d}t} \quad \text{und} \quad \dot y = \frac{\mathrm{d}y}{\mathrm{d}t}. \tag{2.32}$$

Der Punkt über einer der Variablen zeigt an, dass die Ableitung dieser Variablen nach dem Parameter Zeit zu nehmen ist.

Das Verfahren (2.32) lässt sich durch die Auffassung von $y = f(x(t))$ als verkettete Funktion begründen. Differentiation nach dem Parameter t unter Verwendung der Kettenregel liefert

$$\frac{\mathrm{d}y}{\mathrm{d}t} = \frac{\mathrm{d}y}{\mathrm{d}x}\frac{\mathrm{d}x}{\mathrm{d}t} \quad \text{oder} \quad \dot y = y'\dot x \quad \text{bzw.} \quad y' = \frac{\dot y}{\dot x}. \tag{2.33}$$

Beispiel 14. Eine Zykloide ist die Bahn, die ein Punkt auf dem Umfang eines Kreises mit Radius r beschreibt, wenn dieser abrollt, vgl. Abb. 2.7 links. Die Gleichung der Zykloide in Parameterform ist

$$x = r(t - \sin t) \quad \text{und} \quad y = r(1 - \cos t). \tag{2.34}$$

Um die Ableitung y' der Zykloide zu erhalten, leiten wir zuerst beide Gleichungen nach dem Parameter t ab:

$$\dot x = r(1 - \cos t) \quad \text{und} \quad \dot y = r \sin t. \tag{2.35}$$

Division liefert für die Ableitung

$$y' = \frac{\dot y}{\dot x} = \frac{\sin t}{1 - \cos t}. \tag{2.36}$$

□

Dieses Verfahren lässt sich auch auf in Polarkoordinaten gegebene Kurven $r = r(\varphi)$ anwenden. In der Parameterform ist eine Kurve in Polarkoordinaten

$$x = r(\varphi)\cos\varphi \quad \text{und} \quad y = r(\varphi)\sin\varphi \tag{2.37}$$

mit φ als Parameter. Die Steigung der Tangente an die Kurve ist damit

$$y' = \frac{\dot y}{\dot x} = \frac{\dot r(\varphi)\sin\varphi + r(\varphi)\cos\varphi}{\dot r(\varphi)\cos\varphi - r(\varphi)\sin\varphi}. \tag{2.38}$$

Beispiel 15. Eine Archimedische Spirale ist die Kurve, die ein Punkt beschreibt, der sich mit konstanter Geschwindigkeit v auf einem Strahl bewegt, der mit konstanter Winkelgeschwindigkeit ω um den Ursprung rotiert, vgl. rechtes Teilbild in Abb. 2.7:

$$r(\varphi) = a\varphi \quad \text{mit} \quad a = v/\omega > 0 \,. \tag{2.39}$$

Wir stellen die Kurve in kartesischen Koordinaten dar

$$x = r(\varphi)\cos\varphi \quad \text{und} \quad y = r(\varphi)\sin\varphi \,, \tag{2.40}$$

und erhalten mit (2.38) für deren Ableitungen

$$\dot{x} = a\cos\varphi - a\varphi\sin\varphi \quad \text{und} \quad \dot{y} = a\sin\varphi + a\varphi\cos\varphi \,. \tag{2.41}$$

Einsetzen in (2.38) liefert für die Ableitung

$$y' = \frac{a\sin\varphi + a\varphi\cos\varphi}{a\cos\varphi - a\varphi\sin\varphi} \,. \tag{2.42}$$

□

2.3 Vektorwertige Funktionen

Ein einfaches Beispiel für eine Funktion in der Physik ist der Ort in Abhängigkeit von der Zeit, $s = s(t)$; diese Funktion beschreibt eine eindimensionale Bewegung. Bei einer allgemeinen Bewegung wird nicht der skalare Ort s sondern der Ortsvektor $\boldsymbol{r}$ betrachtet, d.h. eine vektorwertige Funktion $\boldsymbol{r}(t)$, die von einer Variablen, der Zeit t, abhängt.

So, wie wir Vektoren als geordnete Paare reeller Zahlen interpretiert haben, können wir vektorwertige Funktionen als geordnete Paare reeller Funktionen betrachten. Daher lassen sich die meisten der mit reellen Funktionen verbundenen Konzepte auch auf vektorwertige Funktionen übertragen. Insbesondere können vektorwertige Funktionen differenziert und integriert werden. Beides begegnet uns in der Physik bereits in der Kinematik; so beinhalten die Definitionen von Geschwindigkeit $\boldsymbol{v}$ und Beschleunigung $\boldsymbol{a}$ die Ableitungen des Ortsvektors $\boldsymbol{r}$ nach der Zeit:

$$\boldsymbol{v} = \dot{\boldsymbol{r}} \quad \text{und} \quad \boldsymbol{a} = \dot{\boldsymbol{v}} = \ddot{\boldsymbol{r}} \,. \tag{2.43}$$

Das allgemeine Weg–Zeit–Gesetz ergibt sich durch Integration:

$$\boldsymbol{r}(t) = \int_0^t \boldsymbol{v}(t)\,\mathrm{d}t = \int_0^t (\boldsymbol{a}\,t + \boldsymbol{v}_0)\,\mathrm{d}t = \frac{\boldsymbol{a}}{2}t^2 + \boldsymbol{v}_0 t + \boldsymbol{r}_0 \,. \tag{2.44}$$

Wir betrachten eine vektorwertige Funktion in Abhängigkeit von einer Variablen, der Zeit. Analog zu einer skalaren Funktionen kann eine vektorwertige Funktion differenziert werden gemäß:

$$\frac{\mathrm{d}\boldsymbol{r}}{\mathrm{d}t} = \lim_{\Delta t \to 0} \frac{\boldsymbol{r}(t+\Delta t) - \boldsymbol{r}(t)}{\Delta t} = \lim_{\Delta t \to 0} \begin{pmatrix} [x(t+\Delta t) - x(t)]/\Delta t \\ [y(t+\Delta t) - y(t)]/\Delta t \\ [z(t+\Delta t) - z(t)]/\Delta t \end{pmatrix} . \quad (2.45)$$

Vektoren werden also komponentenweise differenziert:

$$\boldsymbol{v} = \dot{\boldsymbol{r}} = \frac{\mathrm{d}\boldsymbol{r}}{\mathrm{d}t} = \begin{pmatrix} \mathrm{d}x(t)/\mathrm{d}t \\ \mathrm{d}y(t)/\mathrm{d}t \\ \mathrm{d}z(t)/\mathrm{d}t \end{pmatrix} = \begin{pmatrix} v_x \\ v_y \\ v_z \end{pmatrix} . \quad (2.46)$$

Wir hätten uns diese in dieser einfachen Form nur für kartesische Koordinaten gültige Regel auch allgemeiner durch Darstellung des Vektors mit Hilfe der Einheitsvektoren herleiten können:

$$\frac{\mathrm{d}\boldsymbol{r}}{\mathrm{d}t} = \frac{\mathrm{d}}{\mathrm{d}t}\left(r_x \boldsymbol{e}_x + r_y \boldsymbol{e}_y + r_z \boldsymbol{e}_z\right) = \frac{\mathrm{d}r_x}{\mathrm{d}t}\boldsymbol{e}_x + \frac{\mathrm{d}r_y}{\mathrm{d}t}\boldsymbol{e}_y + \frac{\mathrm{d}r_z}{\mathrm{d}t}\boldsymbol{e}_z . \quad (2.47)$$

Dabei wurde verwendet, dass die Einheitsvektoren $\boldsymbol{e}_i$ konstant sind, d.h. ihre zeitliche Ableitung verschwindet.

Für vektorwertige Funktionen gelten, da wir sie als geordnete Paare reeller Funktionen interpretieren, die von deren Differentiation bekannten Regeln:

– *Faktorregel* (α = const):

$$\frac{\mathrm{d}(\alpha \boldsymbol{a})}{\mathrm{d}t} = \alpha \frac{\mathrm{d}\boldsymbol{a}}{\mathrm{d}t} . \quad (2.48)$$

– *Summenregel*:

$$\frac{\mathrm{d}}{\mathrm{d}t}(\boldsymbol{a} + \boldsymbol{b}) = \frac{\mathrm{d}\boldsymbol{a}}{\mathrm{d}t} + \frac{\mathrm{d}\boldsymbol{b}}{\mathrm{d}t} . \quad (2.49)$$

Die Summenregel besagt, dass die Differentiation eine *lineare Operation* ist. Mit einem allgemeinen Operator Υ können wir eine lineare Operation charakterisieren als $\Upsilon[\alpha_1 \boldsymbol{x}_1 + \alpha_2 \boldsymbol{x}_2] = \alpha_1 \Upsilon \boldsymbol{x}_1 + \alpha_2 \Upsilon \boldsymbol{x}_2$.

– *Produktregeln* gibt es mehrere, da es mehrere Vektorprodukte gibt:
  – Produkt aus vektorwertiger und skalarer Funktion $f(t)$:

  $$\frac{\mathrm{d}}{\mathrm{d}t}(f\boldsymbol{a}) = \frac{\mathrm{d}f}{\mathrm{d}t}\boldsymbol{a} + f\frac{\mathrm{d}\boldsymbol{a}}{\mathrm{d}t} . \quad (2.50)$$

  – Skalarprodukt zweier vektorwertiger Funktionen $\boldsymbol{a}(t)$ und $\boldsymbol{b}(t)$:

  $$\frac{\mathrm{d}}{\mathrm{d}t}(\boldsymbol{a} \cdot \boldsymbol{b}) = \frac{\mathrm{d}\boldsymbol{a}}{\mathrm{d}t} \cdot \boldsymbol{b} + \boldsymbol{a} \cdot \frac{\mathrm{d}\boldsymbol{b}}{\mathrm{d}t} . \quad (2.51)$$

  – Kreuzprodukt zweier vektorwertiger Funktionen $\boldsymbol{a}(t)$ und $\boldsymbol{b}(t)$:

  $$\frac{\mathrm{d}}{\mathrm{d}t}(\boldsymbol{a} \times \boldsymbol{b}) = \frac{\mathrm{d}\boldsymbol{a}}{\mathrm{d}t} \times \boldsymbol{b} + \boldsymbol{a} \times \frac{\mathrm{d}\boldsymbol{b}}{\mathrm{d}t} \quad (2.52)$$

Das Spatprodukt aus drei vektorwertigen Funktionen $\boldsymbol{a}(t)$, $\boldsymbol{b}(t)$ und $\boldsymbol{c}(t)$ hat damit die Ableitung

$$\begin{aligned}\frac{\mathrm{d}}{\mathrm{d}t}\left(\boldsymbol{a} \cdot (\boldsymbol{b} \times \boldsymbol{c})\right) &= \frac{\mathrm{d}\boldsymbol{a}}{\mathrm{d}t} \cdot (\boldsymbol{b} \times \boldsymbol{c}) + \boldsymbol{a} \cdot \left(\frac{\mathrm{d}}{\mathrm{d}t}(\boldsymbol{b} \times \boldsymbol{c})\right) \\ &= \dot{\boldsymbol{a}} \cdot (\boldsymbol{b} \times \boldsymbol{c}) + \boldsymbol{a} \cdot (\dot{\boldsymbol{b}} \times \boldsymbol{c}) + \boldsymbol{a} \cdot (\boldsymbol{b} \times \dot{\boldsymbol{c}}) . \end{aligned} \quad (2.53)$$

- *Kettenregel*

$$\frac{\mathrm{d}\boldsymbol{f}(g(t))}{\mathrm{d}t} = \frac{\mathrm{d}\boldsymbol{f}}{\mathrm{d}g}\frac{\mathrm{d}g}{\mathrm{d}t} \ . \tag{2.54}$$

Für die Anwendung der Kettenregel muss mit Hilfe einer geeigneten Substitution $g = g(t)$ die Funktion $\boldsymbol{f} = \boldsymbol{f}(t)$ in eine elementar differenzierbare Funktion $\boldsymbol{f} = \boldsymbol{f}(g)$ überführt werden.
- die Quotientenregel lässt sich auf die Produktregel zurück führen; sie ist ohnehin nur mit einer skalaren Funktion im Nenner definiert.

Beispiel 16. Bei der ebenen Kreisbewegung ist der Ortsvektor $\boldsymbol{r}(t)$

$$\boldsymbol{r} = \begin{pmatrix} r\cos(\omega t) \\ r\sin(\omega t) \end{pmatrix} \ . \tag{2.55}$$

Ableiten nach der Zeit ergibt die Geschwindigkeit und die Beschleunigung

$$\boldsymbol{v} = \dot{\boldsymbol{r}} = \begin{pmatrix} -r\omega\sin(\omega t) \\ r\omega\cos(\omega t) \end{pmatrix} \ , \quad \boldsymbol{a} = \dot{\boldsymbol{v}} = \begin{pmatrix} -r\omega^2\cos(\omega t) \\ -r\omega^2\sin(\omega t) \end{pmatrix} = -\omega^2 \boldsymbol{r} \ , \tag{2.56}$$

d.h. die Beschleunigung ist dem Ortsvektor entgegen gesetzt, wie für eine Zentralkraft als Ursache der Kreisbewegung zu erwarten. □

Ein weiteres Beispiel für eine vektorwertige Funktion ist der schräge Wurf. Gesucht ist die Bahnkurve $\boldsymbol{r}(t)$ des Körpers, gegeben sind der Startort $\boldsymbol{r}_0$, die Anfangsgeschwindigkeit $\boldsymbol{v}_0$ und die Beschleunigung $\boldsymbol{g}$: $\boldsymbol{r}_0 = (r_{x,0}, r_{y,0}, r_{z,0})$, $\boldsymbol{v}_0 = (v_{x,0}, v_{y,0}, v_{z,0})$ und $\boldsymbol{g} = (0, 0, -g)$. Skalar würde für die Bahnkurve das allgemeine Weg–Zeit–Gesetz in der Form $s = \frac{a}{2}t^2 + v_0 t + r_0$ gelten. Die vektorielle Form ist völlig analog, vgl. (2.44):

$$\boldsymbol{r}(t) = \frac{\boldsymbol{g}}{2}t^2 + \boldsymbol{v}_0 t + \boldsymbol{r}_0 = \begin{pmatrix} v_{x,0}t + r_{x,0} \\ v_{y,0}t + r_{y,0} \\ -\frac{g}{2}t^2 + v_{z,0}t + r_{z,0} \end{pmatrix} \ . \tag{2.57}$$

In den einzelnen Komponenten erkennen wir die Gleichungen aus der nichtvektoriellen Darstellung. Dies illustriert die eingangs gegebene Interpretation vektorwertiger Funktionen als geordnete Paare reeller Funktionen.

2.4 Funktionen mehrerer Variablen

Die Ableitung der Funktion $f(x)$ gibt die Steigung des Funktionsgraphen. Was aber ist die Ableitung einer Funktion $f(x,y)$, die von zwei Variablen x und y abhängt? Stellen Sie sich dazu die Funktion $f(x,y)$ als Höhenrelief eines Gebirges vor, d.h. als Höhe in Abhängigkeit von den beiden ‚geographischen' Koordinaten Länge x und Breite y.

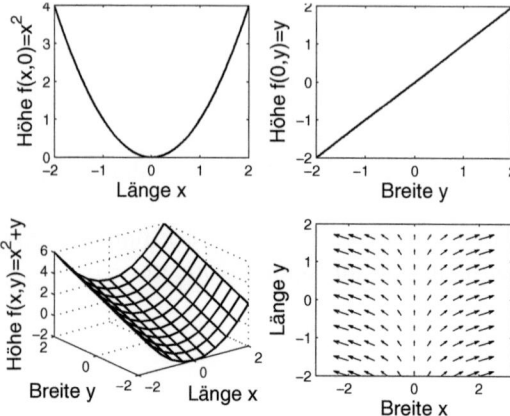

Abb. 2.8. Konstruktion einer Funktion $f(x,y)$ zweier Variablen (links unten) aus ihren Schnitten für $y = 0$ (links oben) und $x = 0$ (rechts oben) sowie der Gradient der Funktion (rechts unten) als aus den beiden partiellen Ableitungen gebildetes Vektorfeld

2.4.1 Funktion zweier Variablen

Definition 19. *Eine* Funktion von zwei unabhängigen Variablen *ist eine Vorschrift, die jedem geordneten Zahlenpaar (x, y) aus dem Definitionsbereich $\mathbb{D}$ genau ein Element z aus dem Wertebereich $\mathbb{W}$ zuordnet*: $z = f(x, y)$.

Diese Definition kann auf eine größere Zahl unabhängiger Variablen ebenso wie auf vektorwertige Funktionen erweitert werden. Der Graph einer Funktion von zwei Variablen ist eine Fläche im Raum; entsprechend einem Höhenrelief.

Beispiel 17. Die graphische Darstellung der Funktion $f(x,y) = x^2 + y$ gibt ein parabolisches Tal in der xz-Ebene, dessen Boden mit zunehmendem y ansteigt, vgl. Abb. 2.8. Um eine Vorstellung von dieser Funktion zu entwickeln, starten wir mit zwei vereinfachenden Betrachtungen: für konstantes y reduziert sich die Funktion auf $f(x) = x^2 + c$, d.h. auf eine um eine Konstante verschobene Parabel in der xz-Ebene. Für konstantes x ergibt sich die lineare Funktion $f(y) = c + y$ in der yz-Ebene. Kombination dieser beiden Schnitte liefert das ansteigende Tal in Abb. 2.8. □

2.4.2 Partielle Ableitung

Die Definitionen von Grenzwert und ähnlichen Begriffen gelten für Funktionen mehrerer Variablen sinngemäß so wie für Funktionen einer Variablen.

Zur Ableitung einer Funktion von mehreren Variablen gehen wir genauso vor wie bei der Veranschaulichung: wir leiten die Funktion nach einer Variablen ab und tun so, als sei die andere Variable eine Konstante:

$$\frac{\partial f(x,y)}{\partial x} = f_x = \lim_{\Delta x \to 0} \frac{f(x+\Delta x, y) - f(x,y)}{\Delta x} \quad \text{mit} \quad y = \text{const} \quad \text{und}$$
$$\frac{\partial f(x,y)}{\partial y} = f_y = \lim_{\Delta y \to 0} \frac{f(x, y+\Delta y) - f(x,y)}{\Delta y} \quad \text{mit} \quad x = \text{const}\,. \quad (2.58)$$

2.4 Funktionen mehrerer Variablen

Diese Ableitung wird als *partielle Ableitung* bezeichnet, da die Funktion nur teilweise, eben nach nur einer der unabhängigen Variablen, abgeleitet wird. Daher wird auch nicht das gerade d des Differentialquotienten verwendet sondern ein geschwungenes Delta: ∂.

Beispiel 18. Die beiden partiellen Ableitungen der Funktion $f(x,y) = xy^2 + 4x^5y + 16x$ sind

$$\frac{\partial f(x,y)}{\partial x} = y^2 + 20x^4y + 16 \quad \text{und} \quad \frac{\partial f(x,y)}{\partial y} = 2xy + 4x^5 \ . \quad (2.59)$$

□

Die geometrische Interpretation der partiellen Ableitung entspricht der der gewöhnlichen Ableitung. Letztere gibt die Steigung des Funktionsgraphen und damit die Tangente an den Funktionsgraphen. Entsprechend geben die partiellen Ableitungen Tangenten an den Funktionsgraphen, in diesem Fall eine Fläche. Diese Tangenten weisen jeweils in die Richtung der Koordinate, nach der abgeleitet wurde:

$$\boldsymbol{u} = \boldsymbol{e}_x + f_x \, \boldsymbol{e}_z \quad \text{und} \quad \boldsymbol{v} = \boldsymbol{e}_y + f_y \, \boldsymbol{e}_z \ . \quad (2.60)$$

Die Kombination der beiden Tangenten liefert die Tangentialebene an den Funktionsgraphen. Sie kann über ihren Normalenvektor dargestellt werden:

$$\boldsymbol{n} = \frac{\boldsymbol{u} \times \boldsymbol{v}}{|\boldsymbol{u} \times \boldsymbol{v}|} = -\frac{f_x(a,b)\boldsymbol{e}_x + f_y(a,b)\boldsymbol{e}_y - \boldsymbol{e}_z}{\sqrt{1 + f_x^2(a,b) + f_y^2(a,b)}} \ . \quad (2.61)$$

Die beiden partiellen Ableitungen können auch zu einem Gradienten

$$\mathrm{grad} f(x,y) = \nabla f = \begin{pmatrix} \partial f/\partial x \\ \partial f/\partial y \end{pmatrix} = \begin{pmatrix} f_x \\ f_y \end{pmatrix} \quad (2.62)$$

kombiniert werden, der die stärkste Steigung gibt, vgl. Abschn. 10.2.

Beispiel 19. Die beiden partiellen Ableitungen des Tals aus Abb. 2.8 sind

$$f_x = \frac{\partial}{\partial x}(x^2 + y) = 2x \quad \text{und} \quad f_y = \frac{\partial}{\partial y}(x^2 + y) = 1 \ , \quad (2.63)$$

d.h. die Steigung in x-Richtung ist proportional zu x wie für eine Parabel erwartet, während die in y-Richtung konstant ist. Der Gradient ist

$$\mathrm{grad} f = \nabla f = \begin{pmatrix} f_x \\ f_y \end{pmatrix} = \begin{pmatrix} 2x \\ 1 \end{pmatrix} \ . \quad (2.64)$$

Die Tangentenvektoren sind damit $\boldsymbol{u} = (1,0,2x)$ und $\boldsymbol{v} = (0,1,1)$. Damit wird der Normalenvektor der Tangentialebene zu

$$\boldsymbol{n} = \frac{\begin{pmatrix} 1 \\ 0 \\ 2x \end{pmatrix} \times \begin{pmatrix} 0 \\ 1 \\ 1 \end{pmatrix}}{\left|\begin{pmatrix} 1 \\ 0 \\ 2x \end{pmatrix} \times \begin{pmatrix} 0 \\ 1 \\ 1 \end{pmatrix}\right|} = \frac{\begin{pmatrix} -2x \\ -1 \\ 1 \end{pmatrix}}{\sqrt{4x^2 + 2}} = \frac{1}{\sqrt{4x^2 + 2}} \begin{pmatrix} -2x \\ -1 \\ 1 \end{pmatrix} \ . \quad (2.65)$$

□

Die partielle Ableitung wird nach den gleichen Regeln gebildet wie die normale Ableitung, d.h. es gelten die Rechenregeln der Differentiation. Es gibt höhere Ableitungen, z.B. $\partial^2 f/\partial x^2$, die auch gemischte Ableitungen sein können, z.B. $\partial f^2/(\partial x\, \partial y)$. Diese werden durch wiederholte Anwendung der Regeln für die partielle Ableitung 1. Ordnung gebildet. Sie lassen sich durch partielle Differentialquotienten oder Indizes darstellen:

$$f_{xx} = \frac{\partial}{\partial x}\left(\frac{\partial f}{\partial x}\right) = \frac{\partial^2 f}{\partial x^2}\,, \qquad f_{xy} = \frac{\partial}{\partial y}\left(\frac{\partial f}{\partial x}\right) = \frac{\partial^2 f}{\partial x\, \partial y}\,,$$
$$f_{yx} = \frac{\partial}{\partial x}\left(\frac{\partial f}{\partial y}\right) = \frac{\partial^2 f}{\partial y\, \partial x}\,, \qquad f_{xyz} = \frac{\partial^3 f}{\partial x\, \partial y\, \partial z}\,. \tag{2.66}$$

Die Notation ist derart, dass bei der jeweils rechts verwendeten Schreibweise die Differentiation in umgekehrter Reihenfolge, d.h. von rechts nach links erfolgt. Für die Reihenfolge der Differentiation gilt der *Satz von Schwarz*: Bei einer gemischten partiellen Ableitung k-ter Ordnung darf die Reihenfolge der einzelnen Differentiationsschritte vertauscht werden, wenn die partiellen Ableitungen k-ter Ordnung stetige Funktionen sind.

Analog zum Differential lässt sich ein *partielles Differential* einführen:

$$\partial_x f(x,y) = \frac{\partial f(x,y)}{\partial x}\, \mathrm{d}x \qquad \text{und} \qquad \partial_y f(x,y) = \frac{\partial f(x,y)}{\partial y}\, \mathrm{d}y\,. \tag{2.67}$$

Das partielle Differential beschreibt die Änderung des Funktionswerts beim Fortschreiten in Richtung der Variablen, nach der abgeleitet wird.

Das *totale Differential* ist die Summe der partiellen Differentiale, da sich eine Änderung in f aus den Änderungen in jeder Variablen zusammensetzt:

$$\mathrm{d}f(x,y) = \frac{\partial f}{\partial x}\mathrm{d}x + \frac{\partial f}{\partial y}\mathrm{d}y = f_x\, \mathrm{d}x + f_y\, \mathrm{d}y\,. \tag{2.68}$$

Das totale Differential lässt sich mit Hilfe der Kettenregel herleiten. Dazu nehmen wir an, dass die Variablen x und y jeweils von einem Parameter t abhängen. Dann kann die Funktion $f(x(t), y(t))$ auch als Funktion $u(t)$ verstanden werden. Für deren Ableitung gilt die *Kettenregel der partiellen Differentiation*

$$\frac{\mathrm{d}f}{\mathrm{d}t} = \frac{\mathrm{d}u}{\mathrm{d}t} = \frac{\partial u}{\partial x}\frac{\mathrm{d}x}{\mathrm{d}t} + \frac{\partial u}{\partial y}\frac{\mathrm{d}y}{\mathrm{d}t} = u_x \frac{\mathrm{d}x}{\mathrm{d}t} + u_y \frac{\mathrm{d}y}{\mathrm{d}t} = f_x \frac{\mathrm{d}x}{\mathrm{d}t} + f_y \frac{\mathrm{d}y}{\mathrm{d}t}\,. \tag{2.69}$$

Für $t = x$ erhalten wir das totale Differential von u bezogen auf x

$$\frac{\mathrm{d}u}{\mathrm{d}x} = \frac{\partial u}{\partial x} + \frac{\partial u}{\partial y}\frac{\mathrm{d}y}{\mathrm{d}t}\,. \tag{2.70}$$

Alle obigen Betrachtungen gelten auch für Funktionen einer größeren Zahl von Variablen, lediglich die anschauliche Darstellung der Funktion und der Differentiale ist nicht mehr möglich.

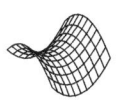  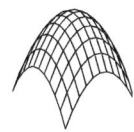

Abb. 2.9. Funktionen von zwei Variablen mit verschiedenen Typen stationärer Punkte: Sattel (links), Minimum (Mitte) und Maximum (rechts)

2.4.3 Stationäre Punkte

Die Extremwerte einer Funktion von einer Variablen lassen sich aus den Nullstellen der ersten Ableitung bestimmen, da in diesen Punkten die Tangente waagerecht ist. Die zweite Ableitung wird benötigt, um zwischen Minimum ($f'' > 0$), Maximum ($f'' < 0$) und Sattelpunkt ($f' = 0$) zu unterscheiden.

Bei Funktionen mehrerer Variablen werden die Punkte mit waagerechter Tangentialebene, d.h. mit $\partial f/\partial x = \partial f/\partial y = 0$, als *stationäre Punkte* bezeichnet. Auch ihre Klassifikation erfordert die Untersuchung der zweiten Ableitungen. Eine einfache Übertragung der Regeln von Funktionen einer Variablen ist nicht sinnvoll, da in einem Punkt die Tangenten sowohl in x als auch in y-Richtung waagerecht sein können, die zweiten Ableitungen jedoch unterschiedliches Vorzeichen haben: in x-Richtung ist der Punkt ein Maximum, in y-Richtung ein Minimum. Dies ist bei einem Sattelpunkt der Fall, vgl. linkes Teilbild in Abb. 2.9.

Für die Detailklassifikation der stationären Punkte wird der Ausdruck

$$D = \frac{\partial^2 f}{\partial x^2}\frac{\partial^2 f}{\partial y^2} - \left(\frac{\partial^2 f}{\partial x\, \partial y}\right)^2 \qquad (2.71)$$

im stationären Punkt ausgewertet. Für einen *Sattelpunkt* gilt $D < 0$, für ein *Extremum* $D > 0$. Zuätzlich gilt für ein *Maximum* in diesem Punkt

$$\frac{\partial^2 f}{\partial x^2} < 0 \quad \text{oder} \quad \frac{\partial^2 f}{\partial y^2} < 0 \qquad (2.72)$$

und für ein *Minimum*

$$\frac{\partial^2 f}{\partial x^2} > 0 \quad \text{oder} \quad \frac{\partial^2 f}{\partial y^2} > 0\,. \qquad (2.73)$$

2.4.4 Koordinatensysteme: Transformation der Basisvektoren

→ 2.5

Die partielle Differentiation von Vektoren hilft uns bei der Bestimmung der Einheitsvektoren verschiedener Koordinatensysteme. Betrachten wir dazu die Transformation von Koordinaten x_1, x_2 und x_3 auf Koordinaten u_1, u_2 und u_3. Der Vektor $\boldsymbol{r} = (x_1, x_2, x_3)$ hängt von den neuen Variablen ab: $\boldsymbol{r} = (x_1(u_1, u_2, u_3), x_2(u_1, u_2, u_3), x_3(u_1, u_2, u_3))$. Für eine Änderung $\mathrm{d}x_i$ in eine der Koordinaten x_i gilt gemäß (2.68)

$$\mathrm{d}x_i = \frac{\partial x_i}{\partial u_1}\mathrm{d}u_1 + \frac{\partial x_i}{\partial u_2}\mathrm{d}u_2 + \frac{\partial x_i}{\partial u_3}\mathrm{d}u_3\,. \qquad (2.74)$$

2 Differentiation

Die Änderung d$\boldsymbol{r}$ des Ortsvektors $\boldsymbol{r}$, das *Linienelement*, ist damit

$$
\begin{aligned}
\mathrm{d}\boldsymbol{r} &= (\mathrm{d}x_1, \mathrm{d}x_2, \mathrm{d}x_3) = \mathrm{d}x_1 \boldsymbol{e}_{x_1} + \mathrm{d}x_2 \boldsymbol{e}_{x_2} + \mathrm{d}x_3 \boldsymbol{e}_{x_3} \\
&= \left(\frac{\partial x_1}{\partial u_1} \mathrm{d}u_1 + \frac{\partial x_1}{\partial u_2} \mathrm{d}u_2 + \frac{\partial x_1}{\partial u_3} \mathrm{d}u_3 \right) \boldsymbol{e}_{x_1} \\
&\quad + \left(\frac{\partial x_2}{\partial u_1} \mathrm{d}u_1 + \frac{\partial x_2}{\partial u_2} \mathrm{d}u_2 + \frac{\partial x_2}{\partial u_3} \mathrm{d}u_3 \right) \boldsymbol{e}_{x_2} \\
&\quad + \left(\frac{\partial x_3}{\partial u_1} \mathrm{d}u_1 + \frac{\partial x_3}{\partial u_2} \mathrm{d}u_2 + \frac{\partial x_3}{\partial u_3} \mathrm{d}u_3 \right) \boldsymbol{e}_{x_3} \\
&= \left(\frac{\partial x_1}{\partial u_1} \boldsymbol{e}_{x_1} + \frac{\partial x_2}{\partial u_1} \boldsymbol{e}_{x_2} + \frac{\partial x_3}{\partial u_1} \boldsymbol{e}_{x_3} \right) \mathrm{d}u_1 \\
&\quad + \left(\frac{\partial x_1}{\partial u_2} \boldsymbol{e}_{x_1} + \frac{\partial x_2}{\partial u_2} \boldsymbol{e}_{x_2} + \frac{\partial x_3}{\partial u_2} \boldsymbol{e}_{x_3} \right) \mathrm{d}u_2 \\
&\quad + \left(\frac{\partial x_1}{\partial u_3} \boldsymbol{e}_{x_1} + \frac{\partial x_2}{\partial u_3} \boldsymbol{e}_{x_2} + \frac{\partial x_3}{\partial u_3} \boldsymbol{e}_{x_3} \right) \mathrm{d}u_3 \\
&= \frac{\partial \boldsymbol{r}}{\partial u_1} \mathrm{d}u_1 + \frac{\partial \boldsymbol{r}}{\partial u_2} \mathrm{d}u_2 + \frac{\partial \boldsymbol{r}}{\partial u_3} \mathrm{d}u_3
\end{aligned} \quad (2.75)
$$

mit

$$
\frac{\partial \boldsymbol{r}}{\partial u_i} = \left(\frac{\partial x_1}{\partial u_i}, \frac{\partial x_2}{\partial u_i}, \frac{\partial x_3}{\partial u_i} \right) . \tag{2.76}
$$

Bei der Transformation von einem Koordinatensystem in ein anderes erhält man einen Vektor in Richtung der neuen Koordinaten u_i als $\partial \boldsymbol{r}/\partial u_i$. Um einen Einheitsvektor in dieser Richtung zu erhalten, müssen wir durch den Betrag des Vektors dividieren, d.h. der Einheitsvektor in u_i-Richtung ist

$$
\boldsymbol{e}_{u_i} = \frac{1}{|\partial \boldsymbol{r}/\partial u_i|} \frac{\partial \boldsymbol{r}}{\partial u_i} . \tag{2.77}
$$

Gleichung (2.75) gibt die Änderung des Vektors $\boldsymbol{r}$ bei Änderung der Koordinaten u_i um jeweils ein Stückchen du_i. Diesen Zusammenhang benötigen wir bei der Betrachtung krummliniger Koordinatensysteme wie in Abschn. 1.3 eingeführt. Dort hatten wir die Einheitsvektoren bereits angegeben. Mit Hilfe von (2.75) können wir sowohl eine allgemeine Gleichung für die Bestimmung der Einheitsvektoren angeben als auch die in Abschn. 1.3 gegebenen Einheitsvektoren verifizieren.

Beispiel 20. In Polarkoordinaten ist der Ortsvektor $\boldsymbol{r} = r\,(\cos\varphi, \sin\varphi)$. Ableiten nach r und φ liefert

$$
\frac{\partial \boldsymbol{r}}{\partial r} = \begin{pmatrix} \cos\varphi \\ \sin\varphi \end{pmatrix} \quad \text{und} \quad \left| \frac{\partial \boldsymbol{r}}{\partial r} \right| = \sqrt{\cos^2\varphi + \sin^2\varphi} = 1 \tag{2.78}
$$

sowie

$$
\frac{\partial \boldsymbol{r}}{\partial \varphi} = r \begin{pmatrix} -\sin\varphi \\ \cos\varphi \end{pmatrix} \quad \text{und} \quad \left| \frac{\partial \boldsymbol{r}}{\partial \varphi} \right| = r\sqrt{\sin^2\varphi + \cos^2\varphi} = r \tag{2.79}
$$

und damit (vgl. (1.11))

2.4 Funktionen mehrerer Variablen

$$e_r = \frac{\partial \boldsymbol{r}/\partial r}{|\partial \boldsymbol{r}/\partial r|} = \begin{pmatrix} \cos\varphi \\ \sin\varphi \end{pmatrix} \quad \text{und} \quad e_\varphi = \frac{\partial \boldsymbol{r}/\partial \varphi}{|\partial \boldsymbol{r}/\partial \varphi|} = \begin{pmatrix} -\sin\varphi \\ \cos\varphi \end{pmatrix}. \quad (2.80)$$
□

Polarkoordinaten. Die Einheitsvektoren in krummlinigen Koordinatensystemen ändern sich mit dem Ort $\boldsymbol{r}$. In Polarkoordinaten kann die Ortskurve $\boldsymbol{r}(t)$ durch die zeitliche Abhängigkeit des Abstands vom Ursprung und die zeitliche Änderung des Einheitsvektors e_r dargestellt werden:

$$\boldsymbol{r}(t) = r(t)\, e_r(t). \quad (2.81)$$

Da e_r von φ abhängt, ergibt sich seine Änderung gemäß Kettenregel zu

$$\dot{e}_r = \frac{\mathrm{d}e_r}{\mathrm{d}t} = \frac{\mathrm{d}e_r}{\mathrm{d}\varphi}\frac{\mathrm{d}\varphi}{\mathrm{d}t} = \frac{\mathrm{d}e_r}{\mathrm{d}\varphi}\dot{\varphi} \quad (2.82)$$

mit $\dot{\varphi}$ als der momentanen Winkelgeschwindigkeit. Die Ableitung $\mathrm{d}e_r/\mathrm{d}\varphi$ können wir aus (2.80) direkt bestimmen zu

$$\frac{\mathrm{d}e_r}{\mathrm{d}\varphi} = \frac{\mathrm{d}}{\mathrm{d}\varphi}\begin{pmatrix} \cos\varphi \\ \sin\varphi \end{pmatrix} = \begin{pmatrix} -\sin\varphi \\ \cos\varphi \end{pmatrix} = e_\varphi. \quad (2.83)$$

Damit ergibt sich für die zeitliche Änderung des Einheitsvektors e_r

$$\dot{e}_r = \dot{\varphi}\, e_\varphi \quad (2.84)$$

und nach entsprechender Rechnung für den Einheitsvektor e_φ

$$\dot{e}_\varphi = \frac{\mathrm{d}e_\varphi}{\mathrm{d}\varphi}\frac{\mathrm{d}\varphi}{\mathrm{d}t} = \dot{\varphi}\frac{\mathrm{d}e_\varphi}{\mathrm{d}\varphi} = -\dot{\varphi}\, e_r. \quad (2.85)$$

Eine allgemeine Bewegung $\boldsymbol{r}(t)$ in Polarkoordinaten wird damit

$$\boldsymbol{v} = \dot{\boldsymbol{r}} = \frac{\mathrm{d}}{\mathrm{d}t}(r\, e_r) = \dot{r}\, e_r + r\, \dot{e}_r = \dot{r}\, e_r + r\dot{\varphi}\, e_\varphi = v_r\, e_r + v_\varphi\, e_\varphi \quad (2.86)$$

mit $v_r = \dot{r}$ als Radialgeschwindigkeit und $v_\varphi = \dot{\varphi}r$ als Bahngeschwindigkeit in azimutaler Richtung. Für die Beschleunigung ergibt sich entsprechend

$$\boldsymbol{a} = \ddot{\boldsymbol{r}} = \frac{\mathrm{d}}{\mathrm{d}t}(\dot{r}\, e_r + r\dot{\varphi}\, e_\varphi) = (\ddot{r} - r\dot{\varphi}^2)\, e_r + (r\ddot{\varphi} + 2\dot{r}\dot{\varphi})\, e_\varphi = a_r\, e_r + a_\varphi\, e_\varphi \quad (2.87)$$

mit $a_r = \ddot{r} - r\dot{\varphi}^2$ als Radial- und $a_\varphi = r\ddot{\varphi} + 2\dot{r}\dot{\varphi}$ als Winkelbeschleunigung.

Die Änderung $\mathrm{d}\boldsymbol{r}$ des Ortsvektors $\boldsymbol{r}$, das *Linienelement*, ergibt sich als das totale Differential der Funktion $\boldsymbol{r}(t)$ gemäß (2.68) zu

$$\mathrm{d}\boldsymbol{r} = \frac{\partial \boldsymbol{r}}{\partial r}\mathrm{d}r + \frac{\partial \boldsymbol{r}}{\partial \varphi}\mathrm{d}\varphi = e_r \mathrm{d}r + r\,\mathrm{d}\varphi\, e_\varphi = \mathrm{d}s_r\, e_r + \mathrm{d}s_\varphi\, e_\varphi \quad (2.88)$$

mit den Längenelementen $\mathrm{d}s_r = \mathrm{d}r$ in radialer und $\mathrm{d}s_\varphi = r\,\mathrm{d}\varphi$ in azimutaler Richtung. Da e_r und e_φ senkrecht aufeinander stehen, lässt sich mit Hilfe der beiden Längenelemente ein Flächenelement definieren:

$$|\mathrm{d}\boldsymbol{A}| = |\mathrm{d}s_r e_r \times \mathrm{d}s_\varphi e_\varphi| = \mathrm{d}s_r\, \mathrm{d}s_\varphi = r\,\mathrm{d}\varphi\,\mathrm{d}r \quad (2.89)$$

Dieses Flächenelement können wir uns als ein durch den Bogen $r\,\mathrm{d}\varphi$ und die Seite $\mathrm{d}r$ gebildete Flächenstück $r\,\mathrm{d}\varphi\,\mathrm{d}r$ vorstellen, vgl. Abb. 2.10.

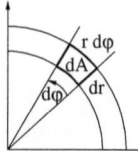

Abb. 2.10. Flächenelement in Polarkoordinaten

Beispiel 21. Die gleichförmige Kreisbewegung wird beschrieben durch

$$\boldsymbol{r}(t) = r \begin{pmatrix} \cos(\omega t) \\ \sin(\omega t) \end{pmatrix} = r\boldsymbol{e}_r . \tag{2.90}$$

Für die Geschwindigkeit gilt dann

$$\boldsymbol{v} = \dot{\boldsymbol{r}} = \dot{r}\boldsymbol{e}_r + r\dot{\boldsymbol{e}}_r = r\dot{\boldsymbol{e}}_r = r\dot{\varphi}\boldsymbol{e}_\varphi = v_\varphi \boldsymbol{e}_\varphi , \tag{2.91}$$

d.h. die Geschwindigkeit ist tangential zur Bahn. Die Beschleunigung ist

$$\boldsymbol{a} = \dot{\boldsymbol{v}} = \dot{v}_\varphi \boldsymbol{e}_\varphi + v_\varphi \dot{\boldsymbol{e}}_\varphi = v_\varphi \dot{\boldsymbol{e}}_\varphi = -v_\varphi \dot{\varphi}\boldsymbol{e}_r , \tag{2.92}$$

d.h. wie für eine Zentralkraft erwartet ist $\boldsymbol{a}$ anti-parallel zu $\boldsymbol{r}$. □

Zylinderkoordinaten. In Zylinderkoordinaten berechnen sich die Einheitsvektoren $\boldsymbol{e}_r$ und $\boldsymbol{e}_\varphi$ wie in Polarkoordinaten, in der dritten Komponente bleibt der Einheitsvektor $\boldsymbol{e}_z$ des kartesischen Koordinatensystems erhalten. Formal gelten die gleichen Rechenregeln wie bei Polarkoordinaten. Damit erhalten wir für das Linienelement

$$d\boldsymbol{r} = d\varrho\,\boldsymbol{e}_\varrho + \varrho\,d\varphi\,\boldsymbol{e}_\varphi + dz\,\boldsymbol{e}_z \tag{2.93}$$

und mit den darin enthaltenen Längenelementen wegen $\boldsymbol{e}_\varrho \times \boldsymbol{e}_\varphi = \boldsymbol{e}_z$ (alle drei Vektoren stehen senkrecht aufeinander) für das Volumenelement

$$dV = [d\varrho\boldsymbol{e}_\varrho\,\varrho d\varphi\boldsymbol{e}_\varphi\,dz\boldsymbol{e}_z] = \varrho\,d\varrho\,d\varphi\,dz . \tag{2.94}$$

Beispiel 22. Die Helixbahn aus Bsp. 8 lässt sich einfach in Zylinderkoordinaten darstellen. Dabei bleibt der Einheitsvektor $\boldsymbol{e}_z$ während der Bewegung unverändert, die Einheitsvektoren $\boldsymbol{e}_r$ und $\boldsymbol{e}_\varphi$ dagegen ändern sich wie in Bsp. 21 diskutiert. Für die Geschwindigkeit erhalten wir wegen $\dot{\boldsymbol{e}}_z = 0$ und $\varrho = \text{const}$

$$\begin{aligned}\boldsymbol{v} = \dot{\boldsymbol{r}} &= \frac{d}{dt}(\varrho\,\boldsymbol{e}_r + z\,\boldsymbol{e}_z) = \dot{\varrho}\,\boldsymbol{e}_r + \varrho\,\dot{\boldsymbol{e}}_r + \dot{z}\,\boldsymbol{e}_z + z\,\dot{\boldsymbol{e}}_z \\ &= \varrho\,\dot{\boldsymbol{e}}_r + \dot{z}\,\boldsymbol{e}_z = \varrho\dot{\varphi}\boldsymbol{e}_\varphi + v_z\boldsymbol{e}_z = v_\varphi\boldsymbol{e}_\varphi + v_z\boldsymbol{e}_z .\end{aligned} \tag{2.95}$$

Für die Beschleunigung ergibt sich mit $v_z = \text{const}$ und $v_\varphi = \text{const}$:

$$\begin{aligned}\boldsymbol{a} = \dot{\boldsymbol{v}} &= \frac{d}{dt}(v_\varphi\boldsymbol{e}_\varphi + v_z\boldsymbol{e}_z) = \dot{v}_\varphi\boldsymbol{e}_\varphi + v_\varphi\dot{\boldsymbol{e}}_\varphi + \dot{v}_z\boldsymbol{e}_z + v_z\dot{\boldsymbol{e}}_z \\ &= v_\varphi\,\dot{\boldsymbol{e}}_\varphi = -\dot{\varphi}v_\varphi\boldsymbol{e}_r = -a_r\boldsymbol{e}_r .\end{aligned} \tag{2.96}$$

□

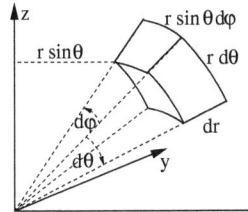

Abb. 2.11. Volumenelement in Kugelkoordinaten

Kugelkoordinaten. Die Einheitsvektoren leiten sich wie in Bsp. 23 ausgeführt gemäß (2.77) her, das Ergebnis ist in (1.24) gegeben. Auch diese Einheitsvektoren sind paarweise orthogonal, d.h. es ist $e_i \cdot e_j = 0$ für $i \neq j$. Für das Linienelement gilt

$$d\boldsymbol{r} = dr\, \boldsymbol{e}_r + r\, d\vartheta\, \boldsymbol{e}_\vartheta + r\sin\vartheta\, d\varphi\, \boldsymbol{e}_\varphi \tag{2.97}$$

und für das Volumenelement

$$dV = [dr\boldsymbol{e}_r\, rd\varphi\boldsymbol{e}_\varphi\, r\sin\vartheta d\vartheta\boldsymbol{e}_\vartheta] = r^2\sin\vartheta\, dr\, d\vartheta\, d\varphi\ . \tag{2.98}$$

Abbildung 2.11 veranschaulicht dieses Volumenelement. Das Volumenelement lässt sich auch schreiben als

$$dV = r^2\, dr\, d\Omega \quad \text{mit} \quad d\Omega = \sin\vartheta\, d\vartheta\, d\varphi \tag{2.99}$$

als dem *Raumwinkelelement*. Ein Flächenelement auf der Oberfläche der Kugel ist gegeben als

$$d\boldsymbol{A} = \left|\frac{\partial \boldsymbol{r}}{\partial \vartheta} \times \frac{\partial \boldsymbol{r}}{\partial \varphi}\right| d\vartheta\, d\varphi\, \boldsymbol{e}_r = r^2\sin\vartheta\, d\vartheta\, d\varphi\, \boldsymbol{e}_r = r^2\, d\Omega\, \boldsymbol{e}_r\ , \tag{2.100}$$

wobei der Vektor d$\boldsymbol{A}$ senkrecht auf dem Flächenelement steht und seine Länge ein Maß für die Fläche ist.

Für die zeitliche Änderung der Basisvektoren erhalten wir mit Hilfe der Kettenregel

$$\dot{\boldsymbol{e}}_r = \frac{\partial \boldsymbol{e}_r}{\partial \vartheta}\dot{\vartheta} + \frac{\partial \boldsymbol{e}_r}{\partial \varphi}\dot{\varphi} = \dot{\vartheta}\boldsymbol{e}_\vartheta + \dot{\varphi}\sin\vartheta\, \boldsymbol{e}_\varphi \quad \text{sowie}$$

$$\dot{\boldsymbol{e}}_\vartheta = -\dot{\vartheta}\boldsymbol{e}_r + \dot{\varphi}\cos\vartheta\boldsymbol{e}_\varphi \quad \text{und} \quad \dot{\boldsymbol{e}}_\varphi = -\dot{\varphi}\sin\vartheta\boldsymbol{e}_r - \dot{\varphi}\cos\vartheta\boldsymbol{e}_\vartheta\ . \tag{2.101}$$

Beispiel 23. Der Ort ist in Kugelkoordinaten gegeben als

$$\boldsymbol{r} = r_r\boldsymbol{e}_r + r_\vartheta\boldsymbol{e}_\vartheta + r_\varphi\boldsymbol{e}_\varphi\ . \tag{2.102}$$

Die Geschwindigkeit ergibt sich daraus zu

$$\begin{aligned}\boldsymbol{v} = \dot{\boldsymbol{r}} &= \dot{r}_r\boldsymbol{e}_r + r_r\dot{\boldsymbol{e}}_r + \dot{r}_\vartheta\boldsymbol{e}_\vartheta + r_\vartheta\dot{\boldsymbol{e}}_\vartheta + \dot{r}_\varphi\boldsymbol{e}_\varphi + r_\varphi\dot{\boldsymbol{e}}_\varphi \\ &= \dot{r}_r\boldsymbol{e}_r + r_r\left(\frac{d\vartheta}{dt}\frac{\partial \boldsymbol{e}_r}{\partial \vartheta} + \frac{d\varphi}{dt}\frac{\partial \boldsymbol{e}_r}{\partial \varphi}\right) + \dot{r}_\vartheta\boldsymbol{e}_\vartheta + r_\vartheta\left(\frac{dr}{dt}\frac{\partial \boldsymbol{e}_\vartheta}{\partial r} + \frac{d\varphi}{dt}\frac{\partial \boldsymbol{e}_\vartheta}{\partial \varphi}\right) \\ &\quad + \dot{r}_\varphi\boldsymbol{e}_\varphi + r_\varphi\left(\frac{dr}{dt}\frac{\partial \boldsymbol{e}_\varphi}{\partial r} + \frac{d\vartheta}{dt}\frac{\partial \boldsymbol{e}_\varphi}{\partial \vartheta}\right)\end{aligned}$$

$$= \dot{r}_r e_r + r_r \left(\dot{\vartheta} e_\vartheta + \sin\vartheta\,\dot{\varphi} e_\varphi\right) + \dot{r}_\vartheta e_\vartheta + r_\vartheta \left(-\dot{\vartheta} e_r + \cos\vartheta\,\dot{\varphi} e_\varphi\right)$$
$$+ \dot{r}_\varphi e_\varphi + r_\varphi \left(-\sin\vartheta\,\dot{\varphi} e_r - \cos\vartheta\,\dot{\varphi} e_\vartheta\right)$$
$$= \dot{r}_r e_r + r_r \dot{\vartheta}\, e_\vartheta + \sin\vartheta\,\dot{\varphi} e_\varphi \tag{2.103}$$

oder komponentenweise

$$v_r = \dot{r}, \qquad v_\vartheta = r\dot{\vartheta}, \qquad \text{und} \qquad v_\varphi = r\sin\vartheta\,\dot{\varphi}. \tag{2.104}$$

Für die Beschleunigung ergibt sich nach entsprechender Rechnung

$$a_r = \dot{v}_r - \frac{v_\vartheta^2 + v_\varphi^2}{r}, \qquad a_\vartheta = \dot{v}_\vartheta + \frac{v_r v_\vartheta}{r} - \frac{v_\varphi^2}{r\tan\vartheta}, \qquad \text{und}$$
$$a_\varphi = \dot{v}_\varphi + \frac{v_r v_\varphi}{r} + \frac{v_\vartheta v_\varphi}{r\tan\vartheta}. \tag{2.105}$$

Die zusätzlichen Terme reflektieren die Tatsache, dass die Bewegung auf der Kugeloberfläche nicht in einem Inertialsystem stattfindet. □

→ 2.5

2.4.5 Jacobi-Determinante

Für das Volumenelement gilt allgemein

$$dV = \left|\frac{\partial \boldsymbol{r}}{\partial u_1} \cdot \frac{\partial \boldsymbol{r}}{\partial u_2} \times \frac{\partial \boldsymbol{r}}{\partial u_3}\right| du_1\,du_2\,du_3. \tag{2.106}$$

Da sich das Spatprodukt gemäß (1.73) als Determinante schreiben lässt, gilt

$$\frac{\partial \boldsymbol{r}}{\partial u_1} \cdot \frac{\partial \boldsymbol{r}}{\partial u_2} \times \frac{\partial \boldsymbol{r}}{\partial u_3} = \begin{vmatrix} \frac{\partial x}{\partial u_1} & \frac{\partial y}{\partial u_1} & \frac{\partial z}{\partial u_1} \\ \frac{\partial x}{\partial u_2} & \frac{\partial y}{\partial u_2} & \frac{\partial z}{\partial u_3} \\ \frac{\partial x}{\partial u_3} & \frac{\partial y}{\partial u_3} & \frac{\partial z}{\partial u_3} \end{vmatrix} = \frac{\partial(x, y, z)}{\partial(u_1, u_2, u_3)}. \tag{2.107}$$

Diese Determinante wird als *Jacobi-Determinante* bezeichnet. Ihre Koeffizienten werden uns beim Übergang von kartesischen auf krummlinige Koordinaten noch häufiger begegnen.

Beispiel 24. Die Transformationsgleichung für Zylinderkoordinaten ist

$$x = \varrho\cos\varphi, \qquad y = \varrho\sin\varphi \qquad \text{und} \qquad z = z. \tag{2.108}$$

Die Jacobi-Determinante ist daher

$$\frac{\partial(x, y, z)}{\partial(\varrho, \varphi, z)} = \begin{vmatrix} \frac{\partial x}{\partial \varrho} & \frac{\partial y}{\partial \varrho} & \frac{\partial z}{\partial \varrho} \\ \frac{\partial x}{\partial \varphi} & \frac{\partial y}{\partial \varphi} & \frac{\partial z}{\partial \varphi} \\ \frac{\partial x}{\partial z} & \frac{\partial y}{\partial z} & \frac{\partial z}{\partial z} \end{vmatrix} = \varrho(\cos^2\varphi + \sin^2\varphi) = \varrho. \tag{2.109}$$

Damit ergibt sich das Volumenelement (vgl. (2.94))

$$dV = \left|\frac{\partial(x, y, z)}{\partial(\varrho, \varphi, z)}\right| d\varrho\,d\varphi\,dz = \varrho\,d\varrho\,d\varphi\,dz. \tag{2.110}$$

□

2.5 Potenzreihenentwicklung

In der Physik suchen wir formale Beschreibungen teilweise unter vereinfachenden Annahmen. So betrachten wir beim Fadenpendel nur Auslenkungen um kleine Winkel α. Dann können wir den in der Bewegungsgleichung auftretenden $\sin\alpha$ durch den Winkel α ersetzen und erhalten eine einfach zu lösende Bewegungsgleichung. Potenzreihenentwicklung kann auch bei der Integration hilfreich sein, vgl. z.B. Aufgaben 3.33 und 3.34.

2.5.1 Folgen und Reihen

Definition 20. *Eine Funktion mit der Menge $\mathbb{N}$ der natürlichen Zahlen ohne Null als Definitionsbereich heißt* Folge. *Die einzelnen Funktionswerte heißen die Glieder einer Folge.*

→ 2.5.2

Eine Folge notiert man häufig als $a_1, a_2, a_3, \ldots$.

Beispiel 25. Die Folge $a_n = 1 + 1/n$ besteht aus den Gliedern: $a_1 = 2$, $a_2 = 3/2$, $a_3 = 4/3$, $a_4 = 5/4$ usw. □

Definition 21. *Eine Zahlenfolge a_n strebt gegen einen* Grenzwert a, *wenn für jede positive Zahl ε von einem gewissen n_ε an $|a_n - a| < \varepsilon$ gilt.*

Beispiel 26. Die Zahlenfolge $a_n = \left(1 + \frac{1}{n}\right)^n$ mit den Gliedern $a_1 = 2$, $a_2 = 2.25$, $a_3 = 2.37$, $a_4 = 2.44$, ... $a_{10} = 2.59$, ... $a_{100} = 2.70$, $a_{1000} = 2.71692$ hat den Grenzwert $a_\infty = 2.718281 = \mathrm{e}$, d.h. diese Folge konvergiert gegen die *Euler'sche Zahl*. □

Aus den Gliedern einer Folge lassen sich Partial- oder Teilsummen bilden, indem man Glied für Glied aufsummiert. Diese Summen können zu einer neuen Folge zusammengefasst werden, der Partialsummenfolge:

Definition 22. *Die Folge der Partialsummen einer unendlichen Zahlenfolge heißt* unendliche Reihe*:*

$$\sum_{n}^{\infty} a_n = a_1 + a_2 + \ldots + a_n + \ldots . \tag{2.111}$$

Die *Euler'sche Zahl*, in Bsp. 26 als Grenzwert einer Folge eingeführt, lässt sich auch als Reihe darstellen:

$$\mathrm{e} = 1 + \sum_{n=1}^{\infty} \frac{1}{n!} \tag{2.112}$$

mit n-Fakultät $n! = 1 \cdot 2 \cdot 3 \cdot \ldots \cdot n$. Für große Werte von n kann die Stirling'sche Näherungsformel (9.45) oder (9.46) verwendet werden.

2.5.2 Taylor-Entwicklung

Definition 23. Potenzreihen *sind unendliche Reihen der Form*

$$f(x)=a_0+a_1(x-c)+a_2(x-c)^2+a_3(x-c)^3+\ldots=a_0+\sum_{i=1}^{\infty}a_i(x-c)^i \; . \quad (2.113)$$

Der häufigste Spezialfall ist die Potenzreihe um $c = 0$:

$$f(x) = a_0 + a_1 x + a_2 x^2 + a_3 x^3 + \ldots = a_0 + \sum_{i=1}^{\infty} a_i x^i \; . \quad (2.114)$$

Funktionen lassen sich in eine Potenzreihe entwickeln, wenn sie beliebig oft differenzierbar sind. Die Potenzreihenentwicklung wird angewendet, um in einer Gleichung eine störende Funktion zu eliminieren (Reihenentwicklung, bei einer bestimmten Annahme über die Funktionswerte, z.B. nur kleine Winkel bei den Winkelfunktionen, man kann dann nach einem bestimmten Glied abbrechen) oder um eine Funktion, z.B. die Quadratwurzel, anzunähern. Die Potenzreihenentwicklung kann auch hilfreich sein bei der Bestimmung einer kleinen Differenz zweier sehr großer Zahlen, vgl. Beispiel in [57].

Definition 24. *Stetige Funktionen $f(x)$, die an der Stelle $x = a$ alle Ableitungen besitzen, können als* Taylor-Reihe *dargestellt werden:*

$$f(x)=f(a)+\frac{x-a}{1!}f'(x)+\frac{(x-a)^2}{2!}f''(x)+\ldots+\frac{(x-a)^n}{n!}f^{(n)}(x)+R_n \quad (2.115)$$

oder in der Form

$$f(x+h)=\sum_{i=0}^{n}\frac{h^n}{n!}\frac{d^n f(x)}{dx^n}=f(x)+\frac{h}{1!}f'(x)+\ldots+\frac{h^n}{n!}f^n(x)+R_n \; . \quad (2.116)$$

In letzterem Fall ist x eine Variable, für die der Funktionswert bekannt ist, und h ist eine 'Abweichung' von diesem Funktionswert. Für $x+h$ soll der Funktionswert durch die Taylor'sche Reihe bestimmt werden. Diese Reihe kann irgendwann abgebrochen werden, weil die h^n immer kleiner werden.[1] Der sich durch den Abbruch ergebende Fehler wird durch das Restglied R_n beschrieben.

Die Taylor-Entwicklung einer Funktion um einen Punkt, an dem diese nicht definiert ist, ist nicht möglich. Als Beispiel sei die Funktion $f(x) = 1/x$ an der Stelle $x = 0$ betrachtet. Die Ableitungen von x^{-1} ergeben stets Funktionen der Form x^{-n}, d.h. diese sind bei $x = 0$ ebenfalls nicht definiert.

---

[1] Diese Aussage ist allgemein nicht völlig korrekt: die Reihenentwicklung liefert eine unendliche Folge von Gliedern und muss daher nicht notwendig gegen einen Grenzwert konvergieren. Konvergenz findet nur dann statt, wenn h kleiner ist als ein kritischer Wert, der *Konvergenzradius*.

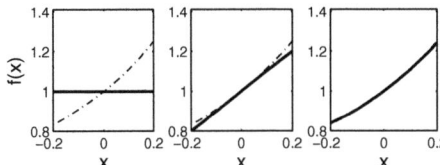

Abb. 2.12. Taylor-Entwicklung von $f(x) = 1/(1-x)$ (gestrichelt) in nullter (links), erster (Mitte) und zweiter (rechts) Ordnung (jeweils durchgezogen)

Beispiel 27. Als Beispiel für die Taylor-Entwicklung betrachten wir

$$f(x) = \frac{1}{1-x} \,. \tag{2.117}$$

Da gilt $f(0) = 1$ erhalten wir für kleine x als eine erste Abschätzung

$$f(x) = \frac{1}{1-x} \approx 1 \,. \tag{2.118}$$

Dies ist aber nur für sehr kleine Werte von x eine gute Annäherung, vgl. linkes Teilbild in Abb. 2.12. Eine bessere Abschätzung ergibt sich, wenn wir die Steigung der Funktion zusätzlich berücksichtigen:

$$f'(x) = \frac{1}{(1-x)^2} \quad \text{und damit} \quad f'(0) = 1 \,, \tag{2.119}$$

d.h. die Gleichung der Tangente an die Kurve ist für $x = 0$ gegeben als $y = 1 + x$. $f(x)$ lässt sich daher für kleine x besser annähern durch

$$f(x) = \frac{1}{1-x} \approx 1 + x \,, \tag{2.120}$$

vgl. mittleres Teilbild. Auch diese Annäherung ist noch nicht sehr genau. Wir können sie verbessern, indem wir für die Tangentensteigung eine bessere Annäherung wählen. Dazu verwenden wir die zweite Ableitung, d.h. wir berücksichtigen auch die Änderung der durch die Tangentensteigung beschriebenen Änderung der Funktion:

$$f''(x) = \frac{2}{(1-x)^3} \quad \text{und damit} \quad f''(0) = 2 \,. \tag{2.121}$$

Damit erhalten wir für die verbesserte Anpassung (vgl. rechtes Teilbild)

$$f(x) = \frac{1}{1-x} \approx 1 + x + x^2 \,. \tag{2.122}$$

□

Beispiel 28. Mit Hilfe der Taylor-Entwicklung lässt sich $\sqrt{4.003}$ bestimmen. Dazu wählen wir $x = 4$ (mit $f(x) = 2$ als bekanntem Wert) und $h = 0.003$ als kleiner Abweichung davon. Die in der Taylor'schen Reihe benötigten Ableitungen sind

$$f(x) = x^{1/2}, \quad f'(x) = \tfrac{1}{2}x^{-1/2}, \quad f''(x) = -\tfrac{1}{4}x^{-3/2}, \quad f'''(x) = \tfrac{3}{8}x^{-5/2}, \dots$$

Einsetzen in (2.116) ergibt

$$\sqrt{4+0.003} = 2 + \tfrac{1}{4}\cdot 3\cdot 10^{-3} - \tfrac{1}{2}\cdot\tfrac{1}{32}\cdot 9 \cdot 10^{-6} + \ldots$$
$$= 2.000744924 + R \qquad (2.123)$$

Zum Vergleich: Der Rechner liefert 2.000749859, d.h. die Abweichung tritt erst in der siebenten Nachkommastelle auf, obwohl bei der Entwicklung bereits nach dem dritten Glied abgebrochen wurde. □

Die Taylor-Entwicklung lässt sich auch auf Funktionen mehrerer Variabler erweitern. Dazu betrachten wir statt (2.114) eine von zwei Variablen abhängige Potenzreihe

$$f(x,y) = a_{00} + a_{01}x^0 y^1 + a_{10} x^1 y^0 + a_{11} x^1 y^1 + \ldots = \sum_{m,n=0}^{\infty} a_{mn} x^n y^m . \qquad (2.124)$$

Die Taylor-Entwicklung wird entsprechend der einer Funktion einer Variablen gebildet, lediglich die totalen Ableitungen sind durch partielle zu ersetzen und die gemischten Ableitungen sind zu berücksichtigen:

$$f(x+h, y+h) = f(x,y) + h_x f_x(x,y) + h_y f_y(x,y) + \frac{h_x}{2} f_{xx}(x,y)$$
$$+ \frac{h_y}{2} f_{yy}(x,y) + h_x h_y f_{xy}(x,y) + \ldots . \qquad (2.125)$$

2.5.3 MacLaurin'sche Reihe

Die MacLaurin'sche Reihe ist ein Spezialfall der Taylor-Reihe (2.115) für $a = 0$, d.h. bei der McLaurin'schen Reihe betrachten wir die Funktion für kleine Werte von x. Aus (2.115) erhalten wir

$$f(x) = f(0) + \frac{x}{1!} f'(0) + \frac{(x)^2}{2!} f''(0) + \ldots + \frac{(x)^n}{n!} f^{(n)}(0) + R_n \qquad (2.126)$$

Die McLaurin'sche Reihe lässt sich aus (2.114) herleiten. Dazu gehen wir von der Annahme aus, dass die Funktion durch eine Potenzreihe darstellbar ist. Durch Ableiten lassen sich die Koeffizienten a_i bestimmen:

$$\begin{array}{lll} f(x) = a_0 + a_1 x + a_2 x^2 \ldots & f(0) = a_0 & a_0 = f(0)/0! \\ f'(x) = a_1 + 2a_2 x + 3a_3 x^2 \ldots & f'(0) = a_1 & a_1 = f'(0)/1! \\ f''(x) = 2a_2 + 6a_3 x + 12 a_4 x^2 \ldots & f''(0) = 2a_2 & a_2 = f''(0)/2! \end{array} \qquad (2.127)$$

Damit können wir die *McLaurin'sche Reihe* schreiben als

$$f(x) = f(0) + \frac{f'(0)}{1!} x + \frac{f''(0)}{2!} x^2 + \ldots + \frac{f^{n'}}{n!} x^n + \ldots . \qquad (2.128)$$

Beispiel 29. Exponentialreihe: Die Funktion e^x ergibt abgeleitet stets wieder die Exponentialfunktion. Damit ergibt sich für die ersten Glieder der MacLaurin'schen Reihe

$$\begin{array}{lll} f(x) = e^x & f'(x) = e^x & f''(x) = e^x \\ f(0) = 1 & f'(0) = 1 & f''(0) = 1 \, , \end{array} \qquad (2.129)$$

insgesamt also
$$e^x = 1 + \frac{1}{1!}x + \frac{1}{2!}x^2 + \frac{1}{3!}x^3 + \ldots + \frac{1}{n!}x^n + \ldots. \tag{2.130}$$
Für kleine x werden die Terme $x^n/n!$ schnell sehr klein und die Reihe liefert bereits nach wenigen Gliedern eine gute Näherung. □

Beispiel 30. Winkelfunktionen: Durch Ableiten der Funktion $f(x) = \sin x$ (mit x im Bogenmaß) erhalten wir für die Koeffizienten
$$\begin{array}{lll} f(x) = \sin x & f'(x) = \cos x & f''(x) = -\sin x \\ f(0) = 0 & f'(0) = 1 & f''(0) = 0 \end{array} \tag{2.131}$$
und damit als Reihenentwicklung
$$\sin x = x - \frac{x^3}{3!} + \frac{x^5}{5!} - \frac{x^7}{7!} + \ldots. \tag{2.132}$$
Diese Entwicklung erklärt, warum man den Sinus für kleine Winkel durch den Winkel ersetzen kann: bei einem kleinen Winkel ist bereits das zweite Glied der Entwicklung verschwindend klein.

Die Potenzreihenentwicklung des Kosinus ist ähnlich und liefert
$$\cos x = 1 - \frac{x^2}{2!} + \frac{x^4}{4!} - \frac{x^6}{6!} + \ldots. \tag{2.133}$$
Diese Darstellungen der Winkelfunktionen sind konsistent: Ableiten der Reihenentwicklung von $\sin x$ ergibt $\cos x$ und umgekehrt. □

Weitere wichtige Reihen sind die *geometrische Reihe* ($-1 < x < 1$):
$$\frac{1}{1+x} = 1 - x + x^2 - x^3 + \ldots, \tag{2.134}$$
die *logarithmische Reihe* ($-1 < x < 1$):
$$\ln(1+x) = x - \frac{x^2}{2} + \frac{x^3}{3} - \ldots, \tag{2.135}$$
und die *binomische Reihe* ($\alpha \in \mathbb{N}$):
$$(1+x)^\alpha = 1 + \alpha x + \frac{\alpha(\alpha-1)}{2!}x^2 + \frac{\alpha(\alpha-1)(\alpha-2)}{3!}x^3 - \ldots. \tag{2.136}$$

Literatur

Zur Wiederholung des Schulstoffs sind wieder Schäfer und Georgi [53] und der Wissenspeicher [16] zu empfehlen. Eine Einführung auf vergleichbarem Niveau mit wesentlich mehr Aufgaben und Beispielen findet sich im Band 1 von Papula [41] für Funktionen einer Variablen und in Band 2 [42] für Funktionen von mehreren Variablen. Die entsprechenden Kapitel über Funktionen mehrerer Variabler und vektorwertige Funktionen in Marsden und Tromba [38] sind ebenfalls sehr nützlich. Einen Kompaktkurs in die Analysis mit Rechnerunterstützung gibt Wolter [66], weiterführende Literatur sind Kosmala [34] und Silverman [55].

Fragen

2.1. Erläutern Sie verschiedenen Darstellungsformen für Funktionen und geben Sie Beispiele. Was sind die Vor- und Nachteile der einzelnen Formen?

2.2. Eine gebrochen rationale Funktion ist an den Stellen nicht definiert, an denen der Nenner Null wird. Geht die Funktion an dieser Stelle zwingend gegen Unendlich? Lassen sich Abschätzungen machen?

2.3. Was versteht man unter der Parameterdarstellung einer Funktion? Geben Sie Beispiele für Funktionen in Parameterdarstellung.

2.4. Skizzieren Sie den Verlauf von Exponentialfunktion und Logarithmus.

2.5. Wie sind die hyperbolischen Winkelfunktionen definiert?

2.6. Skizzieren Sie den Verlauf der hyperbolischen Winkelfunktionen.

2.7. Nennen Sie Beispiele, in denen die Darstellung einer Funktion in Polarkoordinaten möglich ist, in kartesischen Koordinaten jedoch nicht.

2.8. Erläutern Sie den Unterschied zwischen einem Differenzen- und einem Differentialquotienten.

2.9. Welche Bedeutung hat ein Differential?

2.10. Warum gelten für die Differentiation vektorwertiger Funktionen die auch für skalare Funktionen verwendeten Regeln?

2.11. Welche anschauliche Bedeutung hat die partielle Ableitung?

2.12. Welche Bedeutung haben das partielle und das totale Differential?

2.13. Was sind stationäre Punkte einer Funktion?

2.14. Wie lassen sich die Extrema einer Funktion von mehreren Variablen bestimmen?

2.15. Bei einer von zwei Variablen abhängenden Funktion verschwinden in einem Punkt beide ersten Ableitungen. Handelt es sich bei diesem Punkt um ein Extremum?

2.16. Veranschaulichen Sie das Flächenelement in Polarkoordinaten.

2.17. Veranschaulichen Sie (gegebenenfalls mit Hilfe einer Skizze) das Flächen- und das Volumenelement in Kugelkoordinaten.

2.18. Wie ist die Jacobi-Determinante definiert? Welche anschauliche Bedeutung hat sie?

2.19. Wozu kann die Reihenentwicklung verwendet werden?

2.20. Begründen Sie, warum Sie beim Sinus für kleine Winkel auch den Wert des Winkels verwenden können. Gibt es eine entsprechende Regel für den Kosinus oder Tangens?

Aufgaben

2.1. •• Bestimmen Sie, jeweils für $x \to 0$, die Grenzwerte der folgenden Funktionen: (a) $f(x) = x\,e^{-x}$, (b) $f(x) = x^n e^{-x}$, (c) $f(x) = (\ln x)/x^\alpha$, (d) $\frac{\ln x}{\sin(\pi x)}$, (e) $\frac{\sin 8x}{x}$, (f) $\frac{\sin x}{\sqrt{x}}$, (g) $\frac{\sin^2 x}{x^2}$ und (h) $\frac{\sin(2x)}{\sin x}$.

2.2. ••• Bestimmen Sie
$$\lim_{x \to 0} \frac{\sin^2 ax}{1 - \cos x}.$$

2.3. • Skizzieren Sie den Verlauf der folgenden Funktionen:

$f(x) = e^x$ $\qquad g(x) = e^{-x}$ $\qquad h(x) = \cos(x)$
$i(x) = \cos(x)\,e^{-x}$ $\qquad j(x) = \cos(x)\cos(2x)$ $\qquad k(x) = \sin(x)\cos(x)$

Geben sie Sie dabei Nullstellen, Maxima und andere markante Punkte an.

2.4. • Skizzieren Sie den Verlauf der hyperbolischen Winkelfunktionen aus der Kenntnis über deren Darstellung durch die Exponentialfunktion:
$$\sinh x = \frac{e^x - e^{-x}}{2}, \quad \cosh x = \frac{e^x + e^{-x}}{2} \quad \text{und} \quad \tanh x = \frac{\sinh x}{\cosh x}.$$

2.5. • Leiten Sie die folgenden Funktionen ab:

(a) $f(x) = 0.6x^3 - 1.5x^2 + 4.7$ $\qquad$ (b) $g(t,x) = \frac{t^3}{x^2} - \sqrt{5tx} + \frac{\sqrt{7}}{xt}$
(c) $g(t) = -t^2 - \frac{5}{t} + t$ $\qquad$ (d) $f(x,t) = \frac{t}{x} + \frac{x}{t} + t + x$
(e) $g(x) = \sum_{k=0}^{n} a_k x^k$ $\qquad$ (f) $f(x) = \frac{100 - 4x^2 + 3x}{1 + 2x^2}$
(g) $t(r) = r^2 \ln r$ $\qquad$ (h) $h(u) = \frac{u^2+1}{u^2-1}$
(i) $f(x) = \sqrt{1-x^2}$ $\qquad$ (j) $g(x) = \frac{1}{\sqrt[5]{(2+3x)^2}}$
(k) $f(x) = e^{x^2}$ $\qquad$ (l) $f(x) = 3x^2 \ln x$
(m) $f(x) = 3x^4 - x^2 + \frac{1}{x}$ $\qquad$ (n) $r(m) = \frac{3m^2 - 4}{5m}$
(o) $d(b) = 2^b - \frac{3}{2}xb^4$ $\qquad$ (p) $f(x) = \sum_{i=0}^{n} \frac{i}{x^i}$
(q) $f(x) = 2 \sin x \cos x$ $\qquad$ (r) $f(x) = \frac{x}{\sin x + \cos x}$
(s) $f(x) = \sqrt{\frac{a^2-x^2}{a^2+x^2}}$ $\qquad$ (t) $f(x) = \frac{1-\cos^2 x}{1+\cos^2 x}$
(u) $f(x) = \frac{\ln x}{x}$ $\qquad$ (v) $f(x) = e^{\sin(\omega x + \phi)}$
(w) $f(x) = \ln \sqrt{\frac{2x-3}{2x+3}}$ $\qquad$ (x) $f(x) = \ln \sqrt[4]{\sin^3 x \cos^3 x}$
(y) $f(x) = e^{a^x}$ $\qquad$ (z) $f(x) = a^{e^x}$

2.6. • Bestimmen Sie die ersten und zweiten Ableitungen der folgenden Funktionen:

$f(x) = ax^3 + bx^2 + cx + d$ $\qquad g(x) = \sin(kx)$
$h(x) = x^2 \cos x$ $\qquad i(x) = \cos(kx)\,e^{-kx}$
$j(x) = \cos^4(kx)$ $\qquad k(x) = \tan(\omega x)$
$l(x) = \sinh(kx)$

2 Differentiation

2.7. • Bestimmen Sie die erste Ableitung der Funktion $f(x) = 2x^3 + 3x^2 - 1$ über den Differenzenquotienten. Wie groß ist die erste Ableitung an der Stelle $x = 5$? Wie lautet der zugehörige Funktionswert? An welcher Stelle hat die Funktion Extremwerte?

2.8. • Bilden Sie die ersten Ableitungen folgender Funktionen über den Differenzen- und den Differentialquotienten: (a) $f(x) = 3x^2 - 5x + 3$, (b) $f(x) = (x-2)^{-1}$, (c) $f(x) = a/(b+x)$.

2.9. • Bestimmen Sie die Steigung der Funktion $f(x) = (1+x)^{-1}$ im Schnittpunkt mit der y-Achse.

2.10. •• Leiten Sie die folgenden in Parameterform dargestellten Funktionen ab und skizzieren Sie die Funktionen:
(a) *Epizykloide* (Kurve, die von einem Perepheriepunkt eines Kreises mit Radius a beschrieben wird, wenn dieser auf der Außenseite eines anderen Kreises mit Radius A abrollt): $x = (A+a)\cos\varphi - a\cos[(A+a)\varphi/a]$ und $y = (A+a)\sin\varphi - a\sin[(A+a)\varphi/a]$,
(b) *Kardioide* (Spezialfall der Epizykloide für $A = a$): $x = 2a\cos\varphi - a\cos 2\varphi$ und $y = 2a\sin\varphi - a\sin 2\varphi$,
(c) $x = \sqrt{t}$, $y = \sqrt{t+1}$ mit $t \geq 0$,
(d) *Astroide* (Kurve, die von einem Perepheriepunkt eines Kreises beschrieben wird, wenn dieser auf der Innenseite eines anderen Kreises abrollt): $x = \cos^3\varphi$, $y = \sin^3\varphi$,
(e) *Zykloide* bzw. *Trochoide* (Kurve, die von einem Punkt beschrieben wird, der außerhalb ($\lambda > 0$) oder innerhalb ($\lambda < 0$) eines Kreises auf einem vom Kreismittelpunkt ausgehendem und mit dem Kreis fest verbundenen Strahl befindet, während der Kreis, ohne zu gleiten, auf einer Graden abrollt): $x = a(t - \lambda\sin t)$ und $y = a(1 - \lambda\sin t)$,
(f) *Pascal'sche Schnecke*: $x = a\cos^2\varphi + l\cos\varphi$ und $y = a\cos\varphi\sin\varphi + l\sin\varphi$,
(g) *Evolvente* (Kurve, die am Endpunkt eines fest gespannten Fadens beschrieben wird, wenn dieser von einem Kreis abgewickelt wird): $x = a\cos\varphi + a\varphi\sin\varphi$ und $y = a\sin\varphi - a\varphi\cos\varphi$,
(h) $x = \arcsin t$, $y = t^2$ mit $-1 < t < 1$.

2.11. •• Bilden Sie die erste Ableitung $y' = dy/dx$ der in Polarkoordinaten dargestellten Funktionen und skizzieren Sie diese:
(a) *Logarithmische Spirale*: (Spirale, die alle vom Ursprung ausgehenden Graden unter dem gleichen Winkel α schneidet) $r = ae^{k\varphi}$ mit $k = \cot\alpha$,
(b) *Archimedische Spirale* (Kurve, die durch die Bewegung eines Punktes mit konstanter Geschwindigkeit v auf einem Strahl entsteht, der mit konstanter Winkelgeschwindigkeit ω um den Ursprung kreist): $r = a\varphi$ mit $a = v/\omega > 0$,
(c) *Hyperbolische Spirale*: $r = a/\varphi$,
(d) *Lemniskate* (liegende Acht): $r = a\sqrt{2\cos 2\varphi}$,
(e) $r = e^\varphi \sin\varphi$,
(f) *Freeth's Nephroid*: $r = a(1 + 2\sin(\varphi/2))$.

2.5 Aufgaben zu Kapitel 2

2.12. • Bilden Sie alle partiellen Ableitungen erster und zweiter Ordnung der Funktion

$$f(x, y, z) = \frac{x^2 e^z}{y} + \sin(xy) \,.$$

2.13. • Bestimmen Sie die partiellen Ableitungen 1. und 2. Ordnung:

(a) $f(x,y) = (3x - 5y)^4$
(b) $f(x,y) = 2\cos(3xy)$
(c) $f(x,y) = \frac{x^2-y^2}{x+y}$
(d) $f(r,\varphi) = 3r\,e^{r\varphi}$
(e) $f(x,y) = \sqrt{x^2 - 2xy}$
(f) $f(x,y) = e^{-x+y} + \ln\left(\frac{x}{y}\right)$
(g) $f(x,y) = z(x,y) = \arctan\left(\frac{x}{y}\right)$
(h) $f(x,y) = \ln\sqrt{x^2 + y^2}$
(i) $u(x,t) = \frac{x-2t}{2x+t}$
(j) $z(t,\varphi) = \sin(\alpha t + \varphi)$

2.14. •• Bilden Sie alle ersten und zweiten partiellen Ableitungen der folgenden Funktionen:

$$\begin{aligned} f(x,y) &= \sin^2(ax)\,e^{by} + y^3 \\ g(x,y) &= xy^2 + 4x^5y + 16x + \cos x \\ h(x,y,z) &= 2\cos(3xy)\,e^{-xz} \,. \end{aligned}$$

2.15. • Bestimmen Sie die partiellen Ableitungen der Funktion $f(x,y) = 2x^2y^3 + 3y + 4x^2 + 2$.

2.16. •• Skizzieren Sie den Verlauf der folgenden Funktionen. Bestimmen Sie die ersten Ableitungen sowie den Gradienten $\boldsymbol{g}$ (maximale Steigung) als den aus den ersten Ableitungen gebildeten Vektor $\boldsymbol{g} = (\frac{\partial f}{\partial x}, \frac{\partial f}{\partial y}, \frac{\partial f}{\partial z})$:

$$f(x,y) = x^2 - 4y^3 \,, \qquad g(x,y) = \sqrt{\frac{a^2-x^2}{a^2+x^2}} \ln\sqrt{\frac{2y-3}{2y+3}}$$

$$h(x,y,z) = \frac{2x-y}{x+2y}\,e^{-xyz}, \qquad i(x,y,z) = \ln\sqrt{x^2+y^2+z^2} - \arctan\left(\frac{x}{y-z}\right) \,.$$

2.17. •• Differenzieren Sie folgende Vektoren nach t bzw. u:

$$\boldsymbol{a} = \begin{pmatrix} \frac{t}{\sin t + \cos t} \\ e^{\sin(\omega t + \phi)} \\ \ln\sqrt[4]{\sin^3 t \, \cos^3 t} \end{pmatrix}, \qquad \boldsymbol{b} = \begin{pmatrix} 2^u - \frac{3}{2}xu^4 \\ 2\sin u \, \cos u \\ \frac{\ln u}{u} \end{pmatrix} \,.$$

2.18. • Bilden Sie alle partiellen Ableitungen erster und zweiter Ordnung für die Funktion $f(x,y) = xy^2 + 4x^5y + 16x + 27$. Vergleichen Sie die gemischten Ableitungen zweiter Ordnung!

2.19. • Bilden Sie die partiellen Ableitungen erster Ordnung der Funktion

$$f(x,y) = \sqrt{\frac{a^2-x^2}{a^2+x^2}} \, \ln\sqrt{\frac{2y-3}{2y+3}} \,.$$

2.20. •• Ein Körper der Masse m bewegt sich unter Einwirkung einer Kraft $\boldsymbol{F}$ entlang einer Kurve

$$\boldsymbol{s}(t) = \begin{pmatrix} at+b \\ ct^2 + dt + e \\ f\,e^{-gt} \end{pmatrix}.$$

Bestimmen Sie die auf den Körper wirkende Kraft. Klassifizieren Sie die einzelnen Komponenten der Bewegung in gleichförmig oder beschleunigt.

2.21. ••• Bestimmen Sie die Kraft, die auf eine Masse m wirkt, damit sich diese auf einer Ellipse $\boldsymbol{r} = a\cos(\omega t)\boldsymbol{e}_x + b\sin(\omega t)\boldsymbol{e}_y$ bewegt.

2.22. •• Entwickeln Sie die folgenden Funktionen in eine MacLaurin'sche Reihe: $f(x) = \sinh x$, $g(x) = \arctan x$ und $h(x) = \ln(1-x^2)$.

2.23. •• Entwickeln Sie die folgenden Funktionen um die Stelle x_0 in eine Taylor-Reihe: $f(x) = \cos x$ bei $x_0 = \pi/3$, $g(x) = \sqrt{x}$ bei $x_0 = 1$, $h(x) = x^{-2} - 2/x$ bei $x_0 = 1$.

2.24. •• Berechnen Sie $f(x) = \sqrt{1-0.05}$ durch Reihenentwicklung.

2.25. •• Berechnen Sie $\cos 0.14$ durch Reihenentwicklung

2.26. •• Entwickeln Sie $((\sin x)/x)^2$ in ein Polynom vierter Ordnung.

2.27. ••• Entwickeln Sie $e^{-x}/\sqrt{1+x}$ um die Stelle 0 in ein Polynom zweiter Ordnung.

2.28. •• Überprüfen Sie die Reihenentwicklungen in (2.134) - (2.136).

2.29. • Leiten Sie die Einheitsvektoren in Zylinderkoordinaten aus (2.75) ab und vergleichen Sie mit (1.20).

2.30. • Leiten Sie die Einheitsvektoren in Kugelkoordinaten aus (2.75) ab und vergleichen Sie mit (1.24).

2.31. •• Zeigen Sie die Gültigkeit von (2.61).

3 Integration

Die wichtigste Erkenntnis von Newton und Leibnitz während ihrer Entwicklung der Analysis in der zweiten Hälfte des 17. Jahrhunderts war die Feststellung der inversen Beziehung zwischen Integration und Differentiation. Vorher waren zwar Verfahren zur Bestimmung der Tangente an eine Kurve oder der Fläche unter einer Kurve bekannt, nicht jedoch der Zusammenhang zwischen den beiden. Im Englischen wird dieser Zusammenhang in den Bezeichnungen derivative für Ableitung und antiderivative für Stammfunktion deutlich.

Die Integration ist Ihnen als Umkehrung der Differentiation aus der Schule bekannt. Wie im vorangegangenen Kapitel wird Ihnen hier anfangs vieles Bekanntes begegnen, allerdings teilweise in neuem Zusammenhang. Dies gilt für die Integration vektorwertiger Funktionen z.B. beim Weg–Zeit–Gesetz oder im zweiten Newton'schen Axiom, ebenso wie für die Integration in mehreren Dimensionen (Mehrfachintegral), z.B. bei der Bestimmung von Massenmittelpunkten und Trägheitsmomenten.

3.1 Grundlagen

Integration ist die Umkehrung der Differentiation, d.h. das Auffinden der Stammfunktion: → 3.2.5

Definition 25. *Eine Funktion $F(x)$ heißt* Stammfunktion *zu $f(x)$, wenn gilt $F'(x) = f(x)$.*

Für das Auffinden der Stammfunktion, d.h. die Integration, schreibt man

$$\int f(x)\,\mathrm{d}x = F(x) + C \,. \tag{3.1}$$

Darin ist C eine *Integrationskonstante*. Ihre Existenz besagt, dass die Integration kein eindeutiger Vorgang ist, sondern dass die Stammfunktion nur bis auf diese Integrationskonstante bestimmt werden kann: die Funktion $f(x)$ gibt die Änderung der gesuchten Funktion $F(x)$ in jedem Punkt x an – jedoch ohne einen einzigen Wert von $F(x)$ festzulegen. Wir kennen also in jedem Punkt das $\mathrm{d}F$, nicht jedoch das F. Daher erhalten wir bei der Integration unendlich viele, entlang der y-Achse parallel zueinander verschobene

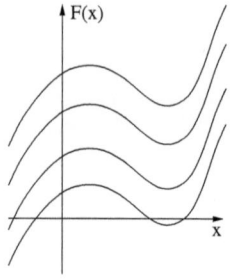

Abb. 3.1. Die Funktionen $F_i(x)$ unterscheiden sich nur um eine additive Konstante. Daher haben sie die gleiche Ableitung $f(x) = F_i'(x)$ und sind damit alle Stammfunktionen zu $f(x)$

Stammfunktionen, vgl. Abb. 3.1. Diese Unbestimmtheit wird durch die Integrationskonstante symbolisiert. Kennen wir den Wert von $F(x)$ an einer einzigen Stelle, d.h. haben wir einen *Anfangswert* oder eine *Randbedingung*, so wird eindeutig eine Funktion aus dieser Schar von Stammfunktionen ausgewählt und die Integrationskonstante C kann bestimmt werden.

Beispiel 31. Der von einem Körper mit der Geschwindigkeit $v = at$ mit $a = 4$ m/s² zurückgelegte Weg ist gegeben als

$$s = \int v\,dt = \int at\,dt = \frac{a}{2}t^2 + c = 2\text{ m/s}^2\,t^2 + c\,. \tag{3.2}$$

Eine Anfangsbedingung sagt, dass sich der Körper zur Zeit $t = 0$ bei $s = 4$ m befand. Intuitiv ist klar, dass die Lösung $s = 2$ m/s² $t^2 + 4$ m ist. Formal erhalten wir diese Lösung, indem wir den Anfangswert in (3.2) einsetzen:

$$s(0) = 4\text{ m} = 2\text{ m/s}^2\,(0\text{ s})^2 + c \quad \Rightarrow \quad c = 4\text{ m}\,. \tag{3.3}$$

□

Zu jeder stetigen Funktion $f(x)$ gibt es unendlich viele Stammfunktionen $F_i(x)$, die sich durch eine additive Konstante unterscheiden: $F_1(x) - F_2(x) =$ const. Oder anders formuliert: ist $F_1(x)$ eine Stammfunktion zu $f(x)$, so ist es auch $F_1(x) + C$. Daher lässt sich die Menge aller Stammfunktionen in der Form $F(x) = F_1(x) + C$ darstellen, mit $C = $ const.

3.1.1 Bestimmtes und unbestimmtes Integral

Bei der Integration unterscheidet man zwischen dem bestimmten und dem unbestimmten Integral. Die Stammfunktion ist das *unbestimmte Integral*:

$$\int f(x)\,dx = F(x) + C\,. \tag{3.4}$$

Das *bestimmte Integral* dagegen wird in einem Intervall $[a,b]$ ausgewertet:

$$\int_a^b f(x)\,dx = [F(x) + C]_a^b = F(b) + C - (F(a) + C) = F(b) - F(a)\,. \tag{3.5}$$

Beim bestimmten Integral fällt die Integrationskonstante weg. Anschaulich gibt es die Fläche unter dem Funktionsgraphen zwischen a und b.

Ein Vertauschen der Integrationsgrenzen bewirkt einen Vorzeichenwechsel des Integrals (*Vertauschungsregel*):

$$\int_a^b f(x)\,\mathrm{d}x = -\int_b^a f(x)\,\mathrm{d}x\ . \tag{3.6}$$

Fallen die Integrationsgrenzen zusammen, $a = b$, so verschwindet das Integral:

$$\int_a^a f(x)\,\mathrm{d}x = 0\ . \tag{3.7}$$

Bei Zerlegung des Integrationsintervalls in Teilintervalle addieren sich die Teilintegrale:

$$\int_a^b f(x)\,\mathrm{d}x = \int_a^c f(x)\,\mathrm{d}x + \int_c^b f(x)\,\mathrm{d}x \quad \text{mit} \quad a \leq c \leq b\ . \tag{3.8}$$

Über Nullstellen darf nicht integriert werden: findet dort ein Vorzeichenwechsel statt, wird ein Teil der Fläche mit positivem, der andere mit negativem Vorzeichen gezählt. Um die Gesamtfläche korrekt zu bestimmen, muss das Integral in Teilintegrale von a bis zur Nullstelle x_N und von der Nullstelle bis b aufgespalten werden. Anschließend werden deren Beträge addiert:

$$\left|\int_a^b f(x)\,\mathrm{d}x\right| = \left|\int_a^{x_\mathrm{N}} f(x)\,\mathrm{d}x\right| + \left|\int_{x_\mathrm{N}}^b f(x)\,\mathrm{d}x\right|\ . \tag{3.9}$$

Bei mehreren Nullstellen in (a, b) sind mehrere Teilintegrale zu bilden.

Durch die Interpretation des bestimmten Integrals als Fläche unter dem Funktionsgraphen können wir die folgende Definition einführen:

Definition 26. *Ist der Grenzwert* $\lim\limits_{n \to \infty} \sum\limits_{k=1}^{n} f(x_k)\,\Delta x_k$ *vorhanden, so heißt er bestimmtes Integral der Funktion* $f(x)$ *in den Grenzen von a bis b und wird geschrieben* $\int_a^b f(x)\,\mathrm{d}x$.

In Analogie zum Mittelwertsatz der Differentiation gibt es einen *Mittelwertsatz der Integration*:

Theorem 3. *Ist $f(x)$ eine stetige Funktion im Intervall $[a, b]$, so gibt es einen Punkt $c \in (a, b)$ mit*

$$\int_a^b f(x)\,\mathrm{d}x = (b - a)\,f(c)\ . \tag{3.10}$$

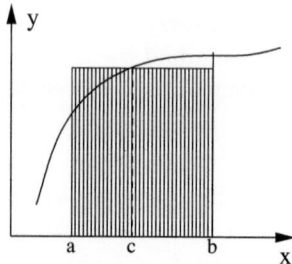

Abb. 3.2. Mittelwertsatz der Integration: im Intervall $[a,b]$ gibt es einen Punkt c derart, dass die schraffierte Fläche $f(c)(b-a)$ gleich dem Integral von $f(x)$ über das Intervall $[a,b]$ ist

Anschaulich lässt sich der Mittelwertsatz über die Annäherung der Fläche unter dem Funktionsgraphen durch Rechtecke interpretieren; im Gegensatz zu Unter- oder Obersumme wird hier jedoch die Fläche korrekt wiedergegeben, vgl. Abb. 3.2.

3.1.2 Wichtige Integrale

Tabelle 3.1 listet wichtige unbestimmten Integrale auf. Die meisten dieser Integrale sind die Umkehrung der Differentiation (Tabelle 2.3). Weitere Integrale finden Sie in Formelsammlungen, z.B. [1, 10, 16, 28, 58]. Wie bei der Differentiation lassen sich viele Integrale durch Anwendung der Rechenregeln aus den Grundintegralen herleiten. Integrale der Form $\sqrt{a \pm x^2}$ lassen sich so nicht lösen; sie führen auf trigonometrische oder hyperbolische Funktionen.

3.2 Grundregeln des Integrierens

3.2.1 Faktorregel

→ 3.2.5 Ein konstanter Faktor lässt sich vor das Integral ziehen:

$$\int a f(x)\, \mathrm{d}x = a \int f(x)\, \mathrm{d}x \,. \tag{3.11}$$

Das ist eine direkte Umkehrung der Faktorregel der Differentiation; Ableiten der rechten und linken Seite von (3.11) ergibt in beiden Fällen $af(x)$.

Tabelle 3.1. Wichtige Integrale

$f(x)$	$F(x) = \int f(x)\mathrm{d}x$	$f(x)$	$F(x) = \int f(x)\mathrm{d}x$
a	$ax + c$	x^n mit $n \neq -1$	$\frac{1}{n+1} x^{n+1} + c$
e^x	$\mathrm{e}^x + c$	e^{ax}	$\frac{1}{a}\mathrm{e}^{ax} + c$
$\frac{1}{x}$	$\ln|x| + c$	a^x	$\frac{1}{\ln a} a^x + c$
$\sin x$	$-\cos x + c$	$\cos x$	$\sin x + c$
$\sinh x$	$\cosh x + c$	$\cosh x$	$\sinh x + c$

Beispiel 32. Das Integral der Funktion $f(x) = 3/x^4$ ist

$$\int \frac{3}{x^4}\,\mathrm{d}x = 3\int \frac{1}{x^4}\,\mathrm{d}x = 3\int x^{-4}\,\mathrm{d}x = 3\left(\frac{1}{-4+1}x^{-4+1}\right) + C$$
$$= -x^{-3} + C = -\frac{1}{x^3} + C\,. \tag{3.12}$$

□

3.2.2 Summenregel

Das Integral über eine Summe ist gleich der Summe der Integrale über die einzelnen Summanden:

$$\int (f(x) + g(x))\,\mathrm{d}x = \int f(x)\,\mathrm{d}x + \int g(x)\,\mathrm{d}x\,. \tag{3.13}$$

Beispiel 33. Das Integral der Funktion $f(x) = 4x^3 + 3x^2 + 2x + 1$ ist

$$\int (4x^3 + 3x^2 + 2x + 1)\,\mathrm{d}x = \int 4x^3\,\mathrm{d}x + \int 3x^2\,\mathrm{d}x + \int 2x\,\mathrm{d}x + \int 1\,\mathrm{d}x$$
$$= x^4 + x^3 + x^2 + x + C\,. \tag{3.14}$$

Am Ende reicht eine Integrationskonstante: bei jedem der Teilintegrale ergibt sich eine Integrationskonstante $c_1 \ldots c_4$. Diese lassen sich zusammenfassen zu $C = c_1 + c_2 + c_3 + c_4$.

□

3.2.3 Substitutionsmethode

Ziel der Substitutionsmethode ist es, die zu integrierende Funktion $f(x)$ durch Einführung einer neuen Variablen zu vereinfachen. Drückt man einen Teil der zu integrierenden Funktion, z.B. eine innere Funktion, durch eine neue Variable aus, so lässt sich die Substitutionsregel schreiben als

$$\int f(g(x))\,\mathrm{d}x = \int f(u)\,\frac{\mathrm{d}u}{u'} \tag{3.15}$$

mit

$$u = g(x) \quad \text{und} \quad \mathrm{d}u = u'\mathrm{d}x \quad \text{bzw.} \quad \mathrm{d}x = \frac{\mathrm{d}u}{u'}\,. \tag{3.16}$$

Die Gültigkeit dieser Regel sehen wir, wenn wir den rechten Term von (3.15) nach x differenzieren: durch Anwendung der Kettenregel hebt sich dann die innere Ableitung u' wieder heraus.

Beispiel 34. Zur Integration von $f(x) = \cos(\omega t + \varphi)\,\mathrm{d}t$ substituieren wir die innere Funktion: $u = \omega t + \varphi$. Ihre Ableitung ist $u' = \omega$ und wir erhalten

$$\int \cos(\omega t + \varphi)\,\mathrm{d}t = \int \cos u\,\frac{\mathrm{d}u}{u'} = \frac{1}{\omega}\sin u + C = \frac{1}{\omega}\sin(\omega t + \varphi) + C\,. \tag{3.17}$$

□

Beispiel 35. Zur Integration von $f(x) = \sqrt{3x-5}$ substituieren wir wieder die innere Funktion $u = 3x - 5$. Dann ist $u' = 3$ und

$$\int \sqrt{3x-5}\,dx = \tfrac{1}{3}\int \sqrt{u}\,du = \tfrac{2}{9}u^{3/2} + C = \tfrac{2}{9}(3x-5)^{3/2} + C\,. \qquad (3.18)$$

□

Beispiel 36. Bei der Integration der Funktion

$$f(x) = \frac{5}{4-8x} \qquad (3.19)$$

wird die Substitutionsfunktion nicht durch eine innere Funktion nahe gelegt; jedoch ist $u = 4 - 8x$ nahe liegend, da sich dann ein Integral über $1/u$ ergibt, für das wir die Stammfunktion kennen. Mit $u' = -8$ wird das Integral

$$\int \frac{5}{4-8x}\,dx = \int \frac{5}{u}\frac{-1}{8}\,du = -\tfrac{5}{8}\ln|u| + C = -\tfrac{5}{8}\ln|4-8x| + C\,. \qquad (3.20)$$

□

Beispiel 37. Bei der Integration von $f(x) = \tfrac{1}{2}x\sqrt{6-3x^2}$ substituieren wir $u = 6 - 3x^2$. Dann ist $u' = -6x$. In diesem Fall bleibt erst einmal ein $x/2$ vor der Wurzel stehen:

$$\int \frac{x}{2}\sqrt{6-3x^2}\,dx = \int \frac{x}{2}\sqrt{u}\,\frac{1}{-6x}\,du = -\tfrac{1}{12}\int \sqrt{u}\,du$$
$$= -\tfrac{1}{18}u^{3/2} + C = -\tfrac{1}{18}(6-3x^2)^{3/2} + C\,. \qquad (3.21)$$

□

Im letzten Beispiel kürzen sich das nicht-substituierte x vor der Wurzel und das im u' verbleibende x gegeneinander. Dass das nicht zwingend der Fall ist, zeigt die Funktion $f(x) = \sqrt{x^2 + a^2}$. Hier substituieren wir wieder die innere Funktion $u = x^2 + a^2$. Mit $u' = 2x$ ergibt sich dann

$$\int \sqrt{x^2+a^2}\,dx = \int \sqrt{u}\,\frac{1}{2x}\,du\,. \qquad (3.22)$$

Da x nicht unabhängig von u ist, können wir den Bruch nicht einfach vor das Integral ziehen – und scheitern mit unserer Methode. Nachschlagen in einer Formelsammlung liefert die Lösung für das Integral:

$$\int \sqrt{x^2+a^2}\,dx = \frac{x}{2}\sqrt{x^2+a^2} + \frac{a^2}{2\operatorname{arcsinh}\frac{x}{a}}\,, \qquad (3.23)$$

d.h. einen Ausdruck, der die Umkehrfunktion einer hyperbolischen Funktion enthält. Dieses Beispiel zeigt, dass die Substitutionsmethode eine Möglichkeit ist, einige Integrale zu lösen – sie ist aber keine universelle Methode.

Die Substitutionsmethode lässt sich in folgendem Kochrezept zusammenfassen: Als erstes werden die Substitutionsgleichungen aufgestellt:

$$u = g(x) \quad \text{und} \quad \frac{du}{dx} = g'(x) \quad \text{bzw.} \quad dx = \frac{du}{g'(x)}\,. \qquad (3.24)$$

Die Substitution erfolgt durch Einsetzen dieser Gleichungen:

$$\int f(x)\,\mathrm{d}x = \int f(u)\,\mathrm{d}u\ . \tag{3.25}$$

Das neue Integral enthält nur noch die neue Variable u und deren Differential $\mathrm{d}u$; der neue Integrand ist $f(u)$. Die Integration wird durchgeführt

$$\int f(u)\,\mathrm{d}u = F(u) \tag{3.26}$$

und anschließend rücksubstituiert:

$$\int f(x)\,\mathrm{d}x = F(u) = F(g(x)) = F(x)\ . \tag{3.27}$$

Beim bestimmten Integral dürfen die Grenzen erst nach der Rücksubstitution eingesetzt werden – andernfalls müssen sie ebenfalls transformiert werden.

3.2.4 Partielle Integration (Produktintegration)

Während sich das Produkt zweier Funktionen über die Produktregel differenzieren lässt, ist ein solches Produkt nicht unbedingt einfach zu integrieren. Ist für eine der Funktionen eine Stammfunktion erkennbar, so kann man die partielle Integration verwenden:[1]

$$\int f'(x)\,g(x)\,\mathrm{d}x = f(x)\,g(x) - \int f(x)\,g'(x)\,\mathrm{d}x\ . \tag{3.28}$$

Hierbei ist $h(x) = f'(x)\,g(x)$ die zur Integration vorgegebene Funktion. Die partielle Integration ist nur sinnvoll, wenn das Restintegral $\int f(x) g'(x)\,\mathrm{d}x$ einfacher lösbar ist als das Ausgangsintegral.

Beispiel 38. Zur Integration der Funktion $h(x) = x\mathrm{e}^x$ wählen wir $f'(x) = \mathrm{e}^x$ und $g(x) = x$. Dann sind $f(x) = \mathrm{e}^x$ und $g'(x) = 1$. Einsetzen in (3.28) liefert

$$\int x\mathrm{e}^x\,\mathrm{d}x = x\mathrm{e}^x - \int \mathrm{e}^x\,\mathrm{d}x = x\mathrm{e}^x - \mathrm{e}^x + C = \mathrm{e}^x(x-1) + C\ . \tag{3.29}$$

Eine Wahl von $f'(x) = x$ und $g(x) = \mathrm{e}^x$ wäre nicht sinnvoll gewesen, da wir dann $f(x) = x^2/2$ und $g'(x) = \mathrm{e}^x$ erhalten hätten und damit

$$\int x\mathrm{e}^x\,\mathrm{d}x = \frac{x^2}{2}\mathrm{e}^x - \int \frac{x^2}{2}\mathrm{e}^x\,\mathrm{d}x\ . \tag{3.30}$$

Hier ist aber das Restintegral schwieriger als das ursprüngliche Integral, so dass wir die Integration nicht ausführen können. □

---

[1] Diese ist eine Umkehrung der Produktregel der Differentiation. Differenzieren wir die Funktion $h(x) = f(x)g(x)$ nach x, so erhalten wir nach Produktregel $[f(x)g(x)]' = f'(x)g(x) + f(x)g'(x)$. Integration über $\mathrm{d}x$ liefert

$$\int [f(x)g(x)]'\,\mathrm{d}x = f(x)g(x) = \int [f'(x)g(x)]\,\mathrm{d}x + \int [f(x)g'(x)]\,\mathrm{d}x$$

und damit nach Umstellen die in (3.28) gegebene Vorschrift.

Beispiel 39. Zur Integration von $h(x) = e^x \sin x$ wählen wir $f'(x) = e^x$ und $g(x) = \sin x$. Dann ist $f(x) = e^x$ und $g'(x) = \cos x$ und das Integral wird

$$\int e^x \sin x \, dx = e^x \sin x - \int e^x \cos x \, dx \, . \tag{3.31}$$

Auf den ersten Blick haben wir damit nichts gewonnen, da das Restintegral nicht besser aussieht als das Ausgangsintegral. Lassen Sie uns trotzdem an dem Restintegral eine partielle Integration vornehmen, wieder mit $f'(x) = e^x$, $f(x) = e^x$, $g(x) = \cos x$ und $g'(x) = -\sin x$. Dann erhalten wir

$$\int e^x \sin x \, dx = e^x \sin x - \left(e^x \cos x - \int e^x (-\sin x) \, dx \right) + C$$

$$= e^x \sin x - e^x \cos x - \int e^x \sin x \, dx + C \, . \tag{3.32}$$

Jetzt haben wir auf der rechten und der linken Seite das gleiche Integral stehen und können auflösen:

$$\int e^x \sin x \, dx = \tfrac{1}{2} e^x (\sin x - \cos x) + c \, . \tag{3.33}$$

Eine Alternative zur zweimaligen partiellen Integration kann die Darstellung der Winkelfunktion mit Hilfe der Exponentialfunktion sein, vgl. Bsp. 54. □

Auch für die partielle Integration (Produktintegration) können wir ein Kochrezept zusammenfassen: Der Integrand $h(x)$ des gegebenen Integrals $\int h(x) \, dx$ wird in ein Produkt aus der Funktion $g(x)$ und der Ableitung $f'(x)$ einer Funktion $f(x)$ zerlegt:

$$\int h(x) \, dx = \int g(x) \, f'(x) \, dx \, . \tag{3.34}$$

Das Integral lässt sich dann darstellen als

$$\int h(x) \, dx = \int g(x) \, f'(x) \, dx = f(x) \, g(x) - \int g'(x) \, f(x) \, dx \, . \tag{3.35}$$

Die Integration gelingt, wenn $g(x)$ und $f'(x)$ folgende Voraussetzungen erfüllen: (1) zu $f'(x)$ lässt sich problemlos eine Stammfunktion $f(x)$ bestimmen und (2) das Restintegral $\int g'(x) f(x) dx$ ist elementar lösbar.

3.2.5 Rotationskörper

Ein Rotationskörper entsteht bei der Rotation eines Flächenstück um eine Achse. Das Flächenstück sei begrenzt durch die x-Achse, die Ordinaten bei $x_1 = $ const und $x_2 = $ const sowie die Kurve $f(x)$ und rotiere um die x-Achse. Der Flächeninhalt zwischen der x-Achse und $f(x)$ kann durch Integration bestimmt werden, d.h. durch die Summation unendlich vieler unendlich schmaler Rechtecke unter der Kurve. Das Volumen eines Rotationskörpers können wir bestimmen, indem wir ihn in unendlich viele unendlich dünne Scheibchen senkrecht zur x-Achse zerlegen: der gleiche Prozess, der bei der Integration vorgenommen wird, lediglich mit dem Unterschied, dass man das unendlich schmale Rechteck unter der Kurve um die x-Achse rotieren lässt. Dabei entsteht ein unendlich flacher Zylinder mit der Grundfläche $F = \pi[f(x)]^2$ und der Höhe $\mathrm{d}x$. Über diese Zylinder müssen wir dann summieren:

$$V = \lim_{\Delta x \to 0} \sum_{x_1}^{x_2} (\pi [f(x)]^2 \, \Delta x) = \pi \int_{x_1}^{x_2} [f(x)]^2 \, \mathrm{d}x \; . \tag{3.36}$$

Beispiel 40. Die Parabel $f(x) = 9 - x^2$ rotiert zwischen ihren Nullstellen um die x-Achse. Um das Volumen des Rotationskörpers zu bestimmen, ermitteln wir zuerst die Nullstellen der Funktion $f(x)$, die gleichzeitig die Integrationsgrenzen bilden. Sie liegen bei $x_{1,2} = \pm 3$, d.h. für das Volumen gilt

$$\begin{aligned} V &= \pi \int_{-3}^{3} (9 - x^2)^2 \, \mathrm{d}x = \pi \int_{-3}^{3} (81 - 18x^2 + x^4) \, \mathrm{d}x \\ &= \pi \left[81x - \tfrac{18}{3} x^3 + \tfrac{1}{5} x^5 \right]_{-3}^{3} = 814.3 \; . \end{aligned} \tag{3.37}$$

□

3.2.6 Fläche zwischen zwei Kurven

Betrachtet man zwei Funktionen $f(x)$ und $g(x)$ mit $f(x) > g(x)$, so lässt sich die Fläche zwischen diesen beiden Kurven berechnen als

$$A = \int_{x_1}^{x_2} (f(x) - g(x)) \, \mathrm{d}x \; . \tag{3.38}$$

Anschaulich ist das einsichtig, da wir erst die Fläche zwischen der x-Achse und der oberen Kurve bestimmen und dann die Fläche zwischen der x-Achse und der unteren Kurve abziehen. Haben die Funktionen im Integrationsintervall (x_1, x_2) einen Schnittpunkt c, so muss die Integration in Abschnitte zerlegt werden:

$$A = \int_{x_1}^{x_2} (f(x) - g(x)) \, \mathrm{d}x = \int_{x_1}^{c} |f(x) - g(x)| \, \mathrm{d}x + \int_{c}^{x_2} |f(x) - g(x)| \, \mathrm{d}x \; . \tag{3.39}$$

Beispiel 41. Gesucht ist der Inhalt des Flächenstücks, das zwischen den Funktionen $f(x) = 2x - 2$ und $g(x) = \tfrac{1}{2} x^2 - 8$ im Bereich ihrer Schnittpunkte liegt. Diese ergeben sich durch Gleichsetzen der Funktionen zu

$$\begin{aligned} 2 x_\mathrm{s} - 2 = \tfrac{1}{2} x_\mathrm{s}^2 - 8 \quad &\Rightarrow \quad x_\mathrm{s}^2 - 4 x_\mathrm{s} - 12 = (x_\mathrm{s} + 2)(x_\mathrm{s} - 6) = 0 \\ &\Rightarrow \quad x_{\mathrm{s}_1} = -2 \text{ und } x_{\mathrm{s}_2} = 6 \; . \end{aligned} \tag{3.40}$$

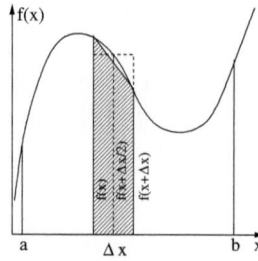

Abb. 3.3. Bei der numerischen Integration wird das Integrationsintervall $[a, b]$ in Teilintervalle der Breite Δx zerlegt. Die Flächen in diesen Teilintervallen können mit der Mittelpunktsformel (gestricheltes Rechteck) oder der Trapezformel (schraffierte Fläche) bestimmt werden

In diesem Integrationsintervall liegt die Gerade oberhalb der Parabel, d.h. es ist $f(x) > g(x)$. Damit gilt für die Fläche

$$A = \int_{-2}^{6} \left\{(2x - 2) - \left(\tfrac{1}{2}x^2 - 8\right)\right\} \, \mathrm{d}x = \int_{-2}^{6} \left(-\tfrac{1}{2}x^2 + 2x + 6\right) \, \mathrm{d}x$$
$$= \left[-\tfrac{1}{6}x^3 + x^2 + 6x\right]_{-2}^{6} = \tfrac{128}{3} \ . \tag{3.41}$$

□

→ 3.3

3.2.7 Numerische Integration

Verfahren zur numerischen Integration greifen die anschauliche Interpretation des bestimmten Integrals auf: die Fläche unter dem Funktionsgraphen kann durch eine Summe von Rechtecken angenähert werden, deren Breite durch die Schrittweite Δx bestimmt ist und deren Höhe durch den Funktionswert am Anfang des Intervalls ($f(x)$), in seiner Mitte ($f(x + \Delta x/2)$, Mittelpunktsformel) oder an seinem Ende ($f(x + \Delta x)$) angenommen werden kann.

Im Folgenden betrachten wir ein bestimmtes Integral der Funktion $f(x)$, das in den Grenzen von a bis b zu bestimmen ist:

$$I = \int_{a}^{b} f(x) \, \mathrm{d}x \ . \tag{3.42}$$

$[a, b]$ wird in M Schritte der Länge Δx eingeteilt: $\Delta x = (b - a)/M$.

Mittelpunksformel. Die Mittelpunktsformel zerlegt das Integrationsintervall $[a, b]$ in M Intervalle $[x_{k-1}, x_k]$ mit $k = 1, 2, ...M$ und $x_k = a + k\Delta x$ mit $k = 0, ...M$. Für jedes dieser Intervalle wird die Fläche gebildet aus der Breite Δx des Intervalls und dem Funktionswert $f(x_{\mathrm{M}k})$ in der Mitte des Intervalls, vgl. gestricheltes Rechteck in Abb. 3.3:

$$I_k = f(x_{\mathrm{M}k}) \, \Delta x \quad \text{mit} \quad x_{\mathrm{M}k} = \frac{x_{k-1} + x_k}{2} = x_{k-\frac{1}{2}} \ . \tag{3.43}$$

Als Annäherung an das Integral erhalten wir mit Hilfe der *Mittelpunktsformel*

$$I_{\mathrm{mp}} = \sum_{k=1}^{M} f(x_{\mathrm{M}k})\,\Delta x = \sum_{k=1}^{M} f(x_{k-\frac{1}{2}})\,\Delta x \ . \tag{3.44}$$

Beispiel 42. Mit Hilfe der Mittelpunktsformel ist das Integral

$$I = \int_{2}^{4} (3x^2 + 2)\,\mathrm{d}x \tag{3.45}$$

zu bestimmen. Die analytische Lösung ist

$$I = \int_{2}^{4} (3x^2 + 2)\,\mathrm{d}x = \left[x^3 + 2x\right]_{2}^{4} = 60 \ . \tag{3.46}$$

Das numerische Verfahren liefert in Abhängigkeit von der Zahl M der Intervalle bzw. der Schrittweite Δx die folgenden Resultate:

M	1	2	5	10	20	50	100	200	500
Δx	2	1	0.4	0.2	0.1	0.04	0.02	0.01	0.004
I	58	59.5	59.92	59.98	59.995	59.9992	59.9998	60.0000	60.0000

□

Trapezformel. Einen ähnlichen Ansatz wie die Mittelpunktsformel verfolgt die Trapezformel. Auch hier wird die Fläche innerhalb eines jeden Intervalls berechnet, anschließend werden die Flächen addiert. Der Unterschied besteht in der Berechnung der Fläche: diese wird nicht wie bei der Mittelpunktsformel durch ein Rechteck angenähert, sondern durch ein aus den Funktionswerten an den Intervallrändern aufgespanntes Trapez, vgl. Abb. 3.3. Damit ergibt sich für eine Teilfläche

$$I_k = \tfrac{1}{2}(f(x_k) + f(x_{k+1}))\,\Delta x \tag{3.47}$$

und damit für das Integral

$$I_{\mathrm{trapez}} = \sum_{k=1}^{M} \tfrac{1}{2}(f(x_k) + f(x_{k-1}))\,\Delta x \ . \tag{3.48}$$

Beispiel 43. Wie bei der Mittelpunktsformel können wir die Genauigkeit der Lösung für das Integral aus Bsp. 42 in Abhängigkeit von der Schrittweite bzw. der Zahl der Schritte im Intervall angeben:

M	1	2	5	10	20	50	100	200	500
Δx	2	1	0.4	0.2	0.1	0.04	0.02	0.01	0.004
I	64	61	60.16	60.04	60.01	60.0016	60.0004	60.0001	60.0000

□

Simpson-Regel. Bei der Simpson-Regel wird der Integrand durch ein Polynom zweiten Grades angenähert. Für die Teilintegrale werden dazu in Δx Funktionswerte an den Intervallgrenzen x_k und x_{k-1} bestimmt sowie in der Intervallmitte x_{Mk}. Für das Integral ergibt sich dann

$$I_{\text{Simpson}} = \frac{1}{6} \sum_{k=1}^{M} (f(x_{k-1}) + 4f(x_{k-\frac{1}{2}}) + f(x_k))\Delta x \ . \tag{3.49}$$

Beispiel 44. Auch hier können wir wieder die Genauigkeiten in Abhängigkeit von der Schrittweite betrachten für das Integral aus Bsp. 42 betrachten:

M	1	2	5	10	20	50	100	200	500
Δx	2	1	0.4	0.2	0.1	0.04	0.02	0.01	0.004
I	60	60	60	60	60	60	60	60	60

Integration nach der Simpson-Regel liefert bereits für relativ wenige Schritte bzw. eine recht große Schrittweite sehr genaue Ergebnisse. □

Monte-Carlo Integration. Monte-Carlo Verfahren basieren auf der Verwendung von Zufallszahlen, d.h. sie unterscheiden sich in ihrem Ansatz von den bisher betrachteten Verfahren. Diese waren streng deterministisch und damit reproduzierbar, während in Monte-Carlo Verfahren ein Zufallselement ins Spiel kommt. Monte-Carlo Verfahren finden in allen Bereichen Anwendung, in denen Prozesse eher auf der Basis von Wahrscheinlichkeitsverteilungen beschrieben werden als in Gleichungen mit genau definierten Parametern.

Ein Beispiel für ein Monte-Carlo Verfahren ist die Bestimmung von $\pi = 3.14159265358979$. Die Zahl π können wir weder als rationale Zahl noch über einen funktionalen Zusammenhang einführen – außer über die Bedeutung von π für die Bestimmung der Fläche oder des Umfangs eines Kreises. So gibt π z.B. die Fläche eines Einheitskreises. Wenn wir ein numerisches Verfahren zur Bestimmung der Fläche des Einheitskreises anwenden, würden wir gleichzeitig auch π bestimmen. Malen wir also einen Einheitskreis auf ein quadratisches Stück Pappe, dass diesen Kreis genau umschreibt. Legen wir das Ganze auf den Boden und lassen Regentropfen auf die Pappe fallen.

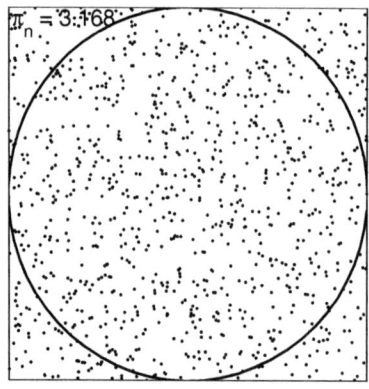

Abb. 3.4. Bestimmung von π mit Hilfe einer Monte-Carlo-Integration, es fielen insgesamt 1000 Tropfen auf das Quadrat, davon 792 in den Kreis, d.h. wir erhalten $\pi = 4\frac{792}{1000} = 3.168$

Diese treffen statistisch gleichmäßig verteilt auf. Daher sollte sich die Zahl der Regentropfen im Kreis zur Gesamtzahl der Tropfen genau so verhalten, wie die Fläche des Einheitskreises zur Gesamtfläche:

$$\frac{\text{Tropfen im Einheitskres}}{\text{Tropfen gesamt}} = \frac{\text{Fläche Einheitskreis}}{\text{Fläche Quadrat}} = \frac{\pi}{4}. \tag{3.50}$$

Durch Auszählen der Tropfen lässt sich also π bestimmen. Im Rechner werden die Tropfen durch Zufallszahlen erzeugt. Ein Ergebnis ist in Abb. 3.4 gezeigt.

3.3 Mehrfachintegrale

Im vorangegangenen Kapitel haben wir Funktionen mehrerer Veränderlicher kennen gelernt und deren Differentiation. Integration derartiger Funktionen führt auf Mehrfachintegrale, die u.a. bei der Bestimmung von Flächeninhalt, Schwerpunkt, Volumen und Trägheitsmoment auftreten. Mehrfachintegrale lassen sich auf mehrere, nach einander ausgeführte gewöhnliche Integrationen zurückführen.

3.3.1 Doppelintegrale

Wir gehen von einer Funktion $f(x, y)$ von zwei Variablen x und y aus und integrieren:

$$\int_{x_1}^{x_2} \int_{y_1}^{y_2} f(x, y) \, \mathrm{d}x \, \mathrm{d}y = \int_A f(x, y) \, \mathrm{d}A \tag{3.51}$$

mit dem Flächenelement in kartesischen Koordinaten $\mathrm{d}A = \mathrm{d}^2 r = \mathrm{d}x \, \mathrm{d}y$.

Definition 27. *Ist der Grenzwert* $\lim\limits_{n \to \infty} \sum\limits_{k=1}^{n} f(x_k, y_k) \Delta A_k$ *vorhanden, so heißt er Doppelintegral, geschrieben* $\int f(x, y) \, \mathrm{d}A = \iint f(x, y) \, \mathrm{d}x \, \mathrm{d}y$.

Anschaulich gibt das bestimmte Doppelintegral das Volumen des Körpers zwischen der Funktionsfläche und der xy-Ebene im Bereich der Integrationsgrenzen.

Doppelintegral in kartesischen Koordinaten. Die Berechnung des Doppelintegrals erfolgt durch zwei nacheinander auszuführende gewöhnliche Integrationen:

$$\int_A f(x, y) \, \mathrm{d}A = \int_{x=a}^{b} \left[\int_{y=f_\mathrm{u}(x)}^{f_\mathrm{o}(x)} f(x, y) \, \mathrm{d}y \right] \mathrm{d}x . \tag{3.52}$$

Zuerst führen wir die innere Integration nach der Variablen y aus: die Variable x wird als Konstante betrachtet und die Funktion $f(x, y)$ unter Verwendung der für gewöhnliche Integrale geltenden Regeln über y integriert. In die ermittelte Stammfunktion setzt man für y die Integrationsgrenzen $f_o(x)$ und $f_u(x)$ ein und bildet die entsprechende Differenz. Anschließend führen wir die äußere Integration nach der Variablen x aus: die als Ergebnis der inneren Integration erhaltene, nur noch von der Variablen x abhängige Funktion wird nun in den Grenzen von $x = a$ bis $x = b$ integriert.

Die Reihenfolge der Integration ist eindeutig durch die Reihenfolge der Differentiale im Doppelintegral festgelegt. Sie sind nur dann vertauschbar, wenn sämtliche Integrationsgrenzen konstant sind.

Beispiel 45. Zur Bestimmung des Doppelintegrals

$$I = \int_{x=0}^{1} \int_{y=0}^{\pi/4} 3x^2 \cos(2y) \, \mathrm{d}y \, \mathrm{d}x \, .$$

integrieren wir zuerst über die innere Variable y:

$$\int_{y=0}^{\pi/4} 3x^2 \cos(2y) \, \mathrm{d}y = 3x^2 \int_{y=0}^{\pi/4} \cos(2y) \, \mathrm{d}y = 3^2 x \left[\tfrac{1}{2} \sin(2y)\right]_{y=0}^{\pi/4} = \tfrac{3}{2} x^2 \, . \quad (3.53)$$

Der zweite Schritt ist die Integration über die äußere Variable x:

$$I = \int_{x=0}^{1} \tfrac{3}{2} x^2 \, \mathrm{d}x = \tfrac{1}{2} \int_{x=0}^{1} \left[x^3\right]_0^1 = \tfrac{1}{2} \, . \quad (3.54)$$

Da die Integrationsgrenzen konstant sind, lässt sich die Integration vertauschen:

$$\iint 3x^2 \cos(2y) \, \mathrm{d}x \, \mathrm{d}y = \int \left[x^3\right]_0^1 \cos(2y) \mathrm{d}y = \left[\tfrac{1}{2} \sin(2y)\right]_0^{\pi/4} = \tfrac{1}{2} \, . \quad (3.55)$$

□

Doppelintegral in Polarkoordinaten. Bei geeigneter Geometrie (z.B. Flächen von Kreissegmenten) ist es geschickter, Mehrfachintegrale in Polarkoordinaten auszuführen. Der Integrationsbereich hat die Gestalt eines Kreissegments, das durch die Winkel φ_1 und φ_2 sowie die inneren und äußeren Radien r_i und r_a begrenzt ist (vgl. Abb. 2.10 und (2.89)).

Zuerst müssen die kartesischen Koordinaten (x, y) in Polarkoordinaten (r, φ) transformiert werden:

$$x = r \cos \varphi \, , \qquad y = r \sin \varphi \qquad \text{und} \qquad \mathrm{d}A = r \, \mathrm{d}r \, \mathrm{d}\varphi \, . \quad (3.56)$$

Das Doppelintegral wird dann:

$$\int_A f(x,y) \, \mathrm{d}A = \int_{\varphi_1}^{\varphi_2} \int_{r_i}^{r_a} f(r \cos \varphi, r \sin \varphi) \, r \, \mathrm{d}r \, \mathrm{d}\varphi = \int_{\varphi_1}^{\varphi_2} \int_{r_i}^{r_a} f(r,\varphi) \, r \, \mathrm{d}r \, \mathrm{d}\varphi \, . \quad (3.57)$$

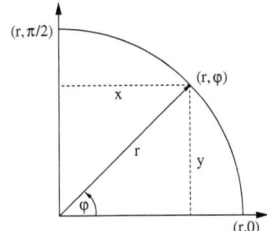

Abb. 3.5. Bestimmung der Fläche eines Viertelkreises: in Polarkoordinaten ist von 0 bis r und 0 bis $\pi/2$ zu integrieren, in kartesischen Koordinaten hängt die Integration über y von x ab: $y = \sqrt{r^2 - x^2}$

Die Integration erfolgt in zwei nacheinander auszuführenden gewöhnlichen Integrationsschritten, einer inneren Integration über r bei festem φ und anschließend der äußeren Integration über φ.

Beispiel 46. Bestimmen wir als Beispiel die Fläche eines Viertelkreises mit Innenradius $r_i = 0$, Außenradius $r_a = 1$, Anfangswinkel $\varphi_1 = 0$ und Endwinkel $\varphi_2 = \pi/2$, vgl. Abb. 3.5. Allgemein muss zur Bestimmung der Fläche das Integral $\int dA$ gelöst werden: es wird über alle Flächenelemente aufsummiert. Bei Verwendung von Polarkoordinaten transformiert sich nur das Differential, da der Integrand eine Konstante ist, nämlich 1. Mit den obigen Integrationsgrenzen ergibt sich für das Doppelintegral:

$$A = \int_A dA = \int_{\varphi=0}^{\pi/2} \int_{r=0}^{1} r \, dr \, d\varphi \, . \tag{3.58}$$

Ausführen der inneren Integration über r liefert

$$\int_{r=0}^{1} r \, dr = \left[\frac{r^2}{2}\right]_0^1 = \tfrac{1}{2} \tag{3.59}$$

Ausführen der äußeren Integration liefert

$$A = \tfrac{1}{2} \int_{\varphi=0}^{\pi/2} d\varphi = \tfrac{1}{2} \left[\varphi\right]_0^{\pi/2} = \tfrac{\pi}{4} \, . \tag{3.60}$$

In kartesischen Koordinaten wäre diese Integration wesentlich mühsamer, da die Integrationsgrenzen voneinander abhängen: zwar läuft x von 0 bis 1, jedoch ist y von x abhängig: für $x = 0$ läuft auch y von 0 bis 1, für $x = x_{\max}$ dagegen ist $y = 0$. Allgemein ist $y = \sqrt{1 - x^2}$ (vgl. Abb. 3.5), so dass wir für das Integral erhalten

$$A = \int_{x=0}^{1} \int_{y=0}^{\sqrt{1-x^2}} dy\, dx = \int_0^1 \sqrt{1-x^2}\, dx = \left[\tfrac{1}{2}\left(x\sqrt{1-x^2} + \arcsin x\right)\right]_0^1 = \tfrac{1}{4}\pi \, .$$

In diesem Fall lässt sich die Integration nicht vertauschen. □

3.3.2 Dreifachintegrale

Definition 28. *Ist der Grenzwert* $\lim_{n\to\infty} \sum_{k=1}^{n} f(x_k, y_k, z_k)\,\Delta V_k$ *vorhanden, so heißt er* Dreifachintegral, *geschrieben* $\int f(x,y,z)\,\mathrm{d}V = \iiint f(x,y,z)\,\mathrm{d}x\,\mathrm{d}y\,\mathrm{d}z$.

Dreifachintegral in kartesischen Koordinaten. In kartesischen Koordinaten lässt sich das Dreifachintegral darstellen als:

$$\int_V f(x,y,z)\,\mathrm{d}V = \int_{x=x_\mathrm{u}}^{x_\mathrm{o}} \int_{y=y_\mathrm{u}(x)}^{y_\mathrm{o}(x)} \int_{z=z_\mathrm{u}(x,y)}^{z_\mathrm{o}(xy)} f(x,y,z)\,\mathrm{d}z\,\mathrm{d}y\,\mathrm{d}x \ . \tag{3.61}$$

Dabei wird wieder von Innen nach Außen integriert, wobei die Reihenfolge der Integration durch die Reihenfolge der Differentiale eindeutig bestimmt und eine Vertauschung der Integration nur dann möglich ist, wenn die Integrationsgrenzen nicht voneinander abhängen.

Beispiel 47. Das *Trägheitsmoment* I eines Körpers ist definiert als das Integral über alle infinitesimal kleinen Massenelemente $\mathrm{d}m$, jeweils multipliziert mit dem Quadrat ihres Abstands r von der Drehachse:

$$I = \int_V r^2 \mathrm{d}m \ . \tag{3.62}$$

Die Integration erfolgt über das Volumen V des Körpers; das Koordinatensystem ist der Geometrie des Körpers anzupassen. Betrachten wir einen Quader der Seitenlängen a, b und c, der um eine Achse durch seinen Schwerpunkt senkrecht zu der von a und b gebildeten Fläche rotiert. Diese Geometrie lässt sich am besten in kartesischen Koordinaten beschreiben. Mit der Dichte ϱ wird das Massenelement $\mathrm{d}m = \varrho\,\mathrm{d}V = \varrho\,\mathrm{d}x\,\mathrm{d}y\,\mathrm{d}z$. Mit dem Abstand $r^2 = x^2 + y^2$ von der Drehachse ergibt sich für das Trägheitsmoment

$$\begin{aligned} I_\mathrm{S} &= \int r^2\,\mathrm{d}m = \varrho \int_{-a/2}^{a/2} \int_{-b/2}^{b/2} \int_{-c/2}^{c/2} (x^2+y^2)\,\mathrm{d}z\,\mathrm{d}y\,\mathrm{d}x \\ &= \varrho c \int_{-a/2}^{a/2} \int_{-b/2}^{b/2} (x^2+y^2)\,\mathrm{d}y\,\mathrm{d}x = \varrho c \int_{-a/2}^{a/2} \left(bx^2 + \frac{b^3}{12}\right)\mathrm{d}x \\ &= \varrho cb\left(\frac{a^3}{12} + \frac{ab^2}{12}\right) = \frac{\varrho abc}{12}(a^2+b^2) = \frac{m}{12}(a^2+b^2) \ . \end{aligned} \tag{3.63}$$

Die Drehung um eine der Seitenkanten c führt auf das gleiche Integral, lediglich die Integrationsgrenzen sind verschoben:

$$I_\mathrm{b} = \int r^2\,\mathrm{d}m = \varrho \int_0^a \int_0^b \int_0^c (x^2+y^2)\,\mathrm{d}z\,\mathrm{d}y\,\mathrm{d}x$$

$$= \varrho c \int_0^a \int_0^b (x^2 + y^2)\,\mathrm{d}y\,\mathrm{d}x = \varrho c \int_0^a \left(bx^2 + \frac{b^3}{3}\right)\mathrm{d}x$$

$$= \varrho cb \left(\frac{a^3}{3} + \frac{ab^2}{3}\right) = \frac{\varrho abc}{3}(a^2 + b^2) = \frac{m}{3}(a^2 + b^2)\,, \qquad (3.64)$$

I_b ist also das Vierfache des Trägheitsmoments I_S um eine parallele Achse durch den Schwerpunkt. Dieses Ergebnis lässt sich mit Hilfe des *Steiner'schen Satzes* überprüfen. Letzterer besagt, dass zwischen dem Trägheitsmoment I_b um eine beliebige Achse und dem Trägheitsmomen I_S um eine dazu parallele Achse durch den Schwerpunkt der Zusammenhang $I_\mathrm{b} = I_\mathrm{S} + mr_\mathrm{b}^2$ besteht mit r_b als dem Abstand der beiden Achsen. In diesem Fall ist

$$I_\mathrm{b} = \tfrac{1}{12}m(a^2+b^2) + \tfrac{1}{4}m(a^2+b^2) = \tfrac{1}{3}m(a^2+b^2) \qquad (3.65)$$

wie in (3.64) durch Integration bestimmt. □

Dreifachintegral in Zylinderkoordinaten. Zylinderkoordinaten stellen die xy-Ebene eines kartesischen Koordinatensystems in Polarkoordinaten dar während die z-Achse beibehalten wird. Die Behandlung erfolgt analog zu der in Polarkoordinaten: beim Übergang von kartesischen Koordinaten (x, y, z) zu Zylinderkoordinaten ϱ, φ, z gelten die Transformationsgleichungen

$$x = \varrho \cos\varphi\,, \quad y = \varrho \sin\varphi\,, \quad z = z \quad \text{und} \quad \mathrm{d}V = \varrho\,\mathrm{d}z\,\mathrm{d}\varrho\,\mathrm{d}\varphi\,. \qquad (3.66)$$

Das Dreifachintegral transformiert sich dann gemäß

$$\int_V f(x,y,z)\,\mathrm{d}V = \iiint_{\varphi \varrho z} f(\varrho \cos\varphi, \varrho \sin\varphi, z)\,\varrho\,\mathrm{d}z\,\mathrm{d}\varrho\,\mathrm{d}\varphi\,. \qquad (3.67)$$

Die Integration erfolgt wieder von innen nach außen.

Beispiel 48. Das Volumen eines Zylinders mit Radius r und Höhe h lässt sich als das Integral $V = \int \mathrm{d}V$ über alle Volumenelemente $\mathrm{d}V$ bestimmen. Der Geometrie angepasst sind Zylinderkoordinaten, so dass wir erhalten

$$V = \int_{r=0}^r \int_{h=0}^h \int_{\varphi=0}^{2\pi} \mathrm{d}\varphi\,\mathrm{d}h\,\mathrm{d}r = \int_{r=0}^r \int_{h=0}^h 2\pi\,\mathrm{d}h\,\mathrm{d}r = \int_{r=0}^r 2\pi h\,\mathrm{d}r = 2\pi rh\,. \qquad (3.68)$$

□

Beispiel 49. Das Volumen eines Kreiskegels mit Radius R der Grundfläche und Höhe H lässt sich ebenfalls in Zylinderkoordinaten bestimmen. Im Gegensatz zum Zylinder hängt hier jedoch ϱ von z ab, $\varrho(z) = R(H-z)/H$:

$$V = \int_{\varphi=0}^{2\pi} \int_{z=0}^H \int_{\varrho=0}^{R(H-z)/H} \varrho\,\mathrm{d}z\,\mathrm{d}\varrho\,\mathrm{d}\varphi = \int_{\varphi=0}^{2\pi} \int_{z=0}^H \left[\frac{\varrho^2}{2}\right]_0^{R(H-z)/H}\mathrm{d}z\,\mathrm{d}\varphi$$

$$= \frac{1}{2} \int_{\varphi=0}^{2\pi} \int_{z=0}^{H} \left(R - \frac{Rz}{H}\right)^2 \mathrm{d}z\,\mathrm{d}\varphi = \frac{1}{2} \int_{\varphi=0}^{2\pi} \left[R^2 z - \frac{2R^2 z^2}{2H} + \frac{R^2 z^3}{3H^2}\right]_0^H \mathrm{d}\varphi$$
$$= \pi \left[R^2 H - R^2 H + \tfrac{1}{3} R^2 H\right] = \tfrac{1}{3}\pi R^2 H\,. \tag{3.69}$$

□

Dreifachintegral in Kugelkoordinaten. Das Verfahren entspricht dem in Zylinderkoordinaten, allerdings mit den Transformationsgleichungen

$$x = r \sin\vartheta \cos\varphi\,, \qquad y = r \sin\vartheta \sin\varphi \qquad \text{und} \qquad z = r \cos\vartheta \tag{3.70}$$

und dem Volumenelement (2.98)

$$\mathrm{d}V = \mathrm{d}x\,\mathrm{d}y\,\mathrm{d}z = r^2\,\mathrm{d}r\,\sin\vartheta\,\mathrm{d}\vartheta\,\mathrm{d}\varphi\,. \tag{3.71}$$

Damit erhalten wir für das Integral

$$\iiint f(x,y,z)\,\mathrm{d}x\,\mathrm{d}y\,\mathrm{d}z =$$

$$\int_r \int_\varphi \int_\vartheta f(r\sin\vartheta\cos\varphi, r\sin\vartheta\sin\varphi, r\cos\vartheta)\, r^2 \sin\vartheta\,\mathrm{d}\vartheta\,\mathrm{d}\varphi\,\mathrm{d}r\,.$$

Beispiel 50. Der Schwerpunkt $\boldsymbol{r}_\mathrm{s}$ eines homogenen Körpers ist gegeben als

$$\boldsymbol{r}_\mathrm{s} = \frac{1}{V} \int_V \boldsymbol{r}\,\mathrm{d}V\,. \tag{3.72}$$

Gesucht ist der Schwerpunkt einer homogenen Halbkugel mit Radius r. Wir legen die Kugel in ein kartesisches Koordinatensystem, die Schnittfläche liegt auf der xy-Ebene. Aus Symmetriegründen sollte der Schwerpunkt auf einer Achse durch den Mittelpunkt dieses Kreises liegen, d.h. auf der z-Achse. Damit können wir die Integration über einen Vektor umgehen und erhalten für die Koordinaten des Schwerpunktes $x_\mathrm{s} = 0$, $y_\mathrm{s} = 0$ sowie

$$z_\mathrm{s} = \frac{1}{V} \int_V z\,\mathrm{d}V = \frac{1}{V} \int_{r=0}^{r} \int_{\vartheta=0}^{\pi/2} \int_{\varphi=0}^{2\pi} r^3 \cos\vartheta \sin\vartheta\,\mathrm{d}r\,\mathrm{d}\vartheta\,\mathrm{d}\varphi = \tfrac{3}{8} R\,. \tag{3.73}$$

Dabei wurde verwendet, dass bei einer Halbkugel ϑ von 0 bis $\pi/2$ läuft und $z = r \cos\vartheta$ gilt und $\int \cos\vartheta \sin\vartheta\,\mathrm{d}\vartheta = \sin^2\vartheta$.

□

3.4 Integration vektorwertiger Funktionen

Betrachten wir eine vektorwertige Funktion $\boldsymbol{f} = \boldsymbol{f}(t)$ in Abhängigkeit von einer skalaren Variablen, z.B. das Weg-Zeit Gesetz in vektorieller Form: $\boldsymbol{r} = \boldsymbol{r}(t)$. Hier hängen die Komponenten der zu integrierenden Funktion nur

3.4 Integration vektorwertiger Funktionen 83

von einem Parameter ab über den zu integrieren ist (Riemann-Integral). Da wir eine vektorwertige Funktion als geordnetes Paar reeller Funktionen interpretiert haben, erfolgt die Integration ebenso wie die Differentiation komponentenweise:

$$\int \boldsymbol{A}(t)\,\mathrm{d}t = \boldsymbol{e}_x \int A_x(t)\,\mathrm{d}t + \boldsymbol{e}_y \int A_y(t)\,\mathrm{d}t + \boldsymbol{e}_z \int A_z(t)\,\mathrm{d}t\ . \tag{3.74}$$

Diese Gleichung ist nur dann anwendbar, wenn die Basisvektoren $\boldsymbol{e}_i$ vom Parameter t unabhängig sind, da sie dann als Konstanten vor die Integrale gezogen werden können. Integrationen, in denen nicht nur der Integrand ein Vektor ist, sondern in denen, wie bei der Arbeit $W = \int \boldsymbol{F}\cdot\mathrm{d}\boldsymbol{s}$ entlang eines Vektors integriert wird (Linienintegral), werden in Kap. 11 behandelt.

Beispiel 51. Bei gegebener Geschwindigkeit lässt sich der Ort eines Teilchens aus dem allgemeinen Weg–Zeit–Gesetz bestimmen zu $\boldsymbol{r}(t) = \int \boldsymbol{v}\,\mathrm{d}t$. Bei einer Kreisbewegung mit einer Geschwindigkeit $\boldsymbol{v} = v_0(-\sin\omega t, \cos\omega t)$ erhalten wir für den Ort

$$\boldsymbol{r}(t) = \int \boldsymbol{v}\,\mathrm{d}t = \begin{pmatrix} \int -v_0\sin\omega t\,\mathrm{d}t \\ \int v_0\cos\omega t\,\mathrm{d}t \end{pmatrix} = \frac{v_0}{\omega}\begin{pmatrix} \cos\omega t \\ \sin\omega t \end{pmatrix} + \boldsymbol{r}_0\ . \tag{3.75}$$

□

Beispiel 52. Jetzt können wir auch Bsp. 50 ohne das Plausibilitätsargument alleine unter Verwendung von (3.72) lösen. Dazu stellen wir Ortsvektor und Volumenelement in Kugelkoordinaten dar und verwenden die Integrationsgrenzen wie vorher:

$$\begin{aligned}
\boldsymbol{r}_\mathrm{s} &= \frac{1}{V}\int_V \boldsymbol{r}\,\mathrm{d}V = \frac{1}{V}\int_{r=0}^{r}\int_{\vartheta=0}^{\pi/2}\int_{\varphi=0}^{2\pi} \begin{pmatrix} r\sin\vartheta\cos\varphi \\ r\sin\vartheta\sin\varphi \\ r\cos\varphi \end{pmatrix} r^2\sin\vartheta\,\mathrm{d}\varphi\,\mathrm{d}\vartheta\,\mathrm{d}r \\
&= \frac{1}{V}\int_{r=0}^{r}\int_{\vartheta=0}^{\pi/2}\int_{\varphi=0}^{2\pi} r^3 \begin{pmatrix} \sin^2\vartheta\cos\varphi \\ \sin^2\vartheta\sin\varphi \\ \cos\vartheta\sin\vartheta \end{pmatrix} \mathrm{d}\varphi\,\mathrm{d}\vartheta\,\mathrm{d}r \\
&= \frac{1}{V}\int_{r=0}^{r}\int_{\vartheta=0}^{\pi/2} \left[r^3 \begin{pmatrix} \sin^2\vartheta\sin\varphi \\ -\sin^2\vartheta\cos\varphi \\ \varphi\cos\vartheta\sin\vartheta \end{pmatrix}\right]_0^{\varphi=2\pi} \mathrm{d}\vartheta\,\mathrm{d}r \\
&= \frac{1}{V}\int_{r=0}^{r}\int_{\vartheta=0}^{\pi/2} r^3 \begin{pmatrix} 0 \\ 0 \\ 2\pi\cos\vartheta\sin\vartheta \end{pmatrix} \mathrm{d}\vartheta\,\mathrm{d}r \\
&= \frac{1}{V}\int_{r=0}^{r} r^3 \left[\begin{pmatrix} 0 \\ 0 \\ 2\pi(\sin^2\vartheta)/2 \end{pmatrix}\right]_{\vartheta=0}^{\pi/2} \mathrm{d}r = \frac{1}{V}\frac{r^4}{4}\begin{pmatrix} 0 \\ 0 \\ \pi \end{pmatrix} \\
&= \begin{pmatrix} 0 \\ 0 \\ 3r/8 \end{pmatrix}\ . \tag{3.76}
\end{aligned}$$

□

Literatur

Zur Wiederholung des Schulstoffs sind wieder Schäfer und Georgi [53] und der Wissenspeicher [16] zu empfehlen. Eine Einführung auf vergleichbarem Niveau mit wesentlich mehr Aufgaben und Beispielen findet sich im Band 1 von Papula [41] für Funktionen in Abhängigkeit von einer Variablen, im zweiten Band [42] werden auch Funktionen von mehreren Variablen behandelt. Mehrfachintegrale und die Integration vektorwertiger Funktionen werden auch sehr gut in den entsprechenden Kapiteln in Marsden und Tromba [38] behandelt. Eine hilfreiche Ergänzung ist auch der Kompaktkurs von Wolter [66]. Weitergehende Themen werden z.B. in Silverman [55] und Kosmala [34] behandelt.

Numerische Integration wird z.B. in Quarteroni und Saleri [47] oder Gander und Hřebiček [17] auf gut zugängliche Weise eingeführt. In Press et al. [46] finden sich die wichtigsten Prinzipien und Beispielprogramme für verschiedene Programmiersprachen.

Fragen

3.1. Erläutern Sie anschaulich die Bedeutung der Integrationskonstanten im unbestimmten Integral.

3.2. Leiten Sie die Regel (3.15) für die Integration mit Substitution her. Mit welcher Regel der Differentiation hängt die Substitutionsmethode der Integration direkt zusammen?

3.3. Leiten Sie sich die Regel (3.35) für die partielle Integration her. Mit welcher Regel der Differentiation hängt die partielle Integration direkt zusammen?

3.4. Begründen Sie (3.36) für das Volumen eines Rotationskörpers.

3.5. Hängt eine Funktion nur von einer Variablen ab, $f(x)$, so wird das bestimmte Integral anschaulich als die Fläche zwischen der x-Achse und dem Funktionsgraphen interpretiert. Welche geometrische Interpretation haben die Integrale von Funktionen von zwei Variablen, $f(x,y)$, oder drei Variablen, $f(x,y,z)$.

3.6. Geben Sie Anwendungsbeispiele für Mehrfachintegrale in der Physik.

3.7. Begründen Sie, warum vektorwertige Funktionen komponentenweise integriert werden können.

3.8. Das bestimmte Doppelintegral $V = \iint f(x,y)\,dx\,dy$ kann anschaulich als das Volumen zwischen der xy-Ebene und dem Funktionsgraphen interpretiert werden. Warum gibt das Doppelintegral $A = \int dA = \iint dx\,dy$ eine Fläche, während erst das Dreifachintegral $V = \int dV = \iiint dx\,dy\,dz$ ein Volumen gibt?

3.9. Erläutern Sie die Grundidee der numerischen Integration.

3.10. Erläutern Sie Verfahren zur numerischen Integration.

Aufgaben

3.1. • Berechnen Sie die Integrale

(a) $\int \frac{3}{x^4}\,dx$
(b) $\int 5x^{-7/2}\,dx$
(c) $\int (x+3)^3\,dx$
(d) $\int (x+2)(x-a)\,dx$
(e) $\int \left(3x^4 - 2x^2 + \frac{4}{7}\right)\,dx$
(f) $\int \left(ax^3 + \frac{5}{x^2} - 2a\right)\,dx$
(g) $\int (2i^n + ni)\,di$
(h) $\int \left(\frac{3}{x^3} - \frac{2}{x^2} - \frac{1}{x}\right)\,dx$
(i) $\int \left(\sin r + \frac{\cos r}{4}\right)\,dr$
(j) $\int (e^\nu + e^{2\omega})\,d\nu$
(k) $\int 3^x e^x\,dx$
(l) $\int \sqrt{x\sqrt{2x}}\,dx$
(m) $\int \frac{nx^n}{1+n}\,dx$
(n) $\int_{-1}^{2} (-x^2 + 1)\,dx$
(o) $\int_{-3}^{-1} \frac{1}{x}\,dx$
(p) $\int_{-\infty}^{1} e^t\,dt$
(q) $\int_{-1}^{1} (x^3 + 1)\,dx$
(r) $\int_{0}^{3} (-x^3 + 4x^2 - 3x)\,dx$
(s) $\int_{0.5}^{3} \frac{2}{x^2}\,dx$
(s) $\int_{\pi}^{2\pi} \sin x\,dx$
(t) $\int_{0}^{1} (e^x - 1)\,dx$
(u) $\int_{1}^{8} \frac{dx}{x\sqrt[3]{x}}$

3.2. • Berechnen Sie die Fläche zwischen der Kurve $f(x) = x^2 - x$ und den Ordinaten bei $x_1 = 0$ und $x_2 = 1$.

3.3. •• Berechnen Sie das bestimmte Integral der Funktion $f = 1/r^2$ in den Grenzen 1 und ∞.

3.4. •• Berechnen Sie die Fläche zwischen den Kurven $y = 0$, $y = (2+3x)^{-1}$, $x = 2$ und $x = 10$.

3.5. •• Berechnen Sie das Volumen des Rotationskörpers unter $f(x) = 2x$ im Bereich von $x = 0$ bis $x = 10$. Wie groß ist das Volumen, dass durch die Rotation einer Funktion $f(x) = x^n$ um die x-Achse entsteht?

3.6. •• Bestimmen Sie das Volumen des Rotationskörpers von $f(x) = x^2 + 1$ in den Grenzen $x_1 = -2$ und $x_2 = 2$.

3.7. •• Berechnen Sie das Volumen des Rotationskörpers von $f(x) = \sqrt{x^2 + 2}$ zwischen $x_1 = -2$ und $x = 2$.

3.8. •• Berechnen Sie das Kugelvolumen, in dem Sie einen Kreis um seinen Durchmesser rotieren lassen.

3.9. •• Berechnen Sie die Fläche zwischen der Kurve von $f(x) = x - x^2$, der x-Achse sowie den Schnittpunkten der Funktion mit der x-Achse.

3.10. •• Integrieren Sie durch Substitution:

(a) $\int x e^{x^2} \, dx$, (b) $\int \frac{x^2}{\sqrt{3-x^3}} \, dx$,

(c) $\int_0^2 x\sqrt{4-x^2} \, dx$, (d) $\int_1^2 x\sqrt{x^2-1} \, dx$.

3.11. •• Bestimmen Sie die folgenden Integrale mit Hilfe der Substitutionsmethode: $F(x) = \int \sin(kx+d) \, dx$, $G(x) = \int \frac{1}{2x+9} \, dx$, $H(x) = \int x\sqrt{5x^2 - 32} \, dx$.

3.12. •• Integrieren Sie durch partielle Integration: $F(x) = \int x \sin x \, dx$ und $G(x) = \int \frac{1}{2} t \, 3 \cos t \, dt$.

3.13. •• Bestimmen Sie die folgenden Integrale durch (gegebenenfalls mehrfache) Produktintegration: $F(x) = \int x \cos x \, dx$, $G(x) = \int ax \, e^{bx} \, dx$ und $H(x) = \int e^x \sin x \, dx$.

3.14. •• Bestimmen Sie die folgenden Integrale (Methode nach Wahl): $F(x) = \int x^2 \sin(3x^3 + 2a) \, dx$ und $G(x) = \int x^2 \sinh x \, dx$.

3.15. •• Bestimmen Sie die beim Spannen einer Feder geleistete Arbeit.

3.16. •• Die Bewegungsgleichung eines Federpendels lautet $a(t) = -\omega^2 \cos(\omega t)$. Bestimmen Sie hieraus durch Integration das Geschwindigkeits-Zeit Gesetz $v = v(t)$ und das Weg-Zeit Gesetz $s = s(t)$ in allgemeiner Form. Welche spezielle Lösung ergibt sich für die Anfangswerte $s(0) = 1$ m und $v(0) = 30$ m/s.

3.17. •• Bestimmen Sie

$$\int \begin{pmatrix} (t+3)^3 \\ 3^t e^t \\ \sqrt{t\sqrt{2t}} \end{pmatrix} dt$$

3.18. •• Beim Minigolfspielen wird ein ruhender Ball der Masse $m = 0.1$ kg weggeschlagen. Der zeitliche Verlauf der auf den Ball ausgeübten Kraft lässt sich näherungsweise durch eine Dreiecksfunktion beschreiben: die Kraft steigt innerhalb von $4 \cdot 10^{-3}$ s linear von 0 auf 200 N und sinkt danach linear in der gleichen Zeit ab. Mit welcher Geschwindigkeit v bewegt sich der Ball fort?

3.19. •• Ein Körper befindet sich zur Zeit t_0 am Ort r_0. Auf ihn wirkt eine Beschleunigung

$$\boldsymbol{a} = \begin{pmatrix} 6 \text{ m/s}^3 \, t \\ 6 \text{ m/s}^3 \, t \\ 10 \text{ m/s}^2 \end{pmatrix}.$$

Bestimmen Sie den Ort $\boldsymbol{r}(t)$ des Körpers in Abhängigkeit von der Zeit. Bestimmen Sie ferner, wo sich der Körper nach 4 s und 10 s befindet, wenn er sich zur Zeit $t_0 = 0$ am Ort $r_0 = 0$ befindet und in Ruhe ist, d.h. $\boldsymbol{v}_0 = 0$.

3.20. •• Berechnen Sie die folgenden Doppelintegrale:

$$F = \int_{x=0}^{1} \int_{y=1}^{e} \frac{x^2}{y} \, dy \, dx, \qquad G = \int_{x=0}^{3} \int_{y=0}^{1-x} (2xy - x^2 - y^2) \, dy \, dx.$$

3.21. •• Berechnen Sie die folgenden Dreifachintegrale:

$$F = \int_{x=0}^{1} \int_{y=-1}^{4} \int_{z=0}^{\pi} x^2 y \, \cos(yz) \, dz \, dy \, dx, \qquad G = \int_{x=0}^{\pi/2} \int_{y=0}^{1} \int_{z=y}^{y^2} yz \, \sin x \, dz \, dy \, dx.$$

3.22. •• Bestimmen Sie die folgenden Mehrfachintegrale:

$$F(x,y) = \int_{x=1}^{3} \int_{y=2}^{4} (x^2 y + y^2 x^3) \, dy \, dx$$

$$G(x,y) = \int_{x=-2}^{2} \int_{y=0}^{\pi} x^2 \sin y \, dy \, dx$$

$$H(x,y,z) = \int_{x=1}^{3} \int_{y=2-x}^{2+x} \int_{z=1}^{4} z^2 e^x \, dz \, dy \, dx.$$

3.23. Bestimmen Sie die Volumina folgender Körper: (a) Würfel mit Kantenlänge a, (b) Quader mit Kantenlängen a, b und c, (c) Zylinder mit Radius R und Höhe H, (d) Hohlzylinder mit Innenradius R_i, Außenradius R_a und Höhe H, (e) Pyramide mit Höhe H und rechteckiger Grundfläche mit den Seitenlängen a und b, (f) Pyramidenstumpf mit Höhe H, Grundfläche F und Deckfläche f, (g) Kegelstumpf mit Höhe H, Radius R der Grundfläche und Radius r der Deckfläche, (h) Kugel mit Radius R, und (i) Kugelkalotte (Kugelabschnitt) der Höhe H einer Kugel mit Radius R. Verwenden Sie jeweils ein dem Problem angemessenes Koordinatensystem.

3.24. •• Berechnen Sie das Trägheitsmoment einer Kugel, die um eine Achse durch den Mittelpunkt rotiert in (a) kartesischen Koordinaten und (b) Kugelkoordinaten.

3.25. •• Berechnen Sie das Trägheitsmoment eines Stabes, der sich um eines seiner Enden dreht.

3.26. •• Berechnen Sie das Trägheitsmoment einer Kreisscheibe mit Radius R und Höhe H, die um eine Achse durch den Kreismittelpunkt (a) parallel zur Höhe und (b) parallel zu einem Durchmesser der Grundfläche rotiert.

3.27. •• Berechnen Sie das Trägheitsmoment eines dünnen Rings mit Radius R, der um eine durch den Schwerpunkt gehende Achse in der Ringebene rotiert.

3.28. •• Berechnen Sie das Trägheitsmoment eines Vollzylinders mit Radius R und Höhe H, der um seine Zylinderachse rotiert.

3.29. •• Berechnen Sie das Trägheitsmoment eines Hohlzylindes mit Innenradius R_i und Außenradius R_a, der um seine Zylinderachse rotiert. Vergleichen Sie mit dem Vollzylinder aus Aufg. 3.28.

3.30. •• Berechnen Sie das Trägheitsmoment eines Vollzylinders mit Radius R und Höhe H, der um eine Achse senkrecht zur Zylinderachse rotiert.

3.31. •• Bestimmen Sie das Trägheitsmoment eines Diabolos (zwei mit der Spitze aufeinander stehende Kreiskegel).

3.32. ••• Bestimmen Sie die Fläche des Blattes $r = 3\sin(2\varphi)$ im ersten Quadranten.

3.33. ••• Bestimmen Sie das Integral

$$\int_0^1 \frac{\sin x}{x} \, \mathrm{d}x \ .$$

3.34. ••• Ist das Integral

$$\int_0^1 \frac{\sin x}{x^2} \, \mathrm{d}x$$

endlich oder nicht?

4 Komplexe Zahlen

Komplexe Zahlen bilden eine Erweiterung des Zahlenraumes, die es z.B. erlaubt, die bei der Lösung einer quadratischen Gleichung gelegentlich auftretenden Ausdrücke der Form $\sqrt{-25}$ zu behandeln. Komplexe Zahlen werden in der Physik insbesondere bei der Behandlung von periodischen Vorgängen benötigt. Wie werden sie erstmals in Kapitel 6 bei der Lösung von Differentialgleichungen zweiter Ordnung verwenden. Falls Ihnen komplexe Zahlen bekannt sind, können Sie einen großen Teil dieses Kapitels überspringen und mit der Euler'schen Darstellung in Abschn. 4.3 beginnen.

4.1 Definition und Darstellung

→ 4.3

Die komplexen Zahlen bilden eine Erweiterung des Zahlenraumes. Im Reellen hat eine Gleichung der Form $x^2 = -1$ keine Lösung, da das Quadrat einer reellen Zahl stets größer gleich 0 ist. Formal[1] könnten wir die Wurzel ziehen und erhielten

$$x^2 = -1 \quad \Rightarrow \quad x_{1,2} = \pm\sqrt{-1} \,. \tag{4.1}$$

Definition 29. *Der Ausdruck* $\sqrt{-1}$ *heißt* imaginäre Einheit *und wird durch* $\mathrm{i} = \sqrt{-1}$ *symbolisiert. Das Quadrat der imaginären Einheit ist* -1, *womit wir als mathematisch korrekte Definition erhalten* $\mathrm{i}^2 = -1$.

Unter einer *imaginären Zahl* $b\mathrm{i}$ versteht man das Produkt aus der reellen Zahl $b \neq 0$ und der imaginären Einheit i. Imaginäre Zahlen können, ebenso wie reelle Zahlen, in Form eines Zahlenstrahls dargestellt werden.

Bei einer quadratischen Gleichung, z.B. $x^2 - 4x + 29 = 0$, können Lösungen auftreten, die sich als Summe einer reellen und einer imaginären Zahl darstellen lassen. Im obigen Beispiel wäre dies die *komplexe Zahl*

$$x_{1,2} = 2 \pm \sqrt{4-29} = 2 \pm \sqrt{-25} = 2 \pm 5\mathrm{i} \,. \tag{4.2}$$

Definition 30. *Unter einer* komplexen Zahl z *versteht man die Summe aus einer reellen Zahl* a *und einer imaginären Zahl* $b\mathrm{i}$: $z = a + \mathrm{i}b$.

---
[1] Bitte nicht mit einem Mathematiker darüber diskutieren, für den ist das Symbol $\sqrt{-1}$ nicht existent – wir verwenden es hier in einem pragmatischen Sinn.

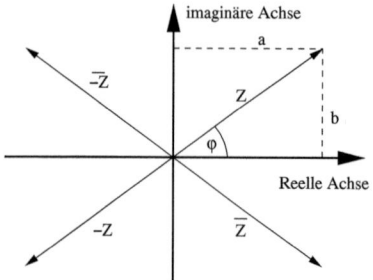

Abb. 4.1. Komplexe Zahlen als Zeiger in der Gauß'schen Zahlenebene

Die Form $z = a + \mathrm{i}b$ ist die *Normalform* oder *kartesische Darstellung* einer komplexen Zahl. Die Bestandteile von z sind der *Realteil a*, auch geschrieben $a = \Re(z)$, und der *Imaginärteil* $b = \Im(z)$.

Komplexe Zahlen können als geordnete Paare reeller Zahlen interpretiert werden: der erste Teil des Paares gibt den Real-, der zweite den Imaginärteil. Diese Verwandschaft zu Vektoren wird auch in der graphischen Darstellung komplexer Zahlen in der Gauß'schen Zahlenebene deutlich. Dabei wird der Realteil auf der reellen Achse, der Imaginärteil auf der imaginären Achse abgetragen, vgl. Abb. 4.1. Statt der Komponenten entlang der Achsen können wir ähnlich der Darstellung eines Vektors in Polarkoordinaten eine *trigonometrische Darstellung*

$$z = a + \mathrm{i}b = |z|(\cos\varphi + \mathrm{i}\sin\varphi)\,. \tag{4.3}$$

mit Hilfe eines Phasenwinkels φ und des Betrages $|z|$ wählen:

$$\tan\varphi = \frac{b}{a} \quad \text{und} \quad |z| = \sqrt{a^2 + b^2}\,. \tag{4.4}$$

Die trigonometrische Darstellung kann zur *Polardarstellung* $z = |z|\,\mathrm{e}^{\mathrm{i}\varphi}$ erweitert werden. In der trigonometrischen Darstellung heißt der Pfeil vom Ursprung der Gauß'schen Zahlenebene zur entsprechenden Zahl *Zeiger*.

4.2 Handwerkszeug

Die hier dargestellten elementaren Operationen mit komplexen Zahlen lassen sich in der Normalform ausführen. Dabei ist zu beachten:

Definition 31. *Zwei komplexe Zahlen $z_1 = a_1 + \mathrm{i}b_1$ und $z_2 = a_2 + \mathrm{i}b_2$ heißen gleich, $z_1 = z_2$, wenn die Real- und Imaginärteile gleich sind:* $z_1 = z_2 \Leftrightarrow a_1 = a_2 \wedge b_1 = b_2$.

Definition 32. *Eine komplexe Zahl $z = a + \mathrm{i}b$ ist* Null, *wenn Real- und Imaginärteil beide Null sind:* $z = a + \mathrm{i}b = 0 \Leftrightarrow a = 0 \wedge b = 0$.

4.2.1 Addition und Subtraktion

Komplexe Zahlen werden addiert bzw. subtrahiert, indem man ihre reellen und imaginären Anteile jeweils getrennt addiert/subtrahiert:

$$z_1 \pm z_2 = (a_1 + \mathrm{i}b_1) \pm (a_2 + \mathrm{i}b_2) = (a_1 \pm a_2) + \mathrm{i}(b_1 \pm b_2) \tag{4.5}$$

Graphisch werden die Zeiger der beiden Zahlen wie Vektoren addiert. Es gilt das *Kommutativgesetz* $z_1 + z_2 = z_2 + z_1$ und das *Assoziativgesetz* $z_1 + (z_2 + z_3) = (z_1 + z_2) + z_3 = z_1 + z_2 + z_3$. Die Multiplikation einer komplexen Zahl mit einer reellen Zahl kann als wiederholte Addition aufgefasst werden: $c\,z = c(a + \mathrm{i}b) = ca + \mathrm{i}cb$.

4.2.2 Multiplikation zweier komplexer Zahlen

Die Multiplikation zweier komplexer Zahlen folgt den elementaren Rechenregeln unter Berücksichtigung von $\mathrm{i}^2 = -1$:

$$\begin{aligned}z_1\,z_2 &= (a_1 + \mathrm{i}b_1)(a_2 + \mathrm{i}b_2) = a_1 a_2 + \mathrm{i}a_1 b_2 + \mathrm{i}b_1 a_2 + \mathrm{i}^2 b_1 b_2 \\ &= (a_1 a_2 - b_1 b_2) + \mathrm{i}(a_1 b_2 + a_2 b_1)\,.\end{aligned} \tag{4.6}$$

Für die Multiplikation gelten das *Kommutativgesetz* $z_1 z_2 = z_2 z_1$, das *Distributivgesetz* $z_1(z_2 + z_3) = z_1 z_2 + z_1 z_3$ und das *Assoziativgesetz* $z_1(z_2 z_3) = (z_1 z_2)z_3 = z_1 z_2 z_3$.

4.2.3 Konjugiert komplexe Zahl

Zu jeder komplexen Zahl $z = a + \mathrm{i}b$ gibt es eine *konjugiert komplexe Zahl* $\bar{z}$ oder z^* mit

$$\bar{z} = z^* = a - \mathrm{i}b \quad \text{oder} \quad z^*(r, \varphi) = z(r, -\varphi)\,. \tag{4.7}$$

Graphisch erhält man z^* durch Spiegelung an der reellen Achse, vgl. Abb. 4.1.

Das Produkt aus komplexer und konjugiert komplexer Zahl ist das Betragsquadrat

$$z\,z^* = (a + \mathrm{i}b)\,(a - \mathrm{i}b) = a^2 + b^2 = |z|^2\,. \tag{4.8}$$

Daher kann der *Betrag einer komplexen Zahl* geschrieben werden als

$$|z| = \sqrt{z\,z^*} = \sqrt{a^2 + b^2}\,. \tag{4.9}$$

Auch Vektoren können komplexe Komponenten enthalten, z.B. bei der allgemeinen Darstellung einer harmonischen Welle in der Form (vgl. (12.46))

$$\boldsymbol{E}(\boldsymbol{r}, t) = \boldsymbol{E}\,\mathrm{e}^{\pm \mathrm{i}(\omega t - \boldsymbol{k}\cdot\boldsymbol{r})}\,. \tag{4.10}$$

Für Vektoren mit komplexen Komponenten gelten die allgemeinen Rechenregeln für Vektoren unter Berücksichtigung der Rechenregeln für komplexe Zahlen. Eine Ausnahme bildet das *Skalarprodukt*. Dieses lässt sich zur *Normierung* eines Vektors verwenden. Würden wir (1.40) direkt anwenden, so würden wir mit dem Vektor $(0,0,\mathrm{i})$ einen imaginären Betrag erhalten. Daher wird das Skalarprodukt eines komplexwertigen Vektors mit sich selbst analog zur Definition des Betrages einer komplexen Zahl in (4.9) mit dem Vektor und seinem konjugiert komplexen gebildet:

$$|\boldsymbol{z}| = \sqrt{\boldsymbol{z} \cdot \boldsymbol{z}^*}\,. \tag{4.11}$$

Für konjugiert komplexe Zahlen gelten die folgenden Rechenregeln:

$$\begin{aligned}\overline{z_1 + z_2} &= (z_1+z_2)^* = z_1^* + z_2^* = \overline{z_1} + \overline{z_2}\,,\\ \overline{z_1\,z_2} &= (z_1\,z_2)^* = z_1^*\,z_2^* = \overline{z_1}\,\overline{z_2}\,,\\ \overline{z^n} &= (z^n)^* = (z^*)^n = \overline{z}^n\,.\end{aligned} \tag{4.12}$$

4.2.4 Division zweier komplexer Zahlen

Die Division einer komplexen Zahl z_1 durch eine andere $z_2 \neq 0$ erfolgt durch Erweiterung mit dem konjugiert komplexen des Nenners:

$$\begin{aligned}\frac{z_1}{z_2} &= \frac{a_1 + \mathrm{i}b_1}{a_2 + \mathrm{i}b_2} = \frac{(a_1+\mathrm{i}b_1)(a_2-\mathrm{i}b_2)}{(a_2+\mathrm{i}b_2)(a_2-\mathrm{i}b_2)}\\ &= \frac{(a_1a_2+b_1b_2) + \mathrm{i}(b_1a_2 - a_1b_2)}{a_2^2 + b_2^2}\,.\end{aligned} \tag{4.13}$$

Beispiel 53. Der Quotient aus den komplexen Zahlen $z_1 = 3+4\mathrm{i}$ und $z_2 = 1-2\mathrm{i}$ ergibt sich zu

$$\frac{z_1}{z_2} = \frac{3+4\mathrm{i}}{1-2\mathrm{i}} = \frac{(3+4\mathrm{i})(1+2\mathrm{i})}{(1-2\mathrm{i})(1+2\mathrm{i})} = \frac{3-8+4\mathrm{i}+6\mathrm{i}}{1+4} = -1+2\mathrm{i}\,. \tag{4.14}$$

□

4.3 Euler'sche Formel

Die Taylor-Entwicklung von e^x ist gemäß (2.130)

$$\mathrm{e}^x = 1 + \tfrac{1}{1!}x + \tfrac{1}{2!}x^2 + \tfrac{1}{3!}x^3 + \ldots + \tfrac{1}{n!}x^n + \ldots\,. \tag{4.15}$$

Diese Entwicklung kann auf komplexe Exponenten erweitert werden. Dabei wird die reelle Größe x durch die komplexe Größe z ersetzt. Beschränken wir uns auf den Imaginärteil, so erhalten wir mit (2.132) und (2.133)

$$\begin{aligned}\mathrm{e}^{\mathrm{i}y} &= 1 + \mathrm{i}y + \tfrac{1}{2!}(\mathrm{i}y)^2 + \tfrac{1}{3!}(\mathrm{i}y)^3 + \tfrac{1}{4!}(\mathrm{i}y)^4 + \tfrac{1}{5!}(\mathrm{i}y)^5 + \ldots\\ &= \left(1 - \tfrac{1}{2!}y^2 + \tfrac{1}{4!}y^4 + \ldots\right) + \mathrm{i}\left(y - \tfrac{1}{3!}y^3 + \tfrac{1}{5!}y^5 - \ldots\right)\\ &= \cos y + \mathrm{i}\sin y\,.\end{aligned} \tag{4.16}$$

Diese Darstellung

$$\mathrm{e}^{\mathrm{i}\varphi} = \cos\varphi + \mathrm{i}\sin\varphi \qquad \text{bzw.} \qquad \mathrm{e}^{-\mathrm{i}\varphi} = \cos\varphi - \mathrm{i}\sin\varphi \tag{4.17}$$

wird als *Euler'sche Darstellung* einer komplexen Zahl bezeichnet. Für den Spezialfall $\varphi = \pi$ ergibt sich

$$e^{i\pi} + 1 = 0 \,, \tag{4.18}$$

eine Gleichung, die mit e und π die beiden wichtigsten transzendenten und mit 0 und 1 die wichtigsten reellen Zahlen kombiniert.

Verwenden wir statt des imaginären einen komplexen Exponenten, so lässt sich (4.17) erweitern auf

$$e^z = e^{x+iy} = e^x (\cos y + i \sin y) \,. \tag{4.19}$$

Mit (4.19) ergibt sich zwischen kartesischer Darstellung und Polardarstellung der Zusammenhang

$$z = (x + iy) = r\cos\varphi + ir\sin\varphi = r(\cos\varphi + i\sin\varphi) = r\, e^{i\varphi} \tag{4.20}$$

wobei die letzte Darstellung als *Polarform* bezeichnet wird.

In der Polarform sind Multiplikation und Division besonders einfach:

$$z_1 z_2 = (|z_1||z_2|)\, e^{i(\varphi_1+\varphi_2)} \quad \text{und} \quad \frac{z_1}{z_2} = \frac{|z_1|}{|z_2|}\, e^{i(\varphi_1-\varphi_2)} \,. \tag{4.21}$$

Anschaulich bedeutet dies: zwei komplexe Zahlen werden multipliziert, indem man ihre Beträge multipliziert und ihre Argumente (Winkel) addiert.

Umkehrungen der Euler'schen Formel ergeben sich durch Addition bzw. Subtraktion der beiden Gleichungen (4.17):

$$\cos\varphi = \tfrac{1}{2}(e^{i\varphi} + e^{-i\varphi}) \quad \text{und} \quad \sin\varphi = \tfrac{1}{2i}(e^{i\varphi} - e^{-i\varphi}) \,. \tag{4.22}$$

Diese Umkehrungen erlauben es, die Winkelfunktionen mit Hilfe von Exponentialfunktionen darzustellen. Damit können wir die Winkelfunktionen komplexer Größen bestimmen. Die Umkehrfunktionen werden, wie bei den hyperbolischen Funktionen, mit Hilfe der Logarithmen dargestellt:

$$\mathrm{asin}\, x = -i \ln(ix + \sqrt{1-x^2}) \quad \text{und} \quad \mathrm{acos}\, x = -i \ln(x + \sqrt{x^2-1}) \,. \tag{4.23}$$

Beispiel 54. Betrachten wir noch einmal das Integral aus Bsp. 39, d.h. das Integral der Funktion $e^x \sin x$. Hier wollen wir das Integral nicht durch zweifache partielle Integration lösen sondern ersetzen den den Sinus gemäß (4.22):

$$\begin{aligned}\int e^x \sin x \,\mathrm{d}x &= \frac{1}{2i}\int e^x(e^{ix} - e^{-ix})\,\mathrm{d}x = \frac{1}{2i}\int\left(e^{(1+i)x} - e^{(1-i)x}\right)\mathrm{d}x \\ &= \frac{1}{2i}\left[\frac{e^{(1+i)x}}{1+i} - \frac{e^{(1-i)x}}{1-i}\right] = \frac{1}{2i}\,\frac{(1-i)e^{(1+i)x} - (1+i)e^{(1-i)x}}{(1+i)(1-i)} \\ &= \tfrac{1}{4i}e^x[e^{ix} - e^{-ix} + \tfrac{1}{i}(e^{ix} + e^{-ix})] \\ &= \tfrac{1}{2}e^x(\sin x - \cos x) \,. \end{aligned} \tag{4.24}$$

□

Beispiel 55. Die beiden komplexen Zahlen aus Bsp. 53 lassen sich in trigonometrischer Form darstellen als

$$z_1 = \sqrt{3^2 + 4^2}\left(\tfrac{3}{5} + i\tfrac{4}{5}\right) = 5\left(\cos 0.93 + i\sin 0.93\right) \quad \text{und}$$

$$z_2 = \sqrt{1^2 + 2^2}\left(\tfrac{1}{\sqrt{5}} + \mathrm{i}\,\tfrac{-2}{\sqrt{5}}\right) = \sqrt{5}\,(\cos(-1.11) + \mathrm{i}\,\sin(-1.11))\ . \tag{4.25}$$

In Polardarstellung sind die Zahlen gegeben als

$$z_1 = 5\,\mathrm{e}^{0.93\mathrm{i}} \quad \text{und} \quad z_2 = \sqrt{5}\,\mathrm{e}^{-1.11\mathrm{i}}\ . \tag{4.26}$$

Division liefert

$$\frac{z_1}{z_2} = \frac{5\,\mathrm{e}^{0.93\mathrm{i}}}{\sqrt{5}\,\mathrm{e}^{-1.11\mathrm{i}}} = \sqrt{5}\mathrm{e}^{2.04\mathrm{i}} \tag{4.27}$$

bzw. in trigonometrischer Darstellung

$$\frac{z_1}{z_2} = \sqrt{5}(\cos 2.04 + \mathrm{i}\sin 2.04) \tag{4.28}$$

und nach Umwandlung in kartesische Darstellung

$$\frac{z_1}{z_2} = \sqrt{5}\left(\cos\left(-\frac{1}{\sqrt{5}}\right) + \mathrm{i}\sin\frac{2}{\sqrt{5}}\right) = -1 + 2\mathrm{i}\ , \tag{4.29}$$

in Übereinstimmung mit dem in Bsp. 53 erhaltenen Ergebnis. □

4.4 Potenzieren und komplexe Wurzel

Das Potenzieren komplexer Zahlen in kartesischer Darstellung erfordert die Anwendung binomischer Formeln bzw. des Pascal'schen Dreiecks:

$$z^n = (a + \mathrm{i}b)^n\ . \tag{4.30}$$

In der Euler'schen Darstellung ist das Potenzieren einfacher:

$$z^n = (|z|\,\mathrm{e}^{\mathrm{i}\varphi})^n = |z|^n\,\mathrm{e}^{\mathrm{i}n\varphi}\ . \tag{4.31}$$

Entsprechend gilt in trigonometrischer Schreibweise

$$z^n = [|z|\,(\cos\varphi + \mathrm{i}\sin\varphi)]^n = |z|^n\,[\cos(n\varphi) + \mathrm{i}\,\sin(n\varphi)]\ . \tag{4.32}$$

Im letzten Schritt wurde die *Formel von Moivre* verwendet:

$$(\cos\varphi + \mathrm{i}\sin\varphi)^n = \cos(n\varphi) + \mathrm{i}\sin(n\varphi)\ . \tag{4.33}$$

Diese lässt sich aus dem Vergleich von Polardarstellung und Euler'scher Darstellung herleiten. Dazu potenzieren wir eine komplexe Zahl $z = r(\cos\varphi + \mathrm{i}\sin\varphi) = r\mathrm{e}^{\mathrm{i}\varphi}$ in beiden Darstellungsformen:

$$z^n = r^n(\cos\varphi + \mathrm{i}\sin\varphi)^n = r\mathrm{e}^{\mathrm{i}n\varphi} = r^n(\cos(n\varphi) + \mathrm{i}\sin(n\varphi))\ . \tag{4.34}$$

Vergleich der beiden Klammern liefert die Formel von Moivre wie in (4.33).

Beispiel 56. Für den Fall $n = 2$ wird (4.33) zu

$$\cos^2\varphi - \sin^2\varphi + 2\mathrm{i}\cos\varphi\sin\varphi = \cos(2\varphi) + \mathrm{i}\sin(2\varphi) \,. \tag{4.35}$$

Vergleich der Real- und Imaginärteile liefert

$$\cos(2\varphi) = \cos^2\varphi - \sin^2\varphi \quad \text{und} \quad \sin(2\varphi) = 2\cos\varphi\sin\varphi \,, \tag{4.36}$$

beides auch in Formelsammlungen zu findende wohl bekannte Zusammenhänge zwischen Winkelfunktionen. □

Die komplexe Wurzel bildet die Umkehrung zum Potenzieren, d.h. wir suchen eine komplexe Zahl $z = |z|\mathrm{e}^{\mathrm{i}\psi}$ derart, dass $z^n = a$ wird mit

$$a = |a|\,\mathrm{e}^{\mathrm{i}\varphi} = |a|\,\mathrm{e}^{\mathrm{i}(\varphi+2m\pi)} \quad \text{mit} \quad m \in \mathbb{N} \,. \tag{4.37}$$

Der letzte Ausdruck besagt nur, dass eine komplexe Zahl mit Phasenwinkel φ auch mit einem Phasenwinkel, der um ein Vielfaches von 2π erhöht ist, dargestellt werden kann. Da gelten soll $z = |z|\mathrm{e}^{\mathrm{i}\psi}$, können wir auch schreiben

$$z^n = |z|^n \mathrm{e}^{\mathrm{i}n\psi} = |a|\,\mathrm{e}^{\mathrm{i}(\varphi+2m\pi)} \,. \tag{4.38}$$

Damit erhalten wir für Betrag und Phasenwinkel der komplexen Wurzel $\sqrt[n]{a}$:

$$|z| = |a|^{1/n} \quad \text{und} \quad \psi_m = \frac{\varphi + 2m\pi}{n} \quad m = 0, 1, \ldots, n-1 \,. \tag{4.39}$$

Anschaulich bilden diese Zahlen ein gleichmäßiges n-Eck in der komplexen Zahlenebene. Ob einer oder mehrere der Wurzeln auf der reellen oder imaginären Achse liegen erkennt man am besten in der Polardarstellung, vgl. Bsp. 59.

Beispiel 57. Für $\sqrt[3]{8}$ erhalten wir drei Lösungen mit

$$|z| = 8^{1/3} = 2 \quad \text{und} \quad \psi_m = \frac{2\pi m}{3} \quad m = 0, 1, 2 \,. \tag{4.40}$$

Eine von diesen ist die bekannte reelle Lösung $z_1 = 2$, die anderen sind $z_{2,3} = 1 \pm \mathrm{i}\sqrt{3}$. □

Beispiel 58. Für $\sqrt[6]{-64}$ erhalten wir sechs Lösungen mit

$$|z| = 64^{1/6} = 2 \quad \text{und} \quad \psi_m = \frac{\pi + 2\pi m}{6} \quad m = 0, 1, 2, 3, 4, 5 \,. \tag{4.41}$$

Wir erhalten keine reelle Lösung. Es ergeben sich jedoch zwei imaginäre Lösungen $z_{1,2} = \pm 2\mathrm{i}$ sowie vier komplexe Lösungen $z_{3,4} = \sqrt{3} \pm \mathrm{i}$ und $z_{5,6} = -\sqrt{3} \pm \mathrm{i}$. Dies ergibt ein Sechseck in der Gauß'schen Zahlenebene mit zwei Eckpunkten auf der imaginären Achse. Hätten wir die sechste Wurzel aus $+64$ bestimmt, so hätten wir ebenfalls ein Sechseck erhalten, allerdings mit zwei Eckpunkten bei ± 2 auf der reellen Achse, d.h. um $\pi/2$ gedreht. □

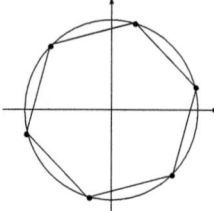

Abb. 4.2. Anschauliche Darstellung einer komplexen sechsten Wurzel in der Gauß'schen Zahlenebene, vgl. Bsp. 59

Beispiel 59. Zur Bestimmung der komplexen Wurzel $\sqrt[6]{3-8\mathrm{i}}$ wandeln wir die komplexe Zahl $z = 3 - 8\mathrm{i}$ in Polarform um: $z = \sqrt{73}\,\mathrm{e}^{-\mathrm{i}1.21}$. Als Lösungen erhalten wir 6 komplexe Zahlen

$$y_1 = \sqrt[12]{73}\,\exp\left(-0.2 + \frac{2\pi k}{6}\right)\mathrm{i} \quad \text{mit} \quad k = 0, 1, ..., 5\,. \tag{4.42}$$

Diese Zahlen können wir in kartesische Form überführen und erhalten:

$$\begin{array}{lll} z_1 = 1.40 - 0.28\mathrm{i}\,, & z_2 = 0.95 + 1.07\mathrm{i}\,, & z_3 = -0.45 + 1.36\mathrm{i} \\ z_4 = -1.40 + 0.28\mathrm{i}\,, & z_5 = -0.95 - 1.07\mathrm{i}\,, & z_6 = 0.45 - 1.35\mathrm{i}\,. \end{array} \tag{4.43}$$

Graphisch sind diese Lösungen in Abb. 4.2 dargestellt. □

Literatur

Zur Wiederholung des Schulstoffs sind wieder Schäfer und Georgi [53] und der Wissenspeicher [16] zu empfehlen. Eine ausführliche Darstellung mit vielen Beispielen und Aufgaben findet sich im zweiten Band von Papula [42], die wichtigsten Stichworte können Sie auch im Bronstein [10] oder Stöcker [58] nachschlagen.

Fragen

4.1. Was ist der Unterschied zwischen einer komplexen und einer imaginären Zahl?

4.2. Beschreiben Sie verschiedene Darstellungsformen für komplexe Zahlen.

4.3. Skizzieren Sie die Herleitung der Euler'schen Formel.

4.4. Skizzieren Sie die Herleitung der Darstellung der Winkelfunktion mit Hilfe der Exponentialfunktion.

4.5. Was ist beim Skalarprodukt komplexer Vektoren zu beachten und warum?

4.6. Welche anschauliche Bedeutung hat die n-te Wurzel einer komplexen Zahl?

Aufgaben

4.1. • Wandeln Sie die folgenden Zahlen z_i sowie ihre z_i^* in Polarform um:

$z_1 = 2 + 3\mathrm{i}$, $\quad z_2 = 3 - 4\mathrm{i}$, $\quad z_3 = 2 - \pi\mathrm{i}$, $\quad z_4 = -1 - 1.5\mathrm{i}$,
$z_5 = -2$, $\quad z_6 = -2\mathrm{i}$, $\quad z_7 = 1.5 - 1.5\mathrm{i}$, $\quad z_8 = 3 + \pi\mathrm{i}$.

4.2. • Wandeln Sie in die jeweils anderen Darstellungsformen um:

$z_1 = 4 - 7\mathrm{i}$, $\quad z_2 = -2 + \mathrm{i}$, $\quad z_4 = 5(\cos\pi/6 + \mathrm{i}\sin\pi/6)$, $\quad z_3 = 32$,
$z_6 = \sqrt{7}\,\mathrm{e}^{0.5\mathrm{i}}$, $\quad z_7 = \pi\mathrm{e}^{\pi\mathrm{i}/3}$, $\quad z_5 = 3(\cos\pi/11 + \mathrm{i}\sin\pi/11)$.

4.3. • Wandeln Sie in kartesische Form um und bilden Sie die konjugiert komplexe Zahl:

$z_1 = 4(\cos 1 + \mathrm{i}\sin 1)$, $\qquad z_4 = 5(\cos(-60°) + \mathrm{i}\sin(-60°))$,
$z_7 = 2(\cos 210° + \mathrm{i}\sin 210°)$, $\qquad z_8 = \cos(-0.5) + \mathrm{i}\sin(-0.5)$,
$z_2 = 3\,\mathrm{e}^{\mathrm{i}30°}$, $\qquad z_3 = 5\,\mathrm{e}^{\mathrm{i}135°}$,
$z_5 = 2\,\mathrm{e}^{\mathrm{i}3\pi/2}$, $\qquad z_6 = \mathrm{e}^{\mathrm{i}240°}$.

4.4. • Bestimmen Sie den Betrag der komplexen Zahlen:

$z_1 = 5\mathrm{i}$, $\qquad z_2 = 5 + 2\mathrm{i}$, $\qquad z_3 = -5 - 6\mathrm{i}$,
$z_4 = 3(\cos 60° - \mathrm{i}\sin 60°)$, $\quad z_5 = 4 - 5\mathrm{i}$, $\quad z_6 = -9\,\mathrm{e}^{\mathrm{i}30°}$.

4.5. • Berechnen Sie

$z_1 = (5 + 4\mathrm{i})(4 + 2\mathrm{i})$, $\qquad z_2 = (1 - 2\mathrm{i})/(3 - 4\mathrm{i}) + 5(\mathrm{i} - 6)$,
$z_3 = ((5 + 2\mathrm{i})(6 - 3\mathrm{i}))/(3 - 6\mathrm{i})$, $\quad z_4 = (2 + 3\mathrm{i})/\mathrm{i} + (4 - 3\mathrm{i})/(\sqrt{\mathrm{i}})$.

4.6. • Gegeben sind die komplexen Zahlen $z_1 = 3 + 6\mathrm{i}$, $z_2 = 2 - 3\mathrm{i}$ und $z_3 = 1 - \mathrm{i}$. Bestimmen Sie:

$z_4 = z_1 + 2z_2 + 3z_3$, $\qquad z_5 = z_1 z_2^*$,
$z_6 = (z_1 - 2z_2^*)(2z_3 - z_3^*)$, $\quad z_7 = (z_1 z_2)/z_3^*$,
$z_8 = (2z_2^* - z_1)(z_3^* - 2z_1)$, $\quad z_9 = (z_1 - z_2^*)/(3z_3^*)$,
$z_{10} = (z_1 z_3^*)/(z_2^* z_3)$.

4.7. •• Berechnen Sie das Endergebnis in kartesischer Form:

$$z = \frac{3\mathrm{i}}{2+\mathrm{i}} + 4\left[\cos\left(\frac{2\pi}{3}\right) + \mathrm{i}\sin\left(\frac{2\pi}{3}\right)\right] + 5\,\mathrm{e}^{\mathrm{i}120°}.$$

4.8. • Bestimmen Sie den Betrag der komplexen Zahl $2 - 3\mathrm{i}$ mit Hilfe der konjugiert komplexen Zahl.

4.9. • Bestimmen Sie Produkt und Quotient zweier komplexer Zahlen mit $\Re(Z_1) = 4$, $\Re(Z_2) = -3$, $\Im(Z_1) = -2$ und $\Im(Z_2) = 1$.

4.10. • Gegeben sind die komplexen Zahlen $a = -2 + 6\mathrm{i}$, $b = 1 - 3\mathrm{i}$ und $c = 5+\mathrm{i}$. Bilden Sie die Quotienten a/b, b/a, a/c und b/c.

4.11. ••• Bestimmen Sie $(Z_1 + Z_2)^3$ und $(Z_1 + Z_2)^4$ sowie $(Z_1 + Z_2)^n$?

4.12. • Berechnen Sie diese Potenzen in kartesischen und in Polarkoordinaten:

$z_1 = (1+\mathrm{i})^2$, $\qquad z_2 = (4-6\mathrm{i})^4$, $\qquad z_3 = (2\,\mathrm{e}^{-\mathrm{i}30°})^8$,
$z_4 = (-4-3\mathrm{i})^5$, $\qquad z_5 = [(3+\mathrm{i})/(2-\mathrm{i})]^3$, $\qquad z_6 = (5\,\mathrm{e}^{\mathrm{i}\pi})^5$.

4.13. • Berechnen Sie die folgenden Potenzen komplexer Zahlen in kartesischen und in Polarkoordinaten:

$z_1 = (1+\mathrm{i})^3$, $\qquad z_2 = (-2+5\mathrm{i})^5$, $\quad z_3 = (3\mathrm{e}^{\pi\mathrm{i}/3})^7$,
$z_4 = [(2+\mathrm{i})/(1-2\mathrm{i})]^5$.

4.14. •• Leiten Sie aus der Formel von Moivre und unter Verwendung der binomischen Formel die folgenden trigonometrischen Beziehungen her:

$$\sin(3\varphi) = 3\sin\varphi - 4\sin^3\varphi, \qquad \cos(3\varphi) = 4\cos^3\varphi - 3\cos\varphi.$$

4.15. ••• Leiten Sie die folgenden Beziehungen (für $\alpha > 0$) her:

$$\int_0^\infty \mathrm{e}^{-\alpha t}\sin t\,\mathrm{d}t = \frac{1}{\alpha^2+1} \quad \text{und} \quad \int_0^\infty \mathrm{e}^{-\alpha t}\cos t\,\mathrm{d}t = \frac{\alpha}{\alpha^2+1}.$$

4.16. •• Zeigen Sie, dass für $m \neq n$ die folgende Beziehung erfüllt ist:

$$\int_0^{2\pi}\sin(nx)\sin(mx)\,\mathrm{d}x = \int_0^{2\pi}\cos(nx)\cos(mx)\,\mathrm{d}x = \int_0^{2\pi}\sin(nx)\cos(mx)\,\mathrm{d}x = 0.$$

4.17. •• Wie lauten die Lösungen der folgenden Gleichungen? Skizzieren Sie die Lage der Zeiger in der Gauß'schen Zahlenebene.

$$z^3 = \mathrm{i}, \qquad z^4 = 16\,\mathrm{e}^{\mathrm{i}160°}, \qquad z^5 = 3 - 4\mathrm{i}.$$

4.18. •• Berechnen Sie allgemein die n-te Wurzel von $z_1 = 1$ und $z_2 = -1$ und zeichnen Sie die Ergebnisse für $n = 3$ und $n = 4$ in der Gauß'schen Zahlenebene.

4.19. •• Berechnen Sie die folgenden Wurzeln: (a) $\sqrt[3]{8}$, (b) $\sqrt[6]{-64}$, (c) $\sqrt{4-2\mathrm{i}}$, (d) $\sqrt[3]{81\,\mathrm{e}^{-\mathrm{i}180°}}$, (e) $\sqrt[6]{-3+8\mathrm{i}}$

4.20. •• Von der Gleichung $x^4 - 2x^3 + x^2 - 2 = 0$ ist eine (komplexe) Lösung $x_1 = 1 + \mathrm{i}$ bekannt. Wie lauten die übrigen Lösungen?

4.21. Bestimmen Sie sämtliche reellen und komplexen Lösungen der folgenden Gleichungen $x^3 - x^2 + 4x - 4 = 0$ und $x^4 - 2x^2 - 3 = 0$.

4.22. Gegeben sind zwei Wechselspannungen $u_1(t) = |u_1|\cos(\omega t)$ und $u_2(t) = |u_2|\cos(\omega t - \varphi)$. Bestimmen Sie $u = u_1 + u_2$.

4.23. •• Gegeben sind die beiden komplexen Vektoren $\boldsymbol{a} = (2+4\mathrm{i}, 4-3\mathrm{i}, \mathrm{i})$ und $\boldsymbol{b} = (-1+\mathrm{i}, -1-\mathrm{i}, 4\mathrm{i})$. Zerlegen Sie beide Vektoren in ihren Real- und Imaginärteil und bilden Sie ihre Summe, ihre Differenz und ihre Produkte.

4.24. •• Beweisen Sie die Additionstheoreme $\cos(\alpha + \beta) = \cos\alpha\cos\beta - \sin\alpha\sin\beta$ und $\sin(\alpha + \beta) = \sin\alpha\cos\beta + \cos\alpha\sin\beta$.

5 Lineare Differentialgleichungen erster Ordnung

Differentialgleichungen sind Bestimmungsgleichungen für Funktionen. In den folgenden Kapiteln werden wir uns mit gewöhnlichen Differentialgleichungen befassen, in denen eine Funktion in Abhängigkeit von einer Variablen, meistens der Zeit, gesucht wird. Differentialgleichungen erhalten wir in der Mechanik z.B. aus dem Aktionsgesetz $m\ddot{\boldsymbol{r}} = \boldsymbol{F}$. Andere Differentialgleichungen erhalten wir, wenn wir die Änderung einer Größe betrachten, die zu dieser Größe selbst proportional ist, wie z.B. beim radioaktiven Zerfall oder der Entladung eines Kondensators.

5.1 Einführung

5.1.1 Was ist eine Differentialgleichung (DGL)?

Eine Differentialgleichung (DGL) ist eine Bestimmungsgleichung für eine Funktion, d.h. die Lösung einer Differentialgleichung ist eine Funktion.

Definition 33. *Eine Gleichung, in der gewöhnliche Ableitungen einer unbekannten Funktion $x(t)$ bis zur n-ten Ordnung auftreten, heißt eine* gewöhnliche Differentialgleichung *n-ter Ordnung*.

Eine gewöhnliche Differentialgleichung n-ter Ordnung enthält als höchste Ableitung die n-te Ableitung $x^{(n)}(t)$ der unbekannten Funktion $x(t)$, kann aber auch Ableitungen niedrigerer Ordnung sowie die Funktion $x(t)$ und deren unabhängige Variable t enthalten. Sie ist darstellbar in impliziter Form $F(t, x, \dot{x}, \ddot{x}, ..., x^{(n)}) = 0$ oder, falls diese Gleichung nach der höchsten Ableitung $x^{(n)}$ auflösbar ist, in expliziter Form $x^{(n)} = f(t, x, \dot{x}, \ddot{x}, ..., x^{(n-1)})$. Neben gewöhnlichen DGLs gibt es partielle DGLs, die Bestimmungsgleichungen für Funktion mehrerer Variablen sind, vgl. Kap. 12.

Gewöhnliche Differentialgleichungen haben Formen wie $x(t) = c\,\dot{x}$, $\dot{x}(t) = -c\ddot{x}$ oder $x(t) = c_1\,\dot{x} + c_2\ddot{x} + c_3\,x^{(3)} + ...$. Physikalische Beispiele für gewöhnliche DGLs sind (radioaktiver) Zerfall ($\lambda < 0$) oder exponentielles Wachstum ($\lambda > 0$) beschrieben durch $dN = \lambda N\,dt$ und in der Mechanik die Bewegungsgleichung $F = ma = m\ddot{x}$ z.B. mit $F = -kx$ als Rückstellkraft beim Federpendel: $m\ddot{x} = -kx$.

5 Lineare Differentialgleichungen erster Ordnung

Da eine Differentialgleichung eine Bestimmungsgleichung für eine unbekannte Funktion ist, sind ihre Lösungen Funktionen.

Definition 34. *Eine Funktion $x(t)$ ist Lösung oder Integral der Differentialgleichung, wenn sie mit ihren Ableitungen die Differentialgleichung identisch erfüllt.*

Eine Differentialgleichung n-ter Ordnung hat eine *allgemeine Lösung*, die noch n voneinander unabhängige Parameter (Integrationskonstanten) enthält. Eine *spezielle* oder *partikuläre Lösung* wird aus der allgemeinen Lösung gewonnen, indem man auf Grund zusätzlicher Bedingungen den n freien Parametern feste Werte zuweist. Dies kann durch Anfangs- oder durch Randbedingungen geschehen.

Bei einem *Anfangswertproblem* bzw. einer *Anfangswertaufgabe* werden der Lösungsfunktion $x = x(t)$ insgesamt n-Werte, nämlich der Funktionswert sowie die Werte der $n-1$ Ableitungen an einer Stelle t_0 vorgeschrieben: $x(t_0)$, $\dot{x}(t_0)$, $\ddot{x}(t_0)$, ..., $x^{(n-1)}(t_0)$. Anschaulich geben diese Anfangswertbedingungen bei einer Differentialgleichung 1. Ordnung einen Punkt $(t_0, x(t_0))$, durch den die Kurve verläuft, bzw. bei einer DGL zweiter Ordnung einen Punkt und die Steigung in diesem Punkt. *Anfangsbedingungen* beschreiben also einen Anfangszustand des Systems. Mit der DGL werden die Regeln zur Beschreibung der weiteren Entwicklung des Systems vorgegeben.

Bei einem *Randwertproblem* bzw. einer *Randwertaufgabe* werden der gesuchten speziellen Lösung $y(x)$ einer Differentialgleichung n-ter Ordnung an n verschiedenen Stellen $x_1, x_2, ..., x_n$ die Funktionswerte $y(x_1), y(x_2), ..., y(x_n)$ vorgeschrieben. Sie werden als Randwerte oder Randbedingungen bezeichnet. Physikalische Beispiele sind ein an einem Ende eingespannter Stab oder die Auflagepunkte einer Brücke auf ihren Trägern. In diesen Kapiteln werden wir es mit Anfangsbedingungen zu tun haben, Randbedingungen werden uns in Kap. 12 begegnen.

5.1.2 Lösung durch Raten

Beim Federpendel ist die Bewegung durch die rückstellende Kraft $F_r = -kx$ der Feder bestimmt. Einsetzen in die Bewegungsgleichung liefert die DGL

$$\ddot{x} = -\omega^2 x(t) \qquad \text{mit der Abkürzung} \qquad \omega^2 = k/m\,. \tag{5.1}$$

Wir suchen also eine Funktion $x(t)$, deren zweite Ableitung das Negative der Funktion multipliziert mit einen Vorfaktor ergibt. Eine Funktion, die diese Anforderungen erfüllt, ist eine Winkelfunktion wie z.B. der Sinus

$$x(t) = \sin(ct)\,. \tag{5.2}$$

Diese ergibt als erste Ableitung $\dot{x} = c\,\cos(ct)$ und als zweite Ableitung wieder die Ausgangsfunktion multipliziert mit einem negativen Vorfaktor:

$$\ddot{x} = -c^2 \sin(ct) = -c^2\, x(t)\,. \tag{5.3}$$

Die Funktion $x(t) = \sin(\omega t)$ löst also nach Def. 34 mit $c = \omega$ die Differentialgleichung. Allerdings finden wir auch eine andere Lösung $x(t) = \cos(\omega t)$ mit $\dot{x} = -\omega \sin(\omega t)$ und $\ddot{x} = -\omega^2 \cos(\omega t) = -\omega^2 x(t)$. Da beide Lösung der DGL sind, ist es auch ihre Linearkombination:

$$x(t) = A \sin(\omega t) + B \cos(\omega t) \,, \tag{5.4}$$

wie man durch zweimaliges Ableiten sehen kann.

Die Linearkombination ist die allgemeine Lösung, die anderen sind Spezialfälle, bei denen der Koeffizient A bzw. B verschwindet. Die Koeffizienten ergeben sich aus den Anfangsbedingungen: so ergibt sich für die Anfangswerte $x(0) = 0$ und $\dot{x}(0) = v_{\max}$ (Nulldurchgang) der Sinus als Lösung, für $x(0) = x_{\max}$ und $\dot{x}(0) = 0$ (maximale Auslenkung) dagegen der Kosinus. Für andere Anfangswerte ergibt sich die allgemeine Lösung (5.4).

5.1.3 Gewöhnliche lineare DGL erster Ordnung

Eine Differentialgleichung erster Ordnung enthält nur die gesuchte Funktion und ihre erste Ableitung. Die Differentialgleichung ist gewöhnlich, wenn die gesuchte Funktion nur von einer Variablen abhängt und damit keine partiellen Ableitungen auftreten. Die Differentialgleichung ist linear, wenn (1) x und $\dot{x}$ nur linear, d.h. in der ersten Potenz auftreten, und (2) keine gemischten Produkte $x\dot{x}$ auftreten.

Definition 35. *Eine Differentialgleichung 1. Ordnung heißt* linear, *wenn sie in der Form $\dot{x} = f(t)\,x + g(t)$ darstellbar ist.*

Die Funktion $g(t)$ wird als *Störfunktion* oder *Störglied* bezeichnet. Fehlt das Störglied, so handelt es sich um eine *homogene lineare Differentialgleichung* erster Ordnung. Ist $g(t)$ von Null verschieden, so wird die Differentialgleichung als inhomogen bezeichnet. Der Zusatzterm $g(t)$ ist die *Inhomogenität*.

5.2 Homogene lineare DGL erster Ordnung

Definition 36. *Eine* linare homogene Differentialgleichung 1. Ordnung *ist eine Bestimmungsgleichung für eine Funktion $x(t)$, in der nur die Funktion x, ihre erste Ableitung $\dot{x}$ und die gegebenenfalls von t abhängige Proportionalitätskonstante a auftreten: $\dot{x} = a\,x$.*

Gesucht wird also eine Funktion $x(t)$, die an jeder Stelle t dem Wert $\dot{x}(t)$ ihrer ersten Ableitung proportional ist. Eine Lösungsfunktion können wir erraten: die Exponentialfunktion.

Wir können jedoch auch ein formaleres Verfahren anwenden. Für homogene DGLs erster Ordnung ist das Standardlösungsverfahren die *Trennung* bzw. *Separation der Variablen*. Dazu werden alle Terme mit t auf die eine Seite der Gleichung gebracht, alle Terme mit x auf die andere:

$$\dot{x}(t) = a(t)x(t) \quad \Rightarrow \quad a(t)\,x = \frac{\mathrm{d}x}{\mathrm{d}t} \quad \Rightarrow \quad a(t)\,\mathrm{d}t = \frac{\mathrm{d}x}{x}\,. \tag{5.5}$$

Beide Seiten der Gleichung werden nun integriert:

$$\int a(t)\,\mathrm{d}t = \int \frac{\mathrm{d}x}{x} \quad \Rightarrow \quad \int a(t)\,\mathrm{d}t = \ln x + c_1\,. \tag{5.6}$$

Auflösen nach x liefert die *allgemeine Lösung* der Differentialgleichung:

$$\exp\left\{\int a(t)\,\mathrm{d}t\right\} = x\,c_2 \quad \Rightarrow \quad x = c\,\exp\left\{\int a(t)\mathrm{d}t\right\}\,. \tag{5.7}$$

Die Integrationskonstante c wird aus den Anfangsbedingungen bestimmt. Ihre Zahl hängt von der Ordnung der DGL ab, d.h. im Falle einer Differentialgleichung 1. Ordnung wird ein Anfangswert benötigt.

Oder zusammengefasst: eine homogene Differentialgleichung 1. Ordnung vom Typ $\dot{x} + a(t)\,x = 0$ lässt sich durch Trennung der Variablen lösen. Die allgemeine Lösung ist

$$x = c\,\exp\left\{-\int fa(t)\,\mathrm{d}t\right\}\,. \tag{5.8}$$

Das zugehörige Lösungsverfahren besteht aus folgenden Schritten:

1. Trennung der beiden Variablen.
2. Integration der beiden Seiten der Gleichung.
3. Auflösung der allgemeinen Lösung nach x.
4. Bestimmung der Integrationskonstanten aus den Anfangsbedingungen.

Das Integral in (5.8) ist einfach lösbar falls a eine Konstante ist: $\int a\,\mathrm{d}t = at$. Damit wird die allgemeine Lösung der DGL $x = c\,\mathrm{e}^{at}$. Mit der Anfangsbedingung $x(0) = x_0$ ergibt sich als spezielle Lösung $x = x_0\mathrm{e}^{at}$.

Beispiel 60. Radioaktiver Zerfall: Die Zahl $\mathrm{d}N/\mathrm{d}t$ der pro Zeiteinheit zerfallenden Atome ist proportional der Zahl N der vorhandenen Atome und einer Zerfallskonstanten λ [s^{-1}]. Damit ergibt sich die Differentialgleichung

$$\dot{N} = -\lambda B \quad \Rightarrow \quad \mathrm{d}N = -\lambda N\,\mathrm{d}t\,. \tag{5.9}$$

Separation der Variablen liefert:

$$\frac{\mathrm{d}N}{N} = -\lambda\,\mathrm{d}t\,. \tag{5.10}$$

Die Integration ergibt

$$\ln N + \ln c_1 = -\lambda t \tag{5.11}$$

und mit der Randbedingung $N(0) = N_0$

$$N(t) = N_0 \cdot \mathrm{e}^{-\lambda t}\,. \tag{5.12}$$

5.3 Homogene lineare DGL erster Ordnung mit konstantem Summanden

Beispiel 61. Exponentielles Wachstum wird ähnlich beschrieben. Es tritt auf, wenn die Änderung der Zahl der Individuen einer Population (Frösche oder Seerosen im Teich, Bakterien in einer Nährlösung) proportional zu ihrer Zahl und einer Vermehrungsrate ist. Die Differentialgleichung $dN = \lambda N \, dt$ unterscheidet sich von (5.9) nur durch das fehlende Minus-Zeichen auf der rechten Seite: hier ist die Änderung nicht negativ (Abnahme der Population) sondern positiv (Zunahme der Population). Das Lösungsverfahren ist völlig analog. Separation der Variablen liefert $dN/N = \lambda \, dt$, Integration liefert $\ln N + \ln c_1 = \lambda t$. Berücksichtigung der Randbedingung $N(0) = N_0$ führt auf die spezielle Lösung

$$N(t) = N_0 \, e^{\lambda t} \, . \tag{5.13}$$

□

Beispiel 62. Gradlinige Bewegung mit Reibung: Die Beschleunigung eines sich entlang einer Geraden bewegenden Körpers ist $a = -\beta v$. Die Bewegungsgleichung wird damit

$$\ddot{x} = \dot{v} = -\beta v \, , \tag{5.14}$$

d.h. die Bewegung wird durch eine lineare homogene Differentialgleichung erster Ordnung für $v(t)$ beschrieben. Separation der Variablen liefert

$$\frac{dv}{v} = -\beta \, dt \tag{5.15}$$

und damit nach Integration mit der Anfangsbedingung $v(0) = v_0$

$$v = v_0 e^{-\beta t} \, . \tag{5.16}$$

Für den Ort $x(t)$ können wir ebenfalls eine Differentialgleichung $dx = v \, dt$ aufstellen. Mit der Anfangsbedingung $x(0) = x_0$ ergibt sich die Lösung

$$x = x_0 + \frac{v_0}{\beta} \left(1 - e^{-\beta t}\right) \, . \tag{5.17}$$

Aus der Kombination von (5.16) und (5.17) erhalten wir für die Geschwindigkeit in Abhängigkeit vom Ort $v(x) = v_0 - \beta(x - x_0)$. □

5.3 Homogene lineare DGL erster Ordnung mit konstantem Summanden

Wir werden jetzt die Differentialgleichung um einen konstanten Summanden erweitern. Eine physikalische Situation wäre der Fall mit Reibung: dann tritt in der Bewegungsgleichung (5.15) aus Bsp. 62 zusätzlich ein konstanter Term mg auf, der die Gravitationskraft beschreibt, vgl. Bsp. 63.

Definition 37. *Eine Differentialgleichung der Form* $\dot{x} = ax + b$ *wird als homogene lineare Differentialgleichung erster Ordnung mit konstantem Summanden bezeichnet.*

Diese Form der DGL lässt sich ebenfalls durch Separation der Variablen lösen, allerdings wird bei der Durchführung der Integration eine Substitution benötigt. Separation der Variablen liefert

$$ax + b = \frac{\mathrm{d}x}{\mathrm{d}t} \quad \Rightarrow \quad a\mathrm{d}t = \frac{\mathrm{d}x}{x + b/a} \,. \tag{5.18}$$

Jetzt werden wieder beide Seiten der Gleichung integriert:

$$\int a\mathrm{d}t = \int \frac{\mathrm{d}x}{x + b/a} \,. \tag{5.19}$$

Mit der Substitution $u = x + b/a$ und $u' = 1$ ergibt sich

$$\int a\,\mathrm{d}t = \int \frac{\mathrm{d}u}{u} \tag{5.20}$$

und damit nach Ausführen der Integration $at = \ln u + c_1$, wobei wieder beide Integrationskonstanten auf der rechten Seite zusammengefasst sind. Auflösen nach u liefert $u = c\,\mathrm{e}^{at}$. Re-Substitution ergibt $x + b/a = c\,\mathrm{e}^{at}$ und damit $x = c\,\mathrm{e}^{at} - b/a$. Die Integrationskonstante ergibt sich aus $y(0) = 0$ wegen $0 = c\,\mathrm{e}^0 - b/a$ zu $c = b/a$. Die Lösung der Differentialgleichung ist damit

$$x = -\tfrac{b}{a}\mathrm{e}^{at} + \tfrac{b}{a} = \tfrac{b}{a}(1 - \mathrm{e}^{at}) = x_0(1 - \mathrm{e}^{at}) \,. \tag{5.21}$$

Dieses Verfahren lässt sich erweitern um einen Term, der die unabhängige Variable t enthält. Damit erhalten wir das folgende Kochrezept: Differentialgleichungen 1. Ordnung vom Typ $\dot{x} = f(at + bx + c)$ bzw. $\dot{x} = f(x/t)$ lassen sich durch die Substitutionen $u = at + bx + c$ bzw. $u = t/x$ lösen unter Verwendung der folgenden Schritte:

1. Durchführung der Substitution.
2. Integration der neuen Differentialgleichung 1. Ordnung für die Hilfsfunktion u durch Trennung der Variablen.
3. Rücksubstitution und Auflösen der Gleichung nach x.

Beispiel 63. Fall mit Stokes'scher Reibung: eine Masse m fällt mit einer Anfangsgeschwindigkeit v_0 im Schwerefeld der Erde senkrecht nach unten. Als verzögernde Kraft wirkt eine Reibungskraft der Form $-\beta v$. Die Situation unterscheidet sich von der in Bsp. 62 dadurch, dass auf der rechten Seite der Bewegungsgleichung zusätzlich ein konstanter Term, die nach unten gerichtete Gewichtskraft $-mg$, auftritt. Die Bewegungsgleichung ist[1]

$$m\dot{v} = -mg - \beta v \,. \tag{5.22}$$

Separation der Variablen liefert

---

[1] In dieser Form ist das Koordinatensystem so gewählt, dass die positive z-Achse nach oben weist – daher wird die Gravitationskraft mit einem Minuszeichen angegeben und die Geschwindigkeit nimmt für $t \to \infty$ negative Werte an. Alternativ kann auch die z-Achse nach unten zählen. Dann entfällt das negative Vorzeichen vor der Gewichtskraft und die Geschwindigkeit nimmt positive Werte an.

$$\frac{m\,dv}{mg+\beta v} = -dt\,. \tag{5.23}$$

Mit der Substitution $u = mg + \beta v$ wird $du = \beta dv$ und es ergibt sich

$$\frac{m}{\beta}\int_{v_0}^{v}\frac{du}{u} = -\int_{t_0}^{t}dt\,. \tag{5.24}$$

Hier bestimmen wir nicht erst die allgemeine Lösung und dann die Integrationskonstanten aus den Anfangsbedingungen sondern nutzen die Anfangsbedingungen als Integrationsgrenzen. Integration und Re-Substitution liefern

$$\frac{m}{\beta}\ln\left(\frac{mg+\beta v}{mg+\beta v_0}\right) = -t\,. \tag{5.25}$$

Anwendung der Exponentialfunktion liefert

$$\frac{mg+\beta v}{mg+\beta v_0} = \exp\left\{-\frac{\beta}{m}t\right\} \tag{5.26}$$

und damit für die Geschwindigkeit

$$v(t) = -\frac{mg}{\beta} + \left(\frac{mg}{\beta} + v_0\right)\exp\left\{-\frac{\beta}{m}t\right\}\,. \tag{5.27}$$

Mit zunehmender Zeit strebt diese Geschwindigkeit gegen einen Grenzwert v_∞. Anschaulich ist dann die abwärts beschleunigende Kraft $-mg$ gleich der verzögernden Kraft βv, d.h. durch Gleichsetzen der beiden Kräfte erhalten wir $v_\infty = -mg/\beta$. Diese Endgeschwindigkeit erhalten wir auch, wenn wir in (5.27) die Zeit gegen ∞ gehen lassen. Dann geht die Exponentialfunktion gegen Null und nur der erste Summand bleibt stehen. □

5.4 Inhomogene lineare DGL erster Ordnung

Bei der inhomogenen Differentialgleichung erster Ordnung verschwindet die Inhomogenität $g(t)$ in Def. 35 nicht, d.h. es ist die Differentialgleichung

$$\dot{x} = f(t)\,x + g(t) \tag{5.28}$$

zu lösen. Dieser Typ von DGL ist stets analytisch lösbar. Dazu wird zuerst die homogene Differentialgleichung durch Separation der Variablen gelöst; die Integrationskonstante wird noch nicht bestimmt. Dann wird eine beliebige spezielle Lösung x_p der inhomogenen Differentialgleichung bestimmt.

Theorem 4. *Die allgemeine Lösung einer linearen Differentialgleichung ergibt sich als die Summe einer speziellen inhomogenen Lösung und der allgemeinen homogenen Lösung.*

Mit dem ersten Schritt, der Lösung der homogenen DGL, haben wir uns bereits beschäftigt. Die Lösung der inhomogenen DGL kann auf zwei verschiedene Methoden erfolgen, durch Variation der Konstanten oder durch Aufsuchen einer speziellen (partikulären) Lösung.

5.4.1 Variation der Konstanten

Von der inhomogenen linearen DGL 1. Ordnung

$$\dot{x} = f(t)\,x + g(t) \tag{5.29}$$

lösen wir zunächst den homogenen Teil $\dot{x} = f(t)\,x$ durch Trennung der Variablen und erhalten die allgemeine Lösung (5.8)

$$x_{\mathrm{H}} = c\,\exp\left\{\int f(t)\,\mathrm{d}t\right\}\,. \tag{5.30}$$

Die Integrationskonstante c wird nicht bestimmt sondern durch eine unbekannte Funktion $c(t)$ ersetzt. Der Produktansatz

$$x = c(t)\,\exp\left\{\int f(t)\,\mathrm{d}t\right\} \tag{5.31}$$

soll die inhomogene DGL lösen. Dazu leiten wir (5.31) unter Verwendung der Produkt- und Kettenregel ab:

$$\dot{x} = c(t)\,f(t)\exp\left\{\int f(t)\mathrm{d}t\right\} + \dot{c}(t)\exp\left\{\int f(t)\mathrm{d}t\right\}\,. \tag{5.32}$$

Einsetzen von (5.31) und (5.32) in (5.29) ergibt

$$cf\exp\left\{\int f\mathrm{d}t\right\} + \dot{c}\exp\left\{\int f\mathrm{d}t\right\} = fc\exp\left\{\int f\mathrm{d}t\right\} + g(t) \tag{5.33}$$

und damit als Differentialgleichung für die noch unbekannte Funktion $c(t)$:

$$\dot{c}(t) = g(t)\,\exp\left\{-\int f(t)\mathrm{d}t\right\}\,. \tag{5.34}$$

Diese Differentialgleichung kann direkt integriert werden.

$$c(t) = \int g(t)\exp\left\{-\int f(t)\mathrm{d}t\right\}\,\mathrm{d}t + C\,. \tag{5.35}$$

Setzen wir diesen Ausdruck in die Lösung (5.30) der homogenen Differentialgleichung ein, so erhalten wir die Lösung der inhomogenen DGL

$$x = \left[\int\left(g(t)\exp\left\{-\int f(t)\,\mathrm{d}t\right\}\right)\mathrm{d}t + C\right]\exp\left\{\int f(t)\,\mathrm{d}t\right\}\,. \tag{5.36}$$

Beispiel 64. Die Differentialgleichung $a\,x = \dot{x} + \cos(\omega t)$ ist eine inhomogene lineare DGL mit konstantem Koeffizienten a und der Inhomogenität $\cos(\omega t)$. Zuerst bestimmen wir die Lösung der homogenen DGL $ax = \dot{x}$ durch Separation $\mathrm{d}x/x = a\mathrm{d}t$. Integration liefert $\ln x = at + c_1$ und damit $x = c\,\mathrm{e}^{at}$. Eine spezielle Lösung der inhomogenen Gleichung ergibt sich durch Variation der Konstanten $x = c(t)\,\mathrm{e}^{at}$. Dieser Ansatz wird abgeleitet

$$\dot{x} = \dot{c}(t)\,\mathrm{e}^{at} + c(t)a\,\mathrm{e}^{at} \tag{5.37}$$

und in die DGL eingesetzt

$$\{\dot{c}(t)\,\mathrm{e}^{at} + ac(t)\,\mathrm{e}^{at}\} + \cos(\omega t) = a\,c(t)\,\mathrm{e}^{at}\,. \tag{5.38}$$

Die Differentialgleichung für $c(t)$ ist damit

$$\dot{c}(t) = -\cos(\omega t)\,\mathrm{e}^{-at}\,. \tag{5.39}$$

Zweifache partielle Integration liefert

$$c(t) = -\frac{\mathrm{e}^{-at}}{a^2 + \omega^2}\left(-a\cos(\omega t) + \omega\sin(\omega t)\right) + C \tag{5.40}$$

mit C als Integrationskonstante. Zusammen mit der Lösung der homogenen DGL ergibt sich die Gesamtlösung

$$x(t) = \left(-\frac{\mathrm{e}^{-at}}{a^2 + \omega^2}\left(-a\cos(\omega t) + \omega\sin(\omega t)\right) + C\right)\mathrm{e}^{at}\,. \tag{5.41}$$

□

5.4.2 Aufsuchen einer partikulären Lösung

Eine inhomogene lineare DGL 1. Ordnung vom Typ $\dot{x} + f(t)x = g(t)$ lässt sich auch durch Aufsuchen einer partikulären Lösung lösen. Dazu lösen wir zunächst wieder die homogene DGL. Mit Hilfe eines geeigneten Lösungsansatzes, der noch einen oder mehrere Parameter enthält, wird eine partikuläre Lösung x_p der inhomogenen linearen DGL bestimmt. Die allgemeine Lösung der inhomogenen linearen DGL ist dann die Summe aus der allgemeinen Lösung der homogenen und einer speziellen Lösung der inhomogenen DGL: $x = x_\mathrm{H} + x_\mathrm{p}$. Das Aufsuchen einer partikulären Lösung setzt etwas Erfahrung voraus, da wir einen geeigneten Lösungsansatz Raten müssen. Manchmal ist dieser ähnlich offensichtlich wie die in Abschn. 5.1.2 gefundene Lösung. In der Regel wird dieser Ansatz ähnlich der Inhomogenität gewählt, vgl. Abschn. 6.3.

Beispiel 65. Der homogene Teil der inhomogenen DGL $\dot{x} = 4t - x$ ist gegeben als $\dot{x} = -x$ und hat die allgemeine Lösung $x_\mathrm{H} = c\,\mathrm{e}^{-t}$. Der Ansatz für die spezielle Lösung der inhomogenen Differentialgleichung soll der Inhomogenität $2t$ ähnlich sein. Die Inhomogenität hat die Form $at+b$, d.h. wir machen für die spezielle Lösung den Ansatz $x_\mathrm{p} = at + b$. Ableiten ergibt $\dot{x}_\mathrm{p} = a$ und damit nach Einsetzen in die DGL $a = 4t - at - b$. Hier müssen die Glieder mit t jeweils die gleichen Vorfaktoren haben, da die Gleichung sonst nicht für beliebige t erfüllt sein kann, d.h. wir erhalten $a = 4$. Einsetzen liefert dann $b = -4$ und damit für die spezielle Lösung $x_\mathrm{p} = 4t - 4$. Die Lösung der inhomogenen DGL ergibt sich als die Summe aus der Lösung der homogenen DGL und der speziellen Lösung der inhomogenen DGL zu

$$x = c\,\mathrm{e}^{-t} + 4t - 4\,, \tag{5.42}$$

die Integrationskonstante c wird aus den Anfangsbedingungen bestimmt. □

Literaturhinweise

Eine sehr gute Einführung in gewöhnliche Differentialgleichungen mit vielen anwendungsbezogenen Beispielen und ohne weitreichende mathematische Voraussetzungen bietet Robinson [51]. Das Buch behandelt auch numerische Verfahren mit Schwerpunkt auf der Verwendung von MATLAB. Zwar etwas formaler aber ebenfalls sehr stark an Beispielen orientiert ist die Einführung von Heuser [29], eine sehr große Sammlung von Beispielen findet sich auch in Ayres [2]. Umfangreich und ausführlich ist die Einführung von Boyce und Prima [8]. Eine anspruchsvollere Darstellung, die aber alle Typen von Differentialgleichungen umfasst, geben King und Koautoren [32]. Gewöhnliche Differentialgleichungen, insbesondere die Schwingungsgleichung, werden auch im Korsch [33] und im Grossmann [24] behandelt. Eine Sammlung gewöhnlicher Differentialgleichungen mit ihren Lösungen findet sich in Polyanin und Zaitsev [44].

Fragen

5.1. Was ist eine Differentialgleichung?

5.2. Was ist das Ergebnis einer Differentialgleichung?

5.3. Was versteht man unter der Ordnung einer DGL?

5.4. Was ist eine homogene, was eine inhomogene DGL?

5.5. Wodurch zeichnet sich eine lineare DGL aus?

5.6. Was ist eine gewöhnliche DGL, was eine partielle?

5.7. Welche generelle Regel gilt für die Lösung einer inhomogenen DGL?

5.8. Was versteht man unter dem Superpositionsprinzip?

5.9. Welche Bedeutung haben Anfangsbedingungen bei einer DGL?

5.10. Welcher Zusammenhang besteht zwischen den Anfangsbedingungen und der Ordnung einer DGL?

5.11. Skizzieren Sie das Standardlösungsverfahren für eine homogene DGL 1. Ordnung.

5.12. Welche Lösungsverfahren gibt es für eine inhomogene Differentialgleichung 1. Ordnung?

5.13. Wie wählt man den Lösungsansatz beim Aufsuchen der partikulären Lösung einer inhomogenen Differentialgleichung?

Aufgaben

5.1. • Klassifizieren Sie die folgenden DGLs 1. Ordnung in linear/nicht-linear ($a, b, c, d = $ const) und homogen/inhomogen:

(a) $\dot{x} = xt$,
(b) $t^a \dot{x} - x = btx^c$,
(c) $\dot{x} - ax = e^t$,
(d) $\dot{x} \cos t - x \sin t = a$,
(e) $\dot{x} x^a + t^b = c$,
(f) $\dot{x} = \sqrt{x}$,
(g) $\dot{x} = t(1 + x^a)$,
(h) $t\dot{x} + x = a \ln t$,
(i) $\dot{x}\sqrt{x} - t = 0$,
(j) $\dot{x} = 5t^4(x+1)$,
(k) $m\dot{v} + kv = mg$,
(l) $L\dot{I} + RI = U(t)$
(m) $t^2 \ddot{x} - t\dot{x} + (t^2 - a^2)x = 0$,
(n) $m\ddot{x} + kx = a\dot{x} - b\dot{x}^3$.

5.2. • Zeigen Sie, dass $x = at/(1+t)$ Lösung der DGL $t(1+t)\dot{x} - x = 0$ ist. Welche Lösung ergibt sich für die Randbedingung $x(1) = 8$?

5.3. • Gegeben ist die Differentialgleichung $\ddot{x} - 4\dot{x} - 5x = 0$. Zeigen Sie, dass $x = a\,e^{5t} + b\,e^{-t}$ Lösung ist.

5.4. Zeigen Sie, dass (5.42) Lösung von $\dot{x} = 4t - x$ ist.

5.5. • Zeigen Sie, dass die in der rechten Spalte gegebenen Funktionen Lösungen der links davon stehenden Differentialgleichungen sind:

$\ddot{x} - \dot{x}/t + 2/t$ $\dot{x} = c_1 + 2t + c_2 t^2$
$t\ddot{x} + 2\dot{x} - tx = 0$ $tx = 2e^t - 3e^{-t}$
$\ddot{s} + 4s = 0$ $s = c_1 \cos(2t + c_2)$.

5.6. •• Lösen Sie die folgenden Differentialgleichungen durch Separation der Variablen:

(a) $x\dot{x} + 2t = 0$,
(b) $(1 - \cos\alpha)\,d\varrho - \varrho \sin\alpha\,d\alpha = 0$,
(c) $x(x-1)\,dy + y(y-1)\,dx = 0$,
(d) $y' + y \cos x = 0$,
(e) $x(x+1)y' = y$,
(f) $y^2 y' + x^2 = 1$, $y(2) = 1$,
(g) $x^2 y' = y^2$,
(h) $y'(1 + x^2) = xy$,
(i) $y' = (1 - y)^2$,
(j) $y' \sin y = -x$,
(k) $y' + 4y = 0$,
(l) $2y' + 4y = 0$,
(m) $-3y' = 8y$,
(n) $ay' - by = 0$,
(o) $\dot{n} = -\lambda n$,
(p) $-3y' + 18y = 0$,
(q) $L\dot{I} + RI = 0$,
(r) $2y' + 18y = 0$,
(s) $3y' - 5ay = 0$,
(t) $T\dot{u} + u = 0$.

5.7. Die Differentialgleichung für die Entladung eines Kondensators (Ladung Q, Kapazität C) über einen Widerstand R ist gegeben als $\dot{Q} = -Q/(CR)$. Lösen Sie die DGL.

5.8. •• Lösen Sie die folgenden Differentialgleichungen 1. Ordnung mit Hilfe einer geeigneten Substitution:

(a) $xy' = y + 4x$, (b) $y' = (x+y+1)^2$,
(c) $x^2 y' = \frac{1}{4}x^2 + y^2$, (d) $y' = \sin(y/x) + y/x$,
(e) $yy' = x + y^2/x$.

5.9. Bestimmen Sie die Lösungen der folgenden Differentialgleichungen:

(a) $(1 - \cos\alpha)\,d\varrho - \varrho \sin\alpha\,d\alpha = 0$ (b) $\dot p = kp/T$
(c) $x(x-1)\,dy + y(y-1)\,dx = 0$.

5.10. • Der Luftdruck nimmt mit der Höhe ab, wobei die Abnahme durch den Koeffizienten $\varrho_0 g/p_0$ charakterisiert ist mit ϱ_0 als der Dichte am Boden, p_0 als dem Luftdruck am Boden und g als Gravitationsbeschleunigung. Stellen Sie die Differentialgleichung auf und lösen Sie sie.

5.11. •• Das Aufladen eines Kondensators wird durch die Differentialgleichung $Q/C + R\dot Q = U$ beschrieben mit Q als Ladung, C als Kapazität, t als Zeit und U als Spannung. (a) Welche Lösung ergibt sich für $U = 0$? In welcher Zeit ist die anfängliche Ladung Q_0 auf Q_0/e abgesunken? (b) Lösen Sie die Differentialgleichung für eine konstante angelegte Spannung $U_0 = $ const. (c) Lösen Sie die Differentialgleichung für eine Wechselspannung $U = U_0 \sin(\omega t)$.

5.12. • Ein Körper besitzt zur Zeit t_0 die Temperatur T_0. Er steht im Wärmeaustausch mit seiner Umgebung, die eine konstante Temperatur T_L hat ($T_L < T_0$). Der Abkühlungsprozess wird durch die Differentialgleichung $\dot T = -k(T - T_L)$ mit $k > 0$ als der Rate der Abgabe bzw. Aufnahme von Wärme beschrieben. Bestimmen Sie den zeitlichen Verlauf der Temperatur T des Körpers; gegen welchen Endwert strebt die Temperatur des Körpers?

5.13. •• Der Raum, in dem sich der Körper aus Aufg. 5.12 befindet, wird durch die Sonne gemäß einer Sinus-Funktion aufgeheizt, d.h. es ist $T_L(t) \sim \sin t$. Stellen Sie die Differentialgleichung auf und bestimmen Sie den zeitlichen Verlauf der Temperatur des Körpers.

5.14. •• Außerdem befindet sich im Raum aus Aufg. 5.13 noch ein Heizkörper, der gemäß einer Kosinusfunktion die Raumluft T_L erwärmt. Stellen Sie die Differentialgleichung unter Berücksichtigung beider Wärmequellen auf und bestimmen Sie den zeitlichen Verlauf der Temperatur.

5.15. Lösen Sie (5.39).

5.16. •• Lösen Sie die folgenden Differentialgleichungen 1. Ordnung durch Variation der Konstanten:

(a) $y' + xy = 4x$, (b) $y' + \frac{y}{1+x} = e^{2x}$,
(c) $xy' + y = x\sin x$, (d) $y'\cos x - y\sin x = 1$,
(e) $y' - (2\cos x)y = \cos x$, (f) $xy' - y = x^2 + 4$,
(g) $xy' - y = x^2 \cos x$, (h) $y' + (\tan x)y = 5\sin(2x)$,
(i) $xy' + y = \ln x$, (j) $y' - 3y = x\,e^x$.

5.17. •• Ein Stromkreis mit einem zeitabhängigen Ohmschen Widerstand wird durch die DGL $\dot{I} + (2\sin t)\,I = \sin(2t)$ beschrieben. Bestimmen Sie den zeitlichen Verlauf des Stroms I für den Anfangswert $I(0) = 0$.

5.18. •• Lösen Sie die folgenden inhomogenen linearen Differentialgleichungen 1. Ordnung mit konstanten Koeffizienten durch Aufsuchen einer partikulären Lösung:

(a) $y' = 2x - y$,
(b) $y' + 2y = 4\,\mathrm{e}^{5x}$,
(c) $y' + y = \mathrm{e}^{-x}$,
(d) $y' - 4y = 5\sin x$,
(e) $y' - 5y = \cos x + 4\sin x$,
(f) $y' - 6y = 3\,\mathrm{e}^{6x}$,
(g) $y' + 4y = x^3 - x$,
(h) $y' - y = \mathrm{e}^x$,
(i) $y' + 3y = -\cos x$.

5.19. •• Das exponentielle Wachstum in Bsp. 61 ist kein realistisches Modell für eine Bevölkerungsentwicklung, da es unbegrenztes Wachstum erlaubt und die beschränkten Ressourcen nicht berücksichtigt. Eine bessere Annäherung bietet die *logistische Gleichung* $\dot{N} = \lambda N(1 - N/M)$ mit N als der Größe der Population, λ als der Wachstumsrate kleiner Populationen und M als der maximal erhaltbaren Population. Lösen Sie die Differentialgleichung für allgemeine N und skizzieren Sie den Verlauf der Lösung.

5.20. •• Selbst bei einer kleinen Population ist das Wachstumsgesetz aus Bsp. 61 nur dann gültig, wenn es keine Verluste gibt. Ein Wachstumsmodell, dass zwei konkurrierende Spezies enthält, kann durch eine Differentialgleichung der Form

$$\frac{\mathrm{d}y}{\mathrm{d}x} = \frac{y(a_1 x + a_2)}{x(a_3 - a_4 y)}$$

mit $a_i > 0$ und konstant beschrieben werden. Lösen Sie die Differentialgleichung und skizzieren Sie die Lösung.

5.21. •• Die Bewegungsgleichung für den schrägen Wurf mit Reibung ist gegeben als $m\ddot{\boldsymbol{r}} = m\dot{\boldsymbol{v}} = -m\boldsymbol{g} - \beta\boldsymbol{v} = -mg\boldsymbol{e}_z - \beta\boldsymbol{v}$. Bestimmen Sie die Lösung dieser Gleichung für die Anfangsbedingung $\boldsymbol{v}(0) = \boldsymbol{v}_0$. Bestimmen Sie ferner den Ort $\boldsymbol{r}$ in Abhängigkeit von der Zeit für die Anfangsbedingung $\boldsymbol{r}(0) = \boldsymbol{r}_0$.

5.22. ••• Die Bewegungsgleichung für eine Bewegung mit Newton'scher Reibung ist gegeben durch $m\ddot{x} = -\gamma \dot{x}^2$ oder $m\dot{v} = -\gamma v^2$. Lösen Sie die Bewegungsgleichung (Angabe von $x(t)$ und $v(t)$) für die Anfangsbedingungen $v(0) = v_0$ und $x(0) = 0$.

5.23. •• Lösen Sie die beiden DGLs aus Bsps. 64 und 65 jeweils mit der anderen Methode.

6 Differentialgleichungen zweiter Ordnung

Differentialgleichungen zweiter Ordnung sind z.B. die Bewegungsgleichung $F = m\ddot{x}$ und die Schwingungsgleichung, die sich bei der mechanischen Schwingung natürlich auch aus der Bewegungsgleichung ergibt. In diesem Kapitel wollen wir hauptsächlich die Gleichung einer mechanischen Schwingung (Federpendel) betrachten, wobei sich die physikalische Situation von der freien über die gedämpfte zur angetriebenen Schwingung entwickelt. Formal bedeutet dies den Übergang von einer homogenen DGL zweiter Ordnung in der Form $\ddot{x} + ax = 0$ hin zur inhomogenen DGL. Für diese DGLs wird der Exponentialansatz als Standard-Lösungsverfahren vorgestellt.

6.1 Grundlagen

Eine Differentialgleichung zweiter Ordnung enthält die zweite Ableitung der gesuchten Funktion. Die allgemeinste Form ist die inhomogene DGL

$$\ddot{x}(t) + p(t)\,\dot{x}(t) + q(t)\,x(t) + g(t) = 0 \ . \tag{6.1}$$

Bei der homogenen Differentialgleichung zweiter Ordnung verschwindet die Inhomogenität $g(t)$; die DGL hat die Form $\ddot{x}(t) + p(t)\,\dot{x}(t) + q(t)\,x(t) = 0$. Ein Spezialfall ist die lineare DGL 2. Ordnung mit konstanten Koeffizienten:

Definition 38. *Eine Differentialgleichung vom Typ* $\ddot{x} + a\dot{x} + bx = g(t)$ *heißt* lineare Differentialgleichung 2. Ordnung mit konstanten Koeffizienten.

Für diesen Spezialfall gibt es Standard-Lösungsverfahren. Die Funktion $g(t)$ wird wieder als Störfunktion, Störglied oder Inhomogenität bezeichnet.

6.2 Homogene Differentialgleichung zweiter Ordnung

Eine homogene lineare Differentialgleichung 2. Ordnung mit konstanten Koeffizienten vom Typ $\ddot{x} + a\dot{x} + bx = 0$ besitzt folgende Eigenschaften:

1. Ist $x_1(t)$ Lösung der DGL, so ist es auch $x(t) = c\,x_1(t)$.
2. *Superpositionsprinzip*: Sind $x_1(t)$ und $x_2(t)$ Lösungen der DGL, so ist auch $x(t) = c_1\,x_1(t) + c_2\,x_2(t)$ eine Lösung.

3. Ist $x(t) = u(t) + \mathrm{i}\,v(t)$ eine komplexwertige Lösung der DGL, so sind auch der Realteil $u(t)$ und der Imaginärteil $v(t)$ reelle Lösungen.
4. Die allgemeine Lösung $x(t)$ ist eine Linearkombination $x(x) = c_1\,x_1(t) + c_2\,x_2(t)$ zweier linear unabhängiger Lösungen $x_1(t)$ und $x_2(t)$.

Differentialgleichungen zweiter Ordnung benötigen zwei Anfangs- oder Randbedingungen, um die Integrationskonstanten zu bestimmen.

6.2.1 Exponentialansatz

Für eine lineare homogene DGL beliebiger Ordnung mit konstanten Koeffizienten $c_n x^{n'} + ... + c_2\,\ddot{x} + c_1\,\dot{x} + c_0 x = 0$ gibt es ein Standardlösungsverfahren. Der allgemeinste Lösungsansatz ist der Exponentialansatz

$$x \sim \mathrm{e}^{\lambda t}\,. \tag{6.2}$$

Dies lässt sich leicht einsehen: jede Ableitung ist laut DGL proportional der vorangegangenen, wenn auch die Proportionalitätskonstanten unterschiedlich sind. Solch ein Verhalten zeigt nur die Exponentialfunktion.

Mit dem Ansatz (6.2) geht man in die DGL mit dem Ziel, die Werte von λ zu bestimmen. Die Ergebnisse, d.h. die zulässigen Werte von λ, werden die *Eigenwerte* der Differentialgleichung genannt.

Betrachten wir eine lineare homogene DGL 2. Ordnung mit konstanten Koeffizienten: $\ddot{x} + a\,\dot{x} + bx = 0$. Der Exponentialansatz lautet $x = c\,\mathrm{e}^{\lambda t}$ und hat die Ableitungen $\dot{x} = \lambda c\,\mathrm{e}^{\lambda t}$ und $\ddot{x} = \lambda^2 c\,\mathrm{e}^{\lambda t}$. Einsetzen in die DGL liefert

$$c\,\lambda^2\,\mathrm{e}^{\lambda t} + a\,c\,\lambda\mathrm{e}^{\lambda t} + b\,c\,\mathrm{e}^{\lambda t} = 0\,. \tag{6.3}$$

Aus dieser Gleichung lässt sich $c\,\mathrm{e}^{\lambda t}$ herauskürzen und wir erhalten als Bestimmungsgleichung für die Eigenwerte die *charakteristische Gleichung*:

$$\lambda^2 + a\lambda + b = 0 \tag{6.4}$$

mit den Lösungen

$$\lambda_{1,2} = -\frac{a}{2} \pm \sqrt{\frac{a^2}{4} - b}\,. \tag{6.5}$$

Ist der Term unter der Wurzel ungleich Null, so gibt es zwei Eigenwerte λ_1 und λ_2. Ist der Radikant negativ, so sind die Eigenwerte komplex.

Die allgemeine Lösung der Differentialgleichung erhält man durch Überlagern der beiden Lösungen $x_1 \sim \mathrm{e}^{\lambda_1 t}$ und $x_2 \sim \mathrm{e}^{\lambda_2 t}$:

$$x(t) = A\,\mathrm{e}^{\lambda_1 t} + B\,\mathrm{e}^{\lambda_2 t}\,. \tag{6.6}$$

Die Konstanten A und B sind aus den Randbedingungen zu bestimmen.

Beispiel 66. Ein biegsames Seil der Länge $l = 1$ m und der Masse $m = 1$ kg gleitet reibungslos über die Kante eines Tisches. Gesucht ist der Ort und die Geschwindigkeit eines Punktes auf dem Seil als Funktion der Zeit. Wichtig ist die Wahl eines geeigneten Koordinatensystems: da sich das Seil bewegen

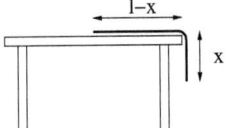

Abb. 6.1. Zur Geometrie des über die Tischkante gleitenden Seil aus Bsp. 66

soll ohne einen Anfangsimpuls zu haben, muss eine Kraft auf das Seil wirken. Diese ist gegeben durch die Gewichtskraft des bereits über die Tischkante hängenden Seilstückchens, vgl. Abb. 6.1. Daher ist es sinnvoll, die Koordinate x so zu wählen, dass sie von der Tischkante zum herüber hängenden Ende zählt. Die Gewichtskraft $F_g(t)$ in Abhängigkeit von der Zeit ist

$$F_g(t) = mg \frac{x(t)}{l} \tag{6.7}$$

mit $x(t)/l$ als dem relativen Anteil des überhängenden Seilstücks. Diese Kraft wirkt auf das gesamte Seil, d.h. die Bewegungsgleichung ist

$$m\ddot{x} = mg\frac{x(t)}{l} \quad \text{bzw.} \quad \ddot{x} = g\frac{x}{l}. \tag{6.8}$$

Dies ist eine lineare homogene DGL 2ter Ordnung. Zur Lösung wählen wir einen Exponentialansatz $x = e^{\lambda t}$ mit $\dot{x} = \lambda e^{\lambda t}$ und $\ddot{x} = \lambda^2 e^{\lambda t}$. Einsetzen in die Bewegungsgleichung (6.8) liefert

$$\lambda^2 e^{\lambda t} = \frac{g}{l}e^{\lambda t} \quad \text{bzw.} \quad \lambda^2 = \frac{g}{l} \quad \text{und damit} \quad \lambda = \pm\sqrt{\frac{g}{l}}. \tag{6.9}$$

Damit ergibt sich die allgemeine Lösung

$$x(t) = c_1 e^{\lambda t} + c_2 e^{-\lambda t}. \tag{6.10}$$

Physikalisch sinnvolle Anfangsbedingungen sind eine Anfangsgeschwindigkeit $v(0) = 0$ und ein anfänglich überhängendes Seilstück $x(0) = x_0$. Einsetzen in (6.10) liefert $x_0 = c_1 + c_2$. Einsetzen der Anfangsbedingung für die Geschwindigkeit in die erste Ableitung von (6.10) liefert $0 = c_1 - c_2$ und damit $c_1 = c_2 = \frac{x_0}{2}$. Einsetzen in (6.10) liefert als Lösung

$$x(t) = \frac{x_0}{2}\left(\exp\left\{\sqrt{\frac{g}{l}}t\right\} - \exp\left\{-\sqrt{\frac{g}{l}}t\right\}\right) = x_0 \sinh\left(\sqrt{\frac{g}{l}}t\right). \tag{6.11}$$

□

6.2.2 Linearer harmonischer Oszillator

Einfachster Fall einer Schwingungsgleichung ist der lineare harmonische Oszillator. Formal handelt es sich um eine DGL 2. Ordnung $\ddot{x} + ax(t) = 0$. Diese erhalten wir z.B. als die Bewegungsgleichung eines Federpendels, bei dem die rückstellende Kraft $F = -kx$ durch die Federkonstante k und die Auslenkung x bestimmt ist:

6 Differentialgleichungen zweiter Ordnung

$$m\ddot{x} = -kx \quad \text{oder} \quad \ddot{x} = -\omega_0^2 x \qquad (6.12)$$

mit $\omega_0 = \sqrt{k/m}$. Diese Gleichung haben wir bereits in Abschn. 5.1.2 kennengelernt. Dort haben wir durch Raten die Lösung $x(t) = c_1 \sin(\omega_0 t) + c_2 \cos(\omega_0 t)$ erhalten, wobei c_1 und c_2 die aus den Anfangsbedingungen zu bestimmenden Integrationskonstanten sind.

Wir können diese DGL formal mit einem Exponentialansatz $x(t) = e^{\lambda t}$ lösen. Einsetzen des Ansatz in die DGL liefert als charakteristische Gleichung für die Eigenwerte

$$\lambda^2 e^{\lambda t} = -\omega_0^2 e^{\lambda t} \quad \text{oder} \quad \lambda^2 = -\omega_0^2 \qquad (6.13)$$

und damit die komplexen Eigenwerte

$$\lambda_{1,2} = \pm\sqrt{-\omega_0^2} = \pm i\omega_0 \,. \qquad (6.14)$$

Wir erhalten also eine komplexe Lösung

$$z(t) = A\,e^{i\omega_0 t} + B\,e^{-i\omega_0 t} \qquad (6.15)$$

wobei A und B komplexwertige Integrationskonstanten sind. Die physikalische sinnvolle Lösung ist der Realteil

$$\begin{aligned}
x(t) &= \Re(z(t)) = \Re(A\,e^{i\omega_0 t} + B\,e^{-i\omega_0 t}) \\
&= \Re\{(A_1 + i A_2)(\cos(\omega_0 t) + i \sin(\omega_0 t)) \\
&\quad + (B_1 + i B_2)(\cos(\omega_0 t) - i \sin(\omega_0 t))\} \\
&= \Re\{A_1 \cos(\omega_0 t) - A_2 \sin(\omega_0 t) + i A_2 \cos(\omega_0 t) + i A_1 \sin(\omega_0 t) \\
&\quad + B_1 \cos(\omega_0 t) + B_2 \sin(\omega_0 t) - i B_1 \sin(\omega_0 t) + i B_2 \cos(\omega_0 t)\} \\
&= A_1 \cos(\omega_0 t) + B_1 \cos(\omega_0 t) - A_2 \sin(\omega_0 t) + B_2 \sin(\omega_0 t) \\
&= a \cos \omega_0 t + b \sin \omega_0 t \,, \qquad (6.16)
\end{aligned}$$

mit den reellen Integrationskonstanten $a = A_1 + A_2$ und $b = B_2 - A_2$.

In allgemeinster Form sind die Anfangsbedingungen zur Zeit $t=0$ gegeben als x_0 und v_0. Einsetzen in die Lösung (6.16) liefert

$$x_0 = a \sin(\omega_0 \, 0) + b \cos(\omega_0 \, 0) \quad \Rightarrow \quad b = x_0 \,. \qquad (6.17)$$

Einsetzen von $v(0) = v_0$ in die erste Ableitung von (6.16) liefert

$$v_0 = \dot{x}(0) = a\omega_0 \cos(\omega_0 \, 0) - b\omega_0 \sin(\omega_0 \, 0) \quad \Rightarrow \quad a = v_0/\omega_0 \,. \qquad (6.18)$$

Damit ergibt sich als Lösung, vgl. Abb. 6.2,

$$x(t) = \frac{v_0}{\omega_0} \sin(\omega_0 t) + x_0 \cos(\omega_0 t) \,. \qquad (6.19)$$

Die allgemeine Lösung (6.16) ist die Überlagerung einer Sinus- und einer Kosinusschwingung, jeweils mit der Kreisfrequenz ω_0. Die Überlagerung ist wieder eine Schwingung mit dieser Kreisfrequenz ω_0, jedoch gegenüber einer Sinus- oder Kosinusschwingung um eine Phase φ verschoben:

$$x(t) = a \sin(\omega_0 t) + b \cos(\omega_0 t) = A \cos(\omega_0 t + \varphi) \,. \qquad (6.20)$$

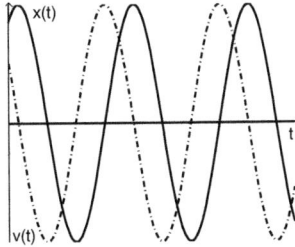

Abb. 6.2. Lösung für den linearen harmonischen Oszillator mit allgemeinen Randbedingungen v_0 und x_0

Formal herleiten lässt sich dieser Übergang mit Hilfe des Additionstheorems[1]

$$A\cos(\omega_0 t + \varphi) = A\cos\omega_0 t \cos\varphi - A\sin\omega_0 t \sin\varphi \,. \tag{6.21}$$

Setzen wir darin $a = -A\sin\varphi$ und $b = A\cos\varphi$, so erhalten wir auf der rechten Seite wieder die Lösung (6.19). Die neuen Integrationskonstanten A und φ in (6.20) sind mit den alten Integrationskonstanten a und b verknüpft gemäß

$$A = \sqrt{a^2 + b^2} \quad \text{und} \quad \varphi = -\arctan\frac{a}{b} \,. \tag{6.22}$$

A und φ können entweder aus a und b oder direkt aus den Anfangsbedingungen bestimmt werden. In letzterem Fall erhalten wir die beiden Gleichungen

$$x_0 = A\cos(\omega_0 \, 0 + \varphi) = A\,\cos\varphi \,,$$
$$v_0 = -A\omega_0 \sin(\omega_0 \, 0 + \varphi) \;\Rightarrow\; \frac{v_0}{\omega_0} = -A\sin\varphi \,. \tag{6.23}$$

Division der Gleichungen durcheinander liefert den *Phasenwinkel*

$$-\tan\varphi = \frac{v_0}{\omega_0 x_0} \;\Rightarrow\; \varphi = -\arctan\frac{v_0}{\omega_0 x_0} \,. \tag{6.24}$$

Addition der quadrierten Gleichungen liefert die *Amplitude*

$$x_0^2 + \frac{v_0^2}{\omega_0^2} = A^2 \sin^2\varphi + A^2 \cos^2\varphi \;\Rightarrow\; A = \sqrt{x_0^2 + \frac{v_0^2}{\omega_0^2}} \tag{6.25}$$

und damit für die allgemeine Lösung

$$x(t) = \sqrt{x_0^2 + \frac{v_0^2}{\omega_0^2}} \, \cos\left(\omega_0 t - \arctan\frac{v_0}{\omega_0 x_0}\right) \,. \tag{6.26}$$

Gleichungen (6.19) und (6.26) geben die allgemeinste Form der Lösung. Eine einfachere Lösung ergibt sich für die Anfangsbedingungen $x(0) = x_{\max}$ und $v(0) = 0$, d.h. die Masse befindet sich zur Zeit $t = 0$ am Punkt maximaler Auslenkung in Ruhe. Dann erhalten wir als Bestimmungsgleichungen für die Integrationskonstanten

$$x_{\max} = a\sin(\omega_0 \, 0) + b\cos(\omega_0 \, 0) \qquad \Rightarrow \qquad b = x_{\max} \quad \text{sowie}$$
$$0 = \dot{x}(0) = a\omega_0 \cos(\omega_0 \, 0) - b\omega_0 \sin(\omega_0 \, 0) \qquad \Rightarrow \qquad a = 0$$

---

[1] Für den Spezialfall $\varphi = \omega_0 t$ ist dieses Additionstheorem identisch mit dem aus der Formel von Moivre hergeleiteten in (4.36).

und damit als Lösung:

$$x(t) = x_{\max} \cos(\omega_0 t) \,. \tag{6.27}$$

Diese Lösung ist konsistent mit den beiden oben gegebenen Lösungen: in (6.19) verschwindet wegen $v_0 = 0$ der erste Term und es wird $x_0 = x_{\max}$, wie auch hier erhalten. In (6.26) verschwindet wegen $v_0 = 0$ der Phasenwinkel sowie der zweite Term unter der Wurzel.

Beispiel 67. Die Differentialgleichung $\ddot{x} + 9x = 0$ mit den Anfangswerten $x(0) = 5$ und $\dot{x}(0) = 1$ beschreibt eine freie Schwingung. Der Exponentialansatz $x(t) = e^{\lambda t}$ wird abgeleitet, $\dot{x} = \lambda e^{\lambda t}$ und $\ddot{x} = \lambda^2 e^{\lambda t}$, und in die DGL eingesetzt. Die charakteristische Gleichung ist $\lambda^2 = -9$ und damit $\lambda_{1,2} = \pm 3i$. Wir verwenden gleich den Realteil (6.16) der komplexen Lösung und erhalten

$$x(t) = a\cos(3t) + b\sin(3t) \quad \text{sowie} \quad \dot{x}(t) = -3a\sin(3t) + 3b\cos(3t) \,. \tag{6.28}$$

Die Anfangsbedingungen liefern die beiden Gleichungen

$$5 = a\cos 0 + b\sin 0 \quad \text{und} \quad 1 = -3a\sin 0 + 3b\cos 0 \tag{6.29}$$

und damit $a = 5$ und $b = 1/3$. Die Lösung der DGL unter den gegebenen Anfangsbedingungen ist daher

$$x(t) = 5\cos(3t) + \tfrac{1}{3}\sin(3t) \,. \tag{6.30}$$

□

6.2.3 Beliebige ortsabhängige Kraft

→ 6.2.4 Die harmonische Schwingung eines Federpendels ist durch eine Bewegungsgleichung mit linear vom Ort abhängiger Kraft beschrieben. Wir können diese auf eine allgemein vom Ort abhängige Kraft $k(x)$ erweitern:

$$m\ddot{x} = k(x) \,. \tag{6.31}$$

Für diese Gleichung können wir eine einfache Lösung finden, die uns auf die Energieerhaltung führt. Dazu multiplizieren wir (6.31) mit $\dot{x}$

$$m\ddot{x}\dot{x} = \dot{x}k(x) \,. \tag{6.32}$$

Die linke Seite enthält ein Produkt aus erster und zweiter Ableitung. Dies können wir auch schreiben als zeitliche Ableitung von $\tfrac{1}{2}\dot{x}^2$, wie sich durch Anwendung der Kettenregel überprüfen lässt. Damit steht links die zeitliche Änderung der kinetischen Energie. Die rechte Seite ist das Produkt aus der Kraft und der zeitlichen Ableitung des Ortes. Da die Kraft zwar vom Ort nicht aber von der Zeit abhängt, können wir dies auch als die zeitliche Ableitung einer Arbeit und damit als Ableitung eines Potentials

$$U(x) = \int\limits^{x(t)} k(x)\,\mathrm{d}x \tag{6.33}$$

schreiben. Damit lässt sich (6.32) schreiben als

$$\frac{\mathrm{d}}{\mathrm{d}t}\left(\frac{m}{2}\dot{x}^2\right) = -\frac{\mathrm{d}}{\mathrm{d}t}U(x) \,. \tag{6.34}$$

Integration liefert

$$\tfrac{1}{2}m\dot{x}^2 = E - U(x) \tag{6.35}$$

mit E als Integrationskonstante. Physikalisch entspricht diese der Gesamtenergie.

Gleichung (6.35) ist eine Differentialgleichung 1. Ordnung und kann durch Trennung der Variablen gelöst werden:

$$\mathrm{d}t = \frac{\mathrm{d}x}{\sqrt{\frac{2}{m}(E-U(x))}} \,. \tag{6.36}$$

Integration liefert

$$t - t_0 = \int_{x_0}^{x} \frac{\mathrm{d}x}{\sqrt{\frac{2}{m}(E-U(x))}} \,. \tag{6.37}$$

Beispiel 68. Wir können (6.37) für die einfache ortsabhängige Kraft $k(x) = -kx$ überprüfen. Das Potential ist dann $U(x) = -\int kx \mathrm{d}x = -\tfrac{1}{2}kx^2$. Einsetzen in (6.37) liefert ein Integral der Form $\int \mathrm{d}x/\sqrt{a+x^2}$, was auf einen asin führt, d.h. auch auf diese Weise erhalten wir als Lösung der Differentialgleichung eine periodische Funktion. □

6.2.4 Gedämpfte Schwingung

Wir lassen jetzt in der Bewegungsgleichung einen zusätzlicher Reibungsterm zu, der proportional zur Geschwindigkeit ist und einen Reibungskoeffizienten β enthält (vgl. Bsp. 63). Die Bewegungsgleichung wird

$$m\ddot{x} = -\beta\dot{x} - kx \,. \tag{6.38}$$

Beide Kräfte haben negatives Vorzeichen, da sie der Bewegung entgegengesetzt sind: $-\beta\dot{x}$ als verzögernde Kraft und $-kx$ als rückstellende Kraft. Wir schreiben den Reibungsterm als $-2\gamma\dot{x}/m$ und verwenden wieder $\omega_0 = \sqrt{k/m}$. Dann erhalten wir für die DGL

$$\ddot{x} + 2\gamma\dot{x} + \omega_0^2 x = 0 \,. \tag{6.39}$$

Der Exponentialansatz und seine Ableitungen sind $x = \mathrm{e}^{\lambda t}$, $\dot{x} = \lambda \mathrm{e}^{\lambda t}$ und $\ddot{x}(t) = \lambda^2 \mathrm{e}^{\lambda t}$. Einsetzen in DGL (6.39) ergibt die charakteristische Gleichung für die Eigenwerte

$$\lambda^2 \mathrm{e}^{\lambda t} + 2\gamma\lambda \mathrm{e}^{\lambda t} + \omega_0^2 \mathrm{e}^{\lambda t} = 0 \quad \Rightarrow \quad \lambda^2 + 2\gamma\lambda + \omega_0^2 = 0 \tag{6.40}$$

mit den Lösungen

6 Differentialgleichungen zweiter Ordnung

$$\lambda_{1,2} = -\gamma \pm \sqrt{\gamma^2 - \omega_0^2} \,. \tag{6.41}$$

Da es komplexe oder reelle Wurzeln geben kann, ist eine Fallunterscheidung erforderlich:

$\omega_0 > \gamma$ $\lambda_{1,2}$ komplex Schwingfall
$\omega_0 < \gamma$ $\lambda_{1,2}$ reell Kriechfall
$\omega_0 = \gamma$ $\lambda_1 = \lambda_2$, reell aperiodischer Grenzfall (kritische Dämpfung)

Schwache Dämpfung (Schwingfall): Für den Fall $\omega_0 > \gamma$ sind die Eigenwerte komplex:

$$\lambda_{1,2} = -\gamma \pm i\omega \quad \text{mit} \quad \omega = \sqrt{\omega_0^2 - \gamma^2} \,. \tag{6.42}$$

Einsetzen in den Ansatz ergibt die komplexe Lösung

$$z(t) = A e^{-(\gamma+i\omega)t} + B e^{-(\gamma-i\omega)t} = e^{-\gamma t} \left(A e^{+i\omega t} + B e^{-i\omega t} \right) . \tag{6.43}$$

mit A und B komplex. Die Lösung unterscheidet sich von der der freien Schwingung (6.15) durch den reellen Vorfaktor $e^{-\gamma t}$. Die physikalisch sinnvolle Lösung ist wieder der Realteil

$$x(t) = \Re(z(t)) = e^{-\gamma t} \left(a \cos(\omega t) + b \sin(\omega t) \right) = e^{-\gamma t} A \cos(\omega t + \varphi) \,, \tag{6.44}$$

wobei a und b (bzw. die Amplitude A und der Phasenwinkel φ) reell sind und aus den Anfangsbedingungen bestimmt werden müssen.

Mit den allgemeinsten Anfangsbedingungen $x(0) = x_0$ und $v(0) = v_0$ ergibt sich

$$\begin{aligned} x_0 &= e^0 (a \cos 0 + b \sin 0) & \Rightarrow \quad a &= x_0 \quad \text{sowie} \\ v_0 &= -\gamma x_0 + e^0(-a\omega \sin 0 + b\omega \cos 0) & \Rightarrow \quad b &= \tfrac{v_0 + \gamma x_0}{\omega} \end{aligned} \tag{6.45}$$

und damit als Lösung:

$$x(t) = e^{-\gamma t} \left(x_0 \cos(\omega t) + \frac{v_0 + \gamma x_0}{\omega} \sin(\omega t) \right) . \tag{6.46}$$

Diese Lösung unterscheidet sich von der freien Schwingung in zwei Punkten: ihre Frequenz ist geringer ($\omega < \omega_0$), und ihre Amplitude nimmt mit $e^{-\gamma t}$ ab, vgl. Abb. 6.3. Die abfallende e-Funktion bildet eine Einhüllende an die Amplitude der Schwingung.

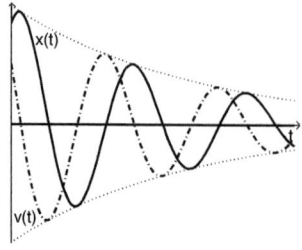

Abb. 6.3. Lösung für die gedämpfte Schwingung; die Schwingungsfrequenz ist geringer als die der freien Schwingung ($\omega < \omega_0$) und die Amplitude nimmt mit $e^{-\gamma t}$ ab

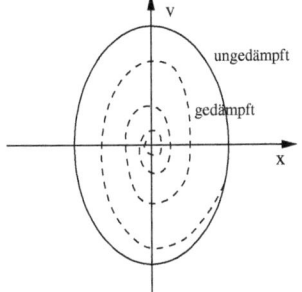

Abb. 6.4. Phasenbahn für den gedämpften Oszillator im Schwingfall. Im Phasenraum wird die Geschwindigkeit (der Impuls) gegen den Ort aufgetragen. Periodische Bewegungen werden durch geschlossene Bahnen dargestellt (z.B. die Schwingung des harmonischen Oszillators als Ellipse). Bei gedämpften Bewegungen nähert sich die Kurve einer Ruhelage auf der x-Achse an

Bewegungen können nicht nur im Weg–Zeit- oder Geschwindigkeits–Zeit-Diagramm dargestellt werden sondern auch im *Phasenraum*. Dabei wird der Impuls (bzw. die Geschwindigkeit) gegen den Ort aufgetragen; jeder Punkt im Phasenraum entspricht den Werten $x(t)$ und $v(t)$ zu einem Zeitpunkt t. Das können wir als Parameterdarstellung der Funktion $v(x)$ betrachten. Periodische Bewegungen ergeben geschlossene Bahnen, da nach einer Periodendauer T die gleichen Werte für Ort und Geschwindigkeit angenommen werden. Der freie harmonische Oszillator erzeugt im Phasenraum eine Ellipse, vgl. die durchgezogene Kurve in Abb. 6.4. Beim gedämpften Oszillator, d.h. bei Anwesenheit von Reibung, werden nach einer Periode stets eine geringere Geschwindigkeit und eine geringere Auslenkung angenommen: im Phasenraum entsteht eine Spiralbahn (gestrichelt), die auf den Ursprung zuläuft. Ein solcher Punkt, der Bahnen aus einem gewissen Einzugsbereich anzieht, wird als *Attraktor* bezeichnet.

Beispiel 69. Wir erweitern Bsp. 67 um einen Term, der die erste Ableitung enthält: $\ddot{x}+\sqrt{20}\dot{x}+9x = 0$. Der Exponentialansatz liefert die charakteristische Gleichung $\lambda^2 + \sqrt{20}\,\lambda + 9 = 0$ und damit die komplexen Eigenwerte

$$\lambda_{1,2} = -\sqrt{20} \pm \sqrt{5-9} = -\sqrt{20} \pm i2 \,, \tag{6.47}$$

d.h. die Lösung ist eine gedämpfte Schwingung mit $\omega = 2$:

$$x(t) = e^{-\sqrt{20}\,t}\left(a\cos(2t) + b\sin(2t)\right) \,. \tag{6.48}$$

Mit den Anfangswerten aus Bsp. 67 ergibt sich $a = 5$ und $b = 4/\sqrt{5}$. □

Überdämpfte Schwingung (Kriechfall): Starke Dämpfung ergibt sich für $\omega_0 < \gamma$. In diesem Fall sind die Eigenwerte reell

$$\lambda_{1,2} = -\gamma \pm \tilde{\omega} \quad \text{mit} \quad \tilde{\omega} = \sqrt{\gamma^2 - \omega_0^2}\,. \tag{6.49}$$

Wir erhalten direkt eine reelle Lösung

$$x(t) = e^{-\gamma t}(a\,e^{+\tilde{\omega} t} + b\,e^{-\tilde{\omega} t}) \,. \tag{6.50}$$

Für die Randbedingung $x(0) = 0$ und $v(0) = v_0$ erhalten wir $0 = a + b$ und $v_0 = a\tilde{\omega} - b\tilde{\omega}$ und damit für die Integrationskonstanten

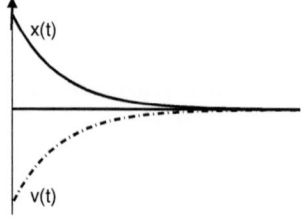

Abb. 6.5. Lösung des gedämpften Oszillators für den Kriechfall; der Körper nähert sich langsam der Ruhelage an ohne noch einmal durch diese hindurch zu schwingen

$$a = \frac{v_0}{2\tilde{\omega}} \quad \text{und} \quad b = -\frac{v_0}{2\tilde{\omega}} \, . \tag{6.51}$$

Einsetzen in (6.50) liefert unter Berücksichtigung von (2.18)

$$x(t) = e^{-\gamma t} \frac{v_0}{\tilde{\omega}} \frac{1}{2} \left(e^{+\tilde{\omega}t} - e^{-\tilde{\omega}t} \right) = \frac{v_0}{\tilde{\omega}} e^{-\gamma t} \sinh \tilde{\omega} t \, . \tag{6.52}$$

Im Kriechfall kommt es zu keiner Schwingung, vgl. Abb. 6.5, d.h. für $t > 0$ wechselt x das Vorzeichen nicht.

Beispiel 70. Kehren wir zu Bsp. 69 zurück, verwenden jetzt jedoch einen anderen Vorfaktor im $\dot{x}$-Term: $\ddot{x} + 10\dot{x} + 9x = 0$. Der Exponentialansatz liefert die charakteristische Gleichung $\lambda^2 + 10\lambda + 9 = 0$ und damit die Eigenwerte $\lambda_{1,2} = -5 \pm \sqrt{25-9} = -5 \pm 4$, d.h. die Lösung ist eine überdämpfte Schwingung mit $\tilde{\omega} = 4$:

$$x(t) = e^{-5t} \left(a \cos(4t) + b \sin(4t) \right) \, . \tag{6.53}$$

Mit den Anfangswerten aus Bsp. 67 ergibt sich $a = 4$ und $b = -24$. □

Aperiodischer Grenzfall (kritische Dämpfung): Der aperiodische Grenzfall ergibt sich für $\omega_0 = \gamma$. In diesem Fall verschwindet die Wurzel und der Eigenwert ist $\lambda = -\gamma$. Die Lösung der DGL ist

$$x(t) = a e^{-\gamma t} \, . \tag{6.54}$$

Formal stehen wir vor einem Problem: wir haben zwei Anfangsbedingungen, aber nur eine Integrationskonstante. Wenn wir eine zweite Lösung finden, so haben wir auch eine Möglichkeit, die zweite Anfangsbedingung unterzubringen. Die zweite Lösung orientiert sich wieder eng an einem Exponentialansatz, allerdings mit der unabhängigen Variablen als Vorfaktor:

$$x(t) = t e^{-\gamma t} \, . \tag{6.55}$$

Die Ableitungen des Ansatzes sind

$$\dot{x}(t) = (1 - \gamma t) e^{-\gamma t}, \quad \text{und}$$
$$\ddot{x}(t) = [-\gamma - \gamma(1 - \gamma t)] e^{-\gamma t} = (-2\gamma + \gamma^2 t) e^{-\gamma t} \, . \tag{6.56}$$

Eingesetzt in die DGL erhalten wir

$$(-2\gamma + \gamma^2 t) + 2\gamma(1 - \gamma t) + \omega_0^2 t = (-\gamma^2 + \omega_0^2) t = 0 \, , \tag{6.57}$$

6.2 Homogene Differentialgleichung zweiter Ordnung

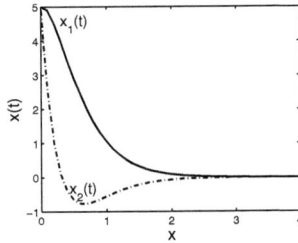

Abb. 6.6. Aperiodischer Grenzfall für zwei unterschiedliche Anfangsbedingungen; bei x_1 nähert sich die Lösung der Ruhelage an, bei x_2 kommt es noch zu einem einmaligen Durchschwingen durch die Nulllage

d.h. der Ansatz erfüllt die DGL und die allgemeine Lösung ist

$$x(t) = (a + bt)\,\mathrm{e}^{-\gamma t}\,. \tag{6.58}$$

Auch hier können wir mit den Anfangsbedingungen $x(0) = x_0$ und $v(0) = 0$ die Integrationskonstanten bestimmen und erhalten

$$x_0 = a \quad \text{und} \quad 0 = b - a\gamma \quad \to \quad b = \gamma x_0\,. \tag{6.59}$$

Einsetzen in (6.58) liefert als Lösung

$$x(t) = x_0(1 - \gamma t)\mathrm{e}^{-\gamma t}\,. \tag{6.60}$$

Der tatsächliche Kurvenverlauf hängt stark von den Anfangsbedingungen ab; es findet keine Schwingung statt sondern maximal ein Nulldurchgang.

Beispiel 71. Betrachten wir nochmals Bsp. 69 mit einem anderen Faktor vor dem $\dot{x}$-Term: $\ddot{x} + 6\dot{x} + 9x = 0$. Der Exponentialansatz liefert die charakteristische Gleichung $\lambda^2 + 6\lambda + 9 = 0$ und damit die Eigenwerte $\lambda_{1,2} = -3 \pm \sqrt{9-9} = -3$. Da beide Eigenwerte zusammenfallen, benötigen wir eine zweite Lösung. Für diese machen wir den Ansatz $x(t) = t\mathrm{e}^{-3t}$ und erhalten als Lösung

$$x(t) = (a + bt)\,\mathrm{e}^{-3t}\,. \tag{6.61}$$

Mit den Anfangsbedingungen aus Bsp. 67 erhalten wir $a = 5$ und $b = 16$. Abbildung 6.6 zeigt diese Lösung als x_1, die Lösung für eine veränderte Anfangsbedingung in $\dot{x}$ als x_2.

Beispiel 72. Die Differentialgleichung für die gedämpfte Schwingung ($R \neq 0$) der Ladung Q in einem Schwingkreis ist

$$\ddot{Q} + \frac{R}{L}\dot{Q} + \frac{1}{LC}Q = 0\,, \tag{6.62}$$

mit den Anfangsbedingungen $Q(0) = Q_{\max}$ und $\dot{Q}(0) = 0$. Zur Lösung wählen einen wieder den Exponentialansatz $Q(t) = \mathrm{e}^{\lambda t}$ mit $\dot{Q}(t) = \lambda \mathrm{e}^{\lambda t}$ und $\ddot{Q}(t) = \lambda^2 \mathrm{e}^{\lambda t}$ und erhalten nach Einsetzen in die DGL (6.62) die charakteristische Gleichung für die Eigenwerte λ

$$\lambda^2 + \frac{R}{L}\lambda + \frac{1}{LC} = 0 \tag{6.63}$$

mit den Lösungen

$$\lambda_{1,2} = -\frac{R}{2L} \pm \sqrt{\left(\frac{R}{2L}\right)^2 - \frac{1}{LC}}, \qquad (6.64)$$

d.h. die Lösung hat die Form $Q(t) = A\,\mathrm{e}^{\lambda_1 t} + B\,\mathrm{e}^{\lambda_2 t}$.

Für schwache Dämpfung sind die Eigenwerte komplex:

$$\lambda_{1,2} = -\gamma \pm i\omega \quad \text{mit} \quad \gamma = \frac{R}{2L} \quad \text{und} \quad \omega = \sqrt{\frac{1}{LC} - \frac{R^2}{4L^2}}. \qquad (6.65)$$

Damit ergibt sich als Lösung

$$Q(t) = \Re\{A\mathrm{e}^{-\gamma t}\mathrm{e}^{i\omega t} + B\mathrm{e}^{-\gamma t}\mathrm{e}^{-i\omega t}\} = \mathrm{e}^{-\gamma t}(a\cos(\omega t) + b\sin(\omega t)). \quad (6.66)$$

Mit den obigen Randbedingungen ist $a = Q_{\max}$ und $b\omega = \dot{Q}$, also

$$Q(t) = Q_{\max}\mathrm{e}^{-\gamma t}\cos(\omega t), \qquad (6.67)$$

d.h. eine Schwingung der Frequenz ω, die exponentiell mit $-\gamma t$ abfällt.

Für starke Dämpfung (λ reell) erhalten wir für die Eigenwerte

$$\lambda_{1,2} = -\gamma \pm \tilde{\omega} \quad \text{mit} \quad \gamma = \frac{R}{2L} \quad \text{und} \quad \tilde{\omega} = \sqrt{\frac{R^2}{4L} - \frac{1}{LC}} \qquad (6.68)$$

und damit die Lösung

$$Q(t) = \mathrm{e}^{-\gamma t}(a\mathrm{e}^{\tilde{\omega}t} + b\mathrm{e}^{-\tilde{\omega}t}). \qquad (6.69)$$

Mit den Randbedingungen ergibt sich $a = -b$ und $I_{\max} = \tilde{\omega}a - b\tilde{\omega}$ und damit für die Integrationskonstanten

$$a = \frac{I_{\max}}{2\tilde{\omega}} \quad \text{und} \quad B = -\frac{I_{\max}}{2\tilde{\omega}}. \qquad (6.70)$$

Die Lösung ist dann

$$Q(t) = \frac{I_{\max}}{2\tilde{\omega}}\mathrm{e}^{-\gamma t}\left(\mathrm{e}^{\tilde{\omega}t} - \mathrm{e}^{-\tilde{\omega}t}\right) = \frac{I_{\max}}{\tilde{\omega}}\mathrm{e}^{-\gamma t}\sinh(\tilde{\omega}t). \qquad (6.71)$$

In diesem Fall entlädt sich der Kondensator langsam, wobei der von der Entladung über einen Widerstand bekannte $\mathrm{e}^{-\gamma t}$-Term durch den $\sinh(\tilde{\omega}t)$ modifiziert wird. □

6.2.5 Zusammenfassung: Homogene DGL 2. Ordnung

Eine homogene lineare DGL 2. Ordnung mit konstanten Koeffizienten vom Typ $\ddot{x} + a\dot{x} + bx = 0$ kann durch einen Exponentialansatz $x \sim \mathrm{e}^{\lambda t}$ gelöst werden. Einsetzen dieses Ansatz in die Differentialgleichung liefert die charakteristische Gleichung für die Eigenwerte $\lambda^2 + a\lambda + b = 0$. Dabei sind die folgenden Fälle zu unterscheiden sind:

1. $\lambda_1 \neq \lambda_2$ reell: es gibt eine allgemeine Lösung $x = c_1\mathrm{e}^{\lambda_1 t} + c_2\mathrm{e}^{\lambda_2 t}$.
2. $\lambda_1 = \lambda_2 = \lambda$, reell: es ergibt sich mit dem zusätzlichen Ansatz $x \sim t\mathrm{e}^{\lambda t}$ eine allgemeine Lösung $x = (c_1 t + c_2)\mathrm{e}^{\lambda t}$.
3. $\lambda_{1,2} = \alpha \pm i\omega$ komplex: es gibt eine allgemeine Lösung $x = \mathrm{e}^{\alpha t}(c_1\sin(\omega t) + c_2\cos(\omega t))$.

Die Integrationskonstanten c_i sind aus den Anfangsbedingungen zu bestimmen.

6.3 Inhomogene DGL: Erzwungene Schwingung

Nehmen wir jetzt zusätzlich an, dass der Oszillator von einer externen harmonischen Kraftdichte (Kraft pro Masse) $f_0 \cos \Omega t = f_A e^{i\Omega t}$ angeregt wird. Formal bildet diese Kraftdichte eine Inhomogenität und wir erhalten mit der bereits in (6.39) verwendeten Schreibweise die inhomogene lineare DGL 2. Ordnung mit konstanten Koeffizienten

$$\ddot{x} + 2\gamma \dot{x} + \omega_0^2 x = f_0 \cos \Omega t \tag{6.72}$$

oder in komplexer Schreibweise

$$\ddot{z} + 2\gamma \dot{z} + \omega_0^2 z = f_A e^{i\Omega t} . \tag{6.73}$$

Die allgemeine Lösung der homogenen Gleichung wurde bereits in Abschn. 6.2.4 bestimmt, wir benötigen jetzt noch eine spezielle Lösung für die inhomogene DGL. Dazu machen wir wieder einen Ansatz, der der Inhomogenität ähnlich ist:

$$z(t) = A_z e^{i\Omega t} \quad \text{mit} \quad \dot{z}(t) = i\Omega z(t) \quad \text{und} \quad \ddot{z}(t) = -\Omega^2 z(t) . \tag{6.74}$$

Einsetzen in DGL liefert

$$(-\Omega^2 + 2i\gamma\Omega + \omega_0^2)A_z = f_A \tag{6.75}$$

als Zusammenhang zwischen der Amplitude f_A der antreibenden Kraftdichte und der komplexen Amplitude A_z der Schwingung. Deren Betrag ist gemäß (4.9)

$$A = |A_z| = \sqrt{A_z A_z^*} = \sqrt{\frac{f_A}{\omega_0^2 - \Omega^2 + 2\gamma i\Omega} \cdot \frac{f_A}{\omega_0^2 - \Omega^2 - 2\gamma i\Omega}}$$

$$= \frac{f_0}{\sqrt{(\omega_0^2 - \Omega^2)^2 + (2\gamma\Omega)^2}} , \tag{6.76}$$

der Phasenwinkel ist

$$\varphi = -\arctan \frac{\Im(A)}{\Re(A)} = -\arctan \frac{2\gamma\Omega}{\omega_0^2 - \Omega^2} . \tag{6.77}$$

Damit ist die partikuläre reelle Lösung der inhomogenen DGL

$$x(t) = A \cos(\Omega t + \varphi) . \tag{6.78}$$

Die erzwungene Schwingung hat also die gleiche Frequenz Ω wie die antreibende Kraft, ist aber um den Phasenwinkel φ verschoben. Dieser Phasenwinkel wird mit zunehmender Antriebsfrequenz größer; bei großem Ω laufen Schwingung und Antrieb entgegengesetzt; für $\Omega = \omega_0$ wird die Phasenverschiebung $\pi/2$, vgl. Abb. 6.7.

Die Amplitude A in (6.76) ist nur für Nenner $\omega_0^2 - \Omega^2 + 2\gamma i\Omega$ ungleich Null bestimmt. Dieser Nenner wird Null, wenn sowohl Real- als auch der Imaginärteil verschwinden, d.h. wenn die Dämpfung verschwindet ($\gamma = 0$)

126   6 Differentialgleichungen zweiter Ordnung

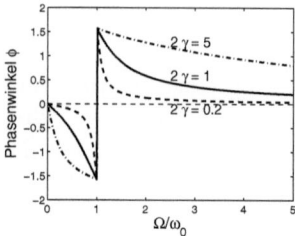

Abb. 6.7. Abhängigkeit des Phasenwinkels φ zwischen Antriebskraft und Schwingung vom Verhältnis der Frequenz der antreibenden Kraft Ω zur Frequenz der freien Schwingung ω_0. Die Phasenverschiebung wird maximal für $\Omega = \omega_0$

und die Frequenz Ω der antreibenden Kraft gleich der Frequenz ω_0 der freien Schwingung ist. Dieser Fall entspricht der *Resonanzkatastrophe* in der die Amplitude Unendlich wird. Auch bei vorhandener Dämpfung wird die Resonanz als ein Anwachsen der Amplitude deutlich, vgl. Abb. 6.8. Sie ergibt sich für $2\gamma^2 < \omega_0^2$ bei einer *Resonanzfrequenz* von

$$\omega_R = \sqrt{\omega_0^2 - 2\gamma^2} \; . \tag{6.79}$$

Die Amplitude bei dieser Resonanzfrequenz, die *Resonanzamplitude*, A_R ist

$$A_R = \frac{f_0}{2\gamma\sqrt{\omega_0^2 - \gamma^2}} = \frac{f_0}{2\gamma\omega} \tag{6.80}$$

mit ω als der Frequenz der gedämpften Schwingung, vgl. (6.42).

Kombination der Lösung der homogenen DGL mit der speziellen Lösung (6.78) liefert die allgemeine Lösung für den Schwingfall

$$x(t) = A\cos(\Omega t + \varphi) + e^{-\gamma t}(a\cos(\omega t) + b\sin(\omega t)) \; . \tag{6.81}$$

Die freie Schwingung (rechte Klammer) nimmt wegen $e^{-\gamma t}$ (Dämpfung) im Laufe der Zeit ab, so dass nur die erzwungene Schwingung übrig bleibt, vgl. Abb. 6.9.

Die allgemeine Lösung $x = x(t)$ einer inhomogenen linearen Differentialgleichung 2. Ordnung mit konstanten Koeffizienten vom Typ $\ddot{x} + a\dot{x} + bx = g(t)$ ist die Summe aus der allgemeinen Lösung $x_H = x_H(t)$ der zugehörigen homogenen linearen Differentialgleichung $\ddot{x} + a\dot{x} + bx = 0$ und einer (beliebigen) partikulären Lösung $x_p = x_p(t)$ der inhomogenen linearen Differentialgleichung: $x(t) = x_H(t) + x_p(t)$. Der Lösungsansatz für die partikuläre Lösung

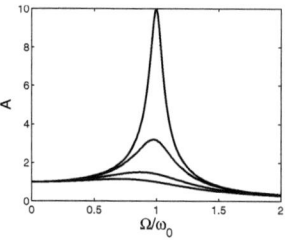

Abb. 6.8. Mit abnehmender Dämpfung wird die Amplitude des angetriebenen Oszillators bei $\Omega = \omega_0$ größer (Resonanz)

6.4 Lösung einer DGL durch eine Potenzreihe

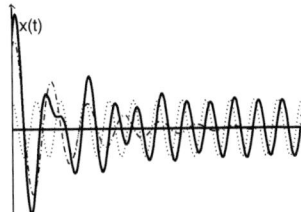

Abb. 6.9. Amplitude der erzwungenen Schwingung. Zum Vergleich sind die Amplituden der gedämpften Schwingung ohne Anregung (strichpunktiert) und der Anregung (gestrichelt) gegeben. Nach dem Einschwingen, d.h. nach Abklingen der Schwingung des gedämpften Oszillators, bleibt die durch (6.78) gegebenen und um φ gegenüber der Anregung verschobene erzwungene Schwingung

x_p wird in Abhängigkeit von der Störfunktion $g(t)$ gewählt. Als Faustregel gibt [51]:

1. der Standardansatz ist eine allgemeine Version der Inhomogenität: ist sie ein Polynom n-ter Ordnung, so wird ein allgemeines Polynom n-ter Ordnung angenommen.
2. Aber: enthält der Standardansatz einen Term, der bereits die homogene Gleichung erfüllt, so ist dieser Term mit der unabhängigen Variablen zu multiplizieren. Dieser Schritt ist so lange zu wiederholen, bis der Ansatz keine Terme mehr enthält, die die homogene Gleichung erfüllen.

Beispiele sind:

- $g(t) = P_n(t)$, d.h. die Störfunktion ist ein Polynom n-ten Grades. Die Lösungsansätze sind Polynome $Q_n(t)$ mit

$$x_p = \begin{cases} Q_n(t) & b \neq 0 \\ t\, Q_n(t) & a \neq 0,\, b = 0 \\ t^2\, Q_n(t) & a = b = 0 \end{cases}. \tag{6.82}$$

- $g(t) = \mathrm{e}^{ct}$, d.h. die Störfunktion ist eine Exponentialfunktion. Die Lösungsansätze sind ebenfalls Exponentialfunktionen, die Art des Ansatzes hängt davon ab, ob c Lösung der charakteristischen Gleichung (chGlg) ist:

$$x_\mathrm{p} = \begin{cases} A\,\mathrm{e}^{ct} & c \text{ keine Lsg der chGlg} \\ At\,\mathrm{e}^{ct} & c \text{ einfache Lsg der chGlg} \\ At^2\,\mathrm{e}^{ct} & c \text{ doppelte Lsg der chGlg} \end{cases}. \tag{6.83}$$

- $g(t) = \sin(\beta t)$ oder $g(t) = \cos(\beta t)$, d.h. die Störfunktion ist eine elementare Winkelfunktion oder eine Linearkombination daraus. Der Lösungsansatz hängt dann davon ab, ob iβ Lösung der charakteristischen Gleichung ist oder nicht:

$$x_\mathrm{p} = \begin{cases} A\sin(\beta t) + B\cos(\beta t) & \mathrm{i}\beta \text{ keine Lsg der chGlg} \\ t[A\sin(\beta t) + B\cos(\beta t)] & \mathrm{i}\beta \text{ Lsg der chGlg} \end{cases}. \tag{6.84}$$

6.4 Lösung einer DGL durch eine Potenzreihe

Bisher haben wir gewöhnliche Differentialgleichungen 2. Ordnung durch einen Exponentialansatz gelöst. Eine andere Möglichkeit ist die Verwendung einer Potenzreihe. Das Verfahren lässt sich an der Schwingungsgleichung

$$\ddot{x} + x = 0 \tag{6.85}$$

erläutern. Als Lösungsansatz wählen wir eine Potenzreihe

$$x = \sum_{n=0}^{\infty} a_n t^n \quad \text{mit} \quad \dot{x} = \sum_{n=1}^{\infty} n a_n t^{n-1} \quad \text{und} \quad \ddot{x} = \sum_{n=2}^{\infty} n(n-1) a_n t^{n-2}. \tag{6.86}$$

Dabei beginnt die Summation bei jeder Ableitung bei einem um 1 erhöhten Glied, da der erste Term der Summe jeweils eine Konstante ist. Einsetzen in die DGL (6.85) liefert

$$\sum_{n=2}^{\infty} n(n-1) a_n t^{n-2} + \sum_{n=0}^{\infty} a_n t^n = 0 \ . \tag{6.87}$$

Um die Summen zusammenfassen zu können, verändern wir in der ersten Summe den Index und erhalten

$$\sum_{n=0}^{\infty} (n+2)(n+1) a_{n+2} t^n + \sum_{n=0}^{\infty} a_n t^n = 0 \tag{6.88}$$

bzw. zuammengefasst

$$\sum_{n=0}^{\infty} \left[(n+2)(n+1) a_{n+2} + a_n \right] t^n = 0 \ . \tag{6.89}$$

Damit diese Potenzreihe verschwindet, muss jeder der Koeffizienten verschwinden, d.h.

$$(n+2)(n+1) a_{n+2} + a_n = 0 \quad \text{oder} \quad a_{n+2} = \frac{-a_n}{(n+2)(n+1)} \ . \tag{6.90}$$

Mit Hilfe dieser Rekursionsformel können wir die Koeffizienten mit gradzahligem Index mit Hilfe von a_0 und die mit ungradzahligem Index mit Hilfe von a_1 ausdrücken:

$$a_{2n} = \frac{(-1)^n}{(2n)!} a_0 \quad \text{und} \quad a_{2n+1} = \frac{(-1)^n}{(2n+1)!} a_1 \quad \text{mit} \quad n = 0, 1, 2, \ldots \ . \tag{6.91}$$

Setzen wir dies in (6.88) ein, so erhalten wir

$$x = a_0 \sum_{n=0}^{\infty} \frac{(-1)^n}{(2n)!} t^{2n} + a_1 \sum_{n=0}^{\infty} \frac{(-1)^n}{(2n+1)!} t^{2n+1} \ . \tag{6.92}$$

Die beiden Summen sind die MacLaurin'schen Reihen für den Sinus (2.132) und den Kosinus (2.133), d.h. wir erhalten die auch mit Hilfe des Exponentialansatzes gefundene Lösung

$$x = a_0 \sin t + a_1 \cos t \, . \tag{6.93}$$

Diese Lösung enthält wieder zwei Integrationskonstanten a_0 und a_1, wie für eine Differentialgleichung 2. Ordnung gefordert.

Nicht jede DGL ist durch einen Potenzreihenansatz lösbar und selbst bei einer durch einen Potenzreihenansatz lösbaren DGL lässt sich das Ergebnis nicht unbedingt durch einfache Funktionen, in obigem Beispiel Sinus und Kosinus, ausdrücken, sondern es kann sein, dass die Potenzreihe die Lösung ist. Eine Differentialgleichung kann daher auch als *Definitionsgleichung für eine Potenzreihe* verwendet werden, z.B. für die *Legendre-Polynome* (vgl. Abschn. 12.3.9).

Ob eine Differentialgleichung 2. Ordnung durch einen Potenzreihenansatz gelöst werden kann, hängt von ihren Koeffizienten ab. Betrachten wir dazu eine allgemeine homogene DGL 2. Ordnung

$$A(t)\ddot{x} + B(t)\dot{x} + C(t)x = 0 \, , \tag{6.94}$$

wobei $A(t)$, $B(t)$ und $C(t)$ Polynome sind, die keine gemeinsamen Faktoren enthalten. Die Gleichung soll in einem vorgegebenen Intervall gelöst werden. Ein Punkt t_0 in diesem Intervall wird als *gewöhnlicher Punkt* bezeichnet, wenn gilt $A(t_0) \neq 0$. Dann können wir durch $A(t)$ teilen und erhalten

$$\ddot{x} + p(t)\dot{x} + q(t)x = 0 \, . \tag{6.95}$$

Darin sind die Koeffizienten p und q stetig in der Umgebung von x_0. Da beide als Quotienten von Polynomen definiert sind, sind sie selbst auch Polynome und lassen sich um x_0 in eine Serie entwickeln.

Theorem 5. *Ist x_0 ein gewöhnlicher Punkt von $\ddot{x}+p(t)\dot{x}+q(t)x = 0$ so lässt sich diese DGL durch zwei linear unabhängige Potenzreihen lösen:*

$$x(t) = c_1 \sum_{n=0}^{\infty} a_n(x-x_0) + c_2 \sum_{n=0}^{\infty} b_n(x-x_0) \, . \tag{6.96}$$

Literatur

Wie für Kapitel 5 sind der Heuser [29] und der Robinson [51] sehr gut geeignet, ebenso Ayres [2], Boyce und Prima [8] und natürlich King und Koautoren [32] sowie die Sammlung von Polyanin und Zaitsev [44]. Zum Nachschlagen von Lösungen gibt es Murphy [40]: das Buch entspricht einer Integraltafel, es enthält die Lösungen für ca. 2000 gewöhnliche Differentialgleichungen.

Fragen

6.1. Was ist der Phasenraum?

6.2. Stellen Sie die folgenden Bewegungen im Phasenraum dar: gradlinig gleichförmige Bewegung, gleichförmig beschleunigte Bewegung, Wurfparabel, Kreisbewegung, Kreisbewegung mit Reibung (es ändert sich nur $|v|$, die Bahn bleibt unverändert).

6.3. Warum wird beim aperiodischen Grenzfall ein zweiter Ansatz verwendet?

6.4. Skizzieren Sie das typische Lösungsverfahren für eine inhomogene DGL 2. Ordnung.

6.5. Skizzieren Sie ein alternatives Lösungsverfahren.

6.6. Skizzieren Sie typische Lösungsansätze für die partikuläre Lösung der inhomogenen Differentialgleichung.

6.7. Ist der Exponentialansatz auch für eine DGL 1. Ordnung ein sinnvolles Lösungsverfahren?

6.8. Müsste es bei der Fallunterscheidung nach (6.41) nicht korrekterweise $|\omega_0| > |\gamma|$ heißen?

Aufgaben

6.1. • Zeigen Sie, dass (6.77) gilt.

6.2. • Welche der folgenden linearen Differentialgleichungen 2. Ordnung besitzen konstante Koeffizienten; welche sind homogen, welche inhomogen:

(a) $y'' + ay' + y = e^x$, (b) $xy'' - ay' = 0$,
(c) $y'' + ay' + by = 0$, (d) $a\ddot{x} + x = e^{-bt}$,
(e) $y'' + y' + x^2 y = \cos\omega t$, (f) $y'' - ay' + by = 0$.

6.3. •• Lösen Sie die folgenden homogenen linearen DGLs 2. Ordnung:

(a) $y'' + 2y' - 3y = 0$, (b) $2\ddot{x} + 20\dot{x} + 50x = 0$,
(c) $\ddot{x} - 2\dot{x} + 10x = 0$, (d) $y'' + 4y' + 13y = 0$,
(e) $2\ddot{q} + 7\dot{q} + 3q = 0$, (f) $-\ddot{x} + 6\dot{x} = 9x$,
(g) $y'' - 2ay + a^2 y = 0$, (h) $\ddot{x} + 4x = 0$,
(i) $\ddot{x} + x = 0$, (j) $\ddot{x} + a^2 x = 0$,
(k) $y'' + 4y' + 5y = 0$, (l) $y'' + 20y' + 64y = 0$,
(m) $4\ddot{x} - 4\dot{x} + x = 0$, (n) $\ddot{x} + 4\dot{x} + 29x = 0$,
(o) $\ddot{x} + \dot{x} + 2x = 0$, (p) $\ddot{x} + 2\dot{x} + 5x = 0$.

6.4. • Die Differentialgleichung $\ddot{x} + p\dot{x} + 36x = 0$ mit $p > 0$ beschreibt eine gedämpfte Schwingung. Bestimmen Sie p so, dass der aperiodische Grenzfall eintritt.

6.5. •• Bestimmen Sie die allgemeinen Lösungen der folgenden inhomogenen linearen DGLs 2. Ordnung:

(a) $y'' + 2y' - 3y = 3x^2 - 4x$, (b) $y'' - y = x^3 - 2x^2 - 4$,
(c) $\ddot{x} - 2\dot{x} + x = e^{2t}$, (d) $y'' - 2y' - 3y = -2e^{3x}$,
(e) $\ddot{x} + 10\dot{x} + 25x = 3\cos(5t)$, (f) $y'' + 10y' - 24y = 2x^2 - 6x$,
(g) $\ddot{x} - x = t\sin t$, (h) $y'' + 12y' + 36y = 3e^{-6x}$,
(k) $\ddot{x} + 6\dot{x} + 10x = \cos t$, (i) $\ddot{x} + 4x = 10\sin(2t) + 2t^2 - t + e^{-t}$,
(l) $y'' + 2y' + 3y = e^{-2x}$ (j) $y'' + 2y' + y = x^2 e^x + x - \cos x$,
(m) $\ddot{x} + 2\dot{x} + 17x = 2\sin(5t)$.

6.6. •• Ein Zylinder der Masse m und der Querschnittsfläche A schwimmt mit vertikaler Achse in einer Flüssigkeit der Dichte ϱ. Wie groß ist die Schwingungsdauer, wenn man ihn leicht niederdrückt und dann wieder frei gibt. Stellen Sie die Bewegungsgleichung auf und lösen Sie sie.

6.7. •• Ersetzen Sie den Zylinder in Aufgabe 6.6 durch einen auf der Spitze stehenden Kreiskegel, stellen Sie die DGL auf und lösen Sie sie.

6.8. •• Mathematisches Pendel (Fadenpendel): eine Masse m schwingt an einem Faden der Länge l. Bestimmen Sie die Schwingungsdauer des ungedämpften Pendels für kleine Auslenkungen. Erweitern Sie anschließend auf den gedämpften Fall, wobei die Reibungskraft als $-\beta v$ angenommen wird.

6.9. • Die Gravitationskraft ist vom Radius abhängig: $F_G = \gamma Mm/r^2$. Wie ändern sich Bewegungsgleichung und Periodendauer beim Fadenpendel, wenn dieses vom Meeresniveau auf (a) den Mont Blanc (4 800 m), den Mount Everest (8 800 m) und die Space Station (500 km) transportiert wird?

6.10. •• Gegeben ist die inhomogene lineare Differentialgleichung 2. Ordnung $y'' + 2y' + y = g(x)$ mit dem Störglied $g(x)$. Ermitteln Sie für die nachfolgenden Störglieder den jeweiligen Lösungsansatz für eine partikuläre Lösung $y_p(x)$ der inhomogenen Gleichung:

(a) $g(x) = x^2 - 2x + 1$, (b) $g(x) = x^3 - x$,
(c) $g(x) = 2e^x + \cos x$, (d) $g(x) = 3e^{-x}$,
(e) $g(x) = 2x e^{3x} \sin(4x)$, (f) $g(x) = e^{-x} \cos x$.

6.11. • Leiten Sie die Ausdrücke für die Resonanzfrequenz (6.79) und die Resonanzamplitude (6.80) ab.

6.12. •• Die Differentialgleichung für die gedämpfte Schwingung ($R \neq 0$) der Ladung Q in einem Schwingkreis ist

$$\ddot{Q} + \frac{R}{L}\dot{Q} + \frac{1}{LC}Q = 0,$$

die Randbedingungen sind $Q(t=0) = Q_{\max}$ und $\dot{Q}(t=0) = 0$. Gesucht ist die Änderung der Ladung Q mit der Zeit t.

6.13. •• Bestimmen Sie die allgemeine und die stationäre Lösung für die erzwungenen Schwingungen $\ddot{x} + 4\dot{x} + 29x = 2\sin(2t)$ und $\ddot{x} + 6\dot{x} + 9x = \cos t - \sin t$.

6.14. • Federpendel: In Abschn. 6.2.2 wurde das Federpendel eingeführt, bei dem eine Masse in der Horizontalen hin- und her schwingt. Betrachten Sie jetzt ein Federpendel in der Vertikalen, d.h. die Masse schwingt auf und ab. Stellen Sie die Bewegungsgleichung auf und lösen Sie diese für allgemeine Randbedingungen. Wie unterscheidet sie sich vom horizontalen Federpendel?

6.15. •• Die erzwungene Schwingung eines elektrischen Serienschwingkreises ist durch die Differentialgleichung

$$\ddot{I} + \frac{2R}{L}\dot{I} + \left(\frac{1}{LC}\right)^2 I = F_{\mathrm{a}}\cos(\omega_{\mathrm{a}} t)$$

gegeben. Bestimmen Sie die Lösung.

6.16. •• Geben Sie die Differentialgleichung für den gedämpften harmonischen Oszillator an (rückstellende Kraft $F_r = -m\omega_0^2 x^2$, dämpfende Kraft $F_R = -2m\gamma\dot{x}$). Lösen Sie die Differentialgleichung für die Randbedingungen $v_0 = 0$ und $x_0 = x_{\max}$. Stellen Sie eine weitere Differentialgleichung auf für den Fall, dass eine zusätzliche antreibende Kraft wirkt: $F_A = f_{\mathrm{o}}\cos\Omega t$. Lösen Sie auch diese Differentialgleichung.

6.17. ••• Simulierter Bungee-Jump: ein Körper der Masse m befindet sich zur Zeit $t=0$ am Ort z_0 an einer ungespannten Feder mit Federkonstante k und habe eine Geschwindigkeit $v(0) = v_0$. Wenn der Körper mit der Fallbewegung beginnt, wirken drei Kräfte auf ihn: die abwärts gerichtete Gravitationskraft $-mg$, die der Bewegung entgegengesetzte Reibungskraft $-\beta v$ und die ebenfalls der Bewegung entgegengesetzte Rückstellkraft der Feder $-kx$. (a) Stellen Sie die Bewegungsgleichung auf. (b) Welche physikalische Situation wird durch die homogene Bewegungsgleichung beschrieben? Skizzieren Sie die Lösungen und diskutieren Sie die Bewegung für $t \to \infty$. (c) Lösen Sie die inhomogene Bewegungsgleichung und skizzieren Sie die sich ergebenden Lösungen $z(t)$ und $v(t)$.

6.18. •• Lösen Sie $\ddot{x} + 3\dot{x}t + 3x = 0$ mit Hilfe einer Potenzreihe.

7 Numerische Lösung von Differentialgleichungen

Nicht jede Differentialgleichung ist analytisch lösbar. Das Problem ist von der Integration bekannt: nicht jede Funktion ist analytisch integrierbar. Beim Integral können wir uns durch die anschauliche Interpretation als Fläche unter dem Funktionsgraphen behelfen und numerisch integrieren (vgl. Abschn. 3.2.7). Dann haben wir eine numerische Lösung des Integrals, die zwar nicht die exakte Lösung aber eine brauchbare Annäherung gibt.

Numerische Verfahren können auch zur Lösung von Differentialgleichungen eingesetzt werden. Dazu interpretieren wir die vorhandenen Angaben der Differentialgleichung und des Anfangswertes anschaulich: der Anfangswert ist der Startpunkt, die Differentialgleichung gibt an, wie sich der Wert verändert, d.h. wir können mit Hilfe dieser Veränderung den Anfangswert auf einen Wert zu einem etwas späteren Zeitpunkt extrapolieren und dort das Verfahren fortsetzen. Nach einer kurzen Einführung anhand von zwei Beispielen werden Standard-Verfahren zur numerischen Lösung von DGLs vorgestellt.

7.1 Die Idee

Numerische Lösungen für gewöhnliche DGLs 1. und 2. Ordnung werden für den radioaktiven Zerfall und das ungedämpfte Federpendel skizziert.

7.1.1 Differentialgleichung erster Ordnung

Der radioaktive Zerfall (vgl. Bsp. 60) wird durch die Differentialgleichung

$$dN = -\lambda N \, dt \qquad (7.1)$$

mit der Anfangsbedingung $N(0) = N_0$ beschrieben. Gesucht wird der zeitliche Verlauf $N(t)$. Außer der Anfangsbedingung haben wir durch die DGL eine Information über die zeitliche Änderung von N. Diese können wir nicht direkt auswerten, da die DGL einen Differentialquotienten, d.h. infinitesimal kleine Änderungen enthält. Auswertbar sind jedoch nur endliche Änderungen. Daher gehen wir von der Differentialgleichung (7.1) über auf eine *Differenzengleichung* (Diskretisierung)

7 Numerische Lösung von Differentialgleichungen

Tabelle 7.1. Vergleich der numerischen Integration mit Schrittweiten von 0.01 s, 0.02 s, 0.05 s, 1 s, 2 s, 5 s und 10 s mit den analytischen Ergebnissen

Δt		0.1 s	0.2 s	0.5 s	1 s	2 s	5 s	10 s	analyt.
	$\Delta t/\tau$	1/100	1/50	1/20	1/10	1/5	1/2	1	-
t [s]	t/τ	$N(t)$	$N(t)$	$N(t)$	$N(t)$	$N(t)$	$N(t)$	$N(t)$	$N(T)$
0	0	10 000	10 000	10 000	10 000	10 000	10 000	10 000	10 000
1	0.1	9 043	9 039	9 025	9 000	-	-	-	9 048
2	0.2	8 179	8 170	8 145	8 100	8 000	-	-	8 187
3	0.3	7 397	7 386	7 350	7 290	-	-	-	7 408
4	0.4	6 689	6 676	6 634	6 561	6 400	-	-	6 703
5	0.5	6 050	6 034	5 987	5 905	-	5 000	-	6 065
6	0.6	5 472	5 455	5 403	5 314	5 120	-	-	5 488
7	0.7	4 948	4 931	4 877	4 783	-	-	-	4 966
8	0.8	4 475	4 457	4 401	4 305	4 096	-	-	4 493
9	0.9	4 047	4 028	3 972	3 874	-	-	-	4 065
10	1.0	3 660	3 642	3 585	3 487	3 277	2 500	0	3 679
11	1.1	3 310	3 292	3 235	3 138	-	-	-	3 329
12	1.2	2 994	2 976	2 920	2 824	2 621	-	-	3 012
13	1.3	2 708	2 690	2 635	2 542	-	-	-	2 725
14	1.4	2 449	2 431	2 378	2 288	2 097	-	-	2 466
15	1.5	2 215	2 198	2 146	2 059	-	1 250	-	2 231
16	1.6	2 003	1 986	1 937	1 853	1 677	-	-	2 019
20	2.0	1 340	1 326	1 285	1 216	1 073	625	0	1 353
50	5.0	65.7	64.0	59.2	51.5	37.8	9.8	0	67
100	10.	0.43	0.41	0.35	0.27	0.14	0.01	0	0.5

$$\Delta N = -\lambda N \, \Delta t \, . \tag{7.2}$$

Diese Gleichung gibt die Änderung ΔN der Zahl der Atome während eines kleinen Zeitintervalls Δt. Damit können wir auch die Zahl $N(t + \Delta t)$ der Atome am Ende des Zeitintervalls bestimmen:

$$N(t + \Delta t) = N(t) + \Delta N(\Delta t) = N(t) - \lambda N(t) \, \Delta t \, . \tag{7.3}$$

Durch wiederholte Anwendung des Verfahrens können wir eine Folge $N(t + \Delta t)$ konstruieren, die eine Annäherung an die gesuchte Funktion $N(t)$ ist.

Ausgehend von der Differenzengleichung (7.2) und der Anfangsbedingung lässt sich dieses numerische Verfahren wie folgt zusammenfassen. Wähle eine Schrittweite Δt. Dann durchlaufe das folgende Schema:

1. Bestimme aus $N(t)$ mit (7.2) die Zahl ΔN der in Δt zerfallenden Atome.
2. Bestimme die Zahl der am Ende des Zeitintervalls verbliebenen Atome: $N(t + \Delta t) = N(t) + \Delta N$.
3. Erhöhe die Zeit um Δt: $t \to t + \Delta t$.
4. Ist die neue Zeit t kleiner einer vorgegebenen Endzeit und die Zahl $N(t)$ größer Null, gehe zu Schritt 1 und wiederhole das Schema; sonst Stopp.

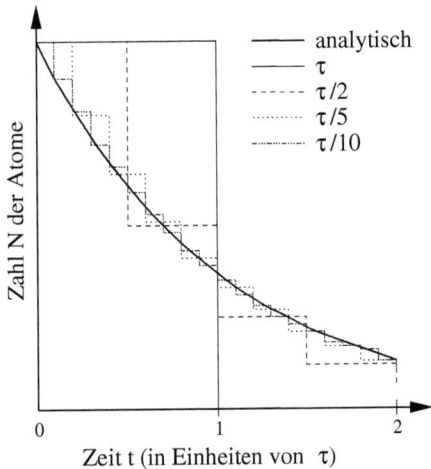

Abb. 7.1. Numerische Lösungen aus Tabelle 7.1 für verschiedene Schrittweiten Δt. Alle Zeiten sind in Vielfachen der charakteristischen Zeit τ des Systems gegeben

Die Qualität eines solchen Schemas hängt von der Schrittweite in Δt ab: die Zahl der Schritte soll möglichst gering sein, um Rechenzeit zu sparen, muss aber groß genug sein, um den Fehler vertretbar klein zu halten. Der Einfluss der Schrittweite Δt ist in Tabelle 7.1 gezeigt. Dort ist das oben beschriebene Verfahren für $N(0) = 10\,000$ und $\lambda = (10s)^{-1}$ durchgeführt worden. Die charakteristische Zeitskala des Systems ist $\tau = 1/\lambda$; sowohl die Zeit t als auch der Zeitschritt Δt sind auch in Einheiten von τ angegeben. Die letzte Spalte gibt die analytische Lösung. Ist die Zeitauflösung Δt in der Größenordnung der charakteristischen Zeit τ des Systems, so ist der Fehler intolerabel (vorletzte Spalte). Bei einem Δt von $1/10$ der charakteristischen Zeit sind schon grobe Abschätzungen möglich (Spalte 6), bei feinerer Zeitauflösung nähert sich das Ergebnis des numerischen Verfahrens dem der analytischen Lösung weiter an. Für alle Δt wird das Verfahren mit zunehmender Zeit (zunehmender Schrittzahl) ungenauer. Daher muss bei Abschätzungen über lange Zeiträume besondere Sorgfalt auf die Wahl von Δt verwendet werden.

Die verschiedenen Lösungen aus Tabelle 7.1 sind in Abb. 7.1 graphisch dargestellt. Das hier verwendete Lösungsverfahren liefert unabhängig von der Schrittweite stets zu kleine Werte für $N(t)$: die exakte Lösung $N(t)$ ist monoton fallend. Das numerische Verfahren betrachtet jedoch $N(t)$ als während des ganzen Zeitschritts konstant. Damit ist ΔN auch für jedes Unterintervall eines Zeitschritts konstant und insbesondere zum Ende des Zeitintervalls zu groß gegenüber dem analytischen Wert: das Verfahren zieht am Ende des Zeitschritts also systematisch eine zu große Zahl ΔN ab und unterschätzt damit die Zahl N der verbliebenen Atome. Das wird insbesondere bei $\Delta t = \tau$ deutlich. Hätten wir eine monoton steigende Funktion (z.B. exponentielles Wachstum, d.h. das Minus in der DGL (7.1) verschwindet), so würde das Verfahren die Änderung ΔN unterschätzen; auch in diesem Fall ist das numerisch bestimmte $N(t)$ kleiner als das der analytischen Lösung.

7.1.2 Differentialgleichung zweiter Ordnung

Als Beispiel betrachten wir das ungedämpfte Federpendel

$$\ddot{x} = -\omega_0^2 x \ . \tag{7.4}$$

Die Anfangsbedingungen sind $x(0) = x_0$ und $v(0) = v_0$. Für das numerische Verfahren müssen wir diese DGL 2. Ordnung in zwei gekoppelte DGLs 1. Ordnung überführen:

$$\dot{x} = v \quad \text{und} \quad \dot{v} = -\omega_0^2 x \ . \tag{7.5}$$

Diese DGLs müssen wieder diskretisiert werden:

$$\frac{\Delta x}{\Delta t} = v \quad \text{und} \tag{7.6}$$

$$\frac{\Delta v}{\Delta t} = -\omega_0^2 x \ . \tag{7.7}$$

Dann ist ein Δt zu wählen, das klein ist gegen die charakteristische Zeit des Systems (Schwingungsdauer), und das folgende Schema zu durchlaufen:

1. Bestimme aus (7.7) die Beschleunigung $\dot{v}$ aus der Auslenkung x (beim ersten Schritt x_0, danach jeweils das x aus dem vorangegangenen Schritt).
2. Bestimme aus der Beschleunigung die Geschwindigkeitsänderung im Zeitintervall Δt zu $\Delta v = a \Delta t$ mit $a = -\omega_0^2 x$ aus Schritt (1).
3. Bestimme daraus die neue Geschwindigkeit: $v = v_\text{v} + \Delta v$ mit v_v als der Geschwindigkeit aus dem vorangegangenen Schritt bzw. beim ersten Schritt aus der Anfangsbedingung.
4. Bestimme aus der Geschwindigkeit unter Verwendung von (7.6) die Änderung des Ortes während des Zeitintervalls: $\Delta x = v \Delta t$.
5. Bestimme den neuen Ort: $x = x_\text{v} + \Delta x$, mit x_v als dem Ort aus dem vorangegangenen Schritt bzw. beim ersten Schritt als dem Anfangswert.
6. Erhöhe t um Δt.
7. Gehe zu 1 und wiederhole die Schleife (oder beende das Schema, wenn ein Abbruchkriterium erfüllt ist).

Auch dieses numerische Verfahren lässt sich leicht auf einem Rechner realisieren. Die richtige Wahl der Schrittweite hat hier eine noch grössere Bedeutung als bei der Differentialgleichung 1. Ordnung, da die Schrittweite zu numerischen Fehlern in den Schritten 1, 2 und 5 führt.

7.2 Grundlagen

Das Aufsuchen der numerischen Lösung einer DGL wird als *Cauchy-Problem* bezeichnet: finde eine Lösung x in einem Intervall I derart, dass

$$\dot{x}(t) = f(t, x(t)) \quad \forall t \in I \quad \text{und} \quad x(0) = x_0 \ . \tag{7.8}$$

Ein derartiges Problem wird auch als *Anfangswertproblem* bezeichnet.

Numerische Verfahren zur Integration einer Differentialgleichung lassen sich auf Verfahren zur analytischen Lösung einer DGL (vgl. Abschn. 5.2) und zur numerischen Integration (vgl. Abschn. 3.2.7) zurückführen. Dazu gehen wir von der homogenen DGL aus:

$$\dot{x} = f(x(t)) \ . \tag{7.9}$$

Analytisch lösen wir eine derartige DGL durch *Trennung der Variablen* und anschließende Integration:

$$\int_{t}^{t+\Delta t} dx = \int_{t}^{t+\Delta t} f(x(t)) \, dt \ . \tag{7.10}$$

Die Integration auf der linken Seite kann direkt ausgeführt werden:

$$x(t + \Delta t) - x(t) = \int_{t}^{t+\Delta t} f(x(t)) \, dt \tag{7.11}$$

oder nach umstellen der Terme

$$x(t + \Delta t) = x(t) + \int_{t}^{t+\Delta t} f(x(t)) \, dt \ . \tag{7.12}$$

Die numerische Lösung einer DGL ist damit auf die numerische Integration von $f(x(t))$ zurückgeführt.

Eine besondere numerische Behandlung von Differentialgleichungen höherer Ordnung ist nicht erforderlich, da jede gewöhnliche DGL der Ordnung $p > 1$ in ein System von p DGLs 1. Ordnung zerlegt werden kann (vgl. Abschn. 7.1.2). Diese p DGLs müssen dann abwechselnd numerisch iteriert werden. Wir werden in Bsp. 74 die Schwingungsgleichung als ein Beispiel für eine DGL 2. Ordnung numerisch lösen.

Diese Ideen finden auch in der numerischen Lösung partieller Differentialgleichungen Anwendung, da eine partielle DGL auf mehrere gewöhnliche DGLs zurückgeführt werden kann, vgl. Kap. 12.

7.3 Euler-Verfahren

Das Euler-Verfahren zur numerischen Lösung einer DGL ist eine formale Version des in Abschn. 7.1.1 betrachteten Verfahrens. Das Ziel ist die numerische Lösung des Anfangswertproblem $\dot{x} = f(x, t)$ mit dem Anfangswert $x(0) = x_0$ in einem Intervall $a \leq t \leq b$.

Der erste Schritt ist wieder die *Diskretisierung*, d.h. der Übergang von infinitesimal kleinen Schritten auf diskrete Intervalle und damit von einer Differentialgleichung auf eine *Differenzengleichung*

$$\frac{\Delta x}{\Delta t} = \frac{x_n - x_{n-1}}{\Delta t} = f(x,t) \ . \tag{7.13}$$

Das zu betrachtende Intervall $[a,b]$ wird in M gleich große Teile der Länge

$$h = \Delta x = \frac{b-a}{M} \tag{7.14}$$

zerlegt; $h = \Delta x$ ist die *Schrittweite* des numerischen Schemas. Die Lösungsfunktion wird punktweise an den durch die Diskretisierung ausgewählten Gitterpunkten $t_n = t_0 + n\,\Delta t$, $n = 0, 1, 2, 3, \ldots$ bestimmt.

Beim Euler-Verfahren gehen wir von einem vorgegebenen Anfangspunkt (t_0, x_0) aus, der auf der exakten Lösungskurve $x = x(t)$ liegt. Die Lösungskurve im anschließenden Intervall wird in diesem Punkt näherungsweise durch die Tangente ersetzt, deren Steigung durch die Differentialgleichung als $f(x_0, t_0)$ gegeben ist:

$$x(t_1) = x_0 + \Delta t\, f(x_0, t_0) \ . \tag{7.15}$$

Das Verfahren wird an diesem Punkt fortgesetzt, wobei jetzt die Tangentensteigung $f(x(t_1), t_1)$ ist usw. für den so bestimmten Wert $x(t_2)$. Die Lösungskurve wird also aus gradlinigen Stücken zusammengesetzt, d.h. die Näherungslösung ist ein Streckenzug oder Polygon.

Während der Anfangswert noch exakt auf der Lösungskurve liegt, weicht bereits der erste Punkt $x(t_1)$ etwas von der Lösungskurve ab. Mit zunehmender Zahl der Schritte wird diese Abweichung immer größer. Da ein numerisches Verfahren mit abnehmender Schrittweite genauer wird, lässt sich der Fehler des numerischen Verfahrens abschätzen durch einen Vergleich der Lösung bei unterschiedlichen Schrittweiten:

$$\Delta x_n = x(t_n) - x_n \approx x_n - \tilde{x}_n \tag{7.16}$$

mit $\tilde{x}_n$ als der Näherungslösung an der Stelle t_n bei doppelter Schrittweite Δt des numerischen Schemas.

Das Kochrezept für das *Euler'sche Streckenzugverfahren* lässt sich wie folgt zusammenfassen: das Euler-Verfahren extrapoliert die gesuchte Funktion $x(t)$ mit Hilfe der durch $f(x,t)$ gegebenen Steigung:

$$x(t_{i+1}) = x(t_i) + \Delta t\, f(x_i, t_i) \tag{7.17}$$

mit $x(t_0) = x_0$ und $t_i = t_0 + i\Delta t$.

In der bisher beschriebenen Version des Euler-Verfahrens haben wir die Steigung am unteren Ende des jeweiligen Zeitschritts verwendet. Das Verfahren wird als *Vorwärts-Methode* bezeichnet. Da in diesem Verfahren der Wert $x(t_{i+1})$ nur vom vorangegangenen Wert $x(t_i)$ abhängt, wird das Verfahren als *explizites Verfahren* bezeichnet.

Alternativ können wir auch die Steigung am Ende des Integrationsintervalls verwenden:

$$x(t_{i+1}) = x(t_i) + \Delta t\, f(t_{i+1}, x_{i+1}) \tag{7.18}$$

mit $x(t_0) = x_0$ und $t_i = t_0 + i\Delta t$. Dieses Verfahren wird als *Rückwärts-Methode* bezeichnet. Im Gegensatz zum Vorwärts-Verfahren hängt der Wert $x(t_{i+1})$ nicht nur vom vorher bestimmten Wert $x(t_i)$ ab sondern auch vom zu bestimmenden Wert $f(t_{i+1}, x_{i+1})$. Das Verfahren wird daher als *implizites Verfahren* bezeichnet.

Das implizite Euler-Verfahren konfrontiert uns mit dem Problem, dass der zu bestimmende Wert $x(t_{i+1})$ zu seiner Bestimmung benötigt wird. Daher muss eine Annäherung an $x(t_{i+1})$ vorgenommen werden bevor dieser Wert bestimmt werden kann. Dazu gibt es ein einfaches näherungsweises Verfahren und ein komplexeres Verfahren durch Iteration.

Die näherungsweise Berechnung erfolgt in zwei Schritten: (1) im *Prädikatorschritt* wird der Wert an der Stelle $i + 1$ entsprechend dem Vorwärtsverfahren berechnet:

$$x^{\mathrm{P}}(t_{i+1}) = x(t_i) + \Delta t \, f(t_i, x_i) \, . \tag{7.19}$$

Im Korrektorschritt wird dieser Wert zur Bestimmung der Steigung verwendet und damit der eigentlich gesuchte Wert an der Stelle $i + 1$ bestimmt:

$$x(t_{i+1}) = x(t_i) + \Delta t \, f(t_{i+1}, x^{\mathrm{P}}_{i+1}) \, . \tag{7.20}$$

Dieses Verfahren wird auch als *modifiziertes Euler-Verfahren* bezeichnet.

Beispiel 73. Die Differentialgleichung $t\dot{x} - x = t^2 + 4$ mit der Anfangsbedingungen $x_0 = 2$ zur Zeit $t = 0$ ist im Intervall $[1,5]$ zu lösen. Als analytische Lösung erhalten wir für diese Anfangsbedingung $x = t^2 + 5t - 4$. Zur numerischen Behandlung lösen wir die DGL nach $\dot{x}$ auf

$$\dot{x} = \frac{t^2 + 4 + x}{t} \, . \tag{7.21}$$

Die Ergebnisse der beiden Euler Verfahren sind für eine Schrittweite $\Delta t = 0.2$, entsprechend einer Anzahl von 20 Schritten, in Abb. 7.2 dargestellt. Bei gleicher Schrittweite liefert das Rückwärts-Verfahren eine größere Genauigkeit, benötigt auf Grund des Prädikatorschritts aber mehr Rechenzeit. Mit zunehmender Zeit (und damit mit zunehmender Schrittzahl) weichen die numerischen Lösungen weiter von den exakten ab. □

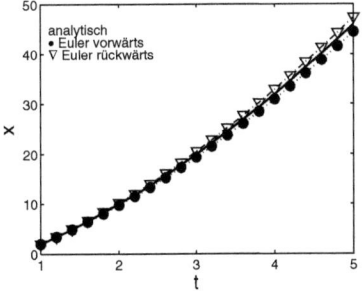

Abb. 7.2. Lösung der DGL aus Bsp. 73 mit dem Vorwärts-Euler-Verfahren (Kreise) und dem Rückwärts-Euler-Verfahren (Dreiecke). Die analytische Lösung ist durchgezogen gezeichnet

7 Numerische Lösung von Differentialgleichungen

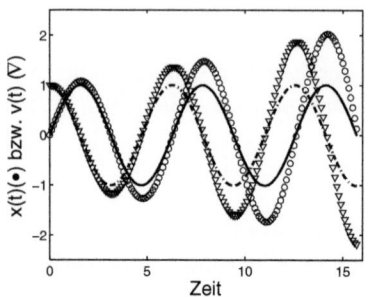

Abb. 7.3. Numerische Lösung der Schwingungsgleichung für die Geschwindigkeit und den Ort mit dem Euler-Verfahren für zwei verschiedene Schrittweiten in t. Der Abstand der Symbole entspricht Δt, die anderen Kurven sind mit einer Schrittweite $\Delta t/10$ bestimmt. Das Aufschwingen der Lösung zeigt, dass Δt zu groß ist

Beispiel 74. Auch Differentialgleichungen 2. Ordnung können mit Hilfe des Euler-Verfahrens gelöst werden. Als Beispiel sei die Schwingungsgleichung betrachtet. Die Bewegungsgleichung ist $\ddot{x} = -\omega_0^2 x$ mit den Anfangsbedingungen $x_0 = 0$ und $v_o = 1$ sowie der Konstanten $\omega_0^2 = 1$. Diese DGL 2. Ordnung läßt sich zerlegen in zwei DGLs 1. Ordnung $\dot{v} = -\omega_0^2 x$ und $v = dx/dt$. Diese beiden DGLs werden in Differenzengleichungen überführt

$$\Delta v = -\omega_0^2 x \Delta t \qquad \text{und} \qquad \Delta x = v \, \Delta t \tag{7.22}$$

und abwechselnd gelöst. Abbildung 7.3 zeigt die Lösungen für zwei verschiedene Schrittweiten Δt. Symbole sind für $\Delta t = 0.1$, der Abstand der Symbole gibt die Weite des Zeitschritts. Die Lösungen für den Ort (Kreise) bzw. die Geschwindigkeit (Dreiecke) liefern eine Annäherung an die Lösung des harmonischen Oszillators, die physikalisch keinen Sinn macht: die Amplitude nimmt zu, d.h. die Schwingung schaukelt sich auf. Die durchgezogene (Ort) und gestrichelte (Geschwindigkeit) Kurve sind mit einer um einen Faktor 10 verringerten Schrittweite gerechnet und ergeben eine vernünftige Annäherung an die analytische Lösung. □

Das modifizierte Euler-Verfahren ist noch ein explizites Verfahren. Ein echtes *implizites Verfahren* entsteht durch Iteration, z.B. Fixpunkt-Iteration:

$$x_{i+1}^{(k+1)} = x_i + \Delta t \, f(t_{i+1}, x_{i+1}^{(k)}) \quad \text{mit} \quad k = 1, 2, 3 \ldots \quad \text{und} \quad y_{i+1}^{(0)} = y_i \,. \tag{7.23}$$

Diese Iteration ist allerdings recht zeitaufwendig.

Das *Crank–Nicolson Verfahren* kombiniert die Vorwärts- und Rückwärts-Methoden aus dem Euler-Verfahren:

$$x(t_{i+1}) = x(t_i) + \frac{\Delta t}{2} \left(f(t_i, x_i) + f(t_{i+1}, x_{i+1}) \right) \tag{7.24}$$

mit $x(t_0) = x_0$ und $t_i = t_0 + i \Delta t$. Durch die Kombination der beiden Euler-Verfahren ist das Crank-Nicolson-Verfahren ein kombiniertes *explizites/implizites Verfahren*.

7.4 Leapfrog-Verfahren (Halbschritt-Verfahren)

Numerische Fehler können im Euler-Verfahren bei zu großer Schrittweite schnell sehr groß werden, wie in Abb. 7.3 gezeigt. Der Fehler entsteht dadurch, dass wir unterstellen, dass $f(t,x)$ im gesamten Intervall $t_i + \Delta t$ konstant ist. Beim *Leapfrog* oder *Halbschritt-Verfahren* wird daher zusätzlich der Wert in der Intervallmitte betrachtet. Ansonsten unterscheidet sich das Verfahren nicht vom Euler'schen, es ist allerdings insofern unanschaulicher, als dass wir einen Wert in der Intervallmitte betrachten und dieser Wert am Anfang des Intervalls noch nicht bekannt ist. Also muss der Wert in der Intervallmitte zunächst berechnet werden. Dazu stellen wir ein neues Gleichungssystem auf:

$$x_{i+\frac{1}{2}} = x_{i-\frac{1}{2}} + f(t_i, x_i)\Delta t \quad \text{mit} \quad x_{-\frac{1}{2}} = x_0 - f(t_0, x_0)\tfrac{1}{2}\Delta t \quad (7.25)$$

und

$$x_{i+1} = x_i + f(t_{i+\frac{1}{2}}, x_{i+\frac{1}{2}})\Delta t \quad \text{mit} \quad x_0 = x_0 \,. \quad (7.26)$$

Beide Gleichungen werden abwechselnd iteriert.

Beispiel 75. Zur numerischen Lösung der DGL des radioaktiven Zerfalls im Leapfrog-Verfahren erhalten wir aus der DGL $\mathrm{d}N/\mathrm{d}t = -\lambda N$ mit Anfangswert $N = N_0$ die folgenden beiden Differenzengleichungen

$$N_{i+\frac{1}{2}} = N_{i-\frac{1}{2}} - \lambda N_i \Delta t \quad (7.27)$$

und

$$N_{i+1} = N_i - \lambda N_{i+\frac{1}{2}} \Delta t \quad (7.28)$$

mit den entsprechenden Anfangswerten

$$N_0 = N_0 \quad (7.29)$$

und

$$N_{-\frac{1}{2}} = N_0 + \lambda N_0 \frac{1}{2}\Delta t \,. \quad (7.30)$$

Der Anfangswert ist N_0, wie in (7.29) angegeben. Dieser Wert reicht jedoch nicht aus, um mit einer der Differenzengleichungen (7.27) oder (7.28) weiter zu arbeiten, da dort stets Zählraten von Intervallgrenzen, d.h. der Form N_i, und Intervallmitten, d.h. der Form $N_{i+1/2}$, kombiniert werden. Daher müssen wir zuerst mit Hilfe von (7.30) den Wert von $N_{-1/2}$ bestimmen, d.h. einen Anfangswert in einer Intervallmitte. Mit diesen beiden Werten können wir die Differenzengleichungen abarbeiten: zuerst wird mit (7.27) der Wert in der Mitte des Anfangsintervalls bestimmt, mit diesem und (7.28) der Wert am Ende des Intervalls. Dieser Wert ist gleichzeitig der Wert am Anfang des folgenden Intervalls und kann in (7.27) eingesetzt werden, um die Mitte dieses Intervalls zu bestimmen. Dieses Verfahren setzt sich fort, immer zwischen (7.27) und (7.28) alternierend.

Tabelle 7.2. Numerische Lösung der DGL des radioaktiven Zerfalls mit dem Leapfrog-Verfahren und einer Schrittweite von $\Delta t = \tau/10$. Die beiden rechten Spalten geben die Lösungen mit Hilfe eines Euler-Verfahrens mit gleicher Schrittweite bzw. die analytische Lösung

t [s]	$N_{\text{Leapfrog}}(t)$	$N_{\text{Euler}}(t)$	$N_{\text{analyt.}}(t)$
0	10 000	10 000	10 000
1	9 050	9 000	9 048
2	8 190	8 100	8 187
3	7 412	7 290	7 408
4	6 708	6 561	6 703
5	6 072	5 905	6 065
6	5 496	5 314	5 488
7	4 975	4 783	4 966
8	4 504	4 305	4 493
9	4 078	3 874	4 065
10	3 693	3 487	3 679
11	3 345	3 138	3 329
12	3 030	2 824	3 012
13	2 746	2 542	2 725
14	2 489	2 288	2 466
15	2 257	2 059	2 231
16	2 047	1 853	2 019

Mit $\lambda = (10 \text{ s})^{-1}$, $N_0 = 10\,000$ und $\Delta t = 1$ s erhalten wir für die ersten 16 s die in Tabelle 7.2 gegebenen Werte. Zum Vergleich geben die letzten beiden Spalten die mit einem Euler-Verfahren bei gleicher Schrittweite bestimmten Werte sowie das Ergebnis der analytischen Lösung. Das Leapfrog-Verfahren liefert eine wesentlich bessere Annäherung an die analytische Lösung. Allerdings ist die Rechenzeit doppelt so lang wie beim Euler-Verfahren, da ja stets auch noch die Werte in der Intervallmitte berechnet werden müssen. Vergleicht man daher die Ergebnisse des Leapfrog-Verfahrens in Tabelle 7.2 mit denen eines Euler-Verfahrens mit halber Schrittweite bzw. gleicher Rechenzeit (vgl. Tabelle 7.1, 5. Spalte), so zeigt das Leapfrog-Verfahren weiterhin bessere Ergebnisse. Das ist auch anschaulich, da das Euler-Verfahren auch bei kleiner Schrittweite immer die gleichen Fehler macht, während das Leapfrog-Verfahren schon aus seinem Ansatz heraus eine bessere Annäherung an die reale Funktion erlaubt. □

7.5 Runge-Kutta-Verfahren 4. Ordnung

Das Runge-Kutta-Verfahren 4. Ordnung ist ein sehr genaues Rechenverfahren. Wie beim Euler-Verfahren wird die Lösungskurve jedem Teilintervall Δt durch eine Gerade ersetzt. Allerdings wird die Steigung dieser Geraden nicht am Anfang oder wie beim Leapfrog-Verfahren am Anfang und in der Mitte des Intervalls bestimmt sondern es wird eine mittlere Steigung angenommen, die sich aus den Steigungen in den beiden Randpunkten und in der Intervallmitte zusammensetzt:

$$x(t_i) = x_i = x_{i-1} + \tfrac{1}{6}(k_1 + 2k_2 + 2k_3 + k_4) \tag{7.31}$$

mit

$$k_1 = \Delta t\, f(t_{i-1}, x_{i-1})\,, \qquad k_2 = \Delta t\, f\left(t_{i-\frac{1}{2}}, x_{i-1} + \tfrac{k_1}{2}\right),$$
$$k_3 = \Delta t\, f\left(t_{i-\frac{1}{2}}, x_{i-1} + \tfrac{k_2}{2}\right), \qquad k_4 = \Delta t\, f(t_{i-1} + \Delta t, x_{i-1} + k_3)\,. \tag{7.32}$$

Dabei müssen die k_i für jeden Rechenschritt Δt neu berechnet werden.
Der Verfahrensfehler lässt sich abschätzen als

$$\Delta x_i = x(t_i) - x_i \approx \tfrac{1}{15}(x_i - \tilde{x}_i) \tag{7.33}$$

mit $\tilde{x}_i$ als der Näherungslösung an der Stelle t_i bei doppelter Schrittweite Δt.

Literatur

Numerische Verfahren werden z.B. in Quarteroni und Saleri [47] oder Gander und Hřebiček [17] auf gut zugängliche Weise eingeführt. In Press et al. [46] finden sich die wichtigsten Prinzipien und Beispielprogramme in verschiedene Programmiersprachen. Auch die Abschnitte zur numerischen Integration von Differentialgleichungen im Ayres [2], im Boyce und Prima [8] sowie im Robinson [51] sind zu empfehlen. Eine gute Einführung in die Numerik mit vielen Beispielen und Übungen gibt Preuss [45], weiter gehende aber gut zugängliche Darstellungen finden sich in den beiden Bänden von Quarteroni und Koautoren [48, 49].

Fragen

7.1. Skizzieren Sie die Grundidee bei der numerischen Lösung von Differentialgleichungen.

7.2. Was versteht man unter einer Differenzengleichung und welche Bedeutung hat sie?

7.3. Skizzieren Sie die formale Verknüpfung zwischen der analytischen und der numerischen Lösung einer DGL.

7.4. Welche(r) Parameter bestimmen die Genauigkeit einer numerischen Lösung?

7.5. Skizzieren Sie die Idee im Euler'schen Streckenzugverfahren und diskutieren Sie die Modifikationen dieses Verfahrens.

144   7 Numerische Lösung von Differentialgleichungen

7.6. Skizzieren Sie die dem Leapfrog-Verfahren zu Grunde liegende Idee.

7.7. Erläutern Sie die numerischen Verfahren zur Lösung von Differentialgleichungen höherer Ordnung.

Aufgaben

7.1. • Lösen Sie die DGL für den radioaktiven Zerfall numerisch mit Hilfe von: (a) Euler-Vorwärts, (b) Euler-Rückwärts, (c) Leapfrog, und (d) Runge-Kutta. Verwenden Sie unterschiedliche Schrittweiten. Vergleichen Sie die Lösungen bei verschiedenen Schrittweiten, vergleichen Sie auch die Verfahren untereinander.

7.2. • Lösen Sie die Schwingungsgleichung aus Bsp. 67 numerisch mit Hilfe von: (a) Euler-Vorwärts, (b) Euler-Rückwärts, (c) Leapfrog, und (d) Runge-Kutta. Verwenden Sie unterschiedliche Schrittweiten. Vergleichen Sie die Lösungen bei verschiedenen Schrittweiten, vergleichen Sie auch die Verfahren untereinander.

7.3. • Lösen Sie die Differentialgleichung aus Bsp. 73 numerisch mit Hilfe von: (a) Euler-Vorwärts, (b) Euler-Rückwärts, (c) Leapfrog, und (d) Runge-Kutta. Verwenden Sie unterschiedliche Schrittweiten. Vergleichen Sie die Lösungen bei verschiedenen Schrittweiten, vergleichen Sie auch die Verfahren untereinander.

7.4. •• Wie müssen Sie die numerischen Verfahren erweitern, um eine inhomogene Differentialgleichung zu lösen? Verwenden Sie als Beispiel eine angetriebene Schwingung, orientieren Sie sich auch an der anschaulichen Darstellung in Abschn. 7.1.2.

7.5. • Lösen Sie einige der Differentialgleichungen aus Aufgabe 5.8 und mit einem Verfahren ihrer Wahl und vergleichen Sie mit der analytischen Lösung.

7.6. •• Lösen Sie einige Differentialgleichungen aus Aufgabe 5.16 mit einem Verfahren ihrer Wahl und vergleichen Sie mit der analytischen Lösung.

8 Matrizen

Matrizen sind rechteckige Zahlenschemata aus Zeilen und Spalten. Determinanten sind mit Matrizen verwandt, sie geben eine Zahl, die sich aus der Matrix bestimmen lässt. In der Mathematik treten beide bei der Lösung von Gleichungssystemen auf, in der Physik sind Matrizen allgegenwärtig: als einspaltige Matrix oder Vektor bei der Beschreibung von Bewegungen; Drehungen und Projektionen werden mit Matrizen dargestellt, und viele Eigenschaften eines nicht-isotropen Mediums werden durch 3 × 3-Matrizen, bezeichnet als Tensor oder Modul, beschrieben. Dazu gehören z.B. der Trägheitstensor, der Drucktensor und der Feldstärke- und Leitfähigkeitstensor. Auch die Lösung von Differentialgleichungssystemen, z.B. der Bewegungsgleichung für gekoppelte Pendel, kann mit Hilfe von Matrizen erfolgen.

8.1 Lineare Gleichungssysteme

→ 8.1.3

Lineare Gleichungssysteme sind Systeme von m-Gleichungen, die zur Bestimmung von n in den Gleichungen vorkommenden Unbekannten x_i dienen. Die Zusammenhänge zwischen den x_i in den Gleichungen sind linear, d.h. die Gleichungen enthalten keine Produkte $x_i x_j$ oder höhere Potenzen x_i^k. Sind mehr Gleichungen vorhanden als Unbekannte, $m > n$, so ist das Gleichungssystem *überbestimmt*; sind es weniger Gleichungen als Unbekannte, $m < n$, so ist das Gleichungssystem *unterbestimmt*.

8.1.1 Lineare Gleichungssysteme mit zwei Unbekannten

Beispiel 76. Gesucht werden zwei Zahlen x und y. Ihre Summe betrage 10, ihre Differenz 2. Diese Aussage lässt sich in zwei Gleichungen formulieren:

$$x + y = 10 \\ x - y = 2 \,. \tag{8.1}$$

Addition beider Gleichungen liefert $2x = 12$ und damit $x = 6$. Einsetzen in eine der beiden Gleichungen liefert für die zweite Unbekannte $y = 4$. □

In diesem Beispiel haben wir zur Lösung des Gleichungssystems das *Additionsverfahren* verwendet, bei dem die beiden Gleichungen durch Multiplikation oder Division mit einer Konstanten in eine Form gebracht werden, in der bei ihrer Addition oder Subtraktion eine der Variablen heraus fällt. Alternativ kann man eine der Gleichungen nach einer der Unbekannten auflösen und in die andere Einsetzen.

Beispiel 77. Gesucht werden zwei Zahlen x und y, deren Summe 18 und deren Quotient 3 beträgt. Dieses lässt sich durch zwei Gleichungen beschreiben:

$$x + y = 18$$
$$x/y = 5 \ . \tag{8.2}$$

In diesem Fall können wir die zweite Gleichung auflösen nach $x = 5y$, dies in die erste Gleichung einsetzen und erhalten $y = 3$ und damit $x = 15$. □

8.1.2 Lineare Gleichungssysteme mit drei Unbekannten

Die Erweiterung auf ein Gleichungssystem mit drei Gleichungen und drei Unbekannten x_i lässt sich schreiben in der Form

$$a_{11}x_1 + a_{12}x_2 + a_{13}x_3 = c_1$$
$$a_{21}x_1 + a_{22}x_2 + a_{23}x_3 = c_2$$
$$a_{31}x_1 + a_{32}x_2 + a_{33}x_3 = c_3 \ . \tag{8.3}$$

Dabei geben die Indizes der Koeffizienten a_{ij} die Nummer i der Gleichung (und damit der Zeile im Gleichungssystem) und den Index der Unbekannten x_j, entsprechend der Spalte im Gleichungssystem.

Beispiel 78. In einer elektronischen Schaltung werden x Kondensatoren, y Widerstände und z Transistoren verwendet. Wir benötigen doppelt so viele Kondensatoren wie Transistoren und dreimal so viele Widerstände wie Kondensatoren, insgesamt 27 Bauteile. Oder in einem Gleichungssystem:

$$x + y + z = 27, \qquad x = 2z \qquad \text{und} \qquad y = 3x \ . \tag{8.4}$$

Die mittlere Gleichung kann direkt in die erste Gleichung eingesetzt werden und das Gleichungssystem reduziert sich auf

$$3z + y = 27 \qquad \text{und} \qquad y = 6z \ . \tag{8.5}$$

Einsetzen der zweiten Gleichung in die erste liefert $9z = 27$, also $z = 3$, d.h. es werden 3 Transistoren, 6 Kondensatoren und 18 Widerstände benötigt. □

In diesem Beispiel war das Lösungsverfahren für drei Gleichungen mit drei Unbekannten einfach, da zwei der Gleichungen nur jeweils zwei Unbekannten enthielten. Dann kann nach einer Unbekannten aufgelöst und eingesetzt werden. Dieses Verfahren lässt sich auch dann anwenden, wenn nur einer der Koeffizienten a_{ij} verschwindet, da dann in einer der Gleichungen nur zwei Unbekannte stehen und nach einer von diesen aufgelöst werden kann. Dann kann die ‚aufgelöste Gleichung' in beide Gleichungen eingesetzt werden und es verbleiben zwei Gleichungen mit zwei Unbekannten.

Verschwindet keiner der Koeffizienten a_{ij}, so funktioniert Auflösen nach einer der Unbekannten nicht so gut. Stattdessen bietet sich die Additionsmethode an. Auch hier erfolgt die Lösung nicht in einem Zug sondern das Gleichungssystem wird zuerst von drei Gleichungen mit drei Unbekannten auf zwei Gleichungen mit zwei Unbekannten reduziert.

Beispiel 79. Gegeben ist das folgende System aus drei Gleichungen für drei Unbekannte:

$$\begin{array}{ll} 2x_1 - 4x_2 + 3x_3 = 29 & \text{(I)} \\ -x_1 + 8x_2 - x_3 = -24 & \text{(II)} \\ 4x_1 + x_2 - 5x_3 = -15 & \text{(III)} \end{array} \qquad (8.6)$$

Wir lösen das System schrittweise. Dazu multiplizieren wir (II) einmal mit 2 und addieren das Ergebnis zu (I) und multiplizieren dann (II) mit 4 und addieren zu (III). Als Ergebnis erhalten wir das Gleichungssystem

$$12x_2 + x_3 = -19 \quad \text{und} \quad 33x_2 - 9x_3 = -111 \, . \qquad (8.7)$$

Multiplikation der ersten Gleichung mit 9 und Addition zur zweiten liefert

$$141x_2 = -282 \qquad (8.8)$$

und damit $x_2 = -2$. Einsetzen in eine der Gleichungen von (8.7) liefert $x_3 = 5$, weiteres Einsetzen in eine der Ausgangsgleichungen $x_1 = 3$. □

8.1.3 Schreibweise durch Vektoren und Matrizen

Wir haben in (8.3) eine Schreibweise für ein System von drei Gleichungen mit drei Unbekannten verwendet, auf deren Basis wir eine abgekürzte Schreibweise einführen können. Die skalaren Unbekannten x_i interpretieren wir als die Komponenten eines Vektors

$$\boldsymbol{x} = \begin{pmatrix} x_1 \\ x_2 \\ x_3 \end{pmatrix} . \qquad (8.9)$$

Für das Gleichungssystem schreiben wir

$$\mathsf{A}\,\boldsymbol{x} = \boldsymbol{c} \qquad (8.10)$$

mit $\boldsymbol{x}$ als dem die Unbekannten enthaltenen Vektor und $\boldsymbol{c}$ als einem Vektor, der die auf der rechten Seite von (8.3) stehenden Konstanten zusammenfasst

$$\boldsymbol{c} = \begin{pmatrix} c_1 \\ c_2 \\ c_3 \end{pmatrix} . \qquad (8.11)$$

Die Koeffizienten a_{ij} auf der linken Seite von (8.3) sind, entsprechend ihrer Indizes, in einem 3 × 3-Zahlenschema, einer *Matrix*, zusammengefasst:

$$A = \begin{pmatrix} a_{11} & a_{12} & a_{13} \\ a_{21} & a_{22} & a_{23} \\ a_{31} & a_{32} & a_{33} \end{pmatrix} . \tag{8.12}$$

Haben wir n Gleichungen mit n Unbekannten, so sind die Koeffizienten in einer $n \times n$-Matrix zusammengefasst. Diese Matrix wird auch als *quadratische Matrix* bezeichnet: sie hat so viele Spalten wie Zeilen.

Ist ein Gleichungssystem über- oder unterbestimmt, so erhalten wir eine nicht-quadratische Matrix: mit n Unbekannten und m Gleichungen eine Matrix mit n Spalten und m Zeilen, d.h. eine $m \times n$-Matrix (die erste Zahl gibt die Anzahl der Zeilen, die zweite die der Spalten, genau so, wie der erste Index eines Koeffizienten die Zeile und der zweite die Spalte an gibt).

8.2 Handwerkszeug

Definition 39. *Eine reelle Matrix* A *vom Typ* (m, n) *ist ein aus* $m \times n$ *reellen Zahlen bestehendes rechteckiges Schema mit* m *Zeilen und* n *Spalten:*

$$A = (a_{ij}) = \begin{pmatrix} a_{11} & a_{12} & \cdots & a_{1n} \\ a_{21} & a_{22} & \cdots & a_{2n} \\ \vdots & \vdots & \ddots & \vdots \\ a_{m1} & a_{m2} & \cdots & a_{mn} \end{pmatrix} . \tag{8.13}$$

Die a_{ij} *werden als* Matrixelemente *bezeichnet; sie können komplex sein.*

Ein Spezialfall ist die *quadratische Matrix* oder $n \times n$ Matrix mit gleicher Spalten- und Zeilenzahl. Weitere Spezialfälle sind die $n \times 1$ *Spaltenmatrix*

$$A = (a_{i1}) = \begin{pmatrix} a_1 \\ a_2 \\ \vdots \\ a_n \end{pmatrix} , \tag{8.14}$$

die nur aus einer Spalte besteht (*Spaltenvektor*), sowie die $1 \times n$ *Zeilenmatrix*

$$A = (a_{1i}) = (a_1 \; a_2 \; \ldots \; a_n) , \tag{8.15}$$

die nur aus einer Zeile besteht und auch als *Zeilenvektor* bezeichnet wird.

Man kann sich eine Matrix auch aus Zeilen- bzw. Spaltenvektoren bestehend vorstellen. Die maximale Anzahl linear unabhängiger Zeilen- oder Spaltenvektoren ist der *Rang* der Matrix.[1]

---

[1] Auch bei nicht-quadratischen Matrizen ist die maximale Zahl linear unabhängiger Zeilen oder Spalten gleich, d.h. es ist nicht notwendig, separat einen Zeilen- und einen Spaltenrang einzuführen.

Definition 40. *Die* Transponierte A^T *der Matrix* A*, manchmal auch geschrieben* A'*, erhält man durch Vertauschen von Zeilen und Spalten:*

$$\begin{pmatrix} a_{11} & a_{12} & \cdots & a_{1n} \\ a_{21} & a_{22} & \cdots & a_{2n} \\ \vdots & \vdots & \ddots & \vdots \\ a_{m1} & a_{m2} & \cdots & a_{mn} \end{pmatrix}^\mathsf{T} = \begin{pmatrix} a_{11} & a_{21} & \cdots & a_{m1} \\ a_{12} & a_{22} & \cdots & a_{m2} \\ \vdots & \vdots & \ddots & \vdots \\ a_{1n} & a_{2n} & \cdots & a_{nm} \end{pmatrix}. \tag{8.16}$$

Zwischen den Elementen einer Matrix und denen ihrer Transponierten besteht der Zusammenhang

$$a_{ij}^\mathsf{T} = a_{ji}\,. \tag{8.17}$$

Ist eine Matrix vom Typ $n \times m$, so ist ihre Transponierte vom Typ $m \times n$; daher geht ein Zeilenvektor in einem Spaltenvektor über und umgekehrt. Die Transponierte einer Transponierten ist wieder die Ausgangsmatrix: $\mathsf{A}^{\mathsf{T}^\mathsf{T}} = \mathsf{A}$. Die Transposition ist linear, d.h. es ist $(\mathsf{A} + \mathsf{B})^\mathsf{T} = \mathsf{A}^\mathsf{T} + \mathsf{B}^\mathsf{T}$.

Beispiel 80. Die Transponierte der Matrix

$$\mathsf{A} = \begin{pmatrix} 1 & 2 & 3 \\ 4 & 5 & 6 \\ 7 & 8 & 9 \end{pmatrix} \tag{8.18}$$

ergibt sich durch Vertauschen der Zeilen und Spalten zu

$$\mathsf{A}^\mathsf{T} = \begin{pmatrix} 1 & 2 & 3 \\ 4 & 5 & 6 \\ 7 & 8 & 9 \end{pmatrix}^\mathsf{T} = \begin{pmatrix} 1 & 4 & 7 \\ 2 & 5 & 8 \\ 3 & 6 & 9 \end{pmatrix}. \tag{8.19}$$

□

Bei einer *quadratischen Matrix* ist die Spaltenzahl gleich der Zeilenzahl; die *Hauptdiagonale* von links oben nach recht unten verbindet die *Diagonalelemente* a_{ii} miteinander. Die *Nebendiagonale* läuft von links unten nach rechts oben und verbindet die $a_{i,j+1-i}$ miteinander. Die Transponierte ergibt sich durch Spiegelung an der Hauptdiagonalen.

Einige spezielle Matrizen sind quadratisch. So ist die *Diagonalmatrix* eine quadratische Matrix bei der alle außerhalb der Hauptdiagonalen liegenden Elemente verschwinden: $a_{ij} = 0$ für alle $i \neq j$. Eine spezielle Diagonalmatrix ist die *Einheitsmatrix* E mit $a_{ii} = 1$:

$$\mathsf{E} = (\delta_{ij}) = \begin{pmatrix} 1 & 0 & \cdots & 0 \\ 0 & 1 & \cdots & 0 \\ \vdots & \vdots & \ddots & \vdots \\ 0 & 0 & \cdots & 1 \end{pmatrix} \tag{8.20}$$

mit δ_{ij} als dem *Kronecker-Symbol*, definiert als

$$\delta_{ij} = \begin{cases} 0 & \text{wenn } i \neq j \\ 1 & \text{wenn } i = j \end{cases}. \tag{8.21}$$

Definition 41. *Eine quadratische Matrix* $\mathsf{A} = a_{ij}$ *heißt symmetrisch, wenn für alle i und j gilt:* $a_{ij} = a_{ji}$. *Sie heißt schief-symmetrisch, wenn für alle i und j mit* $i \neq j$ *gilt* $a_{ij} = -a_{ji}$.

Definition 42. *Die* Spur *einer Matrix* $\mathsf{A} = (a_{ij})$ *ist die Summe ihrer Diagonalelemente*

$$\operatorname{Sp}\mathsf{A} = \sum_i a_{ii} \,. \tag{8.22}$$

Beispiel 81. Die Spur der Matrix A aus Bsp. 80 ergibt sich als Summe der Diagonalelemente zu 34. Spur von Matrix und transponierter Matrix sind identisch, da bei der Vertauschung von Zeilen und Spalten einer quadratischen Matrix die Diagonalelemente erhalten bleiben. □

Definition 43. *Zwei Matrizen A und B vom gleichen Typ sind gleich,* $\mathsf{A} = \mathsf{B}$, *wenn sie in allen ihren Elementen übereinstimmen:* $\mathsf{A} = \mathsf{B} \Leftrightarrow a_{ij} = b_{ij} \forall i,j$.

Matrizen werden elementweise addiert: $\mathsf{C} = \mathsf{A} + \mathsf{B}$ mit $c_{ij} = a_{ij} + b_{ij}$, d.h. Matrizen können nur dann addiert werden, wenn sie gleiche Zeilen- und Spaltenzahl haben. Für die Addition gelten das Kommutativgesetz $\mathsf{A} + \mathsf{B} = \mathsf{B} + \mathsf{A}$ und das Assoziativgesetz $\mathsf{A} + (\mathsf{B} + \mathsf{C}) = (\mathsf{A} + \mathsf{B}) + \mathsf{C}$. Die Multiplikation einer Matrix mit einer Zahl entspricht einer mehrfachen Addition und erfolgt ebenfalls elementweise: $\lambda \mathsf{A} = \lambda(a_{ij}) = (\lambda a_{ij})$.

8.3 Matrixmultiplikation

Die Regeln für die Multiplikation von Matrizen können wir am Beispiel des linearen Gleichungssystems (8.10) illustrieren. Dort haben wir eine 3 × 3-Matrix A mit einer 3 × 1-Matrix $\boldsymbol{x}$ (Spaltenvektor) multipliziert gemäß

$$\begin{pmatrix} a_{11} & a_{12} & a_{13} \\ a_{21} & a_{22} & a_{23} \\ a_{31} & a_{32} & a_{33} \end{pmatrix} \begin{pmatrix} x_1 \\ x_2 \\ x_3 \end{pmatrix} = \begin{pmatrix} a_{11}x_1 + a_{12}x_2 + a_{13}x_3 \\ a_{21}x_1 + a_{22}x_2 + a_{23}x_3 \\ a_{31}x_1 + a_{32}x_2 + a_{33}x_3 \end{pmatrix} . \tag{8.23}$$

und eine 3 × 1-Matrix erhalten. Die Details der Multiplikation werden verständlich, wenn man die Koeffizienten der Matrix als Zeilenvektoren schreibt:

$$\begin{aligned} \boldsymbol{a}_1 &= (\, a_{11} \quad a_{12} \quad a_{13} \,) = (a_{1i}) \\ \boldsymbol{a}_2 &= (\, a_{21} \quad a_{22} \quad a_{23} \,) = (a_{2i}) \\ \boldsymbol{a}_3 &= (\, a_{31} \quad a_{32} \quad a_{33} \,) = (a_{3i}) \end{aligned} \tag{8.24}$$

und damit

$$\mathsf{A} = \begin{pmatrix} \boldsymbol{a}_1 \\ \boldsymbol{a}_2 \\ \boldsymbol{a}_3 \end{pmatrix} = \begin{pmatrix} a_{11} & a_{12} & a_{13} \\ a_{21} & a_{22} & a_{23} \\ a_{31} & a_{32} & a_{33} \end{pmatrix} . \tag{8.25}$$

Das Produkt aus Matrix und Vektor lässt sich damit schreiben

$$A\,x = \begin{pmatrix} a_1 \\ a_2 \\ a_3 \end{pmatrix} x = \begin{pmatrix} a_1 \cdot x \\ a_2 \cdot x \\ a_3 \cdot x \end{pmatrix} = \begin{pmatrix} a_{11}x_1 + a_{12}x_2 + a_{13}x_3 \\ a_{21}x_1 + a_{22}x_2 + a_{23}x_3 \\ a_{31}x_1 + a_{32}x_2 + a_{33}x_3 \end{pmatrix}\,. \quad (8.26)$$

Die Komponenten des Produktes einer Matrix A mit einem Vektor x ergeben sich als das Skalarprodukt aus dem entsprechenden Zeilenvektor a_i der Matrix mit dem Vektor x: $c_i = a_i \cdot x$.

Hat die zweite Matrix mehr als eine Spalte, so wird sie in Spaltenvektoren zerlegt und wir erhalten für das Produkt zweier Matrizen

$$A\,B = \begin{pmatrix} a_1 \\ a_2 \\ a_3 \end{pmatrix} \begin{pmatrix} b_1 & b_2 & b_3 \end{pmatrix} = \begin{pmatrix} a_1 \cdot b_1 & a_1 \cdot b_2 & a_1 \cdot b_3 \\ a_2 \cdot b_1 & a_2 \cdot b_2 & a_2 \cdot b_3 \\ a_3 \cdot b_1 & a_3 \cdot b_2 & a_3 \cdot b_2 \end{pmatrix}\,. \quad (8.27)$$

Jeder Komponente $(AB)_{ij}$ des Ergebnis ergibt sich als das Produkt aus dem i-ten Zeilenvektor a_i von A multipliziert mit dem j-ten Spaltenvektor b_j von B.

Definition 44. Matrixmultiplikation C = AB *setzt woraus, dass die Matrizen die Form* $m \times n$ *und* $n \times o$ *haben; ihr Produkt hat die Form* $m \times o$. *Die Werte von* c_{ij} *kann man als Skalarprodukt aus dem Vektor der i-ten Zeile von* A *und der j-ten Spalte von* B *verstehen:*

$$C = AB \quad \text{mit} \quad c_{ij} = \sum_k a_{ik} b_{kj}\,. \quad (8.28)$$

Beispiel 82. Das Produkt aus der Matrix A aus Bsp. 80 und ihrer Transponierten ergibt sich zu

$$C = A\,A^\mathsf{T} = \begin{pmatrix} 1 & 2 & 3 \\ 4 & 5 & 6 \\ 7 & 8 & 9 \end{pmatrix} \begin{pmatrix} 1 & 4 & 7 \\ 2 & 5 & 8 \\ 3 & 6 & 9 \end{pmatrix} = \begin{pmatrix} 14 & 32 & 50 \\ 32 & 77 & 122 \\ 50 & 122 & 194 \end{pmatrix} \quad (8.29)$$

wobei das Element c_{11} als Skalarprodukt des Zeilenvektors a_{1i} der ersten mit dem Spaltenvektor a_{j2} der zweiten Matrix interpretiert werden kann:

$$c_{11} = \begin{pmatrix} 1 & 2 & 3 \end{pmatrix} \cdot \begin{pmatrix} 1 \\ 2 \\ 3 \end{pmatrix} = 1 + 4 + 9 = 14\,. \quad (8.30)$$

Entsprechendes gilt für die anderen Elemente der Produktmatrix. Wird eine Matrix mit ihrer Transponierten multipliziert, ergibt das Produkt stets eine symmetrische Matrix. □

Für die Multiplikation von Matrizen gilt das Distributivgesetz in den Formen A(B+C) = AB+AC und (A+B)C = AC+BC sowie das Assoziativgesetz der Multiplikation A(BC) = (AB)C = ABC. Ein Kommutativgesetz der Multiplikation gibt es nicht. In der Regel ist AB ≠ BA. Für eine quadratische

Matrix wird der in der Quantenmechanik häufig verwendete *Kommutator* definiert: [A, B] = AB − BA. Bei Multiplikation mit der Einheitsmatrix gilt das Kommutativgesetz dennoch: EA = AE = A oder [A, E] = 0. Für die Transponierte eines Produktes zweier Matrizen gilt $(AB)^T = B^T A^T$. Bei der Multiplikation eines Vektors $\boldsymbol{v}$ mit einer Matrix A gilt $\boldsymbol{v} A^T = A \boldsymbol{v}$, wie sich aus den Multiplikationsregeln für Matrizen zeigen lässt.

Beispiel 83. In Bsp. 82 haben wir das Produkt der Matrizen A A^T bestimmt. Das Produkt $A^T A$ ergibt sich zu

$$A^T A = \begin{pmatrix} 1 & 4 & 7 \\ 2 & 5 & 8 \\ 3 & 6 & 9 \end{pmatrix} \begin{pmatrix} 1 & 2 & 3 \\ 4 & 5 & 6 \\ 7 & 8 & 9 \end{pmatrix} = \begin{pmatrix} 66 & 78 & 90 \\ 78 & 93 & 108 \\ 90 & 108 & 126 \end{pmatrix}. \tag{8.31}$$

Vergleich mit (8.29) zeigt, dass für diese Matrizen das Kommutativgesetz nicht gilt. Für den Kommutator $[A, A^T]$ erhalten wir

$$[A, A^T] = A A^T - A^T A = \begin{pmatrix} -52 & -46 & -40 \\ -46 & -16 & 14 \\ -40 & 14 & 68 \end{pmatrix}. \tag{8.32}$$

□

Definition 45. *Eine n-reihige quadratische Matrix A heißt* orthogonal, *wenn das Matrixprodukt aus A und ihrer Transponierten A^T die Einheitsmatrix E ergibt* $A_{ortho} A^T_{ortho} = E$.

Die Zeilen- bzw. Spaltenvektoren einer orthogonalen Matrix A bilden ein orthonormiertes System aus zueinander orthogonalen *Einheitsvektoren*. Da die Determinante einer orthogonalen Matrix ±1 ist, $\det A_{ortho} = \pm 1$, ist eine orthogonale Matrix stets regulär. Auch sind die Transponierte und die Inverse identisch: $A^T_{ortho} = A^{-1}_{ortho}$. Das Produkt orthogonaler Matrizen ist wiederum eine orthogonale Matrix.

In (8.30) haben wir das Skalarprodukt als das Produkt eines Zeilenvektors mit einem Spaltenvektor geschrieben, d.h. wir multiplizieren eine 1 × 3 mit einer 3 × 1 Matrix und erhalten eine 1 × 1-Matrix bzw. einen Skalar. Multiplizieren wir jedoch einen Spalten- mit einem Zeilenvektor, so multiplizieren wir eine 3 × 1 Matrix mit einer 1 × 3 Matrix und erhalten eine 3 × 3 Matrix. Dieses *dyadische Produkt* ergibt sich durch Anwendung der Vorschriften für die Matrixmulitplikation zu

$$\boldsymbol{a} \odot \boldsymbol{b} = \boldsymbol{a}\boldsymbol{b} = \begin{pmatrix} a_1 \\ a_2 \\ a_3 \end{pmatrix} \odot \begin{pmatrix} b_1 & b_2 & b_3 \end{pmatrix} = \begin{pmatrix} a_1 b_1 & a_1 b_2 & a_1 b_3 \\ a_2 b_1 & a_2 b_2 & a_2 b_3 \\ a_3 b_1 & a_3 b_2 & a_3 b_3 \end{pmatrix}. \tag{8.33}$$

Beispiel 84. Aus den beiden Vektoren $\boldsymbol{a} = (1, 3, 5)$ und $\boldsymbol{b} = (-1, 2, -4)$ lassen sich bestimmen das Skalarprodukt

$$\boldsymbol{a} \cdot \boldsymbol{b} = \begin{pmatrix} 1 \\ 3 \\ 5 \end{pmatrix} \cdot \begin{pmatrix} -1 \\ 2 \\ -4 \end{pmatrix} = -15 \tag{8.34}$$

und das dyadische Produkt

$$a \odot b = ab = \begin{pmatrix} 1 \\ 3 \\ 5 \end{pmatrix} \odot (-1 \quad 2 \quad -4) = \begin{pmatrix} -1 & 2 & -4 \\ -3 & 6 & -12 \\ -5 & 10 & -20 \end{pmatrix}. \tag{8.35}$$

□

Beispiel 85. Ein physikalisches Anwendungsbeispiel sind die Spins von Teilchen in der Quantenmechanik. Für ein einzelnes Teilchen mit Spin $\frac{1}{2}$ gibt es die beiden Zustände $|\uparrow\rangle$ und $|\downarrow\rangle$, die mit Hilfe von Einheitsvektoren geschrieben werden können als

$$|\uparrow\rangle = \begin{pmatrix} 1 \\ 0 \end{pmatrix} \quad \text{und} \quad |\downarrow\rangle = \begin{pmatrix} 0 \\ 1 \end{pmatrix}. \tag{8.36}$$

Zwei-Teilchen-Spinzustände werden als dyadisches Produkt der beiden Zustände der Einzelteilchen erzeugt. Dabei ergeben sich drei mögliche Zustände

$$|\uparrow\uparrow\rangle = |\uparrow\rangle|\uparrow\rangle = \begin{pmatrix} 1 & 0 \\ 0 & 0 \end{pmatrix}, \quad |\downarrow\downarrow\rangle = |\downarrow\rangle|\downarrow\rangle = \begin{pmatrix} 0 & 0 \\ 0 & 1 \end{pmatrix} \quad \text{und}$$

$$\frac{1}{\sqrt{2}}(|\uparrow\downarrow\rangle + |\downarrow\uparrow\rangle) = \frac{1}{\sqrt{2}} \begin{pmatrix} 0 & 1 \\ 1 & 0 \end{pmatrix} = \frac{1}{\sqrt{2}} \sigma_1 \tag{8.37}$$

mit σ_1 als einer der Pauli'schen Spinmatrizen. □

8.4 Inverse Matrizen und Determinanten

Die Division durch eine Matrix ist nicht definiert, stattdessen ist die Umkehroperation zu Multiplikation mit einer Matrix A die Multiplikation mit ihrem Inversen A^{-1} mit

$$AA^{-1} = A^{-1}A = E. \tag{8.38}$$

Diese *inverse Matrix* hilft, das Gleichungssystem (8.10) zu lösen:

$$A^{-1}Ax = A^{-1}c \quad \Leftrightarrow \quad x = A^{-1}c. \tag{8.39}$$

Die inverse Matrix lässt sich über Ihre Definition (8.38) oder mit Hilfe der Adjunkten-Matrix bestimmen.

Beispiel 86. Das Inverse der Matrix

$$A = \begin{pmatrix} 1 & 2 \\ 2 & 1 \end{pmatrix} \tag{8.40}$$

lässt sich mit Hilfe der Definition $AA^{-1} = E$ bestimmen:

$$\begin{pmatrix} 1 & 2 \\ 2 & 1 \end{pmatrix} \begin{pmatrix} a_1 & a_2 \\ a_3 & a_4 \end{pmatrix} = \begin{pmatrix} a_1 + 2a_3 & a_2 + 2a_4 \\ 2a_1 + a_3 & 2a_2 + a_4 \end{pmatrix} = \begin{pmatrix} 1 & 0 \\ 0 & 1 \end{pmatrix}. \tag{8.41}$$

Damit erhalten wir vier Bestimmungsgleichungen

$$a_1 + 2a_3 = 1, \quad 2a_1 + a_3 = 0, \quad a_2 + 2a_4 = 0 \quad \text{und} \quad 2a_2 + a_4 = 1 \quad (8.42)$$

für die unbekannten Matrixelemente. Auflösen der Gleichungen liefert die inverse Matrix

$$\mathsf{A}^{-1} = \begin{pmatrix} -1/3 & 2/3 \\ 2/3 & -1/3 \end{pmatrix} = \frac{1}{3}\begin{pmatrix} -1 & 2 \\ 2 & -1 \end{pmatrix}. \qquad (8.43)$$

□

Definition 46. *Eine quadratische Matrix* A *besitzt eine inverse Matrix* A^{-1} *genau dann, wenn die Determinante* det A *von Null verschieden ist. Die inverse Matrix lässt sich mit Hilfe der Adjunkten-Matrix* U *bestimmen zu*

$$\mathsf{A}^{-1} = \frac{1}{\det \mathsf{A}} \, \mathsf{U}^\mathsf{T}. \qquad (8.44)$$

Die Adjunkten-Matrix U ist eine aus den Unterdeterminanten der Matrix A gebildete Matrix. Im Falle einer 3 × 3-Matrix ergibt sich U als

$$\mathsf{U} = \begin{pmatrix} \mathsf{D}_{11} & -\mathsf{D}_{12} & \mathsf{D}_{13} \\ -\mathsf{D}_{21} & \mathsf{D}_{22} & -\mathsf{D}_{23} \\ \mathsf{D}_{31} & -\mathsf{D}_{32} & \mathsf{D}_{33} \end{pmatrix}, \qquad (8.45)$$

bzw. für allgemeine $i \times j$ Matrizen: $u_{ij} = (-1)^{i+j}\, \mathsf{D}_{ij}$ mit den D_{ij} als den Unterdeterminanten von $|\mathsf{A}|$.

8.4.1 Determinanten

Eine Determinante ist eine Zahl, die sich als Ergebnis eines Zahlenschemas ergibt. Ein lineares Gleichungssystem besitzt genau dann eine Lösung, wenn die Koeffizientendeterminante nicht verschwindet.

Definition 47. *Die Determinante einer* 2 × 2 *Matrix* A *ist die Zahl*

$$|\mathsf{A}| = \det \mathsf{A} = \begin{vmatrix} a_{11} & a_{12} \\ a_{21} & a_{22} \end{vmatrix} = a_{11}a_{22} - a_{12}a_{21}. \qquad (8.46)$$

Der Wert einer zweireihigen Determinante ist also gleich dem Produkt der Hauptdiagonalelemente minus dem der Nebendiagonalelemente.

Definition 48. *Die Determinante einer* 3 × 3 *Matrix* A *ist die Zahl*

$$|\mathsf{A}| = \det \mathsf{A} = \begin{vmatrix} a_1 & a_2 & a_3 \\ b_1 & b_2 & b_3 \\ c_1 & c_2 & c_3 \end{vmatrix}$$
$$= a_1 b_2 c_3 + a_2 b_3 c_1 + a_3 b_1 c_2 - a_1 b_3 c_2 - a_2 b_1 c_3 - a_3 b_2 c_1. \qquad (8.47)$$

8.4 Inverse Matrizen und Determinanten

Dreireihige Determinanten lassen sich nach der *Regel von Sarrus* berechnen, die wir auch schon beim Kreuzprodukt angewandt haben. Dazu werden die Spalten 1 und 2 nochmals rechts neben die Determinante gesetzt. Den Determinantenwert erhält man, indem man die drei Hauptdiagonalprodukte addiert und von dieser Summe die drei Nebendiagonalprodukte subtrahiert:

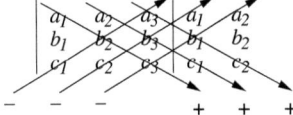

Alternativ kann man eine dreireihige (oder allgemein n-reihige) Determinante auch durch die Bildung von *Unterdeterminanten* bestimmen.

Definition 49. *Die aus einer n-reihigen Determinante D durch Streichen der i-ten Zeile und k-ten Spalte entstehende $(n-1)$-reihige Determinante heißt Unterdeterminante von D und wird durch das Symbol D_{ik} gekennzeichnet:*

$$D_{ik} = \begin{vmatrix} a_{11} & a_{12} & a_{13} & \cdots & a_{1k} & \cdots & a_{1n} \\ a_{21} & a_{22} & a_{23} & \cdots & a_{2k} & \cdots & a_{2n} \\ a_{31} & a_{32} & a_{33} & \cdots & a_{3k} & \cdots & a_{3n} \\ \cdots & \cdots & \cdots & \cdots & \cdots & \cdots & \cdots \\ \overline{a_{i1}} & \overline{a_{i2}} & \overline{a_{i3}} & \cdots & \overline{a_{ik}} & \cdots & \overline{a_{in}} \\ \cdots & \cdots & \cdots & \cdots & \cdots & \cdots & \cdots \\ a_{m1} & a_{m2} & a_{m3} & \cdots & a_{mk} & \cdots & a_{mn} \end{vmatrix}.$$

Der Wert einer dreireihigen Determinante ergibt sich damit zu

$$|\mathsf{A}| = \begin{vmatrix} a_{11} & a_{12} & a_{13} \\ a_{21} & a_{22} & a_{23} \\ a_{31} & a_{32} & a_{33} \end{vmatrix} = a_{11}A_{11} - a_{12}A_{12} + a_{13}A_{13}$$
$$= a_{11}(a_{22}a_{33} - a_{23}a_{32}) - a_{12}(a_{21}a_{33} - a_{23}a_{31}) + a_{13}(a_{21}a_{32} - a_{22}a_{31})$$
$$= a_{11}a_{22}a_{33} + a_{12}a_{23}a_{31} + a_{13}a_{21}a_{32} - a_{13}a_{22}a_{31}$$
$$\quad - a_{11}a_{23}a_{32} - a_{12}a_{21}a_{33} \, . \tag{8.48}$$

Aus diesen Überlegungen können wir zu einer allgemeinen Definition der Determinante gelangen:

Definition 50. *Die* Determinante $|\mathsf{A}| = \det \mathsf{A}$ *einer n-reihigen quadratischen Matrix* A *ist definiert als*

$$\mathsf{D} = \sum_{\text{Permutationen von } k,l,\ldots,r} \pm a_{1k}\, a_{2l} \ldots a_{nr}\, . \tag{8.49}$$

Auch hier ist bei der Berechnung die gegebenenfalls mehrfache Entwicklung nach Unterdeterminanten ein hilfreiches Verfahren.

Beispiel 87. Die Determinante der Matrix

$$A = \begin{pmatrix} 1 & 2 & 3 & 4 \\ 5 & 6 & 7 & 8 \\ 9 & 10 & 11 & 12 \\ 13 & 14 & 15 & 16 \end{pmatrix} \tag{8.50}$$

lässt sich durch Entwicklung nach Unterdeterminanten bestimmen:

$$\det A = 1 \det A_{11} - 2 \det A_{12} + 3 \det A_{13} - 4 \det A_{14} = 0 \tag{8.51}$$

mit den Unterdeterminanten

$$\det A_{11} = \begin{vmatrix} 6 & 7 & 8 \\ 10 & 11 & 12 \\ 14 & 15 & 16 \end{vmatrix} = 0, \quad \det A_{12} = \begin{vmatrix} 5 & 7 & 8 \\ 9 & 11 & 12 \\ 13 & 15 & 16 \end{vmatrix} = 0,$$

$$\det A_{13} = \begin{vmatrix} 5 & 6 & 8 \\ 9 & 10 & 12 \\ 13 & 14 & 16 \end{vmatrix} = 0, \quad \det A_{14} = \begin{vmatrix} 5 & 6 & 7 \\ 9 & 10 & 11 \\ 13 & 14 & 15 \end{vmatrix} = 0, \tag{8.52}$$

jeweils berechnet nach Sarrus. □

Definition 51. *Eine n-reihige quadratische Matrix heißt* regulär, *wenn ihre Determinante einen von Null verschiedenen Wert besitzt. Andernfalls heißt sie* singulär.

Anwendungen für die Determinantenschreibweise sind Mehrfachprodukte von Vektoren, wie Kreuzprodukt, Rotation oder Spatprodukt:

$$\boldsymbol{a} \times \boldsymbol{b} = \begin{vmatrix} \boldsymbol{e}_x & \boldsymbol{e}_y & \boldsymbol{e}_z \\ a_x & a_y & a_z \\ b_x & b_y & b_z \end{vmatrix}, \quad \nabla \times \boldsymbol{A} = \begin{vmatrix} \boldsymbol{e}_x & \boldsymbol{e}_y & \boldsymbol{e}_z \\ \partial_x & \partial_y & \partial_z \\ A_x & A_y & A_z \end{vmatrix}, \quad [\boldsymbol{abc}] = \begin{vmatrix} a_x & a_y & a_z \\ b_x & b_y & b_z \\ c_x & c_y & c_z \end{vmatrix}.$$

8.4.2 Rechenregeln

Für Determinanten gelten die folgenden Rechenregeln

– Die Determinante bleibt unverändert, wenn man Zeilen und Spalten vertauscht, $\det A^\mathsf{T} = \det A$, oder im Fall einer dreireihigen Determinante

$$\begin{vmatrix} a_1 & a_2 & a_3 \\ b_1 & b_2 & b_3 \\ c_1 & c_2 & c_3 \end{vmatrix} = \begin{vmatrix} a_1 & b_1 & c_1 \\ a_2 & b_2 & c_2 \\ a_3 & b_3 & c_3 \end{vmatrix}. \tag{8.53}$$

– Eine Determinante wechselt ihr Vorzeichen, wenn zwei Zeilen oder Spalten vertauscht werden; z.B.

$$\begin{vmatrix} a_1 & a_2 & a_3 \\ b_1 & b_2 & b_3 \\ c_1 & c_2 & c_3 \end{vmatrix} = - \begin{vmatrix} a_1 & a_3 & a_2 \\ b_1 & b_3 & b_2 \\ c_1 & c_3 & c_2 \end{vmatrix}. \tag{8.54}$$

- Daraus folgt, dass eine Determinante mit zwei gleichen Zeilen oder Spalten den Wert Null hat; z.B.

$$\begin{vmatrix} a_1 & a_2 & a_3 \\ b_1 & b_2 & b_3 \\ a_1 & a_2 & a_3 \end{vmatrix} = 0 \, . \tag{8.55}$$

- Determinanten verschwinden, wenn alle Elemente einer Zeile oder Spalte Null sind, da bei allen Produkten stets ein Multiplikand Null wird; z.B.

$$\begin{vmatrix} a_1 & 0 & a_3 \\ b_1 & 0 & b_2 \\ c_1 & 0 & c_3 \end{vmatrix} = 0 \, . \tag{8.56}$$

- Eine Determinante wird mit einem Skalar λ multipliziert, indem man die Elemente einer Zeile oder einer Spalte mit λ multipliziert; z.B.

$$\lambda \det \mathsf{A} = \lambda \begin{vmatrix} a_1 & a_2 & a_3 \\ b_1 & b_2 & b_3 \\ c_1 & c_2 & c_3 \end{vmatrix} = \begin{vmatrix} a_1 & a_2 & a_3 \\ b_1 & b_2 & b_3 \\ \lambda c_1 & \lambda c_2 & \lambda c_3 \end{vmatrix} \, . \tag{8.57}$$

Entsprechend gilt: Multipliziert man alle Elemente einer Zeile oder einer Spalte mit einer Zahl λ, so wird der Wert der Determinante das λ-fache. Als Umkehrung dazu: besitzen die Elemente einer Zeile oder einer Spalte einer Determinante einen gemeinsamen Faktor λ, so darf dieser vor die Determinante gezogen werden.

- Daraus folgt, dass eine Determinante auch dann verschwindet, wenn zwei Zeilen oder Spalten zueinander proportional sind, z.B.

$$\begin{vmatrix} a_1 & a_2 & \lambda a_1 \\ b_1 & b_2 & \lambda b_1 \\ c_1 & c_2 & \lambda c_1 \end{vmatrix} = 0 \, . \tag{8.58}$$

- Eine Determinante ändert ihren Wert nicht, wenn man zu den Elementen einer Zeile oder einer Spalte die mit einem festen Faktor multiplizierten Elemente einer anderen Zeile bzw. Spalte addiert; z.B.

$$\begin{vmatrix} a_1 & a_2 + \lambda a_3 & a_3 \\ b_1 & b_2 + \lambda b_3 & b_3 \\ c_1 & c_2 + \lambda c_3 & c_3 \end{vmatrix} = \begin{vmatrix} a_1 & a_2 & a_3 \\ b_1 & b_2 & b_3 \\ c_1 & c_2 & c_3 \end{vmatrix} \, . \tag{8.59}$$

- Wenn eine Zeile oder Spalte einer Determinante als Summe von zwei oder mehr Termen geschrieben werden kann, so kann die Determinante als Summe oder Differenz von zwei oder mehr Determinanten geschrieben werden:

$$\begin{vmatrix} a_1 \pm d_1 & b_1 & c_1 \\ a_2 \pm d_2 & b_2 & c_2 \\ a_3 \pm d_3 & b_3 & c_3 \end{vmatrix} = \begin{vmatrix} a_1 & b_1 & c_1 \\ a_2 & b_2 & c_2 \\ a_3 & b_3 & c_3 \end{vmatrix} \pm \begin{vmatrix} d_1 & b_1 & c_1 \\ d_2 & b_2 & c_2 \\ d_3 & b_3 & c_3 \end{vmatrix} \, . \tag{8.60}$$

- Multiplikationstheorem: Für zwei Matrizen A und B gilt: die Determinante des Matrixprodukts AB ist gleich dem Produkt der Determinanten der beiden Matrizen A und B: $\det(\mathsf{AB}) = \det \mathsf{A} \det \mathsf{B}$.

– Die Determinante einer Dreiecksmatrix A ist gleich dem Produkt der Hauptdiagonalelemente: $\det A_\Delta = \prod_i a_{ii}$.

Beispiel 88. Gegeben ist das lineare Gleichungssystem

$$\begin{aligned} 2x_1 + 4x_2 - 3x_3 &= 15 \\ x_1 - 2x_2 + 5x_3 &= -20 \\ 3x_1 + 4x_2 - x_3 &= 8 \end{aligned} \tag{8.61}$$

oder in Matrix-Schreibweise

$$\begin{pmatrix} 2 & 4 & -3 \\ 1 & -2 & 5 \\ 3 & 4 & -1 \end{pmatrix} \begin{pmatrix} x_1 \\ x_2 \\ x_3 \end{pmatrix} = \begin{pmatrix} 15 \\ -20 \\ 8 \end{pmatrix}. \tag{8.62}$$

Zur Lösung des Gleichungssystems ist die Inverse von A zu bestimmen. Die Determinanten von A ist

$$|A| = \begin{vmatrix} 2 & 4 & -3 \\ 1 & -2 & 5 \\ 3 & 4 & -1 \end{vmatrix} = 2(2-20) - 4(-1-15) - 3(4+6) = -2. \tag{8.63}$$

Die Adjunkten-Matrix ist

$$A^{adj} = \begin{pmatrix} \begin{vmatrix} -2 & 5 \\ 4 & -1 \end{vmatrix} & -\begin{vmatrix} 1 & 5 \\ 3 & -1 \end{vmatrix} & \begin{vmatrix} 1 & -2 \\ 3 & 4 \end{vmatrix} \\ -\begin{vmatrix} 4 & -3 \\ 4 & -1 \end{vmatrix} & \begin{vmatrix} 2 & -3 \\ 3 & -1 \end{vmatrix} & -\begin{vmatrix} 2 & 4 \\ 3 & 4 \end{vmatrix} \\ \begin{vmatrix} 4 & 3 \\ -2 & 5 \end{vmatrix} & -\begin{vmatrix} 2 & -3 \\ 1 & 5 \end{vmatrix} & \begin{vmatrix} 2 & 4 \\ 1 & -2 \end{vmatrix} \end{pmatrix} = \begin{pmatrix} -18 & 16 & 10 \\ -8 & 7 & 4 \\ 14 & -13 & -8 \end{pmatrix}.$$

Deren Transponierte entsteht durch Vertauschen von Zeilen und Spalten:

$$A^{adj^T} = \begin{pmatrix} -18 & -8 & 14 \\ 16 & 7 & -7 \\ 10 & -4 & -8 \end{pmatrix}. \tag{8.64}$$

Die Inverse von A ergibt sich daraus durch Division durch die Determinante:

$$A^{-1} = -\frac{1}{2} \begin{pmatrix} -18 & -8 & 14 \\ 16 & 7 & -13 \\ 10 & 4 & -8 \end{pmatrix} = \begin{pmatrix} 9 & 4 & -7 \\ -8 & -3.5 & 6.5 \\ -5 & -2 & 4 \end{pmatrix}. \tag{8.65}$$

Damit erhalten wir als Lösung des Gleichungssystems

$$\begin{pmatrix} x_1 \\ x_2 \\ x_3 \end{pmatrix} = -\frac{1}{2} \begin{pmatrix} -18 & -8 & 14 \\ 16 & 7 & -13 \\ 10 & 4 & -8 \end{pmatrix} \begin{pmatrix} 15 \\ -20 \\ 8 \end{pmatrix} = \begin{pmatrix} -1 \\ 2 \\ -3 \end{pmatrix}. \tag{8.66}$$

□

8.5 Komplexe Matrizen

Definition 52. *Eine Matrix* A *wird als* komplex *bezeichnet, wenn ihre Matrixelemente* a_{ij} *komplexe Zahlen sind:* $A = (a_{ij}) = (b_{ij} + ic_{ij})$.

Eine komplexe Matrix vom Typ $m \times n$ mit den Matrixelementen $a_{ij} = b_{ij} + ic_{ij}$ lässt sich in der Form $A = B + iC$ darstellen mit den reellen Matrizen B und C als *Real-* und *Imaginärteil*.

Für komplexe Matrizen gelten sinngemäß die gleichen Rechenregeln wie für reelle Matrizen; ihre Determinante hat in der Regel einen komplexen Wert.

Wird in einer komplexen Matrix A jedes Matrixelement a_{ij} durch sein konjugiert komplexes Element a^*_{ij} ersetzt, so erhält man die *konjugiert komplexe Matrix* A^*. Wird eine komplexe Matrix A zunächst konjugiert und anschließend transponiert, so erhält man die *konjugiert transponierte Matrix*: $\overline{A} = (A^*)^T$.

Definition 53. *Eine n-reihige komplexe Matrix* $A = (a_{ij})$ *heißt* hermitesch, *wenn gilt* $A = \overline{A} = (A^*)^T$.

Bei einer hermiteschen Matrix sind alle Hauptdiagonalelemente a_{ii} reell, ebenso die Determinante. Der Realteil B ist eine symmetrische, der Imaginärteil C dagegen eine schief-symmetrische Matrix. Im Reellen fallen die Begriffe hermitesche und symmetrische Matrix zusammen.

Eine *schief-hermitesche Matrix* $A = -\overline{A} = -(A^*)^T$ entspricht der schief-symmetrischen Matrix im Reellen. Alle Hauptdiagonalelemente sind imainär; der Realteil B bildet eine schief-symmetrische Matrix, der Imaginärteil C dagegen eine symmetrische Matrix.

Definition 54. *Eine Matrix heißt* unitär, *wenn das Produkt aus* A *und der konjugiert transponierten Matrix* $\overline{A}$ *die Einheitsmatrix ergibt:* $A\overline{A} = E$.

Bei einer unitären Matrix A ist die konjugiert Transponierte $\overline{A}$ gleich der Inversen A^{-1}: $\overline{A} = A^{-1}$. Eine unitäre Matrix A ist regulär, da ihre Determinante den Betrag 1 hat und damit von Null verschieden ist. Im Reellen fallen die Begriffe unitäre Matrix und orthogonale Matrix zusammen. Die Inverse einer unitären Matrix ist ebenso wie das Produkt unitärer Matrizen wiederum eine unitäre Matrix.

Beispiel 89. Die komplexe Matrix A lässt sich in ein Real- und einen Imaginärteil zerlegen:

$$\begin{pmatrix} 1 & i & 1-2i \\ i & 2-i & 3+5i \\ 1-2i & 3+5i & 1-2i \end{pmatrix} = \begin{pmatrix} 1 & 0 & 2 \\ 0 & 2 & 3 \\ 1 & 3 & 1 \end{pmatrix} + i \begin{pmatrix} 0 & 1 & -2 \\ 1 & -1 & 5 \\ -2 & 5 & -2 \end{pmatrix}. \quad (8.67)$$

Die Determinante dieser Matrix ist nach Sarrus $\det A = 29 - 6i$; die Spur der Matrix ist $\mathrm{Sp} A = 4 - 3i$. Die konjugiert komplexe Matrix ist

$$A^* = \begin{pmatrix} 1 & -i & 1+2i \\ -i & 2+i & 3-5i \\ 1+2i & 3-5i & 1+2i \end{pmatrix}, \tag{8.68}$$

die konjugiert transponierte Matrix entsprechend

$$(A^*)^T = \begin{pmatrix} 1 & -i & 1+2i \\ -i & 2+i & 3-5i \\ 1+2i & 3-5i & 1+2i \end{pmatrix}, \tag{8.69}$$

d.h. konjugiert transponierte und konjugierte komplexe Matrix sind zwar identisch, nicht jedoch gleich der Ausgangsmatrix A: $A^{*^T} = A^* \neq A$. Die Matrix ist also nicht hermitesch. □

8.6 Matrizen und Transformationen

Definition 55. *Ein Tensor T n-ter Stufe ist eine physikalische oder mathematische Größe, die sich in einem kartesischen Koordinatensystem K durch 3^n Elemente beschreiben lässt, und für die bei einer Transformation in ein Koordinatensystem K' die Regeln der linearen Transformation (8.71) gelten.*

Ein *Tensor 0. Stufe* hat eine Komponente, er ist ein Skalar. Sein Wert ist in allen Koordinatensystemen gleich (*Invarianz des Skalars*). Ein *Tensor 1. Stufe* hat 3 Komponenten, ein Vektor ist ein Tensor 1. Stufe. Ein *Tensor 2. Stufe* hat 9 Komponenten, die sich in Matrixform darstellen lassen, eine Matrix ist ein Tensor 2. Stufe.

Eine häufige Anwendung von Matrizen in der Physik sind Transformationen. So beschreiben die Matrizen

$$A = \begin{pmatrix} 1 & 0 \\ 0 & -1 \end{pmatrix} \quad \text{und} \quad B = \begin{pmatrix} -1 & 0 \\ 0 & 1 \end{pmatrix} \tag{8.70}$$

die *Spiegelung* an der x- bzw. y-Achse. Reflektionen oder Drehungen können durch orthogonale Matrizen dargestellt werden, d.h. es ist $A^{-1} = A^T$. Eine *lineare Transformation*

$$A(\alpha \boldsymbol{a} + \beta \boldsymbol{b}) = \alpha A \boldsymbol{a} + \beta A \boldsymbol{b} \quad \forall \boldsymbol{a}, \boldsymbol{b} \tag{8.71}$$

erhält die Länge eines Vektors dann und nur dann, wenn die Transformationsmatrix orthogonal ist.

Die inverse Matrix A^{-1} kann als die Matrix verstanden werden, die die durch die Matrix A bewirkte Transformation rückgängig macht. Die Drehung um einen Winkel φ ist gegeben durch die Matrix

$$R = \begin{pmatrix} \cos \varphi & \sin \varphi \\ -\sin \varphi & \cos \varphi \end{pmatrix}. \tag{8.72}$$

Die Rücktransformation erhalten wir, in dem wir φ durch $-\varphi$ ersetzen:

8.6 Matrizen und Transformationen   161

$$R^{-1}(\varphi) = R(-\varphi) = \begin{pmatrix} \cos\varphi & -\sin\varphi \\ \sin\varphi & \cos\varphi \end{pmatrix} \tag{8.73}$$

und es ist $RR^{-1} = R^{-1}R = 1$.

Ein Vektor r wird von seiner Darstellung in einem System K in die in K' mit Hilfe der Transformationsmatrix T transformiert gemäß

$$x' = Tx \quad \text{oder} \quad x'_i = \sum_j t_{ij} x_j \,. \tag{8.74}$$

Beispiel 90. Der Vektor $r = (\sqrt{2}, \sqrt{2}, 0)$ ist ein Einheitsvektor entlang der Diagonalen in der xy-Ebene in einem Koordinatensystem K. In einem um $\pi/4$ um die z-Achse gedrehten Koordinatensystem sollte dieser Vektor genau auf der x-Achse liegen. Verwendung der Drehmatrix aus Bsp. 92 liefert für den neuen Vektor

$$r' = \begin{pmatrix} \frac{\sqrt{2}}{2} & \frac{\sqrt{2}}{2} & 0 \\ -\frac{\sqrt{2}}{2} & \frac{\sqrt{2}}{2} & 0 \\ 0 & 0 & 1 \end{pmatrix} \begin{pmatrix} \sqrt{2} \\ \sqrt{2} \\ 0 \end{pmatrix} = \begin{pmatrix} 1 \\ 0 \\ 0 \end{pmatrix} \,. \tag{8.75}$$

□

Matrizen werden entsprechend transformiert, allerdings muss ein zusätzlicher Index berücksichtigt werden, da ein Vektor als eindimensionale Matrix nur einen Index hat:

$$A' = TAT^T \quad \text{und} \quad a'_{il} = t_{ij} t_{lk} a_{jk} \tag{8.76}$$

unter Verwendung der *Summenkonvention*: über doppelt auftretende Indizes auf einer Seite einer Gleichung wird summiert, d.h. anstelle von $\sum_i a_i b_i$ schreibt man $a_i b_i$. Gleichung (8.76) besagt, dass die a_{jk} sich bezüglich beider Indizes zugleich wie ein Vektor transformieren.

Beispiel 91. Nehmen wir die Drehmatrix aus Bsp. 90 und transformieren damit die Matrix

$$A = \begin{pmatrix} 2 & 4 & 8 \\ 8 & 2 & 4 \\ 16 & 8 & 2 \end{pmatrix} , \tag{8.77}$$

so erhalten wir

$$\begin{aligned} A' = RAR^T &= \begin{pmatrix} \frac{\sqrt{2}}{2} & \frac{\sqrt{2}}{2} & 0 \\ -\frac{\sqrt{2}}{2} & \frac{\sqrt{2}}{2} & 0 \\ 0 & 0 & 1 \end{pmatrix} \begin{pmatrix} 2 & 4 & 8 \\ 8 & 2 & 4 \\ 16 & 8 & 2 \end{pmatrix} \begin{pmatrix} \frac{\sqrt{2}}{2} & -\frac{\sqrt{2}}{2} & 0 \\ \frac{\sqrt{2}}{2} & \frac{\sqrt{2}}{2} & 0 \\ 0 & 0 & 1 \end{pmatrix} \\ &= \begin{pmatrix} \frac{\sqrt{2}}{2} & \frac{\sqrt{2}}{2} & 0 \\ -\frac{\sqrt{2}}{2} & \frac{\sqrt{2}}{2} & 0 \\ 0 & 0 & 1 \end{pmatrix} \begin{pmatrix} \frac{6}{\sqrt{2}} & \sqrt{2} & 8 \\ \frac{12}{\sqrt{2}} & -\frac{4}{\sqrt{2}} & 2 \\ \frac{24}{\sqrt{2}} & -\frac{8}{\sqrt{2}} & 2 \end{pmatrix} = \begin{pmatrix} 9 & -1 & \frac{10}{\sqrt{2}} \\ 3 & -3 & -\frac{6}{\sqrt{2}} \\ \frac{24}{\sqrt{2}} & -\frac{8}{\sqrt{2}} & 2 \end{pmatrix} . \end{aligned} \tag{8.78}$$

8.6.1 Drehmatrix

Die Einheitsvektoren in K' lassen sich als Linearkombination derer in K beschreiben, vgl. Abb. 8.1:

$$e'_i = r_{i1}e_1 + r_{i2}e_2 + r_{i3}e_3 \quad \text{oder} \quad e'_i = \sum_j r_{ij} e_j, \quad i = 1, 2, 3 \tag{8.79}$$

mit den Projektionen r_{ij} der Vektoren in K' auf die Achse e_j in K gemäß (1.49)

$$r_{ij} = e'_i \cdot e_j. \tag{8.80}$$

Die Winkel in (8.80) können zusammengefasst werden in einer *Drehmatrix*

$$\mathsf{R} = (r_{ij}) = e'_i \cdot e_j. \tag{8.81}$$

Die Basisvektoren dieser Drehmatrix sind orthonormiert

$$e_k \cdot e'_i = e_k \sum_k r_{ij} e_k \cdot e_j = r_{ki} = \cos\varphi_{ki} \tag{8.82}$$

oder

$$e_1 \cdot (e_2 \times e_3) = e'_1 \cdot (e'_2 \times e'_3) = 1 \tag{8.83}$$

Daher ist die Inverse einer Drehmatrix gleich ihrer Transponierten: $\mathsf{R}^{-1} = \mathsf{R}^\mathsf{T}$.

Die Drehmatrix für eine Drehung im zweidimensionalen ist bereits in (8.72) gegeben. Eine Drehung um die z-Achse des dreidimensionalen Raumes wird entsprechend beschrieben durch

$$\mathsf{R}_z(\varphi) = \begin{pmatrix} \cos\varphi & \sin\varphi & 0 \\ -\sin\varphi & \cos\varphi & 0 \\ 0 & 0 & 1 \end{pmatrix}, \tag{8.84}$$

die Drehung um die x-Achse durch

$$\mathsf{R}_x(\varphi) = \begin{pmatrix} 1 & 0 & 0 \\ 0 & \cos\varphi & \sin\varphi \\ 0 & -\sin\varphi & \cos\varphi \end{pmatrix}. \tag{8.85}$$

Die Achse, um die gedreht wird, ist invariant gegen die Drehung, d.h. sie ist Eigenvektor zum Eigenwert 1 (s.u.).

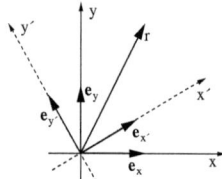

Abb. 8.1. Zwei Koordinatensysteme K und K' mit ihren Einheitsvektoren

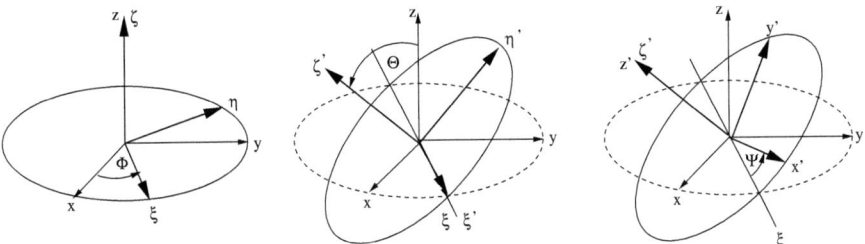

Abb. 8.2. Drehung im 3D und Euler-Winkel

Beispiel 92. Eine Drehung um die z-Achse um $\pi/4$ lässt sich in einer Matrix darstellen mit

$$\mathsf{R}_{\frac{\pi}{4},z} = \begin{pmatrix} \frac{\sqrt{2}}{2} & \frac{\sqrt{2}}{2} & 0 \\ -\frac{\sqrt{2}}{2} & \frac{\sqrt{2}}{2} & 0 \\ 0 & 0 & 1 \end{pmatrix} . \tag{8.86}$$

□

Euler-Winkel. Jede allgemeine Drehung im dreidimensionalen Raum lässt sich durch die Angabe der drei Euler-Winkel ϑ, φ und ψ charakterisieren:

1. eine Drehung um die z-Achse um den Drehwinkel φ,
2. eine Drehung um die Knotenlinie um ϑ und
3. eine Drehung um die z'-Achse um ψ.

Diese Sequenz von Drehungen ist in Abb. 8.2 veranschaulicht. Die zur Drehung $K \to K'$ gehörende Drehmatrix R ergibt sich als Produkt der Drehmatrizen der einzelnen Drehungen.

Die Matrix R_1 der Drehung um den Winkel φ um die z-Achse ist

$$\mathsf{R}_1 = \begin{pmatrix} \cos\varphi & \sin\varphi & 0 \\ -\sin\varphi & \cos\varphi & 0 \\ 0 & 0 & 1 \end{pmatrix} . \tag{8.87}$$

Die Drehung um die Knotenlinie ist eine Drehung um die x-Achse des aus der ersten Drehung hervorgegangenen Systems (bezeichnet als ξ-Achse) um einen Drehwinkel ϑ:

$$\mathsf{R}_2 = \begin{pmatrix} 1 & 0 & 0 \\ 0 & \cos\vartheta & \sin\vartheta \\ 0 & -\sin\vartheta & \cos\vartheta \end{pmatrix} . \tag{8.88}$$

Die letzte Drehung erfolgt um die z'-Achse um einen Winkel ψ

$$\mathsf{R}_3 = \begin{pmatrix} \cos\psi & \sin\psi & 0 \\ -\sin\psi & \cos\psi & 0 \\ 0 & 0 & 1 \end{pmatrix} . \tag{8.89}$$

Für die Drehmatrix erhalten wir insgesamt, vgl. Aufg. 8.38,

$$\mathsf{R} = \mathsf{R}_3 \mathsf{R}_2 \mathsf{R}_1 . \tag{8.90}$$

8.6.2 Transformation auf krummlinige Koordinaten

Nicht nur Drehungen lassen sich mit Hilfe einer Transformationsmatrix darstellen. Matrizen können auch bei der Transformation auf krummlinige Koordinatensysteme verwendet werden. So kann die Transformation von kartesischen auf Kugelkoordinaten mit Hilfe einer Matrix geschrieben werden als

$$\begin{pmatrix} e_r \\ e_\vartheta \\ e_\varphi \end{pmatrix} = \mathsf{K} \begin{pmatrix} e_x \\ e_y \\ e_z \end{pmatrix} \quad \text{mit} \quad \mathsf{K} = \begin{pmatrix} \sin\vartheta\cos\varphi & \sin\vartheta\sin\varphi & \cos\vartheta \\ \cos\vartheta\cos\varphi & \cos\vartheta\sin\varphi & -\sin\vartheta \\ -\sin\varphi & \cos\varphi & 0 \end{pmatrix}. \quad (8.91)$$

Diese Schreibweise ist nicht ganz korrekt, da die Komponenten nicht reelle Zahlen sondern Vektoren sind; sie beschreibt die Transformation aber sehr kompakt, da alle Koeffizienten in der Matrix zusammengefasst sind. Die Matrix kann jedoch in einer korrekten Schreibweise zur Transformation eines Vektors r von Kugelkoordinaten in kartesische Koordinaten verwendet werden

$$\begin{pmatrix} r_x \\ r_y \\ r_z \end{pmatrix} = \mathsf{K}^\mathsf{T} \begin{pmatrix} r_r \\ r_\vartheta \\ r_\varphi \end{pmatrix} \quad (8.92)$$

und entsprechend für die Transformation von kartesischen Koordinaten in Kugelkoordinaten

$$\begin{pmatrix} r_r \\ r_\vartheta \\ r_\varphi \end{pmatrix} = (\mathsf{K}^\mathsf{T})^{-1} \begin{pmatrix} r_x \\ r_y \\ r_z \end{pmatrix} = \mathsf{K} \begin{pmatrix} r_x \\ r_y \\ r_z \end{pmatrix}, \quad (8.93)$$

da für K als orthogonale Matrix gilt $\mathsf{K}^\mathsf{T} = \mathsf{K}^{-1}$ und damit $(\mathsf{K}^\mathsf{T})^{-1} = \mathsf{K}$.

→ 8.6.4

8.6.3 Lorentz-Transformation

Auch die *Lorentz-Transformation* der speziellen Relativitätstheorie lässt sich mit einer Matrix beschreiben. Betrachten wir zwei Koordinatensysteme K und K', deren Ursprung zur Zeit $t = 0$ zusammen fällt und von denen sich K' parallel zur z-Achse mit der Geschwindigkeit v bewegt. Die Grundannahme der speziellen Relativitätstheorie ist die Unabhängigkeit der Lichtgeschwindigkeit vom Bezugssystem, d.h. für eine sich mit der Lichtgeschwindigkeit c ausbreitende Kugelwelle, die zur Zeit $t = 0$ im Ursprung startet, gilt:

$$x_1^2 + x_2^2 + x_3^2 - c^2 t^2 = x_1'^2 + x_2'^2 + x_3'^2 - c^2 t'^2, \quad (8.94)$$

da die Front der Welle in K gegeben ist als $x_1^2 + x_2^2 + x_3^2 = c^2 t^2$, in K' jedoch als $x_1'^2 + x_2'^2 - x_3'^2 = c^2 t'^2$. Betrachtet man $-c^2 t^2 = x_4^2$ als vierte Koordinate, so lässt sich (8.94) schreiben als eine orthogonale Transformation der Form

$$\sum_{n=0}^{4} x_n^2 = \sum_{n=0}^{4} x_n'^2 \quad (8.95)$$

im vierdimensionalen *Minokwski-Raum*. Der Ortsvektor in diesem Raum ist

$$r_M = \begin{pmatrix} x_1 \\ x_2 \\ x_3 \\ ict \end{pmatrix}. \tag{8.96}$$

Mit den obigen Koordinatensystemen ergibt sich für die Transformation $x_1 = x_1'$ und $x_2 = x_2'$, d.h. die Transformationsmatrix muss wegen

$$x_i' = \sum_{k=1}^{4} a_{ik} x_k \tag{8.97}$$

die folgende Gestalt haben:

$$\mathsf{A} = \begin{pmatrix} 1 & 0 & 0 & 0 \\ 0 & 1 & 0 & 0 \\ 0 & 0 & a_{33} & a_{34} \\ 0 & 0 & a_{43} & a_{44} \end{pmatrix}. \tag{8.98}$$

Aus der Orthogonalitätsrelation lassen sich die übrigen Komponenten der Matrix bestimmen, so dass wir für die Lorentz-Transformation die folgende Transformationsmatrix erhalten (vgl. Aufg. 8.42):

$$\mathsf{A} = \begin{pmatrix} 1 & 0 & 0 & 0 \\ 0 & 1 & 0 & 0 \\ 0 & 0 & \frac{1}{\gamma} & \frac{i\beta}{\gamma} \\ 0 & 0 & -\frac{i\beta}{\gamma} & \frac{1}{\gamma} \end{pmatrix} \quad \text{mit} \quad \beta = \frac{v}{c} \quad \text{und} \quad \gamma = \sqrt{1-\beta^2}. \tag{8.99}$$

Formal hat die Untermatrix die Form einer Drehmatrix für eine Drehung in der x_3x_4-Ebene, allerdings ist der Drehwinkel wegen $1/\gamma > 1$ imaginär.

Wir können die Transformationsmatrix (8.99) auf Plausibilität überprüfen. Komponentenweise erhalten wir für die Transformationsgleichungen die bekannten Gleichungen

$$x' = x, \quad y' = y, \quad z' = \frac{z - vt}{\gamma} \quad \text{und} \quad t' = \frac{t - \beta z/c}{\gamma}.$$

Die Rücktransformation ergibt sich als die inverse Matrix von (8.99). Wie aus physikalischer Sicht zu erwarten, unterscheidet sich A^T von A nur durch das Vorzeichen von v.

8.6.4 Trägheitstensor

In Bsp. 47 haben wir das Trägheitsmoment eines Körpers um eine Drehachse kennengelernt. Betrachten wir nochmals den Quader. Die Trägheitsmomente um die Seitenkanten (oder dazu parallele Achsen) lassen sich einfach bestimmen. Der Quader kann jedoch um jede beliebige Achse gedreht werden, z.B. um seine Raumdiagonale. Während das Trägheitsmoment immer auf eine bestimmte Drehachse bezogen ist, lässt sich mit einem Trägheitstensor I eine von der Drehachse unabhängige Beschreibung des Zusammenhangs zwischen Drehimpuls $\boldsymbol{L}$ und Winkelgeschwindigkeit $\boldsymbol{\omega}$ erreichen:

$$\boldsymbol{L} = \mathsf{I}\,\boldsymbol{\omega} \quad \text{mit} \quad \mathsf{I} = \int (r^2 \mathsf{E} - \boldsymbol{rr})\,\mathrm{d}m\,. \tag{8.100}$$

In Matrixschreibweise ist der Trägheitstensor

$$\mathsf{I} = \int_V \begin{pmatrix} y^2+z^2 & -xy & -xz \\ -yx & x^2+z^2 & -yz \\ -zx & -zy & x^2+y^2 \end{pmatrix} \mathrm{d}m = \begin{pmatrix} I_{xx} & I_{xy} & I_{xz} \\ I_{yx} & I_{yy} & I_{yz} \\ I_{zx} & I_{zy} & I_{zz} \end{pmatrix} \tag{8.101}$$

Die Diagonalelemente I_{xx}, I_{yy} und I_{zz} sind die axialen Trägheitsmomente, sie enthalten den Abstand von den einzelnen Koordinatenachsen. Die anderen Elemente werden als Zentrifugal- oder Deviationsmomente bezeichnet. Der Trägheitstensor ist symmetrisch.

Das Trägheitsmoment I_a bezüglich einer Geraden a mit dem Richtungsvektor $\boldsymbol{a} = \mathsf{a}^\mathsf{T}$ ist

$$I_\mathrm{a} = \mathsf{a}^\mathsf{T} \mathsf{I} \mathsf{a} \tag{8.102}$$

mit a als einem Spalten- und a^T als einem Zeilenvektor.

Die Gestalt dieses Tensors hängt vom gewählten Koordinatensystem ab. Es ist jedoch stets möglich, ein Koordinatensystem zu finden, in dem der Tensor Diagonalgestalt hat

$$\mathsf{I} = \begin{pmatrix} I_1 & 0 & 0 \\ 0 & I_2 & 0 \\ 0 & 0 & I_3 \end{pmatrix}\,, \tag{8.103}$$

wobei die I_i die Trägheitsmomente bezüglich der Hauptachsen des Körpers angeben. Diese Trägheitsmomente sind die Eigenwerte des Tensors I. Die Spaltenvektoren der dazu benötigten Transformationsmatrix T sind die zu diesen Eigenwerten gehörigen Eigenvektoren. Sie geben die Hauptachsenrichtungen des Körpers an, die Transformation des allgemeinen Tensors I auf die Diagonalform heißt *Hauptachsentransformation*, vgl. Abschn. 8.7.3

Beispiel 93. Die axialen Trägheitsmomente eines Würfels haben wir in Bsp. 47 bestimmt zu

$$I_{xx} = \varrho \int\limits_{-a/2}^{a/2} \int\limits_{-a/2}^{a/2} \int\limits_{-a/2}^{a/2} (y^2+z^2)\,\mathrm{d}x\,\mathrm{d}y\,\mathrm{d}z = \tfrac{1}{6}ma^2\,. \tag{8.104}$$

Die Deviationsmomente haben die Form

$$I_{xy} = -\varrho \int\limits_{-a/2}^{a/2} \int\limits_{-a/2}^{a/2} \int\limits_{-a/2}^{a/2} xy\,\mathrm{d}x\,\mathrm{d}y\,\mathrm{d}z = -\tfrac{1}{16}ma^2\,. \tag{8.105}$$

Der Trägheitstensor ist damit

$$\mathsf{I} = ma^2 \begin{pmatrix} 1/6 & -1/16 & -1/16 \\ -1/16 & 1/6 & -1/16 \\ -1/16 & -1/16 & 1/6 \end{pmatrix} . \quad (8.106)$$

Bestimmen wir zuerst das Trägheitsmoment bei Drehung um eine der Koordinatenachsen, z.B. die x-Achse. Dies ist nach (8.102) gegeben als

$$\begin{aligned} I_x &= ma^2 \begin{pmatrix} 1 & 0 & 0 \end{pmatrix} \begin{pmatrix} 1/6 & -1/16 & -1/16 \\ -1/16 & 1/6 & -1/16 \\ -1/16 & -1/16 & 1/6 \end{pmatrix} \begin{pmatrix} 1 \\ 0 \\ 0 \end{pmatrix} \\ &= ma^2 \begin{pmatrix} 1 & 0 & 0 \end{pmatrix} \begin{pmatrix} 1/6 \\ -1/16 \\ -1/16 \end{pmatrix} = \tfrac{1}{6} ma^2 . \end{aligned} \quad (8.107)$$

Dies stimmt mit dem axialen Trägheitsmoment überein. Für die Drehung um die Raumdiagonale $d = (1,1,1)/\sqrt{3}$ ergibt sich das Trägheitsmoment

$$\begin{aligned} I_d &= \frac{ma^2}{3} \begin{pmatrix} 1 & 1 & 1 \end{pmatrix} \begin{pmatrix} 1/6 & -1/16 & -1/16 \\ -1/16 & 1/6 & -1/16 \\ -1/16 & -1/16 & 1/6 \end{pmatrix} \begin{pmatrix} 1 \\ 1 \\ 1 \end{pmatrix} \\ &= \frac{ma^2}{3} \begin{pmatrix} 1 & 1 & 1 \end{pmatrix} \begin{pmatrix} 1/24 \\ 1/24 \\ 1/24 \end{pmatrix} = \frac{ma^2}{24} = \tfrac{1}{4} I_x . \end{aligned} \quad (8.108)$$

□

8.7 Eigenwerte und Eigenvektoren

Viele physikalische Probleme können als Eigenwertproblem formuliert werden. Einige Beispiele werden wir in diesem Abschnitt kennen lernen.
Eine Gleichung der Form

$$\mathsf{A}\boldsymbol{x} = \lambda \boldsymbol{x} \quad \text{mit} \quad \boldsymbol{x} \neq 0 \quad (8.109)$$

definiert die *Eigenwerte* λ und *Eigenvektoren* $\boldsymbol{x}$ der Matrix A. Zu jedem Eigenvektor $\boldsymbol{x}$ ist auch ein Vielfaches $\alpha \boldsymbol{x}$ Eigenvektor der Matrix, der zugehörige Eigenwert ist dann λ/α. Umformung von (8.109) liefert

$$(\mathsf{A} - \lambda \mathsf{E})\boldsymbol{x} = 0 . \quad (8.110)$$

Dieses Gleichungssystem ist eindeutig lösbar, wenn die Determinante $|\mathsf{A} - \lambda \mathsf{E}|$ nicht verschwindet, d.h. für $\boldsymbol{x} \neq 0$ erhalten wir für die Bestimmung des Eigenwertes λ und damit des Eigenvektors $\boldsymbol{x}$ die *charakteristische Gleichung*

$$|\mathsf{A} - \lambda \mathsf{E}| \stackrel{!}{=} 0 . \quad (8.111)$$

Für eine $(n \times n)$-Matrix ergibt dies ein charakteristisches Polynom

$$|\mathsf{A} - \lambda \mathsf{E}| = a_0 + a_1 \lambda + a_2 \lambda^2 + \ldots + (-1)^n \lambda^n = \chi_n(\lambda) \quad (8.112)$$

mit n möglicherweise komplexen Nullstellen λ_k. Die Eigenwerte müssen nicht alle verschieden sein; dann liegt eine *Entartung* vor. Sind alle Eigenwerte voneinander verschieden, so gehört zu jedem Eigenwert genau ein linear unabhängiger Eigenvektor, der bis auf einen (beliebigen) konstanten Faktor eindeutig bestimmt ist. Die n Eigenvektoren werden üblicherweise normiert. Tritt ein Eigenwert dagegen k-fach auf, so gehören hierzu mindestens ein, höchstens aber k linear unabhängige Eigenvektoren. Die zu verschiedenen Eigenwerten gehörenden Eigenvektoren sind immer linear unabhängig.

Eine symmetrische n-reihige Matrix hat reelle Eigenwerte, ihre n linear unabhängigen Eigenvektoren sind orthogonal. Eine hermitesche n-reihige Matrix hat ebenfalls n reelle Eigenwerte und n linear unabhängige Eigenvektoren, wobei zu jedem einfachen Eigenwert genau ein linear unabhängiger Eigenvektor gehört, zu jedem k-fachen Eigenwert dagegen stets k linear unabhängige Eigenvektoren. Hermitesche und symmetrische Matrizen haben daher die Besonderheit, dass ihre Eigenvektoren selbst dann linear unabhängig sind wenn nicht alle Eigenwerte unterschiedlich sind.

Zwei Eigenschaften von Eigenwerten und -vektoren kann man sich bei ihrer Überprüfung zu Nutze machen: die *Spur* der Matrix A ist gleich der Summe aller Eigenwerte: $\text{Sp} \mathsf{A} = \sum \lambda_i$ und die *Determinante* von A ist gleich dem Produkt aller Eigenwerte: $\det \mathsf{A} = \prod \lambda_i$. Daher sind die Eigenwerte einer n-reihigen Diagonal- bzw. Dreiecksmatrix A identisch mit den Hauptdiagonalelementen.

Beispiel 94. Die Eigenwerte der Matrix

$$\mathsf{A} = \begin{pmatrix} 1 & 2 \\ 2 & 1 \end{pmatrix} \tag{8.113}$$

lassen sich mit Hilfe von (8.111) bestimmen gemäß

$$|\mathsf{A} - \lambda \mathsf{E}| = \begin{vmatrix} 1-\lambda & 2 \\ 2 & 1-\lambda \end{vmatrix} = (1-\lambda)^2 - 4 \stackrel{!}{=} 0 \,. \tag{8.114}$$

Daraus erhalten wir $\lambda_{1,2} = 1 \pm 2$. Die Matrix hat zwei verschiedene Eigenwerte. Für $\lambda_1 = 3$ erhalten wir mit (8.110) für den Eigenvektor

$$\begin{pmatrix} -2 & 2 \\ 2 & -2 \end{pmatrix} \begin{pmatrix} x_{1,1} \\ x_{1,2} \end{pmatrix} \stackrel{!}{=} \begin{pmatrix} 0 \\ 0 \end{pmatrix} \tag{8.115}$$

und damit $x_{1,2} = x_{1,1}$. Der zugehörige Eigenvektor $\boldsymbol{x}_1$ ist z.B.

$$\boldsymbol{x}_1 = \begin{pmatrix} 1 \\ 1 \end{pmatrix} \qquad \text{oder normiert} \qquad \boldsymbol{e}_1 = \frac{1}{\sqrt{2}} \begin{pmatrix} 1 \\ 1 \end{pmatrix} \,. \tag{8.116}$$

Für den Eigenvektor zum zweiten Eigenwert $\lambda_2 = -1$ ergibt sich

$$\begin{pmatrix} 2 & 2 \\ 2 & 2 \end{pmatrix} \begin{pmatrix} x_{2,1} \\ x_{2,2} \end{pmatrix} = \begin{pmatrix} 2x_{2,1} + 2x_{2,2} \\ 2x_{2,1} + 2x_{2,2} \end{pmatrix} = \begin{pmatrix} 0 \\ 0 \end{pmatrix} \,, \tag{8.117}$$

also $x_{2,1} = -x_{2,2}$ und damit

$$x_2 = \begin{pmatrix} 1 \\ -1 \end{pmatrix} \quad \text{bzw.} \quad e_2 = \frac{1}{\sqrt{2}} \begin{pmatrix} 1 \\ -1 \end{pmatrix} . \tag{8.118}$$

Die Eigenvektoren sind linear unabhängig ($e_1 \cdot e_2 = 0$), wie für Eigenvektoren zu verschiedenen Eigenwerten gefordert. Die Determinante det A ergibt sich zu -3, das ist auch das Produkt der Eigenwerte $\lambda_1 \lambda_2$; die Spur der Matrix ist mit 2 gleich der Summe der Eigenwerte. □

8.7.1 Bedeutung von Eigenwerten und -vektoren

Matrizen und Projektionen. Matrizen können zur Manipulation eines Vektors verwendet werden, z.B. zur Drehung oder Projektion. In (1.50) haben wir die Projektion eines Vektors auf einen anderen mit Hilfe des Skalarprodukts betrachtet. Alternativ können wir eine derartige Projektion mit einer Matrix P vornehmen. Betrachten wir dazu einen Vekor a, der auf eine Richtung e_p zu projizieren ist. Dann muss gelten

$$\mathsf{P} a = c e_p \tag{8.119}$$

mit c als einer Konstanten. Sie entspricht der Länge des projizierten Vektors. Diese ist gemäß (1.49) gegeben, so dass wir auch schreiben können

$$\mathsf{P} a = e_p (e_p \cdot a) . \tag{8.120}$$

Diese Beziehung ist erfüllt für einen Projektionsoperator

$$\mathsf{P} = e_p e_p , \tag{8.121}$$

d.h. dem dyadischen Produkt der Projektionsrichtung e_p mit sich selbst.

Beispiel 95. Gesucht ist die Projektion des Vektors $a = (a_x, a_y, a_z)$ auf die x-Achse. Das Problem ist trivial, das Ergebnis ist $(a_x, 0, 0) = a_x e_x$. Formal müssen wir zuerst die Projektionsmatrix erzeugen. Mit der Projektionsrichtung $(1, 0, 0)$ ist diese gegeben zu

$$\mathsf{P} = \begin{pmatrix} 1 \\ 0 \\ 0 \end{pmatrix} \begin{pmatrix} 1 & 0 & 0 \end{pmatrix} = \begin{pmatrix} 1 & 0 & 0 \\ 0 & 0 & 0 \\ 0 & 0 & 0 \end{pmatrix} . \tag{8.122}$$

Auf a angewandt erhalten wir wie erwartet

$$a_\mathsf{P} = \begin{pmatrix} 1 & 0 & 0 \\ 0 & 0 & 0 \\ 0 & 0 & 0 \end{pmatrix} \begin{pmatrix} a_x \\ a_y \\ a_z \end{pmatrix} = \begin{pmatrix} a_x \\ a_y \\ a_z \end{pmatrix} = a_x e_x . \tag{8.123}$$

□

Für die Projektion eines Vektors auf einen anderen ist die Darstellung (8.120) gegenüber der Verwendung des Skalarprodukts (1.50) übertrieben. Betrachten wir jedoch den Fall, dass wir einen Satz wechselseitig orthogonaler Basisvektoren e_k haben (z.B. die drei Achsen eines kartesischen Koordinatensystems). Projizieren wir auf jede dieser Achsen, so erhalten wir

$$\mathsf{P}\boldsymbol{a} = \sum_{k=1}^{3} \boldsymbol{e}_k (\boldsymbol{e}_k \cdot \boldsymbol{a}) \tag{8.124}$$

als die Projektion von $\boldsymbol{a}$ auf den durch die $\boldsymbol{e}_k$ aufgespannten (Unter-)Raum. Für $k = 3$ erhalten wir

$$\boldsymbol{e}_x(\boldsymbol{e}_x \cdot \boldsymbol{a}) + \boldsymbol{e}_y(\boldsymbol{e}_y \cdot \boldsymbol{a}) + \boldsymbol{e}_z(\boldsymbol{e}_z \cdot \boldsymbol{a}) = a_x \boldsymbol{e}_x + a_y \boldsymbol{e}_y + a_z \boldsymbol{e}_z \,. \tag{8.125}$$

Damit ist $\sum_{k=1}^{3} \boldsymbol{e}_k(\boldsymbol{e}_k \cdot \boldsymbol{a}) = \boldsymbol{a}$, d.h. der Operator auf der linken Seite ist der Einheitsoperator:

$$\sum_{k=1}^{3} \boldsymbol{e}_k \boldsymbol{e}_k = \mathsf{E} \,. \tag{8.126}$$

Gleichung (8.124) besagt, dass die Vektoren $\boldsymbol{e}_k$ verwendet werden können, um eine vollständige Repräsentation eines beliebigen Vektors zu erzeugen. Die Vektoren $\boldsymbol{e}_k$ werden daher als ein *vollständiges System* bezeichnet, (8.126) als *Vollständigkeitsrelation*.

Betrachten wir ein $N < n$, so liefert (8.124) die Projektion von $\boldsymbol{a}$ in einen Unterraum: für $N = 1$ die bereits bekannte Projektion auf eine Gerade, wie auch in Beispiel 95 verwendet, für $N = 2$ die Projektion auf eine Ebene. [2]

Beispiel 96. Erweitern wir Bsp. 95. Projezieren wir den Vektor $\boldsymbol{a}$ auf den dreidimensionalen kartesischen Raum, so erhalten wir (8.125). Für die Projektion auf den Unterraum xy-Ebene erhalten wir mit (8.120) und (8.124)

$$\mathsf{P}_{xy} = \begin{pmatrix} 1 \\ 0 \\ 0 \end{pmatrix} \begin{pmatrix} 1 & 0 & 0 \end{pmatrix} + \begin{pmatrix} 0 \\ 1 \\ 0 \end{pmatrix} \begin{pmatrix} 0 & 1 & 0 \end{pmatrix} = \begin{pmatrix} 1 & 0 & 0 \\ 0 & 1 & 0 \\ 0 & 0 & 0 \end{pmatrix} \tag{8.127}$$

und damit

$$\boldsymbol{a}_{xy} = \mathsf{P}_{xy}\boldsymbol{a} = \begin{pmatrix} 1 & 0 & 0 \\ 0 & 1 & 0 \\ 0 & 0 & 0 \end{pmatrix} \begin{pmatrix} a_x \\ a_y \\ a_z \end{pmatrix} = \begin{pmatrix} a_x \\ a_y \\ 0 \end{pmatrix} \,. \tag{8.128}$$

Das ist selbstverständlich nicht identisch mit der Projektion auf die Diagonale in der xy-Ebene mit $\boldsymbol{e}_d = (1, 1, 0)/\sqrt{2}$ und der Projektionsmatrix gemäß (8.120)

---

[2] Um einen Vektor $\boldsymbol{a}$ auf eine Ebene zu projizieren, die von zwei beliebigen, in der Regel nicht senkrecht auf einander stehenden Vektoren $\boldsymbol{r}_1$ und $\boldsymbol{r}_2$ aufgespannt wird, muss man diese Vektoren vorher in ein Orthonormalsystem überführen. Dazu wird der eine Vektor normiert, d.h. z.B. $\boldsymbol{e}_1 = \boldsymbol{r}_1/|\boldsymbol{r}_1|$. Vom zweiten Vektor $\boldsymbol{r}_2$ bestimmen wir gemäß (1.50) die Projektion auf den ersten. Dann erhalten wir den senkrecht auf $\boldsymbol{r}_1$ stehenden Vektor als $\boldsymbol{r}_{2\perp} = \boldsymbol{r}_2 - \boldsymbol{r}_{2,\boldsymbol{r}_1}$ und normieren diesen, um den zweiten Basisvektor $\boldsymbol{e}_{2,\perp}$ eines Orthonormalsystems zu erhalten. Die Projektion ist dann durch den Operator $\mathsf{P} = \boldsymbol{e}_1 \boldsymbol{e}_1 + \boldsymbol{e}_{2,\perp} \boldsymbol{e}_{2,\perp}$ gegeben.

$$P_d = \frac{1}{2}\begin{pmatrix}1\\1\\0\end{pmatrix}(1\ 1\ 0) = \frac{1}{2}\begin{pmatrix}1&1&0\\1&1&0\\0&0&0\end{pmatrix} \qquad (8.129)$$

und damit

$$a_d = P_d a = \frac{1}{2}\begin{pmatrix}1&1&0\\1&1&0\\0&0&0\end{pmatrix}\begin{pmatrix}a_x\\a_y\\a_z\end{pmatrix} = \frac{1}{2}\begin{pmatrix}a_x+a_y\\a_x+a_y\\0\end{pmatrix}. \qquad (8.130)$$

□

Eigenvektoren und Projektionen. Werfen wir nochmals einen Blick auf die Gleichungen (1.49) und (1.50) für die Projektion eines Vektors auf einen anderen und auf Gleichung (8.109) zur Bestimmung von Eigenwerten und -vektoren. Aus der formalen Ähnlichkeit können wir eine anschauliche Interpretation für Eigenwerte und Eigenvektoren gewinnen: eine Matrix A wirkt derart auf ihren Eigenvektor x, dass sich ein neuer Vektor λx ergibt, der parallel zum Eigenvektor ist, allerdings um einen Faktor λ verlängert ($|\lambda| > 1$) oder verkürzt ($|\lambda| < 1$) und gegebenenfalls ($\lambda < 0$) entgegengesetzt gerichtet. Da die Eigenvektoren orthonormal sind, gilt mit δ_{ij} als dem Kronecker-Symbol

→ 8.7.3

$$x_i \cdot x_j = \delta_{ij}. \qquad (8.131)$$

Aus diesen Vektoren lässt sich eine neue Matrix X konstruieren

$$X = (x_1\ x_2\ x_3\ \ldots\ x_N). \qquad (8.132)$$

Diese Matrix ist unitär, d.h. es ist $X^T X = E$.

Da die n Eigenvektoren im n-dimensionalen Raum ein vollständiges System bilden, kann die Vollständigkeitsrelation geschrieben werden als

$$E = \sum_{i=1}^{N} x_i\, x_i. \qquad (8.133)$$

Wenden wir diesen Ausdruck auf einen beliebigen Vektor a an, so ergibt sich eine Beschreibung von a mit Hilfe von Eigenvektoren, die (8.124) vollständig analog ist:

$$a = \sum_{i=1}^{N} x_i(x_i \cdot a) = \sum_{i=1}^{N} x_i x_i a. \qquad (8.134)$$

Wenden wir nun die Matrix, deren Eigenvektoren diese x_k sind, auf diesen Vektor an, so ergibt sich

$$Aa = \sum_{i=1}^{N} \lambda_i x_i(x_i \cdot a), \qquad (8.135)$$

d.h. die Matrix A wirkt auf einen beliebigen Vektor a derart, dass dieser auf jeden der Eigenvektoren projiziert wird, ausgedrückt durch die Terme $x_i \cdot a$. Diese Projektionen werden mit dem jeweiligen Eigenwert multipliziert.

Eigenvektoren und inverse Matrix. Die Wirkung einer Matrix A auf → 8.7
einen Eigenvektor x ist $Ax = \lambda x$. Jeder Eigenvektor x_i einer Matrix A ist
auch Eigenvektor der inversen Matrix A^{-1} mit dem Eigenwert $1/\lambda_i$, d.h. es
gilt auch

$$A^{-1}x = \frac{1}{\lambda}x \, . \qquad (8.136)$$

Die durch die inverse Matrix an einem beliebigen Vektor a bewirkte Operation unterscheidet sich von (8.135) demnach nur durch die Vorfaktoren, statt der Eigenwerte λ_i werden deren Kehrwerte $1/\lambda_i$ verwendet:

$$A^{-1}a = \sum_{i=1}^{N} \frac{1}{\lambda_i} x_i (x_i \cdot a) \, . \qquad (8.137)$$

Dies ist genau dann erfüllt, wenn der Zusammenhang zwischen der inversen Matrix A^{-1} und der Matrix X der Eigenvektoren gegeben ist durch

$$A^{-1} = X \Lambda X^T \qquad \text{bzw.} \qquad \Lambda = X^t A^{-1} X \, . \qquad (8.138)$$

Darin ist Λ eine Diagonalmatrix, die die Kehrwerte der Eigenwerte enthält:

$$\Lambda = \begin{pmatrix} 1/\lambda_1 & 0 & 0 \\ 0 & 1/\lambda_2 & 0 \\ 0 & 0 & 1/\lambda_3 \end{pmatrix} \, . \qquad (8.139)$$

Mit (8.139) lässt sich die inverse Matrix aus der Kenntnis der Eigenwerte und -vektoren bestimmen. Für den Fall, dass einer oder mehrere der Eigenwerte Null sind, versagt das Verfahren, da dann das entsprechende Element in (8.139) nicht definiert ist. Da eine Matrix mit einem oder mehreren verschwindenden Eigenwerten singulär ist, kann sie ohnehin nicht invertiert werden.

Beispiel 97. Die Matrix aus Bsp. 94 hat die Eigenvektoren $x_{1,2} = (\pm 1, 1)$. Um diese Matrix zu diagonalisieren, stellen wir aus den Eigenvektoren eine Transformationsmatrix

$$X = (\, x_1 \quad x_2 \,) = \begin{pmatrix} 1 & 1 \\ -1 & 1 \end{pmatrix} \qquad (8.140)$$

auf mit der inversen Matrix

$$X^{-1} = \frac{1}{2} \begin{pmatrix} 1 & -1 \\ 1 & 1 \end{pmatrix} \, . \qquad (8.141)$$

Für die Diagonalmatrix erhalten wir dann mit (8.138)

$$A_{\text{diag}} = \frac{1}{2} \begin{pmatrix} 1 & 1 \\ -1 & 1 \end{pmatrix} \begin{pmatrix} 1 & 2 \\ 2 & 1 \end{pmatrix} \begin{pmatrix} 1 & -1 \\ 1 & 1 \end{pmatrix} = \begin{pmatrix} 3 & 0 \\ 0 & -1 \end{pmatrix} \qquad (8.142)$$

mit den Eigenwerten auf der Hauptdiagonalen. □

8.7.2 Eigenwertproblem: Gekoppelte Differentialgleichungen

Ein Beispiel für ein Eigenwertproblem in der Physik ist die Lösung von Systemen linearer Differentialgleichungen. Beispiele sind Zerfallsketten beim radioaktiven Zerfall, Ströme in elektrischen Netzwerken oder gekoppelte Pendel.

Ein System gekoppelter Differentialgleichungen besteht aus einem Satz von n Differentialgleichungen, die jeweils die Ableitung einer gesuchten Funktion x_n enthalten. Diese hängt nicht nur von der gesuchten Funktion ab sondern auch von einer oder mehreren der anderen Funktionen. Damit erhalten wir ein Gleichungssystem der Form

$$\begin{aligned}\dot{x}_1 &= a_{11}x_1 + a_{12}x_2 + \ldots + a_{1n}x_n\,,\\ \dot{x}_2 &= a_{21}x_1 + a_{22}x_2 + \ldots + a_{2n}x_n\,,\\ \vdots\,\, &\,\,\,\,\,\vdots \qquad\qquad\qquad\quad\vdots\\ \dot{x}_n &= a_{n1}x_1 + a_{n2}x_2 + \ldots + a_{nn}x_n\,,\end{aligned} \qquad (8.143)$$

oder in Matrixschreibweise

$$\dot{\boldsymbol{x}} = \mathsf{A}\boldsymbol{x}\,. \qquad (8.144)$$

Dieses Gleichungssystem lässt sich durch einen Exponentialansatz lösen:

$$\boldsymbol{x}(t) = \boldsymbol{u}\mathrm{e}^{\lambda t} \quad \text{und damit} \quad \dot{\boldsymbol{x}}(t) = \lambda\boldsymbol{u}\,\mathrm{e}^{\lambda t}\,. \qquad (8.145)$$

Einsetzen des Ansatz in das System aus gekoppelten Differentialgleichungen liefert die charakteristische Gleichung: $\lambda\boldsymbol{u} = \mathsf{A}\boldsymbol{u}$, d.h. eine Gleichung der Form (8.109), die Eigenwerte und -vektoren definiert. Die Exponenten λ im Exponentialansatz sind damit die Eigenwerte der Koeffizientenmatrix des Differentialgleichungssystems, die Vektoren $\boldsymbol{u}$ in (8.145) die zu diesen gehörigen Eigenvektoren. Die Lösung des Differentialgleichungssystems ergibt sich als die Superposition der verschiedenen Exponentialfunktionen

$$\boldsymbol{x} = \sum_{i=1}^{n} c_i \boldsymbol{u}_i\,\mathrm{e}^{\lambda_i t}\,. \qquad (8.146)$$

Beispiel 98. Zur Illustration betrachten wir eine einfache Zerfallskette: das Isotop A zerfällt mit einer Zerfallskonstanten $\lambda_1 = 3$ in das Tochterisotop B, das seinerseits mit $\lambda_2 = 5$ in das stabile Isotop C zerfällt. Für den Zerfall von A erhalten wir die normale Zerfallsgleichung (5.9). Die Bilanz für das zweite Isotop setzt sich zusammen aus dem Zerfall dieses Isotops, wieder beschrieben durch (5.9), sowie zusätzlich einer Quelle, die gleich dem Verlust im ersten Isotop ist. Für das dritte Isotop C haben wir keinen Zerfallsterm sondern nur eine Quelle, die durch den Zerfall von B bestimmt ist. Insgesamt erhalten wir das Gleichungssystem:

$$\dot{N}_1 = -\lambda_1 N_1\,, \qquad \dot{N}_2 = -\lambda_2 N_2 + \lambda_1 N_1 \quad \text{und} \quad \dot{N}_3 = \lambda_2 N_2\,. \qquad (8.147)$$

Als Randbedingungen nehmen wir an, dass zum Zeitpunkt $t=0$ nur $N_{1,0}$ Kerne des Iosotops A vorhanden sind jedoch keine Kerne der Iosotope B und C, d.h. $N_{2,0} = 0$ und $N_{3,0} = 0$.

In Matrixschreibweise ist das Gleichungssystem (8.147)

$$\dot{\boldsymbol{N}} = \mathsf{A}\,\boldsymbol{N} = \begin{pmatrix} -\lambda_1 & 0 & 0 \\ \lambda_1 & -\lambda_2 & 0 \\ 0 & \lambda_2 & 0 \end{pmatrix} \boldsymbol{N} \qquad (8.148)$$

oder nach Einsetzen der Werte für die Zerfallskonstanten

$$\dot{\boldsymbol{N}} = \mathsf{A}\,\boldsymbol{N} = \begin{pmatrix} -3 & 0 & 0 \\ 3 & -5 & 0 \\ 0 & 5 & 0 \end{pmatrix} \boldsymbol{N}\,. \qquad (8.149)$$

Zur Lösung des Gleichungssystems bestimmen wir die Eigenwerte

$$|\mathsf{A} - \lambda \mathsf{E}| = \begin{vmatrix} -3-\lambda & 0 & 0 \\ 3 & -5-\lambda & 0 \\ 0 & 5 & -\lambda \end{vmatrix} = (3+\lambda)(5+\lambda)\lambda \stackrel{!}{=} 0 \qquad (8.150)$$

zu $\lambda_1 = -3$, $\lambda_2 = -5$ und $\lambda_3 = 0$. Damit ergibt sich als Bedingungen für den Eigenvektor zu λ_1:

$$\begin{pmatrix} 0 & 0 & 0 \\ 3 & 2 & 0 \\ 0 & 5 & 3 \end{pmatrix} \begin{pmatrix} u_1 \\ u_2 \\ u_3 \end{pmatrix} = \begin{pmatrix} 0 \\ 3u_1 - 2u_2 \\ 5u_2 + 3u_3 \end{pmatrix} \stackrel{!}{=} 0 \qquad (8.151)$$

und damit für den Eigenvektor

$$\boldsymbol{u}_1 = \begin{pmatrix} 2 \\ 3 \\ -5 \end{pmatrix}\,. \qquad (8.152)$$

Für die anderen Eigenvektoren ergibt sich

$$\boldsymbol{u}_2 = \begin{pmatrix} 0 \\ 1 \\ -1 \end{pmatrix} \quad \text{und} \quad \boldsymbol{u}_3 = \begin{pmatrix} 0 \\ 0 \\ 1 \end{pmatrix}\,. \qquad (8.153)$$

Die allgemeine Lösung der Differentialgleichung wird damit

$$\begin{pmatrix} N_1 \\ N_2 \\ N_3 \end{pmatrix} = \sum_i c_i \boldsymbol{u}_i \mathrm{e}^{\lambda_i t} = c_1 \begin{pmatrix} 2 \\ 3 \\ -5 \end{pmatrix} \mathrm{e}^{-3t} + c_2 \begin{pmatrix} 0 \\ 1 \\ -1 \end{pmatrix} \mathrm{e}^{-5t} + c_3 \begin{pmatrix} 0 \\ 0 \\ 1 \end{pmatrix}\,. \qquad (8.154)$$

Die Integrationskonstanten c_i sind, wie bei einer einzelnen Differentialgleichung, aus den Randbedingungen zu bestimmen und wir erhalten wir die Lösung des Systems gekoppelter Differentialgleichungen (8.147)

$$\begin{aligned} N_1(t) &= N_{1,0}\,\mathrm{e}^{-3t}\,, \\ N_2(t) &= \tfrac{3}{2}N_{1,0}\,(\mathrm{e}^{-3t} - \mathrm{e}^{-5t})\,, \\ N_3(t) &= N_{1,0}\,(1 + \tfrac{3}{2}\mathrm{e}^{-5t} - \tfrac{5}{2}\mathrm{e}^{-3t})\,. \end{aligned} \qquad (8.155)$$

Die Lösung ist in Abb. 8.3 dargestellt. □

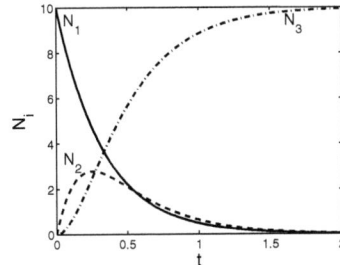

Abb. 8.3. Radiaktiver Zerfall: Mutterisotop N_1, Tochterisotop N_2 und stabiles Endprodukt N_3, vgl. Bsp. 98

Beispiel 99. Zwei identische Massen m sind durch drei Federn identischer Federkonstante k mit einander verbunden (vgl. Abb. 8.4). Die Massen werden jeweils ein Stückchen x_1 bzw. x_2 aus ihrer Ruhelage ausgelenkt. Die beiden Bewegungsgleichungen sind mit der bereits in (6.12) verwendeten Abkürzung $\omega_0^2 = k/m$

$$\begin{aligned}\ddot{x}_1 + \omega_0^2 x_1 + \omega_0^2(x_1 - x_2) = \ddot{x}_1 + \omega_0^2(2x_1 - x_2) = 0\,, \\ \ddot{x}_2 + \omega_0^2 x_2 - \omega_0^2(x_2 - x_1) = \ddot{x}_2 + \omega_0^2(2x_2 - x_1) = 0\,.\end{aligned} \qquad (8.156)$$

Dabei ist der zweite Term auf der linken Seite jeweils die rücktreibende Kraft, die wir auch bei einer einzelnen Masse an einer Feder haben, der dritte Term enthält die Kopplung der beiden harmonischen Oszillatoren durch die Feder zwischen ihnen. In Matrixschreibweise erhalten wir für das Gleichungssystem

$$\ddot{\boldsymbol{x}} = \mathsf{A}\boldsymbol{x} = \begin{pmatrix} -2\omega_0^2 & \omega_0^2 \\ \omega_0^2 & -2\omega_0^2 \end{pmatrix} \boldsymbol{x}\,. \qquad (8.157)$$

Formal unterscheidet sich die dieses Gleichungssystem von (8.143) dadurch, dass es ein System aus DGLs 2. Ordnung ist. Wir machen einen Exponentialansatz $\boldsymbol{x} = \boldsymbol{u}e^{\lambda t}$ und damit $\dot{\boldsymbol{x}} = \lambda \boldsymbol{u} e^{\lambda t}$ und $\ddot{\boldsymbol{x}} = \lambda^2 \boldsymbol{u} e^{\lambda t}$. Einsetzen des Ansatz in die DGL (8.157) liefert $\lambda^2 \boldsymbol{u} = \mathsf{A}\boldsymbol{u}$, d.h. die charakteristische Gleichung für λ ist gegeben als

$$\begin{vmatrix} -2\omega_0^2 - \lambda^2 & \omega_0^2 \\ \omega_0^2 & -2\omega_0^2 - \lambda^2 \end{vmatrix} \stackrel{!}{=} 0 \qquad (8.158)$$

oder

$$(2\omega_0^2 - \lambda^2)(2\omega_0^2 - \lambda^2) - \omega_0^4 \stackrel{!}{=} 0\,. \qquad (8.159)$$

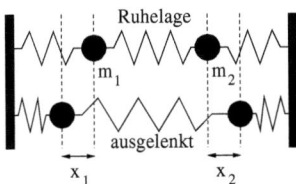

Abb. 8.4. Gekoppelte Federpendel, vgl. Bsp. 99

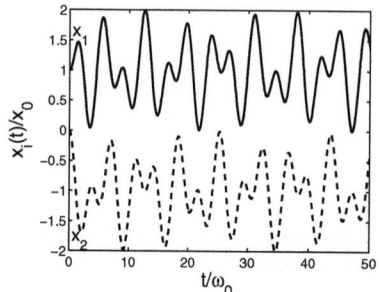

Abb. 8.5. Ort der beiden Massen beim gekoppelten Federpendel aus Bsp. 99; die Kurve x_1 ist zur besseren Darstellung um +1, die andere um -1 verschoben

Diese Gleichung ist erfüllt für $\lambda_1^2 = -\omega_0^2$ und $\lambda_2^2 = -3\omega_0^2$, d.h. wir erhalten $\lambda_1 = i\omega_0$ und $\lambda_2 = i\sqrt{3}\,\omega_0$. Die allgemeine komplexe Lösung ist daher

$$z(t) = A_1\,e^{i\omega_0 t} + A_2\,e^{-i\omega_0 t} + A_3\,e^{i\sqrt{3}\omega_0 t} + A_4\,e^{-i\sqrt{3}\omega_0 t} \tag{8.160}$$

mit den aus den Anfangsbedingungen zu bestimmenden komplexen Integrationskonstanten A_i.

Die Lösung λ_1 entspricht der für den harmonischen Oszillator. In diesem Fall schwingen beide Massen in Phase, verhalten sich also wie eine einzige Masse und die Lösung ist für Anfangsbedingungen maximale Auslenkung $x_0 = (x_0, x_0)$ und verschwindende Geschwindigkeit $\dot{x}_0 = 0$

$$x(t) = x_0 \cos(\omega_0 t)\,. \tag{8.161}$$

Die Lösung λ_2 entspricht der Situation, dass beide Massen genau entgegengesetzt schwingen, wie in Abb. 8.4 angedeutet.

Für andere Anfangsbedingungen, z.B. Auslenkung der Masse m_2 um $x_{2,0}$ ohne Auslenkung der anderen Masse und ohne Anfangsgeschwindigkeiten, ergeben sich Lösungen, die eine Überlagerung beider Frequenzen beinhalten (vgl. Abb. 8.5), in diesem Fall

$$x(t) = \frac{x_{2,0}}{2}\begin{pmatrix}\cos(\omega_0 t) - \cos(\sqrt{3}\,\omega_0 t)\\ \cos(\omega_0 t) + \cos(\sqrt{3}\,\omega_0 t)\end{pmatrix}\,. \tag{8.162}$$

□

8.7.3 Eigenwertproblem des Trägheitstensors

Der Trägheitstensor kann durch die Wahl eines geeigneten Bezugssystems in eine Form gebracht werden, in der er von Null verschiedene Elemente nur auf der Diagonalen enthält, d.h. $a_{ij} = 0$ für $i \neq j$. Eine derartige Transformation wird als *Hauptachsentransformation* bezeichnet, die Diagonalelemente als die *Hauptträgheitsmomente*. Im dazu gehörigen Koordinatensystem, dem *Hauptachsensystem*, ist der Zusammenhang zwischen Drehimpuls L bzw. Rotationsenergie W_{rot} und Winkelgeschwindigkeit ω besonders einfach:

8.7 Eigenwerte und Eigenvektoren

$$\boldsymbol{L} = \mathsf{I}\,\boldsymbol{\omega} \quad \text{oder} \quad \begin{pmatrix} L_1 \\ L_2 \\ L_3 \end{pmatrix} = \begin{pmatrix} I_1 & 0 & 0 \\ 0 & I_2 & 0 \\ 0 & 0 & I_3 \end{pmatrix} \begin{pmatrix} \omega_1 \\ \omega_2 \\ \omega_3 \end{pmatrix} \quad (8.163)$$

bzw.

$$W_{\text{rot}} = \frac{1}{2}\boldsymbol{\omega}^T \mathsf{I}\,\boldsymbol{\omega} = \frac{1}{2}(\omega_1 \ \omega_2 \ \omega_3) \begin{pmatrix} I_1 & 0 & 0 \\ 0 & I_2 & 0 \\ 0 & 0 & I_3 \end{pmatrix} \begin{pmatrix} \omega_1 \\ \omega_2 \\ \omega_3 \end{pmatrix}. \quad (8.164)$$

Bei der Rotation eines Körpers um eine seiner Hauptachsen ist der Drehimpulsvektor parallel zum Vektor der Winkelgeschwindigkeit

$$\mathsf{I}\boldsymbol{\omega} = I\boldsymbol{\omega} \quad \text{oder} \quad (\mathsf{I} - I\mathsf{E})\boldsymbol{\omega} = 0\,, \quad (8.165)$$

d.h. die Hauptachsen lassen sich mit einer Eigenwertgleichung bestimmen:

$$|\mathsf{I} - I\mathsf{E}| = \begin{vmatrix} I_{11} - I & I_{12} & I_{13} \\ I_{21} & I_{22} - I & I_{23} \\ I_{31} & I_{32} & I_{33} - I \end{vmatrix} \stackrel{!}{=} 0\,. \quad (8.166)$$

Beispiel 100. Betrachten wir noch einmal den Trägheitstensor des Quaders aus Bsp. 93:

$$\mathsf{I} = \frac{ma^2}{48} \begin{pmatrix} 8 & -3 & -3 \\ -3 & 8 & -3 \\ -3 & -3 & 8 \end{pmatrix}\,. \quad (8.167)$$

Die Eigenwerte und -vektoren sind bestimmt durch

$$|\mathsf{I} - I\mathsf{E}| = \begin{vmatrix} 8-\lambda & -3 & -3 \\ -3 & 8-\lambda & -3 \\ -3 & -3 & 8-\lambda \end{vmatrix} \stackrel{!}{=} 0\,. \quad (8.168)$$

Daraus ergeben sich die Eigenwerte $\lambda_1 = 2$ und $\lambda_{2,3} = 11$. Aus diesen ergeben sich die Trägheitsmomente um die Hauptachsen als $I = ma^2/48 \cdot \lambda$ und damit $I_1 = ma^2/24$ und $I_{2,3} = 11ma^2/48$. Die Richtung der Hauptachse zum Eigenwert $\lambda_1 = 2$ erhalten wir dann aus

$$\begin{pmatrix} 6 & -3 & -3 \\ -3 & 6 & -3 \\ -3 & -3 & 6 \end{pmatrix} \begin{pmatrix} x_1 \\ x_2 \\ x_3 \end{pmatrix} = \begin{pmatrix} 0 \\ 0 \\ 0 \end{pmatrix} \quad (8.169)$$

und damit $x_1 = x_2 = x_3$. Die erste Hauptachse des Quaders ist also die Diagonale. Alle drei Komponenten der Winkelgeschwindigkeit sind in diesem Fall gleich ω und wir erhalten, in Übereinstimmung mit dem Ergebnis aus (8.108) für den Drehimpuls

$$\boldsymbol{L}_1 = \frac{ma^2\omega}{24\sqrt{3}} \begin{pmatrix} 1 \\ 1 \\ 1 \end{pmatrix} = \frac{ma^2}{24}\omega\boldsymbol{e}_d\,. \quad (8.170)$$

Die anderen beiden Trägheitsmomente sind gleich, sie liegen also in einer Ebene senkrecht zur ersten Hauptachse. Da die beiden verbleibenden Eigenwerte zu linear unabhängigen Eigenvektoren gehören (die Matrix ist symmetrisch!), muss die erste Hauptachse auch die Symmetrieachse des Körpers sein. □

Literatur

Zur Wiederholung von Grundlagen, d.h. insbesondere der Manipulation von Matrizen und Determinanten sowie der Verwendung von Matrizen zur Lösung linearer Gleichungssysteme können Schäfer und Georgi [53], der Wissenspeicher [16] oder Belkner [6] verwendet werden. Weitergehende Inhalte, insbesondere Eigenwerte und -vektoren, werden mit vielen Beispielen und Übungsaufgaben im Bronson [9] und im Papula [42] diskutiert. Die Anwendung von Matrizen in der Physik zur Lösung von Gleichungssystemen und für Transformationen wird z.B. diskutiert in McQuarrie [39], Seaborn [54] und Snieder [57]. Differentialgleichungssysteme und ihre Lösung mit Hilfe von Matrizen werden sehr ausführlich dargestellt in Boyce und Prima [8]. Viele Anwendungen von Matrizen und Tensoren werden auch in Zurmühl [69] diskutiert.

Fragen

8.1. Was ist eine Matrix?

8.2. Erläutern Sie den Zusammenhang zwischen linearen Gleichungssystemen und Matrizen.

8.3. Ist das Gleichungssystem in Bsp. 77 linear oder nicht?

8.4. Wie lässt sich ein lineares Gleichungssystem mit Hilfe von Matrizen lösen?

8.5. Was ist die Adjunkten-Matrix?

8.6. Was sind Zeilen- und Spaltenmatrizen?

8.7. Was sind Transponierte und Inverse einer Matrix?

8.8. Wie ist die Spur einer Matrix definiert, welche Bedeutung hat sie?

8.9. Was ist eine orthogonale Matrix? Welche Eigenschaften haben Eigenwerte und Eigenvektoren einer orthogonalen Matrix?

8.10. Was ist ein Tensor?

8.11. Welcher Zusammenhang besteht zwischen Transformationen und orthogonalen Matrizen/Tensoren?

8.12. Was ist das dyadische Produkt zweier Vektoren und wie unterscheidet es sich von den in Kap. 1 diskutierten Produkten?

8.13. Geben Sie Beispiele für Transformationsmatrizen.

8.14. Wie werden die Eigenwerte und -vektoren einer Matrix bestimmt? Welche Bedeutung haben sie?

8.15. Geben Sie einige Beispiele für Eigenwertprobleme in der Physik.

8.16. Was ist die Vollständigkeitsrelation? Welche Bedeutung hat sie?

Aufgaben

8.1. • Lösen Sie die folgenden linearen Gleichungssysteme. Geben Sie jeweils an, ob das Gleichungssystem linear ist oder nicht.
1. $2x - 3y = -5$ und $4x + y = -3$,
2. $6x - 2y + 3z = 19$, $2x + 4y - 2z = -12$ und $2x + 2y - z = -5$,
3. $2x + 3y + 4z = 5$, $5x + 6y - 7z = -51$ und $7x - 8y - 9z = -19$,
4. $2x^2 + 3y = 35$ und $x + 2y = -5$,
5. $x + y + z = 8$, $2x - y - z = -5$ und $y/x + z = 7$.

8.2. • Lösen Sie die folgenden linearen Gleichungssysteme (a) durch Einsetzen bzw. Addition und (b) durch Inversion der Matrix:
1. $2x + y = 2$ und $x + y = -1$,
2. $2x + y - 4z = -18$, $3x - 2y + z = 22$ und $x + 3y - 4z = -29$.

8.3. • Berechnen Sie mit den 2×3-Matrizen

$$A = \begin{pmatrix} 1 & 2 & 3 \\ -4 & 5 & 6 \end{pmatrix}, \quad B = \begin{pmatrix} 9 & 8 & -9 \\ 10 & 11 & 0 \end{pmatrix}, \quad C = \begin{pmatrix} 12 & 0 & 14 \\ 0 & -8 & 2 \end{pmatrix}$$

die Ausdrücke: $D = A + 2B + 3C$; $E = 3A - 2(B + 4C)$; $F = 3A^T + 5(B - 2C)^T$ und $G = 4(A + B) - 3(A^T - 2B^T)^T + 2(C - 5A)$

8.4. • Berechnen Sie mit den Matrizen

$$A = \begin{pmatrix} 1 & -1 & 2 \\ -2 & 3 & -3 \end{pmatrix}, \quad B = \begin{pmatrix} 1 & 4 & -1 \\ 5 & 2 & 4 \\ -3 & 5 & 3 \end{pmatrix}, \quad C = \begin{pmatrix} -3 & 4 & -1 \\ 3 & 2 & -2 \\ 2 & 4 & 1 \end{pmatrix}$$

die Ausdrücke $D = (AB)C$; $E = A(BC)$; $F = A(B + C)^T$; $G = (AB)^T$.

8.5. • Bestimmen Sie die Transponierten und die Determinanten der folgenden Matrizen:

$$A = \begin{pmatrix} 1 & 3 \\ 2 & 4 \end{pmatrix} \qquad B = \begin{pmatrix} 1 & 2 \\ 2 & 4 \end{pmatrix}, \qquad C = \begin{pmatrix} 1 & 4 & 5 \\ 2 & 2 & 1 \\ 4 & 2 & 3 \end{pmatrix},$$

$$D = \begin{pmatrix} 3 & 6 & 1 \\ 7 & 4 & 8 \\ 2 & 9 & 5 \end{pmatrix}, \qquad E = \begin{pmatrix} 1 & 2 & 4 \\ 3 & 5 & 3 \\ 4 & 2 & 1 \end{pmatrix}, \qquad F = \begin{pmatrix} 1 & 5 & 1 \\ 4 & 2 & 2 \\ 1 & 3 & 7 \end{pmatrix}.$$

8.6. • Bilden Sie die folgenden Produkte aus einer Matrix und einem Vektor:

$$x = \begin{pmatrix} 3 & 2 & -5 \\ -3 & 2 & 2 \\ 4 & 1 & -1 \end{pmatrix} \begin{pmatrix} 1 \\ -3 \\ 4 \end{pmatrix}, \quad y = \begin{pmatrix} 1 & 2 & 3 \\ 2 & -1 & 4 \\ 3 & 4 & 5 \end{pmatrix} \begin{pmatrix} 5 \\ 2 \\ -3 \end{pmatrix},$$

$$z = \begin{pmatrix} -5 & -1 & 3 \\ 1 & -2 & 4 \\ 3 & -4 & 3 \end{pmatrix} \begin{pmatrix} -6 \\ -2 \\ -3 \end{pmatrix}.$$

8.7. •• Multiplizieren Sie die folgenden Matrizen jeweils paarweise:
$$A = \begin{pmatrix} 1 & 2 & 5 \\ 3 & -2 & -2 \\ -4 & -3 & 3 \end{pmatrix}, \quad B = \begin{pmatrix} -5 & 3 & 1 \\ 3 & -2 & 3 \\ 1 & 1 & -1 \end{pmatrix},$$
$$C = \begin{pmatrix} 2 & -3 & 2 \\ 4 & 1 & -2 \\ -3 & 2 & 6 \end{pmatrix}.$$

Ist das Produkt in einem der Paare kommutativ?

8.8. •• Bilden Sie aus den folgenden Vektoren jeweils das Skalarprodukt, das Kreuzprodukt und das dyadische Produkt: (a) $a = (2, 2, 3)$ und $b = (-1, 2, -3)$; (b) $a = (3, 5, 4)$ und $b = (2, 3, -6)$; (c) $a = (-2, 5, -3)$ und $b = (-1, -3, -2)$.

8.9. •• Können Sie zwei Vektoren a und b angeben, deren dyadisches Produkt die Matrix
$$A = \begin{pmatrix} 3 & 2 & 1 \\ 6 & 4 & 2 \\ 9 & 6 & 3 \end{pmatrix}$$
ergibt? Ist die Lösung eindeutig? Können Sie entsprechend die Vektoren a und b für ein gegebenes Kreuz- oder Skalarprodukt angeben?

8.10. •• Für welchen reellen Parameter λ verschwinden die Determinanten
$$|D_1| = \begin{vmatrix} 1-\lambda & 2 \\ 1 & -2-\lambda \end{vmatrix} \quad |D_2| = \begin{vmatrix} 1-\lambda & 2 & 0 \\ 0 & 3-\lambda & 1 \\ 0 & 0 & 2-\lambda \end{vmatrix}$$

8.11. •• Berechnen Sie die Determinante
$$\det A = \begin{vmatrix} 1 & 5 & -2 & 3 \\ 0 & -2 & 3 & 4 \\ 2 & 0 & 3 & 2 \\ 4 & -1 & 2 & 4 \end{vmatrix}.$$

8.12. • Bestimmen Sie die Transponierte, die Determinante und die Inverse der Matrix
$$A = \begin{pmatrix} 2 & 4 & -3 \\ 1 & -2 & 5 \\ 3 & 4 & -1 \end{pmatrix}.$$

8.13. •• Bestimmen Sie die Inverse der folgenden Matrix (a) durch Lösung des Gleichungssystems und (b) über die Adjunkten-Matrix:
$$A = \begin{pmatrix} 1 & 3 \\ 2 & 2 \end{pmatrix}.$$

8.14. •• Lösen Sie die folgenden Gleichungssysteme durch Inversion der Matrix:

1. $2x + y - z = 1$, $x + 2y + 2z = 0$ und $3x + y - 2z = 2$,
2. $x + 2y + 3z = -13$, $2x - 2y - z = 6$ und $x + 3y - z = -1$,
3. $x + 4y - z = -3$, $3x - y - z = 12$ und $2x + 2y + 3z = 10$,
4. $2w + 3x - 2y + z = 0$, $w + 2x - y + 3z = 2$, $3w - 2x + 2y - z = -4$ und $4w - 4x - y + z = 1$.

8.15. • Lässt sich das folgende lineare Gleichungssystem mit Hilfe der inversen Matrix lösen: $3x + 4y = 5$ und $6x + 8y = 9$?

8.16. • Lässt sich das folgende lineare Gleichungssystem mit Hilfe der inversen Matrix lösen: $2x + y - z = 9$, $4x + 2y + z = 16$ und $-6x - 3y + 3z = 27$?

8.17. Überprüfen Sie, ob die Vektoren $\boldsymbol{a} = (1,1,0)$, $\boldsymbol{b} = (1,0,1)$ und $\boldsymbol{c} = (0,1,1)$ Basisvektoren im 3D sind.

8.18. • Welche Matrizen sind regulär, welche singulär:

$$\mathsf{A} = \begin{pmatrix} 1 & 0 & 2 \\ 0 & 1 & 3 \\ -1 & 5 & 4 \end{pmatrix}, \quad \mathsf{B} = \begin{pmatrix} 4 & 1 & -3 \\ 0 & 1 & 1 \\ -8 & 1 & 9 \end{pmatrix}, \quad \mathsf{C} = \begin{pmatrix} 1 & 0 & 1 & 2 \\ 0 & 1 & 1 & -1 \\ 3 & 0 & 1 & 4 \\ 2 & 0 & 1 & 3 \end{pmatrix}.$$

8.19. •• Matrix A beschreibt die Spiegelung eines Raumpunktes an der xy-Ebene, Matrix B die Drehung des räumlichen Koordinatensystems um die z-Achse um den Winkel α. Zeigen Sie, dass beide Matrizen orthogonal sind:

$$\mathsf{A} = \begin{pmatrix} 1 & 0 & 0 \\ 0 & 1 & 0 \\ 0 & 0 & -1 \end{pmatrix}, \quad \mathsf{B} = \begin{pmatrix} \cos\alpha & \sin\alpha & 0 \\ -\sin\alpha & \cos\alpha & 0 \\ 0 & 0 & 1 \end{pmatrix}.$$

8.20. •• Zerlegen Sie die folgenden Matrizen in ihre Real- und Imaginärteile und prüfen Sie, welche Matrizen hermitesch bzw. schief-hermitesch sind:

$$\mathsf{A} = \begin{pmatrix} -5i & -6+3i \\ 6+3i & -i \end{pmatrix}; \quad \mathsf{B} = \begin{pmatrix} 2 & 3+6i \\ 3-6i & 1 \end{pmatrix};$$

$$\mathsf{C} = \begin{pmatrix} -i & 0 & 0 \\ 0 & -i & 0 \\ 0 & 0 & -i \end{pmatrix}; \quad \mathsf{D} = \begin{pmatrix} 1 & 4i & 1-i \\ -4i & 2 & 8 \\ 1+i & 8 & 3 \end{pmatrix}.$$

Bestimmen Sie die Determinanten.

8.21. •• Berechnen Sie die Eigenwerte der jeweiligen Matrix A und daraus die Spur und die Determinante von A sowie die Eigenvektoren:

$$\mathsf{A} = \begin{pmatrix} 1 & 2 & -1 \\ 0 & -1 & 1 \\ 1 & -1 & 1 \end{pmatrix}, \quad \mathsf{B} = \begin{pmatrix} 0 & 1 & 0 \\ 0 & 0 & 1 \\ -10 & 0 & 10 \end{pmatrix}, \quad \mathsf{C} = \begin{pmatrix} 2 & 1 & 1 \\ 2 & 3 & 2 \\ 3 & 3 & 4 \end{pmatrix}.$$

8.22. •• Bestimmen Sie die Eigenwerte der folgenden symmetrischen Matrix:
$$A = \begin{pmatrix} 12 & 4 & -4 & 4 \\ 4 & 12 & 4 & -4 \\ -4 & 4 & 12 & 4 \\ 4 & -4 & 4 & 12 \end{pmatrix}.$$

8.23. •• Bestimmen Sie die Eigenwerte und Eigenvektoren der folgenden Matrizen:
$$A = \begin{pmatrix} 4 & 2i \\ -2i & 1 \end{pmatrix}, \quad B = \begin{pmatrix} 3 & 1 & 0 \\ 1 & 3 & 0 \\ 0 & 0 & 1 \end{pmatrix}, \quad C = \begin{pmatrix} 1 & 1 \\ 4 & 1 \end{pmatrix}.$$

8.24. •• Bestimmen Sie die Determinante, die Eigenwerte und die Eigenvektoren der Matrizen
$$A = \begin{pmatrix} 1 & 0 & 1 \\ 0 & 1 & 0 \\ 1 & 0 & 1 \end{pmatrix}, \quad A = \begin{pmatrix} 2 & 0 & 2 \\ 0 & 4 & 0 \\ 6 & 0 & 6 \end{pmatrix}.$$

8.25. •• Bestimmen Sie die Eigenwerte und -vektoren der folgenden Matrizen:
$$A = \begin{pmatrix} 1 & 2 \\ 2 & 4 \end{pmatrix}, \quad B = \begin{pmatrix} 1 & 2 & 3 \\ 2 & 4 & 6 \\ 3 & 6 & 9 \end{pmatrix}$$

8.26. •• Zeigen Sie, dass für symmetrische $(n \times n)$-Matrizen gilt $\boldsymbol{x}^T A \boldsymbol{y} = \boldsymbol{y}^T A \boldsymbol{x}$.

8.27. •• Zeigen Sie, dass für die Spur quadratischer Matrizen gilt $\mathrm{Sp}(AB) = \mathrm{Sp}(BA)$.

8.28. Zeigen Sie, dass $\boldsymbol{x} A^T = A \boldsymbol{x}$.

8.29. Zeigen Sie, gegebenenfalls durch komponentenweises Ausmultiplizieren, dass die Regeln (8.53) – (8.60) gelten.

8.30. •• Berechnen Sie das Inverse der Matrizen
$$Q_1 = \begin{pmatrix} 1 & 1 \\ \lambda_1 & \lambda_2 \end{pmatrix}, \quad Q_2 = \begin{pmatrix} \cos\varphi & -\sin\varphi & 0 \\ \sin\varphi & \cos\varphi & 0 \\ 0 & 0 & 1 \end{pmatrix}.$$

8.31. • Berechnen Sie die Eigenwerte und Eigenvektoren der zweidimensionalen Drehmatrix $D(\varphi)$.

8.32. •• Diagonalisieren Sie:
$$A = \begin{pmatrix} 0 & 1 \\ 1 & 0 \end{pmatrix}, \quad B = \begin{pmatrix} 2 & -2 \\ 1 & 4 \end{pmatrix}.$$

8.33. •• Beschreibt die folgende Matrix eine Drehung

$$A = \begin{pmatrix} 1 & 0 & 0 \\ 0 & 0 & 0 \\ 0 & -1 & 0 \end{pmatrix} ?$$

8.34. • Wie lautet die Drehmatrix für eine Drehung um die z-Achse um $45°$?

8.35. •• Transformieren sie die Vektoren $(1,1,0)$ und $(0,1,1)$ mit Hilfe der Drehmatrix

$$D = \begin{pmatrix} \frac{\sqrt{2}}{2} & \frac{\sqrt{2}}{2} & 0 \\ -\frac{\sqrt{2}}{2} & \frac{\sqrt{2}}{2} & 0 \\ 0 & 0 & 1 \end{pmatrix}.$$

8.36. •• Transformieren Sie mit der Matrix aus Aufgabe 8.35 den Tensor

$$A = \begin{pmatrix} \frac{1}{2}(a+b) & \frac{1}{2}(a-b) & 0 \\ \frac{1}{2}(a-b) & \frac{1}{2}(a+b) & 0 \\ 0 & 0 & c \end{pmatrix}.$$

8.37. • Bringen Sie die folgende Matrix auf Diagonalform:

$$A = \begin{pmatrix} 1 & 4 & 1 \\ 2 & 1 & 2 \\ 1 & 2 & 1 \end{pmatrix}.$$

8.38. •• Eine Drehung ist durch die drei Euler-Winkel $\phi = \pi/4$, $\theta = \pi/6$ und $\psi = \pi/3$ beschrieben. Stellen Sie die Drehmatrizen für die einzelnen Drehungen auf und bestimmen Sie die Drehmatrix für die Gesamtdrehung, jeweils allgemein und mit den speziellen Winkeln.

8.39. •• Die Materialeigenschaften eines Kristallgitters werden durch den Tensor

$$M = \begin{pmatrix} 1 & 0 & 1 \\ 2 & 2 & 0 \\ 0 & 3 & 2 \end{pmatrix}$$

beschrieben. Der Kristall ist jedoch gegenüber dem Koordinatensystem, in dem dieser Tensor definiert ist, verdreht, wobei die Drehung beschrieben ist durch die Drehmatrix aus Aufgabe 8.35. Transformieren Sie M in dieses Koordinatensystem.

8.40. •• Eine Drehung um $\pi/4$ um die z-Achse wird durch die Drehmatrix

$$D = \begin{pmatrix} 1/\sqrt{2} & 1/\sqrt{2} & 0 \\ -1/\sqrt{2} & 1/\sqrt{2} & 0 \\ 0 & 0 & 1 \end{pmatrix}$$

beschrieben. Wie transformiert sich der Vektor $\boldsymbol{x} = (1/\sqrt{2}, -1/\sqrt{2},)$ bei dieser Drehung? Wie wird der Tensor

$$T = \begin{pmatrix} 1 & 0 & 0 \\ 0 & -1/\sqrt{2} & -1/\sqrt{2} \\ 0 & 1/\sqrt{2} & -1/\sqrt{2} \end{pmatrix}$$

transformiert?

8.41. •• Eine Drehung um $\pi/4$ um die x-Achse wird durch die Drehmatrix

$$D = \begin{pmatrix} 1 & 0 & 0 \\ 0 & 1/\sqrt{2} & 1/\sqrt{2} \\ 0 & -1/\sqrt{2} & 1/\sqrt{2} \end{pmatrix}$$

beschrieben. Wie transformiert sich der Vektor $z = (0, 1/\sqrt{2}, -1/\sqrt{2})$ bei dieser Drehung? Wie wird der Tensor

$$T = \begin{pmatrix} -1/\sqrt{2} & -1/\sqrt{2} & 0 \\ 1/\sqrt{2} & -1/\sqrt{2} & 0 \\ 0 & 0 & 1 \end{pmatrix}$$

transformiert?

8.42. •• Bestimmen Sie die Koeffizienten der Matrix der Lorentz-Transformation (8.99) aus der Orthogonalitätsbedingung.

8.43. •• Bestimmen Sie die Rücktransformation der Lorentz-Transformation.

8.44. • Überprüfen Sie die Eigenvektoren (8.153) in Bsp. 98.

8.45. ••• Ein harmonischer Oszillator besteht aus drei Massen, die durch zwei Federn linear mit einander verbunden sind. Die Federn haben die Federkonstante k, die mittlere Masse sei m, die beiden äußeren Massen sind M. Stellen Sie die Bewegungsgleichung auf und bestimmen Sie die Eigenfrequenzen.

8.46. •• Gekoppelte Fadenpendel: zwei Fadenpendel der Länge l und der Masse m schwingen in einer Ebene und sind durch eine Feder mit der Federkonstante k verbunden. Stellen Sie die Bewegungsgleichung auf und lösen Sie sie.

8.47. • Der harmonische Oszillator $m\ddot{x} + kx = 0$ wird durch eine DGL zweiter Ordnung beschrieben. Zerlegen Sie diese DGL in ein System von DGLs erster Ordnung und lösen dieses System.

Teil II

Von Feldern und Wellen
Rechnen in der Elektrodynamik

9 Delta-Funktion und verallgemeinerte Funktionen

Funktionen geben einen Zusammenhang zwischen einer unabhängigen und einer abhängigen Variablen. Reale Objekte kann man durch Funktionen annähern; so lässt sich z.b. das Relief eines Berges durch eine Funktion $h(x,y)$ beschreiben, die die Höhe in Abhängigkeit vom Ort (x,y) angibt. In der Physik arbeiten wir jedoch häufig mit idealisierten punktförmigen Objekten, z.B. einem Massenpunkt oder einer Punktladung. Zu deren Beschreibung benötigen wir eine Funktion, die einer Punktquelle an der Stelle r_0 eine bestimmte Stärke zuordnet und an allen anderen Stellen verschwindet: die Ladungsverteilung $\varrho(r)$ ist jedem Punkt des Raumes zugeordnet, verschwindet aber an allen Stellen $r \neq r_0$ und nimmt in r_0 den Wert q an. Dieser Zusammenhang wird durch die δ-Funktion $\delta(r - r_0)$ vermittelt.

9.1 Die Delta-Funktion als verallgemeinerte Funktion

Eine Funktion kennen wir aus Kap. 2 als Zuordnungsvorschrift. Die δ-Funktion ist eine verallgemeinerte Funktion. Sie ist nicht durch eine Zuordnungsvorschrift sondern über ein Integral definiert. Weitere Beispiele wie die Γ- und die Error-Funktion werden in diesem Abschnitt ebenfalls vorgestellt. Andere Funktionen, wie die Bessel-Funktion, sind als verallgemeinerte Funktionen mit Hilfe einer Differentialgleichung definiert (vgl. Abschn. 12.3.6).

Aus der Einleitung ist schon deutlich geworden, dass wir mit der δ-Funktion eine Funktion suchen, die auf eine andere Funktion angewandt, den Wert dieser Funktion an einer bestimmten Stelle gibt:

$$\int_{-\infty}^{\infty} \delta(r - r_0)\, f(r)\, \mathrm{d}x = f(r_0)\,. \tag{9.1}$$

Als Anwendungsbeispiele haben wir bereits den Massenpunkt oder die Punktladung erwähnt. Ausgangspunkt ist in beiden Fällen eine Dichteverteilung $\varrho(r)$ bzw. $\varrho(x)$. Diese allgemeine Dichteverteilung soll mit der δ-Funktion auf einen Punkt r_0 bzw. x_0 beschränkt werden.

Beschränken wir uns auf den eindimensionalen Fall. Um die gewünschte Festlegung der Dichteverteilung auf den einen Wert zu erreichen, könnten wir in Anlehnung an das Kronecker-Delta einen Ansatz der Form

9 Delta-Funktion und verallgemeinerte Funktionen

$$\delta(x, x_0) \stackrel{?}{=} \begin{cases} 1 & \text{für } x = x_0 \\ 0 & \text{für } x \neq x_0 \end{cases} \tag{9.2}$$

machen. Diese Darstellung wählt zwar bei x_0 den Funktionswert $f(x_0)$ aus, ist jedoch mit (9.1) nicht vereinbar: auf Grund der verschwindenden Breite – die Funktion ist nur in einem Punkt von Null verschieden – trägt dieser Punkt nichts zum Integral bei, d.h. das Integral verschwindet.

Alternativ können wir eine Beschreibung in der Form

$$\delta(x, x_0) \stackrel{?}{=} \begin{cases} \infty & \text{für } x = x_0 \\ 0 & \text{für } x \neq x_0 \end{cases}. \tag{9.3}$$

versuchen. In diesem Fall wird der Wert an der Stelle x_0 unendlich und kann damit auch bei verschwindender Breite einen Beitrag zum Integral leisten. Diese Definition ist problematisch: zum einen, was bedeutet unendlich; zum anderen stellt sich die Frage, welche Rolle die Funktion $f(x)$ dann noch im Integral spielt, da der Integrand unabhängig von der speziellen Wahl von $f(x)$ an der Stelle x_0 stets den Wert ∞ annimmt.

Auch wenn eine der Formen (9.2) oder (9.3) gelegentlich als vereinfachte Definition der δ-Funktion in der Literatur zu finden ist, sind beide Ansätze nicht sinnvoll.

9.1.1 Annäherungen

Ein besserer Ansatz zur Darstellung der δ-Funktion ist eine Annäherung. Ein Beispiel ist die Verwendung einer Folge von Kastenfunktionen,

$$g_n(x) = \begin{cases} 0 & |x| > 1/n \\ \tfrac{1}{2}n & |x| \leq 1/n \end{cases} \quad n = 1, 2, 3, \ldots. \tag{9.4}$$

Diese Folge ist normiert

$$\int_{-\infty}^{\infty} g_n(x)\,dx = 1 \tag{9.5}$$

und hat für $n \to \infty$ den Grenzwert

$$\lim_{n \to \infty} g_n = \begin{cases} 0 & x \neq 0 \\ \infty & x = 0 \end{cases}. \tag{9.6}$$

Außerdem gilt für diese Funktion

$$\int_{-\infty}^{\infty} g_n f(x)\,dx = \frac{n}{2} \int_{x_0 - \frac{1}{n}}^{x_0 + \frac{1}{n}} f(x)\,dx = f(x_0), \tag{9.7}$$

d.h. für $n \to \infty$ erhalten wir, wie in (9.1) für die δ-Funktion gefordert,

$$\lim_{n \to \infty} \int_{-\infty}^{\infty} g_n(x - x_0) f(x)\,dx = f(x_0). \tag{9.8}$$

9.1 Die Delta-Funktion als verallgemeinerte Funktion

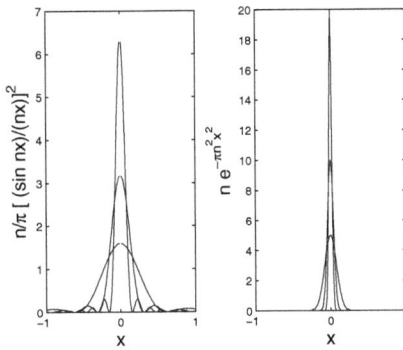

Abb. 9.1. Annäherung der δ-Funktion an der Stelle $x_0 = 0$ durch zwei verschiedene Funktionen für $n = 5, 10, 20$

Alternativ zur Kastenfunktion in (9.4) gibt es eine Vielzahl anderer Funktionen, deren Grenzwert ebenfalls die Delta-Funktion ist. Beispiele sind die Gauß–Verteilung (vgl. Abschn. 13.3.5) oder Funktionen (jeweils für $n \to \infty$) wie

$$g_n(x) = n\,e^{-\pi n^2 x^2}, \qquad g_n(x) = \frac{1}{\pi}\frac{n}{1+n^2x^2}, \qquad (9.9)$$
$$g_n(x) = \frac{n}{\pi}\left(\frac{\sin nx}{nx}\right)^2, \qquad g_n(x) = \frac{1}{\pi}\frac{\sin nx}{x} = \frac{1}{2\pi}\int_{-n}^{+n} e^{ikx}\,dk,$$

vgl. Abb. 9.1. Alle diese Funktionen sind normiert, es sind gerade Funktionen $g_n(x) = g_n(-x)$ und sie gehen für $n \to \infty$ gegen den Grenzwert

$$\lim_{n\to\infty} g_n(x) = \begin{cases} 0 & x \neq 0 \\ \infty & x = 0 \end{cases}. \qquad (9.10)$$

9.1.2 Eindimensionale Delta-Funktion

Definition 56. *Die δ-Funktion $\delta(x - x_0)$ ist eine verallgemeinerte Funktion von x, die zusammen mit einer stetigen Funktion $f(x)$ wirkt wie*

$$\int_{-\infty}^{\infty} f(x)\,\delta(x - x_0)\,dx = f(x_0) \qquad (9.11)$$

und die normiert ist:

$$\int_{-\infty}^{\infty} \delta(x)\,dx = 1. \qquad (9.12)$$

Verallgemeinerte Funktion werden auch als *Distribution* (*Verteilungsfunktion*) bezeichnet.

Die δ-Funktion gibt also zusammen mit einer Funktion den Funktionswert an der Stelle, an der die δ-Funktion von Null verschieden ist. Diesen Teil der

Definition werden wir verwenden, wenn wir die Punktladung q mit Hilfe der δ-Funktion in eine Ladungsdichte überführen wollen:

$$\varrho(x) = \int_{-\infty}^{\infty} q\,\delta(x-x_0)\,\mathrm{d}x \tag{9.13}$$

oder in verkürzter Schreibweise, vgl. (9.16)

$$\varrho(x) = q\,\delta(x-x_0)\,. \tag{9.14}$$

Beispiel 101. Betrachten wir wieder das Federpendel mit der Masse m und der Federkonstanten k. Die Bewegungsgleichung hatten wir für den Fall verschwindender Kräfte bereits in (6.12) kennengelernt, für den Fall einer periodischen anregenden Kraft in (6.72). Für einen Kraftstoß erhalten wir eine Bewegungsgleichung der Form $m\ddot{x} = -kx + P\delta(t-t_0)$. Hier verschwindet die äußere Kraft für alle Zeiten außer zum Zeitpunkt t_0 und entspricht einem endlichen Impulsübertrag Δp, z.B. einmaligem Anstoßen aus der Ruhelage. □

9.1.3 Eigenschaften der Delta-Funktion

Die wesentlichen Eigenschaften der δ-Funktion haben wir bereits im Zusammenhang mit ihrer Definition bzw. den Annäherungen durch andere Funktionen kennengelernt:

1. Die δ-Funktion ist stets Null, falls nicht das Argument Null ist, d.h. $\delta(h(x)) = 0$ für alle x mit $h(x) \neq 0$.
2. Die Delta-Funktion ist eine gerade Funktion: $\delta(x-x_0) = \delta(x_0-x)$.
3. Die δ-Funktion ist durch ihre Anwendung auf eine andere Funktion definiert, vgl. (9.11). Diese Definition beinhaltet eine Produktbildung zwischen der δ-Funktion und der Funktion $f(x)$. Letzteres ist nur erlaubt, wenn $f(x)$ nicht singulär ist; ein Produkt δ^2 kann nicht gebildet werden.

Aus der Definition können wir noch einige weitere Eigenschaften ableiten, vgl. auch [1, 10, 58]:

4. Die Integration in Glg. (9.11) erfolgt über ein unendliches Intervall. Bei der Integration über ein endliches Intervall gilt

$$\int_a^b f(x)\,\delta(x-x_0)\,\mathrm{d}x = \begin{cases} f(x_0) & a < x_0 < b \\ \frac{1}{2}f(x_0) & a = x_0 \text{ oder } b = x_0 \\ 0 & x_0 < a < b \text{ oder } a < b < x_0 \end{cases} \tag{9.15}$$

Diese Eigenschaft können wir uns aus der ersten Eigenschaft veranschaulichen: die δ-Funktion ist nur dann interessant, wenn das Argument Null wird. Liegt der betrachtete Wert x_0 außerhalb des Integrationsintervalls, so ist die δ-Funktion überall Null und das Integral verschwindet. Liegt x_0 dagegen innerhalb des Integrationsintervalls, so liegen alle von Null verschiedenen Beiträge innerhalb des Integrationsintervalls, d.h. die Situation ist äquivalent einer Integration von $-\infty$ bis ∞. Liegt x_0 auf der Grenze des Integrationsintervalls, so wird nur die ‚Hälfte' der δ-Funktion berücksichtigt, die im Intervall liegt.

5. Eine *glatte Funktion* g, die mit der δ-Funktion multipliziert wird, kann durch ihren Wert an der Nullstelle x_0 der Delta-Funktion ersetzt werden:

$$g(x)\,\delta(x-x_0) = g(x_0)\,\delta(x-x_0)\,. \tag{9.16}$$

Dieser Zusammenhang folgt direkt aus der Definition der δ-Funktion.

6. Es ist $(x-x_0)\,\delta(x-x_0) = 0$: $\delta(x-x_0)$ verschwindet für alle $x \neq x_0$. Bei $x = x_0$ ist aber der erste Faktor gleich Null.

9.1.4 Delta-Funktion einer Funktion

Bisher haben wir als Argument der δ-Funktion nur $(x-x_0)$ betrachtet. Jetzt wollen wir eine allgemeine Funktion $h(x)$ als Argument zulassen. Da die δ-Funktion nur dann von Null verschieden ist, wenn das Argument Null wird, heißt das anschaulich, dass $\delta(h(x))$ nur an den Nullstellen von $h(x)$ einen Beitrag liefern kann. Das bedeutet, dass wir $\delta(h(x))$ auch darstellen können über die δ-Funktionen an den Nullstellen $x_{n,i}$ von $h(x)$, d.h. es muss eine Darstellung der Form

$$\delta(h(x)) = \sum_{i=1}^{N} c_i \delta(x - x_{n,i}) \tag{9.17}$$

geben mit N als der Zahl der Nullstellen der Funktion und c_i als Faktoren, die zur Normierung benötigt werden.

Bevor wir allgemein die δ-Funktion einer Funktion $h(x)$ betrachten, wollen wir mit dem einfacheren Ausdruck $\int_{-\infty}^{\infty} \delta(c(x-x_0))f(x)\,dx$ beginnen. Hier ist das Argument der δ-Funktion eine Funktion $h(x) = c(x-x_0)$. Mit der Substitution $y = cx$ lässt sich das Integral schreiben als

$$\int_{-\infty}^{\infty} \delta(c(x-x_0))\,f(x)\,\mathrm{d}x = \int_{-\infty}^{\infty} \delta(y - cx_0)\,f\left(\frac{y}{c}\right)\frac{1}{c}\,\mathrm{d}y$$

$$= \begin{cases} \frac{1}{c}f(x_0) & \text{für } c>0 \\ -\frac{1}{c}f(x_0) & \text{für } c<0 \end{cases} = \frac{1}{|c|}f(x_0)\,. \tag{9.18}$$

Durch Ausklammern von $c = -1$ lässt sich damit $\delta(x-x_0) = \delta(x_0 - x)$ begründen.

Betrachten wir eine allgemeine Funktion $h(x)$ als Argument der δ-Funktion. Auch hier ist es ausreichend, die Umgebung der Nullstelle x_n von $h(x)$ zu betrachten. Um x_n kann die δ-Funktion in eine Taylor-Reihe (2.116) entwickelt werden:

$$h(x) = h(x_n) + \left[\frac{\mathrm{d}h}{\mathrm{d}x}\right]_{x_n}(x-x_n) + \frac{1}{2}\left[\frac{\mathrm{d}^2h}{\mathrm{d}x^2}\right]_{x_n}(x-x_n)^2 + \ldots\,. \tag{9.19}$$

9 Delta-Funktion und verallgemeinerte Funktionen

Der erste Term verschwindet, da x_n eine Nullstelle ist. Dann bleibt als erste Ordnung der Taylor-Entwicklung

$$h(x) = \left[\frac{dh}{dx}\right]_{x_n}(x - x_n) = h'(x_n)(x - x_n) = c(x - x_n) \qquad (9.20)$$

mit $c = h'(x_n)$ als Konstante. Einsetzen dieser Entwicklung in die δ-Funktion und Berücksichtigung von (9.18) liefert

$$\int_{-\infty}^{\infty} \delta(h(x))\, f(x)\, dx = \int_{-\infty}^{\infty} \delta(c(x - x_n))\, f(x)\, dx$$

$$= \frac{1}{|c|} \int_{-\infty}^{\infty} \delta(x - x_n)\, f(x)\, dx$$

$$= \frac{1}{|h'(x_n)|} \int_{-\infty}^{\infty} \delta(x - x_n) f(x)\, dx \qquad (9.21)$$

und damit nach Vergleich der Integranden

$$\delta(h(x)) = \frac{1}{|h'(x_n)|} \delta(x - x_n) \,. \qquad (9.22)$$

Hat die Funktion mehrere Nullstellen, so lässt sich dies erweitern auf

$$\delta(h(x)) = \sum_{i=1}^{N} \frac{1}{|h'(x_{n,i})|} \delta(x - x_{n,i}) \,. \qquad (9.23)$$

Diese Zerlegung ist nur möglich, wenn die Ableitungen an der Nullstelle $h'(x_n)$ nicht verschwinden, d.h. die Funktion muss an der Nullstelle die x-Achse schneiden.

Beispiel 102. $\delta(x^2 - 4x + 3)$ ist eine δ-Funktion $\delta(h(x))$. Zur Vereinfachung bestimmen wir die Nullstellen von $h(x)$ zu $x_{n1} = 1$ und $x_{n2} = 3$ sowie die Ableitung h' zu $h' = 2x - 4$. Die Ableitung nimmt an den Nullstellen die Werte $h'(x_{n1}) = -2$ und $h'(x_{n2}) = +2$ an. Nach (9.23) erhalten wir

$$\delta(x^2 - 4x + 3) = \tfrac{1}{2}\delta(x - 1) + \tfrac{1}{2}\delta(x - 3) = \tfrac{1}{2}[\delta(x - 1) + \delta(x - 3)] \,. \qquad (9.24)$$

□

9.1.5 Heavyside-Funktion

Obwohl die δ-Funktion keine ‚well-behaved' Funktion ist, lässt sie sich im Sinne einer verallgemeinerten Funktion differenzieren. Für ihre Ableitung gilt

$$\int_{-\infty}^{\infty} f(x)\, \delta'(x - x_0)\, dx = -f'(x_0) \qquad (9.25)$$

9.1 Die Delta-Funktion als verallgemeinerte Funktion

bzw. verallgemeinert auf die n-te Ableitung

$$\int_{-\infty}^{\infty} f(x)\delta^{(n)}(x-x_0)\,\mathrm{d}x = (-1)^n f^{(n)}(x_0)\,. \tag{9.26}$$

Die Ableitung der δ-Funktion bewirkt also, dass die Ableitung der Funktion $f(x)$ gebildet wird – zusätzlich versehen mit einem Vorzeichen $(-1)^n$.

Interessanter ist jedoch das Integral der δ-Funktion, da dieses seinerseits eine wichtige Funktion bildet: wir suchen eine Funktion, deren Ableitung durch die δ-Funktion beschrieben werden kann, d.h. deren Ableitung überall verschwindet und nur an einer Stelle einen von Null verschiedenen Wert annimmt. Die Funktion muss an allen Stellen ungleich der Nullstelle x_0 der δ-Funktion konstant sein und sich nur bei x_0 sprunghaft ändern. Diese Funktion wird als Sprungfunktion oder Heavyside-Funktion bezeichnet. Die Ableitung dieser Heavyside-Funktion gibt die δ-Funktion:

$$H'(x - x_0) = \delta(x - x_0) \tag{9.27}$$

mit

$$H(x - x_0) = \begin{cases} 0 & x < x_0 \\ 1/2 & x = x_0 \\ 1 & x > x_0 \end{cases}\,. \tag{9.28}$$

Die Heavyside-Funktion ist uns bereits bei der Definition der Signum-Funktion (2.20) begegnet.

Wir haben bei (9.28) ein ähnliches Problem wie bei der Definition der δ-Funktion: zwar ist der Verlauf der Heavyside-Funktion plausibel, jedoch gibt es aus der Anschauung keinen Grund, warum die Werte 0 bzw. 1 angenommen werden. Um dies plausibel zu machen, verwenden wir (9.27) anstelle der δ-Funktion und überprüfen, ob wir dann das aus der Definition der δ-Funktion geforderte Ergebnis erhalten. Auf Grund von (9.15) ist es ausreichend, sich auf ein endliches Intervall $a < x_0 < b$ zu beschränken. Partielle Integration liefert

$$\int_a^b H'(x - x_0)\,f(x)\,\mathrm{d}x = \left[H(x - x_0)\,f(x)\right]_a^b - \int_a^b H(x - x_0)\,f'(x)\mathrm{d}x$$

$$= H(b)\,f(b) - H(a)\,f(a) - \int_{x_0}^b f'(x)\,\mathrm{d}x$$

$$= f(b) - f(x)|_{x_0}^b = f(x_0)\,, \tag{9.29}$$

wobei im Restintegral verwendet wurde, dass die Heavyside-Funktion für $x < x_0$ Null ist und damit der Bereich $[a, x_0)$ keinen Beitrag zum Integral liefert, d.h. die Integrationsgrenze von a auf x_0 verschoben werden kann. Mit der Heavyside-Funktion wie in (9.28) definiert verhält sich H' genau wie für die δ-Funktion gefordert.

Beispiel 103. Betrachten wir die Ladungsdichteverteilungen einer Kugelschale und einer Kugel, jeweils mit Radius R und Gesamtladung Q. Bei der Kugelschale ist die Gesamtladung auf eine Oberfläche von $4\pi R^2$ verteilt, d.h. wir erhalten eine Flächenladungsdichte von $Q/(4\pi R^2)$. Dieser Wert verschwindet für alle $r \neq R$ und wird nur für $r = R$ angenommen:

$$\varrho(r) = \frac{Q}{4\pi R^2}\delta(r-R) \,. \tag{9.30}$$

Betrachten wir dagegen eine homogene massive Kugel, so haben wir nicht nur eine Ladungsverteilung auf ihrer Oberfläche sondern auch im Innern der Kugel. Mit einem Kugelvolumen von $4\pi r^3/3$ gilt dann für die Ladungsdichte $Q/(4\pi R^3/3)$. Ihre räumliche Verteilung ist mit Hilfe der Heaviside-Funktion so zu beschreiben, dass sie für $r > R$ verschwindet (keine Ladung außerhalb der Kugel) und für $r < R$ den Wert der Ladungsdichte annimmt:

$$\varrho(r) = \frac{3Q}{4\pi R^3} H(R-r) \,. \tag{9.31}$$

□

9.2 Delta-Funktion in drei Dimension

Die δ-Funktion in einer Dimension ist ein Spezialfall der allgemeineren dreidimensionalen δ-Funktion $\delta(\boldsymbol{r}-\boldsymbol{r}_0)$. Diese ist analog zur eindimensionalen δ-Funktion definiert als

$$\int_V \delta(\boldsymbol{r}-\boldsymbol{r}_0) f(\boldsymbol{r})\,\mathrm{d}V = f(\boldsymbol{r}_0) \,. \tag{9.32}$$

Die dreidimensionale δ-Funktion hat die gleichen Eigenschaften wie die eindimensionale, insbesondere ergibt sich wieder für $f(\boldsymbol{r}) = 1$ die Normierung

$$\int_V \delta(\boldsymbol{r}-\boldsymbol{r}_0)\,\mathrm{d}V = 1 \,. \tag{9.33}$$

Das die δ-Funktion definierende Integral (9.32) beinhaltet die Integration über ein Volumenelement $\mathrm{d}V$. Die Darstellung dieses Volumenelements in den Koordinatensystemen beeinflusst auch die Darstellung der δ-Funktionen. In kartesischen Koordinaten ergibt sich mit $\mathrm{d}V = \mathrm{d}x\,\mathrm{d}y\,\mathrm{d}z$

$$\delta(\boldsymbol{r}-\boldsymbol{r}_0) = \delta(x-x_0)\,\delta(y-y_0)\,\delta(z-z_0) \,. \tag{9.34}$$

In Kugelkoordinaten r, ϑ, φ (vgl. Abschnitt 1.3.5) ergibt sich mit dem Volumenelement $\mathrm{d}V = r^2 \sin\vartheta\,\mathrm{d}r\,\mathrm{d}\vartheta\,\mathrm{d}\varphi$ für die Delta-Funktion

$$\delta(\boldsymbol{r}-\boldsymbol{r}_0) = \frac{1}{r_0^2 \sin\vartheta_0}\delta(r-r_0)\,\delta(\vartheta-\vartheta_0)\,\delta(\varphi-\varphi_0) \,. \tag{9.35}$$

In Zylinderkoordinaten ρ, φ, z (vgl. Abschnitt 1.3.4) gilt wegen $\mathrm{d}V = \varrho\,\mathrm{d}\varrho\,\mathrm{d}\varphi\,\mathrm{d}z$ entsprechend

$$\delta(\boldsymbol{r} - \boldsymbol{r}_0) = \frac{1}{\rho_0}\delta(\rho - \rho_0)\,\delta(\varphi - \varphi_0)\,\delta(z - z_0)\,. \tag{9.36}$$

9.3 Gamma-Funktion und Error-Funktion

9.3.1 Gamma-Funktion

Ein weiteres Beispiel für eine über ein Integral definierte Funktion ist die Γ-Funktion. Diese verallgemeinert die Idee der *Fakultät* insofern, als dass sie für natürliche Zahlen die Fakultät $n!$ ergibt, jedoch auch für nicht ganz-zahlige Werte definiert ist:

$$\Gamma(x) = \int_0^\infty z^{x-1}\,e^{-z}\,dz \tag{9.37}$$

für $x > 0$. Dabei ist der Integrand eine Funktion von x und z; durch Integration über z wird das Ergebnis eine Funktion von x.[1]

Für $x = 1$ ergibt sich

$$\Gamma(1) = \int_0^\infty e^{-z}\,dz = \left[-e^{-z}\right]_0^\infty = 0 - (-1) = 1 = 1!\,, \tag{9.38}$$

d.h. das Ergebnis ist konsistent mit der Definition der Fakultät. Für $x \geq 2$ lässt sich (9.37) partiell integrieren. Mit $v' = e^{-z}$ und $u = z^{x-1}$ ist

$$\Gamma(x) = \left[-z^{x-1}\,e^{-z}\right]_0^\infty + (x-1)\int_0^\infty z^{x-2}\,e^{-z}\,dz$$

$$= (x-1)\int_0^\infty z^{x-2}\,e^{-z}\,dz \tag{9.39}$$

---

[1] Für die Γ-Funktion gibt es auch andere Definitionen. So die von Euler über eine unendliche Reihe eingeführte

$$\Gamma(z) = \lim_{n\to\infty} \frac{1\cdot 2\cdot 3\ldots n}{z(z+1)(z+2)\ldots(z+n)}\,n^z$$

mit $z \neq 0, -1, -2\ldots$. Auch hier gilt $\Gamma(z+1) = z\Gamma(z)$ und $\Gamma(1) = 1$. Eine andere Definition geht zurück auf Weierstrass und verwendet einen Produktansatz

$$\frac{1}{\Gamma(z)} = z e^{\gamma z} \prod_{n=1}^\infty \left(1 + \frac{z}{n}\right) e^{-\frac{z}{n}}$$

mit der Euler-Mascheroni Konstante

$$\gamma = \lim_{n\to\infty}\left(\sum_{m=1}^n \frac{1}{m} - \ln n\right) = 0.5722156\,.$$

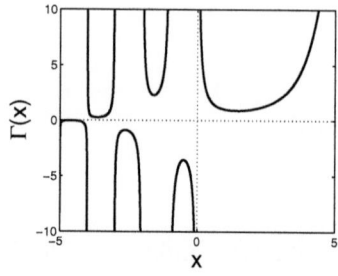

Abb. 9.2. Gamma-Funktion als verallgemeinerte Fakultät für beliebige reelle Werte x. Ist x eine natürliche Zahl n, so nimmt die Gamma-Funktion den Wert $\Gamma(n) = n!$ an

und damit $\Gamma(x) = (x-1)\,\Gamma(x-1)$. Eine Fortsetzung dieses Verfahrens liefert

$$\Gamma(x) = (x-1)(x-2)\,\Gamma(x-2) = (x-1)(x-2)\ldots 1 = (x-1)!\,. \quad (9.40)$$

In dieser Gleichung erkennen wir das Bildungsgesetz für die Fakultät wieder; wir haben jedoch eine Erweiterung, da sich dieses Bildungsgesetz nicht auf natürliche Zahlen beschränkt sondern auf alle positiven reellen Zahlen angewendet werden kann. So ist z.B.

$$\Gamma\left(\frac{3}{2}\right) = \frac{1}{2}\Gamma\left(\frac{1}{2}\right) = \frac{\sqrt{\pi}}{2}\,, \quad (9.41)$$

da gemäß (9.37)

$$\Gamma\left(\frac{1}{2}\right) = \int\limits_0^\infty z^{-1/2}\,\mathrm{e}^{-z}\,\mathrm{d}z \stackrel{z=u^2}{=} 2\int\limits_0^\infty \mathrm{e}^{-u^2}\,\mathrm{d}u = \sqrt{\pi}\,. \quad (9.42)$$

Die Γ-Funktion kann auch auf negative Werte erweitert werden, der Verlauf der Γ-Funktion ist in Abb. 9.2 skizziert. Wir werden der Γ-Funktion bei der Betrachtung der Bessel-Funktion als einer durch eine Differentialgleichung definierten Funktion in Kap. 12.3.6 nochmals begegnen.

Beispiel 104. Die Γ-Funktion kann auch bei recht alltäglichen Problemen wie der Integration hilfreich sein. Betrachten wir dazu das bestimmte Integral

$$\int\limits_0^\infty x\,\mathrm{e}^{-cx^4}\,\mathrm{d}x \quad \text{mit} \quad c = \text{const}\,. \quad (9.43)$$

Substitution von $u = cx^4$ liefert $x = (u/c)^{1/4}$ und $\mathrm{d}x = \frac{1}{4c^{1/4}}u^{-3/4}\,\mathrm{d}u$. damit ergibt sich für das Integral

$$\int\limits_0^\infty x\,\mathrm{e}^{-cx^4}\,\mathrm{d}x = \frac{1}{4\sqrt{c}}\int\limits_0^\infty \frac{\mathrm{e}^u}{u^{1/4}}\,\mathrm{d}u = \frac{1}{4\sqrt{c}}\int\limits_0^\infty u^{1/2}\mathrm{e}^{-u}\,\mathrm{d}u$$

$$= \frac{1}{4\sqrt{c}}\,\Gamma\left(\frac{1}{2}\right) = \frac{1}{4}\sqrt{\frac{\pi}{c}}\,. \quad (9.44)$$

Durch die Substitution lässt sich das Integral in eine Form überführen, die die Γ-Funktion enthält. Da deren Werte tabelliert sind, ist die Lösung des Integrals kein Problem mehr. □

Die Γ-Funktion erlaubt es ferner, eine einfache Näherungsformel für die Fakultät großer Zahlen anzugeben. Diese *Stirling'sche Näherungsformel* ist

$$\Gamma(x+1) = x! \approx \frac{1}{\sqrt{2\pi x}} \, x^x \, e^{-x} \tag{9.45}$$

bzw. in logarithmierter Form

$$\ln x! \approx x \ln x - x + \frac{1}{2} \ln(2\pi x) \,. \tag{9.46}$$

9.3.2 Error-Funktion

Eine andere über ein Integral definiert Funktion ist die *Error-Funktion*, manchmal auch als *Kramp'sche-Funktion* oder *Gauß-Funktion* bezeichnet. Sie wird uns im Zusammenhang mit Wahrscheinlichkeitsverteilungen in Abschn. 13.3.5 (bzw. allgemein in der kinetischen Gastheorie) und bei der Lösung der Diffusionsgleichung in Abschn. 12.5.4 nochmals begegnen.

Die Error-Funktion ist für ein beliebiges x definiert über die Fläche unter dem Funktionsgraphen $f(u) = e^{-u^2}$ (vgl. Abb. 9.3):

$$\text{erf}(x) = \frac{2}{\sqrt{\pi}} \int_0^x e^{-u^2} \, du \,. \tag{9.47}$$

Der Vorfaktor $2/\sqrt{\pi}$ dient der Normierung, so dass $\text{erf}(\infty) = 1$. Die Error-Funktion ist eine ungerade Funktion $\text{erf}(x) = -\text{erf}(-x)$, vgl. Abb. 9.4.

Eine wichtige Anwendung der Errorfunktion ist die Bestimmung des Anteils von Molekülen in einem Gas, die eine Geschwindigkeit zwischen v und $v + \Delta v$ haben (vgl. Bsp. 158). Oder, für den Fall, dass die Notenverteilung durch eine Gauß'sche Normalverteilung beschrieben werden kann, die Zahl der Studierenden, die in der Rechenmethoden-Klausur eine Note im Intervall von 2.0 bis 2.3 erreicht haben.

Um den Anteil der Moleküle im Gas mit einer Geschwindigkeitskomponente $v_x > v_0$ zu bestimmen, ist die komplementäre Error-Funktion $\text{erfc}(x)$ hilfreich, definiert als

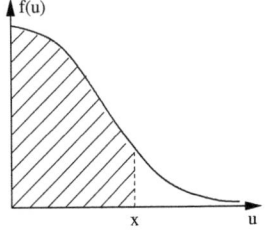

Abb. 9.3. Die Error-Funktion $\text{erf}(x)$ ist definiert als die Fläche unter der Funktion $f(u) = e^{-u^2}$ im Bereich von 0 bis x

9 Delta-Funktion und verallgemeinerte Funktionen

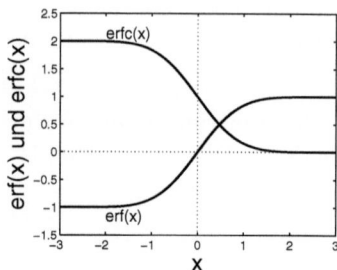

Abb. 9.4. Error-Funktion erf(x) und die komplementäre Error-Funktion erfc(x)

$$\text{erfc}(x) = 1 - \text{erf}(x) = \frac{2}{\sqrt{\pi}} \int_x^\infty e^{u^2} \, du \, . \tag{9.48}$$

Auch diese ist in Abb. 9.4 dargestellt.

Literatur

Die wesentlichen Merkmale der δ-Funktion sind in Bronstein [10] bzw. Stöcker [58] zusammengefasst. Eine ausführliche Darstellung liefert z.B. der Abromowitz [1]. Die Idee der verallgemeinerten Funktion wird sehr anschaulich dargestellt in Snieder [57], eine Einführung in in der Physik häufig benötigte verallgemeinerte Funktionen finden Sie in Magnus und Oberhattinger [37].

Fragen

9.1. Geben Sie eine anschauliche Erläuterung der δ-Funktion.

9.2. Begründen Sie, warum vereinfachende Darstellungen der δ-Funktion wie

$$\delta(x) = \begin{cases} 1 & x = 0 \\ 0 & \text{sonst} \end{cases} \quad \text{oder} \quad \delta(x) = \begin{cases} \infty & x = 0 \\ 0 & \text{sonst} \end{cases} \tag{9.49}$$

nicht sinnvoll sind.

9.3. Wie wird die δ-Funktion differenziert? Können Sie eine anschauliche Erklärung geben?

9.4. Erläutern Sie den Zusammenhang zwischen δ-Funktion und Heavyside-Funktion.

9.5. Ist das Argument einer δ-Funktion eine Funktion, so beschränkt man sich bei der Zerlegung in einfache δ-Funktionen auf die Nullstellen dieser Funktion. Warum?

9.6. Welche anschauliche Bedeutung hat die Γ-Funktion?

9.7. Skizzieren Sie den Verlauf der Γ-Funktion.

9.8. Warum kann man die Γ-Funktion als ein sehr anschauliches Beispiel zur Erläuterung des Begriffs der verallgemeinerten Funktion verwenden?

9.9. Welche Bedeutung hat die Error-Funktion

9.10. Skizzieren Sie den Verlauf der Error-Funktion.

Aufgaben

9.1. Zeigen Sie, dass die Funktionen in (9.9) die für die δ-Funktion geforderten Eigenschaften erfüllen.

9.2. Geben Sie für die folgenden Situationen die Ladungsdichteverteilung $\varrho(x)$ mit Hilfe der δ- bzw. der Heavyside-Funktion an:

1. • Punktladung mit Ladung Q im Punkt $x = 2$;
2. • Punktladung mit Ladung Q im Punkt $(2, 3, 1)$;
3. • Dipol mit den Ladungen Q_1 bzw. $-Q_2$ in den Punkten $x = -2$ und $x = 2$;
4. • geladener Kreisring mit Durchmesser R und Ladung Q;
5. •• homogen geladene Kreisscheibe mit Durchmesser R und Ladung Q;
6. •• homogen geladene Kugelschale mit Durchmesser R und Ladung Q;
7. •• homogen geladene Kugel mit Durchmesser R und Ladung Q;
8. •• homogen geladene Halbkugel mit Radius R und Ladung Q;
9. ••• homogen geladener Zylinder mit Radius R, Höhe h und Ladung Q;
10. •• homogen geladener Zylindermantel (infinitesimal dünn) mit Radius R, Höhe h und Ladung Q;
11. ••• homogen geladener Zylindermantel mit Innenradius R_i, Außenradius R_a, Höhe h und Ladung Q;
12. ••• Plattenkondensator: homogen geladene Platte mit Kantenlängen a und Ladung Q.

9.3. •• Bestimmen Sie die δ-Funktion $\delta(h(x))$ für die folgenden Funktionen $h(x)$:

$h_1(x) = 5x - 10$, $\qquad h_2(x) = x^2 + 4x - 5$,
$h_3(x) = x^3 + 2x^2 - x - 2$, $\qquad h_4(x) = \cos x$,
$h_5(x) = \ln x$.

9.4. •• Bestimmen Sie folgenden Integrale bei Anwendung der δ-Funktion auf die Exponentialfunktion:

9 Delta-Funktion und verallgemeinerte Funktionen

$$a = \int_{-\infty}^{\infty} e^t \, \delta(t) \, dt, \qquad b = \int_{-1}^{1} e^t \, \delta(t) \, dt,$$

$$c = \int_{-1}^{1} e^t \, \delta(t-e) \, dt, \qquad d = \int_{-\infty}^{2.7} e^t \, \delta(t-e) \, dt,$$

$$e = \int_{-\infty}^{2.8} e^t \, \delta(t-e) \, dt.$$

9.5. •• Bestimmen Sie die folgenden Integrale bei Anwendung der δ-Funktion auf eine Winkelfunktion

$$a = \int_{-\infty}^{\infty} \sin(\omega t)\delta(t) \, dt, \qquad b = \int_{-20}^{-10} \sin(\omega t)\delta(t) \, dt,$$

$$c = \int_{-\infty}^{\infty} \sin(\omega t)\delta(t+15) \, dt, \qquad d = \int_{-20}^{-10} \sin(\omega t)\delta(t+15) \, dt,$$

$$e = \int_{-\infty}^{-15} \sin(\omega t)\delta(t+15) \, dt, \qquad f = \int_{-25}^{-10} \sin(\omega t)\delta(t+15) \, dt,$$

$$g = \int_{-\infty}^{-15} \cos(\omega t)\delta(t+15) \, dt, \qquad h = \int_{-25}^{-10} \cos(\omega t)\delta(t+15) \, dt.$$

9.6. •• Vereinfachen Sie den Ausdruck $\delta(x^2 - x_0^2)$.

9.7. • Ein entlang der x-Achse bewegliches Teilchen erhält zur Zeit t_0 einen Stoß $a\delta(t - t_0)$. Stellen Sie die Bewegungsgleichung auf und bestimmen Sie $x(t)$. Welche Bedeutung hat a? Können Sie die Darstellung auf einen Stoß der Dauer T erweitern?

9.8. •• Zeigen Sie, dass

$$\int_0^{\infty} e^{-x^4} \, dx = \left(\frac{1}{4}\right)! \, .$$

9.9. •• Die Maxwell-Verteilung gibt die relative Teilchenzahl im Geschwindigkeitsintervall von v bis $v + dv$ als

$$\frac{dN}{N} = 4\pi \left(\frac{m}{2\pi kT}\right)^{3/2} \exp\left(-\frac{mv^2}{2kT}\right) v^2 dv \, .$$

Der Erwartungs- oder Mittelwert der Geschwindigkeit ist definiert als $\overline{v} = \frac{1}{N} \int v \, dn$. Zeigen Sie, dass gilt

$$\overline{v} = \frac{\left(\frac{2kT}{m}\right)^{n/2} \left(\frac{n+1}{2}\right)!}{\left(\frac{1}{2}\right)!} \, .$$

10 Differentiation von Feldern: Gradient, Divergenz und Rotation

In diesem und den beiden folgenden Kapitel wird eine formale Beschreibung von zeitlich variablen Feldern im drei-dimensionalen Raum entwickelt. Gesucht sind die Gleichungen, die die Dynamik dieser Felder beschreiben.

In diesem Kapitel wollen wir uns mit dem Begriff des Feldes, z.B. dem Gravitationsfeld und dem elektromagnetische Feld, und der Differentiation von Feldern befassen. Der Gradient wird häufig im Zusammenhang mit dem Gravitationsfeld eingeführt: dieses lässt sich als Gradient eines Potentials darstellen. Die Divergenz und die Rotation lernen wir im Zusammenhang mit den Quellen und Wirbeln des elektromagnetischen Feldes kennen.

10.1 Skalar- und Vektorfelder

Den Begriff des Feldes können wir am Beispiel des elektrischen Feldes einführen. Das elektrische Feld $\boldsymbol{E}$ gibt für jeden Punkt des Raumes die Kraft $\boldsymbol{F}$, die auf eine Probeladung q wirken würde: $\boldsymbol{E} = \boldsymbol{F}/q$. Da die Kraft eine vektorielle Größe ist, wird jedem Punkt $\boldsymbol{r}$ des Raumes ein Vektor $\boldsymbol{E}(\boldsymbol{r})$ zugeordnet – das elektrische Feld ist also ein Vektorfeld.

In anderen Feldern wird jedem Raumpunkt eine Eigenschaft wie Masse, Dichte, Konzentration, Druck oder Temperatur zugeordnet. Diese Eigenschaften sind skalare Größen, das Feld ist daher ein *Skalarfeld*: $A(\boldsymbol{r}) = A(x,y,z)$.

Definition 57. *Ein Skalarfeld ordnet den Punkten $\boldsymbol{r}$ eines Raumbereichs eindeutig einen Skalar $A = A(\boldsymbol{r})$ zu.*

Flächen im Raum, auf denen das Feld konstant ist, $A(\boldsymbol{r})$=const, heißen *Niveau-* oder *Äquipotentialflächen*. Im ebenen Feld wird durch $A(x,y) = $ const eine *Niveaulinie* oder *Äquipotentiallinie* definiert.

Andere Eigenschaften eines Feldes können die Geschwindigkeit, die Kraft oder das elektrische oder magnetische Feld sein. Bei diesen Eigenschaften handelt es sich um vektorielle Größen, das entsprechende Feld ist ein vektorielles Feld oder *Vektorfeld*: $\boldsymbol{A}(\boldsymbol{r}) = (A_x(\boldsymbol{r}), A_y(\boldsymbol{r}), A_z(\boldsymbol{r}))$.

Definition 58. *Ein Vektorfeld ordnet den Punkten $\boldsymbol{r}$ eines Raumbereichs eindeutig einen Vektor zu: $\boldsymbol{A} = \boldsymbol{A}(\boldsymbol{r}) = \sum A_i(\boldsymbol{r})\,\boldsymbol{e}_i$.*

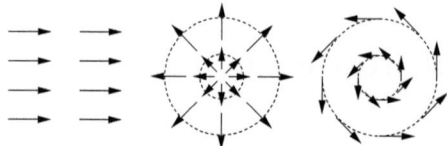

Abb. 10.1. Feldlinien und Äquipotentiallinien für ein homogenes (links) ein zylindersymmetrisches (Mitte) und ein Wirbelfeld (rechts)

Ein Vektorfeld lässt sich durch Äquipotentiallinien und *Feldlinien* anschaulich darstellen. Die Feldlinien werden in jedem Punkt durch den dortigen Feldvektor tangiert; sie geben die lokale Richtung des Feldes, ihre Dichte ist der Feldstärke proportional. Da durch jeden Punkt P genau eine Feldlinie geht, können sich Feldlinien nicht schneiden. Sie gehorchen der Bedingung

$$\boldsymbol{A} \times \dot{\boldsymbol{r}} = 0 \quad \text{oder} \quad \boldsymbol{A} \times \mathrm{d}\boldsymbol{r} = 0 \, . \tag{10.1}$$

10.1.1 Spezielle Felder

In einem *homogenen Feld* $\boldsymbol{A}(x,y,z) = \mathrm{const}$ hat der Feldvektor in jedem Punkt des Feldes die gleiche Richtung und den gleichen Betrag, vgl. Abb. 10.1. Ein Beispiel ist das elektrische Feld in einem Plattenkondensator. Symmetriegerechte Koordinaten sind kartesische Koordinaten.

In einem *kugelsymmetrischen Feld* oder in einem *Zentralfeld* zeigt der Vektor in jedem Punkt des Feldes radial nach außen bzw. innen und der Betrag des Feldvektors hängt nur vom Abstand r vom Koordinatenursprung ab. Die Äquipotentialflächen eines Zentralfeldes sind konzentrische Kugelschalen; symmetriegerechte Koordinaten sind daher Kugelkoordinaten. Ein kugelsymmetrisches Feld ist in der Form

$$\boldsymbol{A}(\boldsymbol{r}) = A(r)\,\boldsymbol{e}_r = A(r)\,\frac{\boldsymbol{r}}{r} = \frac{A_r}{r}\,\boldsymbol{r} \, . \tag{10.2}$$

darstellbar. Beispiele sind das Gravitationsfeld der Erde oder das elektrische Feld einer Punktladung. Der mittlere Teil von Abb. 10.1 skizziert Feld und Äquipotentiallinien in einer beliebigen durch den Ursprung gehenden Ebene.

Auch ein *zylinder-* oder *axialsymmetrischen Feldern* lässt sich mit diesem Teilbild skizzieren, allerdings nur in Ebenen senkrecht zur Zylinderachse. In diesem Feld zeigt der Feldvektor axial nach außen oder innen und der Betrag des Feldvektors hängt nur vom Abstand ϱ von der Symmetrieachse ab; die Äquipotentialflächen sind also koaxiale Zylinder. Das Feld lässt sich in der Form $\boldsymbol{A}(\boldsymbol{r}) = A(\varrho)\,\boldsymbol{e}_\varrho$ darstellen. Beispiele sind das elektrische Feld in der Umgebung eines homogenen geladenen Zylinders. Symmetriegerechte Koordinaten sind Zylinderkoordinaten.

Ein *Wirbelfeld* wie das Magnetfeld um einen stromdurchflossenen Draht oder das Geschwindigkeitsfeld einer rotierenden Schallplatte hat ebenfalls Zylindersymmetrie. Es lässt sich darstellen als $\boldsymbol{A} = \boldsymbol{\omega} \times \boldsymbol{r}$. Der konstante Vektor $\boldsymbol{\omega}$ steht senkrecht auf dem Wirbel, ist also parallel zur Drehachse. Die Feldvektoren sind Tangenten an konzentrische Kreise um $\boldsymbol{\omega}$, ihr Betrag hängt vom Abstand r von der Drehachse ab.

10.1.2 Vektorfelder in krummlinigen Koordinaten

In *Zylinderkoordinaten* lässt sich ein Vektorfeld durch die Einheitsvektoren e_ϱ, e_φ und e_z darstellen als

$$\boldsymbol{A} = A_\varrho(\varrho,\varphi,z)\boldsymbol{e}_\varrho + A_\varphi(\varrho,\varphi,z)\boldsymbol{e}_\varphi + A_z(\varrho,\varphi,z)\boldsymbol{e}_z \ . \tag{10.3}$$

Die Koeffizienten ergeben sich aus der Transformationsmatrix

$$\mathsf{Z} = \begin{pmatrix} \cos\varphi & \sin\varphi & 0 \\ -\sin\varphi & \cos\varphi & 0 \\ 0 & 0 & 1 \end{pmatrix} \quad \text{bzw.} \quad \mathsf{Z}^{-1} = \begin{pmatrix} \cos\varphi & -\sin\varphi & 0 \\ \sin\varphi & \cos\varphi & 0 \\ 0 & 0 & 1 \end{pmatrix} \tag{10.4}$$

zu

$$\begin{aligned} A_\varrho &= A_x\cos\varphi + A_y\sin\varphi \\ A_\varphi &= -A_x\sin\varphi + A_y\cos\varphi \\ A_z &= A_z \end{aligned} \quad \text{bzw.} \quad \begin{aligned} A_x &= A_\varrho\cos\varphi - A_\varphi\sin\varphi \\ A_y &= A_\varrho\sin\varphi + A_\varphi\cos\varphi \\ A_z &= A_z \ . \end{aligned}$$

In *Kugelkoordinaten* wird ein Vektorfeld dargestellt in der Form

$$\boldsymbol{A} = A_r(r,\varphi,\vartheta)\boldsymbol{e}_r + A_\varphi(r,\varphi,\vartheta)\boldsymbol{e}_\varphi + A_\vartheta(r,\varphi,\vartheta)\boldsymbol{e}_\vartheta \ . \tag{10.5}$$

Die Koeffizienten ergeben sich aus der Transformationsmatrix (8.91) zu

$$\begin{aligned} A_r &= A_x\sin\vartheta\cos\varphi + A_y\sin\vartheta\sin\varphi + A_z\cos\vartheta \\ A_\vartheta &= A_x\cos\vartheta\cos\varphi + A_y\cos\vartheta\sin\varphi - A_z\sin\vartheta \\ A_\varphi &= -A_x\sin\varphi + A_y\cos\varphi \end{aligned} \tag{10.6}$$

bzw.

$$\begin{aligned} A_x &= A_r\sin\vartheta\cos\varphi - A_\varphi\sin\varphi + A_\vartheta\cos\varphi\cos\vartheta \\ A_y &= A_r\sin\vartheta\sin\varphi + A_y\cos\varphi + A_\vartheta\sin\varphi\cos\vartheta \\ A_z &= A_r\cos\vartheta - A_\vartheta\sin\vartheta \ . \end{aligned} \tag{10.7}$$

10.2 Gradient

Anschaulich beschreibt der Gradient die Steigung in einem Feld. Der Gradient ist nur für skalare Felder $A = A(x,y,z)$ definiert. Er liefert für jeden Raumpunkt $\boldsymbol{r}$ eine vektorielle Größe, die ein Maß für die räumliche Veränderung von A ist. Anwendungen sind die Darstellung des Gravitationsfeldes (elektrischen Feldes) als Gradient eines Gravitationspotentials (elektrischen Potentials) oder des Wärmestroms in Folge eines Temperaturgradienten.

10.2.1 Definition und Eigenschaften

Definition 59. *Der* Gradient *eines Skalarfeldes* $A(\boldsymbol{r}) = A(x,y,z)$ *ist der aus den partiellen Ableitungen 1. Ordnung von A gebildete Vektor*

$$\operatorname{grad} A = \frac{\partial A}{\partial x}\boldsymbol{e}_x + \frac{\partial A}{\partial y}\boldsymbol{e}_y + \frac{\partial A}{\partial z}\boldsymbol{e}_z = \begin{pmatrix} \partial A/\partial x \\ \partial A/\partial y \\ \partial A/\partial z \end{pmatrix} = \nabla A \ . \tag{10.8}$$

10 Differentiation von Feldern: Gradient, Divergenz und Rotation

Das Symbol ∇ in (10.8) ist der *Nabla-Operator*

$$\nabla = \begin{pmatrix} \partial/\partial x \\ \partial/\partial y \\ \partial/\partial z \end{pmatrix} \quad \text{oder} \quad \nabla = \left(\frac{\partial}{\partial x}, \frac{\partial}{\partial y}, \frac{\partial}{\partial z} \right). \tag{10.9}$$

Er kann, wenn auch in unterschiedlicher Weise, sowohl auf Skalarfelder als auch auf Vektorfelder angewendet werden.

Der Gradient wird dadurch gebildet, dass man das Feld A partiell nach den jeweiligen Raumkoordinaten ableitet und diese zu einem Vektor zusammenfasst. Die einzelnen Komponenten dieses Vektors sind die partiellen Ableitungen nach der entsprechenden Raumkoordinate, d.h. die Steigung des Funktionsgraphen in Richtung dieser Koordinaten. Anschaulich gibt der Gradient daher für jeden Punkt des Feldes den Betrag und die Richtung der maximalen Steigung. Der negative Gradienten gibt damit die Richtung, in der eine Ausgleichsströmung verlaufen würde. Da der Gradient eine Richtungsableitung ist, wird manchmal die Schreibweise $\partial A/\partial \boldsymbol{r}$ verwendet.

Der Gradient steht stets senkrecht auf den Flächen mit $A =$ const, d.h. auf den Niveau- bzw. Äquipotentialflächen. Betrachten wir dazu eine Feldänderung ΔA beim Fortschreiten um $\Delta \boldsymbol{r}$ (vgl. (10.14)): $\Delta A = \text{grad} A \cdot \Delta \boldsymbol{r}$. Liegt $\Delta \boldsymbol{r}$ in Richtung einer Isolinie, so ist $\text{grad} A \cdot \Delta \boldsymbol{r} = 0$. Umgekehrt wird dieses Skalarprodukt maximal, wenn $\text{grad} A$ senkrecht auf $A =$ const steht. Der Betrag des Gradienten gibt die Stärke der Änderung von A senkrecht zu den Flächen $A =$ const, d.h. die Dichte der Isolinien.

Beispiel 105. Gehen wir noch einmal zu Bsp. 17 zurück. Dort war ein Skalarfeld der Form $A = x^2 + y$ gegeben. In diesem Feld ist der Gradient

$$\text{grad} A = \begin{pmatrix} \partial/\partial x \\ \partial/\partial y \end{pmatrix} (x^2 + y) = \begin{pmatrix} 2x \\ 1 \end{pmatrix}, \tag{10.10}$$

wie auch in Abb. 10.2 angegeben. □

Beispiel 106. Ein Metallquader wurde derart aufgeheizt, dass sich in ihm ein Temperaturverlauf

$$T(x,y,z) = T_0 \left(e^{-x} + \frac{x}{y} + \frac{z}{z^2+2} \right) \tag{10.11}$$

eingestellt hat. Der Gradient dieser Temperaturfeldes ist

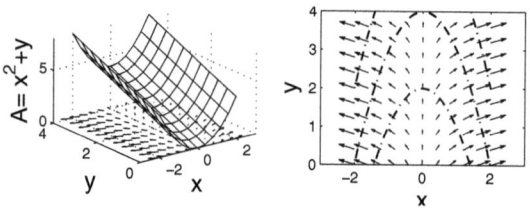

Abb. 10.2. Feld $A = x^2 + y$ zusammen mit dem Gradienten (links) und Gradient des Feldes zusammen mit Isolinien (rechts)

$$\nabla T = \begin{pmatrix} \partial/\partial x \\ \partial/\partial y \\ \partial/\partial z \end{pmatrix} T_0 \left(\mathrm{e}^{-x} + \frac{x}{y} + \frac{z}{z^2+2} \right) = T_0 \begin{pmatrix} \mathrm{e}^{-x} \\ -x/y^2 \\ (2-z^2)/(z^2+2)^2 \end{pmatrix}. \quad (10.12)$$

In Richtung des Gradienten ist der Temperaturanstieg maximal. Das größte Temperaturgefälle ergibt sich in entgegengesetzter Richtung. Der maximale Wärmestrom $\boldsymbol{j}$ wird daher mit λ als der Wärmeleitfähigkeit zu

$$\boldsymbol{j} = -\lambda \nabla T = -\lambda T_0 \begin{pmatrix} \mathrm{e}^{-x} \\ -x/y^2 \\ (2-z^2)/(z^2+2)^2 \end{pmatrix}. \quad (10.13)$$

□

Das totale Differential (vgl. Abschn. 3.5.3) lässt sich mit Hilfe des Gradienten schreiben als

$$\mathrm{d}A = \frac{\partial A}{\partial x}\mathrm{d}x + \frac{\partial A}{\partial y}\mathrm{d}y + \frac{\partial A}{\partial z}\mathrm{d}z = \nabla A \cdot \mathrm{d}\boldsymbol{r} = \mathrm{grad}A \cdot \mathrm{d}\boldsymbol{r}. \quad (10.14)$$

Dadurch ist die Änderung von A bei Änderung des Ortes $\boldsymbol{r}$ gegeben und der Gradient kann zur Beschreibung der Änderung des Feldes von $\boldsymbol{r}_1$ zu $\boldsymbol{r}_2$ mit Hilfe eines Linienintegrals (vgl. Abschn. 11.2) verwendet werden:

$$A(\boldsymbol{r}_2) - A(\boldsymbol{r}_1) = \int_{\boldsymbol{r}_1}^{\boldsymbol{r}_2} \nabla A \, \mathrm{d}\boldsymbol{r}. \quad (10.15)$$

Mit (10.14) lässt sich die Differentiation schreiben als

$$\frac{\mathrm{d}A}{\mathrm{d}t} = \mathrm{grad}A \cdot \frac{\mathrm{d}\boldsymbol{r}}{\mathrm{d}t} = \nabla A \cdot \frac{\mathrm{d}\boldsymbol{r}}{\mathrm{d}t}. \quad (10.16)$$

Also steht der Gradient ∇A senkrecht auf den Flächen mit $A = \mathrm{const}$.

Die Rechenregeln für den Gradienten ergeben sich aus den Rechenregeln für die (partielle) Differentiation, vgl. Abschn. 2.4.

– Für ein konstantes Feld $A(\boldsymbol{r}) = c$ gilt $\nabla c = 0$.
– Die Summenregel $\nabla(A+B) = \nabla A + \nabla B$ gilt, da der Nabla-Operator linear ist. Ist eines der Felder konstant, so gilt $\nabla(A + c) = \nabla A + \nabla c = \nabla A$. Das bedeutet, dass bei der Bestimmung eines Feldes aus seinem Gradienten dieses nur bis auf ein konstantes Feld genau bestimmt werden kann.
– Faktorregel: $\nabla(\alpha A) = \alpha \nabla A$.
– Produktregel: $\nabla(AB) = A\nabla B + B\nabla A$.

10.2.2 Gradient in krummlinigen Koordinaten

Da das Konzept des Gradienten für ein Feld unabhängig vom verwendeten Koordinatensystem gilt, benötigen wir zusätzlich zur Definition (10.8) auch Darstellungen für den Gradienten in krummlinigen Koordinaten. Diese können wir mit Hilfe der entsprechenden Transformationsgleichungen unter Berücksichtigung der Kettenregel herleiten, z.B.

$$\frac{\partial}{\partial x} = \frac{\partial r}{\partial x}\frac{\partial}{\partial r} + \frac{\partial \vartheta}{\partial x}\frac{\partial}{\partial \vartheta} + \frac{\partial \varphi}{\partial x}\frac{\partial}{\partial \varphi} \,. \tag{10.17}$$

Der Gradient für beliebige Skalarfelder in Kugelkoordinaten ist

$$\text{grad} A = \nabla A = \frac{\partial A}{\partial r}e_r + \frac{1}{r}\frac{\partial A}{\partial \theta}e_\theta + \frac{1}{r\sin\theta}\frac{\partial A}{\partial \varphi}e_\varphi \,, \tag{10.18}$$

bzw. in Zylinderkoordinaten ρ, φ, z

$$\text{grad} A = \nabla A = \frac{\partial A}{\partial \varrho}e_\varrho + \frac{1}{\varrho}\frac{\partial A}{\partial \varphi}e_\varphi + \frac{\partial A}{\partial z}e_z \,. \tag{10.19}$$

Die Vorfaktoren ergeben sich aus der Kettenregel, wir haben sie in der Jacobi-Determinante (2.107) bereits kennen gelernt.

Beispiel 107. Das Potential $U = q/(4\pi\varepsilon_0 r)$ einer Punktladung ist kugelsymmetrisch, d.h. symmetriegerechte Koordinaten sind Kugelkoordinaten. Mit (10.18) erhalten wir

$$\nabla U = \left(\frac{\partial}{\partial r}e_r + \frac{1}{r}\frac{\partial}{\partial \theta}e_\theta + \frac{1}{r\sin\theta}\frac{\partial}{\partial \varphi}e_\varphi\right)\frac{q}{4\pi\varepsilon_0 r} \,. \tag{10.20}$$

Da U nur von r, auf Grund der Symmetrie jedoch nicht von ϑ und φ abhängt, verschwinden die Ableitungen $\partial U/\partial\varphi$ und $\partial U/\partial\vartheta$ und wir erhalten

$$\boldsymbol{E} = \nabla U = \frac{\partial}{\partial r}e_r\frac{q}{4\pi\varepsilon_0 r} = -\frac{q}{4\pi\varepsilon_0 r^2}e_r \,. \tag{10.21}$$

Das Gravitationspotential und das sich daraus ergebende Gravitationsfeld werden analog beschrieben. □

10.2.3 Spezielle Felder

In einem homogenen Feld $A(\boldsymbol{r}) = \text{const}$ verschwindet der Gradient: da das Feld überall den gleichen Wert annimmt, gibt es keine Feldänderung entlang irgendeiner Richtung und damit auch keinen Gradienten.

In einem Feld der Form $A(\boldsymbol{r}) = \boldsymbol{a} \cdot \boldsymbol{r}$ mit $\boldsymbol{a} = \text{const}$ ist der Gradient $\nabla A = \nabla(a_x x + a_y y + a_z z) = (a_x, a_y, a_z) = \boldsymbol{a}$. Die Äquipotentialflächen sind Ebenen senkrecht zu $\boldsymbol{a}$, daher muss der Gradient in Richtung $\boldsymbol{a}$ liegen, vgl. Abb. 10.3.

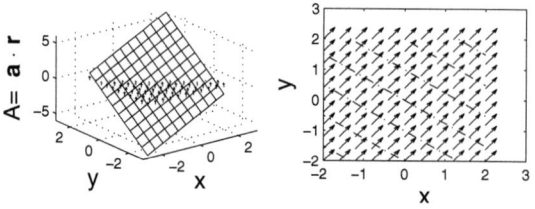

Abb. 10.3. Feld $A = \boldsymbol{a} \cdot \boldsymbol{r}$ zusammen mit dem Gradienten (links) und Gradient des Feldes zusammen mit Isolinien (rechts)

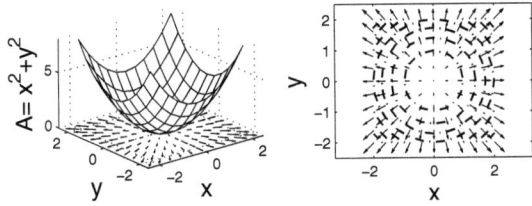

Abb. 10.4. Feld $A = x^2+y^2$ zusammen mit dem Gradienten (links) und Gradient des Feldes zusammen mit Isolinien (rechts)

In einem konzentrischen ebenen Feld oder einem von z unabhängigen axialsymmetrischen Feld $A = x^2 + y^2$ sind die Äquipotentiallinien konzentrische Kreise bzw. Zylinder. Der Gradient $\nabla A = 2x\boldsymbol{e}_x + 2y\boldsymbol{e}_y = 2\boldsymbol{r}$ ist radial nach außen gerichtet und steht senkrecht auf den Äquipotentiallinien, vgl. Abb. 10.4.

In einem radialsymmetrischen Feld sind die Äquipotentialflächen konzentrische Kugelschalen, wir erwarten also, dass der Gradient radial nach innen bzw. außen weist. Für ein allgemeines Feld $\sim r^n$ gilt wegen (10.18)

$$\nabla r^n = \frac{\partial r^n}{\partial r}\boldsymbol{e}_r = nr^{n-1}\boldsymbol{e}_r \,. \tag{10.22}$$

10.2.4 Richtungsableitung

Definition 60. *Die Richtungsableitung $\partial A/\partial \boldsymbol{a}$ eines Skalarfeldes A in der Richtung $\boldsymbol{a}$ gibt die Änderung von A in Richtung $\boldsymbol{a}$:*

$$\frac{\partial A}{\partial \boldsymbol{a}} = \nabla A \cdot \boldsymbol{e}_a = \frac{1}{|\boldsymbol{a}|}\nabla A \cdot \boldsymbol{a} \,. \tag{10.23}$$

Man erhält die Richtungsableitung durch Projektion (1.49) des Gradienten von A auf den normierten Richtungsvektor $\boldsymbol{e}_a = \boldsymbol{a}/|\boldsymbol{a}|$. Die Richtungsableitung nimmt ihren größten Wert in Richtung des Gradienten an.

Beispiel 108. In Bsp. 106 haben wir mit Hilfe des Temperaturgradienten den maximalen Wärmestrom und dessen Richtung berechnet. Da wir den Metallquader entlang einer Raumdiagonale $\boldsymbol{a} = (1,1,1)$ eingespannt haben, interessiert uns der Wärmestrom entlang dieser Achse. Als den Wärmestrom antreibendes Temperaturgefälle benötigen wir daher nicht den Gradienten sondern die Richtungsableitung in Richtung $\boldsymbol{a}$. Aus (10.12) und (10.23) erhalten wir für den Temperaturgradienten entlang der Raumdiagonale

$$\frac{\partial T}{\partial \boldsymbol{a}} = \nabla A \cdot \boldsymbol{e}_\mathrm{a} = T_0 \begin{pmatrix} \mathrm{e}^{-x} \\ -x/y^2 \\ (2-z^2)/(z^2+2)^2 \end{pmatrix} \cdot \begin{pmatrix} 1 \\ 1 \\ 1 \end{pmatrix} \frac{1}{\sqrt{3}}$$

$$= \frac{1}{\sqrt{3}}\left(\mathrm{e}^{-x} + \frac{x}{y^2} + \frac{2-z^2}{(z^2+2)^2}\right) \tag{10.24}$$

und damit für den Wärmestrom

$$j = -\frac{\lambda}{\sqrt{3}}\left(\mathrm{e}^{-x} + \frac{x}{y^2} + \frac{2-z^2}{(z^2+2)^2}\right) \,. \tag{10.25}$$

□

10.2.5 Partielle und totale zeitliche Ableitung

→ 10.3

Untersuchen wir nun die zeitliche Änderung einer Größe ε in einem kontinuierlichen Medium. Betrachten wir z.B. die Lufttemperatur mit einem stationären Thermometer, so ändert sich diese durch die Erwärmung oder Abkühlung mit dem Tagesgang. Diese ortsfeste Betrachtungsweise wird als *Euler'sche Betrachtungsweise* bezeichnet. Hängt das Thermometer dagegen an einem Wetterballon, so wird es mit dem Wind verfrachtet und misst die Änderung in einem mit dem Feld mitbewegten System. Dies ist die *Lagrange'sche Betrachtungsweise*. Wir wenden diese Beschreibung an, wenn wir die Bewegung eines Teilchens in einem Kraftfeld betrachten – dann interessiert uns nur die am jeweiligen Ort des Teilchens auf dieses wirkende Kraft – wir setzen uns gleichsam auf das Teilchen. Bei der Euler'schen Betrachtungsweise dagegen ist der Beobachter ortsfest und betrachtet die Änderung eines Feldes ohne jeweils das gleiche Volumenelement zu betrachten.

In der Euler'schen Betrachtungsweise ist $\varepsilon = \varepsilon(x, y, z, t)$, wobei die räumlichen Koordinaten nicht von der Zeit abhängen. Die totale zeitliche Ableitung von ε ist damit gleich der partiellen: $d\varepsilon/dt = \partial \varepsilon/\partial t$. Bei der Lagrange'schen Betrachtungsweise dagegen hängen auch die Ortskoordinaten von der Zeit ab: $\varepsilon = \varepsilon(x(t), y(t), z(t), t)$. Die totale zeitliche Ableitung ergibt sich unter Anwendung der Kettenregel zu

$$\frac{d\varepsilon}{dt} = \frac{dx}{dt}\frac{\partial \varepsilon}{\partial x} + \frac{dy}{dt}\frac{\partial \varepsilon}{\partial y} + \frac{dz}{dt}\frac{\partial \varepsilon}{\partial z} + \frac{\partial \varepsilon}{\partial t} . \tag{10.26}$$

Die ersten drei Terme bestehen jeweils aus dem Produkt der zeitlichen Ableitung einer Raumkoordinate, also einer Geschwindigkeit, und der räumlichen Ableitung des Feldes nach dieser Koordinate, also einer Komponente des Gradienten. Dann können wir für (10.26) auch schreiben

$$\frac{d\varepsilon}{dt} = (\boldsymbol{u} \cdot \nabla)\varepsilon + \frac{\partial \varepsilon}{\partial t} . \tag{10.27}$$

Die totale zeitliche Ableitung setzt sich also zusammen aus der partiellen Ableitung und einem Term, der die Geschwindigkeit und den Gradienten des Feldes enthält, d.h. der Änderung von ε aufgrund der Bewegung $\boldsymbol{u}$ durch das veränderliche Feld. Dieser letzte Term wird als advektiver Term bezeichnet. Formal ist der Ausdruck $(\boldsymbol{u} \cdot \nabla)$ ein skalarer Differentialoperator

$$\boldsymbol{u} \cdot \nabla = \frac{dx}{dt}\frac{\partial}{\partial x} + \frac{dy}{dt}\frac{\partial}{\partial y} + \frac{dz}{dt}\frac{\partial}{\partial z} . \tag{10.28}$$

Anschaulich bedeutet (10.27) z.B. dass sich die Lufttemperatur in einem festen Punkt, $\partial T/\partial t$, ändert, wenn das Volumenelement durch die solare Einstrahlung erwärmt wird, dT/dt, und wenn warme Luft aus der Abgasfahne des benachbarten Kraftwerks mit der Luftströmung $\boldsymbol{u}$ zugeführt wird, $(\boldsymbol{u} \cdot \nabla)T$. Für eine gewisse Zeit kann die lokale Temperatur konstant gehalten werden, $\partial T/\partial t = 0$, wenn sich beide Effekte das Gleichgewicht halten: die Luft kühlt sich durch Abstrahlung ab und es wird wärmere Luft zugeführt.

Der konvektive Term $(\boldsymbol{u} \cdot \nabla)T$ kann nur dann zu einer lokalen Temperaturänderung beitragen, wenn sich die Luft bewegt ($\boldsymbol{u} \neq 0$), da sonst keine Zufuhr von Luft anderer Temperatur erfolgen kann, und wenn es einen Temperaturgradienten ∇T gibt, da sonst zwar andere Luftpakete zugeführt werden, diese aber die gleiche Temperatur haben.

10.3 Divergenz

Die Divergenz beschreibt die Quellstärke eines Feldes, d.h. sie verknüpft ein Feld mit seinen Quellen, z.B. ein elektrisches Feld mit den Ladungen. Auch die Kontinuitätsgleichung lässt sich mit Hilfe der Divergenz darstellen. Formal erhalten wir die Divergenz als das skalare Produkt aus dem Nabla-Operator und dem Vektorfeld.

Definition 61. *Die Divergenz eines Vektorfeldes $\boldsymbol{A}(x, y, z) = (A_x, A_y, A_z)$ ist das skalare Feld*

$$\mathrm{div}\,\boldsymbol{A} = \nabla \cdot \boldsymbol{A} = \frac{\partial A_x}{\partial x} + \frac{\partial A_y}{\partial y} + \frac{\partial A_z}{\partial z} \,. \tag{10.29}$$

Ebenso wie der Gradient ist die Divergenz eine lokale Größe; sie hängt von den drei Raumkoordinaten ab, kann sich also von einem Punkt zum anderen ändern.

Beispiel 109. Die Divergenz des Vektorfeldes $\boldsymbol{A}(x, y, z) = (xy^2, z^2+y^2, 4xyz^3)$ ist

$$\nabla \cdot \boldsymbol{A} = \begin{pmatrix} \partial/\partial x \\ \partial/\partial y \\ \partial/\partial z \end{pmatrix} \cdot \begin{pmatrix} xy^2 \\ z^2 + y^2 \\ 4xyz^3 \end{pmatrix} = y^2 + 2y + 8xyz^2 \,. \tag{10.30}$$

□

10.3.1 Anschauung

Betrachten wir das Geschwindigkeitsfeld einer strömenden Flüssigkeit

$$\boldsymbol{v}(x, y, z) = v_x(x, y, z)\,\boldsymbol{e}_x + v_y(x, y, z)\,\boldsymbol{e}_y + v_z(x, y, z)\,\boldsymbol{e}_z \,. \tag{10.31}$$

In diesem Feld befinde sich eine Fläche S. Ihre Orientierung gegenüber der Strömung $\boldsymbol{v}$ ist durch einen *Normaleneinheitsvektor* $\boldsymbol{n}$ gegeben, d.h.

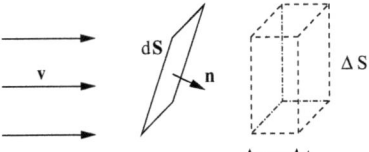

Abb. 10.5. Zur Definition des Flusses durch eine Fläche $\mathrm{d}\boldsymbol{S}$

10 Differentiation von Feldern: Gradient, Divergenz und Rotation

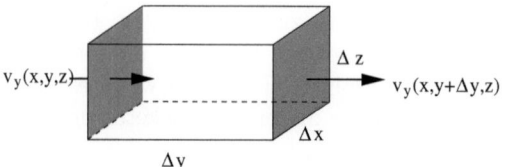

Abb. 10.6. Flüssigkeitsstrom durch die Quaderoberfläche in y-Richtung

durch einen senkrecht auf dem *Flächenelement* stehenden Einheitsvektor. Ein Flächenelement von S lässt sich daher schreiben als $\mathrm{d}\boldsymbol{S} = \boldsymbol{n}\,\mathrm{d}S$. Der *Fluss* Φ ist definiert als das Volumen der Flüssigkeit, die pro Zeiteinheit durch S fließt. Das Volumen wird maximal, wenn die Fläche senkrecht in der Strömung steht ($\boldsymbol{v}\|\boldsymbol{n}$), und verschwindet, wenn die Fläche parallel zur Strömung liegt. Für die Komponente der Strömung senkrecht zur Fläche können wir daher schreiben $(\boldsymbol{v}\cdot\boldsymbol{n})\,\boldsymbol{n}$, für die Komponente der Strömung parallel dazu $\boldsymbol{v} - (\boldsymbol{v}\cdot\boldsymbol{n})\,\boldsymbol{n}$. Zum Fluss durch die Fläche trägt nur die Strömung senkrecht zu dieser bei, so dass er gegeben ist als

$$\Phi = \int (\boldsymbol{v}\cdot\boldsymbol{n})\,\mathrm{d}S = \int \boldsymbol{v}\cdot\mathrm{d}\boldsymbol{S}\;. \tag{10.32}$$

Das zweite Integral beschreibt ein Oberflächenintegral, auf seine Auswertung werden wir in Abschn. 11.3 eingehen. Die Definition (10.32) kann auf beliebige Vektorfelder ausgedehnt werden, den elektrischen und magnetischen Fluss werden wir in Kap. 11 noch genauer betrachten.

Die anschaulichen Interpretation des Flusses

$$\Phi = \frac{\Delta V}{\Delta t} = \sum \frac{\Delta S_\perp\, v\Delta t}{\Delta t} = \sum \Delta S_\perp\, v \tag{10.33}$$

ist im rechten Teil von Abb. 10.5 gegeben: das pro Zeiteinheit durch $\Delta S_\perp$ strömende Volumen können wir uns als die Verschiebung eines Flüssigkeitselements vorstellen. Dieses wird während eines Zeitintervalls Δt um ein Stück $\Delta s = v\,\Delta t$ verschoben, d.h. das pro Zeiteinheit durch $\mathrm{d}S_\perp$ gehende Volumen ist $\Delta V = \Delta S\,\Delta s$ und damit für ein gegen Null gehendes Flächenelement $\mathrm{d}V/\mathrm{d}t = vS_\perp$.

Zur Interpretation der Divergenz betrachten wir eine genauere Herleitung des Flusses; die Geometrie ist in Abb. 10.6 dargestellt. Wir gehen von einem infinitesimalen Volumenelement $\Delta V = \Delta x \Delta y \Delta z$ aus. Betrachten wir nun den Fluss durch dieses Volumen komponentenweise. Der Fluss in i-Richtung ist durch die i-Komponente der Strömung bestimmt, d.h. Φ_y hängt von v_y ab usw. Die Eintritts- und Austrittsflächen dazu sind $S_y = \Delta x\,\Delta z$ mit den zugehörigen Geschwindigkeiten $v_y(x,y,z)$ und $v_y(x,y+\Delta y,z)$. Da die Flüssigkeit durch die linke Fläche in das Volumen hinein strömt und durch die rechte heraus, ist die Änderung des Volumens pro Zeiteinheit

$$\left(\frac{\delta V}{\Delta t}\right)_y = (\Phi_\mathrm{r} - \Phi_\mathrm{l})_y = \frac{v_y(x,y+\Delta y,z)\Delta x \Delta z \Delta t - v_y(x,y,z)\Delta x \Delta z \Delta t}{\Delta t}$$

$$= \frac{[v_y(x, y + \Delta y, z) - v_y(x, y, z)]\Delta V}{\Delta y} \,. \tag{10.34}$$

Die Änderung des Flüssigkeitsvolumens pro Volumen und Zeiteinheit ergibt sich durch Division durch V

$$\left(\frac{\delta V}{\Delta t\, \Delta V}\right)_y = \frac{[v_y(x, y + \Delta y, z) - v_y(x, y, z)]}{\Delta y} \tag{10.35}$$

bzw. im Grenzübergang

$$\lim_{\Delta t \to 0} \left(\frac{\delta V}{\Delta t\, \Delta V}\right)_y = \frac{\partial v_y}{\partial y} \,. \tag{10.36}$$

Die gesamte Änderung des Flüssigkeitsvolumens pro Zeiteinheit und Volumenelement ergibt sich durch Summation über die drei Komponenten zu

$$\Phi = \frac{\partial v_x}{\partial x} + \frac{\partial v_y}{\partial y} + \frac{\partial v_z}{\partial z} = \nabla \cdot \boldsymbol{v} = \operatorname{div} \boldsymbol{v} \,, \tag{10.37}$$

d.h. die Divergenz $\nabla \cdot \boldsymbol{v}$ des Geschwindigkeitsfeldes $\boldsymbol{v}$ gibt ein Maß für die Änderung des Volumenstroms und damit für die Quellen und Senken des Geschwindigkeitsfeldes. Pro Zeiteinheit wird also im Volumenelement ΔV ein Volumen $\delta V = (\nabla \cdot \boldsymbol{v})\,\Delta V$ erzeugt (div $\boldsymbol{v} > 0$, es tritt mehr Flüssigkeit aus dem Volumen aus als in es hinein, das Volumenelement ist eine Quelle) oder vernichtet (div $\boldsymbol{v} < 0$, es tritt mehr Flüssigkeit in das Volumen hinein als aus ihm heraus, das Volumenelement ist eine Senke). Für div $\boldsymbol{v} = 0$ ist $\Phi_{\text{ein}} = \Phi_{\text{aus}}$, d.h. es fließt genauso viel Flüssigkeit zu wie ab und das Feld ist in diesem Volumenelement quellenfrei.

Stellen wir das Geschwindigkeitsfeld durch Stromlinien dar, so divergieren (entspringen) diese in einer Quelle und sie konvergieren (verschwinden) in einer Senke. Diese Vorstellung findet sich auch in den Feldlinien des elektrischen Feldes, die in einer positiven Ladung entspringen und in einer negativen verschwinden.

10.3.2 Krummlinige Koordinaten

In Kugelkoordinaten wird die Divergenz zu

$$\operatorname{div} \boldsymbol{A} = \nabla \cdot \boldsymbol{A} = \frac{1}{r^2}\frac{\partial (r^2 A_r)}{\partial r} + \frac{1}{r \sin \vartheta}\frac{\partial (\sin \vartheta A_\vartheta)}{\partial \vartheta} + \frac{1}{r \sin \vartheta}\frac{\partial A_\varphi}{\partial \varphi} \,, \tag{10.38}$$

und in Zylinderkoordinaten zu

$$\operatorname{div} \boldsymbol{A} = \nabla \cdot \boldsymbol{A} = \frac{1}{\rho}\frac{\partial (\rho A_\rho)}{\partial \rho} + \frac{1}{\rho}\frac{A_\varphi}{\partial \varphi} + \frac{\partial A_z}{\partial z} \,. \tag{10.39}$$

Wie beim Gradienten lassen sich diese Regeln unter Berücksichtigung der Kettenregel und Verwendung der Jacobi-Determinante (2.107) aus der Definition der Divergenz in kartesischen Koordinaten herleiten.

10.3.3 Eigenschaften und Beispiele

In einem *konstanten Feld* $\boldsymbol{A}(\boldsymbol{r}) = \boldsymbol{a} = (a_x, a_y, a_z) = $ const sind die einzelnen Komponenten des Vektorfeldes konstant und ihre räumlichen Ableitungen verschwinden. Damit verschwindet auch die Divergenz. Dies ist auch anschaulich: ist das Feld, wie z.B. das elektrische Feld innerhalb eines Plattenkondensators, konstant, so hat es dort keine Quellen oder Senken.

In einem *radialsymmetrischen Feld* $\boldsymbol{A}(\boldsymbol{r}) = \boldsymbol{r} = (x, y, z)$ nimmt die Feldstärke mit zunehmendem Abstand zu. Dann ist die Divergenz $\nabla \cdot \boldsymbol{r} = \partial x/\partial x + \partial y/\partial y + \partial z/\partial z = 3$, d.h. die Quellstärke ist überall konstant.

In einem *Wirbelfeld* (z.B. Magnetfeld eines stromdurchflossenen Drahtes), dargestellt als $\boldsymbol{A}(\boldsymbol{r}) = (\boldsymbol{B} \times \boldsymbol{r})$, ist die Divergenz $\nabla \cdot (\boldsymbol{B} \times \boldsymbol{r}) = 0$, d.h. Wirbelfelder sind quellenfrei.

Beispiel 110. Das Gravitationsfeld ist gegeben als $-\gamma M \boldsymbol{r}/r^3$. Die Divergenz des Gravitationsfeldes ergibt sich zu

$$\begin{aligned} \text{div}\left(-\gamma M \frac{\boldsymbol{r}}{r^3}\right) &= -\gamma M \left(\frac{\text{div}\,\boldsymbol{r}}{r^3} + \boldsymbol{r} \cdot \text{grad}\frac{1}{r^3}\right) \\ &= -\gamma M \left(\frac{3}{r^3} + \boldsymbol{r}\,\frac{-3}{r^4}\frac{\boldsymbol{r}}{r}\right) = 0 \end{aligned} \quad (10.40)$$

für alle $\boldsymbol{r} \neq 0$, da das Gravitationsfeld einer Zentralmasse außer im Ursprung keine Quellen hat und die Divergenz die lokale Quellstärke beschreibt. □

Beispiel 111. Betrachten wir als Ergänzung zu Bsp. 110 als einfache zweidimensionale Analogie ein Leck am Ort $\boldsymbol{r} = \boldsymbol{r}_0$ in einem an der Oberfläche verlegten Wasserrohr. Dann existiert nur bei $\boldsymbol{r}_0$ eine Quelle. Da Wasser inkompressibel ist, strömt es von dieser Quelle fort; jedes umliegende Flächenelement enthält weder Quellen noch Senken, d.h. was einströmt muss auch wieder ausströmen. Anschaulich ist also $\nabla \cdot \boldsymbol{v} = 0$ für alle $\boldsymbol{r} \neq 0$. Außerdem ist das Problem radialsymmetrisch, d.h. es muss gelten $\boldsymbol{v}(\boldsymbol{r}) = f(r)\boldsymbol{e}_r$. Da der Fluss durch konzentrische Kreise konstant sein muss, ist $f(r) \sim 1/r$. Die Quelle injiziere ein Flüssigkeisvolumen V pro Zeiteinheit. Damit erhalten wir für das Geschwindigkeitsfeld

$$\boldsymbol{v}(\boldsymbol{r}) = \frac{V}{2\pi r}\boldsymbol{e}_r \,. \quad (10.41)$$

Einsetzten in die Definition der Divergenz (Zylinderkoordinaten) liefert

$$\nabla \cdot \boldsymbol{v} = \frac{1}{r}\frac{\partial (r v_r(r))}{\partial r} = \frac{1}{r}\frac{\partial V/2\pi}{\partial r} = 0 \,. \quad (10.42)$$

□

Die Rechenregeln für die Divergenz basieren auf den Regeln der Differentiation (Abschn. 2.4):

- für ein konstantes Feld $\boldsymbol{A} = \boldsymbol{c}$ gilt $\text{div}\,\boldsymbol{c} = \nabla \cdot \boldsymbol{c} = 0$; das haben wir bereits am Beispiel des homogenen Feldes verwendet.

- Summenregel: $\operatorname{div}(\boldsymbol{A}+\boldsymbol{B}) = \nabla\cdot(\boldsymbol{A}+\boldsymbol{B}) = \nabla\cdot\boldsymbol{A}+\nabla\cdot\boldsymbol{B} = \operatorname{div}\boldsymbol{A}+\operatorname{div}\boldsymbol{B}$, bzw. für den Fall, dass eines der Felder konstant ist: $\operatorname{div}(\boldsymbol{A}+\boldsymbol{c}) = \nabla\cdot(\boldsymbol{A}+\boldsymbol{c}) = \nabla\cdot\boldsymbol{A}+\nabla\cdot\boldsymbol{c} = \nabla\cdot\boldsymbol{A}$. Auch hier gilt, dass wir Felder aus ihrer Divergenz nur bis auf eine Konstante genau bestimmen können.
- Faktorregel: $\operatorname{div}(\alpha\boldsymbol{A}) = \nabla\cdot(\alpha\boldsymbol{A}) = \alpha\nabla\cdot\boldsymbol{A} = \alpha\operatorname{div}\boldsymbol{A}$.
- Produktregel bei der Multiplikation eines Skalar- und eines Vektorfeldes: $\operatorname{div}(A\boldsymbol{B}) = \nabla\cdot(A\boldsymbol{B}) = A\nabla\cdot\boldsymbol{B}+\boldsymbol{B}\cdot\nabla A = A\operatorname{div}\boldsymbol{B}+\boldsymbol{B}\cdot\operatorname{grad}A$. Der ∇-Operator wird hier entsprechend der Produktregel auf beide Felder angewendet, bedeutet aber beim Vektorfeld die Divergenz und beim Skalarfeld den Gradienten.

10.4 Laplace-Operator

Betrachten wir ein skalares Feld A. Anwendung des Nabla-Operators liefert ein Vektorfeld $\nabla A = \operatorname{grad}A$. Wenden wir nochmals den Nabla-Operator an, so erhalten wir die Divergenz dieses Gradientenfeldes:

$$\operatorname{div}\operatorname{grad}A = \nabla\cdot(\nabla A) = \Delta A \qquad (10.43)$$

mit

$$\Delta = \nabla^2 = \left(\frac{\partial^2}{\partial x^2}+\frac{\partial^2}{\partial y^2}+\frac{\partial^2}{\partial z^2}\right) \qquad (10.44)$$

als dem Laplace-Operator in kartesischen Koordinaten.

Beispiel 112. Das elektrische Feld $\boldsymbol{E}$ einer Ladungsdichteverteilung ϱ_c lässt sich mit Hilfe des *Gauß'schen Gesetzes* (11.40) darstellen als

$$\nabla\cdot\boldsymbol{E} = \frac{\varrho_c}{\epsilon_0}\,. \qquad (10.45)$$

Da das elektrische Feld wirbelfrei ist, kann es als Gradient eines skalaren Potentials U geschrieben werden: $\boldsymbol{E} = -\nabla U$. Einsetzen in (10.45) liefert die *Poisson-Gleichung* (vgl. Abschn. 12.4) als Bestimmungsgleichung für das elektrostatische Potential

$$\Delta U = -\frac{\varrho_c}{\epsilon_0}\,. \qquad (10.46)$$

□

In Kugelkoordinaten ergibt sich der Laplace-Operator aus (10.18) und (10.38) zu

$$\Delta A = \frac{1}{r^2}\frac{\partial}{\partial r}\left(r^2\frac{\partial A}{\partial r}\right)+\frac{1}{r^2\sin\vartheta}\frac{\partial}{\partial\vartheta}\left(\sin\vartheta\frac{\partial A}{\partial\vartheta}\right)$$
$$+\frac{1}{r^2\sin^2\vartheta}\frac{\partial^2 A}{\partial\varphi^2}\,, \qquad (10.47)$$

und in Zylinderkoordinaten aus (10.19) und (10.39) zu

$$\Delta A = \frac{1}{\rho}\frac{\partial}{\partial\rho}\left(\rho\frac{\partial A}{\partial\rho}\right)+\frac{1}{\rho^2}\frac{\partial^2 A}{\partial\varphi^2}+\frac{\partial^2 A}{\partial z^2}\,. \qquad (10.48)$$

10.5 Rotation

Die Rotation gibt ein Maß für die Wirbelstärke eines Vektorfeldes. Sie ist das Vektorprodukt aus dem Nabla-Operator und einem Vektorfeld.

Definition 62. *Die* Rotation *eines Vektorfeldes* $\mathbf{A}(x, y, z) = (A_x, A_y, A_z)$ *ist das Vektorfeld*

$$\operatorname{rot} \mathbf{A} = \nabla \times \mathbf{A} = \begin{pmatrix} \partial/\partial x \\ \partial/\partial y \\ \partial/\partial z \end{pmatrix} \times \begin{pmatrix} A_x \\ A_y \\ A_z \end{pmatrix} = \begin{pmatrix} \partial A_z/\partial y - \partial A_y/\partial z \\ \partial A_x/\partial z - \partial A_z/\partial x \\ \partial A_y/\partial x - \partial A_x/\partial y \end{pmatrix} . \quad (10.49)$$

Die Rotation ist eine lokale Größe, die jedem Punkt des Raumes einen Vektor zuordnet, der senkrecht auf dem Wirbel steht und dessen Länge ein Maß für die Wirbelstärke ist.

Ein Feld heißt in einem Bereich wirbelfrei, wenn in diesem Bereich $\operatorname{rot} \mathbf{A}$ verschwindet. Wirbelfreie Felder sind homogene Felder (z.B. das elektrische Feld im Innern eines geladenen Plattenkondensators), kugel- oder radialsymmetrische Vektorfelder (Zentralfelder, z.B. das elektrische Feld einer Punktladung, das Gravitationsfeld) und zylinder- oder axialsymmetrische Vektorfelder (z.B. das elektrische Feld in der Umgebung eines geladenen Zylinders).

Beispiel 113. Die Rotation des Vektorfeldes

$$\mathbf{A} = \boldsymbol{\omega} \times \mathbf{r} = \begin{pmatrix} \omega z - \omega y \\ \omega x - \omega z \\ \omega y - \omega x \end{pmatrix} \quad (10.50)$$

ist gegeben als

$$\nabla \times \mathbf{A} = \begin{pmatrix} \partial/\partial x \\ \partial/\partial y \\ \partial/\partial z \end{pmatrix} \begin{pmatrix} \omega z - \omega y \\ \omega x - \omega z \\ \omega y - \omega x \end{pmatrix} = 2\omega \begin{pmatrix} 1 \\ 1 \\ 1 \end{pmatrix} . \quad (10.51)$$

Für die Rotation erhalten wir einen entlang der Raumdiagonale eines kartesischen Koordinatensystems ausgerichteten Vektor, der senkrecht auf dem Wirbel steht und dessen Länge ein Maß für die Stärke dieses Wirbels ist. Da die Rotation nicht verschwindet, ist $\mathbf{A}$ ein Beispiel für ein Wirbelfeld. □

10.5.1 Krummlinige Koordinaten

In Kugelkoordinaten ist die Rotation

$$\operatorname{rot} \mathbf{A} = \nabla \times \mathbf{A} = \frac{1}{r \sin \vartheta} \left(\frac{\partial (\sin \vartheta \, A_\varphi)}{\partial \vartheta} - \frac{\partial A_\vartheta}{\partial \varphi} \right) \mathbf{e}_r$$
$$+ \frac{1}{r} \left(\frac{1}{\sin \vartheta} \frac{\partial A_r}{\partial \varphi} - \frac{\partial (r A_\varphi)}{\partial r} \right) \mathbf{e}_\vartheta + \frac{1}{r} \left(\frac{\partial (r A_\vartheta)}{\partial r} - \frac{\partial A_r}{\partial \vartheta} \right) \mathbf{e}_\varphi \quad (10.52)$$

und in Zylinderkoordinaten

$$\operatorname{rot} \boldsymbol{A} = \nabla \times \boldsymbol{A} = \left(\frac{1}{\varrho}\frac{\partial A_z}{\partial \varphi} - \frac{\partial A_\varphi}{\partial z}\right)\boldsymbol{e}_\varrho + \left(\frac{\partial A_\varrho}{\partial z} - \frac{\partial A_z}{\partial \varrho}\right)\boldsymbol{e}_\varphi$$
$$+ \frac{1}{\varrho}\left(\frac{\partial(\varrho A_\varphi)}{\partial \varrho} - \frac{\partial A_\varrho}{\partial \varphi}\right)\boldsymbol{e}_z \,. \tag{10.53}$$

10.5.2 Spezielle Felder und Eigenschaften

In einem *konstanten Vektorfeld* $\boldsymbol{A} = (a_x, a_y, a_z) = \text{const}$ verschwindet die Rotation: $\operatorname{rot} \boldsymbol{A} = \nabla \times \boldsymbol{A} = 0$, d.h. ein konstantes Vektorfeld ist wirbelfrei. Im *radialen Feld* $\boldsymbol{A} = \boldsymbol{r} = (x, y, z)$ verschwindet die Rotation ebenfalls:

$$\operatorname{rot} \boldsymbol{A} = \nabla \times \boldsymbol{A} = \begin{pmatrix} \partial/\partial x \\ \partial/\partial y \\ \partial/\partial z \end{pmatrix} \times \begin{pmatrix} x \\ y \\ z \end{pmatrix} = \begin{pmatrix} 0 \\ 0 \\ 0 \end{pmatrix} \,. \tag{10.54}$$

Die Rotation eines Wirbelfeldes verschwindet nicht, vgl. Bsp. 113. Allgemein gilt

$$\operatorname{rot}(\operatorname{rot} \boldsymbol{A}) = \operatorname{grad}(\operatorname{div} \boldsymbol{A}) - (\operatorname{div} \operatorname{grad})\boldsymbol{A} \,. \tag{10.55}$$

Auch bei der Rotation ergeben sich die Rechenregeln aus den allgemeinen Rechenregeln für die partielle Differentiation, vgl. Abschn. 2.4:

- für ein konstantes Feld $\boldsymbol{A} = \boldsymbol{c} = \text{const}$ gilt $\nabla \times \boldsymbol{c} = 0$.
- Summenregel: $\operatorname{rot}(\boldsymbol{A} + \boldsymbol{B}) = \nabla \times (\boldsymbol{A} + \boldsymbol{B}) = \nabla \times \boldsymbol{A} + \nabla \times \boldsymbol{B}$, bzw. für den Spezialfall, dass eines der Felder konstant ist: $\operatorname{rot}(\boldsymbol{A} + \boldsymbol{c}) = \nabla \times (\boldsymbol{A} + \boldsymbol{c}) = \nabla \times \boldsymbol{A} + \nabla \times \boldsymbol{c} = \nabla \times \boldsymbol{A}$.
- Faktorregel: $\nabla \times (\alpha \boldsymbol{A}) = \alpha \nabla \times \boldsymbol{A}$.
- Produktregel für das Produkt aus einem Skalar- und einem Vektorfeld: $\nabla \times (A\boldsymbol{B}) = A \nabla \times \boldsymbol{B} + \nabla A \times \boldsymbol{B} = A \operatorname{rot} \boldsymbol{B} + \operatorname{grad} A \times \boldsymbol{B}$.

10.5.3 Rotation anschaulich

Eine nicht verschwindende Rotation kann zwei Ursachen haben: eine starre Rotation (rotierende Schallplatte) oder Scherungen. Das einfachste Beispiel für ersteres ist ein Wirbel in einer Flüssigkeit, z.B. der Wirbel am Abfluß einer Badewanne oder ein Tiefdruckgebiet in der Atmosphäre. Aufgrund der großen Bedeutung dieser Wirbel für das Wetter hat man zu ihrer Beschreibung einen speziellen Begriff eingeführt, die Vorticity

$$\boldsymbol{\zeta} = \nabla \times \boldsymbol{v} \,, \tag{10.56}$$

wobei nur die z-Komponente betrachtet wird, da aufgrund der geringen vertikalen Ausdehnung im Vergleich zur horizontalen die Wirbel in der Atmosphäre als zweidimensionale Gebilde aufgefasst werden können.

Betrachten wir daher einen Wirbel, der mit der Winkelgeschwindigkeit $\boldsymbol{\omega}$ um die z-Achse rotiert. Da alle Volumenelemente unabhängig von ihrem Abstand von der Rotationsachse die gleiche Zeit für eine Rotation benötigen, kann das Geschwindigkeitsfeld in der Form $v(\varrho) = \omega\varrho$ geschrieben werden. Da die Rotation in φ-Richtung erfolgt, können wir statt der skalaren Darstellung auch eine vektorielle verwenden: $\boldsymbol{v} = \omega\varrho\boldsymbol{e}_\varphi$, d.h. in Zylinderkoordinaten hat die Geschwindigkeit nur eine φ-Komponente, die nur vom Abstand ϱ von der Drehachse abhängt. Mit (10.52) ergibt sich für die Vorticity

$$\boldsymbol{\zeta} = \nabla \times \boldsymbol{v} = \frac{1}{\varrho}\frac{\partial(\varrho v_\varphi)}{\partial \varrho}\boldsymbol{e}_z = \frac{1}{\varrho}\frac{\partial \omega\varrho^2}{\partial \varrho}\boldsymbol{e}_z = \frac{1}{\varrho}2\omega\varrho\boldsymbol{e}_z = 2\boldsymbol{\omega}\ . \quad (10.57)$$

Die Vorticity ist also ein Vektor parallel zu dem der Winkelgeschwindigkeit aber mit doppelter Länge. Damit ist auch der Begriff der Rotation für die Größe $\nabla \times \boldsymbol{v}$ anschaulich erklärbar.

Eine andere Ursache für eine nicht verschwindende Rotation ist die Scherung eines Feldes. Betrachten wir dazu das Geschwindigkeitsfeld einer Strömung in einem Fluss der Breite $2R$, in diesem Fall beschränkt auf die Strömung an der Oberfläche. Auf Grund der Reibung verschwindet die Geschwindigkeit an den Ufern während sie in der Flussmitte maximal ist. In einem Koordinatensystem mit der x-Achse in Richtung der Strömung erhalten wir für das Geschwindigkeitsfeld $v_x = f(y)$. Ein derartiges Geschwindigkeitsfeld beschreibt sicher keine starre Rotation, da ein Flüssigkeitselement nicht wieder an seinen Ausgangspunkt zurückkehren kann. Für das Geschwindigkeitsprofil nehmen wir entsprechend Hagen-Poiseuille ein parabolisches Profil $v_x = v_0(R^2 - y^2)$ an. Mit (10.49) erhalten wir für die Rotation dieses Feldes

$$\nabla \times \boldsymbol{v} = \begin{pmatrix} \partial/\partial x \\ \partial/\partial y \\ \partial/\partial z \end{pmatrix} \times \begin{pmatrix} v_0(R^2 - y^2) \\ 0 \\ 0 \end{pmatrix} = \begin{pmatrix} 0 \\ 0 \\ v_0 2y \end{pmatrix}\ , \quad (10.58)$$

d.h. das Feld ist nicht wirbelfrei, obwohl wir oben bereits festgestellt haben, dass es keine Wirbel im anschaulichen Sinn enthält. Eine Interpretation der Rotation, die diesen scheinbaren Widerspruch auflöst, wird in Abschn. 11.5.1 gegeben; eine anschauliche Interpretation können wir mit Hilfe von Abb. 10.7 finden: eine aufrecht im Wasser treibende Tonne wird auf ihrer der Flussmitte zugewandten Seite mit einer größeren Strömungsgeschwindigkeit mitgeführt als auf der dem Ufer zugewandten Seite. Daher beginnt die Tonne zu rotieren, wie in der Abbildung angedeutet. Die Richtung des Rotationsvektors $\boldsymbol{\omega}$

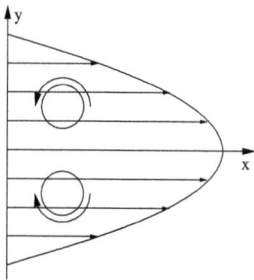

Abb. 10.7. Eine nicht-verschwindende Rotation kann durch eine Scherung entstehen

entspricht $\nabla \times \boldsymbol{v}$, sein Betrag ist durch den Gradienten des Geschwindigkeitsfeldes gegeben.

10.6 Der Nabla-Operator zusammengefasst

Der Nabla-Operator

$$\nabla = \begin{pmatrix} \partial/\partial x \\ \partial/\partial y \\ \partial/\partial z \end{pmatrix} \tag{10.59}$$

ist ein Differentialoperator, der auf Felder angewandt wird. Je nach Feldtyp ergeben sich unterschiedliche neue Felder:

Ausgangsfeld	Produkt	neues Feld	Bezeichnung	Bedeutung
skalar		vektoriell	Gradient	Steigung
vektoriell	skalar	skalar	Divergenz	Quellstärke
vektoriell	vektoriell	vektoriell	Rotation	Wirbelhaftigkeit

Aus oben besprochenen Rechenregeln können wir einige grundlegende Regeln für Felder zusammenfassen:

- Gradientenfelder sind wirbelfrei: rot (grad$A$) = $\nabla \times (\nabla A) = 0$;
- Wirbelfelder sind quellenfrei: div (rot$\boldsymbol{A}$) = $\nabla \cdot (\nabla \times \boldsymbol{A}) = 0$;
- wirbelfreie Vektorfelder lassen sich als der Gradient eines Skalarfeldes darstellen: rot $\boldsymbol{A} = \nabla \times \boldsymbol{A} = 0 \Rightarrow \boldsymbol{A} = \text{grad}\, B = \nabla B$;
- quellenfreie Vektorfelder lassen sich als die Rotation eines anderen Vektorfeldes darstellen: div $\boldsymbol{B} = \nabla \cdot \boldsymbol{B} = 0 \Rightarrow \boldsymbol{B} = \text{rot}\, \boldsymbol{A} = \nabla \times \boldsymbol{A}$.

Für Kombinationen von Vektorfeldern $\boldsymbol{A}(\boldsymbol{r})$ und $\boldsymbol{B}(\boldsymbol{r})$ gelten die folgenden Rechenregeln:

- $\text{div}(\boldsymbol{A} \times \boldsymbol{B}) = \boldsymbol{B} \cdot \text{rot}\,\boldsymbol{A} - \boldsymbol{A} \cdot \text{rot}\,\boldsymbol{B}$. (10.60)
- $\text{rot}(\boldsymbol{A} \times \boldsymbol{B}) = (\boldsymbol{B} \cdot \nabla)\boldsymbol{A} - \boldsymbol{B}(\nabla \cdot \boldsymbol{A}) - (\boldsymbol{A} \cdot \nabla)\boldsymbol{B} + \boldsymbol{A}(\nabla \cdot \boldsymbol{B})$. (10.61)
- $\text{rot}\,\text{rot}\,\boldsymbol{A} = \nabla(\nabla \cdot \boldsymbol{A}) - \nabla^2 \boldsymbol{A} = \text{grad}(\text{div}\,\boldsymbol{A}) - \Delta \boldsymbol{A}$. (10.62)

Literatur

Eine gut verständliche Einführung bietet der Papula [43], allerdings werden dort hauptsächlich kartesische Koordinaten verwendet – für physikalische Probleme dagegen sind, wie aus den Beispielen vielleicht deutlich wurde, krummlinige Koordinatensysteme häufig angemessener. Einführungen finden sich auch im Korsch [33] und Grossmann [24]. Sehr übersichtliche Darstellungen mit vielen Beispielen finden sich in McQuarrie [39], Jordan und Smith [31] sowie im Hassani [26]. Weiterführende Bücher sind Schey [56] und Jänich [30], eine sehr gute Einführung in die Vektoranalysis gibt auch Marsden [38].

Fragen

10.1. Was versteht man unter einem Feld? Geben Sie Beispiele für typische Feldgeometrien.

10.2. Was sind Isolinien bzw. -flächen? Geben Sie Beispiele für die Isolinine und -flächen in typischen Feldgeometrien.

10.3. Erläutern Sie anschaulich die Bedeutung von Gradient, Divergenz und Rotation. Geben Sie Beispiele.

10.4. Warum kann man keinen Gradienten eines Vektorfeldes bestimmen? Wie könnte man sich formal behelfen? Hätte der so bestimmte Gradient eine Bedeutung?

10.5. Begründen Sie anschaulich und formal, warum der Gradient die maximale Steigung gibt.

10.6. Was versteht man unter einer Richtungsableitung? Wie lässt sie sich bestimmen?

10.7. Was versteht man unter dem Fluss? Geben Sie auch eine anschauliche Interpretation.

10.8. Ist ein Geschwindigkeitsfeld, in dem sich keine Wirbel im anschaulichen Sinne befinden, zwingend wirbelfrei?

10.9. Begründen Sie anschaulich und formal warum Gradientenfelder wirbelfrei sind.

10.10. Begründen Sie anschaulich und formal warum Wirbelfelder quellenfrei sind.

10.11. Begründen Sie anschaulich und formal warum sich wirbelfreie Felder als Gradient eines Skalarfeldes darstellen lassen.

10.12. Begründen Sie anschaulich und formal warum sich quellenfreie Felder als Gradient eines Vektorfeldes darstellen lassen.

Aufgaben

10.1. • Bestimmen und zeichnen Sie die Äquipotentiallinien der Felder $A(x,y,) = x^2 + y^2$ und $B(x,y) = x^2 - y$.

10.2. • Das elektrostatische Potential einer Punktladung ist $U = q/(4\pi\varepsilon_0 r)$. Bestimmen Sie die Äquipotentialflächen.

10.3. • Das magnetische Feld eines linearen Strom durchflossenen Drahtes ist $\boldsymbol{H} = \boldsymbol{e}_\varphi/(2\pi\varrho)$. Bestimmen Sie die Äquipotentialflächen.

10.4. • Gegeben sind die drei Felder $\boldsymbol{A}(x,y) = \frac{a}{r^2}\boldsymbol{e}_r$, $\boldsymbol{B}(x,y) = \frac{1}{r}\boldsymbol{e}_\varphi$ und $\boldsymbol{C}(x,y,z) = \boldsymbol{r} \times \boldsymbol{e}_z$. Skizzieren Sie diese (Isolinien und Feldlinien).

10.5. • Gegeben sind die Felder $A(x,y) = x^2 + 2y^2$, $B(x,y) = e^{-(x^2+y^2)}$ und $P(V,T) = \frac{RT}{V-b} - \frac{a}{V^2}$. Skizzieren Sie die Felder, bilden Sie die Gradienten und skizzieren Sie diese.

10.6. •• Radialsymmetrische Felder sind proportional zu r^n. Bestimmen Sie den Gradienten für die Felder $A(r) = cr$, $B(r) = \frac{c}{r}$ und $C(r) = c\,r^n$, jeweils in kartesischen Koordinaten und in Kugelkoordinaten.

10.7. •• Gegeben ist das Feld $A = x^2+y^2+z^2$. Bestimmen Sie den Gradienten und die Ableitung in Richtung des Vektors $\boldsymbol{a} = (1,-3,2)$.

10.8. •• Gegeben ist das Skalarfeld $A(x,y,z) = (x-1)^2 + 5y^2$. Bestimmen sie die Punkte, in denen der Gradient des Feldes verschwindet.

10.9. • Bilden Sie aus den Vektorfeldern $\boldsymbol{A} = (-x^2yz, xy^2z, -xyz^2)$ und $\boldsymbol{B} = (yz, -xz, xy)$ das skalare Feld $\boldsymbol{A} \cdot \boldsymbol{B}$ und das Vektorfeld $\boldsymbol{A} \times \boldsymbol{B}$.

10.10. • Bilden Sie die verschiedenen partiellen Ableitungen 1. und 2. Ordnung für das Vektorfeld $\boldsymbol{A}(\boldsymbol{r}) = (r, x\sin y, e^{xyz})$.

10.11. • Gegeben ist ein Skalarfeld $A = 4x^3 + 2yx^2 + 5zy + 25zx$. Bestimmen Sie den Gradienten.

10.12. • Berechnen Sie den Gradienten sowie seine Betrag im jeweiligen Punkt für die Felder $A(x,y,z) = 10x^2y^3 - 5xyz^2$, Punkt $P = (1,-1,2)$; $B(x,y,z) = x^2 e^{yz} + yz^3$, Punkt $P = (2,0,1)$ und $C(x,y,z) = x^2 + y^2 + z^2$, Punkt $P = (1,2,-2)$.

10.13. • Bestimmen Sie die Gradienten der skalaren Felder $A = \ln r$, $B = x^2yz + x\,e^y$ und $C = y\,e^x$.

10.14. • Skizzieren und diskutieren Sie ein skalares Feld der Form $A(\boldsymbol{r}) = 1 + (\boldsymbol{a} \cdot \boldsymbol{r})$ mit $\boldsymbol{a} =$ const. Bestimmen Sie den Gradienten und diskutieren Sie dessen Verlauf.

10.15. •• Bestimmen Sie die Richtungsableitung von $A(x,y,z) = xyz + 3xz^3$ in Richtung des Vektors $\boldsymbol{a} = (1,-2,2)$ im Raumpunkt $P = (1,2,1)$.

10.16. Berechnen Sie die Richtungsableitung des ebenen Skalarfeldes A in radialer Richtung im jeweiligen Punkt P:
(a) $A(x,y,z) = x^2 - y^2$, Punkt $P = (3,4)$
(b) $A(x,y,z) = 4x^2 + 9y^2$, Punkt $P = (1,0)$

10.17. ••• Wie berechnet man den Normalenvektor zu einer im Raum gegebenen Fläche $\varphi(x,y,z) = \text{const}$?

10.18. • Gegeben ist das skalare Feld $A(\boldsymbol{r}) = y^2z^2 + z^3x^3 + x^4y^4$. Bestimmen Sie das dazugehörige Gradientenfeld. Geben Sie Feld und Gradientenfeld für die Stellen (0,1,-1) und (1,-2,-3) an.

10.19. •• Wie lautet das Gradientenfeld von $A = x\sin(yz)$?

10.20. • Was soll man tun bei der Aufforderung, den Gradienten des Feldes $\boldsymbol{B} \times \boldsymbol{r}$ zu bestimmen?

10.21. •• Bestimmen Sie die Richtungsableitung von $A = xyz$ in radialer Richtung, insbesondere an den Stellen (1,1,1), (1,-1,-1) und (-1,-1,-1). In welcher (eventuell anderen) Richtung wäre an diesen Stellen die Richtungsableitung am größten?

10.22. •• Die Verteilung einer radioaktiven Substanz in einem Stausee wird beschrieben durch die Konzentration in Abhängigkeit vom Ort: $K(\boldsymbol{r}) = 23x^2y + 5xyz + 4zy$. Geben Sie die Richtung der Ausgleichsströmung an.

10.23. •• In welchem Punkt verschwindet die Divergenz des Vektorfeldes $\boldsymbol{A} = (xy^2, x^2y - 4y)$?

10.24. •• Gegeben sind das Skalarfeld $A = x^2\,e^{yz}$ und das Vektorfeld $\boldsymbol{B} = (y, -x, z)$. Bestimmen Sie die Divergenz des Vektorfeldes $A\boldsymbol{B}$.

10.25. •• Wie sind die Parameter a und b zu wählen, damit die Rotation des Vektorfeldes $\boldsymbol{A} = (2xz^2 + y^3z, axy^2z, 2x^2z + bxy^3)$ überall verschwindet.

10.26. •• Gegeben ist das Skalarfeld $A = x^2yz^2$ und das Vektorfeld $\boldsymbol{B} = (xy, y, z^2)$. Bestimmen Sie die Rotation des Vektorfeldes $A\boldsymbol{B}$.

10.27. • Bestimmen Sie die Divergenz des Vektorfeldes $\boldsymbol{A} = (4x^2 + 8xy + z, 4x^2 + y, xz + yz + z^2)$.

10.28. • Bestimmen Sie die Rotation des Feldes $\boldsymbol{A} = (y^2 + z^2, y^2 + z^2, xyz)$.

10.29. •• Bestimmen Sie aus den Feldern $A(\boldsymbol{r}) = 2x^2 + y^2$, $\boldsymbol{B}(\boldsymbol{r}) = z^2y^2\boldsymbol{e}_x + x^2z^2\boldsymbol{e}_y + x^2y^2\boldsymbol{e}_z$ und $\boldsymbol{C}(\boldsymbol{r}) = \boldsymbol{r}$ die Größen $\nabla(\boldsymbol{B} \cdot \boldsymbol{C})$, $\nabla \times (\boldsymbol{B} \times \boldsymbol{C})$ und $\nabla \cdot (A\boldsymbol{C})$.

10.30. •• Gegeben ist ein kugelsymmetrisches Vektorfeld $\boldsymbol{A}(\boldsymbol{r}) = \lambda\boldsymbol{r}$. Stellen Sie Isoflächen und Feldlinien dar und bestimmen Sie Divergenz und Rotation. Wie ändern sich die Resultate, wenn λ negativ ist?

10.31. •• Gegeben ist ein kugelsymmetrisches Vektorfeld $\boldsymbol{A}(\boldsymbol{r}) = \gamma\boldsymbol{r}/r^3$ (z.B. Gravitationsfeld). Skizzieren Sie das Feld in der xy-Ebene, ebenso wie den Betrag des Feldes in Abhängigkeit vom radialen Abstand. Bestimmen Sie Rotation und Divergenz dieses Feldes.

10.32. •• Gegeben sei ein Vektorfeld der Form $\boldsymbol{A}(\boldsymbol{r}) = \boldsymbol{B} \times \boldsymbol{r}$, wobei $\boldsymbol{B}$ konstant ist. Skizzieren Sie das Feld. Um was für einen Typ von Feld handelt es sich? Bestimmen Sie Rotation und Divergenz des Feldes.

10.33. • Gegeben ist ein Vektorfeld $\boldsymbol{A}(\boldsymbol{r}) = (2x, 4y, 2zx)$. Bestimmen Sie seine Divergenz.

10.34. • Zeigen Sie, dass das Feld $\boldsymbol{A}(\boldsymbol{r}) = (yz - 12xy, xz - 8yz^3 + 6x^2, xy - 12y^2z^2)$ wirbelfrei ist.

10.35. •• Die Quellen des Feldes $\boldsymbol{A} \times \boldsymbol{B}$ sind durch die Wirbel der einzelnen Felder $\boldsymbol{A}$ und $\boldsymbol{B}$ bestimmt. Wie?

10.36. •• Jede Lösung A der Laplace'schen Differentialgleichung $\Delta A = 0$ erzeugt ein Vektorfeld ∇A, das sowohl Quellen- als auch wirbelfrei ist. Beweis? Beispiel?

10.37. •• Gegeben sei ein Vektorfeld $\boldsymbol{F}(\boldsymbol{r}) = \frac{1}{r}(\boldsymbol{\omega} \times \boldsymbol{r})$ mit $\boldsymbol{\omega} = \text{const}$. Wählen Sie die z-Achse eines kartesischen Koordinatensystems in Richtung $\boldsymbol{\omega}$ und geben Sie das Feld in kartesischen Koordinaten an. Skizzieren Sie das Feld in der Ebene $z = 0$. Berechnen Sie die Divergenz und die Rotation des Feldes.

10.38. •• Bestimmen Sie die Quellen des Feldes $\text{grad} A \times \text{grad} B$.

10.39. •• Gegeben sind die Felder $(\boldsymbol{r}) = 4xy^2 + 2x \sin z + 5$, $\boldsymbol{B}(\boldsymbol{r}) = 4x\boldsymbol{e}_x + 5y\boldsymbol{e}_y + 6z\boldsymbol{e}_z$, $\boldsymbol{C}(\boldsymbol{r}) = (y^2 + x^2)\boldsymbol{e}_x + (x^2 + z^2)\boldsymbol{e}_y + xyz\boldsymbol{e}_z$, $D(\boldsymbol{r}) = y^2x^2 + x^3z^3 + y^4z^4$ und $\boldsymbol{E}(\boldsymbol{r}) = \boldsymbol{r}$. Bestimmen Sie Gradient, Divergenz und Rotation für diese Felder.

10.40. •• Seien $\boldsymbol{A}$ und $\boldsymbol{B}$ quellen- und wirbelfreie Vektorfelder. Welche Quellen und welche Wirbel hat $\boldsymbol{A} \times \boldsymbol{B}$?

10.41. •• Bestimmen Sie die Quellstärke eines homogen geladenen Zylinders mit Radius R, der ein elektrisches Feld erzeugt

$$\boldsymbol{E}(\varrho) = \begin{cases} c\varrho\,\boldsymbol{e}_\varrho & \text{Innenraum mit } R \geq \varrho \\ cR^2/\varrho\,\boldsymbol{e}_\varrho & \text{Außenraum mit } R < \varrho \end{cases}.$$

10.42. •• Bestimmen Sie die Parameter a und b derart, dass die Rotation des Vektorfeldes $\boldsymbol{A} = (2xz^2 + y^3z, axy^2z, 2x^2z + bxy^3)$ überall verschwindet.

10.43. •• Zeigen Sie, dass (10.61) gilt.

10.44. •• Zeigen Sie, dass (10.62) gilt.

10.45. • Leiten Sie die Ausdrücke (10.19) und (10.18) für den Gradienten in Zylinder- und Kugelkoordinaten her.

10.46. • Leiten Sie die Ausdrücke (10.39) und (10.38) für die Divergenz in Zylinder- und Kugelkoordinaten her.

222 10 Differentiation von Feldern: Gradient, Divergenz und Rotation

10.47. • Leiten Sie die Ausdrücke (10.48) und (10.47) für den Laplace-Operator in Zylinder- und Kugelkoordinaten her.

10.48. • Leiten Sie die Ausdrücke (10.53) und (10.52) für die Rotation in Zylinder- und Kugelkoordinaten her.

11 Integration von Feldern: Kurven- und Flächenintegrale

Wir haben uns in Abschn. 3.4 bei der Integration vektorwertiger Funktionen auf Funktion in Abhängigkeit von einem Skalar beschränkt. Felder jedoch sind vektorwertige Funktionen in Abhängigkeit von den drei Raumkoordinaten. Ein einfaches Beispiel für ein ein Feld enthaltendes Integral ist die Arbeit W, definiert als $W = \int \boldsymbol{F} \cdot \mathrm{d}\boldsymbol{s}$: wir müssen die Kraft $\boldsymbol{F}$ entlang eines Weges $\boldsymbol{s}$ integrieren, d.h. ein Kurven- oder Linienintegral bilden. Wenn wir Quellen und Senken eines elektrischen Feldes betrachten, so können wir ein Volumenelement heraus greifen und den Fluss dieses Feldes durch die Oberfläche des Volumens bestimmen. Auf diese Weise bilden wir ein Oberflächenintegral. Wir werden ferner die Integralsätze von Gauß und Stokes kennenlernen, mit deren Hilfe die lokal definierten Größen Divergenz und Rotation auf größere Raumbereiche erweitert werden können. Diese Integralsätze ermöglichen es, die Maxwell'schen Gleichungen in integraler und differentieller Form darzustellen, außerdem können sie eine rechentechnische Hilfe sein.

11.1 Kurven und Flächen

Um entlang einer Kurve oder Fläche integrieren zu können, benötigen wir eine Darstellungsform für Kurven und Flächen, die es erlaubt, die Integration mit den aus Kap. 3 bekannten Verfahren durchzuführen. Die Bewegung einer Raupe entlang eines Grashalms ist zwar eine Bewegung im dreidimensionalen Raum; der Ort der Raupe lässt sich jedoch durch einen einzigen Parameter, z.B. den Abstand von der Spitze des Grashalms, eindeutig beschreiben – das ist eine Kurve in Parameterdarstellung.

11.1.1 Darstellung ebener und räumlicher Kurven

Die Parameterdarstellung einer Kurve erfolgt durch einen Vektor. Der Ortsvektor einer Raumkurve lässt sich schreiben als

$$\boldsymbol{r}(t) = x(t)\boldsymbol{e}_x + y(t)\boldsymbol{e}_y + z(t)\boldsymbol{e}_z \, , \tag{11.1}$$

mit t als einem Parameter, der einen Bereich $t_1 \leq t \leq t_2$ durchläuft.

Definition 63. *Eine Raumkurve wird als glatt bezeichnet, wenn es mindestens eine stetig differenzierbare Parameterdarstellung $r = r(t)$ gibt, für die an keiner Stelle dr/dt verschwindet.*

Die Wurfparabel lässt sich z.B. darstellen als

$$r(t) = \begin{pmatrix} (v_0 \cos \alpha) t \\ (v_0 \sin \alpha) t - \frac{1}{2} g t^2 \end{pmatrix} \tag{11.2}$$

mit $t \geq 0$. Wir stellen also den Ort r des Körpers nicht in Abhängigkeit von den räumlichen Koordinaten x und y dar sondern in Abhängigkeit von einem einzigen Parameter, der Zeit t. Wenn wir bei dieser anschaulichen Vorstellung bleiben, können wir den vom Körper entlang seiner Flugbahn zurückgelegten Weg s beschreiben als Bogenlänge $s = \int v(t)\,dt$.

Definition 64. *Die Bogenlänge s ist die Länge der Raumkurve, gemessen entlang der gekrümmten Kurve:*

$$s = \int_{t_1}^{t_2} \left| \frac{dr}{dt} \right| dt = \int_{t_1}^{t_2} |\dot{r}|\, dt = \int_{t_1}^{t_2} \sqrt{\dot{x}^2 + \dot{y}^2 + \dot{z}^2}\, dt\,. \tag{11.3}$$

Die Größe $\dot{r} = v$ weist tangential entlang der Kurve. Mit ihr kann jedem Punkt der Kurve ein *Tangenteneinheitsvektor* t zugeordnet werden

$$t = \frac{\dot{r}}{|\dot{r}|}, \tag{11.4}$$

sowie ein darauf senkrecht stehender *Hauptnormaleneinheitsvektor*

$$n = \frac{\dot{t}}{|\dot{t}|}, \tag{11.5}$$

der in Richtung der *Kurvenkrümmung* weist.

Beispiel 114. Mit t und n können wir eine Beschleunigung in einen Tangential- und einen Normalanteil zerlegen. Es ist ds das Bogenelelement entlang der Kurve und damit $|dr| = ds$. Für die Geschwindigkeit gilt (Kettenregel)

$$v = \frac{dr}{dt} = \frac{dr}{ds}\frac{ds}{dt} = t\,v \tag{11.6}$$

mit $t = dr/ds$ als dem Tangenteneinheitsvektor. Die Beschleunigung ergibt sich durch nochmaliges Ableiten zu

$$a = \frac{dv}{dt} = \frac{dv}{dt} t + v \frac{dt}{dt} = a_t t + \frac{dt}{ds}\frac{ds}{dt} v = a_t t + v^2 \frac{dt}{ds};. \tag{11.7}$$

Mit der *Kurvenkrümmung* κ und dem *Krümmungsradius* ϱ gemäß

$$\kappa = \sqrt{\left(\frac{d^2 r}{ds^2}\right)^2} = \sqrt{\left(\frac{d^2 x}{ds^2}\right)^2 + \left(\frac{d^2 y}{ds^2}\right)^2 + \left(\frac{d^2 x}{ds^2}\right)^2} = \frac{1}{\varrho} = \left|\frac{dt}{ds}\right| \tag{11.8}$$

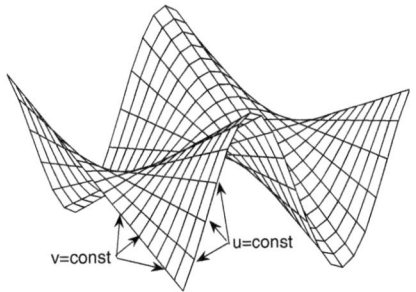

Abb. 11.1. Darstellung einer Fläche durch Parameterlinien mit $u = \text{const}$ und $v = \text{const}$

ergibt sich für die Beschleunigung als Summe aus *Tangentialbeschleunigung* a_t und *Normalbeschleunigung* v^2/ϱ

$$a = a_t t + \frac{v^2}{\varrho} n \ . \tag{11.9}$$

□

Mit Hilfe dieser beiden Vektoren lässt sich das *begleitende Dreibein* definieren, ein System aus drei orthonormalen Vektoren, die sich mit dem Körper entlang der Bahnkurve bewegen:
 t Tangenteneinheitsvektor
 n Hauptnormaleneinheitsvektor
 b Binormaleneinheitsvektor $b = t \times n$
Die beiden Normalenvektoren spannen die Ebene senkrecht zur Bahnkurve auf. Erfolgt die Bewegung in einer Ebene, so ist b konstant und die Ebene wird durch t und n aufgespannt.

11.1.2 Flächen im Raum

Eine Fläche im Raum lässt sich durch einen Ortsvektor beschreiben, der von zwei Parametern u und v abhängt:

$$r = r(u,v) = \begin{pmatrix} x(u,v) \\ y(u,v) \\ z(u,v) \end{pmatrix} \ . \tag{11.10}$$

Die Fläche wird von einem Netz von *Parameter-* oder *Koordinatenlinien* durchzogen, vgl. Abb. 11.1. Entlang der Parameterlinien ist jeweils einer der Parameter konstant, ähnlich den Längen- und Breitenkreisen auf dem Globus.

Die *Tangentenvektoren* an die Koordinatenlinien beschreiben die Änderung des Ortsvektors in Richtung der Parameterlinien:

$$t_u = \frac{\partial r}{\partial u} \quad \text{bzw.} \quad t_v = \frac{\partial r}{\partial v} \ . \tag{11.11}$$

Sind die Parameter u und v einer Fläche $r = r(u,v)$ Funktionen einer reellen Variablen t, so beschreibt der Ortsvektor

$$\boldsymbol{r} = \boldsymbol{r}(t) = \boldsymbol{r}(u(t), v(t)) \tag{11.12}$$

eine auf der Fläche verlaufende Kurve (*Flächenkurve*). Der Tangentenvektor dieser Flächenkurve ist

$$\dot{\boldsymbol{r}} = \frac{\mathrm{d}\boldsymbol{r}}{\mathrm{d}t} = \dot{u}\boldsymbol{t}_u + \dot{v}\boldsymbol{t}_v \ . \tag{11.13}$$

Jedem Punkt der Fläche $\boldsymbol{r} = \boldsymbol{r}(u,v)$ lässt sich eine *Flächennormale* zuordnen mit $|\boldsymbol{n}| = 1$ und

$$\boldsymbol{n} = \frac{\boldsymbol{t}_u \times \boldsymbol{t}_v}{|\boldsymbol{t}_u \times \boldsymbol{t}_v|} \ . \tag{11.14}$$

Dieser Vektor steht senkrecht auf der von den beiden Tangentenvektoren gebildeten *Tangentialebene* an die Fläche. Damit ergibt sich für die Gleichung der Tangentialebene in einem festen Flächenpunkt $\boldsymbol{r}_0$

$$\boldsymbol{n}_0 \cdot (\boldsymbol{r} - \boldsymbol{r}_0) = 0 \ . \tag{11.15}$$

Ein Flächenelement ist dann

$$\mathrm{d}A = |\boldsymbol{t}_u \times \boldsymbol{t}_v| \, \mathrm{d}u \, \mathrm{d}v \ . \tag{11.16}$$

11.2 Kurvenintegrale

In der Physik ist die Arbeit definiert als

$$W = \int_{s_1}^{s_2} \mathrm{d}W = \int_{s_1}^{s_2} \boldsymbol{F}(s) \cdot \mathrm{d}\boldsymbol{s} \ , \tag{11.17}$$

d.h. wir müssen das Integral entlang eines Weges $\boldsymbol{s}$ bilden, das *Linien-* oder *Kurvenintegral*.

Definition 65. $\boldsymbol{F}(x,y,z)$ sei ein räumliches Vektorfeld, $\boldsymbol{r} = \boldsymbol{r}(t)$ der Ortsvektor einer von P_1 nach P_2 verlaufenden Raumkurve $\mathcal{C}$ mit $t_1 \leq t \leq t_2$ und $\dot{\boldsymbol{r}} = \dot{\boldsymbol{r}}(t)$ der zugehörige Tangentenvektor der Kurve. Dann heißt das Integral

$$\int_{\mathcal{C}} \boldsymbol{F} \cdot \mathrm{d}\boldsymbol{r} = \int_{t_1}^{t_2} \boldsymbol{F}(\boldsymbol{r}(t)) \cdot \frac{\mathrm{d}\boldsymbol{r}(t)}{\mathrm{d}t} \, \mathrm{d}t = \int_{t_1}^{t_2} \boldsymbol{F}(\boldsymbol{r}(t)) \cdot \dot{\boldsymbol{r}}(t) \, \mathrm{d}t \tag{11.18}$$

das Linien- *oder* Kurvenintegral *des Vektorfeldes* $\boldsymbol{F}$ *längs der Raumkurve* $\mathcal{C}$.

Die Berechnung eines Linien- oder Kurvenintegrals $\int_{\mathcal{C}} \boldsymbol{F} \cdot \mathrm{d}\boldsymbol{r} = \int_{t_1}^{t_2} \boldsymbol{F} \cdot \dot{\boldsymbol{r}} \mathrm{d}t$ erfolgt in zwei Schritten:

1. Zunächst werden im Feldvektor $\boldsymbol{F}(\boldsymbol{r})$ die Koordinaten x, y und z durch die parameterabhängigen Koordinaten $x(t)$, $y(t)$ und $z(t)$ der Raumkurve $\mathcal{C}$ ersetzt, d.h. der Feldvektor und seine Komponenten hängen nur noch von t ab. Dann differenziert man den Ortsvektor $\boldsymbol{r}(t)$ nach dem Parameter t, erhält den Tangentenvektor $\dot{\boldsymbol{r}}(t)$ und bildet das skalare Produkt $\boldsymbol{F} \cdot \dot{\boldsymbol{r}}$ aus dem Feld- und Tangentenvektor.

2. Das Skalarprodukt $\boldsymbol{F} \cdot \dot{\boldsymbol{r}}$ hängt jetzt nur noch vom Parameter t ab und kann in den Grenzen von t_1 bis t_2 integriert werden.

Beispiel 115. Gegeben ist eine Kraft $\boldsymbol{F} = (yz, xz, xy)$. In diesem Kraftfeld wird eine Masse von $\boldsymbol{r}_1 = (0,0,0)$ m nach $\boldsymbol{r}_2 = (1,1,1)$ m verschoben. Die Arbeit, die dabei entlang einer Geraden $\boldsymbol{r} = (t,t,t)$ und längs einer Parabel $\boldsymbol{r} = (t, t^2, t^4)$ zu verrichten ist, ist zu bestimmen. Für die Arbeit entlang der Geraden erhalten wir wegen $\dot{\boldsymbol{r}} = (1,1,1)$

$$W = \int_{r_1}^{r_2} \boldsymbol{F} \, \mathrm{d}\boldsymbol{r} = \int_{t_1}^{t_2} \boldsymbol{F} \cdot \dot{\boldsymbol{r}} \, \mathrm{d}t$$
$$= \int_0^1 \begin{pmatrix} t^2 \\ t^2 \\ t^2 \end{pmatrix} \cdot \begin{pmatrix} 1 \\ 1 \\ 1 \end{pmatrix} \mathrm{d}t = \int_0^1 3t^2 \, \mathrm{d}t = 1 \text{ Nm} . \tag{11.19}$$

Für die Arbeit entlang der Parabel ergibt sich wegen $\dot{\boldsymbol{r}} = (1, 2t, 4t^3)$

$$W = \int_{r_1}^{r_2} \boldsymbol{F} \, \mathrm{d}\boldsymbol{r} = \int_0^1 \begin{pmatrix} t^6 \\ t^5 \\ t^3 \end{pmatrix} \cdot \begin{pmatrix} 1 \\ 2t \\ 4t^3 \end{pmatrix} \mathrm{d}t = \int_0^1 7t^6 \, \mathrm{d}t = 1 \text{ Nm} , \tag{11.20}$$

d.h. die Arbeit entlang zweier unterschiedlicher Wege ist die gleiche. Das Kraftfeld könnte also ein konservatives Feld sein. □

Ein Vektorfeld heißt *konservativ* bzw. *Potentialfeld*, wenn das Linien- oder Kurvenintegral nur vom Anfangs- und Endpunkt, nicht aber vom eingeschlagenen Verbindungsweg zwischen den beiden Punkten abhängt. Ein konservatives Kraftfeld kann durch die folgenden, gleichwertigen Eigenschaften charakterisiert werden, vgl. Bsp. 125:

– Das Linienintegral ist vom eingeschlagenen Weg unabhängig.
– Das Linienintegral entlang einer geschlossenen Kurve verschwindet: $\oint \boldsymbol{F} \mathrm{d}\boldsymbol{r} = 0$.
– Das Vektorfeld ist als Gradient eines Potentials U darstellbar: $\boldsymbol{F} = \nabla U$.
– Das Skalarprodukt $\boldsymbol{F} \cdot \mathrm{d}\boldsymbol{r}$ ist das totale Differential eines Potentials U: $\mathrm{d}U = \boldsymbol{F} \cdot \mathrm{d}\boldsymbol{r}$.
– Das Vektorfeld ist wirbelfrei: $\nabla \times \boldsymbol{F} = 0$.

Beispiel 116. Jetzt können wir die am Ende von Bsp. 115 geäußerte Vermutung, das Feld $\boldsymbol{F} = (yz, xz, xy)$ sei konservativ, überprüfen. Dazu bilden wir dessen Rotation:

$$\begin{pmatrix} \partial/\partial x \\ \partial/\partial y \\ \partial/\partial z \end{pmatrix} \times \begin{pmatrix} yz \\ xz \\ xy \end{pmatrix} = \begin{pmatrix} x - x \\ y - y \\ z - z \end{pmatrix} = 0 , \tag{11.21}$$

d.h. das Feld ist wirbelfrei und damit konservativ. □

Bei Umkehr des Durchlaufs der Kurve $\mathcal{C}$ ändert sich das Vorzeichen des Linienintegrals:

$$\int_{-\mathcal{C}} \boldsymbol{F} \cdot \mathrm{d}\boldsymbol{r} = -\int_{\mathcal{C}} \boldsymbol{F} \cdot \mathrm{d}\boldsymbol{r} \; : \qquad (11.22)$$

beim Anheben eines Steins gegen die Gewichtskraft wird Hubarbeit geleistet, auf dem umgekehrten Weg verrichtet das Gravitationsfeld Beschleunigungsarbeit am Stein.

Das Kurvenintegral ist additiv: kann die Kurve $\mathcal{C}$ in zwei Abschnitte $\mathcal{C}_1$ und $\mathcal{C}_2$ zerlegt werden, so gilt

$$\int_{\mathcal{C}} \boldsymbol{F} \cdot \mathrm{d}\boldsymbol{r} = \int_{\mathcal{C}_1} \boldsymbol{F} \cdot \mathrm{d}\boldsymbol{r} + \int_{\mathcal{C}_2} \boldsymbol{F} \cdot \mathrm{d}\boldsymbol{r} \; . \qquad (11.23)$$

Die beim Treppensteigen vom Erdgeschoss in den vierten Stock verrichtete Arbeit ist die Summe der Arbeiten für den Weg vom Erdgeschoss bis in den zweiten Stock und dann vom zweiten Stock bis in den vierten.

Aus diesen beiden Eigenschaften folgt, dass das Kurvenintegral in einem Gebiet genau dann wegunabhängig ist, wenn die *Zirkulation* verschwindet

$$Z_\mathcal{C} = \oint_{\mathcal{C}} \boldsymbol{F} \cdot \mathrm{d}\boldsymbol{r} = \int_{\mathcal{C}_1} \boldsymbol{F} \cdot \mathrm{d}\boldsymbol{r} - \int_{\mathcal{C}_2} \boldsymbol{F} \cdot \mathrm{d}\boldsymbol{r} \qquad (11.24)$$

mit $\mathcal{C}_1$ und $\mathcal{C}_2$ als zwei Kurven zwischen den Punkten P_1 und P_2. Umgekehrt verschwindet die Zirkulation, wenn das Kurvenintegral wegunabhängig ist, d.h. wenn das Feld konservativ ist.

Beispiel 117. Gegeben ist das Feld $\boldsymbol{F} = (-y/(x^2+y^2), x/(x^2+y^2))$. Ein Körper wird in diesem Feld vom Punkt (1,0) zum Punkt (-1,0) verschoben. Die Arbeit ist entlang der beiden halbkreisförmigen Wege gegen und mit dem Uhrzeigersinn zu bestimmen. Die Wege lassen sich in Polarkoordinaten beschreiben, in einem Fall für $0 \leq \varphi \leq \pi$, der andere Weg ist $0 \geq \varphi \geq -\pi$ oder alternativ $2\pi \leq \varphi \leq \pi$. Der Ortsvektor ist $\boldsymbol{r} = r(\cos\varphi, \sin\varphi)$ und nach Ableiten $\dot{\boldsymbol{r}} = r(-\sin\varphi, \cos\varphi)$. Für das Skalarprodukt erhalten wir

$$\boldsymbol{F} \cdot \dot{\boldsymbol{r}} = \begin{pmatrix} -r\sin\varphi/r^2 \\ r\cos\varphi/r^2 \end{pmatrix} \cdot \begin{pmatrix} -r\sin\varphi \\ r\cos\varphi \end{pmatrix} = \sin^2\varphi + \cos^2\varphi = 1 \qquad (11.25)$$

und damit für die beiden Integrale

$$W_\mathrm{o} = \int_0^\pi \mathrm{d}\varphi = [\varphi]_0^\pi = \pi \quad \text{und} \quad W_\mathrm{u} = \int_0^{-\pi} \mathrm{d}\varphi = [\varphi]_0^{-\pi} = -\pi \; , \qquad (11.26)$$

d.h. das Kraftfeld ist nicht konservativ. Würden wir entlang eines geschlossenen Pfades integrieren, z.B. den Kreis von 0 bis 2π durchlaufen, wäre das Integral $W = 2\pi$, ebenfalls ein Hinweis darauf, dass das Feld nicht konservativ ist. □

11.3 Oberflächenintegrale

Das Oberflächenintegral ist uns bereits in (10.32) begegnet. Dort hatten wir den Fluss durch eine Fläche definiert als

$$\Phi = \int \boldsymbol{v} \cdot \mathrm{d}\boldsymbol{S} \quad \text{bzw.} \quad \Phi = \oint \boldsymbol{v} \cdot \mathrm{d}\boldsymbol{S} \tag{11.27}$$

für den Fluss durch eine geschlossene Oberfläche.

Die Berechnung eines Oberflächenintegrals $\int \boldsymbol{F} \cdot \mathrm{d}\boldsymbol{A}$ unter Verwendung symmetriegerechter Koordinaten erfolgt in zwei Schritten:

1. Zunächst werden geeignete Koordinaten ausgewählt und die Flächennormale $\boldsymbol{n}$, das Flächenelement $\mathrm{d}\boldsymbol{A}$ sowie das Produkt $\boldsymbol{F}\cdot\boldsymbol{n}\mathrm{d}A$ in den gewählten Koordinaten bestimmt. Auch die Integrationsgrenzen werden dem gewählten Koordinatensystem angepasst.
2. Das Integral $\int \boldsymbol{F} \cdot \boldsymbol{n}\, \mathrm{d}A$ kann jetzt direkt bestimmt werden.

Ist die Fläche A in Parameterform $\boldsymbol{r} = \boldsymbol{r}(u,v) = (x(u,v), y(u,v), z(u,v))$ gegeben, so lässt sich das Oberflächenintegral schreiben als

$$\int_{\mathcal{A}} \boldsymbol{F} \cdot \mathrm{d}\boldsymbol{A} = \int_{\mathcal{A}} \boldsymbol{F} \cdot \boldsymbol{n}\, \mathrm{d}A = \iint_{\mathcal{A}} \boldsymbol{F} \cdot (\boldsymbol{t}_u \times \boldsymbol{t}_v)\, \mathrm{d}u\mathrm{d}v\,. \tag{11.28}$$

Für Integralberechnung wird das Vektorfeld zunächst durch die Parameter u und v ausgedrückt: $\boldsymbol{F}(x,y,z) \to \boldsymbol{F} = \boldsymbol{F}(u,v)$. Anschließend werden die Tangentenvektoren $\boldsymbol{t}_u = \partial \boldsymbol{r}/\partial u$ und $\boldsymbol{t}_v = \partial \boldsymbol{r}/\partial v$ an die Parameterlinien der Fläche werden gebildet, ebenso das Produkt $\boldsymbol{F} \cdot (\boldsymbol{t}_u \times \boldsymbol{t}_v)$. Damit wird das Integral $\int\int \boldsymbol{F} \cdot (\boldsymbol{t}_u \times \boldsymbol{t}_v)\,\mathrm{d}u\mathrm{d}v$ als gewöhnliches Mehrfachintegral berechnet.

Für einige Geometrien ist die Bestimmung des Flusses besonders einfach. So verschwindet der Fluss eines homogenen Vektorfeldes $\boldsymbol{F} = \text{const}$ durch eine geschlossene Oberfläche: $\oint_{\mathcal{A}} \boldsymbol{c} \cdot \mathrm{d}\boldsymbol{A} = 0$. Der Fluss eines zylindersymmetrischen Vektorfeldes $\boldsymbol{F} = f(\varrho)\boldsymbol{e}_\varrho$ durch die geschlossene Oberfläche eines Zylinders mit Radius R und Höhe H um die z-Achse ist das Produkt aus der Feldstärke an der Oberfläche und der Zylinderoberfläche:

$$\oint_{\mathcal{A}} \boldsymbol{F} \cdot \mathrm{d}\boldsymbol{A} = f(R)\, 2\pi R H\,. \tag{11.29}$$

Entsprechend ist der Fluss eines kugel- oder radialsymmetrischen Vektorfeldes $\boldsymbol{F} = f(r)\boldsymbol{e}_r$ durch die Oberfläche einer geschlossenen konzentrischen Kugel mit Radius R gleich dem Produkt aus der Kugeloberfläche und der Feldstärke an der Oberfläche

$$\oint_{\mathcal{A}} \boldsymbol{F} \cdot \mathrm{d}\boldsymbol{A} = f(R)\, 4\pi R^2\,. \tag{11.30}$$

Beispiel 118. Der elektrische Fluss Φ durch eine Fläche A ist definiert als

$$\Phi = \int \boldsymbol{E} \cdot \mathrm{d}\boldsymbol{A} \,. \tag{11.31}$$

Eine Punktladung q erzeugt ein elektrisches Feld $\boldsymbol{E} = q/(4\pi\varepsilon_0 r^2)\,\boldsymbol{e}_r$. Der Fluss dieser Ladung durch eine Kugeloberfläche $r = 2$ lässt sich nach obigem Kochrezept wie folgt bestimmen: auf der Kugeloberfläche weist der Normalenvektor in Verlängerung des Ortsvektors stets radial nach außen, d.h. er hat die Richtung (x, y, z) oder in Kugelkoordinaten $\boldsymbol{e}_r$. Für das Produkt $\boldsymbol{F} \cdot \boldsymbol{n}$ erhalten wir damit

$$\boldsymbol{F} \cdot \boldsymbol{n} = \frac{q}{4\pi\varepsilon_0 r^2} \boldsymbol{e}_r \cdot \boldsymbol{e}_r = \frac{q}{4\pi\varepsilon_0 r^2} \,. \tag{11.32}$$

Mit dem Flächenelement $\mathrm{d}A = r^2 \sin\vartheta\, \mathrm{d}\vartheta\, \mathrm{d}\varphi$ ergibt sich

$$\Phi = \int \boldsymbol{F} \cdot \boldsymbol{n}\, \mathrm{d}A = \int_{\varphi=0}^{2\pi} \int_{\vartheta=0}^{\pi} \frac{q}{4\pi\varepsilon_0 r^2}\, r^2 \sin\vartheta\, \mathrm{d}\varphi\, \mathrm{d}\vartheta = \frac{q}{\varepsilon_0} \,. \tag{11.33}$$

Der Rechenweg ist für beliebigen radialen Abstand anwendbar, an keiner Stelle geht die Angabe $r = 2$ aus der Aufgabenstellung ein. Dies bedeutet, dass im Falle einer Punktladung der elektrische Fluss durch eine Kugeloberfläche stets $\Phi = q/\varepsilon_0$ ist, unabhängig vom Radius der Kugel. Anschaulich ist diese Aussage klar: der elektrische Fluss ist gleichsam ein Zählen der durch die Kugelfläche gehenden Feldlinien. Da das Feld mit zunehmendem Abstand mit r^{-2} abnimmt, die Kugeloberfläche jedoch mit r^2 zunimmt, bleibt das Produkt konstant. Gleichung (11.30) ist eine Konsequenz davon. □

Beispiel 119. Das geomagnetische Feld kann als ein Dipolfeld mit dem Dipolmoment $\boldsymbol{m}$ angenähert werden. $\boldsymbol{m}$ weist vom (magnetischen) Süd- zum Nordpol, sein Betrag ist ein Maß für die Stärke des Dipols. Das Magnetfeld im Abstand $\boldsymbol{r}$ ist gegeben als

$$\boldsymbol{B}(\boldsymbol{r}) = \frac{3\boldsymbol{e}_r(\boldsymbol{e}_r \cdot \boldsymbol{m}) - \boldsymbol{m}}{r^3} \,. \tag{11.34}$$

Der magnetische Fluss durch die Eroberfläche (bzw. eine Kugeloberfläche mit beliebigem Radius) ist

$$\Phi = \int \boldsymbol{B} \cdot \mathrm{d}\boldsymbol{A} \,. \tag{11.35}$$

In Kugelkoordinaten erhalten wir mit (2.100)

$$\Phi = \int_{\varphi=0}^{2\pi} \int_{\vartheta=0}^{\pi} \frac{3\boldsymbol{e}_r(\boldsymbol{e}_r \cdot \boldsymbol{m}) - \boldsymbol{m}}{r^3} \cdot \boldsymbol{e}_r r^2 \sin\vartheta\, \mathrm{d}\vartheta\, \mathrm{d}\varphi$$

$$= \int_{\varphi=0}^{2\pi} \int_{\vartheta=0}^{\pi} \left[\frac{3(\boldsymbol{r} \cdot \boldsymbol{m}) - \boldsymbol{r} \cdot \boldsymbol{m}}{r^2} \right] \sin\vartheta\, \mathrm{d}\vartheta\, \mathrm{d}\varphi$$

$$= \int_{\varphi=0}^{2\pi} \int_{\vartheta=0}^{\pi} \frac{2mr\cos\vartheta}{r^2} \sin\vartheta \, d\vartheta \, d\varphi = 2\pi \int_{\vartheta=0}^{\pi} \frac{2m}{r} \sin\vartheta \cos\vartheta \, d\vartheta$$
$$= 2\pi \frac{2m}{r} \left[\sin^2\vartheta\right]_0^\pi = 0 , \tag{11.36}$$

d.h. der Fluss des geomagnetischen Feldes durch die Erdoberfläche verschwindet. Zwar ist in jedem einzelnen Flächenelement (abgesehen von denen am Äquator, da dort $\boldsymbol{B} \perp d\boldsymbol{A}$) der Fluss $d\Phi$ von Null verschieden, jedoch weist das Feld auf der einen Hemisphäre aus der Erdkugel heraus, auf der anderen in sie hinein. Das Flächenelement $d\boldsymbol{A}$ dagegen weist immer nach außen, so dass eine Hemisphäre einen positiven Beitrag zum Fluss liefert, die andere einen gleich großen entgegen gesetzten. □

11.4 Gauß'scher Integralsatz

Divergenz und Rotation sind lokale Eigenschaften eines Feldes: sie werden für jeden Raumpunkt $\boldsymbol{r}$ bestimmt. Anschaulicher werden diese Größen, wenn man sie mit dem Fluss durch die Oberfläche eines Volumenelements oder der Zirkulation längs einer (geschlossenen) Kurve in Verbindung bringt.

Theorem 6. *Der* Integralsatz von Gauß (Divergenztheorem) *besagt, dass der Fluss eines Vektorfeldes $\boldsymbol{F}$ durch eine Oberfläche $O(V)$ eines Volumens V gleich dem Volumenintegral der Divergenz über das Volumen ist:*

$$\oint_{O(V)} \boldsymbol{F} \cdot d\boldsymbol{A} = \int_V \operatorname{div} \boldsymbol{F} \, dV . \tag{11.37}$$

Damit wird der Zusammenhang zwischen der lokalen Größe Divergenz und den Eigenschaften eines Feldes in einem makroskopischen Volumen gelegt. Anschaulich bedeutet der Gauß'sche Integralsatz: alles, was im Volumen an Feld entsteht (beschrieben durch die Divergenz oder Quellstärke), strömt durch die Oberfläche hinaus. Formal lässt sich dies durch eine Zerlegung in Teilvolumina zeigen, vgl. Abb. 11.2: die Zerlegung eines Volumens in zwei Teilvolumina liefert auf den Außenflächen die gleichen Beträge zum Integral wie das Gesamtvolumen. Lediglich die Trennfläche zwischen den beiden Teilvolumina wurde im Gesamtvolumen nicht berücksichtigt. Der Fluss durch die Trennfläche liefert jedoch keinen Beitrag, da die Flächenvektoren stets nach außen gerichtet und damit entgegengesetzt sind – damit heben sich die beiden Beiträge zum Fluss weg. Dies lässt sich auf beliebig viele Teilvolumina verallgemeinern und führt zu

$$\oint_{O(V)} \boldsymbol{F} \cdot d\boldsymbol{A} = \sum_{i=1}^{N} \oint_{O(V)_i} \boldsymbol{F} \cdot d\boldsymbol{A} . \tag{11.38}$$

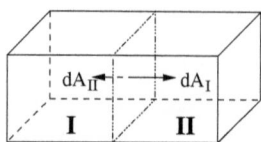

Abb. 11.2. Gauß'scher Integralsatz: die Flüsse durch die Grenzfläche zwischen zwei Teilvolumina heben sich auf, da die Normalenvektoren der Grenzfläche entgegen gesetzte Richtung haben

Betrachten wir im Grenzübergang $\Delta V_i \to 0$ unendlich viele infinitesimal kleine Teilvolumina, so erhalten wir

$$\oint_{\mathcal{O}(\mathcal{V})} \boldsymbol{F} \cdot \mathrm{d}\boldsymbol{A} = \lim_{N\to\infty} \sum_{i=1}^{N} \Delta V_i \frac{1}{\Delta V_i} \oint_{\mathcal{O}(\mathcal{V})} \boldsymbol{F} \cdot \mathrm{d}\boldsymbol{A}$$

$$= \lim_{N\to\infty} \sum_{i=1}^{N} \Delta V_i \nabla \cdot \boldsymbol{F} = \int \nabla \cdot \boldsymbol{F} \, \mathrm{d}V \, . \qquad (11.39)$$

Beispiel 120. Eine Anwendung des Gauß'schen Integralsatzes ist das Gauß'sche Gesetz des elektrischen Feldes (1. Maxwell'sche Gleichung):

$$\mathrm{div} \boldsymbol{E} = \nabla \boldsymbol{E} = \frac{\varrho(\boldsymbol{r})}{\varepsilon_0} \, . \qquad (11.40)$$

Die Quellstärke des elektrischen Feldes ist durch die Ladungsdichte ϱ bestimmt, die Permittivität ε ist eine Kopplungskonstante, die beschreibt, wie stark die Ursache (die Ladung) und der Effekt (das Feld) gekoppelt sind. Gleichung (11.40) ist die differentielle Darstellung der ersten Maxwell'schen Gleichung. Die Integraldarstellung dieser Gleichung,

$$\oint_{\mathcal{O}(\mathcal{V})} \boldsymbol{E} \cdot \mathrm{d}\boldsymbol{A} = \int_{\mathcal{V}} \frac{\varrho}{\varepsilon_0} \, \mathrm{d}V \, , \qquad (11.41)$$

ist die bekanntere Form: der Fluss des elektrischen Feldes durch eine geschlossene Fläche im drei-dimensionalen Raum (linke Seite) ist gleich der von dieser Fläche eingeschlossenen Ladung (rechte Seite). Der Übergang zwischen der Integralform und der differentiellen Darstellung wird durch den Gauß'schen Integralsatz (11.37) beschrieben. Dazu integrieren wir die differentielle Form (11.40) über ein Volumen V

$$\int_{\mathcal{V}} \mathrm{div} \boldsymbol{E} \, \mathrm{d}V = \int_{\mathcal{V}} \frac{\varrho(\boldsymbol{r})}{\varepsilon_0} \, \mathrm{d}V \, . \qquad (11.42)$$

Die Anwendung des Gauß'schen Satzes auf die linke Seite liefert

$$\oint_{\mathcal{O}(\mathcal{V})} \boldsymbol{E} \cdot \mathrm{d}\boldsymbol{A} = \int_{\mathcal{V}} \frac{\varrho}{\varepsilon_0} \, \mathrm{d}V \, , \qquad (11.43)$$

bzw. für den Spezialfall, dass die Ladungsdichte außerhalb des Volumens V verschwindet

11.4 Gauß'scher Integralsatz

$$\oint_{\mathcal{O}(\mathcal{V})} \boldsymbol{E} \cdot \mathrm{d}\boldsymbol{A} = \frac{q}{\varepsilon_0}. \tag{11.44}$$

Die linke Seite ist der aus (11.31) bekannte Fluss des elektrischen Feldes. Die entsprechende Maxwell Gleichung für das Magnetfeld ist

$$\nabla \cdot \boldsymbol{B} = 0. \tag{11.45}$$

Sie besagt, dass das magnetische Feld keine Quellen hat – oder in einfacherer Formulierung: es gibt keine magnetischen Monopole. □

Beispiel 121. Eine weitere Anwendung des Gauß'schen Integralsatzes ist die Herleitung der *Kontinuitätsgleichung*. Allgemein ändert sich eine Eigenschaft ε innerhalb eines Volumenelements durch die Konvergenz des Flusses $\boldsymbol{C}(\varepsilon)$ in dieses Volumen hinein sowie durch die Quellen und Senken $S(\varepsilon)$ innerhalb des Volumens:

$$\frac{\partial \varepsilon}{\partial t} + \nabla \cdot \boldsymbol{C}(\varepsilon) = S(\varepsilon). \tag{11.46}$$

Dies ist die allgemeine Form einer Kontinuitätsgleichung, die auch auf andere physikalische Größen, z.B. auf Energie oder Impuls, angewandt werden kann.

Die einfachste Anwendung ist die Erhaltung der Masse. Mit ϱ als der Dichte und $\boldsymbol{j} = \varrho \boldsymbol{v}$ als der Dichte des Massenstroms ergibt sich

$$\frac{\partial \varrho}{\partial t} - \nabla(\varrho \boldsymbol{u}) = 0 \quad \text{bzw.} \quad \frac{\partial \varrho}{\partial t} = -\nabla(\varrho \boldsymbol{u}) = -\nabla \boldsymbol{j}. \tag{11.47}$$

S verschwindet, da es im Volumenelement keine Quellen oder Senken gibt.

Unter Verwendung von (10.27) lässt sich die Kontinuitätsgleichung (11.47) schreiben als

$$\frac{\mathrm{d}\varrho}{\mathrm{d}t} = \frac{\partial \varrho}{\partial t} + \boldsymbol{v} \cdot \nabla \varrho = -\varrho \nabla \boldsymbol{v}, \tag{11.48}$$

d.h. die totale Änderung der Dichte in einem Volumenelement ist proportional der Divergenz des Geschwindigkeitsfeldes.

Unter Verwendung des Gauß'schen Integralsatzes lässt sich die differentielle Form in eine integrale überführen. Dazu integrieren wir die Kontinuitätsgleichung (11.47) über ein Volumenelement und wenden (11.37) auf die rechte Seite an:

$$\frac{\partial}{\partial t} \int_{\mathcal{V}} \varrho \, \mathrm{d}V = -\oint_{\mathcal{O}(\mathcal{V})} \boldsymbol{j} \cdot \mathrm{d}\boldsymbol{A}. \tag{11.49}$$

□

Beispiel 122. Die Gültigkeit des Gauß'schen Integralsatzes können wir am Beispiel eines Vektorfeldes $\boldsymbol{F} = (x^2, y^2, z^2)$ demonstrieren. Als Volumen wählen wir eine Kugel mit Radius r. Für die linke Seite von (11.37) bilden wir dazu mit $\mathrm{d}\boldsymbol{A} = \mathrm{d}A \boldsymbol{e}_r = \boldsymbol{r}/r \, \mathrm{d}A$

234   11 Integration von Feldern: Kurven- und Flächenintegrale

$$\oint_{\mathcal{O}(\mathcal{V})} \boldsymbol{F}\cdot\mathrm{d}\boldsymbol{A} = \oint_{\mathcal{O}(\mathcal{V})} \frac{1}{r}\begin{pmatrix}x^2\\y^2\\z^2\end{pmatrix}\cdot\begin{pmatrix}x\\y\\z\end{pmatrix}\mathrm{d}A = \oint_{\mathcal{O}(\mathcal{V})} r^2\,\mathrm{d}A\,. \tag{11.50}$$

Mit dem Flächenelement in Kugelkoordinaten $\mathrm{d}A = r^2\sin\vartheta\,\mathrm{d}\vartheta\,\mathrm{d}\varphi$ ergibt sich

$$\oint_{\mathcal{O}(\mathcal{V})} \boldsymbol{F}\cdot\mathrm{d}\boldsymbol{A} = \int_{\varphi=0}^{2\pi}\int_{\vartheta=0}^{\pi} r^4\sin\vartheta\,\mathrm{d}\vartheta\,\mathrm{d}\varphi = 2\pi r^4\,. \tag{11.51}$$

Für die rechte Seite von (11.37) ergibt sich mit $\mathrm{d}V = r^2\sin\vartheta\,\mathrm{d}\vartheta\,\mathrm{d}\varphi\,\mathrm{d}r$

$$\int_{\mathcal{V}} \mathrm{div}\boldsymbol{F}\,\mathrm{d}V = 2\int_{\mathcal{V}}(x+y+z)\,\mathrm{d}V$$

$$= 2\int_{\varphi=0}^{2\pi}\int_{\vartheta=0}^{\pi}\int_{r=0}^{r} r^3\sin\vartheta\,\mathrm{d}r\,\mathrm{d}\vartheta\,\mathrm{d}\varphi = 2\pi r^4\,, \tag{11.52}$$

d.h. (11.51) und (11.52) sind identisch. □

Beispiel 123. Die Anwendung des Gauß'schen (oder Stokes'schen) Integralsatzes kann auch rechentechnische Gründe haben. Verifizieren wir dazu den Gauß'schen Integralsatz für das Feld $\boldsymbol{F} = (xy^2, yz^2, zx^2)$ und eine Kugel $x^2 + y^2 + z^2 = 16$. Für die Divergenz des Feldes erhalten wir

$$\nabla\cdot\boldsymbol{F} = \begin{pmatrix}\partial/\partial x\\ \partial/\partial y\\ \partial/\partial z\end{pmatrix}\cdot\begin{pmatrix}xy^2\\yz^2\\zx^2\end{pmatrix} = y^2 + z^2 + x^2 = r^2\,. \tag{11.53}$$

Damit wird die rechte Seite von (11.37)

$$\mathrm{RS} = \int \nabla\cdot\boldsymbol{F}\,\mathrm{d}V = \int_{r=0}^{4}\int_{\vartheta=0}^{\pi}\int_{\varphi=0}^{2\pi} r^4\sin\vartheta\,\mathrm{d}\varphi\,\mathrm{d}\vartheta\,\mathrm{d}r$$

$$= 2\pi\int_{r=0}^{4}\int_{\vartheta=0}^{\pi} r^4\sin\vartheta\,\mathrm{d}\vartheta\,\mathrm{d}r = 2\pi\int_{r=0}^{4}[-\cos\vartheta]_0^{\pi}r^4\,\mathrm{d}r$$

$$= 4\pi\left[\frac{r^5}{5}\right]_0^4 = \frac{4^6}{5}\pi\,. \tag{11.54}$$

Für die linke Seite müssen wir über die Kugeloberfläche integrieren. Der Normalenvektor weist radial nach außen – da die Kugel einen Radius von 4 hat, erhalten wir $\boldsymbol{n} = \frac{1}{4}(x,y,z)$ und damit für das Produkt aus Feld und Normalenvektor

$$\boldsymbol{F}\cdot\boldsymbol{n} = \frac{1}{4}\begin{pmatrix}xy^2\\yz^2\\zx^2\end{pmatrix}\cdot\begin{pmatrix}x\\y\\z\end{pmatrix} = \frac{1}{4}(x^2y^2 + y^2z^2 + z^2x^2)\,. \tag{11.55}$$

In Kugelkoordinaten lässt sich dies schreiben als

$$\begin{aligned}\boldsymbol{F}\cdot\boldsymbol{n}&=\frac{r^4}{4}(\sin^4\vartheta\cos^2\varphi\sin^2\varphi+\sin^2\vartheta\sin^2\varphi\cos^2\vartheta+\cos^2\vartheta\sin^2\vartheta\cos^2\varphi)\\&=\tfrac{1}{4}r^4\sin^2\vartheta\cos^2\varphi\sin^2\vartheta\sin^2\varphi+\tfrac{1}{4}r^4\sin^2\vartheta\cos^2\vartheta\,.\end{aligned} \quad (11.56)$$

Das Flächenelement in Kugelkoordinaten ist $\mathrm{d}A = r^2\sin\vartheta\,\mathrm{d}\vartheta\,\mathrm{d}\varphi$. Damit ergibt sich für die linke Seite

$$\begin{aligned}\mathrm{LS}&=\frac{r^6}{4}\int_{\vartheta=0}^{\pi}\int_{\varphi=0}^{2\pi}\left(\sin^4\vartheta\cos^2\varphi\sin^2\varphi+\sin^2\vartheta\cos^2\vartheta\right)\sin\vartheta\,\mathrm{d}\vartheta\,\mathrm{d}\varphi\\&=4^5\int_{\vartheta=0}^{\pi}\int_{\varphi=0}^{2\pi}\left(\sin^5\vartheta\cos^2\varphi\sin^2\varphi+\sin^3\vartheta\cos^2\vartheta\right)\mathrm{d}\vartheta\,\mathrm{d}\varphi\\&=4^5\int_{\vartheta=0}^{\pi}\left(\sin^5\vartheta\left[\frac{\varphi}{8}-\frac{\sin 4\varphi}{32}\right]_0^{2\pi}+\sin^3\vartheta\cos^2\vartheta\,[\varphi]_0^{2\pi}\right)\mathrm{d}\vartheta\\&=2\pi\,4^5\int_{\vartheta=0}^{\pi}\left(\frac{\sin^5\vartheta}{8}+\sin^3\vartheta\cos^2\vartheta\right)\mathrm{d}\vartheta\\&=2\pi\,4^5\left[\int_{\vartheta=0}^{\pi}\frac{\sin^5\vartheta}{8}\,\mathrm{d}\vartheta+\int_{\vartheta=0}^{\pi}\sin^3\vartheta\cos^2\vartheta\,\mathrm{d}\vartheta\right]\\&=2\pi 4^5\left[\frac{1}{8}\left(\left[-\frac{\sin^3\vartheta\cos\vartheta}{5}\right]_0^{2\pi}+\frac{4}{5}\int_{\vartheta=0}^{\pi}\sin^3\vartheta\,\mathrm{d}x\right)+\int_{\vartheta=0}^{\pi}\sin^3\vartheta\cos^2\vartheta\,\mathrm{d}\vartheta\right]\\&=2\pi 4^5\left[\frac{1}{10}\int_{\vartheta=0}^{\pi}\sin^3\vartheta\,\mathrm{d}\vartheta+\int_{\vartheta=0}^{\pi}\sin^3\vartheta\cos^2\vartheta\,\mathrm{d}\vartheta\right]\\&=2\pi\,4^4\left[\frac{1}{10}\left[-\cos\vartheta+\frac{1}{3}\cos^3\vartheta\right]_0^{\pi}+\int_{\vartheta=0}^{\pi}\sin^3\vartheta\cos^2\vartheta\,\mathrm{d}\vartheta\right]\\&=2\pi\,4^4\left[\frac{1}{10}\left(2-\frac{2}{3}\right)+\left[\frac{\sin^2\vartheta\cos^3\vartheta}{5}\right]_0^{\pi}+\frac{2}{5}\int_{\vartheta=0}^{\pi}\sin\vartheta\,\cos^2\vartheta\,\mathrm{d}\vartheta\right]\\&=2\pi\,4^5\left[\frac{2}{15}-\frac{2}{5}\frac{1}{3}\left[\cos^3\vartheta\right]_0^{\pi}\right]=2\pi 4^5\left(\frac{2}{15}+\frac{4}{15}\right)=\frac{4^6}{5}\pi\,.\end{aligned}\quad(11.57)$$

An diesem Beispiel wird deutlich, dass es wesentlich einfacher sein kann, den Fluss durch eine Oberfläche auf der Basis des Gauß'sches Satzes über die Divergenz zu bestimmen als über die Oberfläche zu integrieren. □

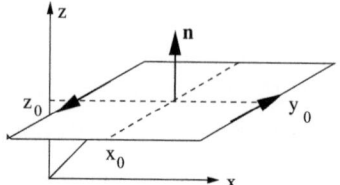

Abb. 11.3. Zirkulation längs einer kleinen Rechteckkurve parallel zur (x,y)-Ebene um $r_0 = (x_0, y_0, z_0)$

11.5 Stokes'scher Integralsatz

Der Stokes'sche Integralsatz besagt, dass sich alles, was innerhalb einer geschlossenen Fläche an Wirbeln entsteht, zu einer Gesamtzirkulation entlang der Umrandung addiert. Um diese Aussage zu verstehen, beginnen wir mit der Darstellung der Rotation als Wirbelstärke.

11.5.1 Rotation als Wirbelstärke

In einem Feld F wird eine kleine rechteckige Kurve C mit den Kantenlängen $2\Delta x$ und $2\Delta y$ um $r_0 = (x_0, y_0, z_0)$ betrachtet, vgl. Abb. 11.3. Die Zirkulation um diese Fläche ist

$$\oint_C F \cdot dr = \int_{x_0-\Delta x}^{x_0+\Delta x} dx [F_x(x, y_0-\Delta y, z_0) - F_x(x, y_0-\Delta y, z_0)]$$
$$+ \int_{y_0-\Delta y}^{y_0+\Delta y} dy [F_y(x_0+\Delta x, y, z_0) - F_y(x_0-\Delta x, y, z_0)]. \quad (11.58)$$

Taylor-Entwicklung des Integranden liefert

$$\oint_C F \cdot dr = -\frac{\partial F_x}{\partial y}(\tilde{x}, y_0, z_0) 2\Delta y \int_{x_0-\Delta x}^{x_0+\Delta x} dx + \frac{\partial F_y}{\partial x}(x_0, \tilde{y}, z_0) 2\Delta x \int_{y_0-\Delta y}^{y_0-\Delta y} dy$$
$$= -\frac{\partial F_x}{\partial y}(\tilde{x}, y_0, z_0) 4\Delta y \Delta x + \frac{\partial F_y}{\partial x}(x_0, \tilde{y}, z_0) 4\Delta x \Delta y. \quad (11.59)$$

Im Grenzübergang $\Delta \to 0$ ergibt sich

$$\lim_{\Delta A \to 0} \frac{1}{\Delta A} \oint_C F \cdot dr = \frac{\partial F_y}{\partial x} - \frac{\partial F_x}{\partial y} = (\text{rot}\, F)_z. \quad (11.60)$$

Die Rotation oder Wirbelstärke ist gleich der Zirkulation längs der Randkurve $\mathcal{O}(\Delta F)$ einer Fläche $F = nF$ im Grenzfall $F \to 0$.

11.5.2 Stokes'scher Integralsatz

Theorem 7. *Der Integralsatz von Stokes besagt, dass die Zirkulation eines Vektorfeldes $\boldsymbol{F}$ entlang der Umrandung $\mathcal{C}(\mathcal{A})$ einer Fläche $\mathcal{A}$ gleich dem Flächenintegral der Rotation des Feldes über die Fläche ist:*

$$\oint_{\mathcal{C}(\mathcal{A})} \boldsymbol{F} \cdot \mathrm{d}\boldsymbol{r} = \int_{\mathcal{A}} \mathrm{rot}\,\boldsymbol{F} \cdot \mathrm{d}\boldsymbol{A} \;. \tag{11.61}$$

Anschaulich bedeutet dies: alles was an Wirbeln innerhalb der geschlossenen Fläche entsteht (beschrieben durch die Rotation oder Wirbelstärke) addiert sich zu einer Gesamtzirkulation entlang der Umrandung. Dieser Zusammenhang ist erstaunlich, da sich eine Umrandung $\mathcal{C}$ durch unendlich viele verschiedene Oberflächen realisieren lässt, z.B. einfach die Kreisfläche, eine Halbkugel oder ein Zylinder. Die Details dieser Fläche sind jedoch irrelevant, da sich, wie beim Gauß'schen Integralsatz, die Beiträge an den Innengrenzen aufheben. Dazu zerlegen wir die Fläche in Teilflächen:

$$\oint_{\mathcal{C}(\mathcal{A})} \boldsymbol{F} \cdot \mathrm{d}\boldsymbol{r} = \sum_{i=1}^{N} \oint_{\mathcal{C}(\mathcal{A})} \boldsymbol{F} \cdot \mathrm{d}\boldsymbol{r} \;. \tag{11.62}$$

Hierbei liefern die äußeren Umrandungen der Teilflächen die gleichen Beiträge wie bei der Gesamtfläche, während sich die Beiträge der Trennlinien aufgrund des entgegengesetzten Umlaufsinns aufheben. Im Grenzübergang $\Delta A_i \to 0$ erhalten wir

$$\oint_{\mathcal{C}(\mathcal{A})} \boldsymbol{F} \cdot \mathrm{d}\boldsymbol{r} = \lim_{N\to\infty} \sum_{i=1}^{N} \oint_{\mathcal{C}(\mathcal{A})} \boldsymbol{F} \cdot \mathrm{d}\boldsymbol{r} = \lim_{N\to\infty} \sum_{i=1}^{N} \frac{1}{\Delta A_i} \oint_{\mathcal{C}(\mathcal{A})} \boldsymbol{F} \cdot \mathrm{d}\boldsymbol{r}\, \Delta A_i$$
$$= \int_{\mathcal{A}} \mathrm{rot}\,\boldsymbol{F} \cdot \mathrm{d}\boldsymbol{A} \;. \tag{11.63}$$

Beispiel 124. Wichtige Anwendungen sind das dritte und vierte Maxwell'sche Gesetz, die das magnetische und das elektrische Feld miteinander verbinden. Auch für diese beiden Maxwell'schen Gesetze gibt es jeweils eine differentielle und eine Integralform. In Integralform ist das Ampere'sche Gesetz

$$\oint_{\mathcal{C}(A)} \boldsymbol{B}\, \mathrm{d}\boldsymbol{r} = \mu_0 \int_A \boldsymbol{j}\, \mathrm{d}\boldsymbol{A} + \mu_0 \varepsilon_0 \int_A \frac{\partial \boldsymbol{E}}{\partial t}\, \mathrm{d}\boldsymbol{A} \;. \tag{11.64}$$

Es besagt, dass ein Strom der Stromdichte $\boldsymbol{j}$ oder die Änderung eines elektrischen Flusses Φ_E ein Magnetfeld erzeugt. Dieses Feld umschließt den Strom bzw. den sich ändernden elektrischen Fluss. Im einfachsten Fall eines stromdurchflossenen Drahtes erhalten wir ein kreisförmiges Magnetfeld um den Draht, bei mehreren stromdurchflossenen Drähten ergibt sich ein aus geschlossenen Magnetfeldlinien bestehendes Feld um diese Drähte. Diese geschlossenen Feldlinien sind typisch für ein Wirbelfeld, d.h. es wäre sinnvoll, eine Darstellung über die Rotation des Feldes zu finden. Diese ist durch die differentielle Form des Ampere'schen Gesetzes gegeben:

$$\operatorname{rot} \boldsymbol{B} = \nabla \times \boldsymbol{B} = \mu_0 \epsilon_0 \frac{\partial \boldsymbol{E}}{\partial t} + \mu_0 \boldsymbol{j} \ . \tag{11.65}$$

Den Übergang zwischen den beiden Formen vermittelt der Stokes'sche Integralsatz. Integration der differentiellen Form (11.64) über eine Fläche liefert

$$\oint_\mathcal{A} \operatorname{rot} \boldsymbol{B} \, \mathrm{d}\boldsymbol{A} = \int_\mathcal{A} \mu_0 \epsilon_0 \frac{\partial \boldsymbol{E}}{\partial t} \, \mathrm{d}\boldsymbol{A} + \int_\mathcal{A} \mu_0 \boldsymbol{j} \, \mathrm{d}\boldsymbol{A} \ . \tag{11.66}$$

Die rechte Seite entspricht bereits der Integralform (11.64). Auf der linken Seite können wir mit Hilfe des Stokes'schen Integralsatzes (11.61) das Flächenintegral über die Rotation durch ein Linienintegral ersetzen und erhalten damit die linke Seite von (11.64).

Das Faraday'sche Induktionsgesetz lässt sich formal völlig analog darstellen. In Integralform ist es gegeben durch

$$\oint \boldsymbol{E} \, \mathrm{d}\boldsymbol{l} = -\frac{\partial \Phi_\mathrm{B}}{\partial t} \ . \tag{11.67}$$

Es besagt, dass ein sich ändernder magnetischer Fluss ein elektrisches Feld um das Magnetfeld herum erzeugt. In differentieller Form lässt sich dieses elektrische Wirbelfeld schreiben als

$$\nabla \times \boldsymbol{E} = -\frac{\partial \boldsymbol{B}}{\partial t} \ . \tag{11.68}$$

□

Beispiel 125. Mit Hilfe des Stokes'schen Satzes lässt sich zeigen, dass ein Feld $\boldsymbol{F} = \nabla U$ konservativ ist, d.h. das Linienintegral vom Punkt P_1 zum Punkt P_2 wegunabhängig ist. Auf der rechten Seite des Stokes'schen Satzes (11.61) wird die Rotation des Feldes benötigt: $\nabla \times \boldsymbol{F} = \nabla \times \nabla U = 0$. Damit ist auch

$$\oint \boldsymbol{F} \, \mathrm{d}\boldsymbol{r} = \int \nabla \times \boldsymbol{F} \, \mathrm{d}\boldsymbol{A} = 0 \ . \tag{11.69}$$

Das Integral entlang eines beliebigen geschlossenen Weges verschwindet also. Zerlegen wir den Weg in zwei Teile $\overrightarrow{P_1 P_2}$ und $\overrightarrow{P_2 P_1}$ so erhalten wir

$$\oint \boldsymbol{F} \, \mathrm{d}\boldsymbol{A} = \int_{P_1}^{P_2} \boldsymbol{F} \, \mathrm{d}\boldsymbol{r} + \int_{P_2}^{P_1} \boldsymbol{F} \, \mathrm{d}\boldsymbol{r} = 0 \quad \Rightarrow \quad \int_{P_1}^{P_2} \boldsymbol{F} \, \mathrm{d}\boldsymbol{r} - \int_{P_1}^{P_2} \boldsymbol{F} \, \mathrm{d}\boldsymbol{r} = 0$$

wobei die Pfade zwischen P_1 und P_2 beliebig sein können. □

Beispiel 126. Gegeben ist das Vektorfeld $\boldsymbol{F} = (-y, x, 1)$, der Stokes'sche Satz ist für eine auf der xy-Ebene liegende Halbkugel mit $z = \sqrt{16 - x^2 - y^2}$ zu verifizieren. Die Halbkugel, und damit auch der Kreis, der sich in der xy-Ebene bildet, haben einen Radius von 4. Der Normalenvektor auf der

Halbkugel ist damit gegeben als $\bm{n} = (x,y,z)/4$. Für das Linienintegral ist der Kreis in der xy-Ebene daher gegen den Uhrzeigersinn zu umlaufen. In Parameterform lässt sich der Kreis schreiben als $x = \cos\varphi$ und $y = \sin\varphi$ mit $0 \leq \varphi \leq 2\pi$. Damit erhalten wir für das Feld $\bm{F} = (-4\sin\varphi, 4\cos\varphi, 1)$, für den Ortsvektor $\bm{r} = (4\cos\varphi, 4\sin\varphi, 0)$ und für seine Ableitung nach dem Parameter φ $\frac{d\bm{r}}{d\varphi} = (-2\sin\varphi, 2\cos\varphi, 0)$. Die linke Seite von (11.61) wird damit

$$\text{LS} = \oint \bm{F} \cdot \frac{d\bm{r}}{d\varphi} d\varphi = \oint \begin{pmatrix} -4\sin\varphi \\ 4\cos\varphi \\ 1 \end{pmatrix} \cdot \begin{pmatrix} -4\sin\varphi \\ 4\cos\varphi \\ 0 \end{pmatrix} d\varphi$$

$$= \oint (16\sin^2\varphi + 16\cos^2\varphi) d\varphi = \oint 16 \, d\varphi = 32\pi \,. \tag{11.70}$$

Für die rechte Seite erhalten wir

$$\text{RS} = \int_{\varphi=0}^{2\pi} \int_{\varrho=0}^{4} \begin{pmatrix} 0 \\ 0 \\ 4 \end{pmatrix} \cdot \begin{pmatrix} 0 \\ 0 \\ 1 \end{pmatrix} \varrho \, d\varrho \, d\varphi = \int_{\varphi=0}^{2\pi} \int_{\varrho=0}^{4} 4\varrho \, d\varrho \, d\varphi = 32\pi \,. \tag{11.71}$$

□

Literatur

Eine einfache Einführung mit vielen Beispielen und Aufgaben aber einer Vorliebe für kartesische Koordinaten gibt Papula [43]. Die Themen werden, wenn auch kurz, ebenfalls im Korsch [33] und Grossmann [24] behandelt. Für ein vertieftes Studium sind z.B. Shey [56] und Jänich [30] geeignet, eine sehr gute Einführung in die Vektoranalysis gibt auch Marsden [38].

Fragen

11.1. Was versteht man unter der Parameterdarstellung räumlicher Kurven? Geben Sie Beispiele.

11.2. Was versteht man unter einem konservativen Kraftfeld? Geben Sie verschiedene Eigenschaften an, nennen Sie Beispiele.

11.3. Geben Sie eine anschauliche Interpretation des Flusses einer vektoriellen Größe.

11.4. Der Fluss durch eine einen Dipol umschließende Fläche (Bsp. 119) ist Null. Welcher Fluss ergibt sich, wenn bei einem elektrischen Dipol die Fläche nur eine der Ladungen umschließt, die andere aber außerhalb liegt?

11.5. Skizzieren Sie das Verfahren zur Bestimmung eines Linienintegrals.

11.6. Skizzieren Sie das Verfahren zur Bestimmung eines Oberflächenintegrals.

11.7. Erläutern Sie den Gauß'schen Integralsatz. Geben Sie eine formale und eine anschauliche Erläuterung. Nennen Sie Anwendungsbeispiele.

11.8. Erläutern Sie den Stokes'schen Integralsatz. Geben Sie eine formale und eine anschauliche Erläuterung. Nennen Sie Anwendungsbeispiele.

Aufgaben

11.1. • Gegeben ist die Raumkurve $r(t) = 2\cos(5t)e_x + 2\sin(5t)e_y + 10te_z$. Bestimmen Sie den Tangenten- und Hauptnormaleneinheitsvektor.

11.2. • Ein Teilchen bewege sich auf der ebenen Kurve $r(t) = e^{-t}\cos t\, e_x + e^{-t}\sin t\, e_y$. Berechnen Sie die Tangential- und Normalgeschwindigkeit und -beschleunigung.

11.3. • Wie lautet der Geschwindigkeitsvektor $v = \dot{r}(t)$ eines Massenpunktes, der sich auf der Kugeloberfläche längs der folgenden Bahnen bewegt: (a) Breitenkreis $\vartheta = \text{const} = \vartheta_0$, $\varphi = t$, (b) Längenkreis $\varphi = \text{const} = \varphi_0$, $\vartheta = t$, (c) $\vartheta = t$, $\varphi = t^2$, jeweils mit t als der Zeit.

11.4. • Berechnen Sie die Arbeit des Kraftfeldes $F = \frac{y}{1+x^2+y^2}e_x - \frac{x}{1+x^2+y^2}e_y$ beim Verschieben einer Masse von $A = (1,0)$ nach $B = (-1,0)$ entlang der beiden möglichen halbkreisförmigen Wege. Warum hängt die Arbeit noch vom Weg ab?

11.5. • In einem ebenen Kraftfeld $F = (x + 2y, 0)$ wird die Masse von $P = (1,0)$ aus auf dem Einheitskreis im Gegenuhrzeigersinn einmal herumgeführt. Welche Arbeit wird dabei vom Kraftfeld verrichtet?

11.6. •• Berechnen Sie das Linienintegral $\int(xy^2 dx - x^2yz\, dy + xz^2 dz)$ längs des Weges $r(t) = te_x + t^2e_y + t^3e_z$ mit $1 \leq t \leq 2$.

11.7. •• Berechnen Sie das Kurvenintegral über einen Kreis um (0,0,0) mit Radius R für das Feld $F(r) = F_0 = \text{const}$.

11.8. •• Welche Arbeit verrichtet das Kraftfeld $F = xye_x + e_y + yze_z$ an einer Masse, wenn diese sich längs einer Schraubenlinie $r(t) = \cos t\, e_x + \sin t\, e_y + te_z$ von 0 nach 2π bewegt?

11.9. ••• Zeigen Sie, dass das Linienintegral $\int r\, dr$ unabhängig vom Integrationsweg ist. Wie lautet das Potential U des Feldes?

11.10. •• Gegeben ist das Vektorfeld $F = (xy^2, yx^2)$. Bestimmen Sie die Arbeit, die zwischen den Punkten $r_1 = (0,0)$ und $r_2 = (a,a)$ verrichtet wird bei Verschiebung entlang (a) einer geraden Linie $y = x$, (b) einer Parabel $y = x^2/a$, und (c) entlang eines Viertelkreises.

11.11. •• Gegeben ist das Vektorfeld $\boldsymbol{F} = (x^2y, xy^2)$. Bestimmen Sie das Linienintegral (a) entlang eines Kreises mit Radius a um den Ursprung und (b) entlang eines Rechtecks vom Ursprung aus mit der Seitenlänge $2b$ parallel zur x-Achse und b parallel zur y-Achse.

11.12. •• Gegeben ist ein Vektorfeld $\boldsymbol{F} = c_1 z \varphi \boldsymbol{e}_\varrho + c_2 \varrho z \boldsymbol{e}_\varphi + c_3 \varrho \varphi \boldsymbol{e}_z$ mit c_1, c_2 und c_3 als Konstanten. Gesucht ist das Kurvenintegral entlang einer Helix mit Radius a um die z-Achse, die in der xy-Ebene startet (d.h. $z = 0$) und einen Abstand b zwischen benachbarten Windungen hat.

11.13. • Das Feld $\boldsymbol{A}(\boldsymbol{r}) = (z, x, -3y^2 z)$ ist über einen koaxialen, auf der xy-Ebene stehenden Zylinder mit Radius 4 und Höhe 5 zu integrieren.

11.14. •• Bestimmen Sie das Flächenelement in Kugelkoordinaten für die Oberfläche einer Kugel. Parametrisieren Sie mit $u = \varphi$ und $v = \vartheta$.

11.15. •• Berechnen Sie den Fluss des Vektorfeldes $\boldsymbol{F} = 2x\boldsymbol{e}_x - x\boldsymbol{e}_y + z\boldsymbol{e}_z$ durch die Oberfläche A der Kugel $x^2 + y^2 + z^2 = 25$.

11.16. •• Berechnen Sie den Fluss des Vektorfeldes $\boldsymbol{F} = a/\varrho\, \boldsymbol{e}_\varrho$ durch die Oberfläche eines koaxialen Zylinders mit Radius R und Höhe H.

11.17. •• Wie gross ist der Fluss des Vektorfeldes $\boldsymbol{F} = r^n \boldsymbol{e}_r$ durch eine Kugelschale vom Radius R?

11.18. •• Bestimmen Sie den Massenstrom $\boldsymbol{j} = \varrho v \boldsymbol{e}_z$ mit ϱ als der Dichte und $v\boldsymbol{e}_z$ als der konstanten Geschwindigkeit durch eine Halbkugel mit Radius R, die auf der xy-Ebene aufliegt.

11.19. •• Bestimmen Sie den Fluss des Vektorfeldes $\boldsymbol{F} = (2x, -x, z)$ durch die Oberfläche einer Kugel mit Radius R.

11.20. •• Berechnen Sie den Fluss des Vektorfeldes $\boldsymbol{F}(x, y, z) = xy\boldsymbol{e}_x + y^2\boldsymbol{e}_y + xz\boldsymbol{e}_z$ durch die geschlossene Oberfläche A eines Würfels mit Kantenlänge 1 unter Verwendung des Gauß'schen Integralsatzes.

11.21. •• Verifizieren Sie den Gauß'schen Integralsatz für das Vektorfeld $\boldsymbol{F} = (x^3, y^3, z^3)$ und eine Kugel mit Radius R.

11.22. •• Ein Zylinderkondensator besteht aus zwei koaxialen Zylindern der Radien r_1 und r_2 mit $r_1 \leq r_2$, der Länge L mit $L \gg r_i$ und Ladungen Q (innen) und $-Q$ (außen). Bestimmen Sie das elektrische Feld $\boldsymbol{E}(\boldsymbol{r})$ mit Hilfe des Gauß'schen Satzes oder der Maxwell-Gleichungen in integraler Form.

11.23. •• Ein unendlich langer gerader Draht trägt die elektrische Ladungsdichte $\lambda = 1.8 \cdot 10^{-9}$ C/m. Bestimmen Sie mit Hilfe des Gauß'schen Satzes die elektrische Feldstärke in der Umgebung des Drahtes und berechnen Sie diese im Abstand 0.1 m.

11.24. ••• Ist ein Vektorfeld F als Rotation eines weiteren Vektorfeldes E darstellbar, $F = \text{rot}\, E$, so verschwindet das Oberflächenintegral von F für jede geschlossene Fläche: $\oint (F \cdot n) \cdot \mathrm{d}A = \oint F \cdot \mathrm{d}A = \oint (\text{rot}\, E) \cdot \mathrm{d}A = 0$. Beweisen Sie diese Aussage mit Hilfe des Gauß'schen Integralsatzes.

11.25. •• Gegeben ist das Feld $F = (x, y, z)$. Überprüfen Sie die Gültigkeit des Gauß'schen Satzes für einen koaxialen Zylinder mit $r = 2$ und $h = 4$.

11.26. •• A sei die Mantelfläche der Halbkugel $x^2 + y^2 + z^2 = 4$ mit $z \geq 0$ und C die kreisförmige Randkurve in der xy-Ebene. Berechnen Sie den Wirbelfluss des Vektorfeldes $F(x, y, z) = (-y^3, yz^2, y^2 z)$ durch diese Fläche mit Hilfe des Integralsatzes von Stokes.

11.27. •• Gegeben ist ein Vektorfeld $F(r, \vartheta, \varphi) = (r^2 \cos \varphi)\, e_\vartheta$. (a) Begründen Sie, warum der Vektorfluss durch eine Kugelschale mit dem Radius R verschwindet (Kugelmittelpunkt im Koordinatenursprung). (b) Bestätigen Sie diese Aussage mit Hilfe des Integralsatzes von Stokes.

11.28. •• Bestimmen Sie mit Hilfe des Stokes'schen Satzes die magnetische Feldstärke im Inneren einer langen Zylinderspule (Länge $l \gg r$, Stromstärke I, Windungszahl n).

11.29. •• Berechnen Sie die elektrische Feldstärke in der Umgebung eines gleichmäßig geladenen, unendlich langen Drahtes mit der linearen Ladungsdichte λ aus dem Potential

$$U = -\frac{\lambda}{2\pi\varepsilon_0} \ln \sqrt{x^2 + y^2}\,.$$

11.30. •• Acht kleine kugelförmige Regentropfen gleichen Durchmessers besitzen das Potential U_0. Sie vereinigen sich zu einem größeren Tropfen. Wie groß ist dessen Potential?

11.31. •• Zeigen Sie, dass das Potential einer gleichmäßig geladenen Kreisscheibe in einem Punkt P auf der Scheibenachse gegeben ist durch die Beziehung

$$U = \frac{\lambda}{2\varepsilon_0}(\sqrt{a^2 + r^2} - r)\,.$$

11.32. •• Gegeben ist das Vektorfeld $F = (x^2 y, xy^2)$. Verifizieren Sie den Stokes'schen Satz (a) entlang eines Kreises mit Radius a um den Ursprung und (b) entlang eines Rechtecks vom Ursprung aus mit der Seitenlänge $2b$ parallel zur x-Achse und b parallel zur y-Achse.

11.33. •• Gegeben ist ein Feld $F = x e_x + e_y + z e_z$. Verifizieren Sie das Gauß'sche Gesetz für eine Kegeloberfläche $x^2 + y^2 = z^2$ mit $z = 1$.

12 Partielle Differentialgleichungen

Partielle Differentialgleichungen sind Bestimmungsgleichungen für stationäre oder zeitlich veränderliche Felder. Sie unterschieden sich von gewöhnlichen Differentialgleichungen dadurch, dass sie statt der gewöhnlichen Ableitung einer Funktion die partiellen Ableitungen eines Feldes nach den räumlichen Variablen und der Zeit enthalten. Wichtige partielle Differentialgleichungen sind die Laplace- und die Poisson-Gleichung, die jeweils stationäre Felder beschreiben, die Wärmeleitungs- und Diffusionsgleichung, die die langsame Entwicklung eines Temperatur- oder Konzentrationsfeldes charakterisieren, und Wellengleichungen, die schnelle zeitliche Veränderungen beschreiben.

Wichtigstes Handwerkszeug ist der Separationsansatz mit dem eine partielle Differentialgleichung auf mehrere gewöhnliche DGLs zurückgeführt werden kann. Einige der dabei entstehenden DGLs können zur Definition von verallgemeinerten Funktionen wie der Bessel-Funktion oder den Legendre-Polynomen verwendet werden. Diese erleichtern die Beschreibung physikalischer Sachverhalte in Zylinder- bzw. Kugelsymmetrischen Geometrien.

Der Stoff dieses Kapitels geht an einigen Stellen über die einführende Experimentalphysik hinaus, jedoch sind viele der Inhalte so grundlegend, dass Sie in einem ersten Durchgang zumindest versuchen sollten, die wesentlichen Ideen zu erfassen.

12.1 Beispiel: Elektromagnetische Welle im Vakuum

Zum Verständnis der Struktur einer partiellen Differentialgleichung leiten wir die Wellengleichung aus der differentiellen Form der Maxwell'schen Gleichungen her. Vom Faraday'schen Gesetz (11.68) in differentieller Form $\nabla \times \boldsymbol{E} = -\partial \boldsymbol{B}/\partial t$ nehmen wir auf beiden Seiten die Rotation:

$$\nabla \times (\nabla \times \boldsymbol{E}) = -\nabla \times \frac{\partial \boldsymbol{B}}{\partial t}. \tag{12.1}$$

Die linke Seite können wir mit (10.62) vereinfachen:

$$\nabla(\nabla \boldsymbol{E}) - \nabla^2 \boldsymbol{E} = -\frac{\partial(\nabla \times \boldsymbol{B})}{\partial t}. \tag{12.2}$$

12 Partielle Differentialgleichungen

Einsetzen des Gauß'schen Gesetzes für das elektrische Feld (11.40) auf der linken und des Ampere'schen Durchflutungsgesetzes (11.65) auf der rechten Seite liefert die Differentialgleichung für die elektromagnetische Welle

$$\frac{1}{\varepsilon_0}\nabla E - \nabla^2 E = -\frac{\partial}{\partial t}\left(\mu_0 \boldsymbol{j} + \mu_0\varepsilon_0\frac{\partial E}{\partial t}\right). \quad (12.3)$$

Im Vakuum verschwinden die Ladungsdichte ϱ und die Stromdichte $\boldsymbol{j}$; die DGL für die elektromagnetische Welle im Vakuum ist daher

$$\nabla^2 E = \Delta E = \mu_0\varepsilon_0\frac{\partial^2 E}{\partial t^2}. \quad (12.4)$$

Diese Differentialgleichung ist eine Bestimmungsgleichung für das elektrische Feld $\boldsymbol{E}(\boldsymbol{r},t)$, die die zweite Ableitung nach den räumlichen Koordinaten mit der zweiten zeitlichen Ableitung verknüpft. Der Proportionalitätsfaktor ist mit der Ausbreitungsgeschwindigkeit der Welle verknüpft: $\mu_0\varepsilon_0 = c^{-2}$.

Im eindimensionalen Fall reduziert sich (12.4) auf

$$\frac{\partial^2 E}{\partial x^2} = \frac{1}{c^2}\frac{\partial^2 E}{\partial t^2}. \quad (12.5)$$

→ 12.2   Verschwinden die Ladungs- und Stromdichten nicht, so lässt sich eine formal ähnliche Gleichung für das elektrische Potential und das Vektorpotential aufstellen, aus dem sich die felder bestimmen lassen. Dazu führen wir ein Vektorpotential $\boldsymbol{A}$ ein mit $\boldsymbol{B} = \nabla \times \boldsymbol{A}$. Eingesetzt in das Induktionsgesetz (11.68) ergibt sich

$$\nabla \times \boldsymbol{E} = -\frac{\partial}{\partial t}(\nabla \times \boldsymbol{A}) \quad \Rightarrow \quad \nabla \times \left(\boldsymbol{E} + \frac{\partial \boldsymbol{A}}{\partial t}\right) = 0. \quad (12.6)$$

Da die Rotation des Feldes $\boldsymbol{E}+\frac{\partial \boldsymbol{A}}{\partial t}$ verschwindet, lässt sich dieses als Gradient eines Potentials schreiben: $\boldsymbol{E} + \frac{\partial \boldsymbol{A}}{\partial t} = -\nabla U$ mit U als dem nicht-statischen elektrischen Potential. Damit erhalten wir für das elektrische und das magnetische Feld die Ausdrücke

$$\boldsymbol{B} = \nabla \times \boldsymbol{A} \quad \text{und} \quad \boldsymbol{E} = -\nabla U - \frac{\partial \boldsymbol{A}}{\partial t}. \quad (12.7)$$

Daraus lässt sich eine Wellengleichung für das Vektorpotential ableiten als

$$\frac{1}{c^2}\frac{\partial^2 \boldsymbol{A}}{\partial t^2} - \nabla^2 \boldsymbol{A} = \mu_0 \boldsymbol{j}, \quad (12.8)$$

d.h. wir erhalten im Gegensatz zu (12.5) eine inhomogene partielle Differentialgleichung mit den felderzeugenden Quellen (Strömen) als Inhomogenität. Außerdem enthält diese Gleichung nicht das Feld sondern das Vektorpotential, d.h. eine Größe, aus der sich das Feld durch Anwendung des ∇-Operators ergibt.

12.2 Übersicht

12.2.1 Beispiele für partielle Differentialgleichungen

Die einfachste partielle Differentialgleichung ist die *Laplace-Gleichung*

$$\Delta A = 0 \, , \tag{12.9}$$

eine Bestimmungsgleichung für ein Potential unter vorgegebenen Randbedingungen. Diese DGL enthält keine zeitliche Abhängigkeit, sie beschreibt ein stationäres Potential, entsprechend ist das sich aus dem Potential ergebende Feld ebenfalls stationär. Physikalische Anwendungen sind ein Temperaturfeld, das Potential einer stationären Potentialströmung oder das elektrostatische Potential in einem Raumbereich, der die Ladungen nicht enthält.

Erweitern wir die Laplace-Gleichung (12.9) um eine Inhomogenität, so erhalten wir die *Poisson-Gleichung* für das elektrostatische Potential U einer Ladungsverteilung ϱ

$$\Delta U = -\frac{\varrho}{\varepsilon_0} \, . \tag{12.10}$$

Differentialgleichungen der Form

$$\Delta A = k \frac{\partial A}{\partial t} \, , \tag{12.11}$$

in denen die zweite räumliche Ableitung mit der ersten zeitlichen Ableitung verknüpft ist, beschreiben langsame Veränderungen eines Feldes, d.h. seine Entwicklung. Typische Beispiele sind Wärmeleitung und Diffusion, diese DGLs werden daher auch als *Diffusions-* oder *Wärmeleitungsgleichung* bzw. allgemeiner als *Transportgleichung* bezeichnet.

Die *Wellengleichung* dagegen enthält die zweite zeitliche Ableitung, d.h. nicht die zeitliche Veränderung des Feldes (also eine Geschwindigkeit) sondern die zeitliche Änderung dieser Änderung (also eine Beschleunigung):

$$\Delta A = \frac{1}{c^2} \frac{\partial^2 A}{\partial t^2} \, . \tag{12.12}$$

Sie beschreibt schnell veränderliche, in der Regel periodische Vorgänge.

Ein spezieller Fall einer Wellengleichung ist die *Schrödinger-Gleichung*

$$-\frac{h^2}{2m} \Delta \Psi(\boldsymbol{r},t) + V(\boldsymbol{r}) \Psi = -\mathrm{i}h \frac{\partial \Psi}{\partial t} \, , \tag{12.13}$$

die das Verhalten der Wellenfunktion $\Psi(\boldsymbol{r},t)$ eines Teilchens in einem Potentialtopf $V(r)$ beschreibt.

12.2.2 Randbedingungen

Die Lösungen partieller Differentialgleichungen sind Felder, d.h. physikalische Größen, die sowohl von den räumlichen Koordinaten als auch von der Zeit abhängen. Bei den gewöhnlichen Differentialgleichungen haben wir Funktionen in Abhängigkeit von der Zeit gesucht. Unsere Lösungsverfahren haben uns jeweils eine allgemeine Lösung geliefert, die je nach Ordnung der Differentialgleichung eine oder mehrere Integrationskonstanten enthielt. Für die spezielle Lösung haben wir diese aus den Anfangsbedingungen bestimmt.

Derartige Anfangsbedingungen benötigen wir bei partiellen Differentialgleichungen für nicht-stationäre Felder ebenfalls zum Auffinden der speziellen Lösung. Da wir bei einer partiellen Differentialgleichung aber nicht nur über die Zeit sondern auch über die räumlichen Koordinaten integrieren, erhalten wir zusätzliche Integrationskonstanten, die aus den Randbedingungen bestimmt werden können.

Randbedingungen werden in zwei Klassen unterteilt. Bei *Dirichlet'schen Randbedingungen* werden die Funktionswerte A auf der Grenze G des betrachteten Bereichs festgelegt: $A(G) = f$. Bei den *Neumann'schen Randbedingungen* dagegen werden die Normalenableitungen $\partial A / \partial n$ auf der Grenze G vorgegeben: $\frac{\partial A}{\partial n}(G) = f$.

12.2.3 Separationsansatz

Für viele partielle Differentialgleichungen ist das Standardlösungsverfahren ein *Separationsansatz*. Dazu wird das gesuchte Feld $A(x, y, z, t)$ als ein Produkt von Feldern geschrieben, bei denen jedes einzelne nur von einer der Koordinaten abhängt, z.B.

$$A(x,y,z,t) = X(x)\,Y(y)\,Z(z)\,T(t) \quad \text{oder}$$
$$A(r,\varphi,\vartheta) = R(r)\,\Phi(\varphi)\,\Theta(\vartheta)\,T(t)\,. \tag{12.14}$$

Mit Hilfe dieses Separationsansatzes lässt sich die partielle DGL auf gewöhnliche Differentialgleichungen für jede dieser Funktionen zurück führen. Diese gewöhnlichen DGLs können dann z.B. durch Separation der Variablen oder durch einen Exponentialansatz gelöst werden (vgl. Kap. 5) oder natürlich durch numerische Verfahren (vgl. Kap. 7).

12.3 Wellengleichung

Wellen sind sich ausbreitende Störungen eines kontinuierlichen Mediums, z.B. Schallwellen, elektromagnetische Wellen oder schwingende Saiten oder Membrane. Wir beginnen die Diskussion partieller Differentialgleichungen mit der Wellengleichung, da für diese Gleichung anschauliche Beispiele verwendet werden können. Dabei werden wir die Bessel-Funktion und die Legendre-Polynome als weitere verallgemeinerte Funktion kennen lernen.

12.3.1 1D-Wellengleichung: Lösung durch Separationsansatz

Als Beispiel für den Separationsansatz betrachten wir eine schwingende Saite der Länge l. Gesucht ist die Auslenkung A der Saite aus der Ruhelage in Abhängigkeit vom Ort x und der Zeit t. Die Differentialgleichung ist

$$\frac{\partial^2 A}{\partial x^2} = \frac{1}{c^2}\frac{\partial^2 A}{\partial t^2} \tag{12.15}$$

mit c als der Ausbreitungsgeschwindigkeit. Eine Saite hat feste Enden, d.h. die Randbedingungen sind $A(0,t) = 0$ und $A(l,t) = 0$. Da hier der Funktionswert an den Grenzen des betrachteten Raumbereiches vorgegeben ist, handelt es sich um Dirichlet'sche Randbeingungen.

Zur Lösung von (12.15) machen wir den Separationsansatz

$$A(x,t) = X(x)\,T(t)\,. \tag{12.16}$$

Einsetzen in die DGL liefert

$$X''(x)T(t) = \frac{1}{c^2}X(x)\,T''(t) \tag{12.17}$$

und nach Umformen

$$\frac{1}{X(x)}X''(x) = \frac{1}{c^2\,T(t)}T''(t)\,. \tag{12.18}$$

Die Größen auf der linken Seite hängen nur von der räumlichen Koordinate ab, die auf der rechten Seite nur von der Zeit. Die beiden Seiten können nur dann gleich sein, wenn sie jeweils konstant sind. Diese *Separationskonstante* nennen wir $-\beta^2$. Getrennte Betrachtung von linker und rechter Seite von (12.18) liefert zwei gewöhnliche DGLs zweiter Ordnung

$$X''(x) + \beta^2 X(x) = 0 \quad \text{und} \quad T''(t) + \beta^2 c^2\,T(t) = 0\,. \tag{12.19}$$

Ihre Struktur entspricht der Schwingungsgleichung (6.12) des linearen harmonischen Oszillators. Die Lösungen dieser Gleichung müssen also eine (6.16) entsprechende Form haben:

$$\begin{aligned} X(x) &= \gamma_1 \cos(\beta x) + \gamma_2 \sin(\beta x) \quad &\text{und} \\ T(t) &= \gamma_4 \cos(\omega t) + \gamma_3 \sin(\omega t) \quad &\text{mit} \quad \omega = \beta c\,. \end{aligned} \tag{12.20}$$

Die Separationskonstante β lässt sich aus den Randbedingungen $X(0,t) = X(l,t) = 0$ bestimmen. Einsetzen in die obere Gleichung von (12.20) liefert $\gamma_1 = 0$ und

$$\beta_n = \frac{n\pi}{l} \quad \text{mit} \quad n = 1, 2, 3 \ldots \,, \tag{12.21}$$

da es unendlich viele Moden für eine Schwingung einer Saite der Länge l gibt; bei allen muss die Wellenlänge ein ganzzahliger Teiler der Doppelten Saitenlänge sein. Die räumliche Abhängigkeit der Lösung sind die *Eigenmoden*

$$X_n(x) = \gamma_{2n} \sin\left(\frac{n\pi x}{l}\right)\,. \tag{12.22}$$

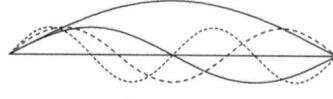

Abb. 12.1. Grundschwingung und Oberschwingungen einer Saite

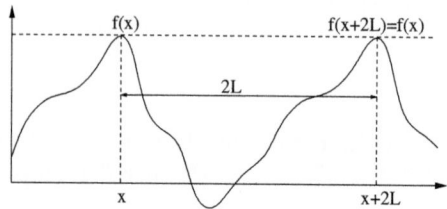

Abb. 12.2. Periodische Funktion mit einer Periodenlänge $2L$

Entsprechend erhalten wir auch für die Frequenz unendlich viele Lösungen

$$\omega_n = \beta_n c = \frac{n\pi}{l} c \quad \text{mit} \quad n = 1, 2, 3 \ldots . \tag{12.23}$$

Eine einzelne Lösung der partiellen Differentialgleichung ist daher

$$A_n(x,t) = X_n(x)\, T_n(t) = (\gamma_{1,n} \cos(\omega_n t) + \gamma_{2,n} \sin(\omega_n t)) \sin\left(\frac{n\pi x}{l}\right)$$
$$= (a_n \cos(\omega_n t + \varphi)) \sin\left(\frac{n\pi x}{l}\right) ; \tag{12.24}$$

die vollständige Lösung erhalten wir durch Summation über alle n

$$A(x,t) = \sum_{n=1}^{\infty} (a_n \cos(\omega_n t + \varphi)) \sin \frac{n\pi x}{l} . \tag{12.25}$$

Das Ergebnis ist eine stehende Welle (die Schwingungsknoten bleiben an einem festen Ort), die sich aus der Überlagerung der *Grundschwingung* A_1 und den *Oberschwingungen* A_i mit $i > 1$ ergibt. Die Grundschwingung und einige Oberschwingungen sind in Abb. 12.1 dargestellt.

12.3.2 Fourier-Reihen

12.3.3 Gleichung (12.25) besteht aus einer Summe von Termen $\sin\left(\frac{n\pi x}{l}\right)$, jeweils mit einem Vorfaktor. Eine Reihe dieser Form wird als Fourier-Reihe bezeichnet.

Die Grundidee der Fourier-Analyse ist die Zerlegung von Signalen in Sinus- und Kosinus-Schwingungen. Ein Beispiel ist die Spektralanalyse von Tönen. Die Fourier-Analyse hat aber weitere Anwendungen, z.B. in der Lösung von Differentialgleichungen.

Betrachten wir eine periodische Funktion $f(x)$, d.h. eine Funktion, die sich stückweise zyklisch wiederholt, vgl. Abb. 12.2. Die Länge dieses Intervalls sei $2L$, so dass gilt

$$f(x + 2L) = f(x) = f(x - 2L) . \tag{12.26}$$

Diese Funktion lässt sich als eine Überlagerung von Sinus- und Kosinuswellen schreiben:

$$f(x) = \frac{a_0}{2} + \sum_{n=1}^{\infty} a_n \cos\left(\frac{n\pi x}{l}\right) + \sum_{n=1}^{\infty} b_n \sin\left(\frac{n\pi x}{L}\right) . \quad (12.27)$$

Die Reihe konvergiert gegen alle stetigen Punkte in $f(x)$, an den Sprungstellen konvergiert sie gegen den Mittelwert der Randpunkte rechts und links. Die Fourier-Koeffizienten in (12.27) sind

$$a_n = \frac{1}{L} \int_{-L}^{L} f(x) \cos\left(\frac{n\pi x}{L}\right) dx \quad \text{und}$$

$$b_n = \frac{1}{L} \int_{-L}^{L} f(x) \sin\left(\frac{n\pi x}{L}\right) dx . \quad (12.28)$$

Für gerade Funktionen $f(-x) = f(x)$ verschwinden die b_n, für ungerade Funktionen $f(-x) = -f(-x)$ dagegen die a_n.

Fourier-Reihen können auch als Annäherungen an analytisch nicht (bzw. nur für eine Periode) darstellbare Funktionen verwendet werden. So kann z.B. eine *Sägezahn*-Funktion (oberes Teilbild in Abb. 12.3) analytisch dargestellt werden als $f(x) = x$ für $-\pi < x < \pi$. Für größere Intervalle dagegen ist

$$f(x) = 2\left(\frac{\sin x}{1} + \frac{\sin(2x)}{2} + \frac{\sin(3x)}{3} + \ldots\right) . \quad (12.29)$$

Die Rechteckfunktion $f(x) = a$ für $0 < x < \pi$ und $y = -a$ für $\pi < x < 2\pi$ (vgl. Abb. 12.3) ist darstellbar als

$$f(x) = \frac{4a}{\pi}\left(\sin x + \frac{\sin(3x)}{3} + \frac{\sin(5x)}{5} + \ldots\right) , \quad (12.30)$$

der pulsierende Sinus $f(x) = \sin x$ für $0 \leq x \leq \pi$ als

$$f(x) = \frac{2}{\pi} - \frac{4}{\pi}\left(\frac{\cos(2x)}{1 \cdot 3} + \frac{\cos(4x)}{3 \cdot 5} + \frac{\cos(6x)}{5 \cdot 7} + \ldots\right) . \quad (12.31)$$

Zwischen der Fourier-Reihe und den Fourier-Koeffizienten einerseits und der Projektion eines Vektors auf eine bestimmte Zahl von Basisvektoren (vgl.

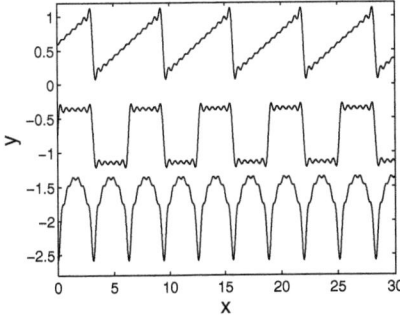

Abb. 12.3. Beispiele für periodische Funktionen, dargestellt durch die ersten fünf Glieder einer Fourier-Reihe: Sägezahn (oben), Rechteck (Mitte) und ‚pulsierende Gleichspannung' (unten). Die Skalierung der Abszisse ist willkürlich, die Funktionen sind zur besseren Darstellung gegeneinander verschoben

Abschn. 8.7.1) besteht ein enger Zusammenhang. Betrachten wir dazu eine gerade Funktion, d.h. die a_n verschwinden und die Fourier-Reihe wird

$$f(x) = \frac{a_0}{2} + \sum_{n=1}^{\infty} b_n \sin\left(\frac{n\pi x}{L}\right) . \qquad (12.32)$$

In Anlehnung an die Basisvektoren in (8.124) können wir *Basisfunktionen* definieren als

$$u_n(x) = \frac{1}{\sqrt{L}} \sin\left(\frac{n\pi x}{L}\right) . \qquad (12.33)$$

Wie für die Basisvektoren lässt sich für Basisfunktionen ein *inneres Produkt* oder *Skalarprodukt* zweier Funktionen f und g definieren als

$$f \cdot g = \int_{-L}^{L} f(x) g(x) \, dx . \qquad (12.34)$$

Entsprechend den Regeln für Basisvektoren gilt für die Basisfunktionen

$$(u_n \cdot u_m) = \delta_{nm} = \begin{cases} 0 & \text{für } n \neq m \\ 1 & \text{für } n = m \end{cases}, \qquad (12.35)$$

d.h. die Basisfunktionen sind normiert und wechselseitig orthogonal. Sie können daher als die Verallgemeinerungen von orthogonalen Einheitsvektoren in einen Funktionenraum betrachtet werden. Damit lässt sich unsere ungerade Funktion $f(x)$ als eine Summe von Basisfunktionen $u_n(x)$ schreiben:

$$f(x) = \sum_{n=1}^{\infty} c_n u_n(x) . \qquad (12.36)$$

Der Koeffizient c_n entspricht der Projektion von f auf die Basisfunktion: $c_n = (u_n \cdot f)$, so dass (12.36) auch geschrieben werden kann als

$$f(x) = \sum_{n=1}^{\infty} (u_n \cdot f) u_n(x) . \qquad (12.37)$$

Die Rekonstruktion der Funktion $f(x)$ erfordert also, dass man über ihre Projektionen $(u_n \cdot f) u_n(x)$ auf alle Basisfunktionen $u_n(x)$ summiert. Ebenso wie bei den Vektoren eine Projektion in Unterräume vorgenommen werden kann, kann man die Fourier-Serie ebenfalls über einen beschränkten Satz von Basisfunktionen summieren

$$f(x)_{\text{gefiltert}} = \sum_{n=1}^{n_2} (u_n \cdot f) u_n(x) . \qquad (12.38)$$

Diese Art von Projektion wird als gefiltert bezeichnet, da es sich dabei um eine Filterung handelt. Diese Eigenschaft mach die Fourier-Transformationen so nützlich, so sind sie die Grundlage für viele digitale Filtertechniken.

Mit (12.36) können wir das Ergebnis (12.25) für die schwingende Saite formal so interpretieren, dass die Terme $\sin\left(\frac{n\pi x}{l}\right)$ die *Eigenfunktionen* (verallgemeinerte Eigenvektoren, Eigenmoden) sind, die Vorfaktoren die *Eigenwerte*.

12.3.3 Allgemeine Lösung der 1D-Wellengleichung

Mit Hilfe der Variablentransformationen

$$u = x - ct \quad \text{und} \quad v = x + ct \tag{12.39}$$

kann die 1D-Wellengleichung (12.15) allgemein gelöst werden. Durch die Transformation suchen wir nicht $A(x,t)$ sondern $A(u,v)$, d.h. wir müssen die Wellengleichung auf die neuen Variablen transformieren. Unter Verwendung der Kettenregel erhalten wir für die erste Ableitung

$$\frac{\partial A(u,v)}{\partial x} = \frac{\partial A}{\partial u}\frac{\partial u}{\partial x} + \frac{\partial A}{\partial v}\frac{\partial v}{\partial x} = \frac{\partial A}{\partial u} + \frac{\partial A}{\partial v} \tag{12.40}$$

da $\partial u/\partial x = \partial v/\partial x = 1$. Die zweite Ableitung wird

$$\frac{\partial^2 A}{\partial t^2} = \frac{\partial}{\partial x}\frac{\partial A}{\partial x} = \frac{\partial}{\partial u}\frac{\partial A}{\partial x} + \frac{\partial}{\partial v}\frac{\partial A}{\partial x} = \frac{\partial}{\partial u}\left(\frac{\partial A}{\partial u} + \frac{\partial A}{\partial v}\right) + \frac{\partial}{\partial v}\left(\frac{\partial A}{\partial u} + \frac{\partial A}{\partial v}\right)$$
$$= \frac{\partial^2 A}{\partial u^2} + 2\frac{\partial^2 A}{\partial u\, \partial v} + \frac{\partial^2 A}{\partial v^2}. \tag{12.41}$$

Die zweite Ableitung nach der Zeit wird entsprechend gebildet. Da jedoch $\partial u/\partial x = -c$ und $\partial v/\partial x = c$ ergibt sich

$$\frac{\partial^2 A}{\partial t^2} = c^2\left(\frac{\partial^2 A}{\partial u^2} - 2\frac{\partial^2 A}{\partial u\, \partial v} + \frac{\partial^2 A}{\partial v^2}\right). \tag{12.42}$$

Einsetzen in (12.15) liefert eine Differentialgleichung, die nur aus einer gemischten Ableitung nach jeder der neuen Variablen besteht:

$$\frac{\partial^2 A}{\partial u\, \partial v} = 0. \tag{12.43}$$

Diese Differentialgleichung kann direkt integriert werden. Integration über die Variable u liefert

$$\frac{\partial A}{\partial v} = h(v). \tag{12.44}$$

Darin ist $h(v)$ eine Integrationskonstante, die nicht von u abhängt aber dennoch eine Funktion von v sein kann. Integration über v liefert

$$A(r,t) = \int h(v)\,dv + g(u) = f(v) + g(u) = f(x-ct) + g(x+ct). \tag{12.45}$$

Darin ist $g(u)$ eine Integrationskonstante, die nicht von v abhängt. Gleichung (12.45) besagt, dass sich die Lösung der 1D-Wellengleichung als die Überlagerung zweier Funktionen f und g darstellen lässt, die sich unter Wahrung ihrer Form in positiver bzw. negativer Richtung entlang der x-Achse ausbreiten,

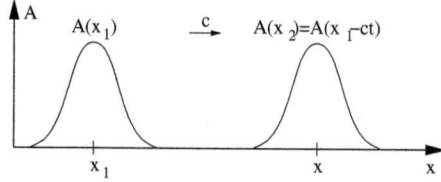

Abb. 12.4. Ausbreitung einer Welle: eine Störung $A(x-ct)$ breitet sich unter Wahrung ihrer Form entlang der positiven x-Achse aus

vgl. Abb. 12.4. Gleichung (12.45) ist eine allgemeine Lösung, in sie gehen keine Randbedingungen ein. Diese Gleichung besagt auch, dass alle Funktionen, die sich in Abhängigkeit von $x - ct$ bzw. $x + ct$ darstellen lassen, Lösungen der Wellengleichung sind.

Spezielle Lösungen der Wellengleichung sind *harmonischen Wellen*, die sich durch die Winkelfunktionen Sinus oder Kosinus darstellen lassen. In komplexer Form sind diese Wellen

$$B(x,t) = B_0\, e^{\pm i \frac{\omega}{c}(x-ct)} = B_0\, e^{\pm i(kx-\omega t)}\,, \tag{12.46}$$

physikalisch sinnvoll ist wieder der Realteil

$$A(x,t) = \Re(B(x,t)) = \gamma_1 \cos(kx - \omega t) + \gamma_2 \sin(kx - \omega t)\,. \tag{12.47}$$

Die Wellenzahl k als ein Mass für die räumliche Periode der Welle, d.h. die Zahl der Wellen pro Längeneinheit, ist mit der Wellenlänge λ verknüpft gemäß $\lambda = 2\pi/k$. Im 3D lässt sich die harmonische Welle schreiben als

$$B(\boldsymbol{r},t) = B_0\, e^{\pm i(\omega t - \boldsymbol{k}\cdot\boldsymbol{r})} \tag{12.48}$$

mit $\boldsymbol{k}$ als Wellenvektor. Dieser steht senkrecht auf den Wellenfronten, weist also in Ausbreitungsrichtung der Welle.

Ein Spezialfall der harmonischen Welle ist eine *stehende Welle* wie wir sie bereits in Abschn. 12.3.1 am Beispiel der schwingenden Saite kennen gelernt haben. Während eine Welle eine sich ausbreitende Störung ist (vgl. Abb. 12.4), entsteht eine stehende Welle durch die Überlagerung zweier harmonischer Wellen, die sich in entgegen gesetzter Richtung ausbreiten:

$$\begin{aligned}A(x,t) &= a\cos(kx-\omega t) + a\cos(kx+\omega t)\\ &= 2a\,\cos(\omega t)\,\cos(kx)\,,\end{aligned} \tag{12.49}$$

wobei das Additionstheorem

$$\cos(\alpha \pm \beta) = \cos\alpha\,\cos\beta \mp \sin\alpha\,\sin\beta \tag{12.50}$$

Abb. 12.5. Stehende Welle: Schwingungsknoten bleiben in Ruhe, in den Schwingungsbäuchen schwingt die Saite hin und her

verwendet wurde.

Ausgezeichnete Punkte einer stehenden Welle sind die *Schwingungsknoten* (s. Abb. 12.5): sie bleiben in Ruhe, d.h. die Amplitude $A(x_n, t)$ ist Null.

12.3.4 2D-Welle: Schwingende Rechteckmembran

Zur Beschreibung der Schwingung eines Trommelfells benötigen wir eine zweidimensionale Wellengleichung. In kartesischen Koordinaten ist diese

$$\frac{\partial^2 A}{\partial x^2} + \frac{\partial^2 A}{\partial y^2} = \frac{1}{c^2}\frac{\partial^2 A}{\partial t^2}. \tag{12.51}$$

Als Beispiel betrachten wir eine rechteckige Membran mit den Seitenlängen a entlang der x- und b entlang der y-Achse. Die Membran ist an ihren Rändern fest eingespannt, d.h. wir haben Dirichlet'sche Randbedingungen:

$$A(0, y) = A(a, y) = A(x, 0) = A(x, b) = 0. \tag{12.52}$$

Auch diese Differentialgleichung wird mit einem Separationsansatz gelöst. Als erstes trennen wir zeitliche und räumliche Variation:

$$A(x, y, t) = R(x, y)\, T(t). \tag{12.53}$$

Einsetzen in (12.51) liefert

$$T(t)\left(\frac{\partial^2 R(x,y)}{\partial x^2} + \frac{\partial^2 R(x,y)}{\partial y^2}\right) = \frac{R(x,y)}{c^2}\frac{\mathrm{d}^2 T(t)}{\mathrm{d}t^2}. \tag{12.54}$$

Wir sortieren die Terme derart, dass auf einer Seite nur räumliche Koordinaten stehen, auf der anderen die Zeit:

$$\frac{1}{c^2 T(t)}\frac{\mathrm{d}^2 T(t)}{\mathrm{d}t^2} = \frac{1}{R(x,y)}\left(\frac{\partial^2 R}{\partial x^2} + \frac{\partial^2 R}{\partial y^2}\right). \tag{12.55}$$

Da die linke Seite nur eine Funktion von t ist, die rechte nur eine Funktion der Raumkoordinaten, können beide Seiten nur dann gleich sein, wenn sie gleich einer Konstanten sind. Diese Separationskonstante nennen wir wieder $-\beta^2$ und erhalten damit aus (12.55) zwei neue Gleichungen:

$$0 = \frac{\mathrm{d}^2 T(t)}{\mathrm{d}t^2} + c^2\beta^2 T(t) \quad \text{und}$$
$$0 = \frac{\partial^2 R(x,y)}{\partial x^2} + \frac{\partial^2 R(x,y)}{\partial y^2} + \beta^2 R(x,y). \tag{12.56}$$

Die erste Gleichung ist eine gewöhnliche DGL vom Typ der Schwingungsgleichung. Die zweite Differentialgleichung ist eine partielle DGL. Für diese machen wir nochmals einen Separationsansatz:

$$R(x, y) = X(x)\, Y(y). \tag{12.57}$$

Einsetzen in die untere Gleichung von (12.56) liefert

$$Y(y) X''(x) + X Y''(y) + \beta^2 X(x) Y(y) = 0 \tag{12.58}$$

oder nach Umformen
$$\frac{X''(x)}{X(x)} + \frac{Y''(y)}{Y(y)} + \beta^2 = 0 \,. \tag{12.59}$$

Da der erste Term nur von x, der zweite dagegen nur von y abhängt, kann auch diese Gleichung nur erfüllt sein, wenn beide Terme konstant sind – allerdings sind die Terme in diesem Fall nicht gleich, da die Gleichung ja noch das β^2 enthält. Daher wählen wir zwei Separationskonstanten $-p^2$ und $-q^2$ und erhalten zwei gewöhnliche Differentialgleichungen

$$X''(x) + p^2 X(x) = 0 \quad \text{und} \quad Y''(y) + q^2 Y(y) = 0 \,. \tag{12.60}$$

Für die Separationskonstanten gilt

$$p^2 + q^2 = \beta^2 \,. \tag{12.61}$$

Damit haben wir die partielle Differentialgleichung (12.51) auf drei gewöhnliche Differentialgleichungen reduziert, deren Separationskonstanten durch (12.61) verknüpft sind:

$$\begin{aligned} T''(t) + c^2\beta^2 T(t) &= 0 \,, \\ X''(x) + p^2 X(x) &= 0 \,, \\ Y''(y) + q^2 Y(y) &= 0 \,. \end{aligned} \tag{12.62}$$

Alle drei Gleichungen entsprechen formal dem Typ der Schwingungsgleichung, d.h. wir erhalten als allgemeine Lösungen

$$\begin{aligned} X(x) &= \gamma_1 \cos(qx) + \gamma_2 \sin(qx) \,, \\ Y(y) &= \gamma_3 \cos(py) + \gamma_4 \sin(py) \,, \\ T(t) &= \gamma_5 \cos(\beta ct) + \gamma_6 \sin(\beta ct) \,. \end{aligned} \tag{12.63}$$

Die Randbedingungen $Y(0) = Y(b) = X(0) = X(a) = 0$ reduzieren diese Lösungen auf

$$\begin{aligned} X(x) &= \gamma_2 \sin(qx) \,, \\ Y(y) &= \gamma_4 \sin(py) \,, \\ T(t) &= \gamma_5 \cos(\beta ct) + \gamma_6 \sin(\beta ct) \,. \end{aligned} \tag{12.64}$$

Die Separationskonstanten p und q werden ebenfalls durch die Randbedingungen bestimmt. Auf der Membran können sich nur Schwingungen ausbilden, deren Wellenlänge ein ganzzahliger Teiler der doppelten Seitenlänge ist, d.h. es muss gelten

$$p_n = \frac{n\pi}{a} \quad \text{und} \quad q_n = \frac{m\pi}{b} \quad \text{mit} \quad m, n = 1, 2, 3\ldots \,. \tag{12.65}$$

Wie bei der schwingenden Saite erhalten wir eine unendliche Zahl von Lösungen. Für $n = 1$ und $m = 1$ ergibt sich die Grundschwingung der Membran, für größere Werte ergeben sich Oberschwingungen.

Da die Separationskonstanten durch (12.61) verknüpft sind, gilt

$$\beta_{nm} = \sqrt{p_n^2 + q_m^2} = \pi\sqrt{\frac{n^2}{a^2} + \frac{m^2}{b^2}} \quad \text{mit} \quad m, n = 1, 2, 3\ldots \,. \tag{12.66}$$

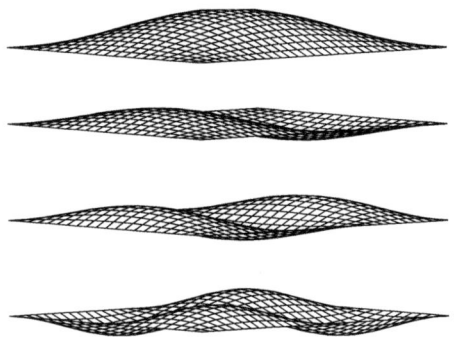

Abb. 12.6. Eigenmoden einer rechteckigen Membran: A_{11}, A_{12}, A_{13} und A_{22}

Da gilt

$$\omega_{mn} = \beta_{mn} c = c\pi \sqrt{\frac{n^2}{a^2} + \frac{m^2}{b^2}} \quad \text{mit} \quad m, n = 1, 2, 3 \ldots , \tag{12.67}$$

erhalten wir für den zeitabhängigen Teil der Lösung

$$T_{mn}(t) = \gamma_{5,mn} \cos(\omega_{mn} t) + \gamma_{6,mn} \sin(\omega_{mn} t) . \tag{12.68}$$

Für die vollständige Lösung müssen wir die Lösungen entsprechend des Separationsansatzes wieder zusammenfügen und erhalten

$$A(x,y,t) = \sum_{n=1}^{\infty} \sum_{m=1}^{\infty} A_{mn}(x,y,z,t)$$

$$= \sum_{n=1}^{\infty} \sum_{m=1}^{\infty} (a_{mn} \cos(\omega_{nm} t) + b_{nm} \sin(\omega_{nm} t)) \sin\left(\frac{n\pi x}{a}\right) \sin\left(\frac{m\pi x}{b}\right) . \tag{12.69}$$

Wie bei der schwingenden Saite entstehen die Schwingungen der rechteckigen Membran durch Überlagerung der verschiedenen *Eigenschwingungen*, daher die doppelte Summation. Einige der Eigenmoden sind in Abb. 12.6 dargestellt.

Auch bei der Membran gibt es Schwingungsknoten, d.h. Bereiche in denen keine Auslenkung stattfindet. Während auf der schwingenden Saite die Schwingungsknoten Punkte sind, ordnen sie sich auf der Membran zu *Knotenlinien* an.

Die allgemeine Lösung (12.69) enthält noch Integrationskonstanten, die aus den Anfangsbedingungen zu bestimmen sind. Als Beispiel betrachten wir eine anfängliche maximale Auslenkung der Form

$$A(x,y,0) = \sin\left(\frac{\pi x}{a}\right) \sin\left(\frac{\pi y}{b}\right) . \tag{12.70}$$

Sie entspricht der Grundschwingung (oberes Teilbild in Abb. 12.6), in der Lösung wird daher auch nur die Grundschwingung auftreten. Formal bedeutet dies, dass sich die Lösung (12.69) reduziert auf

$$A_{11} = (a_{11}\cos(\omega_{11}t) + b_{11}\sin(\omega_{11}t))\sin\left(\frac{\pi x}{a}\right)\sin\left(\frac{\pi x}{b}\right). \tag{12.71}$$

Da die Membran aus der Ruhe losgelassen wird, ist die zweite Anfangsbedingung $\dot{A}(x,y,0) = 0$. Daher reduziert sich (12.71) auf

$$\dot{A}_{11} = (-\omega_{11}\sin(\omega_{11}t) + \omega_{11}\cos(\omega_{11}t))\sin\left(\frac{\pi x}{a}\right)\sin\left(\frac{\pi x}{b}\right), \tag{12.72}$$

bzw. nach Einsetzen der Anfangsbedingung

$$0 = (-\omega_{11}\sin(\omega_{11}0) + \omega_{11}\cos(\omega_{11}0))\sin\left(\frac{\pi x}{a}\right)\sin\left(\frac{\pi x}{b}\right), \tag{12.73}$$

Damit ist $b_{11} = 0$ und (12.71) reduziert sich auf

$$A_{11} = a_{11}\cos(\omega_{11}t)\sin\left(\frac{\pi x}{a}\right)\sin\left(\frac{\pi x}{b}\right). \tag{12.74}$$

Einsetzen der vorgegebenen Anfangsbedingung liefert

$$\sin\left(\frac{\pi x}{a}\right)\sin\left(\frac{\pi y}{b}\right) = a_{11}\cos(\omega_{11}0)\sin\left(\frac{\pi x}{a}\right)\sin\left(\frac{\pi x}{b}\right) \tag{12.75}$$

oder $a_{11} = 1$. Damit ergibt sich als spezielle Lösung der partiellen Differentialgleichung für die vorgegebenen Anfangsbedingungen

$$A = \cos\left(\sqrt{\frac{a^2+b^2}{a^2 b^2}}c\pi t\right)\sin\left(\frac{\pi x}{a}\right)\sin\left(\frac{\pi x}{b}\right). \tag{12.76}$$

Der Term in der Klammer gibt wieder den Eigenwert, der Term dahinter die Eigenfunktion oder Eigenmode.

12.3.5 2D-Welle: Schwingende Kreismembran

12.3.8

Statt der rechteckigen betrachten wir eine runde Membran mit Radius a. Auch diese ist entlang ihres Umfangs fest eingespannt. Das Problem kann analog zur Rechteckmembran gelöst werden, allerdings legt die Geometrie die Verwendung von Polarkoordinaten nahe: $A = A(r, \varphi, t)$. Die Randbedingungen sind wieder Dirichlet'sche Randbedingungen, hier wird $A(a, \varphi, t) = 0$.

Der Laplace-Operator in Polarkoordinaten ergibt sich aus dem in Zylinderkoordinaten (10.48) unter Vernachlässigung der z-Abhängigkeit:

$$\nabla^2 = \frac{\partial^2}{\partial r^2} + \frac{1}{r}\frac{\partial}{\partial r} + \frac{1}{r^2}\frac{\partial^2}{\partial \varphi^2}. \tag{12.77}$$

Damit wird die Wellengleichung zu

$$\frac{\partial^2 A}{\partial r^2} + \frac{1}{r}\frac{\partial A}{\partial r} + \frac{1}{r^2}\frac{\partial^2 A}{\partial \varphi^2} = \frac{1}{c^2}\frac{\partial^2 A}{\partial t^2}. \tag{12.78}$$

Zuerst separieren wir den räumlichen und den zeitlichen Anteil. Allgemein gilt $A(r, \varphi, t) = R(r, \varphi)\,T(t)$, bei Beschränkung auf kreissymmetrische Lösungen reduziert sich dies auf

$$A(r,t) = R(r)\,T(t)\,. \tag{12.79}$$

Der Ansatz wird in die Differentialgleichung eingesetzt und wir erhalten

$$T(t)\left(R''(r) + \frac{1}{r}R'(r)\right) = \frac{1}{c^2}R(r)\,T''(t) \tag{12.80}$$

oder nach Umformen

$$\frac{1}{R(r)}\left(R''(r) + \frac{1}{r}R'(r)\right) = \frac{1}{c^2\,T(t)}T''(t)\,. \tag{12.81}$$

Als Separationskonstante wählen wir $-\beta^2$ und erhalten die beiden gewöhnlichen DGLs

$$0 = T''(t) + \beta^2 c^2 T(t) \quad \text{und} \quad 0 = R''(r) + \frac{1}{r}R'(r) + \beta^2 R\,. \tag{12.82}$$

Die Differentialgleichung für $T(t)$ ist wieder eine Schwingungsgleichung, d.h. wir erhalten für die Zeitabghängigkeit

$$T(t) = \gamma_1 \cos(\beta c t) + \gamma_2 \sin(\beta c t)\,. \tag{12.83}$$

Die Differentialgleichung für den räumlichen Teil ist komplizierter als im Falle der rechteckigen Membran, da wir hier neben der zweiten Ableitung nach r noch einen Term haben, der ein Produkt aus der ersten Ableitung der gesuchten Funktion $R(r)$ nach r und der unabhängigen Variablen r selbst enthält. Diese Differentialgleichung

$$R''(r) + \frac{1}{r}R'(r) + \beta^2 R = 0 \tag{12.84}$$

wird verwendet, um eine spezielle Art von Funktionen, die *Bessel-Funktionen* zu definieren. Ihre Lösung sind Bessel-Funktion erster Gattung $J_0(\beta r)$ und zweiter Gattung $Y_0(\beta r)$; die allgemeine Lösung wird damit

$$R(r) = a_1 J_0(\beta r) + a_2 Y_0(\beta r)\,. \tag{12.85}$$

12.3.6 Bessel-Funktionen

12.3.7

Die Bessel-Funktion ist wie die δ-Funktion eine verallgemeinerte Funktion. Verallgemeinerte Funktionen können nicht nur über Integrale sondern auch über Differentialgleichungen definiert werden. Die Definitionsgleichung der Bessel-Funktion ist

$$x^2 y''(x) + x y'(x) + (x^2 - n^2) y(x) = 0 \tag{12.86}$$

mit $x > 0$ und n als einem Parameter, der die Ordnung der Bessel-Funktion bezeichnet. Die Beschränkung auf $x > 0$ ist sinnvoll, wenn wir mit Hilfe der Bessel-Funktion physikalische Größen beschreiben wollen.

Die Koeffizienten von (12.86) sind in der Normalform (6.95)

$$p(x) = \frac{1}{x} \quad \text{und} \quad q(x) = 1 - \frac{n^2}{x^2}\,. \tag{12.87}$$

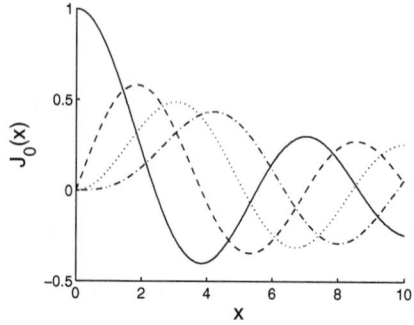

Abb. 12.7. Verschiedene Ordnungen der Bessel-Funktion der ersten Art: J_0 (durchgezogen), J_1 (gestrichelt), J_2 (punktiert) und J_3 (strichpunktiert)

Diese Koeffizienten sind überall analytisch. Mit dem Ansatz

$$y_1(x) = \sum_{k=0}^{\infty} a_k x^{k+r} \quad \text{mit} \quad r = \pm n \tag{12.88}$$

ergibt sich als erste Lösung der Differentialgleichung die *Bessel-Funktion erster Gattung* oder *erster Art* der Ordnung Null zu

$$J_0(x) = \sum_{k=0}^{\infty} \frac{(-1)^k}{(k!)^2} \left(\frac{x}{2}\right)^{2k}. \tag{12.89}$$

Bessel-Funktionen erster Art der Ordnung n lassen sich mit Hilfe der Γ-Funktion (9.37) schreiben als

$$J_n(x) = \sum_{k=0}^{\infty} \frac{(-1)^k}{\Gamma(k+1)\,\Gamma(k+1+n)} \left(\frac{x}{2}\right)^{2k+n} \tag{12.90}$$

oder explizit für die ersten beiden Ordnungen

$$\begin{aligned} J_0(x) &= 1 - \frac{x^2}{2^2} + \frac{x^4}{2^2 \cdot 4^2} - \frac{x^6}{2^2 \cdot 4^2 \cdot 6^2} \cdots, \\ J_1(x) &= \frac{x}{2} - \frac{x^3}{2^2 \cdot 4^2} + \frac{x^5}{2^2 \cdot 4^2 \cdot 6^2} + \cdots. \end{aligned} \tag{12.91}$$

Abbildung 12.7 zeigt die Bessel-Funktion erster Art für die unteren Ordnungen. Alle Funktionen oszillieren, die Amplitude der Oszillation nimmt mit zunehmendem x ab und aufeinander folgende Ordnungen sind um $\pi/4$ verschoben. Für kleine Werte von x lassen sich die verschiedenen Ordnungen annähern durch $J_0 \sim 1$, $J_1 \sim x$, $J_2 \sim x^2$ bzw. allgemein $J_m \sim x^m$.

Die zweite Lösung von (12.7) hat die Form

$$y_2(x) = y_1(x) \ln x + x \sum_{k=0}^{\infty} b_k x^k, \tag{12.92}$$

d.h. die Gesamtlösung wird

$$y(x) = \gamma_1 J_0(x) + \gamma_2 y_2(x). \tag{12.93}$$

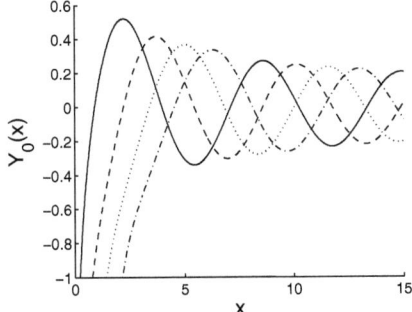

Abb. 12.8. Die ersten Ordnungen der Bessel-Funktion 2. Gattung: Y_0 (durchgezogen), Y_1 (gestrichelt), Y_2 (punktiert) und Y_3 (strichpunktiert)

Diese Lösung lässt sich durch eine *Bessel-Funktion zweiter Gattung* der Ordnung Null beschreiben:

$$Y_0(x) = \frac{2}{\pi}\left(\gamma + \ln\frac{x}{2}\right)J_0(x) + \frac{2}{\pi}\sum_{k=1}^{\infty}\frac{(-1)^{k+1}H_k}{(k!)^2}\left(\frac{x}{2}\right)^{2k} \qquad (12.94)$$

mit

$$H_k = 1 + \frac{1}{2} + \frac{1}{3} + \ldots = \sum_{j=1}^{k}\frac{1}{j} \qquad (12.95)$$

und γ als der bereits aus Eulers Definition der Γ-Funktion bekannten *Euler-Mascheroni Konstante*

$$\gamma = \lim_{k\to\infty}(H_k - \ln k) = 0.5772215\cdots. \qquad (12.96)$$

Die höheren Ordnungen lassen sich darstellen in der Form

$$Y_n(x) = \lim_{m\to n}\frac{J_m(x)\cos(m\pi) - (-1)^m J_m(x)}{\sin(m\pi)}. \qquad (12.97)$$

Abbildung 12.8 zeigt die unteren Ordnungen der Bessel-Funktion zweiter Gattung. Alle Ordnungen gehen für $x \to 0$ gegen Unendlich. Auch diese Funktionen oszillieren, die Amplitude der Oszillation nimmt mit zunehmender Ordnung ab und benachbarte Ordnungen sind um $\pi/4$ verschoben.

Bessel-Funktionen ergeben sich bei zylindersymmetrischen Geometrien. Sie bieten eine einfache Möglichkeit, Lösungen in geschlossener Form darzustellen. Die Bessel-Funktionen sind in Formelsammlungen tabelliert, sie sind auch in Programm-Bibliotheken enthalten.

12.3.7 2D-Welle: Schwingende Kreismembran fortgesetzt

Die räumliche Abhängigkeit der Lösung für die schwingende Kreismembran ist nach (12.85) eine Linearkombination der Bessel-Funktionen erster und zweiter Gattung. Während die Bessel-Funktion erster Gattung für alle x

endlich ist, strebt die Bessel-Funktion zweiter Gattung für $x \to 0$ gegen Unendlich. Damit die Auslenkung der Membran im Ursprung endlich bleibt, muss der Koeffizient a_2 in (12.85) Null sein, d.h. die räumliche Abhängigkeit der Lösung reduziert sich auf

$$R(r) = a_1 J_0(\beta r) . \tag{12.98}$$

Eine Gesamtlösung ergibt sich durch Multiplikation mit (12.83) zu

$$A(r,t) = (\gamma_3 \cos(\beta ct) + \gamma_4 \sin(\beta ct)) J_0(\beta r) . \tag{12.99}$$

In dieser Lösung ist die Separationskonstante β aus den Randbedingungen zu bestimmen, die Integrationskonstanten γ_3 und γ_4 ergeben sich aus den Anfangsbedingungen.

Die Randbedingung $A(a, \varphi, t) = 0$ fordert $J_0(\beta r) = 0$. Da die Bessel-Funktion oszilliert, hat sie unendlich viele Nullstellen α_i.[1] Sie verschwindet also für die Eigenschwingungen

$$\beta_n = \frac{\alpha_i}{a} . \tag{12.100}$$

Damit wird (12.99) zu

$$A_n(r,t) = \left(\gamma_{3n} \cos\left(\frac{\alpha_i ct}{a}\right) + \gamma_{4n} \sin\left(\frac{\alpha_i ct}{a}\right)\right) J_0\left(\frac{\alpha_i r}{a}\right) . \tag{12.101}$$

Die allgemeine Lösung ist die Überlagerung aller dieser Lösungen

$$A(r,t) = \sum_{k=0}^{\infty} \left(\gamma_{3n} \cos\left(\frac{\alpha_i ct}{a}\right) + \gamma_{4n} \sin\left(\frac{\alpha_i ct}{a}\right)\right) J_0\left(\frac{\alpha_i r}{a}\right) . \tag{12.102}$$

12.3.8 Schwingende Kugeloberflächen

→ 12.4 Auch Schwingungen auf einer Kugeloberfläche haben interessante physikalische Anwendungen, z.B. Oszillationen der Sonne, und führen auf eine Differentialgleichung, die zur Definition einer speziellen Sorte von Polynomen, den Legendre-Polynomen, verwendet werden kann.

Betrachten wir dazu eine sphärische Oberfläche mit Radius a. Geometrisch handelt es sich um ein dreidimensionales, sphärisch-symmetrisches Problem, d.h. wir müssen die Wellengleichung in drei Dimensionen betrachten und den Laplace-Operator (10.47) in Kugelkoordinaten verwenden:

$$\frac{1}{r^2}\frac{\partial}{\partial r}\left(r^2 \frac{\partial A}{\partial r}\right) + \frac{1}{r^2 \sin\vartheta}\frac{\partial}{\partial \vartheta}\left(\sin\vartheta \frac{\partial A}{\partial \vartheta}\right) + \frac{1}{r^2 \sin^2\vartheta}\frac{\partial^2 A}{\partial \varphi^2} = \frac{1}{c^2}\frac{\partial^2 A}{\partial t^2} . \tag{12.103}$$

Beschränken wir uns auf Wellen, die sich auf der Kugeloberfläche ausbreiten, so hängen diese nur von ϑ und φ ab, nicht aber von r: $A = A(\vartheta, \varphi, t)$. Damit reduziert sich (12.103) unter Berücksichtigung von $r = a$ auf

---

[1] Die ersten Werte dieser Nullstellen sind $\alpha_1 = 2.4048$, $\alpha_2 = 5.5021$, $\alpha_3 = 8.6537$. usw.

$$\frac{1}{a^2}\left[\frac{1}{\sin\vartheta}\frac{\partial}{\partial\vartheta}\left(\sin\vartheta\frac{\partial A}{\partial\vartheta}\right)+\frac{1}{\sin^2\vartheta}\frac{\partial^2 A}{\partial\varphi^2}\right]=\frac{1}{c^2}\frac{\partial^2 A}{\partial t^2}\,. \tag{12.104}$$

Zuerst separieren wir wieder in einen räumlichen und einen zeitlichen Anteil. Mit $-\beta^2$ als Separationskonstante ergibt sich die zeitliche Abhängigkeit wie in (12.56), die räumliche Abhängigkeit $R(\vartheta,\varphi)$ wird

$$\frac{1}{a^2}\left[\frac{1}{\sin\vartheta}\frac{\partial}{\partial\vartheta}\left(\sin\vartheta\frac{\partial R}{\partial\vartheta}\right)+\frac{1}{\sin^2\vartheta}\frac{\partial^2 R}{\partial\varphi^2}\right]+\beta^2 R=0\,. \tag{12.105}$$

Dieser Anteil lässt sich seinerseits separieren in eine Polarabhängigkeit $\Theta(\vartheta)$ und eine azimuthale Abhängigkeit $\Phi(\varphi)$:

$$R(\vartheta,\varphi)=\Theta(\vartheta)\,\Phi(\varphi)\,. \tag{12.106}$$

Mit der Separationskonstante μ erhalten wir dann

$$0=\frac{1}{\sin\vartheta}\frac{\mathrm{d}}{\mathrm{d}\vartheta}\left(\sin\vartheta\frac{\mathrm{d}\Theta}{\mathrm{d}\vartheta}\right)+\left(\beta^2 a^2-\frac{\mu}{\sin^2\vartheta}\right)\Theta$$
$$0=\frac{\mathrm{d}^2\Phi}{\mathrm{d}\varphi^2}+\mu\Phi\,. \tag{12.107}$$

Die untere Gleichung ist eine Schwingungsgleichung. Ihre Lösung ändert sich nicht, wenn das ganze System um 2π gedreht wird: $R(\vartheta,\varphi)=R(\vartheta,\varphi+2\pi)$. Die Lösung für den azimuthalen Anteil ist daher

$$\Phi(\varphi)=\mathrm{e}^{\mathrm{i}m\varphi}\qquad\text{mit}\qquad \mu=m^2\,. \tag{12.108}$$

Die erste Gleichung in (12.107) lässt sich damit schreiben

$$\frac{1}{\sin\vartheta}\frac{\mathrm{d}}{\mathrm{d}\vartheta}\left(\sin\vartheta\frac{\mathrm{d}\Theta}{\mathrm{d}\vartheta}\right)+\left(\beta^2 a^2-\frac{m^2}{\sin^2\vartheta}\right)\Theta=0\,. \tag{12.109}$$

Mit Hilfe einer neuen Variablen $x=\cos\vartheta$ lässt sich (12.109) schreiben als

$$\frac{\mathrm{d}}{\mathrm{d}x}\left[(1-x^2)\frac{\mathrm{d}\Theta}{\mathrm{d}x}\right]+\left(\beta^2 a^2-\frac{m^2}{1-x^2}\right)\Theta=0\,. \tag{12.110}$$

Diese Differentialgleichung wird durch die *Legendre-Polynome* P_n^m gelöst. Ähnlich den Bessel-Funktionen in einer zylindersymmetrischen Geometrie erhalten wir hier in einer kugelsymmetrischen Geometrie aus einem einfachen Schwingungsproblem eine neue Klasse von Funktionen, die über eine Differentialgleichung definiert sind.

12.3.9 Legendre-Polynome und Kugelflächenfunktionen

Betrachten wir nun die *Legendre'sche Differentialgleichung*

$$(1-x^2)y''(x)-2xy'(x)+\alpha(\alpha+1)y(x)=0\,. \tag{12.111}$$

Diese Gleichung hat in Normalform (6.95) die Koeffizienten

$$p(x) = \frac{2x}{1-x^2} \quad \text{und} \quad q(x) = \frac{\alpha(\alpha+1)}{(1-x^2)} \ . \tag{12.112}$$

Diese haben Singularitäten bei $x_{1,2} = \pm 1$, die Lösung konvergiert auf jeden Fall für $|x| < 1$, möglicherweise auch für größere x. Uns wird nur das Intervall [-1,+1] interessieren: ein Wert von $x = 1$ entspricht einem $\cos\vartheta = 1$ und damit $\vartheta = 0$. Das ist der Nordpol in einem sphärischen Koordinatensystem. Für $x = -1$ erhalten wir $\vartheta = \pi$ und damit den Südpol des Koordinatensystems.

Für die Lösung der DGL machen wir einen Potenzreihen-Ansatz (vgl. Abschn. 6.4)

$$y(x) = \sum_{n=0}^{\infty} a_n x^n \tag{12.113}$$

und erhalten zwei linear unabhängige Lösungen

$$y_1(x) = \sum_{n=0}^{\infty} a_{2n} x^{2n} \quad \text{und} \quad y_2(x) = \sum_{n=0}^{\infty} a_{2n+1} x^{2n+1} \tag{12.114}$$

mit

$$a_{2n} = (-1)^n \frac{\alpha(\alpha-2)\ldots(a-2n+2)(\alpha+1)(\alpha+3)\ldots(\alpha+2n-1)}{(2n)!} a_0$$

und

$$a_{2n+1} = (-1)^n \frac{(\alpha-1)(\alpha-3)\ldots(\alpha-2n+1)(\alpha-2)(\alpha+4)\ldots(\alpha+2n)}{(2n+1)!} a_1 \ .$$

Für beliebige Werte von α divergieren diese Folgen bei $x = \pm 1$; ist jedoch $\alpha = 0$ oder positiv ganzzahlig, so gibt es eine Lösung für die Legendre'sche Differentialgleichung in Form der *Legendre-Polynome*

$$P_n(x) = \frac{1}{2^n} \sum_{k=0}^{\infty} \frac{(-1)^k (2m-2k)!}{k!(n-k)!(n-2k)!} x^{n-2k} \tag{12.115}$$

oder explizit für die ersten Ordnungen

$$\begin{array}{ll} P_0(x) = 1 \ , & P_1(x) = x \ , \\ P_2(x) = \frac{1}{2}(3x^2 - 1) \ , & P_3(x) = \frac{1}{2}(5x^3 - 3x) \ . \end{array} \tag{12.116}$$

Eine alternative Darstellung für die Legendre-Polynome ist

$$P_n(x) = \frac{1}{2^n\, n!} \left(\frac{\mathrm{d}^n}{\mathrm{d}x^n}(x^2-1)^n \right) \ . \tag{12.117}$$

$P_n(x)$ hat jeweils genau $n-1$-Nullstellen im offenen Intervall von -1 bis +1. Für gradzahlige n ist P_n eine gerade Funktion, für ungradzahlige n eine ungerade Funktion. Die Legendre-Polynome der ersten Ordnungen sind in Abb. 12.9 dargestellt. Alle Legendre-Polynome haben am Nordpol den gleichen Wert: $P_n(x = 1) = 1$.

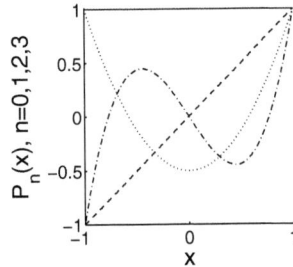

Abb. 12.9. Legendre-Polynome $P_n(x)$ für $n = 0, 1, 2, 3$

Bisher haben wir Legendre-Polynome der ersten Art betrachtet. Für sie können wir auch schreiben P_n^0. *Assoziierte Legendre-Polynome* oder *Legendre-Funktionen* P_n^m werden mit Hilfe der Polynome erster Art definiert als

$$P_n^m(x) = (-1)^m (1-x^2)^{m/2} \frac{\mathrm{d}^m}{\mathrm{d}x^m} P_n(x) \ . \tag{12.118}$$

Schwingende Kugeloberflächen: Kugelflächenfunktionen. Als Gesamtergebnis für die Schwingungsmoden auf einer Kugeloberfläche erhalten wir durch Kombination des polaren und des azimuthalen Anteils

$$Y_{nm} = (-1)^m \sqrt{\frac{(2n+1)(n-m)}{4\pi(m+n)}} P_n^m(\cos\vartheta) \, \mathrm{e}^{\mathrm{i}m\varphi} \quad \text{für} \quad m \geq 0 \ . \tag{12.119}$$

Der Vorfaktor ergibt sich aus der Normierung bei Integration über die Kugeloberfläche

$$\int |Y_{nm}|^2 \, \mathrm{d}\Omega = 1 \ . \tag{12.120}$$

In einigen Darstellungen wird (12.119) auch ohne Normierung in der Form

$$\tilde{Y}_{nm} = P_n^m(\cos\vartheta) \, \mathrm{e}^{\mathrm{i}m\varphi} \tag{12.121}$$

angegeben. Auch in dieser Form werden die Schwingungsmoden einer Kugeloberfläche korrekt beschrieben.

Die Schwingungsmoden der Kugeloberfläche werden als *sphärische Harmonische* oder *Kugelflächenfunktionen* bezeichnet. Eine sphärische Harmonische Y_{nm} hat m Schwingungen entlang eines Breitenkreises. Die Zahl der Schwingungen zwischen Nord- und Südpol der Kugel nimmt mit zunehmender Differenz $n - m$ zu. Die assoziierten Legendre-Polynome $P_n^m(\cos\vartheta)$ verhalten sich wie stehende Wellen, deren Amplitude vom Nordpol her abnimmt. Damit verhalten sie sich ähnlich wie Bessel-Funktionen.

Die sphärischen Harmonischen sind die *Eigenfunktionen* des Laplace-Operators auf der Kugel, d.h. es gilt

$$\nabla_K^2 Y_{nm}(\vartheta,\varphi) = -n(n+1) Y_{nm}(\vartheta,\varphi) \tag{12.122}$$

mit

$$\nabla_K^2 = \frac{1}{\sin\vartheta}\frac{\partial}{\partial\vartheta} + \frac{1}{\sin^2\vartheta}\frac{\partial^2}{\partial^2\varphi}\,. \tag{12.123}$$

Der Zusammenhang (12.122) erlaubt es, den Laplace-Operator durch eine einfache Multiplikation mit $-n(n+1)$ zu ersetzen. Dies ist für viele Anwendungen, insbesondere in den Geowissenschaften, nützlich.

12.4 Laplace- und Poisson-Gleichung

Die Laplace-Gleichung ist die Grundgleichung der Potentialtheorie. Sie enthält keine zeitliche Ableitung, d.h. sie beschreibt stationäre Felder. Die Poisson-Gleichung unterscheidet sich von der Laplace-Gleichung durch eine Inhomogenität.

Die Form der Poisson-Gleichung lässt sich einfach veranschaulichen. Ein elektrostatisches Feld ist rotationsfrei. Dann lässt es sich als Gradient eines skalaren Potentials A darstellen $\boldsymbol{E}(\boldsymbol{r}) = -\nabla U$. Von diesem Ausdruck können wir die Divergenz bilden und erhalten unter Brücksichtigung des Gauß'schen Gesetz für das elektrische Feld (11.40) $\Delta U = -\varrho/\varepsilon_0$. Dies ist die *Poisson-Gleichung*. Bei der *Laplace-Gleichung* ist die Inhomogenität Null: $\Delta U = 0$.

12.4.1 Laplace-Gleichung

Die Laplace-Gleichung $\nabla^2 U = 0$ wird verwendet u.a. zur Beschreibung des elektrostatischen Potentials im ladungsfreien Raum, zur Beschreibung des Gravitationspotentials im freien Raum, zur Beschreibung des Potentials einer Strömung in inkompressiblen Medien und zur Beschreibung stationärer Temperaturfelder. Die Gradienten dieser Potentiale geben das elektrische Feld, das Gravitationsfeld, das Strömungsfeld bzw. den Wärmestrom.

Stationärer Wärmestrom. Auch die Laplace-Gleichung lässt sich durch einen Separationsansatz lösen. Betrachten wir die Temperaturverteilung in einer rechteckigen Platte mit den Kanten a und b. Die Laplace-Gleichung ist

$$\frac{\partial^2 T}{\partial x^2} + \frac{\partial^2 T}{\partial y^2} = 0 \quad \text{für} \quad 0 < x < a \quad \text{und} \quad 0 < y < b\,. \tag{12.124}$$

Als Randbedingung sei die Temperatur an drei Kanten der Platte Null und an der vierten Kante durch eine Funktion $f(x)$ vorgegeben:

$$T(x,0) = T(0,y) = T(a,y) = 0 \quad \text{und} \quad T(x,b) = f(x)\,. \tag{12.125}$$

Zur Lösung von (12.124) machen wir den Separationsansatz $T(x,y) = X(x)Y(y)$ und erhalten mit der Separationskonstanten $-\beta^2$ die beiden gewöhnlichen Differentialgleichungen[2]

---

[2] Dieser Ansatz ist willkürlich, statt $-\beta^2$ hätten wir für die Separationskonstante auch β^2 wählen können – überlegen Sie, welche Konsequenzen diese Wahl für die Lösung hätte.

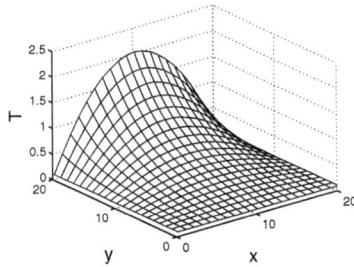

Abb. 12.10. Temperaturverlauf in einer rechteckigen Platte

$$X'' + \beta^2 X = 0 \quad \text{und} \quad Y'' - \beta^2 Y = 0 \,. \tag{12.126}$$

Diese haben die allgemeinen Lösungen

$$X_n(x) = \gamma_1 \sin\left(\frac{n\pi x}{a}\right) + \gamma_2 \cos\left(\frac{n\pi x}{a}\right), \quad n = 1, 2, \ldots, \quad \text{und}$$
$$Y_n(y) = \gamma_3 \sinh\left(\frac{n\pi y}{a}\right) + \gamma_4 \cosh\left(\frac{n\pi y}{a}\right), \quad n = 1, 2, \ldots \,. \tag{12.127}$$

Berücksichtigung der Randbedingungen (12.125) mit $T = 0$ ergibt $\gamma_2 = \gamma_4 = 0$ und damit als eine Lösung

$$T_n(x,y) = \gamma_n \sin\left(\frac{n\pi x}{a}\right) \sinh\left(\frac{n\pi y}{a}\right), \quad n = 1, 2, \ldots \,. \tag{12.128}$$

Die Gesamtlösung entsteht durch Überlagerung der einzelnen Lösungen[3]

$$T(x,y) = \sum_{n=1}^{\infty} T_n(x,y) = \sum_{n=0}^{\infty} \gamma_n \sin\left(\frac{n\pi x}{a}\right) \sinh\left(\frac{n\pi y}{a}\right). \tag{12.129}$$

Aus der letzten Randbedingung $T(x,b) = f(x)$ erhalten wir

$$T(x,b) = f(x) = \sum_{n=0}^{\infty} \gamma_n \sin\left(\frac{n\pi x}{a}\right) \sinh\left(\frac{n\pi b}{a}\right). \tag{12.130}$$

Da die $\sin(n\pi x/a)$ orthogonale Funktionen sind, lässt sich dies schreiben als

$$\gamma_n \sinh\left(\frac{n\pi b}{a}\right) = \frac{2}{a} \int_0^a f(x) \sin\left(\frac{n\pi x}{a}\right) dx \,. \tag{12.131}$$

Mit einem Temperaturprofil $f(x) = T_0 x(a-x)$ erhalten wir

$$\gamma_n \sinh\left(\frac{n\pi b}{a}\right) = \frac{2}{a} \int_0^a T_0 x(a-x) \sin\left(\frac{n\pi x}{a}\right) dx$$

---

[3] Diese Überlagerung unterscheidet sich physikalisch von der bei der schwingenden Saite: hier muss die Abbildung auf den vollständigen Raum der Eigenfunktionen erfolgen, bei der schwingenden Saite kann eine physikalisch sinnvolle Lösung jedoch auch durch nur eine einzige Eigenfunktion gegeben sein.

$$= 4T_0 a^2 \frac{1-(-1)^n}{n^3 \pi^3} \,. \tag{12.132}$$

Die Lösung wird damit

$$T(x,y) = \frac{8T_0 a^2}{\pi^3} \sum_{n=1}^{\infty} \frac{1-(-1)^n}{n^3} \frac{\sinh\left(\frac{n\pi y}{a}\right)}{\sinh\left(\frac{n\pi b}{a}\right)} \sin\left(\frac{n\pi x}{a}\right) \,. \tag{12.133}$$

Der Verlauf dieser Lösung ist in Abb. 12.10 gegeben.

12.4.2 Poisson-Gleichung

Die Poisson-Gleichung enthält zusätzlich eine Inhomogenität, die die Quellen beschreibt. Die wichtigsten Beispiele sind das elektrostatische Potential und das Gravitationspotential:

$$\nabla^2 U = -\frac{\varrho}{\varepsilon_0} \quad \text{und} \quad \nabla^2 V = 4\pi\gamma\varrho_m \tag{12.134}$$

mit ϱ als Ladungs- und ϱ_m als Massendichte. Die beiden Gleichungen unterscheiden sich nur in den Kopplungskonstanten $-1/\varepsilon_0$ und $4\pi\gamma$.

Elektrostatisches Potential einer Punktladung. Betrachten wir eine Punktladung q im Ursprung des Koordinatensystems. Das elektrostatische Potential dieser Punktladung ist

$$U(\boldsymbol{r}) = \frac{q}{4\pi\varepsilon_0 r} \,, \tag{12.135}$$

das elektrische Feld ist

$$\boldsymbol{E}(\boldsymbol{r}) = -\nabla U = \frac{q}{4\pi\varepsilon_0} \frac{\boldsymbol{r}}{r^3} \,. \tag{12.136}$$

Zur Lösung der Poisson-Gleichung gehen wir von einer Ladungsdichte ϱ aus:

$$\Delta U = -\frac{\varrho(\boldsymbol{r},t)}{\varepsilon_0} \,. \tag{12.137}$$

Ob wir das Potential einer Punktladung oder das Potential im Außenraum einer ausgedehnten sphärisch symmetrischen Ladungsverteilung bestimmen wollen, ist für die weitere Herleitung unerheblich. Als erstes integrieren wir über eine Kugel mit Radius R, die die Ladung enthält. Auf der rechten Seite ergibt das Integral die Gesamtladung Q:

$$\int \Delta U \, dV = -\frac{Q}{\varepsilon_0} \,. \tag{12.138}$$

Auf der linken Seite schreiben wir den Laplace-Operator als die Divergenz eines Gradienten:

$$\int \nabla \cdot \nabla U \, dV = -\frac{Q}{\varepsilon_0} \tag{12.139}$$

12.4 Laplace- und Poisson-Gleichung

Mit dem Gauß'schen Satz (11.37) lässt sich das Volumenintegral in ein Oberflächenintegral umwandeln

$$\oint \nabla U \, d\mathbf{A} = -\frac{Q}{\varepsilon_0} . \tag{12.140}$$

Das Potential hängt auf Grund der Symmetrie nur von r ab: $U = U(r)$. Mit dem Gradienten in Kugelkoordinaten (10.18) und dem Flächenelemet auf der Kugeloberfläche gemäß (2.100) erhalten wir

$$\oint \frac{\partial U}{\partial r} \mathbf{e}_r \cdot \mathbf{e}_r r^2 d\Omega = -\frac{Q}{\varepsilon_0} \tag{12.141}$$

mit Ω als dem Raumwinkel. Da die Integration nicht von r abhängt, können wir durch r^2 dividieren und erhalten

$$\frac{\partial U}{\partial r} = -\frac{q}{4\pi\varepsilon_0 r^2} . \tag{12.142}$$

Integration liefert das Coulomb-Potential

$$U = \frac{q}{4\pi\varepsilon_0 r} , \tag{12.143}$$

wobei die Integrationskonstante so gewählt wurde, dass $U \to 0$ für $r \to \infty$.

Da das elektrische Feld definiert ist als $\mathbf{E} = -\nabla U$ erhalten wir aus (12.142)

$$\mathbf{E} = \frac{q}{4\pi\varepsilon_0 r^2} \mathbf{e}_r . \tag{12.144}$$

Gleichungen (12.143) und (12.144) gelten insbesondere auch für eine δ-förmige Ladungsverteilung $\varrho(r) = q\,\delta(r)$.

Green'sche Funktion und allgemeine Ladungsverteilung. In vielen physikalischen Problemen lässt sich die Antwort des Systems auf eine Anregung mit einer δ-Funktion formal einfach bestimmen. Die Reaktion auf eine zeitlich oder räumlich ausgedehnte Anregung lässt sich dann durch die Überlagerung vieler Reaktionen auf δ-Funktionen darstellen. Diese Überlagerung wird mit Hilfe der *Green'schen* Funktion erreicht. Da diese auf dem Superpositionsprinzip beruht, ist ihre Anwendung auf lineare Systeme beschränkt. In diesen erlaubt sie jedoch häufig eine sehr einfache und elegante Lösung.

Definition 66. *Die* Green'sche Funktion *eines Systems ist nichts anderes als die Antwort des Systems auf eine Anregung durch eine δ-Funktion.*

Die Definition macht deutlich, dass die Green'sche Funktion eine *kausale Funktion* ist: die Anregung erfolgt vor der Systemantwort.

Da das elektrische Potential einer Punktladung durch eine δ-Funktion erzeugt wird, muss es einen Zusammenhang zwischen diesem Potential und der Green'schen Funktion gegeben. Dieser Zusammenhang soll allgemein gültig sein, d.h. die einzige spezielle Größe in (12.143), die Ladung q, ist nicht Bestandteil der Green'schen Funktion.

12 Partielle Differentialgleichungen

Die Poisson-Gleichung für eine Punktquelle lässt sich mit der Green'schen Funktion G schreiben als

$$\Delta G(\boldsymbol{r}) = -\delta(\boldsymbol{r}) \tag{12.145}$$

mit der Lösung

$$G(\boldsymbol{r}) = \frac{1}{4\pi\varepsilon_0 r} \ . \tag{12.146}$$

Befindet sich die Punktquelle nicht im Ursprung sondern an einem Ort $\boldsymbol{r}'$, so wird die Poisson-Gleichung

$$\Delta G(\boldsymbol{r} - \boldsymbol{r}') = -\delta(\boldsymbol{r} - \boldsymbol{r}') \tag{12.147}$$

mit der Lösung

$$G(\boldsymbol{r} - \boldsymbol{r}') = \frac{1}{4\pi\varepsilon_0 |\boldsymbol{r} - \boldsymbol{r}'|} \ . \tag{12.148}$$

Die Lösung für eine beliebige Ladungsverteilung $\varrho(\boldsymbol{r}')$ ergibt sich durch Multiplikation von (12.148) mit $\varrho(\boldsymbol{r}')$ und Integration über $\boldsymbol{r}'$

$$U(\boldsymbol{r}) = \int G(\boldsymbol{r} - \boldsymbol{r}')\, \varrho(\boldsymbol{r}')\, \mathrm{d}^3 r' \ . \tag{12.149}$$

Diese Gleichung wird auch als *Poisson-Integral* bezeichnet.

In vielen Anwendungen ist die Green'sche Funktion die Lösung einer Differentialgleichung mit einer δ-förmigen Anregung. Daher muss eine Ableitung oder eine Kombination mehrerer Ableitungen der Green'schen Funktion gleich der δ-Funktion am Ort bzw. zum Zeitpunkt der Anregung sein. Daher ist die Green'sche Funktion oder eine ihrer Ableitungen in der Regel keine stetige Funktion sondern hat eine Singularität.

Beispiel 127. Potential einer kugelsymmetrischen Ladungsdichte Bei allen Anwendungen des Poisson-Integral (12.149) ist der Nenner $|\boldsymbol{r} - \boldsymbol{r}'|$, d.h. der Abstand zwischen dem Punkt $\boldsymbol{r}$, in dem das Potential zu betrachten ist, und den Punkten $\boldsymbol{r}'$, die die Ladungsdichte beherbergen. Die beiden Ortsvektoren und der Abstand bilden ein Dreieck, von dem zwei Seiten, nämlich die Beträge der beiden Vektoren, sowie über das Skalarprodukt der zwischen ihnen eingeschlossene Winkel bekannt sind. Dann lässt sich mit Hilfe des Kosinussatzes (Satz des Pythagoras im schiefwinkligen Dreieck) $c^2 = a^2 + b^2 - 2ab\cos\gamma$ die dritte Seite, also der Abstand der beiden Punkte berechnen:

$$(r - r')^2 = r^2 + r'^2 - 2rr' \cos\vartheta \tag{12.150}$$

mit ϑ als dem von $\boldsymbol{r}$ und $\boldsymbol{r}'$ eingeschlossenen Winkel. Einsetzen dieses Ausdrucks in (12.149) liefert mit dem Volumenelement (2.98)

$$U(\boldsymbol{r}) = \frac{1}{4\pi\varepsilon_0} \int_0^\infty \int_0^\pi \int_0^{2\pi} \frac{\varrho(\boldsymbol{r}')}{\sqrt{r^2 + r'^2 - 2rr'\cos\vartheta}} r^2 \sin\vartheta\, \mathrm{d}\vartheta\, \mathrm{d}\varphi\, \mathrm{d}r \ . \tag{12.151}$$

12.4 Laplace- und Poisson-Gleichung

Die Integration über ϑ können wir mit $a = r^2 + r'^2$ und $b = 2rr'$ vereinfachen

$$I = \int_0^\pi \frac{\sin\vartheta\, d\vartheta}{\sqrt{a - b\cos\vartheta}} \tag{12.152}$$

und erhalten mit der Substitution $z = \cos\vartheta$ und $dz = \sin\vartheta\, d\vartheta$

$$I = -\int_{+1}^{-1} \frac{dz}{\sqrt{a - bz}} = \left[\frac{2}{b}\sqrt{a - bz}\right]_{+1}^{-1} = \frac{2}{b}\left(\sqrt{a+b} - \sqrt{a-b}\right). \tag{12.153}$$

Nach Rücksubstitution von a und b ergibt sich

$$\int_0^\pi \frac{\sin\vartheta\, d\vartheta}{\sqrt{r^2 + r'^2 - 2rr'\cos\vartheta}} = \frac{1}{rr'}(r + r' - |r - r'|)$$

$$= \begin{Bmatrix} 2/r & r \geq r' \\ 2/r' & r < r' \end{Bmatrix} = \frac{2}{r_m} \tag{12.154}$$

mit $r_m = \max(r, r')$. Damit ergibt sich

$$\int \frac{d\Omega}{|\mathbf{r} - \mathbf{r}'|} = \int_0^{2\pi}\int_0^\pi \frac{\sin\vartheta\, d\vartheta\, d\varphi}{\sqrt{r^2 + (r')^2 - 2rr'\cos\vartheta}} = \frac{4\pi}{r_m}. \tag{12.155}$$

Einsetzen dieses Ausdrucks in (12.149) liefert

$$U(r) = \frac{1}{4\pi\varepsilon_0}\int \frac{\varrho(r')}{|\mathbf{r} - \mathbf{r}'|}d^3r' = \frac{1}{\varepsilon_0}\int_0^\infty \varrho(r')\frac{(r')^2}{r_m}dr'. \tag{12.156}$$

Das Integral lässt sich in zwei Teile zerlegen, einen inneren Teil $r < r'$ und einen äußeren Teil $r \geq r'$:

$$U(r) = \frac{1}{\varepsilon_0}\left\{\frac{1}{r}\int_0^r \varrho(r')(r')^2\, dr' + \int_r^\infty \varrho(r')r'\, dr'\right\}: \tag{12.157}$$

auf einer Kugelschale der Dicke dr' bei r' befindet sich eine Ladung $dQ = 4\pi r'^2\, dr'$. Diese erzeugt im Außenraum ein wie $1/r$ abfallendes Coulomb-Potential während das Potential im Innern konstant ist und den gleichen Wert wie an der Oberfläche annimmt:

$$dU(r) = \frac{1}{4\pi\varepsilon_0}\begin{cases} dQ'/r' & \text{für } r < r' \\ dQ'/r & \text{für } r' < r \end{cases}. \tag{12.158}$$

Die so gefundene Lösung der Poisson-Gleichung ist nicht eindeutig (Integrationskonstante). Hier ist die Lösung so gewählt, dass U für $r \to \infty$ gegen Null geht. □

12 Partielle Differentialgleichungen

Multipolentwicklung. Das Poisson-Integral (12.149) ist für beliebige Ladungsdichteverteilungen $\varrho(r)$ nicht zwingend lösbar. In diesen Fällen kann die Gleichung numerisch integriert oder näherungsweise mit Hilfe einer Multipolentwicklung bestimmt werden.

Betrachten wir wieder den Nenner in (12.149). Mit den Abkürzungen $\mu = \boldsymbol{r} \cdot \boldsymbol{r}'/(|\boldsymbol{r}||\boldsymbol{r}'|)$ (das ist der Kosinus des Winkels zwischen $\boldsymbol{r}$ und $\boldsymbol{r}'$, d.h. eine Richtungsangabe) und $s = r'/r$ (ein Maß für den relativen Abstand) lässt sich der Nenner schreiben

$$\frac{1}{|\boldsymbol{r} - \boldsymbol{r}'|} = \frac{1}{r} T(\mu, s) \quad \text{mit} \quad T(\mu, s) = \frac{1}{\sqrt{1 - 2\mu s + s^2}} \ . \tag{12.159}$$

Die Funktion T steht mit den Legendre-Polynomen $P_k(\mu)$ in Beziehung:

$$T(\mu, s) = \sum_{k=0}^{\infty} s^k P_k(\mu) \ . \tag{12.160}$$

Damit lässt sich das Potential in eine Reihe entwickeln

$$U(\boldsymbol{r}) = \sum_{k=0}^{\infty} \frac{Q_k}{r^{k+1}} \tag{12.161}$$

mit den *Multipolkoeffizienten*

$$Q_k = \int \varrho(\boldsymbol{r}') P_k(\mu) r'^k \, \mathrm{d}^3 \boldsymbol{r}' \ . \tag{12.162}$$

Der Koeffizient des Monopols ist die Gesamtladung

$$Q = Q_0 = \int \varrho(\boldsymbol{r}') \, \mathrm{d}^3 \boldsymbol{r}' : \tag{12.163}$$

das Feld einer abgeschlossenen statischen Ladungsverteilung verhält sich in großer Entfernung in erster Näherung wie das einer Punktladung Q.

Der Dipolkoeffizient ist

$$Q_1 = \int \mu r' \varrho(\boldsymbol{r}') \, \mathrm{d}^3 \boldsymbol{r}' \ . \tag{12.164}$$

In kartesischen Koordinaten $\boldsymbol{r} = (x_l)$ und $\boldsymbol{r}' = (x_l')$ lässt sich dieser mit Hilfe der *Dipolmoments*

$$p_l = \int x_l' \varrho(\boldsymbol{r}') \, \mathrm{d}^3 \boldsymbol{r}' \tag{12.165}$$

schreiben als

$$Q_1 = \frac{x_l p_l}{r} = \frac{\boldsymbol{r} \cdot \boldsymbol{p}}{r} \ . \tag{12.166}$$

$\boldsymbol{p} = (p_l)$ ist ein Dreiervektor. Das Dipolmoment ist die erste Korrektur zur Beschreibung des Feldes einer Ladungsverteilung.

Der Koeffizient des Quadrupols

$$Q_2 = \int \frac{3\mu^2 - 1}{2} r'^2 \, \varrho(\boldsymbol{r}') \, \mathrm{d}^3\boldsymbol{r}' \tag{12.167}$$

lässt sich mit Hilfe des Quadrupolmoments

$$q_{kl} = \frac{1}{2} \int \left(3 x'_k x'_l - \delta_{kl} r'^2\right) \varrho(\boldsymbol{r}') \, \mathrm{d}^3\boldsymbol{r}' \tag{12.168}$$

schreiben als

$$Q_2 = \frac{x_k \, q_{kl} \, x_l}{r^2} = \frac{\boldsymbol{r}^\mathsf{T} \mathsf{Q} \boldsymbol{r}}{r^2}. \tag{12.169}$$

$\mathsf{Q} = (q_{kl})$ ist ein symmetrischer Tensor.
Die Reihenentwicklung des Potentials ist damit

$$U(\boldsymbol{r}) = \frac{1}{4\pi\varepsilon_0} \left(\frac{Q}{r} + \frac{\boldsymbol{r} \cdot \boldsymbol{p}}{r^5} + \frac{\boldsymbol{r}^\mathsf{T} \mathsf{Q} \boldsymbol{r}}{r^5} + \ldots \right). \tag{12.170}$$

Anmerkung zur Wellengleichung. In relativistischer Schreibweise lässt sich auch die Wellengleichung in Form einer Laplace-Gleichung darstellen. Dazu verwenden wir den Vierervektor (vgl. Abschn. 8.6.3). Die zu betrachtende Variable ist das Vektorpotential aus (12.8) und es gilt

$$\Box \boldsymbol{A} = 0 \quad \text{bzw.} \quad \Box \boldsymbol{A} = \mu_0 \boldsymbol{j} \tag{12.171}$$

mit dem *d'Alambert Operator* in kartesischen Koordinaten als

$$\Box = \frac{\partial^2}{\partial x^2} + \frac{\partial^2}{\partial y^2} + \frac{\partial^2}{\partial z^2} - \frac{1}{c^2} \frac{\partial^2}{\partial t^2}. \tag{12.172}$$

12.5 Wärmeleitungs- und Diffusionsgleichung

Die Wärmeleitungs- und Diffusionsgleichung sind formal äquivalent: sie enthalten neben der zweiten räumlichen Ableitung der Temperatur T bzw. der Teilchenzahldichte n die zeitliche Ableitung dieser Felder multipliziert mit einem Transportkoeffizienten. Beide Gleichungen sind Beispiele für *Transportgleichungen*.

12.5.1 Diffusionsgleichung

Die Herleitung einer partiellen Differentialgleichung vom Typ einer Transportgleichung lässt sich am Beispiel der Diffusionsgleichung veranschaulichen. Diffusion ist ein in vielen Bereichen der Physik auftretender Transportprozess, z.B. bei der Wärmeleitung oder bei der Ausbreitung eines Stoffes in einem kontinuierlichem Medium (z.B. Schadstoff in Wasser oder Luft). Diffusion ist ein stochastischer Prozess: bei der Wärmeleitung hängt der Transport vom Energieübertrag in der zufälligen thermischen Bewegung der Stoffbestandteile ab, bei der Ausbreitung eines Stoffes in einem kontinuierlichen Medium von den Kollisionen zwischen den Molekülen des Stoffes und des Mediums, ebenfalls bestimmt durch deren zufällige thermische Bewegung.

In allgemeiner Form ist die *Diffusionsgleichung* gegeben als

$$\frac{\partial n(\boldsymbol{r},t)}{\partial t} = D\Delta n(\boldsymbol{r},t) \tag{12.173}$$

mit n als der Teilchenzahldichte und D als dem Diffusionskoeffizienten. Die *Wärmeleitungsgleichung* ist formal äquivalent

$$\frac{\partial T}{\partial t} = \frac{\lambda}{c\varrho}\Delta T \tag{12.174}$$

mit T als der Temperatur und $\lambda/(c\varrho)$ als der Temperaturleitzahl, in die das Wärmeleitvermögen λ, die spezifische Wärmekapazität c und die Dichte ϱ des Stoffes eingehen.

12.5.2 Random Walk und mittleres Abstandsquadrat

Die Idee eines diffusiven Prozesses wollen wir am Beispiel einer eindimensionalen Bewegung mit Start im Ursprung betrachten. Eine Ameise kann sich jeweils um einen Schritt λ (korrekt: *eine mittlere freie Weglänge* λ) in positive oder negative x-Richtung bewegen. Am jeweiligen Ankunftsort trifft sie erneut die Entscheidung für eine Weiterbewegung mit $+\lambda$ oder $-\lambda$. Wie weit ist die Ameise nach N Schritten vom Ursprung entfernt?

Intuitiv sicherlich nicht $N\lambda$, denn das würde bedeuten, dass diese Ameise sich immer nur in einer Richtung bewegt. Dass sich die Ameise wieder genau am Ursprung befindet, ist auch nicht sehr wahrscheinlich, da dafür die Zahl der Schritte in positiver und negativer Richtung exakt gleich sein müsste. Also irgendwo dazwischen. Aber wo? Und wo wäre eine zweite Ameise, die sich unabhängig von der ersten durch die Gegend bewegt? Wahrscheinlich nicht exakt am gleichen Ort, d.h. viele Ameisen würden sich nach jeweils N Schritten an verschiedenen Orten wieder finden.

Daher lässt sich, wie bei allen Zufallsprozessen, nur ein mittlerer Wert bestimmen, in diesem Fall der *erwartete Abstand* (oder *mittlerer quadratischer Abstand*), definiert als das Quadrat der Summe der einzelnen Schritte $\mathrm{d}x_i$:

$$\langle\Delta x\rangle^2 = \left(\sum_{i=1}^{N}\mathrm{d}x_i\right)^2 = (\mathrm{d}x_1+\mathrm{d}x_2+\mathrm{d}x_3+...+\mathrm{d}x_N)^2 = \sum_{i=1}^{N}\sum_{j=1}^{N}\mathrm{d}x_i\mathrm{d}x_j \ . \tag{12.175}$$

Die einzelnen Versetzungen $\mathrm{d}x_i$ sind entweder $+\lambda$ oder $-\lambda$, jeweils mit einer Wahrscheinlichkeit von 0.5. Die Produkte $\mathrm{d}x_i\mathrm{d}x_j$ sind daher entweder $+\lambda^2$ oder $-\lambda^2$. Für $i \neq j$ sind $\mathrm{d}x_i$ und $\mathrm{d}x_j$ unabhängig, d.h. negative wie positive Werte des Produktes haben eine Wahrscheinlichkeit von 0.5 und heben sich in der Summe weg. Es bleiben die Produkte mit $i = j$, die jeweils $+\lambda^2$ sind:

$$\langle\Delta x\rangle^2 = N\lambda^2 , \tag{12.176}$$

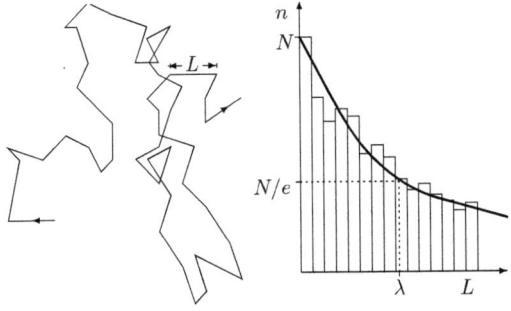

Abb. 12.11. Pfad eines Teilchens unter dem Einfluss von Stößen mit anderen Teilchen (Brown'sche Bewegung) und Verteilung der zwischen zwei aufeinander folgenden Stößen zurück gelegten Strecken L

d.h. mit zunehmender Schrittzahl N nimmt der mittlere quadratische Abstand vom Ursprung mit $\sqrt{N}$ zu.

Hat die Ameise eine Geschwindigkeit v, so legt sie während einer Zeit t die Strecke $s = vt$ zurück. Ausgedrückt in der Zahl N der Richtungsänderungen und der Strecke λ zwischen den Richtungsänderungen ist $s = N\lambda$ und damit

$$\langle \Delta x \rangle^2 = N\lambda^2 = v\lambda t = 2Dt \tag{12.177}$$

mit dem *Diffusionskoeffizienten*

$$D = \tfrac{1}{2}v\lambda \tag{12.178}$$

für die hier betrachtete eindimensionale Bewegung. Bei dreidimensionaler Bewegung ist

$$D = \tfrac{1}{3}v\lambda \,. \tag{12.179}$$

Anschaulich ist der Diffusionskoeffizient ein Maß für die Beweglichkeit der Ameisen. Mit zunehmender Geschwindigkeit wird die Beweglichkeit größer, da in einer Zeiteinheit ein größerer Weg und damit eine größere Anzahl von Schritten in λ zurückgelegt werden kann: das N in (12.176) wird größer. Eine größere mittlere freie Weglänge λ dagegen erlaubt größere Schritte und damit ein schnelleres Anwachsen des Abstands vom Ursprungsort.

In unserem Ameisenbild ist die mittlere freie Weglänge als der Abstand zwischen zwei aufeinander folgenden Entscheidungen über die Richtungsänderung eine konstante Größe. Bei der Ausbreitung von Rauch in Luft dagegen ist der Abstand zwischen zwei aufeinander folgenden Kollisionen eines Rauchteilchens mit der Luft zufällig. Betrachtet man den Pfad eines Teilchens, so ergibt sich z.B. das linke Bild in Abb. 12.11: die Bewegung lässt sich aus vielen geraden Abschnitten verschiedener Längen L zusammensetzen. Die Verteilung der Weglängen L zwischen aufeinander folgenden Stößen ist im rechten Teil der Abbildung gezeigt. Diese *Wahrscheinlichkeitsverteilung* für L kann als eine Funktion $p = a \exp(-L/\lambda)$ beschrieben werden, wobei a eine Konstante ist und λ die mittlere freie Weglänge. Sie ist definiert für den Wert von L, bei dem die Verteilung auf N/e abgesunken ist.

274　12 Partielle Differentialgleichungen

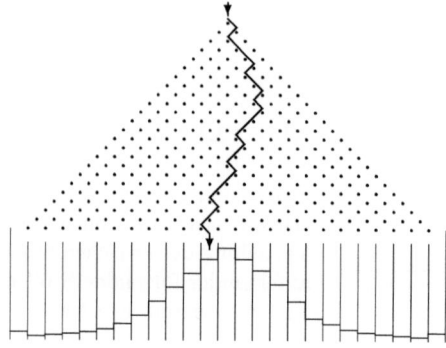

Abb. 12.12. Galton-Brett: viele kleine, stochastisch verteilte Streuungen arbeiten so zusammen, dass sich eine Gauß-Verteilung bildet

Den Übergang von einer Ameise auf eine Ameisenherde können wir mit Hilfe des *Galton-Bretts* veranschaulichen, vgl. Abb. 12.12. Dieses besteht aus Reihen von Nägeln und erlaubt es, die Streuung, die ein Teilchen erfährt, anschaulich darzustellen: wenn die am obersten Nagel beim Pfeil startenden Bälle herab fallen, treffen sie auf einen Nagel und werden nach links oder rechts abgelenkt. Dort treffen sie einen Nagel der nächsten Reihe und werden wiederum abgelenkt. Dieser Prozeß wiederholt sich, bis der Ball in der untersten Reihe aufgefangen wird. Die Stelle, an der der Ball zur Ruhe kommt, ergibt sich dann aus einer großen Zahl von stochastischen Wechselwirkungen vergleichbarer Stärke. Mit einer großen Zahl von Bällen erhalten wir am Ende eine *Gauß-Verteilung* um den *Mittelwert* x_0 (vgl. Abschnitt 13.3.5)

$$P(x) = \frac{1}{\sqrt{2\pi}\sigma} \exp\left(-\frac{(x-x_0)^2}{2\sigma^2}\right) \tag{12.180}$$

mit der *Standardabweichung*

$$\sigma^2 = \frac{1}{n}\sum(x-x_0)^2 = \langle\Delta x\rangle^2 \,, \tag{12.181}$$

die ein Maß für die Breite der Verteilung gibt und dem erwarteten Abstand entspricht. Damit lässt sich die Standardabweichung σ mit dem Diffusionskoeffizienten in Beziehung setzen

$$\sigma = \sqrt{\langle\Delta x\rangle^2} = \sqrt{2Dt} = \sqrt{v\lambda t} \,. \tag{12.182}$$

Für die Verteilung (12.180) lässt sich damit auch schreiben

$$P(x,t) = \frac{1}{\sqrt{2\pi v\lambda t}} \exp\left(-\frac{(x-x_0)^2}{2v\lambda t}\right) \,. \tag{12.183}$$

Die Verteilung bleibt um den Startort x_0 zentriert, weitet sich aber im Laufe der Zeit auf. Die Aufweitung hängt ab von der Beweglichkeit der Ameisen, beschrieben durch den Diffusionskoeffizienten, vgl. rechtes Teilbild in Abb. 12.13

Die hier verwendeten Ausdrücke lassen sich auf mehrere Dimensionen erweitern, die mittlere Entfernung vom Startpunkt ist weiterhin durch (12.177) beschrieben.

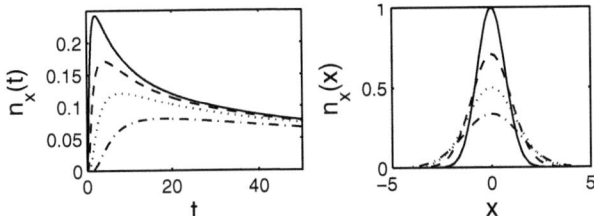

Abb. 12.13. Links: Zeitverlauf der Teilchenzahldichte für verschiedene Abstände des Beobachters von der Quelle. Mit zunehmendem Abstand nimmt die Zeit zum Maximum zu und die Intensität im Maximum ab. Rechts: räumliche Verteilung der Teilchenzahldichte zu verschiedenen Zeiten

12.5.3 Eindimensionale Diffusionsgleichung: δ-Injektion

Die eindimensionale Diffusionsgleichung

$$\frac{\partial n}{\partial t} = D \frac{\partial^2 n}{\partial x^2} . \tag{12.184}$$

hat für eine δ-förmige Injektion am Ort x_0 die Lösung

$$n_\delta(x,t) = \frac{N_0}{\sqrt{4\pi Dt}} \exp\left(-\frac{(x-x_0)^2}{4Dt}\right) . \tag{12.185}$$

Manchmal interessiert nicht die oben beschriebene Aufweitung des δ-Peaks sondern der Zeitverlauf der Dichte an einem Ort x im Abstand $d = |x - x_0|$ vom Injektionsort bzw. Schwerpunkt der Verteilung. Dafür erhalten wir aus (12.185)

$$n_\delta(t) = \frac{N_0}{\sqrt{4\pi Dt}} \exp\left(-\frac{d^2}{4Dt}\right) \tag{12.186}$$

mit einem Maximum zur Zeit

$$t_{\max} = \frac{d^2}{2D} \quad \text{mit} \quad n_{\max} = \frac{N_0}{d\sqrt{2\pi e}} \tag{12.187}$$

und einem Abfall für große Zeiten proportional zu $t^{-1/2}$, vgl. linkes Teilbild in Abb. 12.13.

12.5.4 Allgemeine Lösung der 1D Diffusionsgleichung

Gleichung (12.185) beschreibt die Lösung der Diffusionsgleichung für eine δ-Injektion am Ort x_0; sie gibt damit auch die Green'sche Funktion für das Diffusionsproblem. Lösungen der Diffusionsgleichung für eine räumlich oder zeitlich ausgedehnte Injektion erhalten wir durch Überlagerung der Lösungen der einzelnen δ-Injektionen.

Diese Faltung der Green'schen Funktion mit den Eigenschaften der Injektion liefert für eine räumlich ausgedehnte Injektion $N_0 \varrho(x')$ zur Zeit $t = 0$

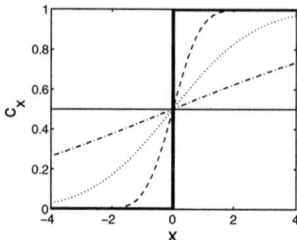

Abb. 12.14. Konzentrationsprofile zu verschiedenen Zeiten in einem langen dünnen Rohr, vgl. Bsp. 128

$$n(x,t) = \int \varrho(x') n_\delta(x,t) \mathrm{d}x'$$
$$= \int \varrho(x') \frac{N_0}{\sqrt{4\pi Dt}} \exp\left(-\frac{(x-x')^2}{4Dt}\right) \mathrm{d}x \,. \tag{12.188}$$

Beispiel 128. Als Beispiel für eindimensionale Diffusion können wir die Ausbreitung einer Substanz in einem langen dünnen Rohr betrachten ($-\infty < x < \infty$). Das Wasser in diesem Rohr ist mit Tinte versetzt, deren Konzentration anfänglich durch ein Profil

$$c(x,0) = \begin{cases} 0 & \text{für } x < 0 \\ c_0 & \text{für } x > 0 \end{cases} \tag{12.189}$$

beschrieben wird, d.h. durch eine Heavyside-Funktion $H(x)$ (9.28).[4] Setzen wir diese Konzentration in (12.188) ein, so ergibt sich

$$c(x,t) = \int_0^\infty \frac{c_0}{\sqrt{4\pi Dt}} \exp\left(-\frac{(x-x')^2}{4Dt}\right) \mathrm{d}x' \,. \tag{12.190}$$

Dies ist ein Integral der Form $\int e^{-u^2} \mathrm{d}u$. In (9.47) haben wir bereits gesehen, dass dieses Integral die Error-Funktion definiert:

$$\mathrm{erf}(x) = \frac{2}{\sqrt{\pi}} \int_0^x e^{-u^2} \mathrm{d}u \,. \tag{12.191}$$

Als Lösung erhalten wir damit

$$c(x,t) = \frac{c_0}{2} \left[1 + \mathrm{erf}\left(\frac{x}{2D\sqrt{t}}\right)\right] \,. \tag{12.192}$$

Zum Zeitpunkt $t=0$ ergibt sich für $x<0$ $\mathrm{erf}(-\infty) = -1$ und für $x>0$ $\mathrm{erf}(+\infty) = +1$, so dass sich die Anfangsbedingungen wie in (12.189). Für große Zeiten ($t \to \infty$) erhalten wir $\mathrm{erf}(0) = 0$, d.h. es ergibt sich eine gleichförmige Konzentration von $c_0/2$, vgl. Abb. 12.14. □

---
[4] Alternativ können wir auch einen Draht mit entsprechender Temperaturverteilung betrachten und die Temperaturleitzahl statt des Diffusionskoeffizienten verwenden.

12.5.5 Dreidimensionale Diffusionsgleichung

Die Lösung der dreidimensionalen Diffusionsgleichung in einem homogenen Medium, d.h. in einem Medium, in dem der Diffusionskoeffizient nicht vom Ort abhängt, ist ähnlich der Lösung für die eindimensionale Diffusion. Betrachten wir die Ausbreitung von einer Quelle am Ort $r = 0$. Bei isotroper Diffusion der Teilchen stellt sich eine Verteilung ein, die zwar vom Abstand von der Quelle abhängt, nicht jedoch von φ oder ϑ. Dann interessiert nur, wie schnell sich die Teilchen von einer Schale bei r auf eine Schale bei $r + \Delta r$ ausbreiten. Dies wird durch einen radialen Diffusionskoeffizienten D_r beschrieben. Dieser Diffusionskoeffizient kann als ein effektiver Diffusionskoeffizient interpretiert werden, er ist kleiner als der Diffusionskoeffizient D, da in D auch die Bewegung der Teilchen in ϑ- und φ-Richtung enthalten ist.

Für diese Situation erhalten wir als Lösung der Diffusionsgleichung für eine δ-Injektion im Ursprung

$$n(r,t) = \frac{N_0}{\sqrt{4\pi D_r t}^3} \exp\left(-\frac{r^2}{4D_r t}\right) . \tag{12.193}$$

Für eine Injektion an einem beliebigen Ort $\boldsymbol{r}'$ ergibt sich

$$n(\boldsymbol{r},t) = \frac{N_0}{\sqrt{4\pi D_r t}^3} \exp\left(-\frac{(\boldsymbol{r} - \boldsymbol{r}')^2}{4D_r t}\right) . \tag{12.194}$$

Auch hier lassen sich ausgedehnte Injektionen durch eine Faltung beschreiben.

Literatur

Die „Bibel" für partielle Differentialgleichungen in der Physik ist Rubinstein und Rubinstein [52], eine einfach zugängliche Einführung gibt Weinberger [65]. Eine sehr gute Darstellung findet sich auch bei King und Koauthoren [32]; viele Beispiele geben Zachmanogöou und Thoe [67] sowie Duchateau und Zachmann [15]. Auch die entsprechenden Kapitel im Bronstein [10], McQuarrie [39] oder Stöcker [58] können hilfreich sein. Numerische Verfahren zur Lösung partieller Differentialgleichungen werden z.B. von Großmann und Roos [25] vorgestellt. Potentialtheorie wird sehr ausführlich diskutiert in Blakeley [3].

Nähere Informationen zu den über Differentialgleichungen definierten Funktionen und Polynomen finden Sie im Abramowitz [1]. Dort sind diese Funktionen auch tabelliert. Für eine Einführung sind auch die entsprechenden Kapitel im Bronstein [10] oder Stöcker [58] hilfreich.

Fragen

12.1. Erläutern Sie die Grundstruktur der in diesem Kapitel vorgestellten Differentialgleichungen. Was sind Gemeinsamkeiten, was Unterschiede?

12.2. Partielle Differentialgleichung sind Bestimmungsgleichungen. Wofür?

12.3. Erläutern Sie das Grundkonzept des Separationsansatz.

12.4. Welche Typen von Randbedingungen gibt es bei partiellen Differentialgleichungen?

12.5. Wie sind Bessel-Funktionen definiert? Erläutern Sie die wesentlichen Eigenschaften von Bessel-Funktionen.

12.6. Wie sind die Legendre-Polynome definiert? Erläutern Sie die wesentlichen Eigenschaften dieser Polynome.

12.7. Was versteht man unter der Green'schen Funktion?

12.8. Erläutern Sie den Zusammenhang zwischen Green'scher Funktion und Poisson-Integral.

Aufgaben

12.1. • Zeigen Sie, dass (12.48) eine Lösung der dreidimensionalen Wellengleichung ist.

12.2. • Zeigen Sie, dass (12.185) eine Lösung der eindimensionalen Diffusionsgleichung (12.184) ist.

12.3. • Zeigen Sie, dass (12.193) Lösung der dreidimensionalen Diffusionsgleichung ist.

12.4. • Zeigen Sie, dass die durch (12.114) definierten Legendre-Polynome eine Lösung der DGL (12.111) sind.

12.5. • Zeigen Sie, dass $T = Ae^{-3\alpha^2 t} \sin x \sin y \sin z$ eine Lösung der 3D-Wärmeleitungsgleichung $\alpha \Delta T = \partial T/\partial t$ ist. Wie würde sich die Lösung für eine 1D Gleichung verändern?

12.6. •• Ein unendlich langer Metallstab hat zur Zeit $t = 0$ in der einen Hälfte eine Temperatur von T_1, in der anderen eine von T_2. Stellen Sie die DGL mit Randbedingungen auf und lösen Sie sie.

12.7. •• Ein Stab der Länge l ist an einem Ende fest eingespannt, das andere Ende kann sich frei bewegen. Lösen Sie die Wellengleichung mit den entsprechenden Randbedingungen.

12.8. Lösen Sie die Wellengleichung für die Schwingung einer rechteckigen Platte mit den Seitenlängen a und b, die entlang zweier senkrecht aufeinander stehender Seiten eingespannt ist.

12.9. •• Bestimmen Sie die Temperaturverteilung in einer rechteckigen Platte für $T(0,y) = T(a,y) = T(x,0) = 0$ und $T(x,b) = T_0 \cos\left(\frac{\pi x}{a}\right)$.

12.10. •• Bestimmen Sie das elektrostatische Potential innerhalb einer Hohlkugel mit Radius R wenn das Potential auf der Oberfläche gegeben ist durch

$$u(R,\vartheta) = \begin{cases} u_0 & \text{falls } 0 \leq \vartheta < \pi/2 \\ -u_0 & \text{falls } \pi/2 \leq \vartheta < \pi \end{cases}.$$

12.11. •• Ein unendlich langer Vollzylinder mit Radius R hat eine konstante Stromdichte $\boldsymbol{j}$ parallel zur Zylinderachse. Bestimmen Sie durch Lösung der Poisson-Gleichung das Vektorpotential $\boldsymbol{A}(\boldsymbol{r})$ und daraus das Magnetfeld $\boldsymbol{B}(\boldsymbol{r})$ innerhalb und außerhalb des Leiters.

12.12. •• Bestimmen Sie das elektrostatische Potential für einen linearen elektrischen Quadrupol

12.13. •• Bestimmen Sie das elektrostatische Potential für die folgende Ladungsverteilung:

12.14. Zeigen Sie, dass sich das von einer im Punkt $z = a$ befindlichen Ladung q erzeugt Potential U für $r < a$ schreiben lässt als

$$U(\boldsymbol{r}) = \frac{2aqP_1(\cos\vartheta)}{4\pi\varepsilon_0 r^2}.$$

12.15. zeigen Sie, dass der untere Teil von (12.127) Lösung von (12.126) ist und leiten Sie diese Lösung selbständig her.

12.16. ••• Betrachten Sie ein Fadenpendel mit veränderlicher Fadenlänge $l = a+bt$. Mit φ als der Auslenkung aus der Vertikalen ist die Bewegungsgleichung $m(l\ddot\varphi + 2\dot l\dot\varphi) = -mg\sin\varphi$ oder $(a+bt)\ddot\varphi + 2b\dot\varphi + g\varphi = 0$. Lösen Sie die DGL.

Teil III

Ein entschiedenes Jein
Wahrscheinlichkeiten und Fehler

13 Wahrscheinlichkeit, Entropie und Maxwell-Verteilung

Die verbleibenden Kapitel führen in Wahrscheinlichkeiten, Verteilungsfunktionen, Statistik und Fehlerrechnung ein. Physikalische Anwendungen finden sich in allen Bereichen, in denen keine exakten Aussagen über Endzustände gemacht werden können sondern nur Wahrscheinlichkeitsaussagen über Mittelwerte, also z.B. in der Thermodynamik mit der Maxwell'schen Geschwindigkeitsverteilung und der Entropie als einem Maß für die Unbestimmtheit. Ein anderes Beispiel ist die bereits im voran gegangenen Kapitel betrachtete Diffusion. Die Grundbegriffe werden in diesem Kapitel eingeführt; Kap. 14 führt auf Basis der hier eingeführten Verteilungsfunktionen in Statistik, Fehler- und Ausgleichsrechnung ein. Damit wird das Handwerkszeug zur Auswertung von (Praktikums-)Versuchen bereitgestellt.

13.1 Kombinatorik

→ 13.2

In der Kombinatorik beschäftigen wir uns mit der Anordnung von Dingen oder Zuständen und Abzählmethoden für Permutationen, Kombinationen und Variationen. Häufig wird das Urnenmodell verwendet: in einer Urne befinden sich n verschiedene Kugeln.

13.1.1 Permutationen

Hier stellen wir uns die Frage: auf wie viele verschiedene Arten lassen sich diese Kugeln anordnen, d.h. wie viele Permutationen gibt es?

Definition 67. *Jede mögliche Anordnung von n Elementen heißt eine* Permutation *der n Elemente. Sind alle n Elemente verschieden, so gibt es $P(n) = n!$ Permutationen. Sind unter den n Elementen jeweils $n_1, n_2, ..., n_k$ gleich ($n_1 + n_2 + ... + n_k = n$ mit $k \leq n$), so gibt es*

$$P_\mathrm{w}(n; n_1, n_2, ..., n_k) = \frac{n!}{n_1! \, n_2! \, ... \, n_k!} \tag{13.1}$$

verschiedene Anordnungsmöglichkeiten.

284   13 Wahrscheinlichkeit, Entropie und Maxwell-Verteilung

Beispiel 129. Auf wie viele Arten lassen sich 6 verschiedene Buntstifte anordnen? Sechs Buntstifte werden auf 6 Plätzen angeordnet. Für den ersten Platz haben wir die Auswahl aus 6 Stiften, d.h. 6 verschiedene Möglichkeiten; für den zweiten Platz können wir aus den verbliebenen 5 Stiften auswählen usw. Damit haben wir insgesamt $P(n) = 6 \cdot 5 \cdot 5 \cdot 3 \cdot 2 \cdot 1 = 6! = 720$ Möglichkeiten der Anordnung.   □

Beispiel 130. Auf wie viele Arten lassen sich 6 Buntstifte anordnen, wenn drei davon rot sind, die anderen alle verschiedene Farben haben? Unter der Annahme, dass die roten Buntstifte unterscheidbar wären, bekämen wir wie im vorangegangenen Beispiel 6! Anordnungsmöglichkeiten. Da wir die roten Buntstifte jedoch nicht unterscheiden können, sind von diesen 6! Möglichkeiten die 3! Möglichkeiten, mit denen die drei roten Stifte in jeder Permutation angeordnet werden können, identisch. Insgesamt verbleiben also $P_\mathrm{w}(n) = 6!/3! = 120$ Möglichkeiten.   □

13.1.2 Kombinationen

In diesem Fall werden aus der Urne k Kugeln gezogen (mit oder ohne Zurücklegen), wobei die Reihenfolge der Ziehungen unberücksichtigt bleibt. Uns interessiert die Zahl möglicher Kombinationen dieser Kugeln.

Definition 68. *Die gezogenen k Kugeln bilden, in beliebiger Reihenfolge angeordnet, eine* Kombination k-ter Ordnung. *Erfolgt die Ziehung der k Elemente ohne Zurücklegen, so beträgt die Zahl der* Kombinationen k-ter Ordnung ohne Wiederholung

$$C(n;k) = \binom{n}{k} = \frac{n!}{k!(n-k)!} . \tag{13.2}$$

Erfolgt die Ziehung der k Elemente mit Zurücklegen, so gibt es

$$C_\mathrm{w}(n;k) = \binom{n+k-1}{k} \tag{13.3}$$

verschiedene Kombinationen k-ter Ordnung mit Wiederholung.

In letzterem Fall kann $k > n$ werden.

Beispiel 131. Bei der Ziehung der Lottozahlen werden 6 Zahlen aus einem Vorrat von 49 Zahlen ohne Zurücklegen gezogen. Dafür gibt es

$$C(n;k) = C_\mathrm{Lotto} = \binom{49}{6} = \frac{49!}{6!\,43!} = 13\,983\,816 \tag{13.4}$$

Möglichkeiten. Da alle Ziehungsmöglichkeiten gleich wahrscheinlich sind, beträgt die Wahrscheinlichkeit für eine bestimmte Anordnung $p = 1/C_\mathrm{Lotto} = 7.2 \cdot 10^{-8}$.   □

13.2 Wahrscheinlichkeitsrechnung   285

Beispiel 132. Um den Profit zu erhöhen, haben die Lotto-Gesellschaften als neue Regel eingeführt, dass eine gezogene Kugel wieder zurückgelegt wird und damit erneut gezogen werden kann. Dann ergeben sich

$$C_\text{w}(n;k) = \binom{54}{6} = \frac{54!}{48!\,6!} = 2.6 \cdot 10^7 \qquad (13.5)$$

Kombinationen. Die Wahrscheinlichkeit, die richtige Kombination getippt zu haben, reduziert sich auf $p = 1/C_w = 3.9 \cdot 10^{-8}$. □

13.1.3 Variationen

Aus einer Urne mit n verschiedenen Elementen werden nacheinander k Elemente entnommen und in der Reihenfolge ihrer Ziehung angeordnet. Sie bilden eine Variation k-ter Ordnung.

Definition 69. *Variationen k-ter Ordnung ohne Zurücklegen entstehen, wenn jedes Element höchstens einmal gezogen werden kann. Die Anzahl der* Variationen k-ter Ordnung ohne Wiederholung *beträgt*

$$V(n;k) = \frac{n!}{(n-k)!}. \qquad (13.6)$$

Wird das Element nach der Ziehung zurückgelegt, so gibt es

$$V_\text{w}(n;k) = n^k \qquad (13.7)$$

Variationen k-ter Ordnung mit Wiederholung.

Beispiel 133. Zur weiteren Profitmaximierung müssen beim Lotto nicht nur die richtigen Zahlen angekreuzt werden, sondern auch die Reihenfolge ihrer Ziehung. Gesucht sind also die Zahl der Variationen von 6 aus 49 Elementen:

$$V(n;k) = \frac{49!}{43!} = 10^{10}, \qquad (13.8)$$

die Wahrscheinlichkeit für eine dieser Variationen ist $p = 10^{-10}$. □

Beispiel 134. Auch im vorangegangenen Beispiel kann man als Erweiterung die Variationen mit Zurücklegen betrachten, d.h. eine Zahl kann mehrfach gezogen werden. Dann erhalten wir

$$V_\text{w}(n;k) = 49^6 = 1.38 \cdot 10^{10} \qquad (13.9)$$

Variationen, jede mit einer Wahrscheinlichkeit von $p = 7.22 \cdot 10^{-11}$.

Kombinationen bilden eine ungeordnete, Variationen eine geordnete Stichprobe.

13.2 Wahrscheinlichkeitsrechnung

Die Wahrscheinlichkeitsrechnung befasst sich mit Zufallsexperimenten, z.B. Münzwurf oder Würfeln. Sie steht in enger Beziehung zur Spieltheorie.

13.2.1 Grundbegriffe

Definition 70. *Ein* Zufallsexperiment *erfüllt folgende Voraussetzungen:*
1. *Das Experiment ist unter gleichen Bedingungen beliebig wiederholbar.*
2. *Bei der Durchführung des Experiments sind mehrere, sich gegenseitig ausschließende Ergebnisse möglich.*
3. *Das Ergebnis einer konkreten Durchführung des Experiments lässt sich nicht mit Sicherheit voraussagen sondern ist zufallsbedingt.*

Beispiele sind Münzwurf, Würfeln oder die Ziehung der Lottozahlen. Die möglichen, sich gegenseitig ausschließenden Ergebnisse eines Zufallsexperiments heißen Elementarereignisse.

Definition 71. *Die Ereignisse $A_1, A_2, A_3, ..., A_n$ heißen* Elementarereignisse, *falls sie paarweise disjunkt sind. $\Omega = \{A_1, A_2, A_3, ..., A_n\}$ heißt* Ereignisraum *oder* Ergebnismenge*; ein* Ereignis *ist eine Teilmenge von Ω.*

13.2.2 Wahrscheinlichkeit

Bei einem *Laplace-Experiment* mit der Ereignismenge $\Omega = \{A_1, A_2, ..., A_n\}$ besitzen alle Elementarereignisse A_i die gleiche Wahrscheinlichkeit

$$p(A_i) = \frac{1}{n} \,. \tag{13.10}$$

Die Wahrscheinlichkeit für das Auftreten eines Ereignisses A ist

$$p(A) = \frac{g(A)}{n} = \frac{\text{Zahl der günstigen Versuchsausgänge}}{\text{Zahl der möglichen Versuchausgänge}} \tag{13.11}$$

mit $g(A)$ als der Zahl der für das Ereignis A günstigen Fälle, d.h. der Fälle, in denen das Ereignis eintritt.

Jedem Ereignis A eines Zufallsexperiments mit der Ereignismenge Ω wird eine reelle Zahl $p(A)$, die Wahrscheinlichkeit für das Ereignis A, so zugeordnet, dass nach *Kolmogoroff* die folgenden Axiome erfüllt sind:

1. $p(A)$ ist eine nicht-negative Zahl, die höchstens 1 ist: $0 \leq p(A) \leq 1$.
2. Für das sichere Ereignis A gilt: $p(A) = 1$ ($p(\Omega) = 1$).
3. Für paarweise sich gegenseitig ausschließende Ereignisse gilt

$$p(A_1 \cup A_2 \cup A_3 \cup ...) = p(A_1) + p(A_2) + p(A_3) + ... \,. \tag{13.12}$$

Sich ausschließende Ereignisse beim Würfeln sind z.B. die einzelnen Zahlen oder die beiden Ereignisse 'gerade Zahl' und 'ungerade Zahl'. Nicht ausschließend dagegen wären die Ereignisse 'ungerade Zahl' und 'Zahl kleiner 4'.

Aus den Kolmogoroff-Axiomen lassen sich die folgenden Eigenschaften der Wahrscheinlichkeiten herleiten:
1. Für das unmögliche Ereignis $\oslash$ gilt $p(\oslash) = 0$.
2. Für das zum Ereignis A komplementäre Ereignis $\overline{A}$ gilt: $p(\overline{A}) = 1 - p(A)$.
3. Für zwei sich gegenseitig ausschließende Ereignisse A und B folgt aus Axiom 3: $p(A \cup B) = p(A) + p(B)$. Die Wahrscheinlichkeit für das Eintreten von A oder B ist gleich der Summe der Wahrscheinlichkeiten von A und B (Additionssatz für sich gegenseitig ausschließende Ereignisse).

Der *Additionssatz für zwei beliebige Ereignisse* lautet

$$p(A \cup B) = p(A) + p(B) - p(A \cap B) , \qquad (13.13)$$

d.h. es werden die Wahrscheinlichkeiten der Einzelereignisse addiert und zur Korrektur die Wahrscheinlichkeiten der auf diese Weise doppelt gezählten, sowohl in A als auch in B auftretenden Elementarereignisse abgezogen.

Beispiel 135. Die Menge der Elementarereignisse beim Würfeln ist $\Omega = \{1,2,3,4,5,6\}$. Da es sich um ein Laplace-Experiment handelt, sind die Wahrscheinlichkeiten dieser Elementarereignisse $p(k) = \frac{1}{6}$. Die Wahrscheinlichkeit, eine gerade Zahl zu würfeln ist $p(\text{gerade Zahl}) = \frac{3}{6} = \frac{1}{2}$, da es genau drei günstige Fälle ($A = \{2,4,6\}$) gibt. Ebenso erhalten wir für die Wahrscheinlichkeit, eine Zahl kleiner 4 zu würfeln, eine Ergebnismenge $B = \{1,2,3\}$ und damit $g(B) = 3$, also $p(\text{Zahl kleiner 4}) = \frac{3}{6} = \frac{1}{2}$. Die Wahrscheinlichkeit, eine gerade Zahl oder eine Zahl kleiner 4 zu würfeln, also $A \cup B$, ist gemäß (13.13) $p(A \cup B) = \frac{1}{2} + \frac{1}{2} - \frac{1}{6} = \frac{5}{6}$, da $A \cap B = \{2\}$ ist und damit $p(A \cap B) = 1/6$. □

Beispiel 136. Erweitern wir unsere Betrachtungen auf das Würfeln mit zwei Würfeln und suchen die Wahrscheinlichkeit $p(k)$, mit zwei Würfeln k Augen zu werfen. Die Menge der Elementarereignisse ist $\Omega = \{2,3,4,5,...,11,12\}$. In diesem Fall handelt es sich aber nicht um ein Laplace-Experiment, d.h. es ist $p(k) \neq 1/n$, da z.B. das Ergebnis $k = 7$ durch 6 verschiedene Kombinationen (k_1, k_2) erzeugt werden kann, $k = 2$ dagegen nur durch eine. Insgesamt gibt es 36 Kombinationen (k_1, k_2), jede mit einer Wahrscheinlichkeit von $1/36$. Die Kombinationen (k_1, k_2) lassen sich tabellarisch darstellen als

(k_2, k_1)	1	2	3	4	5	6
1	2	3	4	5	6	7
2	3	4	5	6	7	8
3	4	5	6	7	8	9
4	5	6	7	8	9	10
5	6	7	8	9	10	11
6	7	8	9	10	11	12

Daraus lässt sich die Zahl der Kombinationen, die ein Elementarereignis $k_1 + k_2$ aus Ω erzeugt, ablesen:

k	2	3	4	5	6	7	8	9	10	11	12
$36\,p(k)$	1	2	3	4	5	6	5	4	3	2	1

Die Wahrscheinlichkeit $p(k)$ eines dieser Ereignisse ergibt sich als die Zahl der Kombinationen dividiert durch 36. Die Wahrscheinlichkeit, mit zwei Würfeln eine 7 zu werfen ist also 6/36 oder 1/6, die eine 2 zu werfen dagegen 1/36. □

13.2.3 Bedingte Wahrscheinlichkeit

Definition 72. *Die Wahrscheinlichkeit für das Eintreten des Ereignisses B unter der Voraussetzung, dass A bereits eingetreten ist, heißt bedingte Wahrscheinlichkeit von B unter der Bedingung A und ist definiert als*

$$p(B|A) = \frac{p(A \cap B)}{p(A)} \; . \tag{13.14}$$

Beispiel 137. Würfeln mit zwei ununterscheidbaren Würfeln soll die Ereignisse A: ‚die Augensumme beträgt 6' und B: ‚die Augenzahlen beider Würfel sollen ungerade sein' erzeugen. Das Ereignis A wird durch 5 Kombinationen (vgl. Tabelle weiter oben) erzeugt. Von diesen führen genau drei zum Ereignis B, d.h. unter den 5 möglichen Fällen mit der Augensumme 6 gibt es genau drei günstige Fälle. Damit erhalten wir nach klassischer Wahrscheinlichkeitsdefinition $p(B|A) = \frac{g}{n} = \frac{3}{5}$. Über die Definition der bedingten Wahrscheinlichkeit erhalten wir das gleiche Ergebnis: Das Ereignis $A \cap B$ wird durch 3 Elementarereignisse realisiert. Daher gibt es unter den 36 möglichen Fällen 3 für das Ereignis $P(A \cap B)$ günstige Fälle und es ist $p(A \cap B) = \frac{3}{36} = \frac{1}{12}$. Aus (13.14) ergibt sich

$$p(B|A) = \frac{p(A \cap B)}{p(A)} = \frac{\frac{3}{36}}{\frac{5}{36}} = \frac{3}{5} \; . \tag{13.15}$$

□

Beispiel 138. Ein medizinisches Diagnoseverfahren erkennt 96% der Erkrankten korrekt, ebenso 94% der Nicht-Erkrankten. Gesucht ist die Wahrscheinlichkeit, dass eine Person, bei der der Test positiv ausfiel, diese Krankheit wirklich hat. Bekannt sind die bedingten Wahrscheinlichkeiten $p(+|K) = 0.96$ und $p(-|\overline{K}) = 0.94$. Gesucht ist $p(K|+)$, d.h. die Wahrscheinlichkeit, dass die Person erkrankt ist unter der Bedingung, dass der Test positiv ausfiel. Zur Anwendung von (13.14) benötigen wir die Wahrscheinlichkeit $p(+ \cap K)$, dass die Person erkrankt ist und der Test ein positives Resultat geliefert hat sowie die Wahrscheinlichkeit $p(+)$, dass ein positives Ergebnis auftritt. $p(+ \cap K)$ ist das Produkt der Wahrscheinlichkeit $p(K)$ mit der die Erkrankung in der betrachteten Bevölkerungsgruppe auftritt und der Erkennrate $p(+|K) = 0.96$. $p(+)$ enthält die korrekt positiv getesteten Fälle, beschrieben durch $p(+ \cap K)$, sowie die positiv getesteten Nicht-Erkrankten $p(+ \cap \overline{K})$. Damit erhalten wir für die Wahrscheinlichkeit, dass die positiv getestete Person erkrankt ist

$$p(K|+) = \frac{p(+ \cap K)}{p(+)} = \frac{0.96 p(K)}{0.96 p(K) + 0.06(1 - p(K))}, \qquad (13.16)$$

d.h. Aussagen über die Wahrscheinlichkeit, dass dem positiven Testergebnis die Erkrankung zu Grunde liegt, können nur unter Kenntnis von $p(K)$ gemacht werden. Ist die Erkrankung relativ selten, $p(K) = 10^{-4}$, so beträgt $p(K|+) = 0.0016$, d.h. die Wahrscheinlichkeit, dass das Testergebnis korrekt war, beträgt lediglich 2 Promille, da eine wesentlich größere Zahl gesunder Personen positiv getestet wurde als überhaupt Erkrankte vorhanden sind (bei Zehntausend Personen wäre nur eine erkrankt aber 400 Gesunde würden positive getestet!). Bei $p(K) = 10^{-3}$ ergibt sich $p(K|+) = 0.016$, für $p(K) = 10^{-2}$ ergibt sich $p(K|+) = 0.14$ und für ein recht große Häufigkeit von $p(K) = 0.1$ ergibt sich eine Wahrscheinlichkeit von 64% bei positivem Test auch erkrankt zu sein. Oder anders formuliert: das positive Testergebnis deutet für eine Person aus der Normalbevölkerung mit deutlich geringerer Wahrscheinlichkeit auf eine Erkrankung als für eine Person aus einer Risikogruppe. Für eine sehr unterhaltsame und anschauliche Diskussion derartiger Probleme mit der Statistik ist auf [4, 5] verwiesen. □

Beispiel 139. In einer Sterbetafel wird zu jedem Alter x die Zahl $N(x)$ der Personen tabelliert, die von 100 000 Neugeborenen mindestens x Jahre alt werden. Für weibliche (mittlere Reihe) und männliche (untere Reihe) Neugeborene gab die Sterbetafel Deutschland 1995/1997 die folgenden Werte:

x	0	10	20	30	40	50	60	70	80	90
$N(x)$,w	100000	99393	99181	98835	98146	96362	92523	83332	60682	20623
$N(x)$,m	100000	99231	98781	97827	96367	93020	85356	68037	38803	8676

Die Wahrscheinlichkeit, dass ein Neugeborenes mindestens 70 Jahre alt wird, lässt sich als $p(70) = N(70)/N(0)$ direkt aus der Tabelle ablesen (83% für ein weibliches und 68% für ein männliches Neugeborenes). Die Wahrscheinlichkeit, dass eine gegenwärtig 40 Jahre alte Person mindestens 70 Jahre alt wird, ergibt sich dagegen als $p(70|40) = p(40 \cap 70)/p(40) = N(70)/N(40)$ und damit 0.85 für Frauen und 0.71 für Männer. Entsprechend lässt sich die Wahrscheinlichkeit, dass einen x Jahre alte Person noch mindestens 10 Jahre leben wird, berechnen als $p(x + 10) = N(x + 10)/N(x)$. □

Mit Hilfe der bedingten Wahrscheinlichkeit ergibt sich die Wahrscheinlichkeit für das gleichzeitige Eintreten zweier Ereignisse A und B zu

$$p(A \cap B) = p(A) p(B|A) . \qquad (13.17)$$

Daraus lässt sich die folgende Definition ableiten:

Definition 73. *Zwei Ereignisse heißen* stochastisch unabhängig *oder* statistisch unabhängig, *wenn gilt*

$$p(A \cap B) = p(A) p(B) . \qquad (13.18)$$

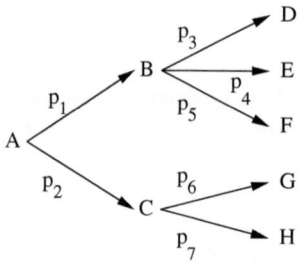

Abb. 13.1. Wahrscheinlichkeitsbaum: an jedem der Knoten wird einer der Äste mit einer Wahrscheinlichkeit p_i verfolgt. Die Gesamtwahrscheinlichkeit für das Eintreten der Ereignisse ganz rechts ist das Produkt der Wahrscheinlichkeiten der einzelnen Ereignisse entlang des Pfades; z.B. ist $p(F) = p_1 \cdot p_5$

13.2.4 Bayes'sche Formel

In natürlichen Systemen ist ein Ereignis oft das Ergebnis einer Folge von Ereignissen: ob ein Apfelbaum Früchte tragen kann, hängt (u.a.) davon ab, ob er genug Wasser kriegt, was u.a. davon abhängt, ob es ausreichend regnet, was u.a. davon abhängt, aus welcher Richtung die Luftmassen heran transportiert wurden und ob sie genug Feuchtigkeit enthalten usw. Dann ergibt sich eine Kette von Ereignissen, die jeweils mit einer gewissen Wahrscheinlichkeit auftreten und die bestimmen, in welcher Richtung sich das System weiter entwickelt. Derartige Entwicklungen lassen sich in einem Ereignisbaum darstellen, vgl. Abb. 13.1; er enthält alle möglichen Entwicklungen des Systems, mit ihm können wir verschiedenen Endzuständen des Systems Wahrscheinlichkeiten zuordnen. Prognosen in unsicheren Systemen kann man mit Hilfe der Bayes'sche Statistik, dem ‚Schließen in unsicheren Systemen', vornehmen. Die Grundlage ist die Bayes'sche Formel.

Betrachten wir dazu ein Ereignis B. Dieses trete stets in Verbindung mit genau einem der sich paarweise ausschließenden Ereignisse A_i (i=1,2,...,n) auf, d.h. die A_i sind mögliche Zwischenstationen auf dem Weg zu B. Dann ist die totale Wahrscheinlichkeit für das Eintreten von B

$$p(B) = \sum_{i=1}^{n} p(A_i)\, p(B|A_i) \tag{13.19}$$

mit $p(A_i)\, p(B|A)_i$ als Wahrscheinlichkeit, B über A_i zu erreichen. Anschaulich bedeutet (13.19): die totale Wahrscheinlichkeit $p(B)$ für das Eintreten des Ereignisses B erhält man aus dem Ereignisbaum, indem man über die Wahrscheinlichkeiten aller nach B führenden Pfade summiert.

Unter der Voraussetzung, dass B bereits eingetreten ist, gilt für die Wahrscheinlichkeit, dass B über A_i erreicht wurde, die Bayes'sche Formel

$$p(A_i|B) = \frac{p(A_i)\, p(B|A_i)}{\sum_{i=1}^{n} p(A_i)\, p(B|A_i)} \ . \tag{13.20}$$

Die bedingte Wahrscheinlichkeit $p(A_i|B)$ erhält man aus dem Ereignisbaum, indem man die Wahrscheinlichkeit längs des einzigen günstigen Pfades bestimmt und diese durch die Wahrscheinlichkeit $p(B)$ dividiert, die sämtliche nach B führenden Pfade berücksichtigt.

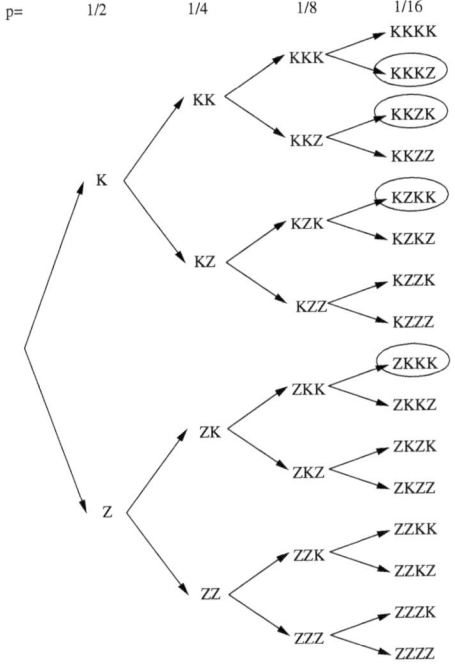

Abb. 13.2. Entscheidungsbaum für den vierfachen Münzwurf; K bezeichnet Kopf, Z Zahl. Die Ereignisse, bei denen 3mal Kopf auftritt, sind markiert

Beispiel 140. Eine Münze wird viermal hintereinander geworfen. Die möglichen Ergebnisse sind in Abb. 13.2 im Entscheidungsbaum dargestellt. In der obersten Zeile sind die Wahrscheinlichkeiten für die Ereignisse der entsprechenden Ebene angegeben. Wir interessieren uns für die Ereignisse B, bei denen dreimal Kopf erscheint, wie in Abb. 13.2 markiert. Die Wahrscheinlichkeit, dass das Ereignis B auftritt, ist 4/16 oder 1/4, wie man durch Abzählen sieht. B lässt sich über 4 verschiedene Pfade A_i ansteuern: KKK, KKZ, KZK und ZKK. Die Wahrscheinlichkeiten der A_i betragen jeweils $p(A_i) = \frac{1}{8}$. Die bedingte Wahrscheinlichkeit $p(B|A_i)$ beträgt für jedes A_i $\frac{1}{2}$, so dass wir aus (13.19) erhalten $p(B) = 4 \frac{1}{8} \frac{1}{2} = \frac{1}{4}$, wie auch anschaulich hergeleitet. Die Wahrscheinlichkeit, dass B über ein bestimmtes A_i erreicht wurde, beträgt gemäß (13.20) $(\frac{1}{2} \frac{1}{8})/\frac{1}{4} = \frac{1}{4}$, was auch anschaulich klar ist, da alle 4 Zwischenstufen A_i mit der gleichen Wahrscheinlichkeit auftreten. □

13.3 Wahrscheinlichkeitsverteilungen

Wahrscheinlichkeitsverteilungen werden u.a. zur Charakterisierung von Messwerten verwendet. Eine häufig verwendete Verteilung, die Gauß- oder Normalverteilung, ist uns bereits in Abschn. 12.5.2 begegnet. Wahrscheinlichkeitsverteilungen können diskret sein, z.B. wenn beim Würfeln, oder kontinuierlich, z.B. in der Maxwell'schen Geschwindigkeitsverteilung. Sie sind hilfreich, wenn es um Fragen geht wie ‚wie groß ist die Wahrscheinlichkeit, eine Zahl zwischen 2 und 5 zu würfeln' oder ‚wie viele Moleküle haben im Mittel Geschwindigkeiten zwischen v und $v + \Delta v$'.

13.3.1 Grundbegriffe

Definition 74. *Unter einer* Zufallsvariablen *oder* Zufallsgröße *verstehen wir eine Funktion, die jedem Elementarereignis A aus der Ergebnismenge Ω eines Zufallsexperiments genau eine reelle Zahl $X(A)$ zuordnet.*

Eine *Zufallsvariable* X heißt diskret, wenn sie nur endlich viele oder abzählbar unendlich viele reelle Werte annehmen kann. Eine Zufallsvariable X dagegen heißt stetig, wenn sie jeden beliebigen Wert aus einem (reellen) endlichen oder unendlichen Intervall annehmen kann.

Die *Verteilungsfunktion* einer Zufallsvariablen X ist die Wahrscheinlichkeit P, dass X einen Wert annimmt, der kleiner oder gleich einer vorgegebenen reellen Zahl x ist: $F(x) = P(X \leq x)$. Eine Zufallsvariable X wird durch ihre Verteilungsfunktion $F(x)$ vollständig beschrieben.

Die Verteilungsfunktion besitzt die folgenden Eigenschaften:

1. $F(x)$ ist eine monoton wachsende Funktion mit $0 \leq F(x) \leq 1$.
2. unmögliches Ereignis: $\lim\limits_{x \to -\infty} F(x) = 0$
3. sicheres Ereignis: $\lim\limits_{x \to \infty} F(x) = 1$
4. Die Wahrscheinlichkeit $P(a < X \leq b)$, dass die Zufallsvariable X einen Wert zwischen a (ausschließlich) und b (einschließlich) annimmt, ist

$$P(a < X \leq b) = F(b) - F(a) \,. \tag{13.21}$$

Die *Wahrscheinlichkeitsverteilung* einer diskreten Zufallsvariablen X lässt sich durch die *Wahrscheinlichkeitsfunktion*

$$f(x) = \begin{cases} p_i & x = x_i \text{ für } i = 1, 2, 3... \\ 0 & \text{für alle übrigen } x \end{cases} \tag{13.22}$$

oder durch die zugehörige Verteilungsfunktion

$$F(x) = P(X \leq x) = \sum_{x_i \leq x} f(x_i) \tag{13.23}$$

vollständig beschreiben. Für die Wahrscheinlichkeitsfunktion gilt $f(x_i) \geq 0$, da es keine negativen Wahrscheinlichkeiten gibt, und $\sum f(x_i) = 1$, d.h. $f(x)$ ist normiert.

Beispiel 141. Beim Würfeln mit einem Würfel ergibt sich eine Wahrscheinlichkeitsfunktion

$$f(x) = \frac{1}{6} \quad x = 1, 2, ...6 \,. \tag{13.24}$$

Die zugehörige Verteilungsfunktion der Zufallsvariablen X ist

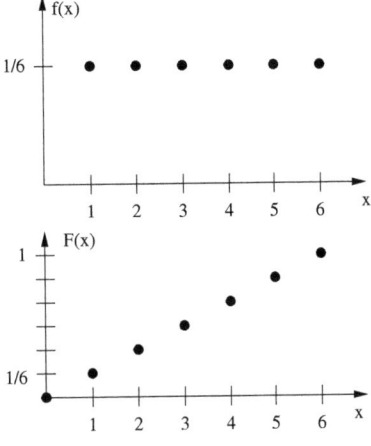

Abb. 13.3. Wahrscheinlichkeitsverteilung $f(x)$ (oben) und zugehörige Verteilungsfunktion $F(x)$ (unten) am Beispiel einer diskreten Verteilung mit 6 gleich wahrscheinlichen Versuchausgängen (z.B. Würfeln)

$$F(x) = P(X \leq x) = \frac{x}{6} \qquad x = 0, 1, 2, \ldots 6 \, . \tag{13.25}$$

Beide sind in Abb. 13.3 dargestellt. Die Wahrscheinlichkeit, eine Zahl zwischen 3 und 5 zu würfeln ist dann gemäß (13.21)

$$P(2 < x \leq 5) = F(5) - F(2) = \frac{5}{6} - \frac{2}{6} = \frac{1}{2} \, , \tag{13.26}$$

was sich auch durch Auszählen der günstigen Ereignisse ergibt. □

Beispiel 142. In der Wahrscheinlichkeitsverteilung in Abb. 13.3 sind alle Elementarereignisse gleich wahrscheinlich. Elementarereignisse mit unterschiedliche Wahrscheinlichkeiten sind z.B. die Buchstaben der deutschen Sprache. Das Leerzeichen zählt dabei zu den Buchstaben, weil es als Trennzeichen zwischen den nächstgrößeren Einheiten der Sprache, den Wörtern, dient.
Diese Elementarereignisse sind nicht wie beim Würfeln oder bei der Ziehung der Lottozahlen numerisch angeordnet. Daher muss für die Dichte- und Verteilungsfunktion zuerst eine Ordnung gefunden werden. Die Anordnung im Alphabet würde eine unsystematisch schwankende Dichtefunktion liefern. Ob dies sinnvoll ist, hängt von der Fragestellung ab: Fragen wir, mit welcher Wahrscheinlichkeit ein zufällig aus einem Text heraus gegriffener Buchstabe zu den fünf ersten Buchstaben des Alphabets gehört, so kann die Antwort anhand der alphabetisch geordneten Verteilungsfunktion gegeben werden. Eine alternative Anordnung gibt Tabelle 13.1. Hier sind die Buchstaben in der Häufigkeit ihres Auftretens angeordnet.[1] Die zugehörige Wahrscheinlichkeitsfunktion f sowie die zugehörige Verteilungsfunktion sind in Abb. 13.4

---

[1] Häufigkeitsverteilungen spielen auch in der Veschlüsselung eine Rolle. Bei der Caesarischen Codierung wird einem Buchstaben des Alphabets ein anderer zugeordnet, z.B. dadurch, dass man jeweils den n Plätze weiter links im Alphabet stehenden Buchstaben verwendet. Alternativ kann man auch einem Buchstaben willkürlich einen beliebigen anderen zur Codierung zuordnen. Diese Codierung

13 Wahrscheinlichkeit, Entropie und Maxwell-Verteilung

Tabelle 13.1. Wahrscheinlichkeiten p_i und mittlerer Informationsgehalt $S_i = p_i \operatorname{ld} \frac{1}{p_i}$ von Buchstaben der deutschen Sprache (inkl. Leerzeichen _)

#	Buchstabe	$f = p_i$	$F = \Sigma p_i$	$S_i = p_i \operatorname{ld} \frac{1}{p_i}$
1	_	0.151490	0.1514	0.41251
2	E	0.147004	0.2985	0.40661
3	N	0.088351	0.3869	0.30927
4	R	0.068577	0.4554	0.26512
5	I	0.063770	0.5192	0.25232
6	S	0.053881	0.5731	0.22795
7	T	0.047310	0.6204	0.20824
8	D	0.043854	0.6642	0.19783
9	H	0.053554	0.7078	0.19691
10	A	0.043309	0.7511	0.19616
11	U	0.031877	0.7830	0.15847
12	L	0.029312	0.8123	0.14927
13	C	0.026733	0.8390	0.13968
14	G	0.026672	0.8657	0.13945
15	M	0.021336	0.8870	0.11842
16	O	0.017717	0.9047	0.10389
17	B	0.015972	0.9207	0.09585
18	Z	0.014225	0.9349	0.08727
19	W	0.014201	0.9491	0.08716
20	F	0.013598	0.9637	0.08431
21	K	0.009558	0.9723	0.06412
22	V	0.007350	0.9796	0.05209
23	Ü	0.005799	0.9854	0.04309
24	P	0.004992	0.9904	0.03817
25	Ä	0.004907	0.9953	0.03764
26	Ö	0.002547	0.9979	0.02194
27	J	0.001645	0.9995	0.01521
28	Y	0.000173	0.9997	0.00217
29	Q	0.000142	0.9999	0.00181
30	X	0.000129	1.0000	0.00167

gegeben. Die Wahrscheinlichkeitsfunktion $f = p_i$ ist eine monoton fallende Funktion. Die Wahrscheinlichkeitsverteilung können wir jetzt zur Untersuchung anderer Fragen verwenden: die Wahrscheinlichkeit, dass ein zufällig gezogener Buchstabe zu den fünf häufigsten Buchstaben des Alphabets (in-

---

war etliche Jahrhunderte gebräuchlich – mit dem Aufkommen der Statistik ist durch eine Häufigkeitsanalyse das Dechiffrieren derartiger Botschaften einfach geworden. Alle modernen Codierungsverfahren funktionieren so, dass nicht einem Zeichen genau ein anderes zugeordnet wird sondern dass die Zeichen so zugeordnet werden, dass alle Zeichen des Codes gleich wahrscheinlich sind (maximale Entropie, s.u.), auch wenn dann ein häufiger Buchstabe durch eine entsprechend größere Zahl unterschiedlicher Zeichen kodiert werden muss.

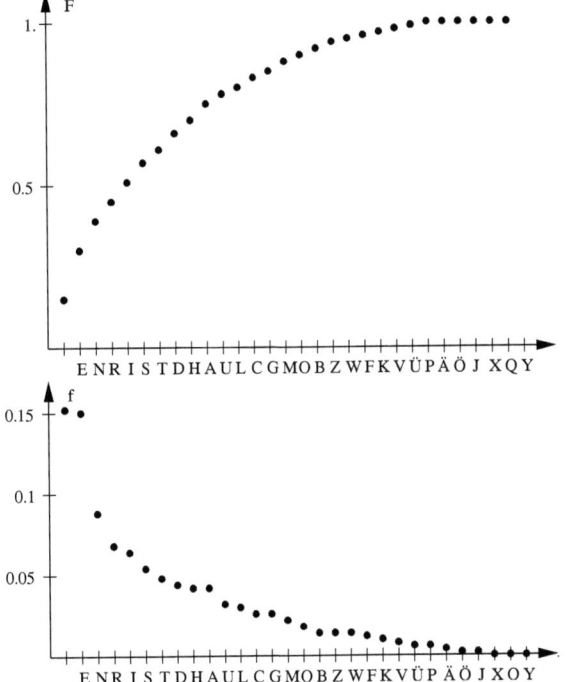

Abb. 13.4. Wahrscheinlichkeitsverteilung F und Dichtefunktion f für die Buchstaben des Alphabets in deutschsprachigen Texten, angeordnet nach der Wahrscheinlichkeit ihres Auftretens

kl. Leerzeichen) gehört, ist 52%; die, das er zu den zehn häufigsten gehört, 75%. Umgekehrt können wir aus der Dichtefunktion ablesen, dass 75% eines deutschsprachigen Textes aus nur 10 Zeichen (9 Buchstaben sowie das Leerzeichen) bestehen, während die verbliebenen 20 Buchstaben nur zu 25% des Textes beitragen. Die unterschiedlichen Wahrscheinlichkeiten der Zeichen der Ergebnismenge bedeuten auch einen unterschiedlichen Informationsgehalt S_i, wie in Abschn. 13.4.1 genauer betrachtet. □

Betrachten wir nicht eine diskrete sondern eine stetige Zufallsvariable, so ergeben sich die entsprechenden Definitionen und Eigenschaften: die Wahrscheinlichkeitsfunktion einer stetigen Zufallsvariablen X lässt sich durch die *Wahrscheinlichkeitsdichtefunktion* oder *Dichtefunktion* $f(x)$ oder durch die zugehörige Verteilungsfunktion

$$F(x) = P(X \leq x) = \int_{-\infty}^{x} f(x)\,dx \qquad (13.27)$$

vollständig beschreiben. Dichtefunktion $f(x)$ und Verteilungsfunktion $F(x)$ besitzen die folgenden Eigenschaften:

1. die Dichtefunktion ist stets größer gleich Null, da die Wahrscheinlichkeiten größer gleich Null sind: $f(x) \geq 0$,

296   13 Wahrscheinlichkeit, Entropie und Maxwell-Verteilung

2. $f(x)$ ist normiert: $\int_{-\infty}^{+\infty} f(x)\,\mathrm{d}x = 1$.
3. die monoton wachsende Verteilungsfunktion $F(x)$ ist eine Stammfunktion der Dichtefunktion: $F'(x) = f(x)$.
4. Die Wahrscheinlichkeit, dass die stetige Zufallsvariable X einen Wert zwischen a und b annimmt, ist

$$P(a \leq X \leq b) = \int_a^b f(x)\,\mathrm{d}x = F(b) - F(a)\,. \tag{13.28}$$

Beispiel 143. Die Lebensdauer einer biologisch abbaubaren Substanz gehorcht einer Exponentialverteilung $f(t) = \lambda e^{-\lambda t}$. Die Wahrscheinlichkeit, dass ein Molekül nach einer Zeit $t = 2/\lambda$ noch nicht zerfallen ist, beträgt

$$P(0 \leq T \leq 2/\lambda) = \int_0^{2/\lambda} \lambda e^{-\lambda t}\,\mathrm{d}t = 0.86\,. \tag{13.29}$$

□

Beispiel 144. In der kinetischen Gastheorie wird ein Gas als Ensemble von Teilchen beschrieben, die sich mit zufällig verteilten Geschwindigkeiten bewegen. Für ein ideales Gas ist diese die Maxwell–Boltzmann-Verteilung, vgl. Abschn. 13.4. Die Größe, deren Verteilung betrachtet wird, ist die Geschwindigkeit v der einzelnen Gasmoleküle; die Verteilungsfunktion $f(v)$ gibt an, wie sich die Geschwindigkeit v auf die verschiedenen Moleküle verteilt. Meist interessiert uns die Größe $f(v)\,\mathrm{d}v$, die den Bruchteil der Teilchen angibt, die Geschwindigkeiten im Intervall zwischen v und $\mathrm{d}v$ haben. Da die Verteilungsfunktion normiert ist, gilt

$$f(v)\,\mathrm{d}v = \frac{N(v)\,\mathrm{d}v}{N} \quad \text{mit} \quad N = \int_{-\infty}^{\infty} N(v)\,\mathrm{d}v \tag{13.30}$$

als der Gesamtzahl der Teilchen. Damit ergibt sich für die Zahl der Moleküle mit Geschwindigkeiten zwischen v und $v + \mathrm{d}v$: $N(v)\,\mathrm{d}v = N f(v)\,\mathrm{d}v$. Für die Zahl der Teilchen mit Geschwindigkeiten größer einer bestimmten Geschwindigkeit v_b ergibt sich

$$N_{v>v_\mathrm{b}} = \int_{v=v_\mathrm{b}}^{\infty} f(v)\,\mathrm{d}v\,. \tag{13.31}$$

□

13.3.2 Kenngrößen einer Verteilung

Eine Wahrscheinlichkeitsverteilung kann durch den *Erwartungswert* oder *Mittelwert* charakterisiert werden.

Definition 75. *Der Erwartungswert $E(X)$ einer diskreten bzw. stetigen Zufallsvariablen X mit der Wahrscheinlichkeitsfunktion $f(x)$ ist gegeben als*

$$E(X) = \sum_i x_i f(x_i) \quad \text{bzw.} \quad E(X) = \int_{-\infty}^{\infty} x f(x)\,dx\,. \tag{13.32}$$

Beispiel 145. In Bsp. 141 haben wir die Wahrscheinlichkeitsfunktion $f(x)$ für das Würfeln betrachtet. Der Erwartungswert $E(X)$ ist

$$E(X) = \frac{1}{6}(1+2+3+4+5+6) = \frac{21}{6} = 3.5\,. \tag{13.33}$$

□

Beispiel 146. Den Erwartungswert für die Augensumme beim Wurf mit zwei Würfeln können wir aus der Tabelle in Bsp. 136 bestimmen zu

$$E(X) = \frac{1}{36}(2\cdot 1 + 3\cdot 2 + 4\cdot 3 + 5\cdot 4 + 6\cdot 5 + 7\cdot 6 + 8\cdot 5 + 9\cdot 4$$
$$+ 10\cdot 3 + 11\cdot 2 + 12\cdot 1) = 7\,. \tag{13.34}$$

Da die Verteilung symmetrisch ist, erhalten wir den häufigsten Wert gleichzeitig auch als Erwartungs- oder Mittelwert. □

Erwartungswerte lassen sich auch für Funktionen definieren:

Definition 76. *X sei eine Zufallsvariable mit der Wahrscheinlichkeits- bzw. Dichtefunktion $f(x)$ und $Z = g(X)$ sei eine von X abhängige Funktion. Unter dem Erwartungswert $E(Z) = E[g(X)]$ der Funktion $Z = g(X)$ versteht man im Falle einer diskreten Zufallsvariablen X die Größe*

$$E(Z) = E[(g(X)] = \sum_i g(x_i)\,f(x_i)\,. \tag{13.35}$$

Für eine stetige Zufallsvariable ergibt sich entsprechend

$$E(Z) = E[g(Z)] = \int_{-\infty}^{\infty} g(x)\,f(x)\,dx\,. \tag{13.36}$$

Weitere wichtige Kennwerte einer Verteilung sind neben dem *Mittelwert* $\mu = \overline{x}$ die *Varianz* σ^2 und die *Standardabweichung* σ.

Für diskrete bzw. stetige Zufallsvariable X mit der Wahrscheinlichkeitsfunktion $f(x)$ sind diese Größen bestimmt zu:

1. Mittel- oder Erwartungswert

$$\mu = \sum_i x_i \, f(x_i) \qquad \text{bzw.} \qquad \mu = \int_{-\infty}^{\infty} x \, f(x) \, \mathrm{d}x \, . \tag{13.37}$$

2. Varianz

$$\sigma^2 = \sum_i (x_i - \mu)^2 \, f(x_i) \qquad \text{bzw.} \qquad \sigma^2 = \int_{-\infty}^{\infty} (x - \mu)^2 \, f(x) \, \mathrm{d}x \, . \tag{13.38}$$

3. Standardabweichung

$$\sigma = \sqrt{\sigma^2} = \sqrt{\sum_i (x_i - \mu)^2 \, f(x_i)} \qquad \text{bzw.} \qquad \sigma = \sqrt{\sigma^2} \, . \tag{13.39}$$

Beispiel 147. Den Erwartungs- bzw. Mittelwert beim Würfeln haben wir bereits in Bsp. 145 bestimmt. Damit können wir die Varianz bestimmen zu

$$\sigma^2 = \frac{1}{6}\left((-2.5)^2 + (-1.5)^2 + (-0.5)^2 + 0.5^2 + 1.5^2 + 2.5^2\right) = \frac{17.5}{6} = 2.92$$

und die Standardabweichung zu

$$\sigma = \sqrt{\sigma^2} = 1.71 \, . \tag{13.40}$$

Beide Größen geben ein Maß für die Breite der Verteilung, da in sie die Abweichung $(x_i - \mu)$ der einzelnen Werte vom Mittelwert gewichtet mit der Häufigkeit $f(x_i)$ des Auftretens dieser Werte eingeht. Die anschauliche Interpretation der Standardabweichung ist in diesem Beispiel problematisch, für die Normalverteilung wird weiter unten eine anschauliche Interpretation gegeben. □

13.3.3 Binominalverteilung

Zufallsexperimente mit nur zwei möglichen Ausgängen A und $B = \overline{A}$ mit den Wahrscheinlichkeiten $p = p(A)$ und $p(B) = q = 1 - p(A)$ werden als *Bernoulli-Experiment* bezeichnet. Ein Beispiel ist der Münzwurf mit $p = q = \frac{1}{2}$.

Betrachten wir ein Mehrstufenexperiment, das aus der n-fachen Ausführung eines Bernoulli-Experiments besteht. Dann genügt die Zufallsvariable

$X =$ Anzahl der Versuche, in denen das Ereignis A eintritt

der *Binominalverteilung* mit der Wahrscheinlichkeitsfunktion

$$f(x) = P(X = x) = \binom{n}{x} p^x \, q^{n-x} \qquad (x = 0, 1, 2, ..., n) \tag{13.41}$$

und der zugehörigen Verteilungsfunktion

$$F(x) = P(X \leq x) = \sum_{k \leq x} \binom{n}{k} p^k \, q^{n-k} \qquad (x \geq n) \, , \tag{13.42}$$

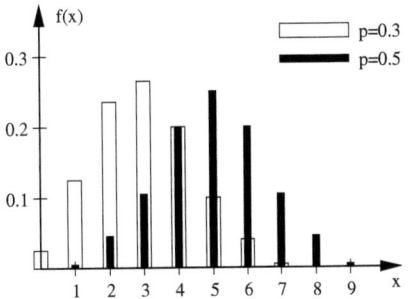

Abb. 13.5. Binominalverteilungen für $n = 10$ und $p = 0.5$ bzw. $p = 0.3$

n und p sind dabei die Parameter der Binominalverteilung.
Die Binominalverteilung ist normiert, d.h. es ist

$$\sum_{k=0}^{n} p_n(k) = \sum_{k=0}^{n} \binom{n}{k} p^k q^{n-k} = \sum_{k=0}^{n} \binom{n}{k} p^k (1-p)^{n-k} = 1 \,. \tag{13.43}$$

Der *Mittelwert* der Binominalverteilung ist

$$\mu = pn \,, \tag{13.44}$$

ihre *Varianz*

$$\sigma^2 = npq = np(1-p) \tag{13.45}$$

und ihre *Standardabweichung*

$$\sigma = \sqrt{1(1-p)n} \,. \tag{13.46}$$

Abbildung 13.5 zeigt zwei Binominalverteilungen für $n = 10$ und $p = 0.5$ sowie $p = 0.3$. Aufgrund der Symmetrie der Binominalkoeffizienten ergibt sich für $p = q = 0.5$ eine symmetrische Verteilung; je weiter sich p von 0.5 entfernt, um so schiefer wird die Verteilung, da die Wahrscheinlichkeit, viele Versuchsausgänge mit dem Ereignis mit geringer Wahrscheinlichkeit zu erhalten, entsprechend klein ist.

Für große n lässt sich die Binominalverteilung näherungsweise durch eine Normalverteilung ersetzen. Diese Annäherung ist in der Regel für $np > 4$ und $n(1-p) > 4$ sinnvoll. Falls eine Annäherung durch eine Normalverteilung noch nicht sinnvoll ist, lässt sich die Binominalverteilung (13.41) mit Hilfe einer Rekursionsformel berechnen:

$$f(x+1) = \frac{n-x}{x+1} \frac{p}{q} f(x) \tag{13.47}$$

Beispiel 148. Ein Würfel wird 360 mal geworfen. Der Erwartungswert für die Häufigkeit des Auftretens der 3 ist mit $p = \frac{1}{6}$ und $n = 360$ gleich $\mu = np = 60$. Die Varianz ergibt sich mit $q = \frac{5}{6}$ zu $\sigma^2 = npq = 50$, die Standardabweichung zu $\sqrt{\sigma^2} = 7.1$. Die Wahrscheinlichkeit, bei der Durchführung des Experiments genau den Erwartungswert 60 zu erhalten, beträgt nur

$$f(60) = P(X = 60) = \binom{360}{60} \left(\frac{1}{6}\right)^{60} \left(\frac{5}{6}\right)^{300} \approx 0.056 , \qquad (13.48)$$

d.h. knapp 6%. Die Wahrscheinlichkeit, dass die 3 bei 360 Würfen zwischen 53 und 67 mal auftritt, ergibt sich zu

$$P(53 \leq X \leq 67) = \sum_{x=63}^{67} \binom{360}{x} \left(\frac{1}{6}\right)^{x} \left(\frac{5}{6}\right)^{360-x} \approx 0.69 . \qquad (13.49)$$

Für diese großen Zahlen geht die Binominalverteilung in eine Normalverteilung über. Dann liegen im Bereich $\mu \pm \sigma$ 68.3% der Messwerte bzw. im Bereich $\mu \pm 2\sigma$ 95.5%. Mit der oben bestimmten Standardabweichung erwarten wir in 68.3% der Experimente einen Versuchsausgang im Bereich von 53 bis 67. □

Beispiel 149. Eine Münze wird zehnmal geworfen. Die Zufallsvariable X ‚Zahl des Auftretens von Kopf' ist dann binominalverteilt mit $p = q = 0.5$ und $n = 10$. Für die Wahrscheinlichkeitsverteilung ergibt sich

$$f(x) = P(X = x) = \binom{10}{x} 0.5^{10-x} \cdot 0.5^{x} \qquad (13.50)$$

oder

x	0	1	2	3	4	5	6	7
f(x)	9.7E-4	0.0098	0.0439	0.1172	0.2051	0.2461	0.2051	0.1172

wie auch in Abb. 13.5 dargestellt. Die Wahrscheinlichkeit, dass Zahl kein mal geworfen wurde ($X = 0$), lässt sich aus dieser Verteilung bestimmen zu $P(X = 0) = 0.001$, die Wahrscheinlichkeit, dass Zahl genau zweimal geworfen wurde zu $P(X = 2) = 0.044$ und die Wahrscheinlichkeit, dass Zahl mindestens viermal auftritt zu $P(X \geq 4) = 1 - P(X \leq 3) = 0.83$. □

Beispiel 150. Eine bleibehaftete Münze wird zehnmal geworfen, die Wahrscheinlichkeit für das Auftreten von Zahl ist $p = 0.3$. Die Zufallsvariable X für die Gesamtzahl der erhaltenen Ergebnisse ‚Zahl' ist binominalverteilt mit $p = 0.3$ und $q = 0.7$, d.h. die Wahrscheinlichkeitsverteilung ist

$$f(x) = P(X = x) = \binom{10}{x} 0.7^{10-x} \cdot 0.3^{x} \qquad (13.51)$$

oder

x	0	1	2	3	4	5	6	7
f(x)	0.0282	0.1211	0.2335	0.2668	0.2001	0.1029	0.0368	0.0090

wie auch in Abb. 13.5 dargestellt. Die Wahrscheinlichkeit, dass Zahl kein mal geworfen wurde ($X = 0$), beträgt jetzt $P(X = 0) = 0.028$, die Wahrscheinlichkeit, dass Zahl genau zweimal geworfen ist mit $P(X = 2) = 0.2335$ größer als bei der ungefälschten Münze und näher am Erwartungswert $\mu = pn = 3.3$. Die Wahrscheinlichkeit, dass Zahl mindestens viermal auftritt, ist $P(X \geq 4) = 1 - P(X \leq 3) = 0.3504$. □

Beispiel 151. Eine bestimmter Speicherbaustein wird mit einer Fehlerrate von 1.2% produziert. Die Wahrscheinlichkeit, in einer Packung mit 150 Stück genau einen (genau zwei) fehlerhafte(n) Baustein(e) zu haben, wird durch die Binominalverteilung mit $p = 0.012$ und $n = 150$ beschrieben:

$$p_1 = \binom{150}{1} 0.012^1 \cdot 0.998^{149} = 0.297 \quad \text{bzw.} \tag{13.52}$$

$$p_2 = \binom{150}{2} 0.012^2 \cdot 0.998^{148} = 0.269 \ . \tag{13.53}$$

Auf Grund der großen Zahl hätten wir hier auch eine Poisson-Verteilung verwenden können. □

13.3.4 Poisson-Verteilung

Ist die Wahrscheinlichkeit p für das Auftreten eines Ereignisses sehr klein (z.B. beim radioaktiven Zerfall), so genügt die Verteilung der diskreten Poisson-Verteilung mit der Wahrscheinlichkeitsfunktion

$$f(x) = P(X = x) = \frac{\mu^x}{x!} e^{-\mu} \tag{13.54}$$

und der zugehörigen Verteilungsfunktion

$$F(x) = P(X \leq x) = e^{-\mu} \sum_{k \leq x} \frac{\mu^k}{k!} \ . \tag{13.55}$$

Die Poisson-Verteilung lässt sich aus der Binominalverteilung für den Grenzübergang $n \to \infty$ und $p \to 0$ herleiten. Für praktische Anwendungen kann man ab $p < 0.08$ und $n > 1500\,p$ die Poisson-Verteilung durch eine Normalverteilung ersetzen. Wird eine Poisson-Verteilung benötigt, so lässt sich diese gemäß der Rekursionsformel

$$f\left(\frac{x+1}{\mu}\right) = \frac{\mu}{x+1} f\left(\frac{x}{\mu}\right) \tag{13.56}$$

bestimmen.

Der bestimmende Parameter der Poisson-Verteilung ist der *Mittelwert*

$$\mu = pn \ . \tag{13.57}$$

Die weiteren Kenngrößen der Verteilung hängen nur vom Mittelwert μ ab. So ist die *Varianz*

$$\sigma^2 = \mu \ , \tag{13.58}$$

und damit die *Standardabweichung*

$$\sigma = \sqrt{\mu} \ . \tag{13.59}$$

302 13 Wahrscheinlichkeit, Entropie und Maxwell-Verteilung

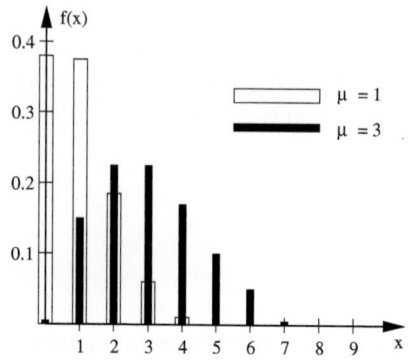

Abb. 13.6. Poisson-Verteilung für $\mu = 1$ und $\mu = 3$

Wie die Binominal-Verteilung ist die Poisson-Verteilung eine diskrete Verteilung, da sie auf der Idee der Mehrfachausführung eines Zufallsexperiments beruht. Abbildung 13.6 zeigt Poisson-Verteilungen für zwei verschiedene Mittelwerte $\mu = np$ von 1 und 3. Für kleine μ ist die Verteilung asymmetrisch, mit zunehmendem μ wird sie immer symmetrischer und lässt sich für große μ durch eine Gauß- oder Normal-Verteilung annähern.

Beispiel 152. Ein α-Strahler emittiert Teilchen mit einer Rate von 1 pro Minute. In einem Messintervall von 5 min erwarten wir $\mu = pn = 5$ Teilchen. Die Wahrscheinlichkeit, in diesem Intervall eine Zahl n von Teilchen zu beobachten, ist gemäß (13.54)

n	0	1	2	3	4	5	6	7
$P(n)$	0.0067	0.0337	0.0842	0.1404	0.1755	0.1755	0.1462	0.1044

Die Wahrscheinlichkeit, mehr als 7 Teilchen zu beobachten, ist

$$P(N \geq 8) = 1 - \sum_{n=0}^{7} P(n) = 0.1334 \,. \tag{13.60}$$

□

Beispiel 153. In einer Produktion beträgt die Wahrscheinlichkeit, dass ein gefertigtes Bauteil den Anforderungen nicht genügt, $p = 10^{-4}$. Die Frage, wie groß die Wahrscheinlichkeit ist, dass alle 1500 zufällig ausgewählten Bauteile die Qualitätsanforderungen erfüllen, lässt sich mit Hilfe der Binominalverteilung beantworten. Aufgrund der kleinen Wahrscheinlichkeit und der großen Zahl ist eine Annäherung durch eine Poisson-Verteilung mit Mittelwert $\mu = np = 0.15$ ausreichend:

$$P(X = x) = f(x) = \frac{0.15^x}{x!} e^{-0.15} \,. \tag{13.61}$$

Dann erhalten wir für die Wahrscheinlichkeit, dass alle 1500 Bauteile intakt sind, $P(X = 0) = 0.86$. □

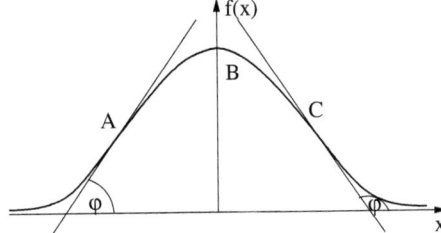

Abb. 13.7. Normalverteilung oder Gauß'sche Glockenkurve

13.3.5 Gauß'sche Normalverteilung

Die Normalverteilung oder *Glockenkurve* ist eine Funktion der Form

$$f(x) = e^{-\alpha x^2} \ . \tag{13.62}$$

Sie ist symmetrisch zur y-Achse, vgl. Abb. 13.7, und nähert sich um so schneller asymptotisch der x-Achse, je größer der Parameter α ist. Das Maximum B liegt bei $(0,1)$, die Wendepunkte A und C liegen bei $(\pm 1/(\alpha\sqrt{2}), 1/\sqrt{e})$, die Steigungen der Tangenten in diesem Punkt sind $\tan\varphi = \mp\alpha\sqrt{2/e}$.

Die häufigste Anwendung einer Glockenkurve ist die Beschreibung der Gauß'schen Normalverteilung. Auch wenn sich diese als Grenzübergang aus einer Binominalverteilung herleiten lässt, unterscheidet sie sich von den beiden bisher betrachteten Verteilungen: sie ist nicht auf diskrete Werte beschränkt sondern beschreibt eine stetige Verteilung von Zufallsvariablen.

Definition 77. *Die Verteilung einer stetigen Zufallsvariablen X mit der Dichtefunktion*

$$f(x) = \frac{1}{\sqrt{2\pi}\,\sigma} \exp\left\{-\frac{1}{2}\left(\frac{x-\mu}{\sigma}\right)^2\right\} \tag{13.63}$$

und der Verteilungsfunktion

$$F(x) = P(X \leq x) = \frac{1}{\sqrt{2x}\,\sigma} \int_{-\infty}^{x} \exp\left\{-\frac{1}{2}\left(\frac{x-\mu}{\sigma}\right)^2\right\} \mathrm{d}x \tag{13.64}$$

heißt Gauß'sche Normalverteilung.

Eine Normalverteilung mit den Parametern Mittelwert $\mu = 0$ und Standardabweichung $\sigma = 1$ heißt *Standardnormalverteilung* oder *standardisierte Normalverteilung*. Ihre Dichtefunktion ist die Glockenkurve

$$f_n(x) = \frac{1}{\sqrt{2\pi}} \exp\left\{-\frac{x^2}{2}\right\} \ . \tag{13.65}$$

Die zugehörige Verteilungsfunktion ist

$$F_n(u) = P(U \leq u) = \frac{1}{\sqrt{2\pi}} \int_{-\infty}^{u} \exp\left\{-\frac{u^2}{2}\right\} \mathrm{d}u \ . \tag{13.66}$$

Sie ist symmetrisch um den Mittelwert μ, die Wendepunkte liegen bei $\mu \pm \sigma$. Ein Integral dieser Form ist uns bereits aus der Error-Funktion (9.47) bekannt. Daher können wir die Error-Funktion auch zur Auswertung der Normalverteilung verwenden:

$$P(U \leq u) = \frac{1}{2}\left(1 + \mathrm{erf}\frac{u}{\sqrt{2}}\right). \tag{13.67}$$

Eine normalverteilte Zufallsvariable X mit den Parametern μ und σ lässt sich mit Hilfe der Variablentransformation

$$U = \frac{X - \mu}{\sigma} \tag{13.68}$$

in die *standardnormalverteilte Zufallsvariable* U überführen. Dieser Vorgang wird als Standardisierung oder Umrechnung in Standardeinheiten bezeichnet. Die standardisierte Normalverteilung ist in Tabelle 13.2 gegeben. Die Berechnung der Wahrscheinlichkeit $P(a \leq X \leq b)$ erfolgt mit Hilfe der normierten Normalverteilung F_n gemäß

$$P(a \leq X \leq b) = F_n\left(\frac{b - \mu}{\sigma}\right) - F_n\left(\frac{a - \mu}{\sigma}\right). \tag{13.69}$$

Beispiel 154. In einer Population von 600 Sportstudenten wird eine mittlere Größe von $\mu = 180$ cm bei einer Standardabweichung von $\sigma = 4.2$ cm bestimmt. Die Größe sei normalverteilt mit

$$f(x) = \frac{1}{\sqrt{2\pi}}\frac{1}{4.2}\exp\left(-\frac{(x-180)^2}{35.28}\right). \tag{13.70}$$

Um mit dieser Verteilung weiter arbeiten zu können, normieren wir sie auf eine Standard-Normalverteilung mit $u = (x - 180)/35.28$. Suchen wir jetzt die Zahl der Studierenden mit Größen von mehr als 200 cm, so erhalten wir $u = 1.13$ und können aus Tab. 13.2 direkt ablesen $P(U \geq 1.13) = 1 - F(1.13) = 1 - 0.87 = 0.13$, d.h. 13% der Studierenden oder 77 Studierende werden größer als 2 m sein. □

Die Normalverteilung ist eine Approximation der Binominalverteilung für große n mit Mittelwert $\mu = np$ und Standardabweichung $\sigma = \sqrt{npq} = \sqrt{np(1-p)}$. Die Annäherung der Binominalverteilung durch eine Normalverteilung ist zulässig für $npq = np(1-p) > 9$.

Da die Gauß-Verteilung normiert ist, bleibt die Fläche unter der Kurve konstant. Wird die Gauß-Verteilung immer schmaler, so wird der Peak immer höher und die Verteilung bildet eine Annäherung an die δ-Funktion, vgl. Abschn. 9.1.1.

13.4 Entropie und Maxwell–Boltzmann-Verteilung

Die Wahrscheinlichkeit des Auftretens eines Ereignisses lässt sich durch wiederholtes Ausführen des Experiments bestimmen. Dies ist bei einem Würfel oder beim Münzwurf einfach zu realisieren, lässt sich in komplexeren Systemen jedoch häufig nicht durchführen, da die Experimente nicht beliebig wiederholbar sind.

Um trotzdem Wahrscheinlichkeitsaussagen machen zu können, verwendet man das *Prinzip der maximalen Unbestimmtheit*: von allen möglichen Wahrscheinlichkeitsverteilungen, die mit den bekannten Informationen über ein System verträglich sind, wird diejenige angenommen, die soweit wie möglich unbestimmt ist, d.h. die auf keinen zusätzlichen Annahmen basiert. Jede Wahrscheinlichkeitsverteilung, die weniger unbestimmt ist, unterstellt mehr Eigenschaften des Systems als vorgegeben sind, und ist daher zu verwerfen.

13.4.1 Information und Entropie

Um die Wahrscheinlichkeitsverteilungen vergleichen zu können, verwenden wir als Maß für die *Unbestimmtheit* die *Entropie*.

Mit einem einfachen informationstheoretischen Ansatz können wir die Entropie anschaulich beschreiben. Information kann mit einer der drei folgenden Formulierungen definiert werden:

– Information ist das, was wir nicht wissen.
– Information ist die Eigenschaft einer Nachricht, beim Empfänger Kenntniszuwachs zu erzeugen.
– Information ist Wissenszuwachs und damit Abbau von Unsicherheiten über einen interessierenden Sachverhalt.

Information hat also etwas mit Unbekanntem oder Unerwartetem zu tun. Alles, was wir bereits wissen, enthält keine Information. Nur der Aspekt des Unbekannten ist wichtig, nicht die ‚Inhaltsschwere' oder Bedeutsamkeit der Nachricht: die Nachricht ‚Die Kuh XYZ auf der Alm QRS hat heute gekalbt' hat den gleichen Informationsgehalt wie ‚Sie haben den Jackpott mit 21 Mio. Euro geknackt'. Die Nachricht ‚Irgendwo auf der Welt hat heute irgendeine beliebige Kuh gekalbt'hat dagegen einen Informationsgehalt von Null: zwar kann die Meldung irritieren, da man nicht weiß, was man mit ihr anfangen soll – die Information in dieser Nachricht ist jedoch trivial.

Um Information wahrscheinlichkeitstheoretisch zu beschreiben betrachten wir ein Urnen-Experiment: In einer Urne befinde sich eine große Menge Kugeln, davon seien 70% weiß, 20% schwarz und 10% rot. X zieht jeweils eine Kugel und ruft Y das Ergebnis zu. Dann ist X zusammen mit der Urne eine Nachrichtenquelle, die die Nachrichten ‚weiß', ‚rot' und ‚schwarz' erzeugt. Y ist ein Nachrichtenempfänger, der sich genau für diese Informationen interessiert. Welche der drei Nachrichten enthält nun für Y die größte Information? Nach der Ziehung und Übermittlung von vielen Kugeln kennt der Empfänger Y die Wahrscheinlichkeit p_x für das Auftreten der einzelnen Farben: p_w=0.7, p_s=0.2 und p_r=0.1. Damit kennt er auch den Informationsgehalt dieser Nachrichten: die Nachricht ‚weiß' enthält die geringste Information (sie ist aufgrund ihrer großen Wahrscheinlichkeit das Standardsignal, interessant

Tabelle 13.2. Werte für die standardisierte Gauß'sche Normalverteilung

u	0	1	2	3	4	5	6	7	8	9
0.0	0.5000	0.5040	0.5080	0.5120	0.5159	0.5200	0.5239	0.5279	0.5319	0.5359
0.1	0.5398	0.5438	0.5478	0.5517	0.5557	0.5596	0.5636	0.5675	0.5714	0.5753
0.2	0.5793	0.5832	0.5871	0.5910	0.5948	0.5987	0.6026	0.6064	0.6103	0.6141
0.3	0.6179	0.6217	0.6255	0.6293	0.6331	0.6368	0.6406	0.6443	0.6480	0.6517
0.4	0.6554	0.6591	0.6628	0.6664	0.6700	0.6736	0.6772	0.6808	0.6844	0.6879
0.5	0.6915	0.6950	0.6985	0.7019	0.7054	0.7088	0.7123	0.7157	0.7190	0.7224
0.6	0.7257	0.7291	0.7324	0.7357	0.7390	0.7422	0.7454	0.7486	0.7517	0.7549
0.7	0.7580	0.7611	0.7642	0.7673	0.7704	0.7734	0.7764	0.7794	0.7823	0.7852
0.8	0.7881	0.7910	0.7939	0.7967	0.7995	0.8023	0.8051	0.8079	0.8106	0.8133
0.9	0.8159	0.8186	0.8212	0.8238	0.8264	0.8289	0.8315	0.8340	0.8365	0.8389
1.0	0.8414	0.8438	0.8461	0.8485	0.8508	0.8531	0.8554	0.8577	0.8599	0.8621
1.1	0.8643	0.8665	0.8686	0.8708	0.8729	0.8749	0.8770	0.8790	0.8810	0.8830
1.2	0.8849	0.8869	0.8888	0.8906	0.8925	0.8944	0.8962	0.8980	0.8997	0.9015
1.3	0.9032	0.9049	0.9066	0.9082	0.9099	0.9115	0.9131	0.9147	0.9162	0.9177
1.4	0.9192	0.9207	0.9222	0.9236	0.9251	0.9265	0.9279	0.9292	0.9306	0.9319
1.5	0.9332	0.9345	0.9357	0.9370	0.9382	0.9394	0.9406	0.9418	0.9429	0.9441
1.6	0.9452	0.9463	0.9474	0.9485	0.9495	0.9505	0.9520	0.9525	0.9535	0.9545
1.7	0.9554	0.9564	0.9573	0.9582	0.9591	0.9599	0.9608	0.9616	0.9625	0.9633
1.8	0.9641	0.9649	0.9656	0.9664	0.9671	0.9678	0.9686	0.9693	0.9700	0.9706
1.9	0.9713	0.9719	0.9726	0.9732	0.9738	0.9744	0.9750	0.9756	0.9761	0.9767
2.0	0.9773	0.9778	0.9783	0.9788	0.9793	0.9798	0.9803	0.9808	0.9812	0.9817
2.1	0.9821	0.9826	0.9830	0.9834	0.9838	0.9842	0.9846	0.9850	0.9854	0.9857
2.2	0.9861	0.9865	0.9868	0.9871	0.9875	0.9878	0.9881	0.9884	0.9887	0.9890
2.3	0.9893	0.9896	0.9898	0.9901	0.9904	0.9906	0.9909	0.9911	0.9913	0.9916
2.4	0.9918	0.9920	0.9922	0.9925	0.9927	0.9929	0.9931	0.9932	0.9934	0.9936
2.5	0.9938	0.9940	0.9941	0.9943	0.9945	0.9946	0.9948	0.9949	0.9951	0.9952
2.6	0.9953	0.9955	0.9956	0.9957	0.9959	0.9960	0.9961	0.9962	0.9963	0.9964
2.7	0.9965	0.9966	0.9967	0.9968	0.9969	0.9970	0.9971	0.9972	0.9973	0.9974
2.8	0.9975	0.9975	0.9976	0.9977	0.9977	0.9978	0.9979	0.9979	0.9980	0.9980
2.9	0.9981	0.9982	0.9983	0.9983	0.9984	0.9984	0.9985	0.9985	0.9986	0.9986
3.0	0.9987	0.9987	0.9987	0.9988	0.9988	0.9989	0.9989	0.9989	0.9990	0.9990
3.1	0.9990	0.9990	0.9990	0.9991	0.9991	0.9992	0.9992	0.9992	0.9993	0.9993
3.2	0.9993	0.9993	0.9994	0.9994	0.9994	0.9994	0.9994	0.9995	0.9995	0.9995
3.3	0.9995	0.9995	0.9995	0.9996	0.9996	0.9996	0.9996	0.9996	0.9996	0.9997
3.4	0.9997	0.9997	0.9997	0.9997	0.9997	0.9997	0.9997	0.9997	0.9997	0.9998
3.5	0.9998	0.9998	0.9998	0.9998	0.9998	0.9998	0.9998	0.9998	0.9998	0.9998
3.6	0.9998	0.9998	0.9999	0.9999	0.9999	0.9999	0.9999	0.9999	0.9999	0.9999
3.7	0.9999	0.9999	0.9999	0.9999	0.9999	0.9999	0.9999	0.9999	0.9999	0.9999
3.8	0.9999	0.9999	0.9999	0.9999	0.9999	0.9999	0.9999	1.0000	1.0000	1.0000
3.9	1.0000	1.0000	1.0000	1.0000	1.0000	1.0000	1.0000	1.0000	1.0000	1.0000

13.4 Entropie und Maxwell–Boltzmann-Verteilung

sind erst Abweichungen von ‚weiß'), die Nachricht ‚rot' enthält am meisten Information. Das ist anschaulich, wenn man sich vorstellt, dass die Urne nur Kugeln einer Farbe enthält, z.B. weiß. Dann ist $p_w=1$ und der Empfänger Y weiß bereits vorher, welche Nachricht ihm X übermitteln wird. Da es sich dann um eine sichere Nachricht handelt, ist ihr Informationsgehalt gleich Null. Aufgrund dieser statistischen Beschreibungsweise wird auch der Begriff Versuchsausgang anstelle von Signal, Zeichen oder Information verwendet.

Aus diesem Experiment können wir zwei Kriterien zur Definition des Informationsgehaltes einer Nachricht ableiten:

K1 Der Informationsgehalt I_x einer Nachricht ist umso größer, je kleiner die Wahrscheinlichkeit p_x ihres Auftretens ist, d.h. je größer ihr ‚Überraschungswert' ist. Damit wird Information als der Neuigkeitsgehalt aber nicht die Inhaltsschwere einer Nachricht definiert.

K2 Eine Nachricht mit der Wahrscheinlichkeit $p_x=1$, d.h. das sichere Ereignis, hat den Informationsgehalt $I_x=0$.

Ein drittes Kriterium zur Definition des Informationsgehalts erhält man bei der Verwendung mehrere Nachrichten:

K3 Der Informationsgehalt verschiedener voneinander unabhängiger Nachrichten soll sich addieren.

Informationsgehalt bei gleichwahrscheinlichen, unabhängigen Symbolen (Laplace-Experiment). Betrachten wir eine Signalquelle, die n gleichwahrscheinliche unabhängige Symbole erzeugt, z.B. einen Würfel ($n = 6$) oder eine Münze ($n = 2$). Die Wahrscheinlichkeit p_x für das Auftreten eines Symbols ist $p_x = \frac{1}{n}$. Da für alle Symbole p_x gleich ist, hat jedes Symbol den gleichen Informationsgehalt I_x. Der Informationsgehaltes einer Nachricht ist

$$I_x = \mathrm{ld}\frac{1}{p_x} = -\mathrm{ld}(p_x) \tag{13.71}$$

mit ld (log dualis) als Logarithmus zur Basis 2. Die Einheit ist 'bit' (binary digit). Diese Definition ist einsichtig insofern, als dass das erste Kriterium K1 die Verwendung der Kehrwerte der Wahrscheinlichkeiten nahelegt, das zweite Kriterium K2 die Verwendung einer logarithmischen Definition nahelegt und das dritte Kriterium K3 diese sogar erzwingt (Addition der Informationen durch Umwandlung des Produkts der reziproken Wahrscheinlichkeiten in eine Summe der Informationsgehalte der einzelnen Zeichen). Der so definierte Informationsgehalt, z.B. einer Auswahl eines Zeichens aus einem Zeichensatz, ist einfach durch die Statistik, also durch die Wahrscheinlichkeit des Auftretens eines Zeichens, bestimmt, nicht aber durch die Semantik, d.h. die Bedeutung des Zeichens.

Die Verwendung des Logarithmus zur Basis 2 ist eine willkürliche Festlegung. Der Logarithmus dualis wurde gewählt, damit für den einfachsten

Fall einer symmetrischen, binären Nachricht mit $p_x=0.5$ (d.h. gleichviele rote und weiße Kugeln in der Urne; Münzwurf) der Informationsgehalt eines Zeichens 1 bit wird, d.h. *der Informationsgehalt eines Versuches mit zwei gleichwahrscheinlichen Ausgängen beträgt 1 bit.*

Die Definition lässt sich auf Versuche mit einer größeren Zahl gleichwahrscheinlicher Ausgänge erweitern. Bei einem Versuch mit $N = 2^n$ gleichwahrscheinlichen Ausgängen können wir diese in zwei gleichgroße Mengen aufteilen und bestimmen in welcher der beiden Hälften der Versuchsausgang liegt. Da beide Hälften gleichwahrscheinlich sind, erhalten wir damit ein erstes bit an Information. Die Hälfte, in der sich der Versuchsausgang befindet, halbieren wir wieder, und wiederholen dieses Verfahren solange, bis die letzte Halbierung dann genau den beobachteten Ausgang ergibt. Damit haben wir

$$I = n = \mathrm{ld}(N) \tag{13.72}$$

bit an Information erfragt. Das Verfahren lässt sich auch dann anwenden, wenn N keine Zweierpotenz ist.

Beispiel 155. In Bsp. 131 haben wir die Zahl der Möglichkeiten bestimmt, 6 Zahlen aus 49 auszuwählen. Der Informationsgehalt einer solchen Auswahl beträgt also

$$I = \mathrm{ld}\binom{49}{6} = 23.73 \,\mathrm{bit}\ . \tag{13.73}$$

Zum Vergleich: Ein Würfel stellt eine Quelle dar, bei der jedes Signal mit einer Wahrscheinlichkeit von 1/6 erzeugt wird. Damit ergibt sich ein Informationsgehalt von ld 6 = 2.6 bit. □

Informationsgehalt bei Symbolen unterschiedlicher Wahrscheinlichkeit. Die Definition (13.71) des Informationsgehalts eines Zeichens gilt allgemein, d.h. auch wenn die Wahrscheinlichkeiten der Zeichen verschieden sind. Dann wird der Informationsgehalt für jedes Zeichen einzeln bestimmt.

Beispiel 156. Beim Würfeln mit zwei Würfeln in Bsp. 136 haben wir eine Quelle mit unabhängigen aber nicht gleichwahrscheinlichen Symbolen betrachtet mit den Wahrscheinlichkeiten $p(2) = p(12) = 1/36$; $p(3) = p(11) = 2/36$; ....; $p(6) = p(8) = 5/36$ und $p(7) = 1/6$. Die Informationsgehalte der verschiedenen Versuchausgänge sind damit $I(2) = I(12) = 5.2$ bit, $I(3) = I(11) = 4.2$ bit, $I(6) = I(8) = 2.9$ bit und $I(7) = 2.8$ bit. □

Entropie und Shannon-Funktion. Wir haben bisher den Informationsgehalt I_x eines einzelnen Zeichens betrachtet, betrachten wir jetzt den mittleren Informationsgehalts eines Zeichens aus einem Zeichenvorrat. Dieser ergibt sich durch Mittelwertbildung über alle Zeichen, wobei der Informationsgehalt jedes einzelnen Zeichens mit der Wahrscheinlichkeit des Auftretens dieses Zeichens gewichtet wird:

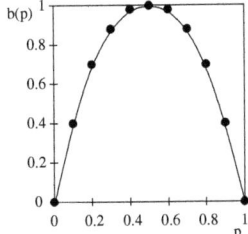

Abb. 13.8. Die Shannon–Funktion $b(p)$ gibt die Entropie für ein Zufallsereignis mit zwei möglichen Versuchsausgängen mit den Wahrscheinlichkeiten p und $(1-p)$

$$S = \overline{I}_x = -\sum_{x=1}^{n} p_x \operatorname{ld}(p_x) \,. \tag{13.74}$$

Dieser mittlere Informationsgehalt S wird als *Entropie* bezeichnet: der mittlere Informationsgehalt je Zeichen, die Entropie, gibt an, wie viele Binärzeichen man bei der binären Codierung von Nachrichten für die einzelnen Zeichen wenigstens aufwenden muss. Andererseits sind bei geschickter Codierung auch kaum mehr Zeichen erforderlich. Der Begriff der Entropie ist aus der Thermodynamik entlehnt, wo er ein Maß für die statistische Unordnung in einem System ist.

Die Entropie eines Binärzeichens lässt sich mit der Shannon-Funktion angeben. Betrachten wir wieder einen Versuch mit zwei Ausgängen mit den Wahrscheinlichkeiten p und $q = (1-p)$. Der mittlere Informationsgehalt eines Zeichen ist dann

$$S = b(p) = -p\operatorname{ld}(p) - (1-p)\operatorname{ld}(1-p) \,. \tag{13.75}$$

Die Shannon-Funktion ist in Abb. 13.8 dargestellt. Für $p=0$ ist der Informationsgehalt Null (sicheres Ereignis), mit wachsendem p steigt der mittlere Informationsgehalt je Zeichen an bis zu einem Maximum bei $p=0.5$. Dann sind beide Ausgänge gleich wahrscheinlich und das Ergebnis ist am schlechtesten vorherzusagen. Für weiter wachsendes p nimmt die Entropie wieder ab, bis sie für $p=1$ Null wird (sicheres Ereignis des anderen Signals). Dieses Ergebnis lässt sich verallgemeinern: die Entropie eines Versuches mit den möglichen Ausgängen x_i ist am größten, wenn alle Ausgänge gleich wahrscheinlich sind.

Beispiel 157. Der mittlere Informationsgehalt eine Buchstabens der deutschen Sprache (inkl. Leerzeichen und Umlaute) würde bei gleicher Häufigkeit des Auftretens $S_0 = I_x = \operatorname{ld}(30) = 4.9$ bit betragen. Aus Bsp. 142 wissen wir bereits, dass Buchstaben mit unterschiedlicher Häufigkeit auftreten. In einem deutschen Text z.B. tritt der Buchstabe 'e' mit einer Häufigkeit von 14.4% auf (nur das Leerzeichen ist mit 14.42% geringfügig häufiger), die Buchstaben ‚n' (‚s', ‚i', ‚m') haben Häufigkeiten von 8.65% (6.46%, 6.28%, 1.72%), die seltensten Buchstaben sind 'x' und 'q' mit Häufigkeiten von 0.8% bzw. 0.5% (vgl. Tabelle 13.1). Berücksichtigt man diese Häufigkeiten, so ergibt sich ein mittlerer Informationsgehalt S von nur 4.1 bit/Zeichen, da die Zeichen nicht gleich wahrscheinlich sind.

Zusätzlich sind die Zeichen in der Sprache nicht unabhängig, so folgt auf ein ‚a'wesentlich häufiger ein ‚n'als ein ‚o'; ein ‚c'tritt meist in Kombination mit einem ‚h'auf, häufig sogar in der Form ‚sch', und auf ein ‚q'folgt stets ein ‚u'. Dadurch reduziert sich der mittlere Informationsgehalt S auf 1.3 bit/Zeichen.

Jede Abweichung von der Gleichverteilung bzw. von der statistischen Unabhängigkeit verringert den mittleren Informationsgehalt einer Nachricht. Dies wird als *Redundanz* (Weitschweifigkeit) bezeichnet. Formal ist die Redundanz die Differenz zwischen der maximal möglichen Entropie S_0 und der in einer realen Zeichenkette steckenden Entropie S:

$$R = S_0 - S \tag{13.76}$$

bzw. als *relative Redundanz*

$$r = \frac{S_0 - S}{S_0} . \tag{13.77}$$

In der deutschen Sprache beträgt die Redundanz R 3.6 bit/Zeichen bzw. die relative Redundanz r 0.73: 73% der Sprache sind redundant oder überflüssig und nur 27% tragen Information. Wir könnten also mit einer anderen Sprachstruktur aber dem gleichen Alphabet die zur Übermittlung einer Nachricht notwendigen Materialien auf etwas über 1/4 reduzieren (Bücher würden dünner, Morsebotschaften schneller, Vorlesungen könnten in gleicher Zeit viermal soviel Stoff behandeln, etc.). □

Eigenschaften der Entropie. Die informationstheoretisch definierte Entropie (13.74) enthält den Logarithmus dualis um die informationstechnisch relevante Einheit bit zu berücksichtigen. In der Physik wird die *Entropie einer Wahrscheinlichkeitsverteilung* nicht über ld sondern ln definiert:

$$S = -\sum_{k=1}^{n} p_k \ln p_k , \tag{13.78}$$

ihre Interpretation als Mittelwert der Information in der Verteilung bleibt jedoch bestehen. Für eine kontinuierliche Verteilung wird die Summation wieder durch eine Integration ersetzt:

$$S = -\int_{-\infty}^{\infty} p(x) \ln p(x) \, dx . \tag{13.79}$$

Die Entropie S ist nicht negativ, $S \geq 0$, da die Wahrscheinlichkeit nicht negativ ist. Sie wird Null, falls genau ein p_k gleich 1 ist, d.h. falls ein Ereignis das sichere Ereignis ist und der Versuchsausgang damit vorhersagbar ist. Die maximale Entropie ergibt sich für die Gleichverteilung, d.h. für alle anderen Verteilungen gilt $S \leq S_g = S(1/n, ..., 1/n) = \ln n$.

13.4.2 Maximale Unbestimmtheit

Betrachten wir jetzt ein Gas. Gesucht ist die Wahrscheinlichkeit, dass ein zufällig heraus gegriffenes Molekül eine Geschwindigkeit im Intervall zwischen v_0 und $v_0 + \Delta v$ hat, oder laxer formuliert sich im Zustand v_0 befindet. Die vollständige Information, d.h. die Geschwindigkeitsverteilung der Moleküle ist uns nicht bekannt, wir kennen lediglich eine mittlere Größe, die Temperatur des Gases. Daraus lässt sich die Verteilung mit Hilfe des *Prinzips der maximalen Unbestimmtheit* bestimmen.

Zum Verständnis des Prinzips betrachten wir eine einfachere Situation. Ein Würfel liefert den Erwartungswert $\mu = \bar{x} = 3.2$ statt des beim homogenen Würfel nach Bsp. 145 erwarteten $\bar{x} = 3.5$. Diese Abweichung kann zwei Gründe haben: (a) die Zustände $k_1, \ldots, k_6$ treten nicht mit gleicher Wahrscheinlichkeit auf, oder (b) die Zustände sind vielleicht nicht die erwarteten 1, 2, 3, 4, 5 und 6. Die einzigen Informationen über die wir verfügen, sind die Beobachtung

$$\sum_{k=1}^{6} k p_k = \bar{k} = 3.2 \tag{13.80}$$

sowie die triviale Information, dass die Summe der Wahrscheinlichkeiten 1 ist:

$$\sum_{k=1}^{6} p_k = 1 . \tag{13.81}$$

Damit haben wir zwei Gleichungen für sechs Unbekannte.

Die Wahrscheinlichkeitsverteilung nähern wir mit dem Prinzip der maximalen Unbestimmtheit an: wir kennen die Zahl der Zustände und nehmen an, dass diese gleichverteilt sind, die Entropie also maximal wird. Ferner müssen die Nebenbedingungen (13.80) und (13.81) gelten.

Für die Verteilung machen wir einen Exponentialansatz

$$p_k \sim e^{-\beta x_k} . \tag{13.82}$$

Diese Verteilung muss normiert sein, d.h. die Summe aller Wahrscheinlichkeiten muss entsprechend (13.81) 1 sein. Zur Normierung addieren wir die p_k aus (13.82) und erhalten die *Zustandssumme*

$$Z = \sum_{k} e^{-\beta x_k} \tag{13.83}$$

und damit für die Wahrscheinlichkeitsverteilung

$$p_k = \frac{1}{Z} e^{-\beta x_k} . \tag{13.84}$$

Aus der zweiten Nebenbedingung, der Kenntnis des Mittelwerts, wird der Parameter β festgelegt

$$\bar{x} = \sum_k x_k p_k = \frac{1}{Z} \sum_k x_k e^{-\beta x_k} \ . \tag{13.85}$$

Für diese Verteilung lässt sich zeigen, dass sie die Verteilung mit der größtmöglichen Unbestimmtheit ist, z.B. [33]. Sie wird als Boltzmann-Verteilung bezeichnet.

13.4.3 Maxwell–Boltzmann-Verteilung

In der Thermodynamik wird die Boltzmann-Verteilung (13.84) zur Beschreibung der Zustände eines Systems verwendet. Sie wird als *Maxwell'sche-Geschwindigkeitsverteilung* oder *Maxwell–Boltzmann-Verteilung* bezeichnet und gibt die Wahrscheinlichkeitsverteilung der Geschwindigkeiten der Moleküle eines Gases

$$F(\boldsymbol{v}) = \left(\frac{m}{2\pi kT}\right)^{3/2} \exp\left\{-\frac{mv^2}{2kT}\right\} \tag{13.86}$$

mit k als Boltzmann-Konstante, T als Temperatur des Gases und $\boldsymbol{v}$ als Geschwindigkeit. Der Vorfaktor entspricht dem $1/Z$ in (13.84) und dient der Normierung: da die Maxwell-Verteilung eine Wahrscheinlichkeitsverteilung ist, muss gelten $\int F(v)\,\mathrm{d}v = 1$. Der Bruch in der Exponentialfunktion enthält im Zähler die kinetische Energie $\frac{1}{2}mv^2$ der einzelnen Moleküle und im Nenner mit $kT = \frac{1}{2}\overline{mv^2}$ die mittlere kinetische Energie. Gleichung (13.86) gibt eine Geschwindigkeitsverteilung, d.h. sie ist abhängig von Betrag und Richtung der Geschwindigkeit. Um eine Verteilung nur in Abhängigkeit vom Betrag der Geschwindigkeit zu erhalten, integrieren wir (13.86) über alle Richtungen. Dabei geht das Differential $\mathrm{d}\boldsymbol{v}$, d.h. ein kleines Volumenelement an der Spitze des Vektors $\boldsymbol{v}$, über in eine Kugelschale mit Radius v und Dicke $\mathrm{d}v$: $\mathrm{d}\boldsymbol{v} \to 4\pi v^2 \mathrm{d}v$. Entsprechend geht die Wahrscheinlichkeit $F(\boldsymbol{v})\,\mathrm{d}\boldsymbol{v}$, ein Teilchen mit einer Geschwindigkeit im Intervall zwischen $\boldsymbol{v}$ und $\boldsymbol{v}+\mathrm{d}\boldsymbol{v}$ zu finden, über in die Wahrscheinlichkeit $f(v)\mathrm{d}v$, ein Teilchen mit einer Geschwindigkeit im Intervall zwischen v und $v + \mathrm{d}v$ zu finden: $f(v) = 4\pi v^2 F(\boldsymbol{v})$. Damit erhalten wir für die *Maxwell'sche Geschwindigkeitsverteilung*

$$f(v) = 4\pi\,v^2 \left(\frac{m}{2\pi kT}\right)^{3/2} \exp\left\{-\frac{mv^2}{2kT}\right\} \ . \tag{13.87}$$

Teil (a) von Abb. 13.9 zeigt eine Maxwell'sche-Geschwindigkeitsverteilung. Hier wurde bewusst eine sehr hohe Temperatur gewählt, um die Asymmetrie der Verteilung aufzuzeigen. Für kleine Geschwindigkeiten steigt die Verteilung proportional zu v^2 an, für große Geschwindigkeiten fällt sie exponentiell ab. Das Maximum der Kurve ist die *wahrscheinlichste Geschwindigkeit*

$$v_{\text{th}} = \sqrt{\frac{2kT}{m}} \ . \tag{13.88}$$

Die *mittlere Geschwindigkeit* v_m ist auf Grund der Asymmetrie der Verteilung zu höheren Geschwindigkeiten verschoben und ergibt sich zu

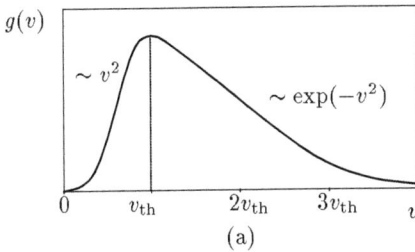
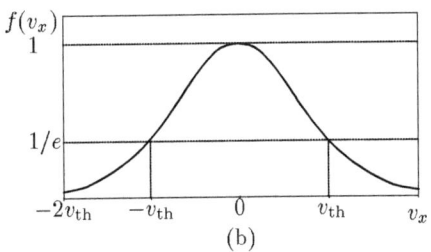

Abb. 13.9a,b. Maxwell'sche Geschwindigkeitsverteilung. (a) Verteilung der Teilchengeschwindigkeiten in einem ruhenden Gas. (b) Maxwell-Verteilung für eine einzelne Geschwindigkeitskomponente in einem ruhenden Gas, die anderen Komponenten sind durch Integration entfernt

$$v_{\mathrm{m}} = \sqrt{\overline{v^2}} = \sqrt{\frac{3kT}{m}} \; . \tag{13.89}$$

Mit zunehmender Temperatur verschiebt sich das Maximum der Verteilung zu höheren Temperaturen.

Betrachten wir nur eine Komponente der Geschwindigkeit, so ergibt sich in einem ruhenden Gas eine um Null symmetrische Geschwindigkeitsverteilung, wie in Teil (b) von Abb. 13.9 gezeigt. Diese Verteilung wird mit zunehmender Temperatur breiter, das Maximum verschiebt sich jedoch nicht. Würden wir eine Komponente der Geschwindigkeit in einem bewegten Gas betrachten, wo würde die Verteilung unter Wahrung ihrer Form so verschoben werden, dass die Mitte der Verteilung mit der Fortbewegungsgeschwindigkeit des Gases in dieser Richtung zusammenfällt.

Beispiel 158. Betrachten wir jetzt die Zahl der Moleküle in der Boltzmann-Verteilung, die eine Geschwindigkeitskomponenten mit einem Betrag kleiner gleich der thermischen Geschwindigkeit haben, d.h. wir suchen das Integral

$$F = \int_{-v_{\mathrm{th}}}^{v_{\mathrm{th}}} f(v)\,\mathrm{d}v = 2\int_0^{v_{\mathrm{th}}} f(v)\,\mathrm{d}v = \frac{2}{\sqrt{\pi}}\int_0^1 \mathrm{e}^{-u^2}\,\mathrm{d}u = \mathrm{erf}(1) = 0.843\;, \tag{13.90}$$

wobei die Substitution $u = v/v_{\mathrm{th}}$ verwendet wurde. □

Literatur

Eine sehr gute Einführung mit vielen Beispielen und Aufgaben geben Weber und Zillmer [64], auch die Kapitel im Papula [43] sind hilfreich. Eine

314   13 Wahrscheinlichkeit, Entropie und Maxwell-Verteilung

ausführliche Darstellung zur Kombinatorik gibt Tittmann [60], Wahrscheinlichkeitsverteilungen und ihre Anwendungen werden sehr anschaulich in Subrahmaniam [59] behandelt. Die beiden Bändchen von Beck-Bornholdt und Dubben [4, 5] sind sehr unterhaltsam und zeigen, dass Statistik mit Vorsicht zu genießen ist.

Fragen

13.1. Erläutern Sie die Begriffe Kombination, Permutation und Variation.

13.2. Was ist eine Zufallsexperiment? Was ein Laplace-Experiment?

13.3. Was ist eine Zufallsvariable?

13.4. Was ist eine bedingte Wahrscheinlichkeit? Wie ist sie definiert?

13.5. Was versteht man unter Bayes'scher Statistik?

13.6. Erläutern Sie die Begriffe Wahrscheinlichkeitsfunktion und Verteilungsfunktion.

13.7. Durch welche Parameter wird eine Wahrscheinlichkeitsverteilung beschrieben.

13.8. Was ist ein Bernoulli-Experiment?

13.9. Was sind die wichtigsten Verteilungen? Erläutern Sie ihre Eigenschaften (Skizze!) sowie die Zusammenhänge zwischen ihnen. Wie sind die Kenngrößen dieser Verteilungen definiert?

13.10. Geben Sie eine anschauliche Beschreibung des Begriffs ‚Information'.

13.11. Worüber wird der Informationsgehalt einer Nachricht bestimmt?

13.12. Wofür ist das bit eine Einheit? Wie ist es definiert?

13.13. Erläutern Sie die Shannon-Funktion.

13.14. Erläutern Sie den Begriff der Entropie.

13.15. Erläutern Sie den Begriff der Redundanz.

13.16. Erläutern Sie das Prinzip der maximalen Entropie.

13.17. Erläutern Sie die der Maxwell-Verteilung zu Grunde liegenden Ideen.

Aufgaben

13.1. • Für eine Lichtorgel aus 3 Lampen stehen insgesamt 6 verschiedenfarbige Glühlampen zur Verfügung. Bestimmen Sie die Anzahl der möglichen Kombinationen, wenn jede Lampe nur einmal verwendet werden kann.

13.2. • Wie viele 2er Kombinationen lassen sich aus 5 verschiedenen Buntstiften bilden, wenn jeder (a) nur einmal, (b) mehrmals verwendet werden darf?

13.3. • In einer Klausur sind 12 Aufgaben zu lösen. Die Klausur ist bestanden, wenn mindestens 6 Aufgaben richtig gelöst wurden, darunter die letzten beiden. Auf wie viele Weisen lässt sich diese Anforderung erfüllen?

13.4. • Wie viele Kombinationen von 4 Widerständen können Sie aus einer Gesamtheit von 10 Widerständen aussuchen?

13.5. • Wie viele Kombinationen von 5 Kugeln können Sie aus einer Urne mit 25 Kugeln ziehen, wenn (a) die Kugeln nur einmal gezogen werden können, und wenn (b) die Kugel nach der Ziehung sofort wieder zurück gelegt wird. Wie viele Variationen erhalten Sie, wenn Sie zusätzlich die Reihenfolge berücksichtigen, in der die Kugeln gezogen wurden.

13.6. •• Bei der Vergabe von Rechneradressen werden 12 Ziffern in vier Dreier-Packs vergeben. Wie viele Codierungen sind möglich, wenn nach einer Null keine weitere Ziffer im entsprechenden Dreierpack vergeben werden darf?

13.7. •• Bei der Produktion von 20 Schaltkreisen werden drei fehlerhafte hergestellt. Zu Kontrollzwecken wird eine ungeordnete Stichprobe vom Umfang $n = 4$ entnommen. (a) Wie viele Stichproben sind insgesamt möglich? (b) Wie groß ist der Anteil an Stichproben mit genau einem fehlerhaften Schaltkreis?

13.8. • Bei der Kodierung von Fahrradrahmen durch 4 Buchstaben und 6 Ziffern (in dieser Reihenfolge) darf der erste Buchstabe kein X sein. Wie viele verschiedene Kodierungen sind dann möglich, wenn sowohl jeder Buchstabe als auch jede Ziffer mehrmals verwendet werden darf?

13.9. • Eine homogene Münze wird dreimal geworfen (Zahl: Z, Wappen: W). (a) Bestimmen Sie die dabei möglichen Ergebnisse (Elementarereignisse) sowie die Ergebnismenge Ω dieses Zufallsexperiments. (b) Beschreiben Sie die folgenden Ereignisse: A bei 3 Würfen 2mal Z; B bei 3 Würfen 2mal W; C bei 3 Würfen einmal Z; D bei 3 Würfen 3mal Z, E bei 3 Würfen 3mal W; (c) Bilden Sie aus den unter (b) genannten Ereignissen die folgenden zusammengesetzten Ereignisse: $A \cup B$, $A \cap D$, $B \cup E$, $D \cup E$, $A \cap B$, $(C \cup D) \cap B$. (d) Bilden Sie die Ereignisse $\overline{A}$ und $\overline{D}$.

13.10. • Aus einem Kartenspiel mit 52 Karten wird eine Karte zufällig entnommen. Wie groß ist die Wahrscheinlichkeit, (a) eine rote Karte, (b) ein As, (c) eine Dame oder einen König, oder (d) einen schwarzen Buben zu ziehen?

13.11. • Zweimaliges Würfeln mit einem Würfel. Bestimmen Sie die Wahrscheinlichkeiten dafür, dass (a) die Augensumme 6 ist, (b) beide Augenzahlen gleich sind, (c) beide Augenzahlen durch 2 teilbar sind, (d) die Summe der Augenzahlen durch 2 teilbar ist.

13.12. • Würfeln mit zwei Würfeln: wie groß ist die Wahrscheinlichkeit, dass die Augensumme kleiner als 9 ist?

13.13. •• Würfeln mit zwei Würfeln: Bestimmen Sie die Wahrscheinlichkeit, dass die Augensumme 8 beträgt unter der Bedingung, dass beide Würfel ungerade Augenzahlen zeigen.

13.14. •• Ein Würfel wurde so manipuliert, dass die geraden Zahlen gegenüber den ungeraden Zahlen mit der vierfachen Wahrscheinlichkeit auftreten. (a) Berechnen Sie die Wahrscheinlichkeit für das Auftreten einer geraden bzw. ungeraden Augenzahl. (b) Welche Wahrscheinlichkeiten besitzen die folgenden Ereignisse: $A = \{1,2,3\}$, $B = \{1,6\}$, $C = \{2,4,6\}$, $D = \overline{C}$, $E = B \cup C$, $F = B \cap C$.

13.15. •• In einer Lieferung von 20 Glühlampen befinden sich 3 defekte. Zu Kontrollzwecken werden 5 Glühlampen zufällig entnommen. Die Zufallsvariable X beschreibt die Anzahl der dabei erhaltenen defekten Glühlampen. (a) Geben Sie die Verteilung von X. (b) Wie groß ist die Wahrscheinlichkeit, dass sich in der Verteilung genau eine defekte Glühlampe findet?

13.16. •• Ein homogener Würfel wird 300-mal geworfen. Wie oft können wir dabei eine durch 3 teilbare Augenzahl erwarten?

13.17. •• Die Herstellung von Gewindeschrauben erfolge mit einem Ausschussanteil von 2%. Wie viele nicht brauchbare Schrauben befinden sich im Mittel in einer Schachtel mit 250 Schrauben. Wie groß sind Varianz und Standardabweichung dieser Binominalverteilung?

13.18. •• X sei eine normalverteilte Zufallsvariable mit dem Mittelwert $\mu = 12$ und der Standardabweichung $\sigma = 3$. Die folgenden Werte von X sind in Standardeinheiten umzurechnen: (a) 10.42, (b) 0.86, (c) 2.5, (d) -4.68, (e) $\mu \pm 3.2\sigma$, (f) 18.

13.19. •• Eine Klausur besteht aus 30 Multiple-Choice Aufgaben, in denen von den jeweils 5 möglichen Antworten genau eine richtig ist. Ein schlecht vorbereiteter Student verlässt sich ganz auf sein Glück und würfelt die anzukreuzende Antwort (zeigt der Würfel eine 6, würfelt er noch einmal). Wie groß sind die Wahrscheinlichkeiten, dass (a) genau 12 Antworten richtig sind, (b) höchstens 2 Antworten richtig sind, (c) mindestens 2 Antworten richtig sind) und (d) mindestens die Hälfte der Antworten richtig und die Klausur damit bestanden ist?

13.20. •• Die in einer Physik-Klausur erzielte Punktzahl ist eine normalverteilte Zufallsgröße mit Mittelwert $\mu = 20$ und Standardabweichung $\sigma = 4$. 60% der teilnehmenden Studierenden haben bestanden. Welche Mindestpunktzahl war daher zu erreichen?

13.21. •• Von 5000 Studenten einer Hochschule wurde das Gewicht bestimmt. Die Zufallsgröße ‚X = Gewicht eines Studenten' erwies sich dabei als eine normalverteilte Zufallsvariable mit dem Mittelwert $\mu = 75$ kg und der Standardabweichung $\sigma = 5$ kg. Wie viele der untersuchten Studenten hatten dabei (a) ein Gewicht zwischen 69 kg und 80 kg, (b) ein Gewicht über 80 kg, (c) ein Gewicht unter 69 kg.

13.22. •• In einem Volumen V_0 befindet sich ein Gas, das aus N_0 nicht miteinander wechselwirkenden Molekülen besteht. Wie groß ist die Wahrscheinlichkeit dafür, N Moleküle in einem Volumen $V \ll V_o$ zu finden und wie groß ist die mittlere Anzahl von Molekülen in V, wie groß ihre Varianz.

13.23. •• Der Ausschuss bei der Produktion eines bestimmten Typs von Kondensatoren beträgt 3%. Wie groß ist die mittlere Zahl defekter Kondensatoren in einer Industriepackung von 1000 Stück? Wie groß sind Varianz und Standardabweichung der dazu gehörigen Binominalverteilung?

13.24. •• Die Kapazität eines in großer Stückzahl hergestellten Kondensators kann als normalverteilte Zufallsvariable angesehen werden. Mit welchem Ausschussanteil ist zu rechnen, wenn die Kapazität höchstens um 5% vom Sollwert $\mu = 200$ pF abweichen darf und die Standardabweichung $\sigma = 5$ pF beträgt? Wie ändert sich der Ausschussanteil, wenn Kapazitätswerte zwischen 196 und 215 pF toleriert werden?

13.25. • Ein Versuch hat 7 unterschiedliche Ausgänge mit den folgenden Wahrscheinlichkeiten:

A_i	A_1	A_2	A_3	A_4	A_5	A_6	A_7
$p(A_i)$	2/25	3/25	7/25	1/25	8/25	1/25	3/25

Bestimmen Sie den Informationsgehalt jedes einzelnen Zeichens, den mittleren Informationsgehalt eines Zeichens (Entropie) sowie die Redundanz.

13.26. •• 3 Würfel werden gleichzeitig geworfen. Bestimmen Sie die Wahrscheinlichkeit, dass zwei der Würfel eine 5 zeigen, der dritte eine von 5 verschiedene Zahl.

13.27. •• Wie viele Fünfen erwarten Sie, wenn Sie mit drei Würfeln gleichzeitig würfeln?

13.28. • Ein radioaktiver Strahler emittiert α-Teilchen mit einer Rate λ von 1.5 pro Minute. Bestimmen sie die mittlere erwartete Zahl von α-Teilchen, die in einem Intervall von 2 min beobachtet wird. Bestimmen Sie die Wahrscheinlichkeiten, 0, 1, 2, 3, 4, oder mindestens 5 Zerfälle in diesen zwei Minuten zu beobachten.

13.29. •• In einer Telefonzentrale laufen im Mittel 100 Anrufe auf. Wie groß ist die Wahrscheinlichkeit, dass mehr als 75 Anrufe in einer halben Stunde ankommen? Wie groß die, dass mehr als 50 in der halben Stunde eingehen?

13.30. • Bei der Untersuchung von Fehlstellen in einem Kristall haben Sie in einer Probe A 6 Fehlstellen gefunden, in einer gleich großen Probe B dagegen 10 Fehlstellen. Ist A der bessere Kristall? Wie würden Sie die Frage beantworten, wenn Sie durch Auszählung eines größeren Kristalls 60 Fehlstellen in A und 100 in B erhalten hätten?

14 Messung und Messfehler

Messwerte sind fehlerhaft, d.h. die Angabe eines Messwerts macht nur Sinn, wenn man auch seinen Fehler abschätzen und angeben kann. Fehler können eingeteilt werden in *systematische Fehler*, z.B. durch fehlerhafte Apparaturen (die Stoppuhr geht zu langsam), und *statistische Fehler*, also zufällige Schwankungen in den Messungen. Da das Wort ‚Fehler' ein vermeidbares Fehlverhalten des Beobachters bzw. Experimentators implizieren könnte, ersetzt DIN-Norm 1319 (Teil 3) die Begriffe zufälliger Fehler und systematischer Fehler durch die Begriffe zufällige und systematische Abweichung.

Den Unterschied zwischen statistischen bzw. zufälligen und systematischen Abweichungen verdeutlicht Abb. 14.1 am Beispiel einer Schießübung. In (a) liegen alle Einschüsse eng zusammen, d.h. der zufällige Fehler ist klein. Außerdem liegen alle Einschüsse in der Nähe des Zentrums, d.h. der systematische Fehler ist ebenfalls klein. In (b) tritt ein kleiner zufälliger aber großer systematischer Fehler auf, da alle Treffer zwar eng beieinander aber rechts vom Zentrum liegen. In (c) ist der zufällige Fehler groß, da die Treffer über einen weiten Bereich verteilt sind. Der systematischer Fehler dagegen ist klein, da die Verteilung im Zentrum zentriert ist. In (d) sind beide Fehler groß. Die Fehlerrechnung berücksichtigt die statistischen Fehler.

Bei der Fehleranalyse lassen sich zwei Bereich unterscheiden:

– die zur Verfügung stehenden Daten und ihre Beschreibung durch Mittelwert und Varianz, sowie
– statistische Modelle, die uns Verteilungen, wie im vorangegangenen Kapitel angesprochen, liefern und die wir zur Charakterisierung unserer Messdaten zur Hilfe nehmen können.

Für das Ergebnis einer Messung können wir festhalten: die Angabe eines Messwertes x_m ist nur zusammen mit der Angabe eines Messfehlers Δx sinnvoll. Auf diese Weise erhalten wir ein Intervall $[x - \Delta x, x + \Delta x]$, in dem der wahre Wert mit großer Wahrscheinlichkeit liegt. Wir werden später auch quantitative Maße für diese Wahrscheinlichkeit einführen.

Bei der Darstellung von Messungen und Messfehlern sollte die letzte signifikante Ziffer im Ergebnis von der gleichen Größenordnung sein wie der Fehler. So ist $v = (6051.73 \pm 30)$ m eine ungeschickte Angabe, da schon die Ziffer 5 unsicher ist und zwischen 2 und 8 liegen kann. Daher kommen der 1, 7 und 3 keine Bedeutung zu. Besser wäre eine Angabe der Form $v = (6050 \pm 30)$ m.

320   14 Messung und Messfehler

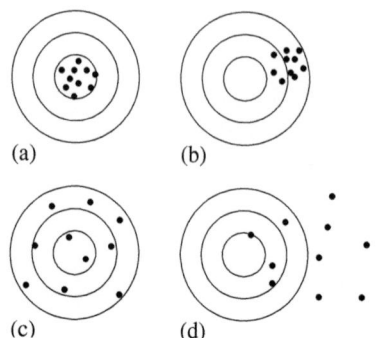

(a) (b) (c) (d)

Abb. 14.1a-d. Zufällige und systematische Fehler bei Schießübungen

14.1 Charakterisierung von Messdaten

Eine mehrfach unter gleichen Bedingungen durchgeführte Messung liefert eine Zahl von N unabhängigen Messwerten

$$x_1, x_2, x_3, x_4, ..., x_N \ . \tag{14.1}$$

Diese Messwerte können dargestellt werden durch eine Verteilung $F(x)$ (Histogramm, vgl. Abb. 14.2), die die volle Information der Messung enthält, oder reduziert auf zwei Parameter Mittelwert $\mu = \bar{x}$ und Varianz σ^2, die zwar die Verteilung charakterisieren, jedoch nicht alle ihre Details enthalten.

Zwei elementare Eigenschaften der Messreihe (14.1) können unmittelbar angegeben werden: zum einen die Summe

$$\Sigma = \sum_{i=1}^{N} x_i \ , \tag{14.2}$$

zum anderen der *experimentelle Mittelwert*

$$\bar{x}_e = \frac{\Sigma}{N} = \frac{1}{N} \sum_{i=1}^{N} x_i \ . \tag{14.3}$$

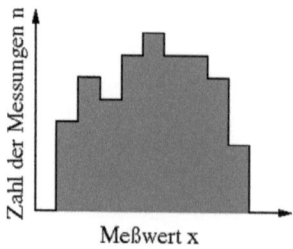

Abb. 14.2. Verteilung der Messwerte einer mehrfach wiederholten Messung, dargestellt als Histogramm

14.2 Verteilung, Mittelwert und Varianz

In diesem Abschnitt wollen wir eine Verbindung zwischen dem experimentellen Mittelwert und den durch Verteilungen nahegelegten wahren Mittelwerten herstellen. Dazu rekapitulieren wir kurz die für die Untersuchung von Messwerten relevanten Verteilungsfunktionen aus Kap. 13.

14.2.1 (Normalverteilte) Messwerte

Die durch (14.1) gegebene *Verteilung* $F(x)$ lässt sich beschreiben als

$$F(x) = \frac{\text{Zahl der beobachteten Werte } x}{\text{Zahl der Messungen } N} . \tag{14.4}$$

Diese Verteilung ist normiert mit

$$\sum_{x=0}^{\infty} F(x) = 1 . \tag{14.5}$$

Sie enthält, abgesehen von der Reihenfolge des Auftretens, die volle Information, die auch in der Liste (14.1) enthalten ist. Sie kann als ein Histogramm dargestellt werden, vgl. Abb. 14.2. Diese diskrete Häufigkeitsverteilung geht über in eine kontinuierliche Verteilung, wenn die Zahl der Messwerte beliebig erhöht wird. Die Verteilung kann dann durch eine *Dichtefunktion* $f(x)$ beschrieben werden, die die folgenden Eigenschaften hat:

- die Verteilung ist symmetrisch um den Mittelwert μ, d.h. betragsmäßig gleich große positive und negative Abweichungen treten mit gleicher Wahrscheinlichkeit auf.
- je grösser die Abweichung eines Messwertes vom Maximum ist, um so geringer ist seine Wahrscheinlichkeit. $f(x)$ ist daher eine vom Maximum nach beiden Seiten hin symmetrisch abfallende Funktion.

Beide Eigenschaften können erst bei hinreichend großer Zahl von Einzelmessungen deutlich werden, daher können wir nicht ausschließen, dass sich die in Abb. 14.2 gezeigte Verteilung nicht doch als normalverteilt erweisen kann.

Eine normalverteilte Zufallsvariable kann durch eine normierte Dichtefunktion (*Gauß'sche Normalverteilung*, vgl. Abschnitt 13.3.5) in der Form

$$f(x) = \frac{1}{\sqrt{2\pi}\sigma} \exp\left\{-\frac{1}{2}\left(\frac{x-\mu}{\sigma}\right)^2\right\} \tag{14.6}$$

beschrieben werden mit μ als dem Mittelwert und σ als der Standardabweichung der Grundgesamtheit. Das Maximum der Verteilung liegt bei $x = \mu$, ihre Breite wird im wesentlichen durch σ bestimmt. Die Wendepunkte der Verteilung liegen an den Stellen $x_{w1,w2} = \mu \pm \sigma$.

Die Wahrscheinlichkeit dafür, dass ein Messwert in ein Intervall $[a, b]$ fällt, ist gegeben durch das Integral

14 Messung und Messfehler

$$P(a \leq x \leq b) = \frac{1}{\sigma\sqrt{2\pi}} \int_a^b \exp\left\{-\frac{1}{2}\left(\frac{x-\mu}{\sigma}\right)^2\right\}. \tag{14.7}$$

Mit Hilfe dieser Gleichung können wir die Zahl der Messwerte in bestimmten Intervallen angeben:
- 68.3% der Messwerte liegen im Intervall $[\mu - \sigma, \mu + \sigma]$
- 95.5% der Messwerte liegen im Intervall $[\mu - 2\sigma, \mu + 2\sigma]$
- 99.7% der Messwerte liegen im Intervall $[\mu - 3\sigma, \mu + 3\sigma]$

Beispiel 159. Diese Zahlen lassen sich mit der normierten Gauss-Verteilung (13.66) und der Transformation (13.68) bestimmen. Mit der Transformation $u = (x - \mu)/(\sqrt{2}\sigma)$ erhalten wir aus $\int_{\mu-\sigma}^{\mu+\sigma} f(x)\mathrm{d}x$ das Integral

$$I = \sqrt{\frac{1}{\pi}} \int_{-1/\sqrt{2}}^{1/\sqrt{2}} \mathrm{e}^{-u^2}\mathrm{d}u = \sqrt{\frac{4}{\pi}} \int_0^{1/\sqrt{2}} \mathrm{e}^{u^2}\mathrm{d}u = \mathrm{erf}\left(\frac{1}{\sqrt{2}}\right) = 0.683. \tag{14.8}$$

14.2.2 ‚Zählen‘ und Poisson-Verteilung

Messungen, bei denen statistisch auftretende Ereignisse gezählt werden, z.B. die Zahl der in einer radioaktiven Substanz pro Zeiteinheit zerfallenden Atome oder die Zahl der in einem Krankenhaus pro Monat geborenen Babys, werden durch die Poisson-Verteilung mit $\mu = pn$ beschrieben:

$$P(x) = \frac{(pn)^x \mathrm{e}^{-pn}}{x!} = \frac{\mu^x \mathrm{e}^{-\mu}}{x!}. \tag{14.9}$$

Für die Varianz und die Standardabweichung gelten

$$\sigma^2 = \sum_{x=0}^n (x - \mu)^2 P(x) = pn = \mu \quad\text{bzw.}\quad \sigma = \sqrt{\mu}. \tag{14.10}$$

Die vorhergesagte Standardabweichung der Poisson-Verteilung ist also die Wurzel aus dem Mittelwert.

Beispiel 160. An einem radioaktives Präparat wurden in einem Zeitintervall $N = 625$ α-Teilchen gemessen. Zur Abschätzung des Messfehlers kann diese Messung nicht wiederholt werden, da sich das Präparat durch die Zerfälle verändert. Die Standardabweichung lässt sich stattdessen mit Hilfe der Poisson-Verteilung bestimmen. Dazu gehen wir davon aus, dass der Messwert N dem Mittelwert μ der Verteilung entspricht. Dann ist $\sigma = \sqrt{\mu} = 25$ die Standardabweichung und $N = 625 \pm 25$ das Messergebnis. □

Beispiel 161. Bei Biotopkartierungen wurden im vergangenen Jahr auf der Testfläche 6 vierblättrige Kleeblätter gefunden, in diesem Jahr 9. Können wir daraus auf eine Zunahme dieser Spezies um 50% schließen? Die Messwerte wurden durch Zählen gewonnen, sie gehorchen der Poisson-Statistik. Dann gilt für die Messwerte mit ihrer Standardabweichung: im Vorjahr wurden 6 ± 2.5 vierblättrige Kleeblätter gefunden, in diesem Jahr 9 ± 3. Die $\mu \pm \sigma$-Bereiche beider Messungen überlappen sich, so dass wir aus den Ergebnissen nicht auf eine Veränderung der Population schließen können. In einem anderen Biotop hat ein Kollege im Vorjahr 60 und in diesem Jahr 90 vierblättrige Kleeblätter gezählt, also ebenfalls eine Veränderung um 50%. In diesem Fall ist der Unterschied signifikant und legt eine Veränderung der Population nahe, da sich die Bereiche 60 ± 7.7 aus dem Vorjahr und 90 ± 9.5 aus diesem Jahr nicht überlapen. Dies Beispiel verdeutlicht ein Problem der Poisson-Statistik: bei kleinen Werten sind die relativen Fehler sehr groß. □

14.2.3 Mittelwert und Standardabweichung aus den Messwerten

Der Mittelwert der Verteilung ist das experimentelle Mittel (14.3) oder erste Moment der Verteilung:

$$\overline{x} = \sum_{x=0}^{\infty} x F(x) = \sum_{x=0}^{\infty} x \frac{N(x)}{N} = \frac{\Sigma}{N} = \overline{x} \; . \tag{14.11}$$

Die relative Form der Verteilung enthält die Information über die Fluktuationen im Datensatz: die Weite der Verteilung ist ein Maß für die Streuung der Daten um den Mittelwert, die Varianz. Dazu betrachten wir die Residuen, d.h. die Abweichungen der einzelnen Messwerte vom Mittelwert: $d_i = x_i - \overline{x}$. Da die Messwerte um den Mittelwert herum verteilt sind, gibt es negative und positive Residuen und es ist $\sum d_i = 0$. Eine von Null verschiedene Summe würde sich jedoch dann ergeben, wenn wir die Quadrate der Residuen betrachten: $(x_i - \overline{x})^2$. Mit diesen quadrierten Residuen lässt sich eine *Standardabweichung* σ_x definieren als

$$\sigma_x = \sqrt{\frac{1}{N-1} \sum_{i=1}^{N} (d_i)^2} = \sqrt{\frac{1}{N-1} \sum_{i=1}^{N} (x_i - \overline{x})^2} \; . \tag{14.12}$$

Die Standardabweichung ist ein Maß für die Zuverlässigkeit und Genauigkeit der Einzelmessung; sie ist der *mittlere Fehler der Einzelmessung*. Die Division durch N statt $N-1$ in (14.12) erklärt sich dadurch, dass nur $N-1$ der Residuen unabhängig sind – da sie alle auf den Mittelwert bezogen sind, ist der letzte Wert durch die $N-1$ x-Werte und $\overline{x}$ genau bestimmt.

Die *Standardabweichung* $\sigma_{\overline{x}}$ *des Mittelwertes*, d.h. der *mittlere Fehler des arithmetischen Mittels* oder die Streuung der aus verschiedenen Messreihen erhaltenen Mittelwerte $\overline{x}$ um den wahren Mittelwert μ, ist gegeben durch

$$\sigma_{\overline{x}} = \frac{\sigma_x}{\sqrt{N}} = \sqrt{\frac{1}{N(N-1)} \sum_{i=1}^{n} (x_i - \overline{x})^2} \; . \tag{14.13}$$

Beispiel 162. Der Durchmesser eines Seils wurde mehrfach gemessen. Als Messwerte ergaben sich 7.4 mm, 7.3 mm, 7.5 mm, 7.3 mm, 7.4 mm, 7.2 mm, 7.5 mm, 7.4 mm und 7.6 mm. Daraus ergibt sich ein experimenteller Mittelwert $\bar{x} = 7.4$ mm, die Standardabweichung des Mittelwerts beträgt $s_{\bar{x}} = 0.1$ mm. Eine Angabe von mehr Nachkommastellen für Mittelwert und Standardabweichung ist nicht sinnvoll, da auch bei den Messwerten nur die erste Nachkommastelle gegeben ist. □

14.2.4 Vertrauensbereich für den Mittelwert

Bisher haben wir uns auf den experimentellen Mittelwert $\bar{x}$ bezogen einer normalverteilten Messgröße X. Diesen Wert haben wir aus den Messwerten ermittelt. Der ‚wahre' Mittelwert μ der Verteilung ist uns dagegen nicht bekannt und fällt nicht zwingend mit dem experimentellen Mittelwert $\bar{x}$ zusammen. Wir können jedoch ein um $\bar{x}$ symmetrisches Intervall angeben, in dem der unbekannte Mittelwert μ mit einer vorgegebenen Wahrscheinlichkeit $p = \gamma$ liegt. Bei unbekannter Standardabweichung sind die Grenzen des Vertrauensintervall

$$x = \bar{x} \pm t \frac{\sigma}{\sqrt{n}} = \bar{x} \pm t\, \sigma_{\bar{x}} \qquad (14.14)$$

mit σ als der Standardabweichung, n als der Zahl der Messungen und t als einem Parameter, der von dem gewählten Vertrauensniveau $p = \gamma$ und der Zahl der Messungen abhängt, vgl. Tabelle 14.1. Dieses Verfahren legt die t-Verteilung zugrunde.

Ist dagegen die Standardabweichung σ der normalverteilten Grundgesamtheit vorhanden (z.B. aus früheren Messungen), so kann man anstelle der t-Verteilung die Standardnormalverteilung verwenden und erhält für Messwert mit Vertrauensintervall

$$x = \bar{x} \pm t_\infty \frac{\sigma}{\sqrt{n}} \, . \qquad (14.15)$$

Beispiel 163. In Beispiel 162 haben wir den experimentellen Mittelwert bestimmt. Gesucht ist ein Intervall um $\bar{x}$, in dem der wahre Mittelwert mit einer 95-prozentigen Wahrscheinlichkeit liegt. Dieses Vertrauensintervall ist nach (14.14) und Tabelle 14.1 gegeben zu $x = (7.4 \pm 0.2)$ mm. □

14.3 Fehlerfortpflanzung

Alle Messwerte sollen im Folgenden normalverteilt sein.

Wie messen jetzt Parameter x_{ij}, um eine Größe $u(x_1, x_2, x_3, ...)$ zu bestimmen, die von diesen Parametern abhängt. Dazu rechnen wir mit den experimentellen Mittelwerten $\bar{x}_i$, müssen dann aber aus den Standardabweichungen $\sigma_{\bar{x}_i}$ der Mittelwerte eine Standardabweichung σ_u des Ergebnisses u bestimmen gemäß *Fehlerfortpflanzungsgesetz*

Tabelle 14.1. Werte für den Parameter t in Abhängigkeit von der Anzahl n der Messwerte und dem gewählten Vertrauensniveau. γ ist die Wahrscheinlichkeit, dass der unbekannte Mittelwert innerhalb des angegebenen Intervalls liegt. Alternativ kann auch eine *Irrtumswahrscheinlichkeit* α mit $\alpha = 1 - \gamma$ angegeben werden

n	\multicolumn{4}{c}{Vertrauensniveau γ}			
	68.3%	90%	95%	99%
2	1.84	6.31	12.71	63.33
3	1.32	2.92	4.30	9.93
4	1.20	2.35	3.18	5.84
5	1.15	2.13	2.78	4.60
6	1.11	2.02	2.57	4.03
7	1.09	1.94	2.45	3.71
8	1.08	1.90	2.37	3.50
9	1.07	1.86	2.31	3.36
10	1.06	1.83	2.26	3.25
15	1.04	1.77	2.14	2.98
20	1.03	1.73	2.09	2.86
30	1.02	1.70	2.05	2.76
50	1.01	1.68	2.01	2.68
100	1.00	1.66	1.98	2.63
∞	1.00	1.65	1.96	2.58

$$\sigma_u^2 = \left(\frac{\partial u}{\partial x_1}\right)^2 \sigma_{\overline{x_1}}^2 + \left(\frac{\partial u}{\partial x_2}\right)^2 \sigma_{\overline{x_2}}^2 + \ldots = \sum \left(\frac{\partial u}{\partial x_i}\right)^2 \sigma_{\overline{x_i}}^2. \qquad (14.16)$$

Diese Summe enthält die Standardabweichungen der Mittelwerte der einzelnen Größen x_i sowie einen Gewichtsfaktor $(\partial u/\partial x_i)^2$, der berücksichtigt, wie stark das Gesamtergebnis u in Abhängigkeit von einer Variation der Variablen x_i ändert: ist diese Variation relativ gering, so beeinflussen auch recht große Fehler in x_i das Ergebnis nur wenig. Bei eine starken Abhängigkeit dagegen beeinflussen auch kleine Änderungen in x_i das Gesamtergebnis stark.

14.3.1 Summen oder Differenzen

Mit der Zielfunktion $u = x + y$ oder $u = x - y$ und den partiellen Ableitungen $\partial u/\partial x = 1$ bzw. $\partial u/\partial y = \pm 1$ erhalten wir aus (14.16)

$$\sigma_u^2 = (1)^2 \sigma_{\overline{x}}^2 + (\pm 1)^2 \sigma_{\overline{y}}^2 \qquad \text{oder} \qquad \sigma_u = \sqrt{\sigma_{\overline{x}}^2 + \sigma_{\overline{y}}^2}. \qquad (14.17)$$

Bei der Addition/Subtraktion ergibt sich der absolute Gesamtfehler als Wurzel aus der Summe der Quadrate der einzelnen Fehler.

Dieses Verfahren hat gegenüber der Anfängerfaustregel, die Fehler einfach zu addieren, $\sigma_u = \sigma_{\overline{x}} + \sigma_{\overline{y}}$, einen Vorteil: addiert man die Fehler, so wird der Fehler der Summe größer als in (14.17). Um diesen großen Fehler zu erreichen, müssten sowohl x als auch y gleichzeitig maximal zu klein (oder zu groß) gewesen sein. Das ist bei zufälligen Abweichungen aber unwahrscheinlich.

Beispiel 164. Durch mehrfache Messung haben wir für die Längen der beiden Hälften eines Seils die Messwerte $l_1 = (10 \pm 0.4)$ m (entsprechend einem relativen Fehler von 4%) und $l_2 = (10 \pm 0.3)$ m (entsprechend einem relativen Fehler von 3%) bestimmt. Die Gesamtlänge des Seils ergibt sich zu $l = l_1 + l_2 = (20 \pm 0.5)$ m (entsprechend einem relativen Fehler von 2.5%). Lassen Sie sich nicht von dem kleinen relativen Fehler verwirren: der absolute Fehler der Summe ist natürlich größer als die einzelnen Fehler. □

14.3.2 Multiplikation mit einer Konstanten

Mit $A = $ const ergibt sich aus der zu bestimmenden Funktion $u = Ax$ für die Ableitung $\partial u/\partial x = A$ und damit für die Standardabweichung des Mittelwerts

$$\sigma_u = A\sigma_{\overline{x}}\,, \tag{14.18}$$

d.h. es wird sowohl der experimentelle Mittelwert als auch seine Standardabweichung mit der Konstanten multipliziert.

Verwenden wir statt des absoluten Fehlers $\sigma_{\overline{x}}$ einen relativen Fehler $\sigma_{\overline{x}}/x$ bzw. σ_u/u, so erkennen wir, dass der relative Fehler bei Multiplikation mit einer Konstanten erhalten bleibt.

Beispiel 165. Der Durchmesser des Seils aus Bsp. 162 ist zu $d = (7.4 \pm 0.1)$ mm bestimmt, entsprechend einem relativen Fehler von 1.3%. Welchen Umfang (mit Fehler) hat das Seil? Für den Umfang gilt $U = \pi d$, d.h. die fehlerbehaftete Größe d wird mit einer Konstanten multipliziert. Der relative Fehler von 1.3% bleibt dabei erhalten und es ist $U = (23.2 \pm 0.3)$ mm. □

14.3.3 Multiplikation oder Division

Für den Zusammenhang $u = xy$ erhalten wir die Ableitungen $\partial u/\partial x = y$ und $\partial u/\partial y = x$ und damit

$$\sigma_u^2 = y^2\sigma_{\overline{x}}^2 + x^2\sigma_{\overline{y}}^2\,. \tag{14.19}$$

Nach Division durch $u^2 = x^2y^2$ ergibt sich

$$\left(\frac{\sigma_u}{u}\right)^2 = \left(\frac{\sigma_x}{x}\right)^2 + \left(\frac{\sigma_y}{y}\right)^2\,, \tag{14.20}$$

d.h. die relativen Fehler in x und y werden quadratisch addiert, um den relativen Fehler in u zu erhalten.

Beispiel 166. Zur Bestimmung eines Widerstands R wurden die angelegte Spannung $U = (3 \pm 0.03)$ V und der Strom $I = (25 \pm 0.5)$ mA gemessen, d.h. es ist der Quotient $R = U/I$ zweier fehlerbehafteter Größen zu bilden. Die relativen Fehler der einzelnen Messgrößen betragen 1% für die Spannung bzw. 2% für den Strom. Der relative Fehler des Quotienten beträgt daher 2.2% und wir erhalten $R = (120 \pm 3)\ \Omega$. □

14.3.4 Potenzgesetz

Für den Zusammenhang $u = x^n$ erhalten wir als relative Fehler

$$\frac{\sigma_u}{|u|} = |n|\frac{\sigma_{\overline{x}}}{|x|} . \qquad (14.21)$$

Beispiel 167. Die Höhe eines Turmes wird bestimmt aus der Zeit, in der ein Stein von der Turmspitze bis zum Boden fällt. Die Zeit wird bestimmt zu $t = 2.5 \pm 0.1$ s, d.h. der relative Fehler beträgt 4%. Die Turmhöhe ergibt sich zu $s = \frac{1}{2}gt^2 = (30 \pm 2.5)$ m, da sich der relative Fehler gemäß (14.21) auf 8% verdoppelt hat. □

14.4 Ausgleichsrechnung

Wir haben einen Satz von N Messwerten $y_1, ..., y_N$ für die Variablen $x_1, ..., x_N$ bestimmt und suchen eine Funktion $y = f(x)$, die den Zusammenhang zwischen den beiden Sätzen von Daten möglichst gut beschreiben soll.

Im Idealfall wäre $y_i = f(x_i)$. Abweichungen entstehen dadurch, dass (a) der funktionale Zusammenhang zwischen x und y nicht immer genau bekannt ist[1] und (b) die Werte von y_i (und ebenso x_i) mit einem Fehler behaftet sind.

Ohne Berücksichtigung der Fehler in den x_i und y_i suchen wir eine Funktion, für die die Abweichung zwischen den beobachteten y_i und den $f(x_i)$ minimal wird. Dazu minimieren wir die mittlere quadratische Abweichung

$$\chi^2 = \sum_{i=1}^N (y_i - f_i)^2 \stackrel{!}{=} \text{Minimum} . \qquad (14.22)$$

Die Methode wird als *Least Square Fit* oder *Methode der kleinsten Quadrate* bezeichnet. Das Verfahren ist nur dann sinnvoll, wenn die Zahl der Daten deutlich größer ist als die Zahl der Parameter in der anzupassenden Funktion.

14.4.1 Lineare Regression

Häufigste Anwendung der Methode der kleinsten Quadrate ist die lineare Regression, d.h. die Anpassung eines linearen Fits bzw. die Bestimmung der Parameter a und b der Ausgleichsgeraden

$$f(x) = ax + b . \qquad (14.23)$$

Mit (14.22) ist dann gefordert

$$\chi^2 = \sum_{i=1}^N (y_i - ax_i - b)^2 \stackrel{!}{=} 0 , \qquad (14.24)$$

---
[1] Wenn wir hinreichend komplizierte Funktionen zulassen, können wir $y_i = f(x_i)$ immer exakt erfüllen.

14 Messung und Messfehler

d.h. wir müssen ein Minimum in der Funktion $\chi(a,b)$ suchen:

$$\frac{\partial \chi^2}{\partial a} = -2 \sum_i (y_i - ax_i - b)x_i \stackrel{!}{=} 0 \quad \text{und}$$

$$\frac{\partial \chi^2}{\partial b} = -2 \sum_i (y_i - ax_i - b) \stackrel{!}{=} 0 \, . \tag{14.25}$$

Umschreiben der Gleichungen ergibt

$$\sum_i y_i x_i = a \sum_i x_i^2 + b \sum_i x_i \quad \text{und} \quad \sum_i y_i = a \sum_i x_i + b \sum_i 1 \, . \tag{14.26}$$

Daraus ergibt sich nach Division durch N: $\overline{yx} = a\overline{x^2} + b\overline{x}$ und $\overline{y} = a\overline{x} + b$ und damit für die beiden gesuchten Parameter

$$a = \frac{\overline{xy} - \overline{x}\,\overline{y}}{\overline{x^2} - \overline{x}^2} \quad \text{und} \quad b = \overline{y} - a\overline{x} \, . \tag{14.27}$$

Die *Regressionsgerade* verläuft durch den Punkt $(\overline{x}, \overline{y})$. Der *Regressionskoeffizient*, das ist die Steigung der Regressionsgeraden, wird dargestellt als

$$a = \frac{\sigma_{xy}}{\sigma_x^2} \quad \text{mit} \quad \sigma_x^2 = \frac{1}{n-1} \sum_{i=1}^n (x_i - \overline{x})^2 \tag{14.28}$$

als *Varianz der x-Werte* in der Stichprobe (der Ausdruck ist identisch mit der Varianz in (14.12)) und

$$\sigma_{xy} = \frac{1}{n-1} \sum_{i=1}^n (x_i - \overline{x})(y_i - \overline{y}) \tag{14.29}$$

als *Kovarianz*.

‚Kochbuch': Eine aus n Wertepaaren (x_i, y_i) bestimmte Ausgleichs- oder Regressionsgerade $y = ax + b$ besitzt die folgenden Eigenschaften:

- Der *Regressionskoeffizient* (Steigung) a der Ausgleichsgeraden und der *empirische Korrelationskoeffizient* $r = \sigma_{xy}/(\sigma_x \sigma_y)$ der Messpunkte sind verknüpft gemäß

$$a = \frac{\sigma_{xy}}{\sigma_x^2} = r \frac{\sigma_y}{\sigma_x} \, . \tag{14.30}$$

- Die *empirische Restvarianz*

$$\sigma_{\text{Rest}}^2 = \frac{(n-1)(1-r^2)\sigma_y^2}{n-2} \tag{14.31}$$

ist ein Maß für die Streuung der Messpunkte um die Ausgleichsgerade. Die zugehörige Standardabweichung σ_{Rest} charakterisiert somit die Unsicherheit der y-Messwerte. Die empirische Restvarianz verschwindet, wenn sämtliche Messpunkte auf der Ausgleichsgeraden liegen, d.h. wenn $r = \pm 1$.

– Die Unsicherheiten in den Parametern a und b sind beschrieben durch die *Varianz des Regressionskoeffizienten*

$$\sigma_a^2 = \frac{n\sigma_{\text{Rest}}^2}{n\sum_{i=1}^{n} x_i^2 - \left(\sum_{i=1}^{n} x_i\right)^2} = \frac{(1-r^2)\sigma_y^2}{(n-2)\sigma_x^2} \, . \tag{14.32}$$

und die *Varianz des Achsenabschnitts*:

$$\sigma_b^2 = \frac{\left(\sum_{i=1}^{n} x_i^2\right)\sigma_{\text{Rest}}^2}{n\sum_{i=1}^{n} x_i^2 - \left(\sum_{i=1}^{n} x_i\right)^2} = \frac{(n-1)\sigma_x^2 + n\bar{x}^2}{n}\sigma_a^2 \, . \tag{14.33}$$

Die zugehörigen Standardabweichungen σ_a und σ_b sind ein geeignetes Maß für die Unsicherheiten der Parameter a und b.

Die hier verwendeten Größen sind die Mittelwerte $\bar{x}$, $\bar{y}$ der x- bzw. y-Komponenten der Messpunkte, deren Standardabweichungen σ_x, σ_y, die empirische Kovarianz der Messpunkte σ_{xy} und der empirische Korrelationskoeffizient r mit

$$\begin{aligned} &\bar{x} = \tfrac{1}{n}\sum_i x_i \, , & &\sigma_x^2 = \tfrac{1}{n-1}\sum_i (x_i - \bar{x})^2 \, , \\ &\sigma_{xy}^2 = \tfrac{1}{n-1}\sum_i (x_i - \bar{x})(y_i - \bar{y}) \, , & &r = \tfrac{\sigma_{xy}}{\sigma_x\sigma_y} \, . \end{aligned} \tag{14.34}$$

Beispiel 168. Eine Messung hat die folgenden Datenpunkte ergeben:

x_i	-5	-4	-3	-2	-1	0	1	2	3	4	5
y_i	-11.9	-9.7	-8.2	-5.9	-3.8	-2.1	0	1.8	4.0	6.2	7.7

Aus dieser Messung erhalten wir für die Mittelwerte der beiden Komponenten $\bar{x} = -1.99$ und $\bar{y} = 0$ mit den Standardabweichungen $s_x = 6.56$ und $s_y = 3.3$ sowie der Kovarianz $\sigma_{xy} = 4.66$. Daraus ergibt sich eine Steigung der Ausgleichsgeraden (Regressionskoeffizient) von $a = 1.98$ mit einem Achsenabschnitt bei $b = -1.99$ und einem Korrelationskoeffizienten $r = 0.99$. Für die Varianzen von Regressionskoeffizient und Achsenabschnitt ergeben sich $\sigma_a = 0.02$ und $\sigma_b = 0.02$. Diese Varianzen sind ungewöhnlich klein, da der Korrelationskoeffizient r sehr dicht an 1 liegt, vgl. Abb. 14.3. □

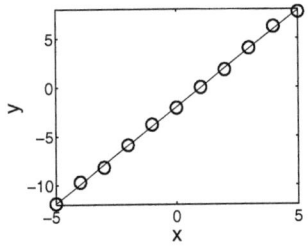

Abb. 14.3. ‚Messwerte' und Anpassung aus Bsp. 168

Andere Ansätze für Ausgleichs- oder Regressionskurven: Das Grundprinzip, die Summe der kleinste Abstandsquadrate zu verwenden, ist nicht auf lineare Funktionen (14.23) beschränkt. Stattdessen kann (14.22) auch mit anderen Funktionen f betrachtet werden. Beispiele für Lösungsansätze für Ausgleichs- oder Regressionskurven sind z.B.

- *quadratische Funktionen* $y = ax^2 + bx + c$ mit den anzupassenden Parametern a, b und c.
- *Polynome n-ten Grades* $y = a_n x^n + a_{n-1} x^{n-1} + .. + a_0$ mit den $n+1$ anzupassenden Parametern $a_0, a_1 \ldots a_n$.
- *Potenzfunktionen* $y = ax^b$ mit den Parametern a und b.
- *Exponentialfunktionen* $y = ae^{bx}$ mit den Parametern a und b.
- *Logarithmusfunktionen* $y = a\ln(bx)$ mit den Parametern a und b.
- *gebrochen rationale Funktionen* wie z.B.

$$y = \frac{ax+b}{x} = a + \frac{b}{x}, \quad y = \frac{a}{x+b} \quad \text{oder} \quad y = \frac{ax}{x+b} \quad (14.35)$$

jeweils mit den Parametern a und b.

In allen Fällen ist (14.22) zur Bestimmung der Parameter zu lösen, d.h. das Verfahren entspricht dem der linearen Regression.

Alternativ können auch das gegebene Kochrezept auf andere Zusammenhänge erweitern, in dem wir die angenommenen Zusammenhänge in eine Gleichung der Form (14.23) überführen. Bei Untersuchungen zum Zerfallsgesetz $N(t) = N_0 e^{-t/\tau}$ ist das Ziel die Bestimmung der Zerfallskonstante τ aus der Messung der Zahl der zerfallenden Teilchen zu verschiedenen Zeitpunkten. Der Zusammenhang ist nicht linear, in einer graphischen Auswertung ist eine lineare Darstellung nicht sinnvoll, stattdessen bietet sich eine halblogarithmische Darstellung an. In dieser passen wir wieder eine Grade an die Daten an, wie man durch logarithmieren des Zerfallsgesetz erkennt:

$$\ln N(t) = -\frac{t}{\tau} + \ln N_0 , \quad (14.36)$$

mit dem Kehrwert $1/\tau$ der Zerfallskonstanten als Steigung und der Zahl N_0 als Achsenabschnitt. Damit erhalten wir einen linearen Zusammenhang und können das oben beschriebene Schema der linearen Regression verwenden. Für die Linearisierung geeignete Ansätze und ihre Transformationen auf einen Ansatz der Form $v = cu + d$ sind in Tabelle 14.2 gegeben.

Beispiel 169. Eine Messung hat die die folgenden Datenpunkte ergeben:

x_i	0	1	2	3	4	5
y_i	0.1	1.9	8.1	17.9	32.1	49.9

Ein Blick auf die Tabelle zeigt, dass die Daten sich nicht durch eine Gerade anpassen lassen. Umgekehrt ist aber auch offensichtlich, dass eine Korrelation

14.4 Ausgleichsrechnung

Tabelle 14.2. Transformationen, die einen nichtlinearen Ansatz für eine Ausgleichskurve auf ein lineares Ausgleichsproblem zurückführen.

Ansatz	Transformation $u=$ $v=$		Rücktransformation	
$y = a \cdot x^b$	$\ln x$	$\ln y$	$a = e^d$	$b = c$
$y = a \cdot e^{bx}$	x	$\ln y$	$a = e^d$	$b = c$
$y = \frac{a}{x} + b$	$1/x$	y	$a = c$	$b = d$
$y = a/(b+x)$	x	$1/y$	$a = 1/c$	$b = d/c$
$y = ax/(b+x)$	$1/x$	$1/y$	$a = 1/d$	$b = c/d$

vorliegt, da mit zunehmendem x die y-Werte ebenfalls zunehmen, die Funktion also monoton ist. Graphisches Auftragen legt einen quadratischen Zusammenhang nahe. Um mit dieser Hypothese eine Anpassung an die Messwerte zu versuchen, transformieren wir sie und erhalten

x_i	0	1	2	3	4	5
$\sqrt{y_i}$	0.03	1.38	2.84	4.23	5.67	7.06

Damit erhalten wir für die Mittelwerte und ihre Standardabweichungen $\bar{x} = 3.53$, $\bar{y} = 2.50$ sowie $\sigma_x = 2.64$ und $\sigma_y = 1.87$ sowie für die Kovarianz $\sigma_{xy} = 4.84$. Für die Steigung der Ausgleichsgeraden ergibt sich $a = 1.4$ mit einer Varianz $\sigma_a = 0.0003$; für den Achsenabschnitt ergibt sich $b = 0.01$ mit einer Varianz $\sigma_b = 0.0002$. Der Korrelationskoeffizient beträgt $r = 0.98$. Rücktransformation auf die Originaldaten liefert eine Parabel der Form $y = ax^2 + b$ mit $a = 1.98$ und $b = 0.01$, vgl. Abb. 14.4.

14.4.2 Lineare Regression unter Berücksichtigung der Messfehler

Die Berücksichtigung der Fehler bei der linearen Regression ist besonders dann wichtig, wenn einige Messwerte sehr große relative Fehler haben und daher bei der Minimierung von (14.22) weniger stark gewichtet werden sollen. Dazu berücksichtigen wir in (14.22) den Fehler σ_i in y_i gemäß

$$\chi^2 = \sum_{i=1}^{N} \left(\frac{y_i - f_i}{\sigma_i} \right)^2 \stackrel{!}{=} \text{Minimum} , \qquad (14.37)$$

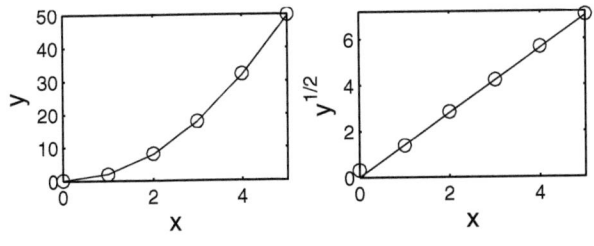

Abb. 14.4. ‚Messwert' und Anpassung zu Bsp. 169, links im linearen Massstab, rechts zur Durchführung der linearen Regression als $\sqrt{y}$

14 Messung und Messfehler

d.h. wir wichten die Abweichung des Messwerts von der Zielfunktion mit seinem Fehler. Die x_i-Werte werden als korrekt vorausgesetzt. Für die lineare Regression, d.h. eine Ausgleichsgrade $f(x) = ax + b$, ist dann gefordert

$$\chi^2 = \sum_{i=1}^{N} \left(\frac{y_i - ax_i - b}{\sigma_i} \right)^2 \stackrel{!}{=} 0 \,. \tag{14.38}$$

Die Bedingungen für ein Minimum sind

$$\frac{\partial \chi^2}{\partial b} = -2 \sum_{i=1}^{N} \frac{y_i - ax_i - b}{\sigma_i^2} \stackrel{!}{=} 0 \quad \text{und}$$

$$\frac{\partial \chi^2}{\partial a} = -2 \sum_{i=1}^{N} \frac{x_i(y_i - ax_i - b)}{\sigma_i^2} \stackrel{!}{=} 0 \,. \tag{14.39}$$

Mit den Abkürzungen

$$S = \sum_{i=1}^{N} \frac{1}{\sigma_i^2}, \quad S_x = \sum_{i=1}^{N} \frac{x_i}{\sigma_i^2}, \quad S_y = \sum_{i=1}^{N} \frac{y_i}{\sigma_i^2},$$

$$S_{xx} = \sum_{i=1}^{N} \frac{x_i^2}{\sigma_i^2}, \quad S_{xy} = \sum_{i=1}^{N} \frac{x_i y_i}{\sigma_i^2}$$

können wir diese Gleichungen in die Form $bS + aS_x = S_y$ und $bS_x + aS_{xx} = S_{xy}$ umschreiben und erhalten für die Fit-Parameter

$$a = \frac{SS_{xy} - S_x S_y}{SS_{xx} - (S_x)^2} \quad \text{und} \quad b = \frac{S_{xx} S_y - S_x S_{xy}}{SS_{xx} - (S_x)^2} \,. \tag{14.40}$$

Gemäß Fehlerfortpflanzungsgesetz (14.16) müssen wir die Ausdrücke

$$\frac{\partial b}{\partial y_i} = \frac{S_{xx} - S_x x_i}{\sigma_i^2 (SS_{xx} - (S_x)^2)} \quad \text{und} \quad \frac{\partial a}{\partial y_i} = \frac{Sx_i - S_x}{\sigma_i^2 (SS_{xx} - (S_x)^2)} \tag{14.41}$$

aufsummieren und erhalten für die Varianzen von a und b

$$\sigma_a^2 = \frac{S}{SS_{xx} - (S_x)^2} \quad \text{und} \quad \sigma_b^2 = \frac{S_{xx}}{SS_{xx} - (S_x)^2} \,. \tag{14.42}$$

Die Kovarianz ist gegeben als

$$\text{Cov}(a, b) = \frac{-S_x}{SS_{xx} - (S_x)^2} \,. \tag{14.43}$$

Der Korrelationskoeffizient setzt die Unsicherheiten in a und b zueinander in Beziehung und ist

$$r_{ab} = \frac{-S_x}{\sqrt{SS_{xx}}} \,. \tag{14.44}$$

Der Korrelationskoeffizient nimmt immer einen Wert zwischen -1 und +1 an, wobei ein positiver Wert andeutet, dass die Fehler in a und b gleiches Vorzeichen haben, ein negativer Wert dagegen dass sie antikorreliert sind.

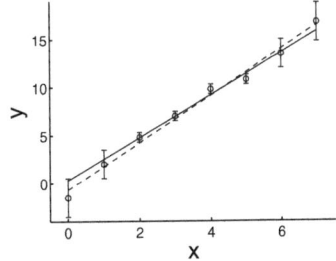

Abb. 14.5. ‚Messwerte' und Anpassung unter Berücksichtigung der Fehler (durchgezogene Linie) und unter Vernachlässigung der Fehler (gestrichelte Linie) für Beispiel 170

Beispiel 170. Eine Messung ergab die folgenden Datenpunkte:

x_i	0	1	2	3	4	5	6	7
y_i	-1.5	2	4.8	7	9.8	10.8	13.5	16.8
σ_{y_i}	2.	1.5	0.5	0.5	0.5	0.5	1.5	2.

Mit den oben definierten Abkürzungen $S = 17.39$, $S_x = 60.86$, $S_y = 140.31$, $S_{xx} = 244.69$ und $S_{xy} = 561.49$ erhalten wir als Fitparameter $a = 2.22$ und $b = 0.29$ mit den Varianzen $\sigma_a^2 = 0.03$ und $\sigma_b^2 = 0.44$. Der Korrelationskoeffizient beträgt $r = -0.93$, der Fit ist zusammen mit den Daten als durchgezogene Linie in Abb. 14.5 gegeben. Zum Vergleich gibt die gestrichelte Line einen Fit ohne Berücksichtigung der Fehler mit $a = 2.46$ und $b = -0.7$. □

14.4.3 Rang-Korrelation

Die Rang-Korrelation unterscheidet sich von den bisher betrachteten Verfahren insofern, als dass nicht nach einem funktionalen Zusammenhang zwischen den Datensätzen gesucht wird (z.B. linear, quadratisch), sondern dass nur überprüft wird, ob sich die Daten ordnen: es wird gleichsam auf die Monotonie einer Funktion geprüft, nicht jedoch auf die Funktion selbst. Die Rang-Korrelation ist eine *nicht-parametrische Korrelation*. Nicht-parametrische Korrelationen sind wesentlich robuster als parametrische.

Das Konzept einer Rang-Korrelation ist anschaulich: ersetze den Wert eines jeden x_i durch den Wert des Ranges unter allen anderen x_i in der Verteilung $x_1, ..., x_N$. Die sich daraus ergebende Liste von N Zahlen stammt aus einer vollständig bekannten Verteilungsfunktion, nämlich den natürlichen Zahlen von 1 bis N. Sind alle x_i verschieden, so tritt jede Zahl genau einmal auf, sind mehrere x_i identisch, so weist man ihnen den mittleren Rang zu, den diese Zahlen haben würden, wenn sie etwas verschieden wären. Die Summe aller Werte ist in jedem Fall $\frac{1}{2}N(N+1)$. Eine entsprechende Sortierung lässt sich auch für die y_i vornehmen. Daraus lassen sich verschiedene Korrelationskoeffizienten definieren.

Spearman's Rang-Korrelationskoeffizient: Mit R_i als dem Rang von x_i und S_i als dem Rang von y_i lässt sich ein Rangordnungskorrelationskoeffizient definieren als der lineare Korrelationskoeffizient der Ränge:

$$r_s = \frac{\sum_i (R_i - \overline{R})(S_i - \overline{S})}{\sqrt{\sum_i (R_i - \overline{R})^2} \sqrt{\sum_i (S_i - \overline{S})^2}} \,. \tag{14.45}$$

Die Signifikanz dieses Korrelationsparameters ist bestimmt durch

$$t = r_s \sqrt{\frac{N-2}{1-r_s^2}} \,. \tag{14.46}$$

(14.45) ist eng verwandt mit der anschaulicheren Summe der quadrierten Abstände der Ränge $D = \sum (R_i - S_i)^2$.

Kendall's Tau: Kendall's Tau arbeitet nicht mit den absoluten Rängen sondern beschränkt sich auf die relative Ordnung, also auf die Differenz zwischen Rängen. Der Vorteil dieses Verfahrens liegt darin, dass die Daten nicht vorher geordnet werden müssen: der Rang eines Wertes ist größer oder kleiner wenn der Wert selbst größer oder kleiner ist als der des Vergleichs-x_i. Spearman's Rangkorrelationskoeffizient r_s und Kendall's Tau sind eng korreliert, in den meisten Anwendungen sind die Ergebnisse nahezu identisch.

Zur Bestimmung von τ gehen wir von N Datenpunkten (x_i, y_i) aus. Ein Paar von Datenpunkten wird als konkordant bezeichnet, wenn die relative Ordnung der beiden x-Werte die gleiche ist wie die der beiden y-Werte. Ein Paar von Datenpunkten ist diskonkordant, wenn die Ordnung der beiden x-Werte der der beiden y-Werte entgegengesetzt ist. Haben die beiden Paare entweder eine identischen x oder einen identischen y-Wert, so werden sie als extra-y oder extra-x bezeichnet. Kendall's τ ergibt sich dann durch Kombination der Anzahlen dieser verschiedenen Variationen zu

$$\tau = \frac{n_\text{konk.} - n_\text{disk.}}{\sqrt{n_\text{konk.} + n_\text{disk.} + n_\text{extra-y}} \sqrt{n_\text{konk.} + n_\text{disk.} + n_\text{extra-x}}} \,. \tag{14.47}$$

Literatur

Gute Darstellungen zur Statistik und Fehlerrechnung (inkl. der hier nicht betrachteten schließenden Statistik) finden sich z.B. in [35,36,61,68], eine sehr ausführliche Darstellung gibt Bortz [7]. Als unterhaltsame Ergänzung eignen sich wieder die beiden Bändchen von Beck-Bornholdt und Dubben [4,5]. Die Darstellung der Verfahren in Press und Koautoren [46] ist zwar knapp aber sehr gut – und hat den Vorteil, auch numerische Verfahren zu liefern.

Fragen

14.1. Erläutern Sie den Unterschied zwischen systematischen und zufälligen Fehlern.

14.2. Durch welche Parameter kann eine Messreihe beschrieben werden? Wie kann sie dargestellt werden?

14.3. Was versteht man unter dem mittleren Fehler der Einzelmessung und dem Fehler des Mittelwerts? Wie sind die beiden Größen definiert?

14.4. Welche anschauliche Bedeutung hat die Standardabweichung bei der Normalverteilung?

14.5. Was versteht man unter dem Vertrauensbereich des Mittelwerts?

14.6. Erläutern Sie die Grundzüge der Fehlerfortpflanzung. Geben Sie eine allgemeine Regel und Beispiele.

14.7. Erläutern Sie die Grundidee der linearen Regression.

14.8. Kann man auch für andere als lineare Zusammenhänge eine Regression vornehmen? Wenn ja, wie?

14.9. Welche Bedeutung hat der Regressionskoeffizient?

14.10. Was versteht man unter einer parameterfreien Korrelation? Welche Vor- und Nachteile haben derartige Verfahren? Nennen Sie Beispiele.

Aufgaben

14.1. Bestimmen Sie die folgenden Größen unter der Annahme, das alle Fehler unabhängig sind: (a) $(12 \pm 1) \cdot [(25 \pm 3) - (10 \pm 1)]$, (b) $\sqrt{16 \pm 4} + (3 \pm 0.1)^3 \cdot (2 \pm 0.1)$, (c) $(20 \pm 2) \cdot e^{-(1.0 \pm 0.1)}$.

14.2. Die Gesamtenergie des Systems eines horizontalen Federpendels ist $E = \frac{1}{2}mv^2 + \frac{1}{2}kx^2$. Im Praktikumsversuch wurden gemessen: Masse $m = 0.230 \pm 0.001$ kg, Geschwindigkeit $v = 0.89 \pm 0.01$ m/s, Federkonstante $k = 1.03 \pm 0.01$ N/m und Auslenkung x der Feder 0.551 ± 0.005 m. Wie groß ist die Gesamtenergie und deren Fehler? In einer Folgemessung wird die weiteste Auslenkung zu $x_{\max} = 0.698 \pm 0.002$ m bestimmt. Wie groß ist dort die Energie? Sind die Ergebnisse mit der Erhaltung der Energie konsistent?

14.3. Die Brennweite f einer Linse kann durch die Bildweite b und die Gegenstandsweite g bestimmt werden zu $\frac{1}{f} = \frac{1}{b} + \frac{1}{g}$ oder $f = \frac{bg}{b+g}$. Wie groß ist der Fehler in f.

14.4. Die Erdbeschleunigung g [m/s^2] wurde 8 mal gemessen: 9.82, 9.79, 9.79, 9.80, 9.85, 9.81, 9.82 und 9.80. Berechnen Sie Mittelwert und Standardabweichung der Einzelmessung und des Mittelwerts. Bestimmen Sie ferner die Vertrauensgrenzen für den Mittelwert bei einer Irrtumswahrscheinlichkeit von $\alpha_1 = 5\%$ bzw. $\alpha_2 = 1\%$. Wie groß sind die entsprechenden Messunsicherheiten? Geben Sie schließlich die Messwerte in der Form Mittelwert $\pm$ Messunsicherheit an.

14.5. Die Messung der Saitenlänge l erfolge mit einer Standardabweichung von $\sigma_l = 4.2$ mm. Wie viele Messungen sind mindestens notwendig, damit die Standardabweichung des Mittelwerts höchstens $\sigma_{\bar{l}} = 0.6$ mm beträgt?

14.6. Eine Messreihe aus $n = 400$ Einzelmessungen ergab für die Masse eines Körpers einen Mittelwert $\bar{m} = 105$ g mit einer Standardabweichung der Einzelmessung von $s_m = 3$ g. Die Messwerte seines normalverteilt. Wie vieles Messwerte sind im Intervall von 103 g bis 108 g zu erwarten? Wie viele Messwerte liegen oberhalb 110 g.

14.7. Eine normalverteilte Größe X wurde zehnmal wie folgt gemessen 21, 22, 21, 20, 21, 23, 21, 21, 20 und 20. Aaus früheren Messungen kann die Standardabweichung σ als $\sigma = 0.9$ bestimmt werden. Wie groß ist die Messunsicherheit der Messgröße X bei einem Vertrauensniveau von $\gamma = 95\%$?

14.8. Das Trägheitsmoment einer Kugel ist $I = \frac{2}{5}mR^2$. Wie genau ist I bestimmt, wenn die relativen Fehler in m und R 5% bzw. 3% betragen?

14.9. Das Volumen eines Würfels soll einen Fehler kleiner 2% haben. Wie wie genau muss die Kantenlänge a bestimmt sein?

14.10. Zählraten lassen sich durch die Poisson-Statistik beschreiben. Sie haben ein Präparat vermessen und erhalten $x = 1071$ Zähler. Der Untergrund beträgt $y = 521$ Zähler. Bestimmen Sie die Nettozählrate und deren Standardabweichung.

14.11. Eine Messreihe liefert die folgenden Zahlenwerte für die Messgröße x: 17.5; 23.0; 16.8; 19.2; 20.7; 17.6; 18.4; 19.9; 18.6. Bestimmen Sie (a) den Mittelwert $\bar{x}$, (b) die Standardabweichung s des Mittelwerts, (c) die Varianz σ^2 der Grundgesamtheit, (d) den mittleren Fehler des Mittelwerts. (e) Wie viel Prozent der Messwerte liegen innerhalb der Grenzen $\bar{x} \pm \sigma$?

14.12. Eine Messreihe für die Größe x liefert Werte $x_{1,1}, ..., x_{1,n}$ mit dem Mittelwert $\bar{x}_1$. Eine zweite Messreihe $x_{2,1}, ..., x_{2,n}$ liefert den Mittelwert $\bar{x}_2$. Gilt für den Gesamtmittelwert die Gleichung $\bar{x} = \frac{1}{2}(\bar{x}_1 + \bar{x}_2)$.

14.13. Sie haben den folgenden Datensatz gemessen:

x	1.5	0.85	5.5	3.2	1.0	2.36	4.2	2.1	0.2	5.9
y	12.9	10.75	39.85	22.8	10.	16.25	26.7	13.2	9.5	44.75

Versuchen Sie eine lineare Regression. Bestimmen Sie über den Rang-Korrelationskoeffizienten, ob eine Korrelation vorliegt oder nicht.

Hinweise zu Aufgaben

Kapitel 1

1.4. Eine Gerade kann durch die Angabe eines Punktes und einer Richtung beschrieben werden; die Richtung ergibt sich aus der Differenz von r_1 und r_2.

1.5. Die Geradengleichung wie in Aufg. 1.4 bestimmen; überprüfen, ob der dritte Punkt diese erfüllt.

1.9. gefordert ist $\sum F_i = 0$

1.10. Addition und Subtraktion von Vektoren setzt die Darstellung in kartesischen Koordinaten voraus.

1.11. s. Hinweis zu Aufg. 1.10

1.13. Welche Koordinate ändert sich, welche nicht?

1.22. Der Winkel bestimmt sich aus einem der Vektorprodukte – um diese auszuführen benötigen wir eine Darstellung in kartesischen Koordinaten.

1.27. Eine Komponente ist eine Projektion (vgl. Projektion auf einen Einheitsvektor).

1.36. Test auf lineare Unabhängigkeit, es gibt verschiedene Möglichkeiten, z.B. verschwindendes Spatprodukt oder $\lambda_1 a + \lambda_2 b + \lambda_3 c = 0$ für $\lambda_i \neq 0$.

1.37. vgl. Aufg. 1.36

1.39. zwei Möglichkeiten: $a \cdot b = 0$ oder $|a \times b| = |a|\,|b|$

1.48. Formal ist die Division nicht möglich, wir können jedoch aus der Definition des Produkts Bedingungen ableiten und versuchen, den Vektor x soweit wie möglich zu beschreiben.

1.50. Stellen Sie das Dreieck als die Summe von zwei Vektoren dar und verwenden Sie das Skalarprodukt.

1.51. Darstellung mit Hilfe des Skalarprodukts aus zwei Dreiecksseiten

1.52. Gehen Sie davon aus, dass der Winkel ein beliebiger sein kann und machen dann einige geometrische Betrachtungen mit Hilfe des Skalarprodukts.

1.62., 1.63. Einheitsvektoren durch (1.24) ausdrücken und die Multiplikationen ausführen

Kapitel 2

2.2. Die Aufgabe lässt sich einfacher mit einer Taylor-Entwicklung von Zähler und Nenner lösen, dabei ist statt $\sin(ax) = ax + \ldots$ der Zusammenhang $\sin^2(ax) = (ax)^2 + \ldots$ zu verwenden.

2.21. Denken Sie daran, dass Kraft gleich Masse mal Beschleunigung ist.

2.26. Entwickeln Sie den Zähler und kürzen Sie.

2.27. Zähler und Nenner separat entwickeln und dann den Quotienten bilden.

2.28.–2.30. einfaches Einsetzen nach Vorschrift

Kapitel 3

3.8. Stellen Sie einen Halbkreis als Funktion dar und betrachten den Rotationskörper.

3.11. Bei $H(x)$ so substituieren, dass das x vor der Wurzel sich gegen den Vorfaktor im du kürzt (vgl. Bsp. 37).

3.12. Denken Sie daran, dass bei der partiellen Integration Faktoren wie $u = x$ bzw. $u = t$ besonders einfach sind, da deren Ableitung eine konstante ergibt und damit das Restintegral einfach wird.

3.13. Bei $F(x)$ kann das Argument des sin substituiert werden, da dann $u' \sim x^2$ und sich dieses gegen das x^2 vor dem sin kürzt. Bei $G(x)$ ist zweifache partielle Integration erforderlich, bei der der Exponent des x^2 schrittweise erniedrigt wird bis ein einfaches Restintegral verbleibt.

Hinweise zu Aufgaben   339

3.15. Kraft $F = -kx$, Arbeit $W = \int F \mathrm{d}x$

3.17. z-Komponente einfacher darstellen

3.23. Kartesische Koordinaten für (a), (b), (e), (f); Zylinderkoordinaten für (c), (d), (g); Kugelkoordinaten für (h), (i). Integrationsgrenzen einer Variablen hängen von einer anderen Variablen ab in (e), (f) und (g).

3.32. Polarkoordinaten verwenden, dann läuft die Integration von 0 bis $\pi/2$. Fläche zerlegen in ‚Tortenstückchen' $\frac{1}{2}r\,r\mathrm{d}\varphi$.

3.33. Taylor-Entwicklung des Nenners

3.34. Ebenfalls Taylor-Entwicklung des Nenners

Kapitel 4

4.11. Für reelle Zahlen a und b gibt es einen allgemeinen Ausdruck für $(a+b)^n$ unter Verwendung des binomischen Satzes bzw. Pascal'schen Dreiecks.

4.15. Stellen Sie die Winkelfunktion mit Hilfe einer Exponentialfunktion dar.

4.16. Stellen Sie die Winkelfunktion mit Hilfe einer Exponentialfunktion dar.

4.18. Konstruktion eines in den Einheitskreis eingeschriebenen n-Ecks, mit wachsendem n Annäherung an den Einheitskreis. Jeweils überlegen für welche n und welche z_i ein Eckpunkt auf der positiven/negativen reellen/imaginären Achse liegt.

4.22. Stellen Sie die Wechselspannungen als komplexe Größen dar.

4.23. Denken Sie daran, dass das Skalarprodukt zur Normierung verwendet wird, $a \cdot a \geq 0$. Denken Sie an die Normierung komplexer Zahlen.

4.24. Starten Sie von $e^{i(\alpha+\beta)} = e^{i\alpha}e^{i\beta}$ und betrachten Sie die Real- und Imaginärteile getrennt.

Kapitel 5

5.6. In Teil (c) hilft das Integral

340   Hinweise zu Aufgaben

$$\int \frac{\mathrm{d}x}{x(ax+b)} = -\frac{1}{b} \ln \left| \frac{ax+b}{x} \right|$$

5.8. Geeignete Substitutionen sind (a) $u = y/x$, (b) $u = x + y + 1$, (c) $u = y/x$, (d) $u = y/x$, (e) $u = y/x$.

5.10. DGL: $\mathrm{d}p = -\varrho_0 g p\, \mathrm{d}h/p_0$

5.13. Die Heizfunktion gibt eine Inhomogenität für die DGL in Aufg. 5.12.

5.14. Die Inhomogenität in Aufg. 5.12 wird erweitert.

5.15. Zweifache partielle Integration ist erforderlich.

5.19. Für kleine N wird N^2 sehr klein und die Differentialgleichung reduziert sich auf (5.13). Für große N steigt die Population so lange wie $N < M$ und sinkt wenn $N > M$.

5.21. Für die Lösung gibt es zwei Möglichkeiten, zum Einen komponentenweise, zum Anderen erweitern mit einer geeigneten Exponentialfunktion und Produktintegration.

Kapitel 6

6.4. Das charakteristische Polynom darf nur eine Lösung haben.

6.6. Die rückstellende Kraft ist die Auftriebskraft, die räumliche Koordinate ist die Auslenkung aus der Ruhelage.

6.7. Analog zu Aufgabe 6.6, die DGL wird $\ddot{x} = g - \left(\frac{x}{m}\right)^3 \frac{g}{\varrho}$.

6.8. Die räumliche Koordinate ist der Winkel, um den das Pendel gegen die Vertikale ausgelenkt wird. Für kleine Winkel gilt $\sin \alpha \approx \alpha$, vgl. (2.132).

6.14. Die Gravitationskraft wirkt als zusätzliche Kraft – allerdings ist die Feder in der Ruhelage um x_0 ausgelenkt, d.h. sie übt eine der Gravitationskraft entgegen gerichtete Kraft aus, die in der rückstellenden Kraft ebenfalls berücksichtigt werden muss.

6.18. Verwenden Sie den Ansatz $x(t) = \sum a_n t^n$ genauso, wie Sie sonst den Exponentialansatz verwenden würden.

Kapitel 8

8.9. Stellen Sie für die jeweiligen Produkte die Gleichungssysteme auf und überprüfen Sie, ob diese eindeutig zu lösen sind.

8.15. Die linken Seiten der beiden Gleichungen sind nicht linear unabhängig, d.h. eine Zeile der Koeffizientenmatrix ist ein Vielfaches der anderen und damit verschwindet die Determinante (oder anders formuliert: wenn Sie das Additionsverfahren zur Lösung des Gleichungssystems verwenden, verschwinden immer beide Unbekannten oder keine).

8.16. vgl. Hinweis zu 8.15

8.17. falls es sich um Basisvektoren handelt, muss $\lambda_1 \boldsymbol{a} + \lambda_2 \boldsymbol{b} + \lambda_3 \boldsymbol{c} = 0$ eine nicht-triviale Lösung haben. Oder verwenden Sie die Vollständigkeitsrelation.

8.18. Untersuchen Sie die Determinante.

8.19. Bestimmen Sie AA^T. Nutzen Sie aus, dass bei einer symmetrischen Matrix die Indizes vertauscht werden können.

8.27. komponentenweises Hinschreiben und Vertauschen der Summationen

8.38. Alle Informationen sind in (8.87) bis (8.90) gegeben.

8.43. Bevor Sie die Aufgabe mit großem Rechenaufwand lösen, denken Sie über die Physik nach.

8.45. Zur Geometrie:

Bewegungsgleichung:
$$\ddot{x}_1 = -\frac{k}{M}(x_1 - x_2), \quad \ddot{x}_2 = -\frac{k}{m}(x_2 - x_1) - \frac{k}{m}(x_2 - x_3),$$
$$\ddot{x}_3 = -\frac{k}{M}(x_3 - x_2).$$

Darstellung als Matrix und Exponentialansatz
$$\begin{pmatrix} \frac{k}{M} & -\frac{k}{M} & 0 \\ -\frac{k}{m} & \frac{2k}{m} & -\frac{k}{m} \\ 0 & -\frac{k}{M} & \frac{k}{M} \end{pmatrix} \begin{pmatrix} x_1 \\ x_2 \\ x_3 \end{pmatrix} = \omega^2 \begin{pmatrix} x_1 \\ x_2 \\ x_3 \end{pmatrix}.$$

8.46. Zur Geometrie:

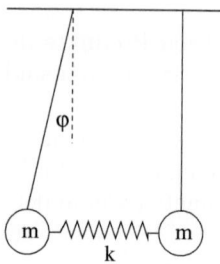

Die Bewegungsgleichungen sind

$$m\ddot{x}_1 = -\frac{mgx_1}{l} + k(x_2 - x_1) \quad \text{und} \quad m\ddot{x}_2 = -\frac{mgx_2}{l} - k(x_2 - x_1).$$

8.47. Ansatz $p = m\dot{x}$ und $x = x$ als Koordinaten, Bewegungsgleichung

$$\begin{pmatrix} \dot{p} \\ \dot{x} \end{pmatrix} = \begin{pmatrix} 0 & -k \\ 1/m & 0 \end{pmatrix} \begin{pmatrix} p \\ x \end{pmatrix}$$

Kapitel 9

9.3., 9.4. Für die Auswertung ist entscheidend, ob im betrachteten Intervall Nullstellen der δ-Funktion liegen.

Kapitel 10

10.14. Anlehnung an Abb. 10.3

10.17. Verwenden Sie, dass der Gradient senkrecht auf Niveauflächen steht.

10.35. Bestimmen Sie $\nabla \cdot (\boldsymbol{A} \times \boldsymbol{B})$ unter Verwendung der Kettenregel.

10.38. formales Ausführen oder Anwendung der Regeln für Wirbel- und Quellenfelder

10.43. komponentenweise

10.44. komponentenweise

Kapitel 11

11.4. Verwenden Sie Bsp. 117 als Hilfe.

11.4. Parametrisieung in Polarkoordinaten, $0 \leq \varphi \leq \pi$

11.6. Anlehnung an Bsp. 115

11.9. Es ist zu zeigen, dass das Feld konservativ ist.

11.10. Anlehnung an Bsp. 115

11.13. Zerlegen Sie das Integral in zwei Teile, die Mantelfläche des Zylinders und seine Deck- bzw. Bodenfläche.

Kapitel 12

12.1.–12.5. jeweils Ableiten und Einsetzen

12.6. Verfahren entspricht der 1D Diffusionsgleichung.

12.7. Lösung wie bei der schwingenden Saite, nur die Randbedingung muss angepasst werden.

12.9. Lösung wie in Abschn. 12.4.1 gerechnet, aber Randbedingung anpassen.

12.10. Kugelsymmetrie, daher Legendre-Polynome verwenden

12.14. Die Aufgabe ist ein Beispiel für zwei entgegengesetzt gerichtete Dipole. Hierbei fallen die Dipolmomente weg, die Oktupolbeiträge jedoch nicht.

12.16. mit der Substitution $x = a+bt$ lässt sich die DGL schreiben als $x^2\varphi'' + 2x\varphi' + gx/b^2 = 0$. Vergleich mit Bessel. Anmerkung: die Differentialgleichung ist selbstverständlich keine partielle DGL, sie tritt nur deshalb im Kapitel über PDGLs auf, weil wir die Bessel-Funktion vorher noch nicht eingeführt haben.

Kapitel 13

13.16. Binominalverteilung mit $n = 300$ und $p = 1/3$

13.17. Binominalverteilung mit $n = 250$, $p = 0.02$ und $q = 1 - p = 0.98$

13.18. Transformation $U = (X - 12)/3$

13.19. Binominalverteilung mit $n = 30$ und $p = 0.2$

Lösungen (ohne Gewähr)

Kapitel 1

1.1. $e_a = a/\sqrt{14}$, $e_b = b/\sqrt{3}$, $e_c = c/\sqrt{110}$

1.2. $e_{-a} = -a/|a| = (-1, -5, 2)/\sqrt{30}$

1.3. $r(Q) = r(P) + 20a/|a| = (13.24, -16.07, 8.66)$

1.4. $r(P) = r(P_1) + \lambda \overrightarrow{P_1 P_2} = (6 - 2\lambda, 8 - 5\lambda, 10 - 8\lambda)$; Mittelpunkt Q für $\lambda = 0.5$, also $r(Q) = (5, 5.5, 6)$

1.5. Ja, Gradengleichung $r(P) = (3 - 2\lambda, \lambda, 4 - 3\lambda)$

1.6. Zylinderk.: $\varrho = \sqrt{73}$, $\varphi = -21°$, $z = z$. Kugelk.: $\varphi = -21°$, $r = \sqrt{154}$, $\vartheta = 43.5°$

1.7. $r = (67.1, 56.3, 240.6)$

1.8. $r = 1$, $\varphi = 4.78$ und $\vartheta = 0.61$; $x = 0.04\, r_E = 255$ km, $y = -0.57\, r_E = -3645$ km und $z = 0.82\, r_E = 5218$ km

1.9. $\sum F_i = F_1 + F_2 + F_3 + F_4 + F_u = 0 \to F_u = (-1, -11, -16)$ N

1.10. kartesische Koord. $r_1 = 20(\sqrt{3/8}, \sqrt{1/8}, \sqrt{1/2}) = (12.25, 7.07, 14.14)$, $r_2 = 30/4(-1, \sqrt{3}, -2\sqrt{3})$, $r_s = r_1 + r_2 = (-0.75, 14.57, -0.86)$ und $r_d = r_2 - r_1 = (25.25, -0.43, 29.14)$. Kugelk.: Summe $r_s = 14.6$, $\varphi_s = 30°$ und $\vartheta_s = 45°$; Differenz $r_d = 38.7$, $\varphi_d = -1°$, $\vartheta_d = 40.9°$

1.11. Ebene Polarkoordinaten, Fähre als Ursprung, Kutter 50' N und 45' O, entsprechend einem Kurs $\varphi = \arctan 50/45 = 48°$ gegen Ostrichtung (x-Achse) oder nautisch korrekter $\theta = \arctan 45/50 = 42°$ gegen Nordrichtung (also leicht nördlich von NO). Entfernung $|r| = |(48.75, 54.17)|$km $= 72.9$ km, Fahrtzeit $t = s/v = 72.9$km$/28$km/h $= 2.6$ h oder 2 h 36 min

1.12. Geschwindigkeit Fähre über Grund $v_F = (0,10)$ km/h, Geschwindigkeit gegen die Strömung $v_S = (5,0)$ km/h; $v = v_F + v_S = (5,10)$ km/h

1.13. $x/y = \tan\varphi =$ const, also $\varphi =$ const

1.14. $\varphi =$ const und $\vartheta =$ const

1.15. $z(t) = v_\parallel t$, kartesisch: $x(t) = r\cos\omega t$ und $y(t) = r\sin\omega t$; Zylinderk: $r =$ const und $\varphi(t) = \omega t$

1.16. (a) 14, (b) -68, (c) -21

1.17. (a) $\varphi = \operatorname{acos}[a \cdot b/(ab)] = 22.21°$, (b) $\varphi = 51.3°$, (c) $\varphi = 110.23°$

1.18. $a \cdot b = 0 \leftrightarrow a \perp b$ (a) nein, da $a \cdot b = 40$, (b) ja

1.19. $a \perp d$; $b \perp c$

1.20. $|a| = \overline{BC} = \sqrt{20}$, $|b| = \overline{AC} = \sqrt{29}$, $|c| = \overline{AB} = \sqrt{17}$, $\alpha = 54.16°$, $\beta = 77.47°$, $\gamma = 48.37°$, $A = 9$

1.21. $|a| = \sqrt{45}$, $\alpha = 42°$, $\beta = 72.7°$, $\gamma = 126.6°$

1.23. $s = \overrightarrow{P_1 P_2} = (-13, -36, 21)$ m, $W = F \cdot s = 151$ Nm, $\varphi = 75.43°$

1.24. $W = 60$ Nm, $F_s = 60/41(2,-1,6)$, $|F_s| = 9.37$ N

1.25. $\varphi = 60°$

1.26. $(0.2857, 0.8571, 0.5714)$

1.27. $b_a = (a \cdot b/a^2)a = -4a/11 = (-12/11, 4/11, -4/11)$

1.28. (a) $(-19, 8, 1)$, (b) $(11, -34, -63)$, (c) 24, (d) $(51, 38, 11)$

1.29. (a) 27, (b) 0, (c) $\sqrt{161}$, (d) $\sqrt{10115}$

1.30. nein, $a \cdot a = 14$, $a \cdot b = 13 = b \cdot a$, $a \cdot c = 10 = c \cdot a$, $b \cdot b = 14$, $b \cdot c = 11 = c \cdot b$, $c \cdot c = 14$; $a \times a = 0$, $a \times b(-3,3,3) = -b \times a$, $a \times c = (4,8,4) = -c \times a$, $b \times b = 0$, $b \times c = (5,7,-1) = -c \times b$, $c \times c = 0$

1.31. $a \cdot b = 7$; Kreuzprodukt als Vektoren im 3D schreiben $a \times b = (0, 0, -1)$

1.32. $A = 50.96$

1.33. $(-3, 3, 5)/\sqrt{43}$

1.34. $(2, 3, 4)$

1.35. $F = |a \times b| = 10\sqrt{2}$, $\alpha = 70.5°$, $s = (2, 1, 1)/2$

1.36. $\lambda = -67/35$

1.37. Spatprodukt verschwindet, also komplanar

1.38. $c = a \times b = (1, 6, 15)$, $e_c = c/\sqrt{262}$

1.39. $a \cdot b = 0 \rightarrow 5 - 2y - 21 = 0 \rightarrow y = -8$

1.40. Fläche $F = |a \times c| = |(-5, 16, -9)| = \sqrt{362}$. Volumen $V = (a \times b) \cdot c = 1$

1.41. $a = \overline{P_1 P_2}$, $b = \overline{P_1 P_3}$, $F = |a \times b|/2 = 5\sqrt{2}7.071$

1.43. $a \times (b \times c) + b \times (c \times a) + c \times (a \times b) = b(ac) - c(ab) + c(ba) - a(bc) + a(cb) - b(ca) = 0$

1.44. Seitenkanten des Spats: $a = (1, 1, 2)$, $b = (0, 2, 0)$ und $c = (3, 3, t - 1)$. $V = c \cdot (a \times b) = 14$ liefert $t = 14$

1.45. 7

1.46. $a = r_2 - r_1$, $b = r_3 - r_1$, $F = |a \times b|/2 = |(-2t - 1, -4t, -4)| \Rightarrow t_1 = -1.94$ und $t_2 = 2.04$

1.47. $g = (3, 0, 0) + \lambda(3, -2, -1)$; Mitte: $\lambda = -0.5 \rightarrow m = (1.5, 1, 0.5$, Mittelsenkrechte nicht eindeutig sondern eine Ebene mit $(3, -2, -1)$ als Normalenvektor

1.48. Jein, $x = \gamma a + b \times a/a^2$ mit γ beliebig

1.49. $(a \times b)^2 + (a \cdot b)^2 = (ab \sin \alpha)^2 + (ab \cos \alpha)^2 = a^2 b^2 (\sin^2 \alpha + \cos^2 \alpha) = a^2 b^2$

1.50. Hypothenuse c ist Summe der Katheten a und b: $c = a + b$. Quadrieren $c^2 = (a+b)^2 = a^2 + a \cdot b + b \cdot a + b^2$; Katheten schließen rechten Winkel ein, d.h. $a \cdot b = b \cdot a = 0$ und damit $c^2 = a^2 + b^2$ bzw. $c^2 = a^2 + b^2$.

1.53. $(a-b) \times (a+b) = a \times a - b \times a + a \times b - b \times b = 2a \times b$

1.54. $a \cdot (a \times b) = 0$, weil $a \times b \perp a$ (Definition Vektorprodukt)

1.55. $(a-c) \cdot ((a+c) \times b) = (a-c) \cdot (a \times b + c \times b) = a \cdot (a \times b) + a \cdot (c \times b) - c \cdot (a \times b) - c \cdot (c \times b) = 2a(c \times b)$

1.56. $(a+b) \cdot ((b+c) \times (c+a)) = (a+b) \cdot (b \times c + b \times a + c \times c + c \times a) = (a+b) \cdot (b \times a + b \times c + c \times a) = a \cdot (b \times a) + a(b \times c) + a(c \times a) + b(b \times a) + b(b \times c) + b(c \times a) = 0 + a(b \times c) + 0 + 0 + 0 + b(c \times a) = 2a(b \times c)$

1.58. liegt in der von b und c aufgespannten Ebene

1.59. 11.4 V

Kapitel 2

2.1. (a) 0, (b) 0, (c) 1, (d) $-1/\pi$, (e) 8, (f) 0, (g) 1, (h) 2

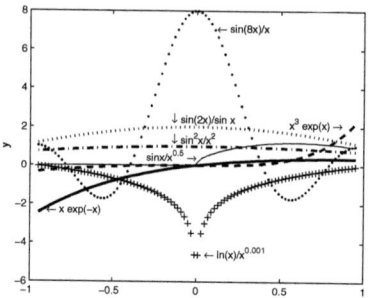

2.2. 18

2.3.

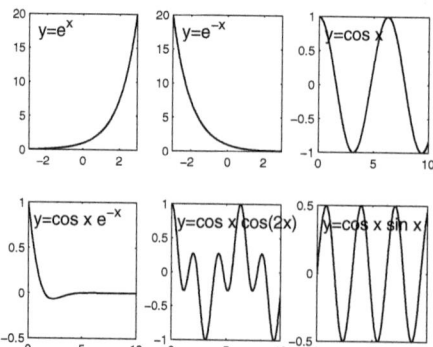

Lösungen 349

2.5. (a) $1.8x^2 - 3x$, (b) $\partial g/\partial t = 3t^2/x^2 - \sqrt{5x}/2 \cdot 1/\sqrt{t} - \sqrt{7}/xt^2$ und $\partial g/\partial x = -2t^3/x^3 - (\sqrt{5t}/2)(1/\sqrt{x}) - \sqrt{7}/tx^2$, (c) $-t^2 + 5/t^2 + 1$, (d) $\partial f/\partial t = 1/x - x/t^2 + 1$ und $\partial f/\partial x = -t/x^2 + 1/t + 1$, (e) $392x - 32x^3 + 3 + 18x^2$, (f) $2r \ln r + r^2 \cdot 1/r = 2r \ln r + r$, (g) $\sum_{k=1}^{n} k \cdot a_k x^{k-1}$, (h) $((u^2-1)2u - 2u(u^2+1))/(u^2-1)^2$, (i) $-x/\sqrt{1-x^2}$, (j) $-6/(5\sqrt[5]{(2+3x)^7})$, (k) $2xe^{x^2}$, (l) $3x^2/x + 6x \ln x = 3x(1 + 2\ln x)$, (m) $12x^3 - 2x - 1/x^2$, (n) $(6m \cdot 5m - 5(3m^2-4))/(25m^2) = (6m^2 - 3m^2 + 4)/(5m^2)$, (o) $2^b \ln 2 - 6xb^3$, (p) $\sum_{i=1}^{n} -i^2/x^{i+1}$, (q) $2(\cos x)^2 - 2(\sin x)^2$, (r) $1/\sin x + \cos x - (x(\cos x - \sin x))/(\sin x + \cos x)^2$, (s) $-x/(\sqrt{a^2-x^2}\sqrt{a^2+x^2}) - (x\sqrt{a^2-x^2})/(a^2+x^2)^{3/2}$, (t) $(4\cos x \sin x)/(1 + 2\cos^2 x + \cos^4 x)$, (u) $1/x^2 - (\ln x)/x^2$, (v) $e^{\sin(\omega x + \varphi)} \cos(\omega x + \varphi)\omega$, (w) $1/(2x-3)$, (x) $(3\sin^2 x \cos^4 x)/(\sin^3 x \cos^3 x) - 3\cos^2 x \sin^4 x$, (y) $e^{a^x} a^x \ln a$, (z) $a^{e^x} e^x \ln a$

2.6. $f'(x) = 3ax^2 + 2bx$, $f''(x) = 6ax + 2b$, $g'(x) = k\cos(kx)$, $g''(x) = -k^2 \sin(kx)$, $h'(x) = 2x\cos x - x^2 \sin x$, $h''(x) = 2\cos x - 4x\sin x - x^2 \cos x$, $i'(x) = -k\sin(kx)e^{-kx} - k\cos(kx)e^{-kx}$, $i''(x) = 2k^2 \sin(kx)e^{-kx}$, $j'(x) = 4k\cos^3(kx)$, $j''(x) = 12k^2 \cos^2(kx)\sin^2(kx) + 4k^2 \cos^4(kx)$, $k'(x) = \omega + \omega \tan^2(\omega x)$, $k''(x) = 2\omega^2 \tan(\omega x)(1 + \tan^2(\omega x))$, $l'(x) = k\cosh(kx)$, $l''(x) = k^2 \sinh(kx)$

2.7. $f' = 6x^2 + 6x$, $f'(5) = 180$, Nullstellen: $0, -1$

2.8. (a) $6x - 5$, (b) $-(x-2)^{-2}$, (c) $-a/(b+x)^2$

2.9. $y(0) = 1$, $y' = -1/(1+x)^2$, $y'(0) = -1$

2.10. $y' = dy/dx = (dy/dt)/(dx/dt) = \dot{y}/\dot{x}$: (a) $\dot{x} = -(A+a)\sin\varphi + a\sin(A+a)\varphi/a$, $\dot{y} = (A+a)\cos\varphi - a\cos(A+a)\varphi/a$, $y' = [(A+a)\cos\varphi - a\cos(A+a)\varphi/a]/[-(A+a)\sin\varphi + a\sin(A+a)\varphi/a]$; (b) $\dot{x} = -2a\sin\varphi + a\sin 2\varphi$, $\dot{y} = 2a\cos\varphi - a\cos 2\varphi$, $y' = [2a\cos\varphi - a\cos 2\varphi]/[2a\sin\varphi + a\sin 2\varphi]$, (c) $\dot{x} = -3\sin\varphi \cos^2\varphi$, $\dot{y} = 3\cos^2 t \sin t$, $y' = -\tan t$, (d) $\dot{x} = a - \lambda\cos t$, $\dot{y} = a + \lambda\sin t$, $y' = [a + \lambda\sin t]/[a - \lambda\cos t]$, (e) $\dot{x} = -2a\cos\varphi \sin\varphi - l\sin\varphi$, $\dot{y} = a\cos^2\varphi - a\sin^2\varphi + 2\sin\varphi$, $y' = [a\cos^2\varphi - a\sin^2\varphi + 2\sin\varphi]/[-2a\cos\varphi \sin\varphi - l\sin\varphi]$, (f) $\dot{x} = -a\sin\varphi + a\varphi + a\sin\varphi$, $\dot{y} = a\cos\varphi + a\varphi\sin\varphi - a\cos\varphi$, $y' = [a\cos\varphi + a\varphi\sin\varphi - a\cos\varphi]/[-a\sin\varphi + a\varphi\cos\varphi + a\sin\varphi]$, (g) $y' = 1t\sqrt{1-t^2}$

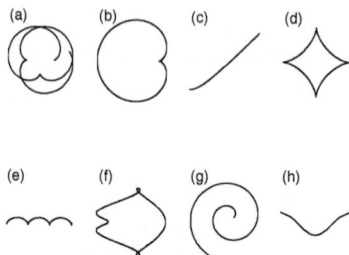

2.11. (a) $y' = ak[\sin\varphi + \cos\varphi]/[\cos\varphi - \sin\varphi = ak[\tan\varphi + 1]/[1 - \tan\varphi]$,
(b) $y' = a[\sin\varphi - \varphi\cos\varphi][\cos\varphi + \phi\sin\varphi]$,
(d) $y' = 2a[\sin\varphi\sin(2\varphi) - \cos\varphi\cos(2\varphi)/[\cos\varphi\sin(2\varphi) + \sin\varphi\cdot\cos(2\varphi)]$,
(e) $y' = [\sin^2\varphi + 2\sin\varphi\cos\varphi]/[\sin\varphi\cos\varphi + \cos^2\varphi - \sin^2\varphi]$,
(f) $y' = [\sin\varphi - \varphi\cos\varphi]/[\cos\varphi + \phi\sin\varphi]$

2.13. (a) $f_x = 12(3x+5y)^3$, $f_y = -20(3x-5y)^3$, $f_{xx} = 108(3x-5y)^2$, $f_{xy} = f_{yx} = -180(3x-5y)^2$ und $f_{yy} = 300(3x-5y)^2$; (b) $f_x = -6y\sin(3xy)$, $f_y = -6x\sin(3xy)$, $f_{xx} = -18y^2\cos(3xy)$, $f_{xy} = f_{yx} = -6\sin(3xy) - 13xy\cos(3xy)$, sowie $f_{yy} = -18x^2\cos(3xy)$; (c) $f = (x^2-y^2)/(x+y) = ((x-y)(x+y))/(x+y) = x-y$ und damit $f_x = 1$, $f_y = -1$, alle zweiten Ableitungen verschwinden; (d) $f_r = 3(1+r\varphi)e^{r\varphi}$, $f_\varphi = 3r^2 e^{r\varphi}$, $f_{rr} = 3\varphi(2+r\varphi)e^{r\varphi}$, $f_{r\varphi} = f_{\varphi r} = 3r(2r\varphi)te^{r\varphi}$; (e) $f_x = (x-y)/\sqrt{x^2-2xy}$, $f_y = -x/\sqrt{x^2-2xy}$, $f_{xx} = -y^2/\sqrt{(x^2-2xy)^3}$, $f_{xy} = f_{yx} = xy/\sqrt{(x^2-2xy)^3}$, $f_{yy} = -x^2/\sqrt{(x^2-2xy)^3}$, (f) $f_x = -e^{-x+y} + 1/x$, $f_y = e^{-x+y} - 1/y$, $f_{xx} = e^{-x+y} - 1/x^2$, $f_{xy} = f_{yx} = -e^{x+y}$ sowie $f_{yy} = e^{-x+y} + 1/y^2$; (g) $f_x = y/x^2+y^2$, $f_y = -x/x^2+y^2$, $f_{xx} = -2xy/(x^2+y^2)^2$, $f_{xy} = f_{yx} = x^2-y^2/(x^2+y^2)^2$, $f_{yy} = 2xy/(x^2+y^2)^2$; (h) $f_x = x/x^2+y^2$, $f_y = y/(x^2+y^2)$, $f_{xx} = (-x^2+y^2)/((x^2+y^2)^2)$, $f_{xy} = f_{yx} = -2xy/(x^2+y^2)^2$, $f_{yy} = (x^2-y^2)/(x^2+y^2)^2$; (i) $u_x = 5t/(2x+t)^2$, $u_t = -5x/(2x+t)^2$, $u_{xx} = -20t/(2x+t)^3$, $u_{xt} = u_{tx} = (10x-5t)/(2x+t)^3$, $u_{tt} = 10x/(2x+t)^3$; (j) $z_t = a\cos(at+\varphi)$, $z_\varphi = \cos(at+\varphi)$, $z_{tt} = -a^2\sin(at+\varphi)$, $z_{r\varphi} = z_{\varphi r} = -a\sin(at+\varphi)$, $z_{\varphi\varphi} - \sin(at+\varphi)$

2.14. $f_x = 2a\sin(ax)\cos(ax)e^{by}$, $f_y = b\sin^2(ax)e^{by}$, $f_{xx} = 2a(a\cos^2(ax) - a\sin^2(ax))e^{by}$, $f_{xy} = 2ab\sin(ax)\cos(ax)e^{by}$, $f_{yx} = 2ab\sin(ax)\cos(ax)e^{by} = f_{xy}$, $f_{yy} = b^2\sin^2(ax)e^{by}$, $g_x = y^2 + 20x^4y + 16 - \sin x$, $g_y = 2xy + 4x^5$, $g_{xx} = 80x^3y - \cos x$, $g_{xy} = 2y + 20x^4$, $g_{yx} = 2y + 20x^4 = g_{xy}$, $g_{yy} = 2x$, $h_x = -6y\sin(3xy)e^{-xz} - 2z\cos(3xy)e^{-xz}$, $h_y = -6x\sin(3xy)e^{-xz}$, $h_z = -2x\cos(3xy)e^{-xz}$, $h_{xx} = -18y^2\cos(3xy)e^{-xz} - 6xy\sin(3xy)e^{-xz} - 6\sin(3xy)e^{-xz} + 6zy\sin(3xy)e^{-xz} + 2z^2\cos(3xy)e^{-xz}$,
$h_{xy} = -18xy\cos(3xy)e^{-xz} + 6zx\sin(3xy)e^{-xz} - 6\sin(3xy)e^{-xz}$,
$h_{xz} = 6yx\sin(3xy)e^{-xz} + 2zx\cos(3xy)e^{-xz} - 2\cos(3xy)e^{-xz}$,

$h_{yx} = -6\sin(3xy)\mathrm{e}^{-xz} + 18xy\cos(3xy)\mathrm{e}^{-xz} + 6xz\cos(3xy)\mathrm{e}^{-xz} = h_{xy}$,
$h_{yy} = -18x^2\cos(3xy)\mathrm{e}^{-xz} + 6xz\cos(3xy)\mathrm{e}^{-xz}$, $h_{yz} = 6x^2\sin(3xy)\mathrm{e}^{-xz}$,
$h_{zx} = -2\cos(3xy)\mathrm{e}^{-xz} + 6xy\sin(3xy)\mathrm{e}^{-xz} + 2xz\cos(3xy)\mathrm{e}^{-xz} = h_{xz}$, $h_{zy} = 6x^2\sin(3xy)\mathrm{e}^{-xz} = h_{yz}$, $h_{zz} = 2x^2\cos(3xy)\mathrm{e}^{-xz}$

2.15. $\partial f/\partial x = 4xy^3 + 8x$, $\partial f/\partial y = 6x^2y^2 + 3$

2.16. $f_x = 2x$, $f_y = -12y^2$, $\boldsymbol{g}_f = (2x, -12y^2)$, $g_x = (\frac{-x}{\sqrt{a^2-x^2}\sqrt{a^2+x^2}} - \frac{x\sqrt{a^2-x^2}}{(a^2+x^2)^{3/2}})\ln\sqrt{2y-3}\,2y+3$, $g_y = \frac{1}{2x-3}\sqrt{\frac{a^2-x^2}{a^2+x^2}}$, $\boldsymbol{g}_g = ((\frac{-x}{\sqrt{a^2-x^2}\sqrt{a^2+x^2}} - \frac{x\sqrt{a^2-x^2}}{(a^2+x^2)^{3/2}})\ln\sqrt{2y-3}\,2y+3, \frac{1}{2x-3}\sqrt{\frac{a^2-x^2}{a^2+x^2}})$, $h_x = \frac{3y}{(x+2y)^2}\mathrm{e}^{-xyz} - yz\frac{2x-y}{x+2y}\mathrm{e}^{-xyz}$, $h_y = \frac{-3x}{(x+2y)^2}\mathrm{e}^{-xyz} - xz\frac{2x-y}{x+2y}\mathrm{e}^{-xyz}$, $h_z = -xy\frac{2x-y}{x+2y}\mathrm{e}^{-xyz}$, $\boldsymbol{g}_h = t(\frac{3y}{(x+2y)^2}\mathrm{e}^{-xyz} - yz\frac{2x-y}{x+2y}\mathrm{e}^{-xyz}, \frac{-3x}{(x+2y)^2}\mathrm{e}^{-xyz} - xz\frac{2x-y}{x+2y}\mathrm{e}^{-xyz}, -xy\frac{2x-y}{x+2y}\mathrm{e}^{-xyz})$, $i_x = \frac{x}{x^2+y^2+z^2} + \frac{1}{1+\frac{x}{y-z}}\frac{1}{y-z}$, $i_y = \frac{y}{x^2+y^2+z^2} + \frac{x}{y-z}\frac{-x}{(y-z)^2}$, $i_z = \frac{z}{x^2+y^2+z^2} + \frac{x}{y-z}\frac{x}{(y-z)^2}$, $\boldsymbol{g}_i = (\frac{x}{x^2+y^2+z^2} + \frac{1}{1+\frac{x}{y-z}}\frac{1}{y-z}, \frac{y}{x^2+y^2+z^2} + \frac{-x^2}{(y-z)^3}, \frac{z}{x^2+y^2+z^2} + \frac{x^2}{(y-z)^3})$

2.17. $\dot{\boldsymbol{a}} = (1/(\sin t + \cos t) - t(\cos t - \sin t)/(\sin t + \cos t)^2, \mathrm{e}^{\sin(\omega t + \varphi)}\omega\cos(\omega t + \varphi), (3\sin^2 t\cos^4 t)(\sin^3 t\cos^3 t) - 3\cos 2t\sin^4 t)$; $\boldsymbol{b}' = (2^u\ln 2 - 6xu^3, 2(\cos u)^2 - 2(\sin u)^2, 1/u^2 - (\ln u)/u^2)$, $\boldsymbol{b}'' = (2^u(\ln 2)^2 - 18xu^2, -4\cos u\sin u - 4\sin u\cos u, -2/u^3 - 1 - 2\ln u/u^3)$

2.18. $\partial f/\partial x = y^2 + 20x^4 y + 16$, $\partial f/\partial y = 2xy + 4x^5$, $\partial^2 f/\partial x^2 = 80x^3 y$, $\partial^2 f/(\partial x\partial y) = 2y + 20x^4$, $\partial^2 f/(\partial y\partial x) = 2y + 20x^4$, $\partial^2 f/\partial y^2 = 2x$, gemischte Ableitungen sind identisch.

2.19.
$$\frac{\partial f}{\partial x} = \frac{-x}{\sqrt{a^2-x^2}\cdot\sqrt{a^2+x^2}} - \frac{x\cdot\sqrt{a^2-x^2}}{(a^2+x^2)^{3/2}}\cdot\ln\sqrt{\frac{2y-3}{2y+3}}$$

$$\frac{\partial f}{\partial y} = \sqrt{\frac{a^2-x^2}{a^2+x^2}}\cdot\frac{1}{2y-3}$$

2.20. $\boldsymbol{v} = (a^*, 2ct + d, -fg\mathrm{e}^{-gt})$, $\boldsymbol{a} = (0, 2c, fg^2\mathrm{e}^{-gt})$, gleichförmig in x, gleichförmig beschleunigt in y, zeitabhängige Beschleunigung in z, für Kraft mit m multiplizieren

2.21. $\boldsymbol{F} = -m\omega^2(a\cos\omega t\,\boldsymbol{e}_x + b\sin\omega t\,\boldsymbol{e}_y) = -m\omega^2\boldsymbol{r} \to$ anziehende Zentralk.

2.22. (a) $\sinh x = \sum_{n=0}^{\infty} x^{2n+1}/(2x+1)!$,
(b) $\arctan x = \sum_{n=0}^{\infty}(-1)^n\,x^{2n+1}/(2n+1)$,
(c) $\ln(1+x^2) = x^2 - x^4/2 + x^6/3 - \ldots = \sum_{n=1}^{\infty}(-1)^{n+1}\,x^{2n}/n$

352 Lösungen

2.23. (a) $f(x) = \cos x = 1/2 - \sqrt{3}/2\,(x - \pi/3) - 1/4(x - \pi/3)^2 + \sqrt{3}/2(x - \pi/3)^3 + ...$, (b) $f(x) = \sqrt{x} = 1 + 1/2(x-1) - 1/8(x-1)^2 + 1/16(x-1)^3 + ...$, (c) $f(x) = 1/x^2 - 2/x = -1 + 1(x-1)^2 - 2(x-1)^3 + 3(x-1)^4 - .....$

2.24. $\sqrt{1 - 0.05} = (1 - 0.05)^{1/2} = 1 - (0.05)/2 - (0.05)^2/8 - 3\,(0.05)^3/48 - 15\,(0.05)^4/384.... = 1 - 0.025 - 0.0003125 - 0.00000781 =\approx 0.974679$

2.25. $\cos 8° = \cos 0.139626 = 1 - (0.139626)^2/2! + (0.139626)^4/4! - + ... = 1 - 0.009874 + 0.000016 - .... \approx 0.9902$

2.26. $1 - \frac{2}{3!}x^2 + (\frac{2}{5!} + \frac{1}{3!^2})x^4$

2.27. $1 - \frac{3}{2}x + \frac{11}{8}x^2$

Kapitel 3

3.1. (a) $-1/x^3 + c$, (b) $-2x^{-5/2} + c$, (c) $(x+3)^4/4 + c$, (d) $x^3/3 + (2-a)x^2/2 - 2ax + c$, (e) $3x^5/5 - 2x^3/3 + 4x/7 + c$, (f) $ax^4/4 - 5/x - 2ax + c$, (g) $2i^{n+1}/(n+1) + ni^2/2 + c$, (h) $-3/(2x^2) + 2/x + \ln|x| + c$, (i) $-\cos r + (\sin r)/4 + c$, (j) $e^\nu + \nu e^{2\omega} + c$, (k) $u = 3^x$, $du = \ln 3 \cdot 3^x$, $dv = e^x$, $v = e^x \Rightarrow (3^x e^x)/(1 + \ln 3) + c$, (l) $4/7 \cdot \sqrt[4]{2} \cdot x^{7/4} + c$, (m) $n/(1+n)^2\, x^{n+1} + c$, (n) $4/3$, (o) -1.099, (p) e, (q) 2, (r) 2.25

3.2. 0.167

3.3. 1

3.4. 0.462

3.5. $F = 1000 \cdot \pi/12 = 26.5$, $F = \pi \int_a^b (x^n)^2 dx = 261.8$

3.6. $F = 86$

3.7. 41.9

3.9. $F = 0.167$

3.10. (a) $u = x^2$, $\frac{1}{2}e^{x^2}$; (b) $u = 3 - x^3$, $-\frac{2}{3}\sqrt{3-x^3}$, (b) $u = 4 - x^2$, $-\frac{1}{3}\sqrt{(4-x^2)^3}$, 8/3; (d) $u = x^2 - 1$, $\frac{1}{3}\sqrt{(x^2-1)^3}$, $\sqrt{3}$

3.11. $F(x)$: $u = kx + d$, $u' = k$, $F(x) = -\frac{1}{k}\cos(kx+d) + c$; $G(x)$: $u = 2x + 9$, $u' = 2$, $G(x) = \frac{1}{2}\ln(2x+9) + c$; $H(x)$: $u = 5x^2 - 32$, $u' = 10x$,

$H(x) = \frac{(5x^2-32)^{3/2}}{15} + c$

3.12. (a) $u = x$, $du = dx$, $dv = \sin x dx$, $v = -\cos x \Rightarrow \sin x - x\cos x$; (b) $u = \frac{3}{2}t$, $du = \frac{3}{2}dx$, $dv = \cos t dt$, $v = \sin t \Rightarrow \frac{3}{2}t \cdot \sin t + \frac{3}{2}\cos t$

3.13. $F(x)$: $u' = \cos x$, $u = \sin x$, $v = x$, $v' = 1$, $F(x) = x \sin x + \cos x$; $G(x)$: $u' = e^{bx}$, $u = \frac{1}{b}e^{bx}$, $v = ax$, $v' = a$, $G(x) = \frac{ax}{b}e^{bx} - \frac{a}{b^2}e^{bx} + c$; $H(x)$: $u' = e^x$, $u = e^x$, $v = \sin x$, $v' = \cos x$, $H(x) = e^x \sin x - \int e^x \cos x dx$, $u' = e^x$, $u = e^x$, $v = \cos x$, $v' = -\sin x$, $H(x) = e^x \sin x - e^x \cos x - \int e^x \sin x \, dx \Rightarrow 2\int e^x \sin x \, dx = e^x \sin x - e^x \cos x \Rightarrow \int e^x \sin x \, dx = \frac{1}{2}(e^x \sin x - e^x \cos x)$

3.14. $F(x)$: $u = 3x^3 + 2a$, $u' = 9x^2$, $F(x) = -\frac{1}{9}\cos(3x^3 + 2a) + c$; $G(x)$: $u' = \sinh x$, $u = \cosh x$, $v = x^2$, $v' = 2x$, $G(x) = x^2 \cosh x - \int 2x \cosh x \, dx$, $u' = \cosh x$, $u = \sinh x$, $v = 2x$, $v' = 2$, $G(x) = x^2 \cosh x - 2x \sinh x + 2\cosh x + c$

3.15. $W = \int_{s_0}^{s_1} \mathbf{F} \cdot d\mathbf{s} = \int_{s_0}^{s_1} ks \, ds = [\frac{1}{2}ks^2]_{s_0}^{s_1} = \frac{k}{2}(s_1^2 - s_0^2)$

3.16. $s = \cos(\omega t)$, $v = -\omega \sin(\omega t)$

3.17. $((t+3)^4/4; (3^t e^t)/(1 + \ln 3); 4/7 \sqrt[4]{2}\, t^{7/4}) + c$

3.18. $\Delta p = mv_E = \int_{t_1}^{t_2} F(t) dt = 2\int_0^{4 \cdot 10^{-3}} 200 N dt = 1.6 Ns \Rightarrow v_E = (1.6 Ns)/(0.1 kg) = 16 \frac{m}{s}$

3.19. $\mathbf{v}(t) = (3 \text{ m/s}^3 (t - t_o)^2, 3 \text{ m/s}^3 (t - t_o)^2, 10 \text{ m/s}^2 (t - t_o)) + \mathbf{v}_o$, $\mathbf{r}(t) = (1 \text{ m/s}^3 (t - t_o)^3, 1 \text{ m/s}^3 (t - t_o)^3, 5 \text{ m/s}^2 (t - t_o)^2) + \mathbf{v}_o(t - t_o) + \mathbf{r}_o$, mit RB: $\mathbf{r}(t) = (1 \text{ m/s}^3 (t)^3, 1 \text{ m/s}^3 (t)^3, 5 \text{ m/s}^2 t^2)$, $\mathbf{r}(4 \text{ s}) = (64, 64, 80,) \text{ m}$, $\mathbf{r}(10 \text{ s}) = (1000, 1000, 500) \text{ m}$

3.20. (a) $1/3$; (b) $77/4$

3.21. (a) $-2/(3\pi)$; (b) $-1/24$

3.22. $F(x,y) = \frac{1276}{3}$; $G(x,y) = \frac{32}{3}$, $H(x,y,z) = 1687.2$

3.23. (a) $V = a^3$, (b) $V = abc$, (c) $V = \pi R^2 H$, (d) $V = \pi H(R_a^2 - R_i^2)$, (e) $V = FH/3 = abH/3$, (f) $V = h(F + f + \sqrt{fF})/3$, (g) $V = \pi H(R^2 + r^2 + rR)/3$, (h) $V = 4\pi R^3/3$), (i) $V = \pi H^2(6R - 2H)/3$

3.24. (a) kartesisch $dV = dx\, dy\, dx$, $0 \leq x \leq r$, $0 \leq y \leq \sqrt{r^2 - x^2}$, $0 \leq z \leq \sqrt{r^2 - (x^2 + y^2)}$; Integrationsgrenzen hängen von den anderen Variablen ab! (b) Kugelk. $dV = r^2 \sin\theta\, dr\, d\theta\, d\phi$, $0 \leq r \leq R$, $0 \leq \varphi \leq 2\pi$,

$0 \leq \vartheta \leq \pi$, $I = \frac{2}{5}mR^2$

3.25. $ml^2/3$

3.26. $mr^2/4$, $mr^2/2$

3.27. $mr^2/2$

3.28. $mr^2/2$

3.29. $\frac{1}{2}m(r_a^2 - r_i^2)$

3.30. $\frac{1}{4}mr^2 + \frac{1}{12}ml^2$

3.32. $\frac{9}{8}\pi$

3.33. 0.94611 nach drittem Glied abgebrochen, korrekt 0.94608

3.34. unendlich, da der Integrand höchster Ordnung $\int \frac{1}{x}\,\mathrm{d}x$ unendlich wird

Kapitel 4

4.1. Form: $z = |z|\,\mathrm{e}^{\mathrm{i}\varphi}$, $z^* = |z|\,\mathrm{e}^{\mathrm{i}\varphi^*} = |z|\,\mathrm{e}^{\mathrm{i}\varphi^{*'}}$

z	$|Z|$	φ	z^*	φ^*
z_1	3.61	56.31	$2 - 3\mathrm{i}$	-56.31
z_2	5	-53.12	$3 + 4\mathrm{i}$	53.12
z_3	3.72	-57.52	$2 + \pi\mathrm{i}$	57.52
z_4	1.80	-123.69	$-1 + 1.5\mathrm{i}$	123.69
z_5	2	180	-2	-180
z_6	2	-90	$2\mathrm{i}$	90
z_7	2.12	-45	$1.5 + 1.5\mathrm{i}$	45
z_8	4.34	46.32	$3 - \pi\mathrm{i}$	-46.32

4.2.

	kartesisch	Polar	e-Funktion
z_1	$4 - 7\mathrm{i}$	$8.06\,(\cos(-1.05) + \mathrm{i}\sin(-1.05))$	$8.06\,\mathrm{e}^{-1.05\mathrm{i}}$
z_2	$-2 + \mathrm{i}$	$2.24(\cos 2.68 + \mathrm{i}\sin 2.68)$	$2.24\,\mathrm{e}^{2.68\mathrm{i}}$
z_3	32	$32\,(\cos 0 + \mathrm{i}\sin 0)$	$32\,\mathrm{e}^{0\mathrm{i}}$
z_4	$4.33 + 2.5\mathrm{i}$	$5\,(\cos \pi/6 + \mathrm{i}\sin \pi/6)$	$5\,\mathrm{e}^{\pi\mathrm{i}/6}$
z_5	$2.88 + 0.85\mathrm{i}$	$3\,(\cos \pi/11 + \mathrm{i}\sin \pi/11)$	$3\,\mathrm{e}^{\pi\mathrm{i}/11}$
z_6	$2.32 + 1.27\mathrm{i}$	$\sqrt{7}(\cos 0.5 + \mathrm{i}\sin 0.5)$	$\sqrt{7}\,\mathrm{e}^{0.5\mathrm{i}}$
z_7	$1.57 + 2.72\mathrm{i}$	$\pi(\cos \pi/3 + \mathrm{i}\sin \pi/3)$	$\pi\,\mathrm{e}^{\pi\mathrm{i}/3}$

Lösungen 355

4.3 $z_1^{(*)} = 2.16 \pm 3.37i$, $z_2^{(*)} = 2.5 \mp 4.33i$, $z_3^{(*)} = -1.73 \mp i$, $z_4 = 0.88 \mp 0.48i$, $z_5^{(*)} = 2.6 \pm 1.5i$, $z_6^{(*)} = -3.54 \pm 3.54i$, $z_7^{(*)} = \pm 2i$, $z_8^{(*)} = -0.5 \mp 0.87i$

4.4. $|z_1| = 5$, $|z_2| = 5.39$, $|z_3| = 7.81$, $|z_4| = 3$, $|z_5| = 6.40$, $|z_6| = 9$

4.5. $z_1 = 12 + 26i$, $z_2 = -29.52 + 4.92i$, $z_3 = 2.8 + 4.6i$, $z_4 = 4.11 - 4.39i$

4.6. $z_4 = 51+3i$, $z_5 = -12+21i$, $z_6 = -1+3i$, $z_7 = 10.5+13.5i$, $z_8 = -5-11i$, $z_9 = 2/3 + i/3$, $z_{10} = -0.92 + 1.62i$

4.7. $z = -3.9 + 8.99i$

4.8. $|z| = \sqrt{z\,z^*} = 3.61$

4.9. $z_1 * z_2 = -10 + 10i$, $z_1/z_2 = -1.4 + 0.2i$

4.10. $\frac{a}{b} = 2$, $\frac{b}{a} = \frac{-1}{2}$, $\frac{a}{c} = \frac{-2+16i}{13}$, $\frac{b}{c}\frac{1-8i}{13}$

4.11. $(Z_1 + Z_2)^n = (a_1 + ib_1 + a_2 + ib_2)^n = (a+ib)^n = (|Z_1|e^{i\varphi_1} + |Z_2|e^{i\varphi_2})^n$

4.12. (a) $z_1 = 2i = 2\,e^{1.57i}$, $z_2 = -1904 + 1920i = 2704\,e^{2.35i}$, $z_3 = -128 + 221.7i = 256\,e^{-240°i}$, $z_4 = 3116 + 237i = 3125\,e^{0.076i}$, $z_5 = -4$, $z_6 = -625$

4.13.

	Zahl kart.	Zahl polar	Potenz kart.	Potenz polar
z_1	$1+i$	$\sqrt{2}e^{i\pi/4}$	$-2+2i$	$2^{3/2}\,e^{3i\pi/4}$
z_2	$-2+5i$	$5.39\,e^{1.95i}$	$4282+1475i$	$4529\,e^{3.47i}$
z_3	$1.5 + 2.60i$	$3e^{\pi i/3}$	$1093 + 1894i$	$2187\,e^{7i\pi/3}$
z_4	$(2+i)/(1-2i) = i$	$1\,e^{i\pi/2}$	i	$1\,e^{i\pi/2}$

4.14. Moivre: $(\cos\varphi + i\sin\varphi)^3 = \cos(3\varphi) + i\sin(3\varphi)$
Binom: $(\cos\varphi + i\sin\varphi)^3 = \cos^3\varphi - 3\cos\varphi\sin^2\varphi + i(3\cdot\cos^2\varphi\sin\varphi - \sin^3\varphi)$
Vergleich der Real- und Imaginärteile:
$\cos(3\varphi) = \cos^3\varphi - 2\cos\varphi\sin^2\varphi = 4\cos^3\varphi - 3\cos\varphi$
$\sin(3\varphi) = 3\cos^2\varphi\sin\varphi - \sin^3\varphi = 3\sin\varphi - 4\sin^3\varphi$

4.17. (a) $z_0 = e^{i30°}$, $z_1 = e^{i150°}$, $z_2 = e^{i270°}$; (b) $z_0 = 2\,e^{i40°}$, $z_1 = 2\,e^{i130°}$, $z_2 = 2\cdot e^{i220°}$, $z_3 = 2\cdot e^{i310°}$; (c) $z_0 = 1.38\cdot e^{i61.37°}$, $z_1 = 1.38\,e^{i133.37°}$, $z_3 = 1.38\,e^{i205.37°}$, $z_4 = 1.38\,e^{i277.37°}$, $z_4 = 1.38e^{i349.37°}$

4.18. $[\sqrt[3]{z_1}]_1 = 1\,e^{i0} = 1$, $[\sqrt[3]{z_1}]_2 = 1\,e^{i2\pi/3} = -0.5+0.87i$, $[\sqrt[3]{z_1}]_3 = 1\,e^{i4\pi/3} = -0.5-0.87i$, $[\sqrt[4]{z_1}]_1 = 1\,e^{i0} = 1$, $[\sqrt[4]{z_1}]_2 = 1\,e^{i2\pi/4} = i$, $[\sqrt[4]{z_1}]_3 = 1\,e^{i4\pi/3} = -1$, $[\sqrt[4]{z_1}]_4 = 1\,e^{i6\pi/3} = -i$, $[\sqrt[3]{z_1}]_1 = 1\,e^{i\pi/3} = 0.8 + 0.87i$, $[\sqrt[3]{z_1}]_2 = 1\,e^{i3\pi/3} = -1$, $[\sqrt[3]{z_1}]_3 = 1\,e^{i5\pi/3} = 0.5 - 0.87i$, $[\sqrt[4]{z_1}]_1 = 1\,e^{i\pi/4} = 0.71 + 0.71i$, $[\sqrt[4]{z_1}]_2 = 1\,e^{i3\pi/4} = -0.71 + 0.71i$, $[\sqrt[4]{z_1}]_3 = 1\,e^{i5\pi/4} = -0.71 - 0.71i$,

$[\sqrt[4]{z_1}]_4 = 1\,e^{i\pi/4} = 0.71 - 0.71i$

4.19. (a) $z_0 = 2$, $z_{1,2} = -1 \pm \sqrt{3}\,i$, (b) $z_{1,2} = \pm 2i$, $z_{3,4,5,6} = \pm\sqrt{3}\pm i$, (c) $z_0 = 2.11\,e^{i166.72°}$, $z_1 = 2.11\,e^{i346.72°}$; (d) $z_0 = 4.33\,e^{-i63.33°}$, $z_1 = 4.33\,e^{i56.67°}$, $z_2 = 4.33\,e^{i176.67°}$; (e) $z_0 = 1.43\,e^{i18.43°}$, $z_1 = 1.43\,e^{i78.43°}$, $z_2 = 1.43\,e^{i138.43°}$, $z_3 = 1.43\,e^{i198.43°}$, $z_4 = 1.43\,e^{i258.43°}$, $z_5 = 1.43\,e^{i318.43°}$

4.20. Da 1+i Lösung ist, ist auch 1-i Lösung. $x_{1,2} = 1 \pm i$ und $x_{3,4} = \pm 1$.

4.21. (a) Lösung $x_1 = 1$ durch probieren, $x_{2,3} = \pm 2i$; (b) Bi-quadratische Gleichung!, $x_{1,2} = \pm\sqrt{3}$, $x_{3,4} = \pm i$

4.22. $u = u_1 + u_2 = |u_1|\cos(\omega t) + |u_2|\cos(\omega t + \varphi)$. Physikalisch sinnvoll Realteile $U_1 = |u_1|e^{i\omega t}$, $U_2 = |u_2|e^{i\omega t + \varphi} = |u_2|e^{i\omega t}e^{i\varphi}$, $U = U_1 + U_2 = (|u_1| + |u_2|e^{i\varphi})\,e^{i\omega t}$

4.23. $\boldsymbol{a}^* \cdot \boldsymbol{b} = 5 - i$,

$$\Re(\boldsymbol{a}) = \begin{pmatrix} 2 \\ 4 \\ 0 \end{pmatrix}, \quad \Im(\boldsymbol{a}) = \begin{pmatrix} 4 \\ -3 \\ 1 \end{pmatrix}, \quad \Re(\boldsymbol{b}) = \begin{pmatrix} -1 \\ -1 \\ 0 \end{pmatrix}, \quad \Im(\boldsymbol{b}) = \begin{pmatrix} 1 \\ -1 \\ 41 \end{pmatrix},$$

$$\boldsymbol{a} + \boldsymbol{b} = \begin{pmatrix} 1 + 5i \\ 3 - 4i \\ 5i \end{pmatrix}, \quad \boldsymbol{a} - \boldsymbol{b} = \begin{pmatrix} 3 + 3i \\ 5 - 2i \\ -3i \end{pmatrix}, \quad \boldsymbol{a} \times \boldsymbol{b} = \begin{pmatrix} 11 + 17i \\ 15 - 9i \\ 3 - 13i \end{pmatrix}$$

Kapitel 5

5.1. (a) lin, hom; (b) nicht-lin (wegen y^a), (c) lin, inhom, (d) lin, inhom, (e) nicht lin (wegen $y'y^a$), (f) nicht-lin ($\sqrt{y}$), (g) nicht-lin (y^a), (h) lin, inhom, (i) nicht-lin ($y'\sqrt{y}$), (j) lin, inhom, (k), lin, inhom, (l) lin, hom

5.2. Einsetzen von y und y' erfüllt DGL. $y = 16x/(1 + x)$

5.3. erfüllt, y ist allgemeine Lösung (zwei unabhängige Parameter)

5.5. (a) $y' = 2 + 2c_2x$, $y'' = 2c_2$, $2c_2 - \frac{1}{x}(2 + 2c_2x) + \frac{2}{x} = 0$. (b) $y' = 2e^x x^{-2}(-1 + x) + e^{-x}x^{-2}(-1 + x) = (2e^x x^{-2} + 3e^{-x}x^{-2})(-1 + x)$, $y'' = (2e^x x^{-2} + 3e^{-x}x^{-2} + (-1+x))\{2e^x x^{-3}(-2+x) - 3e^{-x}x^{-3}(-2+x)\}$, $xy'' + 2y' - xy = x[2e^x x^{-2} + 3e^{-x}x^{-2} + (-1+x)\{2e^x x^{-3}(-2+x) - 3e^{-x}x^{-3}(-2+x)\}] + 2[2e^x x^{-2}(-1+x) + 3e^{-x}x^{-2}(-1+x)] - 2e^x + 3e^{-x} = -6e^{-x}x^{-1} - 12e^{-x}x^{-2}$, daher keine Lösung der DGL

5.6. (a) $y^2 + 2x^2 = c'$ (Ellipse); (b) $\varrho = c'u = c'(1 - \cos\alpha)$; (c) $(x-1)/x = c(y-1)/y$; (d) $y = c e^{-\sin x}$; (e) $y = Cx/(x+1)$; (f) $y = \sqrt[3]{3x - x^3 + 3c}$; (g) $y = x/(1+Cx)$, (h) $y = C\sqrt{1+x^2}$, (i) $y = (x+C-1)/(x+C)$, (j) $y = \arccos\left(\frac{1}{2}x^2 + C\right)$, (k) $y_0 = c e^{-4x}$, (l) $y = c e^{-2x}$, (m) $y_0 = c e^{-8x/3}$, (n) $y_0 = c e^{bx/a}$, (o) $N_0 = c e^{-\lambda t}$, (p) $y_0 = c e^{6x}$, (q) $i_0 = c e^{-Rt/l}$, (r) $y_0 = c e^{-9x}$, (s) $y_0 = c e^{5ax/3}$, (t) $u_0 = c e^{-t/T}$

5.7. entspricht Zerfallsgesetz, $Q = Q_0 e^{-t/RC}$

5.8. (a) $y = 4x \ln|Cx|$; (b) $y = \tan(x+C) - x - 1$, (c) $y = \frac{1}{2}x - x/(\ln|Cx|)$, (d) $y = 2x \arctan(Cx)$, (e) $y = \pm x\sqrt{2\ln|Cx|}$

5.9. $p = c e^{-k/T}$, $\varrho = c(1 - \cos\alpha)$, $y = (1-x)$

5.10. $p = c \exp\{-\frac{\varrho_0 g}{p_0 h}\}$

5.11. (a) $Q(t) = Q_0 \exp\{-\frac{t}{RC}\}$, (b) $Q(t) = Q_{\max}(1 - \exp\{-\frac{t}{RC}\})$. (c)
$$Q(t) = Q_0 e^{-\frac{t}{RC}} \left\{ c + U_0/R \frac{e^{\frac{t}{RC}}}{(RC)^{-2} + \omega^2} \left(\frac{1}{RC} \sin\omega t - \omega \cos\omega t \right) \right\}$$

5.12. $T(t) = (T_0 - T_l) \cdot e^{-at} + T_l$ führt auf eine Endtemperatur T_l, d.h. der Körper nimmt die Temperatur der vorbeiströmenden Luft an.

5.16. (a) $y_0 = c e^{-x^2/2}$, $y = c e^{-x^2/2 + 4}$, (b) $y_0 = c/(x+y)$, $y = \frac{1}{4}((2x+1)e^{2x} + C)/(x+1)$, (c) $y_0 = c/x$, $y = (\sin x - x\cos x + c)/x$, (d) $y_0 = c/\cos x$, $y = (x+C)/(\cos x)$, (e) $y_0 = c e^{2\sin x}$, $y = c e^{2\sin x} - \frac{1}{2}$, (f) $y_0 = cx$, $y = x^2 + cx - 4$, (g) $y = cx + x\sin x$, $y_s = 2x + x\sin x$, (h) $y = c\cos x - 10\cos^2 x$, $y_s = -12\cos x - 10\cos^2 x$, (i) $y = c/x + \ln x - 1$, $y_s = 2/x + \ln x - 1$, (j) $y_0 = c e^{3x}$, $y = c e^{3x} - \frac{1}{4}(2x+1)$

5.17. $i(t) = c e^{2\cos t} + \cos t + \frac{1}{2}$, $i_s(t) = -\frac{3}{2} e^{-2 + 2\cos t} + \cos t + \frac{1}{2}$

5.18. (a) $y_0 = c e^{-x}$, Ansatz $y_s = ax + b \to y_s = 2x - 2$, $y = y_0 + y_s = c e^{-x} + 2x - 2$, (b) $y_0 = c e^{-2x}$, Ansatz $y_s = A e^{5x} \to y_s = \frac{4}{7} e^{5x}$, $y = c e^{-2x} + \frac{4}{7} e^{5x}$, (c) $y_0 = c e^{-x}$, Ansatz $y_s = A x e^{-x} \to y_s = x e^{-x}$, $y = (x+c) e^{-x}$, (d) $y_0 = c e^{4x}$, Ansatz $y_s = A \sin x + B \cos x \to y_s = -\frac{20}{17}\sin x - \frac{5}{17}\cos x$, $y = c e^{4x} - \frac{20}{17}\sin x - \frac{5}{17}\cos x$, (e) $y_0 = e^{5x}$, Ansatz $y_s = A\sin x + B\cos x \to y_s = -\frac{19}{26}\sin x - \frac{9}{26}\cos x$, $y = y_0 + y_s = c e^{5x} - \frac{19}{26}\sin x - \frac{9}{26}\cos x$, (f) $y_0 = c e^{6x}$; Ansatz $y_s = A x e^{6x} \to y_s = 3x e^{6x}$, $y = y_0 + y_s = (3x + c) e^{6x}$, (g) Ansatz $y_s = ax^3 + bx^2 + cx + d \to y = c e^{-4x} + \frac{1}{4}x^3 - \frac{3}{16}x^2 - \frac{5}{32}x + \frac{5}{128}$, (h) Ansatz $y_s = A x e^x \to y = y_0 + y_s = (x+C) e^x$, $y = (x+1) e^x$, (i) Ansatz $y_s = A\sin x + B\cos x \to y = C e^{-3x} - \frac{1}{10}\sin x - \frac{3}{10}\cos x$, $y = \frac{53}{10} e^{-3x} - \frac{1}{10}\sin x - \frac{3}{10}\cos x$

5.21.
$$\dot{v}e^{\beta t/m} + \frac{\beta}{m}ve^{\beta t/m} = -ge^{\beta t/m} \quad \Rightarrow \quad v = \left(\frac{mg}{\beta} + v_\circ\right)e^{-\frac{\beta}{m}t} - \frac{mg}{\beta}$$

5.22. $v(t) = \frac{m}{\gamma v_\circ t + m} v_\circ$, $x(t) = \frac{m}{\gamma} \ln\left(\frac{\gamma}{m} v_\circ t + 1\right)$, gegen Null

Kapitel 6

6.2. (a) konstante K, inho; (b) variable K, hom; (c) konstante K, hom, (d) konstante K, inhom, (e) variable K, inhom; (f) konstante K, hom

6.3. (a) $x(t) = 0.5 \sin(2t) + 2\cos(2t)$, (b) $x(t) = -2\sin t + \cos t$, (c) $x(t) = (v_0/a)\sin(at)$, (d) $y_0 = c_1 e^x + c_2 e^{-3x}$, (e) $x_0 = (c_1 t + c_2) e^{-5t}$, (f) $x_0 = e^t(c_1 \sin(3t) + c_2 \cos(3t))$, (g) $\varphi_0 = c_1 \sin(2t) + c_2 \cos(2t)$, (h) $y_0 = e^{-2x}(c_1 \sin(3x) + c_2 \cos(3x))$, (i) $q_0 = c_1 e^{-0.5t} + c_2 e^{-3t}$, (j) $x_0 = (c_1 t + c_2) e^{3t}$, (k) $y_0 = (c_1 x + c_2) e^{ax}$, (l) $y_0 = e^{-2x}(c_1 \sin x + c_2 \cos x)$, (m) $y_0 = c_1 e^{-4x} + c_2 e^{-16x}$, (n) $x_0 = (c_1 t + c_2) e^{0.5t}$, (o) $x(t) = e^{-2t} \cos(5t)$, (p) $x(t) = \frac{6}{7}\sqrt{7}\, e^{-0.5t} \sin(0.5\sqrt{7}t)$, (q) $x(t) = e^{-t}[5\sin(2t) + 10\cos(2t)]$

6.4. $p = 12$ (da $p > 0$ gefordert)

6.5. (a) $y_0 = c_1 e^x + c_2 e^{-3x}$, $y_p = ax^2 + bx + c \Rightarrow y_p = -x^2 - \frac{2}{3}$, $y = c_1 e^x + c_2 e^{-3x} - x^2 - \frac{2}{3}$, (b) $y_0 = c_1 e^x + c_2 e^{-x}$, $y_p = ax^3 + x^2 + cx + d \Rightarrow y_p = -x^3 + 2x^2 - 6x + 8$, $y = c_1 e^x + c_2 e^{-x} - x^3 + 2x^2 - 6x + 8$, (c) $x_0 = (c_1 t + c_2) e^t$, $x_p = A e^{2t} \Rightarrow x_p = e^{2t}$, $x = (c_1 t + c_2) e^t + e^{2t}$, (d) $y_0 = c_1 e^{3x} + c_2 e^{-x}$, $y_p = A x e^{3x} \Rightarrow y_p = -0.5 x e^{3x}$, $y = c_1 e^{3x} + c_2 e^{-x} - 0.5 x e^{3x}$, (e) $x_0 = (c_1 t + c_2) e^{-5t}$, $x_p = A \sin(5t) + B \cos(5t) \Rightarrow x_p = \frac{3}{50}\sin(5t)$, $x = (c_1 t + c_2) e^{-5t} + \frac{3}{50} \sin(5t)$, (f) $y_0 = c_1 e^{2x} + c_2 e^{-12x}$, (g) $x_0 = c_1 e^t + c_2 e^{-t}$, $x_p = (at + b)\sin t + (ct + d)\cos t \Rightarrow x_p = -\frac{1}{2}(t \sin t + \cos t)$, $x = c_e e^t + c_2 e^{-t} - \frac{1}{2}(t \sin t + \cos t)$, (h) $y_0 = (c_1 x + c_2) e^{-6x}$, $y_p = A x^2 e^{6x} \Rightarrow y_p = 1.5 x^2 e^{-6x}$, $y = y_0 + y_p = (1.5 x^2 + c_1 x + c_2) e^{-6x}$, (i) $y_0 = c_1 \sin(2x) + c_2 \cos(2x)$, $y_p = x[A \sin(2x) + B \cos(2x)] + ax^2 + bx + c + C e^{-x}$, $y_p = -\frac{5}{2} x \cos(2x) + \frac{x^2}{2} - \frac{x}{4} - \frac{1}{4} + \frac{1}{5} e^{-x}$, $y = c_1 \sin(2x) + (c_2 - \frac{5}{4}x)\cos(2x) + \frac{x^2}{2} - \frac{x}{4} - \frac{1}{4} + \frac{1}{5} e^{-x}$, (j) $y_0 = (c_1 x + c_2) e^{-x}$, $y_p = (ax^2 + bx + c) e^x + dx + e + A \sin x + B \cos x$, $y_p = (\frac{x^2}{4} - \frac{x}{2} + \frac{3}{8}) e^x - x - 2 - \frac{1}{2}\sin x$, $y = (c_1 x + c_2) e^{-x} + (\frac{x^2}{4} - \frac{x}{2} + \frac{3}{8}) e^x + x - 2 - \frac{1}{2}\sin x$, (k) $x = e^{-3t}(c_1 \sin t + c_2 \cos t) + \frac{2}{39} \sin t + \frac{3}{39} \cos t$, (l) $y = e^{-x}(c_1 \sin(\sqrt{2}x) + c_2 \cos(\sqrt{2}x)) + \frac{1}{3} e^{-2x}$, (m) $x = e^{-t}[c_1 \sin(4t) + c_2 \cos(4t)] - \frac{4}{41} \sin(5t) - \frac{5}{41} \cos(5t)$

6.6. $m\ddot{z} = -\varrho A g z$, $\omega = \sqrt{\frac{\varrho A g z}{m}}$

6.8. (a) $\varphi(t) = c_1 \sin\left(\sqrt{g/lt}\right) + c_2 \cos\left(\sqrt{g/lt}\right)$, (b) $\omega_0 = \sqrt{g/l}$, $T_0 = 2\pi\sqrt{l/g}$, (c) $\varphi(t) = \varphi_0 \cos\left(\sqrt{g/lt}\right)$

6.10. $\lambda_{1,2} = -1$. (a) $y_p = a_2 x^2 + a_1 x + a_0$, (b) $y_p = a_3 x^3 + a_2 x^2 + a_1 x + a_0$, (c) $y_p = A e^x + B \cos x + C \sin x$, (d) $y_p = A x^2 e^{-x}$, (e) $y_p = e^{3x}[(a_1 x + a_0)\sin(4x) + (b_1 x + b_0)\cos(4x)]$, (f) $y_p = e^{-x}[A \sin x + B \cos x]$

6.12. $\lambda_{1,2} = -\frac{R}{2L} \pm \sqrt{\left(\frac{R}{2L}\right)^2 - \frac{1}{LC}}$, $Q(t) = A e^{\lambda_1 t} + B e^{\lambda_2 t}$, Schwingfall: $Q(t) = Q_{\max} e^{-\gamma t} \cos \tilde{\omega} t$, $Q(t) = \frac{I_{\max}}{2\tilde{\omega}} e^{-\gamma t}\left(e^{\tilde{\omega} t} - e^{-\tilde{\omega} t}\right) = \frac{I_{\max}}{\tilde{\omega}} e^{\gamma t} \sinh \tilde{\omega} t$

6.13. (a) $x(t) = e^{-2t}[c_1 \sin(5t) + c_2 \cos(5t)] + 0.0726 \sin(2t) - 0.0232 \cos(2t)$, stat. Lsg: $x(t) = 0.0726 \sin(2t) - 0.0232 \cos(2t) = 0.0762 \sin(2t - 0.3093)$; (b) $x(t) = (c_1 t + c_2) e^{-3t} - 0.02 \sin t + 0.14 \cos t$, stat. Lsg: $x(t) = -0.02 \sin t + 0.14 \cos t = 0.1414 \sin(t + 1.7127)$

6.15. $I(t) = |A| \cos(\omega_a t + \varphi) + e^{-\delta t}(a \cos \omega t + b \sin \omega t)$

6.18. mit $(2n+1)!! = (2n+1) \ldots 5 \cdot 3 \cdot 1$:
$$x(t) = a_0 \sum_n \frac{(-1)^n 3^n}{2^n n!} x^{2n} + a_1 \sum_n \frac{(-1)^n 3^n}{(2n+1)!!} x^{2n+1}$$

Kapitel 8

8.1. (a) $x = -1$, $y = 1$; (b) $x = 1$, $y = -2$, $z = 3$; (c) $x = -1$, $y = -3$, $z = 4$; (d) $x = 5$, $y = -5$, nicht lin (x^2); (e) $x = 1$, $y = -2$, $z = 9$, nicht lin (y/z)

8.2. (I) $x = 3$, $y = -4$; (II) $x = 3$, $y = -4$, $z = 5$

8.3. D = [51 18 27; 24 3 12], E = [−113 − 22 − 103; −32 27 − 34], F = [−82 62; 46 150; −176 − 2], G = [85 62 − 89; 64 49 − 50]

8.4. D = [68 − 12 − 13; −104 − 74 17], E = [68 − 12 − 13; −102 74 17], F = [−14 8 − 2; 34 − 10 17], G = [−10 22; 12 − 17; 1 5]

8.5. det A $= -2$, det B $= 0$, det C $= -24$, det D $= -215$, det E $= -39$, det F $= -112$,

$$A^T = \begin{pmatrix} 1 & 2 \\ 3 & 4 \end{pmatrix} \quad B^T = \begin{pmatrix} 1 & 2 \\ 2 & 4 \end{pmatrix} = B \quad C^T = \begin{pmatrix} 1 & 2 & 4 \\ 4 & 2 & 2 \\ 5 & 1 & 3 \end{pmatrix}$$

$$D^T = \begin{pmatrix} 3 & 7 & 2 \\ 6 & 4 & 9 \\ 1 & 8 & 5 \end{pmatrix} \quad E^T = \begin{pmatrix} 1 & 3 & 4 \\ 2 & 5 & 2 \\ 4 & 3 & 1 \end{pmatrix} \quad F^T = \begin{pmatrix} 1 & 4 & 1 \\ 5 & 2 & 3 \\ 1 & 2 & 7 \end{pmatrix}$$

8.6. $x = (-23, -1, -3)$, $y = (0, -4, 8)$, $z = (23, -14, 19)$

8.7.

$$AA = \begin{pmatrix} -13 & -17 & 16 \\ 5 & 16 & 13 \\ -25 & -11 & -5 \end{pmatrix}, \quad AB = \begin{pmatrix} 6 & 4 & 2 \\ -23 & 11 & -1 \\ 15 & -3 & -16 \end{pmatrix},$$

$$AC = \begin{pmatrix} -5 & 9 & 28 \\ 4 & -15 & -2 \\ -19 & 15 & 16 \end{pmatrix}, \quad BA = \begin{pmatrix} 0 & -19 & -28 \\ -15 & 1 & 28 \\ 8 & 3 & 0 \end{pmatrix} \neq AB,$$

$$BB = \begin{pmatrix} 35 & -20 & 3 \\ -18 & 16 & -6 \\ -3 & 0 & 5 \end{pmatrix}, \quad BC = \begin{pmatrix} -1 & 20 & -10 \\ -11 & -5 & 28 \\ 9 & -4 & -6 \end{pmatrix},$$

$$CA = \begin{pmatrix} -15 & 4 & 22 \\ 15 & 12 & 12 \\ -21 & 28 & -1 \end{pmatrix} \neq AC, \quad CB = \begin{pmatrix} -17 & 14 & -9 \\ -19 & 8 & 9 \\ 27 & -7 & -3 \end{pmatrix} \neq BC,$$

$$CC = \begin{pmatrix} -14 & -5 & 22 \\ 18 & -15 & -6 \\ -16 & 23 & 26 \end{pmatrix}$$

8.8. (a) $a \cdot b = -6$, $a \times b = (-12, 0, 4)$; $a \odot b = (-1\ 2\ -3, -2\ 4\ -6, -3\ 6\ -6)$;
(b) $a \cdot b = -3$, $a \times b = (-42, 26, 1)$, $a \odot b = (6\ 9\ -18; 10\ 15\ -30, 8\ 12\ -24)$;
$a \cdot b = -7$, $a \times b = (-19, -1, 11)$, $a \odot b = (2\ 6\ 4, -5\ -15\ -10, 3\ 9\ 6)$

8.9. Matrix als dyadisches Produkt der Vektoren a und b darstellen mit

$$a \odot b = \begin{pmatrix} 1 \\ 2 \\ 3 \end{pmatrix} \odot (3\ 2\ 1) = \begin{pmatrix} 3 & 2 & 1 \\ 6 & 4 & 2 \\ 9 & 6 & 3 \end{pmatrix}.$$

Definition des dyadischen Produkts gibt 9 Gleichungen für die 6 unbekannten Komponenten.

8.10. (a) $\lambda_1 = 1.562$ und $\lambda_2 = -2.562$; (b) $\lambda_1 = 1$, $\lambda_2 = 2$, $\lambda_3 = 3$

8.11. 104

8.13.

$$A^{-1} = \frac{1}{4} \begin{pmatrix} -2 & 3 \\ 2 & -1 \end{pmatrix} = \begin{pmatrix} -0.5 & 0.75 \\ 0.5 & -0.25 \end{pmatrix}$$

8.14. (a) $x = 2$, $y = -2$, $z = 1$, (b) $x = 1$, $y = -2$, $z = -4$, (c) $x = 3$, $y = -1$, $z = 2$, (d) $w = -1$, $x = 1$, $y = 2$, $z = 3$

8.15. nein, Determinante der Koeffizienten Null

8.16. nein

8.17. Determinante gleich 2, also ja

8.18. A regulär, B singulär, C singulär

8.19. $AA^T = E$ und $BB^T = E$

8.20. A schiefh, $\det A = 35$; B herm, $\det B = -43$; C schiefh, $\det C = i$; D herm, $\det D = -174$

8.21. (a) $\lambda_1 = 1$, $\lambda_{2,3} = \pm i$, $\operatorname{Sp} A = \lambda_1 + \lambda_2 + \lambda_3 = 1$, $\det A = \lambda_1\lambda_2\lambda_3 = 1$.
(b) $\lambda_{1,2} = \pm 1$, $\lambda_3 = 10$, $\det A = -10$, $\operatorname{Sp} A = 10$. (c) $\lambda_{1,2} = 1$, $\lambda_3 = 7$, $\operatorname{Sp} A = 9$, $\det A = 7$

8.22. $\lambda_1 = 0$, $\lambda_{2,3,4} = 4$

8.23. A: $\lambda_1 = 2$, $\lambda_2 = 6$, $\boldsymbol{x}_1 = \frac{1}{\sqrt{2}}(i, -1)$, $\boldsymbol{x}_2 = \frac{1}{\sqrt{2}}(i, 1)$. B: $\lambda_1 = 1$, $\lambda_2 = 2$, $\lambda_3 = 4$, $\boldsymbol{x}_1 = (0, 0, 1)$, $\boldsymbol{x}_2 = \frac{1}{\sqrt{2}}(1, -1, 0)$, $\boldsymbol{x}_3 = \frac{1}{\sqrt{2}}(1, 1, 0)$; C: $\lambda_1 = 3$, $\lambda_2 = -1$, $\boldsymbol{x}_{\lambda_1} = \frac{1}{\sqrt{5}}(1, 2)$, $\boldsymbol{x}_{\lambda_2} = \frac{1}{\sqrt{5}}(-1, 2)$. $\boldsymbol{x}_{\lambda_1} \cdot \boldsymbol{x}_{\lambda_2} = -3/5 \to \alpha = 53°$; Vektoren nicht orthogonal, da Matrix nicht symmetrisch

8.25. B: $\lambda_1 = 0$, $\lambda_2 = 5$, $\boldsymbol{x}_{\lambda_1} = (-2, 1)$, $\boldsymbol{x}_{\lambda_2} = (1, 2)$; (b) $\lambda_{1,2} = 0$, $\lambda_3 = 14$, $\boldsymbol{x}_{\lambda_{1,2},1} = (-2, 1, 0)$, $\boldsymbol{x}_{\lambda_{1,2},2} = (3, 6, -5,)$, $\boldsymbol{x}_{\lambda_3} = (1, 2, 3,)$

8.26. Bei einer symmetrischen Matrix A können die Indizes vertauscht werden (an den Stellen *) und es ergibt sich

$$\boldsymbol{x}^t A \boldsymbol{y} = \sum_k x_k (A\boldsymbol{y})_k = \sum_{k,i} x_k A_{ki} y_i = \sum_{k,i} y_1 A_{ki} x_k \stackrel{*}{=} \sum_{i,k} y_k A_{ik} x_i$$
$$\stackrel{*}{=} \sum_{i,k} y_k A_{ki} x_1 = \boldsymbol{y}^t A \boldsymbol{x} \ .$$

8.27.

$$\operatorname{Sp}(AB) = \sum_j (AB)_{jj} = \sum_j \sum_k A_{jk} B_{kj} = \sum_k \sum_j B_{kj} A_{jk}$$
$$= \sum_k (BA)_{kk} = \operatorname{Sp}(BA)$$

8.30.
$$Q^{-1} = \frac{1}{\lambda_2 - \lambda_1}\begin{pmatrix} \lambda_2 & 1 \\ -\lambda_1 & 1 \end{pmatrix}$$
$Q_2^{-1} = [\cos\varphi, \sin\varphi, 0; -\sin\varphi, \cos\varphi, 0; 0, 0, 1]$

8.31. $\lambda_{1,2} = \cos\varphi \pm \sqrt{-\sin^2\varphi} = \cos\varphi \pm i\sin\varphi = e^{\pm i\varphi}$; Eigenvektoren gemäß
$$\begin{pmatrix} \cos\varphi_2 & \sin\varphi_2 \\ -\sin\varphi_2 & \cos\varphi_2 \end{pmatrix}\begin{pmatrix} u_\pm \\ v_\pm \end{pmatrix} = e^{\pm i\varphi}\begin{pmatrix} u_\pm & v_\pm \end{pmatrix} \rightarrow \cos\varphi u_\pm + \sin\varphi v_\pm = e^{\pm i\varphi}$$

8.32. (a) $\lambda_{1,2} = \pm 1$; $\boldsymbol{x}_1 = (1,1)$, $\boldsymbol{x}_2 = (1,-1)$,
$$X = \begin{pmatrix} 1 & -1 \\ 1 & 1 \end{pmatrix} \quad X^{-1} = \frac{1}{2}\begin{pmatrix} 1 & 1 \\ -1 & 1 \end{pmatrix}, \quad \Lambda_{\text{diag}} = \begin{pmatrix} 1 & 0 \\ 0 & -1 \end{pmatrix}$$
(b) $\lambda = 3 \pm i$,
$$D = \begin{pmatrix} 3+i & 0 \\ 0 & 3-i \end{pmatrix}$$

8.33. ja, Drehung um 90° um die x-Achse

8.34.
$$D = \begin{pmatrix} \frac{\sqrt{2}}{2} & \frac{\sqrt{2}}{2} & 0 \\ -\frac{\sqrt{2}}{2} & \frac{\sqrt{2}}{2} & 0 \\ 0 & 0 & 1 \end{pmatrix}$$

8.35. $(\sqrt{2}, 0, 0)$ sowie $(\sqrt{2}/2, \sqrt{2}/2, 1)$

8.36.
$$(a'_{lm}) = \begin{pmatrix} a & 0 & 0 \\ 0 & b & 0 \\ 0 & 0 & c \end{pmatrix}$$

8.37.
$$A^{\text{diag}}\begin{pmatrix} 5 & 0 & 0 \\ 0 & -2 & 0 \\ 0 & 0 & 0 \end{pmatrix}$$

8.38. $D_{11} = \cos\psi\cos\varphi - \cos\vartheta\sin\varphi\sin\psi$, $D_{12} = \cos\psi\sin\varphi + \cos\vartheta\cos\varphi\sin\psi$, $D_{13} = \sin\psi\sin\vartheta$, $D_{21} = -\sin\psi\cos\varphi - \cos\vartheta\sin\varphi\cos\psi$, $D_{22} = \sin\psi\sin\varphi + \cos\vartheta\cos\varphi\cos\psi$, $D_{23} = \cos\psi\sin\vartheta$, $D_{31} = \sin\vartheta\sin\varphi$, $D_{32} = -\sin\vartheta\cos\varphi$, $D_{33} = \cos\vartheta$. Für die hier gegebenen Winkel
$$D = \begin{pmatrix} -0.1780 & 0.8851 & 0.4335 \\ -0.9196 & -0.3065 & 0.2500 \\ 0.3536 & -0.3536 & 0.8670 \end{pmatrix}$$

8.39.
$$M' = \begin{pmatrix} 2.7331 & -2.2332 & 0.0747 \\ 0.2121 & 1.2625 & -0.9541 \\ 2.6441 & 0.2665 & 1.0153 \end{pmatrix}$$

8.45. Eigenwerte $\omega^2 = 0, \frac{k}{M}, \frac{k}{M} + \frac{2k}{m}$; $\omega = 0$ reine Translation ($x_1 = x_2 = x_3$), keine Bewegung der Massen gegeneinander; $\omega^2 = k/M$: $x_2 = 0$ und $x_1 = -x_3$, die mittlere Masse ist in Ruhe, die beiden äußeren schwingen gegeneinander; $\omega^2 = k/M + 2k/m$: $x_1 = x_3$ und $x_2 = -2M/mx_1$, die äußeren Massen bewegen sich gleichsinnig, die Zentralmasse entgegen gesetzt, der Gesamtimpuls ist Null; die allgemeine Bewegung ist eine Superposition aus der Translation und den beiden Vibrationsbewegungen.

8.46. Normalmoden $\omega_1 = g/l$, beide Pendel in Phase, Feder wird nicht gespannt, entspricht ungekoppelten Pendeln; $\omega_2 = g/l \cdot (1 + 2kl/mg)$, beide schwingen entgegengesetzt. Gesamtlösung $\boldsymbol{x} = \boldsymbol{a}e^{i\omega_1 t} + \boldsymbol{b}e^{i\omega_2 t}$

8.47. Eigenwerte $\lambda_{1,2} = \pm i\omega_0$, Eigenvektoren $\boldsymbol{x}_{1,2} = (\pm ik/\omega_0, 1)$, $(p,x) = c_1 \boldsymbol{x}_1 e^{\lambda_1 t} + c_2 \boldsymbol{x}_2 e^{\lambda_2 t}$, physikalisch sinnvoll: Realteil

Kapitel 9

9.2. Punktladung $\varrho(x) = Q\delta(x-2)$, Punktladung bei $\boldsymbol{r} = (2,3,1)$; $\varrho(\boldsymbol{r}) = Q\delta(\boldsymbol{r} - (2,3,1))$, Dipol $\varrho(x) = Q_1\delta(x+2) - Q_2\delta(x-2)$, Kreisring $\varrho(r) = \frac{Q}{2\pi R}\delta(r-5)$, Kreisscheibe $\varrho(r) = \frac{Q}{\pi R^2}H(R-r)$, Kugelschale $\varrho(r) = \frac{Q}{4\pi R^2}\delta(r-5)$, homogen geladene Kugel $\varrho(r) = \frac{Q}{4\pi R^3/3}H(R-r)$, homogen geladener Zylinder $\varrho(r) = \frac{Q}{\pi R^2 h}H(z)H(h-z)$, Plattenkondensator $\varrho(r) = \varrho(x,y) = \frac{Q}{a^2}H(x)H(a-x)H(y)H(a-y)$

9.3. $h_1(x) = \frac{1}{5}\delta(x-2)$, $h_2(x) = \frac{1}{6}(\delta(x+5) + \delta(x-1))$, $h_3(x) = \frac{1}{2}\delta(x+1) + \frac{1}{6}\delta(x-1) + \frac{1}{3}\delta(x+2)$, $h_4(x) = \sum_{n=-\infty}^{\infty} \delta\left(x - \left(n + \frac{1}{2}\right)\pi\right)$, $h_5(x) = \delta(x-1)$

9.4. $a = 1$, $b = 1$, $c = 0$, $d = 0$, $e = e^e = 15.15$

9.6. $\frac{1}{2|x_0|}(\delta(x+x_0) + \delta(x-x_0))$

9.7. Mit $\dot{x}(-\infty) = 0$ und $x(-\infty) = 0$
$$\dot{x}(t) = \begin{cases} 0 & t < t_0 \\ a & t > t_0 \end{cases} \quad \text{und} \quad x(t) = \begin{cases} 0 & t < t_0 \\ at & t > t_0 \end{cases}$$

Kapitel 10

10.1. (a) konzentrische Kreise, (b) Parabelschar (Normalparabeln mit Scheitelpunkt auf der y-Achse)

10.2. konzentrische Kugelschalen ($x^2 + y^2 + z^2 = $ const)

10.3. Mantelflächen koaxialer Zylinder

10.5. A Ellipsen, $\nabla A = (2x, 4y)$, B radialsymmetrisch,
$\nabla B = 2(-x, -y)\,\mathrm{e}^{-(x^2+y^2)}$, $B(x,y) = \mathrm{e}^{-r^2}$, $\nabla B = -2r\,\mathrm{e}^{-r^2}\,\boldsymbol{e}_r$. C kein Feld sondern van der Waal'sche Gleichung $\frac{\partial P}{\partial T} = \frac{R}{V-b}$ und $\frac{\partial P}{\partial V} = \frac{2a}{V^3} - \frac{RT}{(V-b)^2}$

10.6. $\nabla A = c\boldsymbol{e}_r$, $\nabla B = -\frac{c}{r^2}\boldsymbol{e}_r$, $\nabla C = \nabla(cr^n) = ncr^{n-1}\,\boldsymbol{e}_r$

10.7. $\nabla A = 2r\boldsymbol{e}_r$, $\frac{\partial A}{\partial a} = \nabla A \cdot \boldsymbol{e}_a = \nabla A \cdot \frac{\boldsymbol{a}}{|\boldsymbol{a}|} = \frac{1}{\sqrt{14}}(2x - 6y + 2z)$

10.8. $\nabla A = (2(x-1), 10y)$, Punkt $(1, 0)$

10.9. $\boldsymbol{A} \cdot \boldsymbol{B} = -x^2y^2z^2 - x^2y^2z^2 - x^2y^2z^2 = -3x^2y^2z^2$
$\boldsymbol{A} \times \boldsymbol{B} = x^2y^3z - x^2yz^3, -xy^2z^3 + x^2y^2z, x^2yz^2 - xy^3z^2)$

10.10. Vektorfeld $\boldsymbol{A}(\boldsymbol{r}) = (r, x\sin y, \mathrm{e}^{xyz}) = (\sqrt{x^2+y^2+z^2}, x\sin y, \mathrm{e}^{xyz})$
$\partial \boldsymbol{A}/\partial x = (x/r, \sin y, yz\,\mathrm{e}^{xyz})$, $\partial \boldsymbol{A}/\partial y = (y/r, x\cos y, xz\,\mathrm{e}^{xyz})$, $\partial \boldsymbol{A}/\partial z = (z/r, 0, xy\,\mathrm{e}^{xyz})$. $\partial^2\boldsymbol{A}/\partial x^2 = ((r^2-x^2)/r^3, 0, y^2z^2\,\mathrm{e}^{xyz})$,
$\partial^2\boldsymbol{A}/\partial y^2 = ((r^2-y^2)/r^3, -x\sin y, x^2z^2\mathrm{e}^{xyz})$,
$\partial^2\boldsymbol{A}/\partial z^2 = ((r^2-z^2)/r^3, 0, x^2y^2\mathrm{e}^{xyz})$

10.11. $\nabla A = (12x^2 + 4yx + 25z, 2x^2 + 5z, 5y + 25x)$, Ausgleichsströmung
$\boldsymbol{u}(x,y,z) \sim -\nabla A = (-12x^2 - 4y - 25z, -2x^2 - 5z, -5y - 25x)$

10.12. (a) $\nabla A = (20xy^3 - 5yz^2, 30x^2y^2 - 5xz^2, -1xyz)$, $\nabla A|_\mathrm{P} = (0, 10, 20)$,
$|\nabla A|_\mathrm{P} = 22.36$; (b) $\nabla A = (2x\,\mathrm{e}^{yz}, x^2z\,\mathrm{e}^{yz} + z^3, x^2y\,\mathrm{e}^{yz} + 3yz^2)$, $\nabla A|_\mathrm{P} = (4, 5, 0)$, $|\nabla A|_\mathrm{P} = 6.4$; (c) $\nabla A = (2x, 2y, 2z)$, $\nabla A|_\mathrm{P} = (2, 4, -4)$, $|\nabla A|_\mathrm{P} = 6$

10.13. $\nabla A = \boldsymbol{e}_r/r$

10.14. $\nabla A = (a_x, a_y, a_z)$

10.15. $\nabla A = (xy + 3z^3, xz, xy + 9xz^2)$, $\nabla A|_\mathrm{P} = (5, 1, 11)$, $\boldsymbol{e}_a = \frac{1}{3}(1, -2, 2)$,
$(\partial A/\partial a)_\mathrm{P} = \nabla A\,\boldsymbol{e}_a = 25/3$

Lösungen   365

10.16. (a) Richtungsvektor $r = r(P) = (3,4)$, $|r| = 5$, $\partial A/\partial r = -14/5$
(b) $r = (1,0)$, $|r| = 1$, $\partial A/\partial r = 8$

10.17. $n = \text{grad}\varphi/|\text{grad}\varphi|$

10.18. $\nabla(y^2z^2 + z^3x^3 + x^4y^4) = (3z^3x^2 + 4x^3y^4, 2yz^2 + 4x^4y^3, 2y^2z + 3z^2x^3)$,
Feld an den vorgegebenen Punkten: $(0, 2, -2)$ bzw. $(-17, -68, 43)$

10.19. $\nabla A = (\sin(yz), -xz\cos(yz), -xy\cos(yz))$

10.20. GiGo: ein Vektorfeld hat keinen Gradienten

10.22. Ausgleichsströmung proportional dem negativen Gradienten des Skalarfeldes: $u \sim -\nabla K = -(46xy + 5yz, 23x^2 + 5xz + 4z, 5xy + 4y)$

10.23. $\text{div}\,A = 0$, $x^2 + y^2 = 4$, d.h. die Divergenz des Vektorfeldes verschwindet entlang eines Kreises um den Mittelpunkt mit dem Radius 2.

10.24. $\text{div}\,AB = (2xy - x^3z + x^2 + x^2yz)\,e^{yz}$

10.25. $a = 3$, $b = 1$

10.26. $\text{rot}(AB) = (x^2z^4 - 2x^2y^2z, 2x^3y^2z - 2xyz^4, 2xy^2z^2 - 2x^3yz^2)$

10.27. $\nabla \cdot A = 8x + 8y + 1 + x + y + 2z = 9x + 9y + 2z + 1$

10.28. $\text{rot}\,A = (xz - 2z, 2z - yz, -2y)$

10.29. $\nabla(B \cdot C) = B$, $\nabla \times (B \times C) = 6B$, $\nabla \cdot (A \cdot B) = 5A$

10.30. Feldvektoren radial vom Ursprung nach außen; Betrag nimmt mit r linear zu. $A(r) = \lambda r = \lambda(x,y,z)$, $\nabla \cdot (x,y,z) = \lambda\partial x/\partial x + \lambda\partial y/\partial y + \lambda\partial z/\partial z = 3\lambda$, d.h. Quellstärke an jedem Ort die gleiche und von Null verschieden. $\nabla \times (x,y,z) = 0$: das Feld ist wirbelfrei. Für negatives λ ist das Feld auf den Ursprung hin gerichtet.

10.31. Vektoren radial nach außen, Länge nimmt mit r^2 ab; Linien gleicher Feldstärke sind konzentrische Kreise. $A(r) = \gamma(1/x^2, 1/y^2, 1/x^2)$. $\nabla \cdot A = -2\gamma(1/x^3 + 1/y^3 + 1/z^3)$. $\nabla \times A = 0$, keine Wirbel

10.32. Wirbelfeld; Linien gleicher Feldstärke sind konzentrische Kreise, Feldvektoren tangential an diesen Kreisen, Länge nimmt mit zunehmendem Abstand r linear zu

10.33. $\operatorname{div} \boldsymbol{A} = 2x + 2z + 6$

10.34. $\operatorname{rot} \boldsymbol{A} = 0$ ist erfüllt

10.35. $\boldsymbol{B} \cdot \operatorname{rot} \boldsymbol{A} - \boldsymbol{A} \cdot \operatorname{rot} \boldsymbol{B}$

10.36. $\operatorname{div} \operatorname{grad} \varphi = \nabla^2 \varphi = \Delta \varphi = 0$, $\operatorname{rot} \operatorname{grad} \varphi = 0$ sowieso; Beispiel $\varphi = 1/r$

10.37. $\boldsymbol{F}(x, y, z) = (\omega/\sqrt{x^2 + y^2 + z^2})(-y, x, 0)$, Feld in der Ebene $z = 0$ mit konstantem Betrag und tangential zu Kreisen um den Ursprung. Die Divergenz ist Null (Wirbelfelder sind quellenfrei), Rotation:

$$\nabla \times \left(\frac{1}{r}(\boldsymbol{\omega} \times \boldsymbol{r})\right) = \frac{1}{r}\boldsymbol{\omega} + \frac{\boldsymbol{\omega} \cdot \boldsymbol{e}_r}{r}\boldsymbol{e}_r$$

wobei $\nabla \times (\boldsymbol{\omega} \times \boldsymbol{r}) = 2\boldsymbol{\omega}$ verwendet wurde.

10.38. 0

10.39. $\nabla A(4y^2 + 2\sin z, 8xy, 2x\cos z)$, $\nabla \cdot \boldsymbol{B} = 15$, $\nabla \times \boldsymbol{B} = 0$, $\nabla \cdot \boldsymbol{C} 2x + xy$, $\nabla \times \boldsymbol{C} = ((x-2)z, -yz, 2(x-y))$, $\nabla D = (2xy^2 + 3x^2z^3, 2yx^2 + 4y^3z^4, 3z^2x^3 + 4z^3y^4)$, $\nabla \cdot \boldsymbol{E} = 3$, $\nabla \times \boldsymbol{E} = 0$

10.40. Quellen: keine; Wirbel: $\boldsymbol{B} \cdot (\nabla \cdot \boldsymbol{A}) - \boldsymbol{A} \cdot (\nabla \cdot \boldsymbol{B})$

10.41. Innenfeld ϱ_e/ε_0, Außenfeld 0

10.42. $b = 1$, $a = 3$

Kapitel 11

11.1. $\boldsymbol{T}(t) = \frac{1}{2}\sqrt{2}(-5\sin(5t)\boldsymbol{e}_x + \cos(5t)\boldsymbol{e}_y + \boldsymbol{e}_z)$, $\boldsymbol{T}(\frac{\pi}{4}) = \frac{1}{2}(\boldsymbol{e}_x - \boldsymbol{e}_y + \sqrt{2}\boldsymbol{e}_z)$, $\boldsymbol{N}(t) = -\cos(5t)\boldsymbol{e}_x - \sin(5t)\boldsymbol{e}_y$, $\boldsymbol{N}(\frac{\pi}{4}) = \frac{1}{2}\sqrt{2}(\boldsymbol{e}_x + \boldsymbol{e}_y)$

11.2. $v_T = v = \sqrt{2}\,\mathrm{e}^{-t}$, $v_N = 0$, $a_T = \dot{v} = -\sqrt{2}\,\mathrm{e}^{-t}$, $a_N = \kappa v^2 = \sqrt{2}\,\mathrm{e}^{-t}$

11.3. $\boldsymbol{v} = \dot{\boldsymbol{r}}(t) = \dot{\vartheta}\boldsymbol{t}_\vartheta + \dot{\varphi}\boldsymbol{t}_\varphi$ mit $\boldsymbol{t}_\vartheta = R(\cos\varphi\cos\vartheta, \sin\varphi\cos\vartheta, -\sin\vartheta)$ und $\boldsymbol{t}_\varphi = R(-\sin\varphi\sin\vartheta, \cos\varphi\sin\vartheta, 0)$
(a) $\boldsymbol{v}(t) = 0\,\boldsymbol{t}_\vartheta + \boldsymbol{t}_\varphi = R(-\sin t\sin\vartheta_0, \cos t\sin\vartheta_0, 0)$, $v(t) = R\sin\vartheta_0$
(b) $\boldsymbol{v}(t) = \boldsymbol{t}_\vartheta + 0\,\boldsymbol{t}_\varphi = R(\cos\varphi_0\cos t, \sin\varphi_0\cos t, -\sin t)$, $v(t) = R$
(c) $\boldsymbol{v}(t) = \boldsymbol{t}_\vartheta + Rt\,\boldsymbol{t}_\varphi = R(-2t\sin t\sin t^2 + \cos t\cos t^2, 2t\sin t\cos t^2 + \cos t\sin t^2, -\sin t)$, $v(t) = 2\sqrt{4t^2 \cdot \sin^2 t + 1}$

11.4. $\partial F_x/\partial y = (1+x^2-y^2)/(1+x^2+y^2)^2 \neq \partial F_y/\partial x = (-1+x^2-y^2)(1+x^2+y^2)^2$, nicht-konservativ, $\int \boldsymbol{F} \cdot \mathrm{d}\boldsymbol{r}$ hängt vom Weg ab. Oberer Halbkreis: $x = \cos t$, $y = \sin t$, $0 \leq t \leq \pi$ liefert $-\frac{\pi}{2}$; unterer Halbkreis: $x = \cos t$, $y = \sin t$, $0 \geq t \geq -\pi$ liefert $\frac{\pi}{2}$.

11.5. $x = \cos t$, $y = \sin t$, $0 \leq t \leq 2\pi$: -2π

11.6. $\int (xy^2\,\mathrm{d}x - x^2yz\,\mathrm{d}y + xz^2\,\mathrm{d}z) = \int_1^2 (t^5 - 2t^8 + 3t^9)\,\mathrm{d}t = 203.84$

11.7. Kreis: $\boldsymbol{r}(t) = R(\cos t, \sin t, 0)$ mit $0 \leq 1 \leq 2\pi$; also $\mathrm{d}\boldsymbol{r}/\mathrm{d}t = R(-\sin t, \cos t, 0)$ und damit $\int_o \boldsymbol{F} \cdot \mathrm{d}\boldsymbol{r} = R\int_0^{2\pi} F_0(-\sin t, \cos t, 0)\mathrm{d}t = RF_0 \cdot 0 = 0$, d.h. Arbeit entlang eines geschlossenen Weges gleich Null.

11.8. $\int \boldsymbol{F}\,\mathrm{d}\boldsymbol{r} = \int_C (xy\,\mathrm{d}x + \mathrm{d}y + yz\,\mathrm{d}z) = \int_0^{2\pi}(-\sin t^2 \cos t + \cos t + t\sin t)\,\mathrm{d}t = -2\pi$

11.9. $\partial F_x/\partial y = \partial F_x/\partial z = \partial F_y/\partial x = \partial F_y/\partial z = \partial F_z/\partial x = \partial F_z/\partial y = 0$, d.h. die Integrabilitätsbedingungen sind erfüllt. Damit ist $\partial \Psi/\partial x = x$, $\partial \Psi/\partial y = y$ und $\partial \Psi/\partial z = z$ und damit $\Psi(x,y,z) = \int (x\mathrm{d}x + y\mathrm{d}y + z\mathrm{d}z) = \frac{1}{2}(x^2+y^2+z^2) + c$.

11.10. (a) $x = at$, $y = at$, $0 \leq t \leq 1$, $\frac{a^4}{2}$. (b) $x = at$, $y = at^2$, $0 \leq t \leq 1$, $\frac{a^4}{2}$. (c) $x = a - a\cos t$, $y = a\sin t$, $0 \leq t \leq \frac{\pi}{2}$, $\frac{a^4}{2}$, möglicherweise konservativ

11.11. (a) $x = a\cos t$, $y = a\sin t$, $0 \leq t \leq 2\pi$, 0; (b) $-2b^4$, nicht konservativ

11.12. $\pi ab(ac_2 + c_3)$

11.13. $\boldsymbol{r} = (4\cos u, 4\sin u, v)$, $0 \leq u \leq \pi/2$, $0 \leq v \leq 5$, $\Phi = 90$

11.14. $\boldsymbol{r}_\vartheta = r\boldsymbol{e}_\vartheta$; $\boldsymbol{r}_\varphi = r\sin\vartheta\,\boldsymbol{e}_\varphi$; $\boldsymbol{e}_\vartheta \times \boldsymbol{e}_\varphi = \boldsymbol{e}_r$, $\mathrm{d}\boldsymbol{A} = \boldsymbol{e}_r\,\mathrm{d}A = r^2\sin\vartheta\,\boldsymbol{e}_r = \boldsymbol{e}_r\,\mathrm{d}\Omega$

11.15. 500π

11.16. Zylindersymmetrie, (11.29): $\oint \boldsymbol{F} \cdot \boldsymbol{N}\,\mathrm{d}A = f(R)\,2\pi RH = 2\pi aH$

11.17. Kugelsymmetrie, (11.30): $\oint \boldsymbol{F} \cdot \boldsymbol{N} \cdot \mathrm{d}A = f(R)\,4\pi R^2 = 4\pi R^{n+2}$

11.18. $\Phi = \varrho v_o \pi a^2$, der Fluss durch die Halbkugel ist genauso groß wie der Fluss durch die projizierte Fläche der Halbkugel, den Kreis.

11.19. $\Phi = a^3 4\pi$

11.20. $\oint_A \boldsymbol{F}\,\mathrm{d}\boldsymbol{A} = \int_V \mathrm{d}\boldsymbol{F}\,\mathrm{d}V = \int_{x=0}^{1}\int_{y=0}^{1}\int_{z=0}^{1}(x+3y)\,\mathrm{d}z\,\mathrm{d}y\,\mathrm{d}x = 2$

11.21. Kugelkoordinaten: $\frac{12}{5}\pi R^5$

11.22. Zylinderkoordinaten, Testzylinder mit Radius $r_1 < \rho < r_2$ und Länge $\ell \ll L$. Fluß durch Deckelflächen des Zylinders Null,

$$E(\rho)2\pi\rho\ell = \frac{1}{\varepsilon_0}\begin{cases} 0 & \rho < r_1 \\ \lambda\ell & r_1 < \rho < r_2 \\ 0 & r_2 < \rho \end{cases}$$

$$V(\rho) = \begin{cases} V_1 & \rho < r_1 \\ -\frac{\lambda}{2\pi\varepsilon_0}\ln\frac{\rho}{r_1} + V_1 & r_1 < \rho r_2 \\ V_2 = -\frac{\lambda}{2\pi\varepsilon_0}\ln\frac{r_2}{r_1} + V_1 & r_2 < \rho \end{cases}.$$

Kapazität pro Länge $c = |\lambda/\Delta V| = 2\pi\varepsilon_0/\ln\frac{r_2}{r_1}$

11.23. 324 V/m

11.24. $\oint \boldsymbol{F}\,\mathrm{d}\boldsymbol{A} = \oint \operatorname{rot}\boldsymbol{E}\,\mathrm{d}\boldsymbol{A} = \int \operatorname{div}(\operatorname{rot}\boldsymbol{E})\,\mathrm{d}V = 0$

11.25. 48π

11.26. 12π

11.27. (a) Das Vektorfeld besitzt keine Radialkomponente, daher ist der Vektorfluß durch die Kugeloberfläche gleich Null, ergibt sich auch bei Gauß.

11.28. $B = \mu_0\,n\,I$

11.29. $\boldsymbol{E} = \lambda\boldsymbol{r}/(2\pi\varepsilon_0 r^2)$

11.30. $4V_0$

11.32. $-2b^4$

11.33. $2\pi/3$

Kapitel 12

12.8.
$$A(x,y,z) = \sum_{n=0}^{\infty}\sum_{m=0}^{\infty}(a_{mn}\cos(\omega_{mn}t)+b_{mn}\sin(\omega_{mn}t))\cdot$$
$$\cdot \sin\frac{(1+2n)\pi x}{2a}\sin\frac{(1+2m)\pi y}{2b}$$

12.9.
$$T(x,y) = T_0\frac{\sinh\frac{\pi y}{a}\cos\frac{\pi x}{a}}{\sinh\frac{\pi b}{a}}$$

12.10.
$$u(r,\vartheta) = -\frac{3}{4}\frac{r}{R}P_1(\cos\vartheta)) - \frac{5}{2}\left(\frac{r}{R}\right)^2 P_2(\cos\vartheta) - \frac{63}{16}\left(\frac{r}{R}\right)^2 P_3(\cos\vartheta) + \ldots$$

12.11.
$$A_z(\rho) = \begin{cases} -\mu_o j_o \rho^2/4 & \rho \leq R \\ -\mu_o j_o R^2\left(2\ln\frac{\rho}{R}+1\right)/4 & \rho > R \end{cases}$$

Magnetfeld $\boldsymbol{B}(\boldsymbol{r}) = \operatorname{rot}\boldsymbol{A} = -\partial A_z(\rho)/\partial\rho\,\boldsymbol{e}_\varphi = B_\varphi \boldsymbol{e}_\varphi$ mit

$$B_\varphi(\rho) = \frac{\mu_o j_o}{2}\begin{cases} \rho & \rho \leq R \\ R^2/\rho & \rho > R \end{cases}$$

mit einem Gesamtstrom $I = \pi R^2 j_o$.

12.16. $\varphi(x) = \sqrt{(x)}\left(c_1 J_1(\frac{2\sqrt{gx}}{b}) + c_2 Y_1(\frac{2\sqrt{gx}}{b})\right)$

Kapitel 13

13.1. 20

13.2. (a) 10, (b) 15

13.3. 210

13.4. $C = 5040/4! = 210$

13.5. (a) $C_a = (25\cdot 24\cdot 23\cdot 22\cdot 21)/5! = 53130$, $V_a = 25\cdot 24\cdot 23\cdot 22\cdot 21 = 6375600$, (b) $C_b(n,k) = 118755$, $V_b(n,k) = n^k = 25^5 = 9765625$

13.6. $820^4 = 452\,121\,760\,000$

13.7. (a) 4845; (b) $C(3,1)\cdot C(17,3) = 2040$, $2040/4845 = 42\%$

13.8. $4.4 \cdot 10^9$

13.9. (a) $\Omega = \{ZZZ, ZZW, ZWZ, WZZ, WWZ, WZW, ZWW, WWW\}$
(b) $A = \{ZZW, ZWZ, WZZ\}$; $B = \{WWZ, WZW, ZWW\}$;
$C = \{ZWW, WZW, WWZ\}$; $D = \{ZZZ\}$; $E = \{WWW\}$
(c) $A \cup B = \{ZZW, ZWZ, WZZ, WWZ, WZW, ZWW\}$, mindestens einmal Zahl und Wappen; $A \cap D = \{\}$; $B \cup E = \{WWZ, ZWZ, ZWW, WWW\}$ mindestens zweimal Wappen; $D \cup E = \{ZZZ, WWW\}$ dreimal Zahl oder Wappen; $A \cap B = \{\}$, $(C \cup D) \cap B = B = C$ zweimal Wappen oder einmal Zahl.
(d) $\overline{A} = \{ZZZ, WWZ, WZW, ZWW, WWW\}$ alle Elementarereignis außer genau einmal Wappen, $\overline{D} = \{ZZW, ZWZ, WZZ, WWZ, WZW, ZWW, WWW\}$, alle Elementarereignisse mit mindestens einmal Wappen.

13.10. (a) 26/52=1/2, (b) 4/52, (c) 8/52, (d) 2/52

13.11. (a) 5/36, (b) 1/6, (c) 1/4, (d) 1/2

13.12. $p(<9) = 26/36 = 13/18$

13.13. $p(8|u) = \frac{p(8 \cap u)}{p(8)} = 2/5$

13.14. (a) $p_g = 4/15$, $p_u = 1/15$; (b) $P(A) = 2/5$, $P(B) = 1/3$, $P(C) = 4/5$, $P(D) = 1/5$, $P(E) = 13/15$, $P(F) = 4/15$

13.16. $\mu = np = 100$

13.17. $\mu = np = 5$, $\sigma^2 = npq = np(1-p) = 4.9$ und $\sigma = 2.214$

13.18. (a) $U = -0.53$, (b) $U = -3.71$, (c) $U = -3.17$, (d) $U = -2.44$, (e) $U = \pm 3.2$, (f) $U = 2$

13.19. (a) 0.0006, (b) 0.044, (c) 0.989, (d) 0.00023

13.20. 19

13.21. $U = (X - 75)/5$
(a) $5000 \cdot 0.762 = 3631$; (b) $5000 \cdot 0.1587 = 794$; (c) $5000 \cdot 0.0228 = 114$

13.22. $\overline{N} = pN_0 = VN_0/V_0$, $\Delta N = \sqrt{N_0 V/V_0 (1 - V/V_0)}$

13.23. $\mu = pn = 30$, $\sigma^2 = npq = 29.1$, $\sigma = 5.4$

13.24. Ausschussanteil 0.046, im Toleranzbereich 0.212

13.25. $S = 2.44$ bit, $S_0 = 2.81$ bit, $R == 0.37$ bit, $r = 0.15$

13.26. $p(X = 2) = 0.069$, $p(X = 0) = 0.579$, $p(X = 1) = 0.347$, $p(X = 3) = 0.005$

13.27. $1/2$

13.28. Poisson-Verteilung

n	0	1	2	3	4
$p(n)$	0.0498	0.149	0.224	0.224	0.168

$$p(n \geq 5) = 1 - \sum_{i=0}^{4} p(i) = 0.185$$

13.29. Poisson, $E = \lambda \Delta t = 50$

$$p(n_{30} > 75) = \sum_{k=76}^{\infty} \frac{50^k}{k!} e^{-50} = 0.000372$$

$$p(n_{30} > 50) = \sum_{k=51}^{\infty} \frac{50^k}{k!} e^{-50}$$

13.30. $\mu_A \pm \sigma_A = 6 \pm 2.45$, $\mu_B \pm \sigma_B = 10 \pm 3.12$, Unterschiede nicht signifikant. $\mu_A \pm \sigma_A = 60 \pm 7.75$, $\mu_B = 100 \pm 10$, B fehlerhafter

Kapitel 14

14.2. $E = 0.247 \pm 0.004$ J, $E = 0.251 \pm 0.003$ J, ja, Fehlerbereiche überlappen

14.3. $\Delta f = \sqrt{g^4 (\Delta b)^2 + b^4 (\Delta g)^2}/(b+g)^2$

14.4. $\bar{g} = 9.81$ m/s^2; $s_g = 0.02$ m/s^2; $s_{\bar{g}} = 0.007$ m/s^2.
(a) Vertrauensgrenzen ± 0.017 m/s^2; Meßunsicherheit $\Delta g = 0.017$ m/s$^2 \approx 0.02$ m/s^2 und damit Meßergebnis $g = (9.81 \pm 0.02)$ m/s^2
(b) Vertrauensgrenzen ± 0.025 m/s^2; Meßunsicherheit $\Delta g = 0.025$ m/s$^2 \approx 0.03$ m/s^2 und damit Meßergebnis $g = (9.81 \pm 0.03)$ m/s^2

14.5. $s_{\bar{R}} = s_R/\sqrt{n} \Rightarrow n \geq (s_R/s_{\bar{R}}) = 49$

14.6. standardisierten Zufallsgröße $U = (X - 105)/3$. (a) 235.6, (b) 19.12

14.7. $\bar{x} = 21$, $\Delta x = t_\infty \sigma/\sqrt{n} = 0.56$, $x = 21 \pm 0.56$

14.8. $|\Delta I/\bar{I}| = \sqrt{|\Delta m/\overline{m}|^2 + |2\,\Delta R/R|^2} = 7\%$

14.9. $|\Delta V/\overline{V}| = \sqrt{|3\,\Delta a/\bar{a}|^2} = 3\,|\Delta a/\bar{a}| \leq 2\%$, also $|\Delta a/\bar{a}| \leq 0.7\%$

14.10. $x = 1071$, $\sigma_x = \sqrt{1071}$, $y = 521$, $\sigma_y = \sqrt{521}$, $u = x - y = 550$, $\sigma_u = \sqrt{\sigma_x^2 + \sigma_y^2} = \sqrt{1592} = 39.9$. 550 ± 39.9

14.11. $n = 9$, $\bar{x} = 19.1$, Standardabweichung $s = 1.80$, (c) Varianz $\sigma = 1.91$, (d) $\sigma_n = 0.64$, (e) 7 der 9 Werte, entspricht 78% und ist in Einklang mit den erwarteten 68% der Normalverteilung.

14.12. Gleichung gilt nur, wenn $m = n$. Sonst gewichtetes Mittel

$$\bar{x} = \frac{1}{n+m}\left(\sum_{i=1}^{n} x_{1,i} + \sum_{i=1}^{m} x_{2,i}\right) = \frac{n\bar{x}_1 + m\bar{x}_2}{n+m},$$

Literaturverzeichnis

1. M. Abramowitz, I. Stegun: *Handbook of mathematical functions*, 9. Aufl. (Dover, New York, 1972)
2. F. Ayres: *Differentialgleichungen*, 1. Aufl. (Schaums Outline, McGraw Hill, Düsseldorf, 1977)
3. R.J. Blakeley: *Potential theory in gravety and magnetics*, (Cambridge University Press, Cambridge, 1995)
4. H.-P. Beck-Bornholdt und H.-H. Dubben: *Der Hund, der Eier legt*, 2. Auflage (rororo, Reinbek, 2002)
5. H.-P. Beck-Bornholdt und H.-H. Dubben: *Der Schein der Weisen*, 1. Auflage (rororo, Reinbeck 2003)
6. H. Belkner: *Matrizen*, (Teubner, Leipzig, 1989)
7. J. Bortz: *Statistik*, 3. Aufl. (Springer, Berlin, 1989)
8. W.E. Boyce und R.C.D. Prima: *Gewöhnliche Differentialgleichungen*, 1. Aufl. (Spektrum Akad. Verlag, Heidelberg, 1995)
9. R. Bronson: *Matrix operations*, 1. Aufl. (Schaum, McGraw-Hill, 1989)
10. I.N. Bronstein, K.A. Semendjajew, G. Musiol, H. Mühlig: *Taschenbuch der Mathematik*, 4. Aufl. (Harri Deutsch, Frankfurt/Main 1999)
11. W. Demtröder: *Experimentalphysik 1*, 1. Aufl. (Springer, Berlin 1994)
12. W. Demtröder: *Experimentalphysik 2*, 1. Aufl. (Springer, Berlin 1995)
13. W. Demtröder: *Experimentalphysik 3*, 1. Aufl. (Springer, Berlin 1996)
14. W. Demtröder: *Experimentalphysik 4*, 1. Aufl. (Springer, Berlin 1998)
15. P. Duchateau und D.W. zachmann: *Partial differential equations*, 1. Aufl. (Schaums Outline, McGraw Hill. New York, 1986)
16. B. Frank, W. Schulz, W. Tietz, E. Warmuth: *Wissensspeicher Mathematik*, 1. Auflage (Volk und Wissen, Berlin 1998)
17. W. Gander und J. Hřebiček: *Solving problems in scientific computing using Maple and Matlab*, 4. Aufl. (Springer, Berlin, 2004)
18. R. Göbel (Hrsg.): *Wissensspeicher Physik*, 1. Aufl. (Volk und Wissen, Berlin 1998)
19. W. Greiner: *Theoretische Physik Bd. 1: Mechanik I*, 2. Aufl. (Harri Deutsch, Thun 1977)
20. W. Greiner: *Theoretische Physik Bd. 2: Mechanik II*, 2. Aufl. (Harri Deutsch, Thun 1977)
21. W. Greiner, H. Stock: *Theoretische Physik Bd. 2A: Hydrodynamik*, 1. Aufl. (Harri Deutsch, Thun 1978)
22. W. Greiner: *Theoretische Physik Bd. 3: Klassische Elektrodynamik*, 2. Aufl. (Harri Deutsch, Thun 1978)
23. W. Greiner, L. Neise, H. Stöcker: *Theoretische Physik Bd. 9: Thermodynamik und statistische Mechnik*, 1. Aufl. (Harri Deutsch, Thun 1987)

24. S. Großmann: *Mathematischer Einführungskurs in die Physik*, 3. Aufl. (Teubner, Stuttgart 1993)
25. Ch. Großmann und H.-G. Roos: *Numerik partieller Differentialgleichungen*, 2. Aufl. (Teubner, Stuttgart, 1994)
26. S. Hassani: *Mathematical methods for students of physics and related fields*, 1. Aufl. (Springer, New York 2000)
27. E. Hering, R. Martin, M. Stohrer: *Physik für Ingenieure*, 5. Aufl. (vdi, Düsseldorf, 1995)
28. E. Hering, R. Martin, M. Stohrer: *Physikalisch-technisches Taschenbuch*, 2. Aufl. (vdi, Düsseldorf 1995)
29. H. Heuser: *Gewöhnliche Differentialgleichungen*, 3. Aufl. (Teubner, Wiesbaden, 1995)
30. K. Jänich: *Vektoranalysis* 4. Aufl. (Springer, Berlin, 2003)
31. D.W. Jordan und P. Smith: *Mathematical techniques – an introduction for the engineering, physical, and mathematical sciences*, 3. Aufl. (Oxford University Press, New York, 2002)
32. A.C. King, J. Billingham und S.R. Otto: *Differential equations – linear, nonlinear, ordinary, partial*, 1. Aufl. (Cambridge University Press, Cambridge)
33. H.J. Korsch: *Mathematische Ergänzungen zur Einführung in die Physik*, 1. Aufl. (Binomi, Springe 1999)
34. W. Kosmala: *Advanced calculus: a friendly approach*, 1. Aufl. (Prentience Hall, 1999)
35. Kreiszyg, E.: *Statistische Methoden und ihre Anwendung*, 7. Aufl. (Vandenhoek & Ruprecht, Göttingen, 1975)
36. Lozán, J.: *Angewandte Statistik für Naturwissenschaftler*, 1. Aufl. (Parey, Hamburg, 1992)
37. W. Magnus und F. Oberhattinger: *Functions of mathematical physics*, 1. Aufl. (Chelsea Publ., 1943)
38. J.E. Marsden und A.J. Tromba: *Vektoranalysis*, 1. Aufl. (Sprektum Akad. Verlag, Heidelberg, 1995)
39. D.A. McQuarrie: *Mathematical methods for scientists and engineers*, 1. Aufl. (University Science Books, Sausolito, Ca 2004)
40. Murphy, G.M.L: *Ordinary differential equations and their solutions*, 1. Aufl. (van Nostrand 1960)
41. L. Papula: *Mathematik für Ingenieure und Naturwissenschaftler, Bd. 1*, 9. Aufl. (Vieweg, Braunschweig 2000)
42. L. Papula: *Mathematik für Ingenieure und Naturwissenschaftler, Bd. 2*, 9. Aufl. (Vieweg, Braunschweig 2000)
43. L. Papula: *Mathematik für Ingenieure und Naturwissenschaftler, Bd. 3*, 3. Aufl. (Vieweg, Braunschweig 1999)
44. A.D. Polyanin und V.F. Zaitsev: *Handbook of exact solutions for ordinary differential equations*, 1. Aufl. (CRC-Press, Boca Raton, 1995)
45. W. Preuß und G. Wenisch: *Lehr- und Übungsbuch numerische Mathematik*, 1. Aufl. (Hanser, Leipzig, 2001)
46. W.H. Press, S.A. Teukolsky, W.T. Vetterling, und B.P. Flannery: *Numerical Recipes*, 2. Aufl. (Cambridge University Press, Cambridge, 1992), auch unter http:www.nr.com
47. A. Quarteroni und F. Saleri: *Scientific computing with MATLAB*, 1. Aufl. (Springer, Berlin, 2003)

48. A. Quarteroni, R. Sacco, und F. Saleri: *Numerische Mathematik 1*, 1. Aufl. (Springer, Berlin, 2002)
49. A. Quarteroni, R. Sacco, und F. Saleri: *Numerische Mathematik 2*, 1. Aufl. (Springer, Berlin, 2002)
50. E.W. Richter: *Joos/Richter Höhere Mathematik für den Praktiker*, 12. Aufl. (Harri Deutsch, Thun, 1978)
51. Robinson, J.C.: *Ordinary differential equations*, 1. Aufl. (Cambridge University Press, Cambridge 2004)
52. I. Rubinstein und L. Rubinstein: *Partial differential equations in classical mathematical physics*, 1. Aufl. (Cambridge University Press, Cambridge, 1998)
53. W. Schäfer und K. Georgi: *Mathematik-Vorkurs*, 2. Aufl. (Teubner, Stuttgart, 1994)
54. J.B. Seaborn: *Mathematics for the physical sciences*, 1. Aufl. (Springer, New York 2002)
55. R. Silverman: *Essential calculus*, 1. Aufl. (Dover, 1985)
56. H.M. Shey: *div, grad, curl, and all that*, 3. Aufl. (Norton & Co, 1997)
57. R. Sneader: *A guided tour of mathematical methods for the physical sciences*, 1. Aufl. (Cambridge University Press, Cambridge, 2001)
58. H. Stöcker: *Taschenbuch mathematischer Formeln und moderner Verfahren*, 4. Aufl. (Harri Deutsch, Frankfurt)
59. K. Subrahmanian: *A primer in probability*, 2. Aufl. (Decker, New York, 1990)
60. P. Tittmann: *Einführung in die Kombinatorik*, 1. Aufl. (Spektrum Akad. Verlag, Heidelberg, 2000)
61. I. Valiela: *Doing science*, 1. Aufl. (Oxford University Press, New York, 2001)
62. W. Walser: *Wahrscheinlichkeitsrechnung*, 1. Aufl. (Teubner, Stuttgart, 1975)
63. H.J. Weber und G.B. Arfken: *Essential mathematical methods for physicists*, 1. Aufl. (Elsevier, Amsterdam, 2004)
64. K. Weber und W. Zillmer: *Stochastik*, 1. Aufl. (paetec, Berlin, 2001)
65. H.F. Weinberger: *A first course in partial differential equations*, 1. Aufl. (Dover Publ. 1995)
66. H. Wolter und B.I. Dahn: *Analysis individuell*, 1. Aufl. (Springer, Berlin, 2000)
67. E.C. Zachmanoglou und D.W. Thoe: *Introduction to partial differential equations with applications*, 1. Aufl. (Dover, New York, 1976)
68. P. Zöfel: *Statistik in der Praxis*, 2. Aufl. (Fischer UTB, Stuttgart, 1988)
69. R. Zurmuhl und S. Falk: *Matrizen und ihre Anwendungen 1 & 2*, 5. Aufl. (Springer Verlag, Heidelberg, 1984)

Sachverzeichnis

Ableitung
– partielle   47
Abszisse   32
Achsenabschnitt
– Varianz   329
Additionssatz
– beliebige Ereignisse   287
– sich ausschließende Ereignisse   287
Adjunkten-Matrix   154, 158
Äquipotentialfläche   201, 204
Äquipotentiallinie   201
äußeres Produkt   17
Ampere'sches Gesetz   237
Anfangsbedingung   100, 246
Anfangswert   86
Anfangswertaufgabe   100
Anfangswertproblem   100, 137
Anti-Kommutativgesetz   17
Antriebsfrequenz   125
Arbeit   16
Archimedische Spirale   43, 62
Areafunktionen   37
Argument   31
Assoziativgesetz
– Addition   13, 91
– Multiplikation   14, 15, 17, 91
– – Matrizen   151
Astroide   62
Attraktor   121
Ausgleichsgerade   327
axialsymmetrisches Feld   202
Azimut   10

bac-cab Regel   23
Bahnkurve   7
Basis   34
Basisfunktion   250
bedingte Wahrscheinlichkeit   288

begleitendes Dreibein   225
Bernoulli-Experiment   298
Bessel-Funktion   187, 196
– 1. Gattung   258
– zweite Gattung   259
Betrag   5, 15
Bewegungsgleichung   99
Bilinearität   15, 17
Binominalverteilung   298
– Parameter   299
binomische Formel   94
Binormaleneinheitsvektor   225
bit   307, 308
Bogenlänge   8
Bogenmaß   8, 9
Boltzmann-Verteilung   312

Cauchy-Problem   136
charakteristische Gleichung   114
colatitude   11
cosh   37
Cosinus
– hyperbolicus   37
Crank-Nicolson-Verfahren   140

d'Alambert Operator   271
Definitionsbereich   31
Delta-Funktion   189, 193
– Differentiation   192
– dreidimensional   194
– eindimensionale   189
– Kugelkoordinaten   194
– Zylinderkoordinaten   194
Delta-Injektion   275
Determinante   19, 154
– n-reihige Matrix   155
– 2-reihige Matrix   154
– 3reihige Matrix   154

- Dreiecksmatrix 158
- Eigenwerte 168
- Rechenregeln 156
Determinantenverfahren 19
- Kreuzprodukt 19
Diagonalmatrix 149
Dichtefunktion 295, 296
- Gauß'sche Normalverteilung 303
- Messwerte 321
- standardisierte Normalverteilung 303
Differential 38, 48
- partielles 48
- totales 48, 205
Differentialgleichung 99
- 1. Ordnung 101
- 1. Ordnung
-- gekoppelte 173
-- konstanter Summand 103
-- Lösungsschema 104
-- linear 101
- 2. Ordnung 113
-- Fundamentalbasis 124
-- inhomogen 125
-- konstante Koeffizienten 113
- allgemeine Lösung 100
- Anfangsbedingung 100
- Anfangswertaufgabe 100
- Anfangswertproblem 100
- charakteristische Gleichung 124
- Eigenwerte 114
- explizite Form 99
- Exponentialansatz 114
- gewöhnliche n-ter Ordnung 99
- homogen 101
-- konstanter Summand 103
- homogene Lösung 105
- implizite Form 99
- inhomogen 101
-- 2. Ordnung 125
-- partikuläre Lösung 107
-- Variation der Konstanten 106
- Integral 100
- komplexwertige Lösung 113
- Lösung 100
- Legendre'sche 261
- linear
-- 1. Ordnung 101

-- 2. Ordnung 113
-- Exponentialansatz 114
-- homogen 101, 103
- partielle 99
- partikuläre Lösung 100
- Randbedingung 100
- Randwertaufgabe 100
- Randwertproblem 100
- Schwingungsgleichung 115
- spezielle inhomogene Lösung 105
- spezielle Lösung 100
Differentialquotient 39
Differentiation
- Gradient 205
Differenzengleichung 133, 137
Differenzenquotient 39
differenzierbar 40
- stetig 40
Diffusion 271
Diffusionsgleichung 245, 272
Diffusionskoeffizient 273
Dipol
- magnetischer 230
Dipolmoment 230, 270
Dirichlet'sche Randbedingung 246
Diskretisierung 133, 137
Distribution 189
Distributivgesetz 14, 15, 18, 91
- Matrizen 151
Divergenz 209, 231
- Gravitationsfeld 212
- konstantes Feld 212
- Kugelkoordinaten 211
- radialsymmetrisches Feld 212
- Wirbelfeld 212
- Zylinderkoordinaten 211
Divergenztheorem 231
Doppelintegral 77
- kartesische Koordinaten 77
- Polarkoordinaten 78
Drehmatrix 162
- inverse 162
- transponierte 162
Dreiecksmatrix 158
- Determinante 158
Dreifachintegral 80
- kartesische Koordinaten 80
- Kugelkoordinaten 82

Sachverzeichnis 379

- Zylinderkoordinaten 81
dyadisches Produkt 152, 153

Eigenfunktion 250, 256
- Laplace-Operator 263
Eigenmode 247, 256
Eigenschwingung 255
Eigenvektor 167
Eigenwert 167, 251, 256
- Differentialgleichungssystem 173
- einer DGL 114
Einheitsmatrix 149
Einheitsvektor 4–6, 152
- linear unabhängig 5
Einzelmessung
- Genauigkeit 323
- mittlerer Fehler 323
Elementarereignis 286
Elevation 10
Ellipse 64
Entartung 168
Entropie 305, 309, 310
- einer Wahrscheinlichkeitsverteilung 310
Epizykloide 62
Ereignis 286
- komplementäres 287
- sich gegenseitig ausschließende 287
- statistische Unabhängigkeit 289
- stochastische Unabhängigkeit 289
- unmögliches 287
Ereignisraum 286
Ergebnismenge 286
Error-Funktion 187, 197, 276, 304
erwarteter Abstand 272
Erwartungswert
- diskrete Zufallsvariable 297
- einer Funktion 297
- Funktion 297
Euler Winkel 163
Euler'sche Betrachtungsweise 208
Euler'sche Formel 37, 92
Euler'sche Zahl 34
- als Folge 55
- als Reihe 55
Euler'sches Streckenzugverfahren 138
Euler-Mascheroni Konstante 195, 259
Euler-Verfahren 137
- modifiziertes 139

- rückwärts 139
- vorwärts 138
Evolvente 62
explizites Verfahren 138
explizites/implizites Verfahren 140
Exponent 34
Exponentialansatz 114
Exponentialfunktion 34
Exponentialreihe 58

Faktorregel 44, 68
- Divergenz 213
- Gradient 205
- Rotation 215
Fakultät 55
- Gamma-Funktion 195
- Stirling'sche Näherung 197
- Stirling-Formel 55
Faltung 275
Faraday'sches Induktionsgesetz 238
Fehler
- statistisch 319
- systematisch 319
Fehlerfortpflanzung 324
Feld 201
- axialsymmetrisch 202
- homogen 202
- konservatives 227
- kugelsymmetrisch 202
- zylindersymmetrisch 202
Feldlinie 202
Fixpunkt-Iteration 140
Flächenelement 210, 226
- in Polarkoordinaten 78
- Polarkoordinaten 52
Flächenkurve 226
Flächennormale 226
Fluss 210
- elektrischer 230
- magnetischer 230
Folge 55
- Glieder einer 55
Fourier-Koeffizienten 249
Fourier-Reihe 248
Fundamentalbasis 124
Funktion 31
- analytische Darstellung 31
- explizite Darstellung 31
- gerade 32

- implizite Darstellung 31
- linear 33
- Monotonie 32
- Parameterdarstellung 31, 62
- Stetigkeit 33
- transzendente 34, 36
- trigonometrische 36
- umkehrbar 32
- ungerade 32
- verallgemeinerte 187
- zweier Variablen 46
Funktionsgleichung 31
Funktionswert 31

Galton-Brett 274
Gamma-Funktion 187, 195, 258
Gauß'sche Normalverteilung 189, 274, 303, 321
- Übergang von Binominalverteilung 304
Gauß'sche Zahlenebene 90
Gauß'scher Integralsatz 231
Gauß'scher Satz 232
Gauß'sches Gesetz 213, 232
Gauß-Funktion 197
gebrochen rationale Funktionen 34
Gegenvektor 12, 13
gemischtes Produkt 21
Genauigkeit der Einzelmessung 323
gewöhnlicher Punkt 129
Gleichungssystem
- Koeffizienten 147
- Matrix 147
Glockenkurve 303
Gradient 47, 203
- konzentrisches ebenes Feld 207
- Kugelkoordinaten 206
- radialsymmetrisches Feld 207
- totales Differential 205
- Zylinderkoordinaten 206
Gradmaß 8, 9
Gravitationsfeld
- Divergenz 212
Green'sche Funktion 267, 275
Grenzwert 67
- linksseitiger 32
- rechtsseitiger 32
- Regel von l' Hôpital 33
Grundschwingung 248

Halbschrittverfahren 141
Hauptachsensystem 176
Hauptachsentransformation 166, 176
Hauptnormaleneinheitsvektor 224, 225
Hauptträgheitsmomente 176
Heavyside-Funktion 193
Helix 20
Histogramm 321
homogenes Feld 202
Homogenität 15
hyperbolische Spirale 62

imaginäre Einheit 89
imaginäre Zahl 89
Imaginärteil 114
implizites Verfahren 139, 140
Information 305
- Mittelwert 310
Informationsgehalt 307
- einer Nachricht 307
- mittlerer 309, 310
inhomogene Differentialgleichung 101
Inhomogenität 101, 113
inneres Produkt 14
Integral
- bestimmtes 66
- Differentialgleichung 100
- Fläche 72
- unbestimmtes 66
Integralsatz
- Gauß 231
- Stokes 237
Integration
- über eine Nullstelle 67
- Faktorregel 68
- Fläche zwischen zwei Kurven 73
- partielle 71
- Substitutionsmethode 69
- Summenregel 69
- Vertauschungsregel 67
Integrationskonstante 65, 100
Invarianz des Skalars 160
inverse Matrix 158
Irrtumswahrscheinlichkeit 325

Jacobi-Determinante 54

Kardioide 62
kartesische Koordinaten 4, 5, 77

– Dreifachintegral 80
Kastenfunktion 188
Kettenregel 45
– partielle Differentiation 48
Knotenlinie 255
Kolmogoroff 286
Kombination 283, 284
– mit Wiederholung 284
– ohne Wiederholung 284
Kommutativgesetz
– Addition 13, 91
– Multiplikation 14, 15, 91, 151
Kommutator 152
komplanar 22
Komplementwinkel 36
komplexe Wurzel 94
komplexe Zahl 89
– Addition 91
– Betrag 91
– Division 92
– Gleichheit 90
– kartesische Darstellung 90
– Multiplikation 91
– Normalform 90
– Phasenwinkel 90
– Polardarstellung 90, 93
– potenzieren 94
– Subtraktion 91
– trigonometrische Darstellung 90, 93
– Wurzel 94
konjugiert komplexe Zahl 91, 92
konservatives Feld 227
konstantes Feld
– Divergenz 212
– Rotation 215
Kontinuitätsgleichung 233
Konvergenzradius 56
Koordinaten
– kartesische 4, 5
– krummlinige 6
– Polar- 6
Koordinatenlinien 225
Koordinatensystem 4
– orthogonales 6
Koordinatentransformation
– kartesisch – Kugel 11
– kartesisch – Polar 6
– kartesisch – Zylinder 9

– Kugel – kartesisch 11
Korrelation
– nicht-parametrische 333
Korrelationskoeffizient 328, 332
– linearer 333
– Signifikanz 334
Kosekans 36
– hyperbolicus 37
Kosinus 36
Kotangens 36
– hyperbolicus 37
Kovarianz 328, 332
Krümmungsradius 224
Kramp'sche Funktion 197
Kreisbewegung 7
Kreuzprodukt 5, 17, 21
– Determinantenverfahren 19
– kartesische Koordinaten 18
Kriechfall 121
Kronecker-Delta 187
Kronecker-Symbol 149
Kugelflächenfunktion 263
Kugelkoordinaten 10, 202
– δ-Funktion 194
– Divergenz 211
– Dreifachintegral 82
– Gradient 206
– Laplace-Operator 213
– Rotation 214
– Tranformationsmatrix 164
– Volumenelement 194
kugelsymmetrisches Feld 202
Kurve
– Parameterdarstellung 223
Kurvenintegral 226
Kurvenkrümmung 224

l' Hôpital 33
Längenelement 51
Lagrange'sche Betrachtungsweise 208
Lagrange'sche Identität 23
Laplace-Experiment 286, 287
– Informationsgehalt 307
Laplace-Gleichung 245, 264
Laplace-Operator 213
– Eigenfunktion 263
– Kugelkoordinaten 213
– Zylinderkoordinaten 213
Larmorradius 20

Leapfrog Verfahren   141
least square fit   327
Legendre'sche Differentialgleichung
   261
Legendre-Funktion   263
Legendre-Polynom   129, 261, 262, 270
– assoziiertes   263
Lemniskate   62
lineare Operation   44
lineare Funktion   33
lineare Regression   33, 327
linearer harmonische Oszillator   115
Linienelement   50, 51
Linienintegral   226
linksseitiger Grenzwert   32
logarithmische Spirale   62
Logarithmus   35
– dekadischer   35
– natürlicher   35
Logarithmus dualis   307
logistische Gleichung   111
Lorentz-Kraft   20
Lorentz-Transformation   164

MacLaurin'sche Reihe   58
Massenpunkt   187
Matrix   147, 148
– Addition   150
– Adjunkte   158
– Diagonalm.   149
– Einheitsm.   149
– Gleichheit   150
– Hauptdiagonale   149
– hermitesch   159
– inverse   153, 158
– komplexe   159
– konjugiert komplexe   159
– konjugiert transponiert   159
– lineares Gleichungssystem   147
– Multiplikation   151
– Multiplikation mit einer Zahl   150
– Nebendiagonale   149
– orthogonale   152, 159, 160
– quadratische   148, 149
– Rang   148
– regulär   156
– schief-hermitesch   159
– schief-symmetrisch   150
– singulär   156

– Spaltenm.   148
– Spur   150
– Spur und Eigenwerte   168
– symmetrisch   150
– transponierte   149
– unitär   159, 171
– Zeilenm.   148
Matrixelement   148
Maximum   49
Maxwell'sche-Geschwindigkeitsverteilung   312
Maxwell–Boltzmann-Verteilung   312
Maxwell-Gleichungen   232
Mehrfachintegrale   77
Methode der kleinsten Quadrate   327
Minimum   49
Minkowski-Raum   165
Mittelpunktsformel   74
Mittelwert   323
– Binominalverteilung   299
– diskrete Verteilung   298
– experimenteller   320, 323
– Gauß'sche Normalverteilung   303
– Gauß-Verteilung   321
– Normalverteilung   304
– Poisson-Verteilung   301
– Standardabweichung des   323
– Vertrauensbereich   324
Mittelwert der Infomation   310
Mittelwertsatz   41
mittlere freie Weglänge   272
mittlere Geschwindigkeit   312
mittlerer quadratischer Abstand   272
mittleres Abstandsquadrat   272
Moivre
– Formel von   94, 117
Monotonie   32, 34, 333
Monte-Carlo Integration   76
Multipolkoeffizient   270

Nabla-Operator   204, 213
– zusammengefasst   217
Nachricht
– Informationsgehalt   307
Neumann'sche Randbedingungen   246
Niveaufläche   201, 204
Niveaulinie   201
Normalbeschleunigung   8, 225
Normaleneinheitsvektor   209

Sachverzeichnis

Normalverteilung
- standardisierte 303
Nullstelle 32
- und Integration 67
Nullvektor 4, 13
numerische Integration
- Mittelpunktsformel 74
- Monte-Carlo 76
- Simpson-Regel 76
- Trapezformel 75

Oberflächenintegral 229
Oberschwingung 248
Operation
- lineare 44
Ordinate 32
Orthogonalität 15
Ortsvektor 4
- Parameterdarstellung 223

Parallelepiped
- Volumen 21
Parallelität 18
Parallelogramm
- Fläche 18, 21
Parameterdarstellung 7
- Kurve 223
- Wurfparabel 224
Parametergleichung 31
Parameterlinien 225
Partialsumme 55
Partialsummenfolge 55
partielle Ableitung 47
- Gradient 203
partielle Integration 71, 72
partielles Differential 48
Pascal'sche Schnecke 62
Pascal'sches Dreieck 94
Permutation 155, 283
Phasenraum 121
Phasenverschiebung 125
Phasenwinkel 117, 125
Poisson-Gleichung 213, 245, 264
Poisson-Integral 268
Poisson-Verteilung 301, 322
- Übergang von Binominalverteilung 301
Polarkoordinaten 6, 9, 78
- Ableitung 62

- Doppelintegral 78
- Flächenelement 52, 78
Pole 33
Potentialfeld 227
Potenzfunktion 34
Potenzreihe
- Lösung einer DGL 128
Prädikatorschritt 139
Produkt
- äußeres 17
- dyadisches 153
- gemischtes 21
- inneres 14, 250
Produktintegration 71, 72
Produktregel 44, 71
- Divergenz 213
- Gradient 205
- Rotation 215
Punktladung 187
Punktquelle 187

quadratische Matrix 148, 149
Quadratwurzel 34

Rückwärts-Verfahren 139
rad 8
Radialbeschleunigung 51
Radialgeschwindigkeit 51
radialsymmetrisches Feld
- Divergenz 212
- Gradient 207
- Rotation 215
Radiant 8
Randbedingung 100, 114, 246
- Dirichlet 246
- Neumann 246
Random Walk 272
Randwertaufgabe 100
Randwerte 100
Randwertproblem 100
Rang 148
Rang-Korrelation 333
Raumkurve
- glatt 224
Raumwinkel 9
Raumwinkelelement 53
Realteil 114
Rechte-Hand Regel 17
rechtsseitiger Grenzwert 32

Rechtssystem 5, 17
Redundanz 310
– relative 310
Regel von Sarrus 155
Regression
– lineare 327
Regressionsgerade 328
Regressionskoeffizient 328
– Varianz 329
Reihe
– binomisch 59
– geometrisch 59
– logarithmisch 59
– unendliche 55
Residuen 323
Resonanzamplitude 126
Resonanzfrequenz 126
Restvarianz
– empirische 328
Richtungsableitung 207
Richtungswinkel 15
Rolle
– Satz von 40
Rotation 214, 231, 236
– konstantes Feld 215
– Kugelkoordinaten 214
– radiales Feld 215
– Wirbelfeld 215
– Wirbelstärke 214, 236
– Zylinderkoordinaten 214
Rotationskörper 72
– Volumen durch Integration 72
Runge-Kutta Verfahren 142

Sägezahn-Funktion 249
Sarrus
– Regel von 19, 155
Sattelpunkt 49
Schnecke
– Pascal'sche 62
Schrödinger-Gleichung 245
Schraubenlinie 20
Schrittweite 138
Schwingfall 120
Schwingung
– überdämpft 121
– aperiodischer Grenzfall 122
– erzwungene 125
– gedämpfte 119

– Kriechfall 121
– schwache Dämpfung 120
– ungedämpfte 115
Schwingungsgleichung 115
Sekans 36
– hyperbolicus 37
Sekantensteigung 39
Separation der Variablen 102, 137
Separationsansatz 246
Separationskonstante 247
sgn 38
Shannon-Funktion 309
Signifikanz 334
Signum 38
Simpson-Regel 76
sinh 37
Sinus 36
– hyperbolicus 37
Skalarfeld 201
– Gradient 203
Skalarprodukt 14, 152, 250
– Eigenschaften 14
– kartesische Koordinaten 14
– komplexes 91
– Rechenregeln 15
Spaltenmatrix 148
Spaltenvektor 4, 148
Spatprodukt 21
sphärische Harmonische 263
Spiegelung 160
Spinmatrix 153
Spirale
– Archimedische 62
– hyperbolische 62
– logarithmische 62
Sprungfunktion 193
Spur 150
Störfunktion 101, 113, 127
Störglied 101, 113
Stammfunktion 65
Standardabweichung 323, 324
– Binominalverteilung 299
– des Mittelwerts 323
– diskrete Verteilung 298
– Gauß'sche Normalverteilung 303, 304, 321
– Genauigkeit der Einzelmessung 323
– Poisson-Verteilung 301, 322

Standardnormalverteilung 303, 324
stationärer Punkt 49
statistisch unabhängig 289
Steiner'scher Satz 81
Steradiant 9
stetig differenzierbar 40
Stetigkeit 33
Stichprobe 328
– geordnete 285
– ungeordnete 285
Stirling'sche Näherungsformel 55, 197
stochastisch unabhängig 289
stochastischer Prozess 272
Stokes'scher Integralsatz 237
Streckenzugverfahren 138
Substitutionsmethode 69
Summenkonvention 161
Summenregel 44, 69
– Divergenz 213
– Gradient 205
– Rotation 215
Summenvektor 12
Superpositionsprinzip 113

t-Verteilung 324
Tangens 36
– hyperbolicus 37
Tangenteneinheitsvektor 224, 225
Tangentensteigung 40
Tangentenvektor 225, 226
Tangentialbeschleunigung 8, 225
Tangentialebene 226
tanh 37
Taylor Reihe 56
Taylor-Entwicklung 56
Teilsumme 55
Temperaturleitzahl 272
Tensor 160
totales Differential 48
– Gradient 205
Trägheitsmoment 80
Trägheitstensor 165
Transformation
– lineare 160
– orthogonal 160
Transformationsmatrix
– Kugelkoordinaten 164
– Zylinderkoordinaten 203
Transponierte 149

Transportgleichung 245, 271
Transportprozess 271
Trapezformel 75
Trennung der Variablen 101, 102, 137
Trochoide 62

Überraschungswert 307
Unbestimmtheit
– Maß 305
– maximale 305, 311
Unendlichkeitsstellen 33
Unterdeterminante 19, 155
Urnenmodell 283

Variable
– abhängige 31
– unabhängige 31
Varianz 328, 329
– Binominalverteilung 299
– diskrete Verteilung 298
– experimentelle 320
– Poisson-Verteilung 301, 322
Variation 283, 285
– ohne Zurücklegen 285
Variation der Konstanten 106
Vektor 3
– Addition 12
– anti-parallel 12
– azimutale Komponente 6
– Betrag 5, 15
– Definition 3
– Gleichheit 12
– invers 12
– komplanar 22
– Kugelkoordinaten 11
– Mehrfachprodukte 22
– Multiplikation mit einem Skalar 14
– Orthogonalität 15
– Parallelität 12, 18
– physikalisch-technisch 3
– Polarkoordinaten 6
– Projektion 16
– radiale Komponente 6
– Richtungswinkel 15
– Subtraktion 13
– Zylinderkoordinaten 10
Vektoraddition 12
– graphisch 12
– komponentenweise 13

Vektoralgebra
- kartesisch 12
Vektorfeld 201
Vektorprodukt 17
Vektorraum
- Dimension 5
Verschiebung 3, 4
Verschiebungsvektor 4
Vertauschungsregel 67
Verteilung
- erstes Moment 323
- Messwerte 320, 321
Verteilungsdichtefunktion 296
- Messwerte 321
Verteilungsfunktion 189, 292, 295
- Binominalverteilung 298
- Gauß'sche Normalverteilung 303
- Messwerte 321
- Poisson-Verteilung 301
- standardisierte Normalverteilung 303
Vertrauensintervall 324
vollständiges System 170
Vollständigkeitsrelation 170, 171
Volumenelement
- Kugelkoordinaten 82
vorticity 215
Vorwärts-Methode 138

Wärmeleitungsgleichung 245, 272
Wärmeleitvermögen 272
Wahrscheinlichkeit 307
- bedingte 288
Wahrscheinlichkeitsaxiome 286
Wahrscheinlichkeitsdichtefunktion 295
Wahrscheinlichkeitsfunktion 292
- Binominalverteilung 298
- Poisson-Verteilung 301
Wahrscheinlichkeitsverteilung 76
- Entropie 310
wahrscheinlichste Geschwindigkeit 312
Weitschweifigkeit 310
Welle
- harmonisch 252
- stehend 252
Wellengleichung 245
Wertebereich 31

Wien-Filter 29
Winkelbeschleunigung 51
Winkelfunktion
- Kosekans 36
- Kosinus 36
- Kotangens 36
- Reihenentwicklung 59
- Sekans 36
- Sinus 36
- Tangens 36
- Umwandlungen 37
Winkelgeschwindigkeit 51
Wirbelfeld
- Divergenz 212
- Rotation 215
wirbelfrei 214
Wirbelstärke 236
- Rotation 214, 236
Wurfparabel
- Parameterdarstellung 224
Wurzelfunktion 34

Zeiger 90
Zeilenmatrix 148
Zeilenvektor 148
Zentralfeld 202
Zerfallsgesetz 330
Zirkulation 228
Zufallsexperiment 286
Zufallsgröße 292
Zufallsvariable 292
- diskrete 292
- stetige 292
Zuordnungsvorschrift 31
Zustandssumme 311
Zuverlässigkeit der Einzelmessung 323
Zykloide 42, 62
Zyklotronfrequenz 20
Zylinderkoordinaten 9, 10, 81, 202
- δ-Funktion 194
- Divergenz 211
- Dreifachintegral 81
- Gradient 206
- Laplace-Operator 213
- Rotation 214
- Transformationsmatrix 203
zylindersymmetrisches Feld 202

MIX
Papier aus verantwortungsvollen Quellen
Paper from responsible sources
FSC® C105338

If you have any concerns about our products,
you can contact us on
ProductSafety@springernature.com

In case Publisher is established outside the EU,
the EU authorized representative is:
**Springer Nature Customer Service Center GmbH
Europaplatz 3, 69115 Heidelberg, Germany**

Printed by Libri Plureos GmbH
in Hamburg, Germany